信息技术和电气工程学科国际知名教材中译本系列

Dynamic Programming and Optimal Control

Approximate Dynamic Programming (I)

动态规划与最优控制

近似动态规划（第I卷）

[美] 德梅萃·P. 博塞克斯（Dimitri P. Bertsekas） 著

贾庆山（Jia Qingshan） 李岩（Li Yan） 译

清華大學出版社

北 京

北京市版权局著作权合同登记号　图字：01-2016-5737

图书在版编目(CIP)数据

动态规划与最优控制：近似动态规划. 第Ⅰ卷/(美)德梅萃•P.博塞克斯(Dimitri P. Bertsekas)著；贾庆山，李岩译. —北京：清华大学出版社，2024.4
（信息技术和电气工程学科国际知名教材中译本系列）
书名原文：Dynamic Programming and Optimal Control, Vol. I
ISBN 978-7-302-65971-6

Ⅰ.①动…　Ⅱ.①德…　②贾…　③李…　Ⅲ.①动态规划－教材　Ⅳ.①TP13

中国国家版本馆CIP数据核字(2024)第067676号

责任编辑：王一玲
封面设计：常雪影
责任校对：申晓焕
责任印制：丛怀宇

出版发行：清华大学出版社
网　　址：https://www.tup.com.cn，https://www.wqxuetang.com
地　　址：北京清华大学学研大厦A座　　邮　　编：100084
社 总 机：010-83470000　　邮　　购：010-62786544
投稿与读者服务：010-62776969，c-service@tup.tsinghua.edu.cn
质 量 反 馈：010-62772015，zhiliang@tup.tsinghua.edu.cn
课 件 下 载：https://www.tup.com.cn，010-83470236
印 装 者：定州启航印刷有限公司
经　　销：全国新华书店
开　　本：203mm×260mm　　印　张：24.5　　字　数：629千字
版　　次：2024年6月第1版　　印　次：2024年6月第1次印刷
印　　数：1～3000
定　　价：99.00元

产品编号：057230-01

译 者 序

Dimitri P. Bertsekas 是美国麻省理工学院教授、美国工程院院士，在国际优化与控制界享有盛誉。他编写的系列教材被麻省理工学院、斯坦福大学、伊利诺伊大学香槟分校等多所世界知名大学选用。《动态规划与最优控制——近似动态规划》共两卷，本书为第 I 卷，主要介绍动态规划与最优控制的基本方法，包括最短路径问题、精确和不精确状态信息、有限和无限阶段问题等经典模型，以及近似动态规划等理论方法。本书深入浅出，非常适合控制、优化、电子工程、计算机、工业工程等专业的研究生学习，也适合作为高年级本科生和本领域的研究者的参考书。《动态规划与最优控制——近似动态规划》第 II 卷中译本已于 2021 年由清华大学出版社出版。希望这上下两卷书对本领域的教师、学生、研究人员能有所益处。

特此说明：为了读者阅读方便 (例如参照原版书)，本书中公式、符号、参考文献等采用原版书的格式。

贾庆山　李　岩

2024 年 2 月于北京

关 于 作 者

Dimitri P. Bertsekas 曾在希腊国立雅典技术大学学习机械与电机工程，获得麻省理工学院系统科学博士学位。曾先后在斯坦福大学工程与经济系统系和伊利诺伊大学香槟分校的电机工程系任教。自 1979 年以来，他一直在麻省理工学院电机工程与计算机科学系任教，现任麦卡菲工程教授。

其研究涉及多个领域，包括优化、控制、大规模计算和数据通信网络，并与其教学和著书工作联系紧密。他撰写了众多论文和十四本著作，其中数本著作在麻省理工学院被用作教材。他与动态规划之缘始自博士论文的研究，并通过学术论文、多本教材和学术专著一直延续至今。

Bertsekas 教授因其（与 John Tsitsiklis 合著的）著作《神经动态规划》在 1997 年荣获 INFORMS 授予的运筹学与计算机科学交叉领域的杰出研究成果奖，2000 年希腊运筹学国家奖，2001 年美国控制会议 John R. Ragazzini 教育奖。2001 年，他当选美国工程院院士。

序　　言

这套书是基于我在斯坦福大学、伊利诺伊大学香槟分校和麻省理工学院逾二十年时间里给一年级研究生讲授“动态规划和最优控制”课程的基础上完成的。这门课程通常由工程学、运筹学、经济学和应用数学专业的学生选修。相应地，这套书的主要目的是面向广大读者统一介绍这个领域。特别地，具有连续性的问题，比如在现代控制理论中很普遍的随机控制问题，与具有离散特点的问题将被一并讨论，比如在运筹学中很普遍的马尔可夫决策问题。进一步，源自多个领域的实际应用和例子也将被讨论。

这本书可被视作由本人所著、Prentice-Hall 出版社于 1987 年出版的《动态规划：确定与随机的模型》一书的扩充以及从教育学角度改进的版本。本书中增加了许多关于确定性与随机性最短路径问题的新内容，新增一章讨论从动态规划视角讨论的连续时间最优控制问题和庞特里亚金最大值原理。同时也增加了动态规划所用的基于仿真的近似技术的相当多的内容。这些技术，通常被称作“神经动态规划”或者“强化学习”，代表了将动态规划实际应用于具有大维度和缺乏精确数学模型描述的复杂问题时的一项突破性进展。其他内容也都加以扩充，全面修订，并更新。

然而，增加这些新内容之后，这本书的页数也大幅增加，以至于需要分成两卷：一卷讨论有限阶段的问题，另一卷讨论无限阶段的问题。这一划分方法不仅在页数上是一种自然的划分，而且在形式和内容上也是自然的。第 I 卷更侧重建模，第 II 卷更侧重数学分析和计算。在第 I 卷中增加了最后一章介绍无限阶段问题，旨在让第 I 卷可供教师在一门课程中主要侧重建模、概念和有限阶段问题，同时涵盖适度的无限阶段问题。

本书的许多内容是相互独立的。比如，第 I 卷的第 2 章讨论最短路径问题，可被跳过而不失上下文的连贯性；第 I 卷的第 3 章讨论连续时间最优控制问题，也可类似处理。所以，本书可用于讲授几种不同类型的课程。

(a) 两学期的课程涵盖两卷。

(b) 一学期的课程主要讲授第 I 卷中的有限阶段问题。

(c) 一学期的课程主要讲授涵盖第 I 卷第 1，4，5，6 章和第 II 卷第 1，2，4 章内容的随机最优控制问题。

(d) 一学期的课程涵盖第 I 卷第 1 章、第 2 ～ 6 章内容的约一半，第 II 卷第 1，2，4 章内容的 70%。这是在麻省理工学院通常讲授的课程 I。

(e) 一学期的工学课程涵盖第 I 卷前三章以及第 4 ～ 6 章的一部分内容。

(f) 一学期的更侧重数学的课程涵盖第 II 卷的无限阶段问题。

本书所需的数学先修内容包括高等代数、概率论导论和矩阵向量代数。附录中总结了这些内容。动态系统理论、控制、优化或者运筹学的相关知识将有助于读者，但以笔者的经验，书中的相关内容是自我完备的。

书中包含了大量习题。认真的读者将通过这些习题深深受益。这些习题的答案已汇编成册，教师可直接联系作者获得。这本参考答案得益于多人长时间的贡献，特别是 Steven Shreve、Eric Loiederman、Lakis Polymenakos 和 Cynara Wu，在此特别致谢。

动态规划是一项概念简单的技术，可以用基础的分析方法解释得足够清楚。不过对于一般的动态规划的严格的数学分析需要使用复杂的测度论和概率论。作者选择避免使用复杂的数学，尽量让叙述通俗易懂，仅当所涉及的概率空间是可数时才进行严格的讨论。对该领域的严格的数学讨论在笔者的另一本与 Steven Shreve 合著由 Academic Press 于 1978 年出版的学术专著《随机最优控制：离散时间的情形》中进行了讨论。那本学术专著与本书的内容互补，为本书叙述不够严谨的内容提供了坚实的基础。

最后，我要感谢许多为本书做出贡献的个人和集体。我对这一领域的理解通过与 Steven Shreve 合著的 1978 年的专著变得更加深刻。我与 John Tsitsiklis 在随机最短路径和近似动态规划的合作与交流卓有成效。Michael Caraanis、Emmanuel Fernandez-Gaucherand、Pierre Humblet、Lennart Ljung 和 John Tsitsiklis 曾使用本书的多种版本授课，并贡献了若干关键性的意见以及习题。一些同事提供了有价值的观点和信息，特别是，David Castanon、Eugene Feinberg 和 Krishna Pattipati。美国国家科学基金会提供了研究经费的支持。Prentice-Hall 慷慨地允许我使用 1987 年所著书的内容。教学工作以及与麻省理工学院学生的交互让我保持了对这一领域的兴趣与快乐。

Dimitri P. Bertsekas

1995 年春

目　　录

第 1 章　动态规划算法

生活只能靠回味来理解，但必须向前生活。

——Kierkegaard(克尔凯郭尔，丹麦哲学家——译者注)

1.1　概　　述

本书处理分阶段决策的情形。每个决策的后果未必完全可预测，但可以在做出下一次决策前在某种程度上进行预测。目标是最小化某种费用——对不希望出现的结果的一种数学表示。

这些情形的关键点是不能孤立地看待决策，因为必须权衡所期待的较低的当前费用与不可取的高的未来费用。动态规划技术刻画了这种权衡。在每个阶段，假设在剩余阶段采用最优决策，这种技术基于当前费用和期待的后续费用之和对决策进行排序。

动态规划可以处理非常广泛且多样的实际问题。在本书中，我们试着不让对问题结构的无关假设影响主要思想的简洁性。为此，我们在本节建立广泛可用的有限阶段（有限时段）动态系统的最优控制模型。这一模型将在之后六章中使用；其无限阶段模型将是本书最后一章及第 II 卷的主题。

我们的基本模型有两个主要特征：(1) 潜在的离散时间动态系统；(2) 在时间上可加的费用函数。这一动态系统表达了某些变量，即系统的“状态”，的演化受到在离散时间点上决策的影响。系统具有如下形式

$$x_{k+1} = f_k(x_k, u_k, w_k), k = 0, 1, \cdots, N-1$$

其中

k ：离散时间索引；

x_k：系统的状态且综合了与未来优化相关的历史信息；

u_k：将在 k 时刻选中的控制或者决策变量；

w_k：随机参数（也称为扰动或者噪声，取决于上下文）；

N ：施加控制的阶段数或者次数；

f_k ：描述系统的函数，并且确定状态更新的机制。

费用函数是可加的，即在 k 时刻产生的费用，记作 $g_k(x_k, u_k, w_k)$，随时间累加。总费用为

$$g_N(x_N) + \sum_{k=0}^{N-1} g_k(x_k, u_k, w_k)$$

其中 $g_N(x_N)$ 是在过程最后产生的末端费用。然而，因为 w_k 的存在，一般而言费用是随机变量且难以优化。于是我们将这个问题建模成对期望费用的优化

$$E\left\{g_N(x_N) + \sum_{k=0}^{N-1} g_k(x_k, u_k, w_k)\right\}$$

其中的数学期望针对所涉及的随机变量的联合分布计算。这里的优化对象是控制 $u_0, u_1, \cdots, u_{N-1}$，但需要一些资质认定；基于对当前状态 x_k 的一些知识（其精确价值或者其他相关信息）挑选每个控制 u_k。

很快将给出对于上面使用的术语的更精确的定义。我们首先通过例子给出一些介绍。

例 1.1.1（库存控制）

考虑如下问题，在 N 个阶段的每个时刻订购一定量的某种货物以（大致）满足一个随机的需求，同时最小化所产生的费用的数学期望值。引入如下变量：

x_k：在第 k 阶段开始时的库存水平；

u_k：在第 k 阶段开始时的订购（并立即送到）的货物量；

w_k：按给定概率分布在第 k 阶段的需求。

我们假设 $w_0, w_1, \cdots, w_{N-1}$ 是独立随机变量，未满足的需求将被推迟直至有额外的库存就即刻满足。所以，库存水平按照如下的离散时间方程演化

$$x_{k+1} = x_k + u_k - w_k$$

其中负库存代表被推迟的需求（见图 1.1.1）。

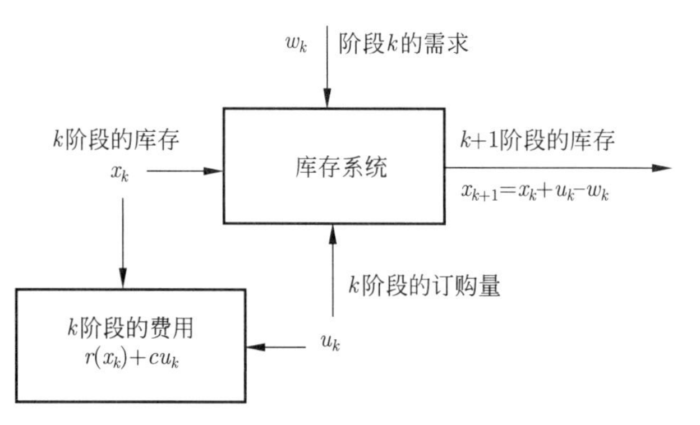

图 1.1.1 库存控制的例子。在阶段 k，当前库存（状态）x_k、订购的库存（控制）u_k 和需求（随机扰动）w_k 确定了费用 $r(x_k) + cu_k$ 和下一阶段的库存 $x_{k+1} = x_k + u_k - w_k$

在第 k 阶段出现的费用包括两部分：

(a) 费用 $r(x_k)$ 代表对正库存 x_k 的惩罚（为保持剩余库存的费用），或者对负库存 x_k 的惩罚（对未满足的需求的短缺费用）。

(b) 购买费用 cu_k，其中 c 是每单位订购量的费用。

还有一个末端费用 $R(x_N)$ 表示在 N 个阶段结束时剩余的库存水平 x_N 对应的费用。所以，N 个阶段的总费用是

$$E\left\{R(x_N) + \sum_{k=0}^{N-1} \left(r(x_k) + cu_k\right)\right\}$$

在自然约束 $u_k \geqslant 0, \forall k$ 之下，我们希望通过恰当地选择订购量 $u_0, \cdots, u_{N-1}$ 让这一费用达到最小。

在这一点上我们需要区分对这一费用的闭环和开环最小化。在开环最小化中我们在 0 时刻一次性确定所有的订购量 $u_0,\cdots,u_{N-1}$，而不去等着看后续的需求水平。在闭环最小化中我们尽可能推迟确定订购量 u_k，直至最后一个可能的时刻（k 时刻）已知当前的库存水平 x_k，再确定 u_k。其思想是推迟到 k 时刻再确定订购量 u_k 不仅没有任何惩罚，而且我们可以利用在 0 时刻与 k 时刻之间变得可用的信息（在过去阶段中的需求与库存水平）。

闭环优化在动态规划中占有核心重要性，也是我们在本书中将着重考虑的。所以，在我们的基本模型中，在各阶段进行决策，同时在各阶段之间采集将用于提高决策质量的信息。这在最终优化问题的结构上的影响相当深远。特别地，在闭环库存优化中我们对找到订购量的最优数值解不感兴趣，我们感兴趣的是找到为在每个阶段 k 的库存水平 x_k 的每个可能出现的值确定订购量 u_k 的最优规则。这是“动作与策略”的区别。

数学上，在闭环库存优化中，我们希望找到一系列函数 $\mu_k, k=0,\cdots,N-1$，将库存 x_k 映射到订购量 u_k 以最小化费用的数学期望值。μ_k 的意义在于，对于 k 和 x_k 的每个可能取值，

$$\mu_k(x_k) = \text{在}k\text{时刻库存为}x_k\text{时应该订购的量}$$

序列 $\pi=\{\mu_0,\cdots,\mu_{N-1}\}$ 将被称为策略或者控制律。对每个 π，固定的初始库存 x_0 对应的费用是

$$J_\pi(x_0) = E\left\{R(x_N) + \sum_{k=0}^{N-1}\left(r(x_k) + c\mu_k(x_k)\right)\right\}$$

我们想对给定的 x_0 在所有满足问题约束条件的 π 上让 $J_\pi(x_0)$ 最小。这是典型的动态规划问题。我们将在后续章节中在不同形式下分析这一问题。例如，我们将在 4.2 节中展示对于适当选择的费用函数，最优订购策略具有如下形式

$$\mu_k(x_k) = \begin{cases} S_k - x_k & \text{若 } x_k < S_k \\ 0 & \text{否则} \end{cases}$$

其中 S_k 是由问题的数据决定的适当的阈值水平。换言之，当库存水平低于阈值 S_k 时，只需订购足够量将库存涨回至 S_k。

前面的例子阐明了问题模型的主要要素：

(a) 具有如下形式的离散时间系统

$$x_{k+1} = f_k(x_k, u_k, w_k)$$

其中 f_k 是某个函数；例如在库存例子中，我们有 $f_k(x_k,u_k,w_k) = x_k + u_k - w_k$。

(b) 独立随机参数 w_k。这将通过让 w_k 的概率分布依赖于 x_k 和 u_k 来生成；在库存的例子中，我们可以设想一种情形，其中需求水平 w_k 受当前库存水平 x_k 影响。

(c) 控制约束；在本例中，我们有 $u_k \geqslant 0$。通常，约束集依赖 x_k 和时间 k，即 $u_k \in U_k(x_k)$。为在库存的例子中看出约束如何依赖 x_k，设想一种情形其中库存水平应在某上界 B 之内，于是有 $u_k \leqslant B - x_k$。

(d) 如下形式的加性费用

$$E\left\{g_N(x_N) + \sum_{k=0}^{N-1} g_k(x_k, u_k, w_k)\right\}$$

其中 g_k 是某个函数；在库存例子中，我们有

$$g_N(x_N) = R(x_N),\ g_k(x_k, u_k, w_k) = r(x_k) + cu_k$$

(e) 在 (闭环) 策略上的优化，这里的策略指对 k 及 x_k 的每个可能取值选择 u_k 的规则。

离散状态和有限状态问题

在前面的例子中，状态 x_k 是连续实变量，易于设想在高维情形下的推广，其中状态是 n 维实向量。然而，状态也可能从离散集合中取值，比如从整数中取值。

在一个版本的库存问题中，库存水平用整数计量（比如汽车的辆数），每个单位量都是 x_k、u_k 或者 w_k 的不可忽略的一部分。此时自然出现了离散的观点。于是将所有整数构成的集合视作状态空间比将实数集视作状态空间更加合适。当然，系统方程和每阶段的费用保持不变。

一般而言，在许多情形下状态的取值自然是离散的，而没有对应的连续版本。在这些情形中使用状态之间的转移概率更加方便。我们需要知道的是 $p_{ij}(u,k)$，这是在 k 时刻当前状态是 i 且选中的控制是 u 的条件下，下一个状态是 j 的概率，即

$$p_{ij}(u,k) = P\left\{x_{k+1} = j | x_k = i, u_k = u\right\}$$

这类状态转移也可以用离散时间系统方程的形式描述

$$x_{k+1} = w_k$$

其中随机变量 w_k 的概率分布是

$$P\left\{w_k = j | x_k = i, u_k = u\right\} = p_{ij}(u,k)$$

反过来，给定如下形式的离散状态系统

$$x_{k+1} = f_k(x_k, u_k, w_k)$$

以及 w_k 的概率分布 $P_k(w_k|x_k, u_k)$，我们可以提供等价的转移概率描述。对应的转移概率给定如下

$$p_{ij}(u,k) = P_k\left\{W_k(i,u,j) | x_k = i, u_k = u\right\}$$

其中 $W_k(i,u,j)$ 是如下集合

$$W_k(i,u,j) = \{w | j = f_k(i,u,w)\}$$

所以一个离散状态的系统可以等价地用差分方程或者转移概率描述。取决于给定的问题，在符号上或者数学上用一种描述可能比用另一种描述更加方便。

下面的例子展示了离散状态问题。第一个例子涉及*确定性问题*，即问题中没有随机的不确定性。在这样的问题中，当在给定状态下选定控制后，下一个状态完全确定。即对任意状态 i、控制 u 和时刻 k，转移概率 $p_{ij}(u,k)$ 对单个状态 j 为 1，对所有其他状态为 0。其他三个例子涉及随机问题，从给定状态下的给定控制出发导致的下一个状态事先不能确定。

例 1.1.2（确定性调度问题）

假设为了生产某种产品，需要在一台机器上执行四种操作。这些操作记作 A、B、C 和 D。我们假设操作 B 仅能在操作 A 执行之后进行，操作 D 仅能在操作 B 执行之后进行（所以序列 $CABD$ 是允许的，但是序列 $CDBA$ 是不允许的。）。给定从任意操作 m 转移到任意其他操作 n 的设置费用 C_{mn}。对于从操作 A 或者 C 开始分别还有相应的初始费用 S_A 和 S_C。一个序列的费用是与之相关联的设置费用之和；例如，操作序列 $ACDB$ 的费用为

$$S_A + C_{AC} + C_{CD} + C_{DB}$$

我们可以将这个问题视作由三个决策构成的序列，即对前三个操作的选择（由前三个操作可确定最后一个操作）。可以将已经执行的操作构成的集合作为状态，初始状态是虚拟的，对应于决策过程的开始。这一问题可能的状态与决策对应的状态转移示于图 1.1.2 中。这里的问题是确定性的，即在给定状态下，每个控制对应于唯一确定的状态。例如，在状态 AC 下采用操作 D 将确定地导致状态 ACD，同时有费用 C_{CD}。具有有限状态的确定性问题可被方便地表示为如图 1.1.2 所示的转移图。最优解对应于一条路径，从初始状态出发并终止于终止时刻的某个状态，其弧费用与末端费用之和最小。我们将在第 2 章系统地学习这类问题。

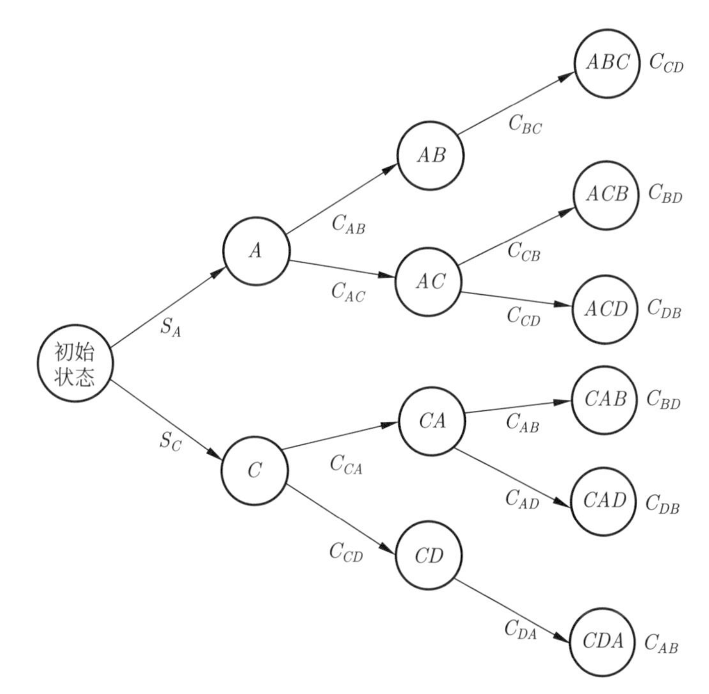

图 1.1.2　例 1.1.2 的确定性调度问题的转移图。图中的每条弧对应于一次决策，从某个状态开始（该弧的起点）到某个状态结束（该弧的终点）。对应的费用展示在弧旁。最后一个操作的费用表示为末端费用并示于图的末端节点旁

例 1.1.3（机器替换）

考虑在 N 个阶段高效操作一台机器的问题，机器可以处于 n 个状态中的任意一个，分别表示为 $1,2,\cdots,n$。我们用 $g(i)$ 表示当机器在状态 i 时每个阶段的操作费用，我们假设

$$g(1) \leqslant g(2) \leqslant \cdots \leqslant g(n)$$

这里隐含的意思是状态 i 比状态 $i+1$ 好，状态 1 对应于机器处于最好状态。

在操作的时间段中，机器的状态可能变得更差或者保持不变。我们于是假设转移概率为

$$p_{ij} = P\{\text{下一个状态是}j|\text{当前状态是}i\}$$

满足

$$p_{ij} = 0,\ \text{若}\, j < i$$

我们假设在每个阶段的开始知道机器的状态且必须从如下两个选项中进行选择：

(a) 让机器在其当前状态下再工作一个阶段。

(b) 以费用 R 维修机器并将其带回最佳状态 1。

我们假设一旦维修，机器可以保证在状态 1 停留一个阶段。在后续阶段，会以概率 p_{1j} 转移到状态 $j>1$。

所以这里的目标是决定在哪些状态依然值得支付费用维修机器，从而获得更小的未来的维护费用。注意这一决策也将受我们所在的阶段影响。例如，当剩下的阶段不多时，我们倾向于不维修机器。

这个问题中系统的演化过程可以表示为图 1.1.3。这些图刻画了在每个控制下不同状态对之间的转移概率，并被称为转移概率图或者更简单地称为转移图。注意对每个控制有不同的图；在当前情形下有两个控制（维修或者不维修）。

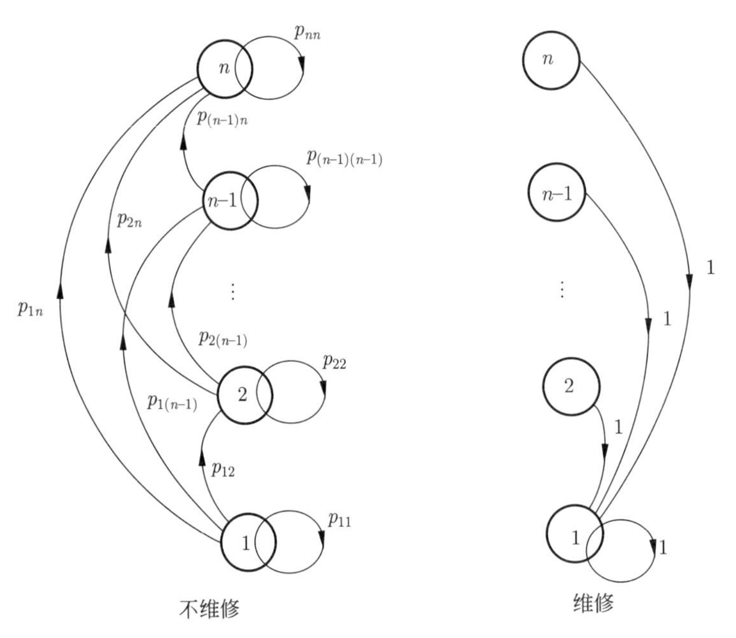

图 1.1.3 机器替换例子。两个可能控制（维修或不维修）中每一个对应的转移概率图。在每个阶段和状态 i，维修的费用是 $R+g(1)$，不维修的费用是 $g(i)$。末端费用是 0

例 1.1.4（队列控制）

考虑一个有 n 个顾客空间的排队系统在 N 个时段的运行。我们假设顾客的服务仅可以在一个阶段的开始（结束）而开始（结束），系统每次仅可以服务一个顾客。给定在一个阶段中有 m 个顾客到达的概率 p_m，在两个不同阶段到达的顾客数量独立。到达时若发现系统是满的，顾客将直接离开而不会尝试稍后再来。这个系统提供两种服务，快速和慢速，对应的每阶段的费用分别是 c_f 和 c_s。在每个阶段的开始可以在快速和慢速服务之间切换。在快速（慢速）服务下，在一个阶段开始正在接受服务的顾客将在阶段结束时以概率 q_f（相应的 q_s）完成服务，这一概率与该顾客已经被服务的阶段数和在系统中的顾客数独立（$q_f>q_s$）。当系统中有 i 个顾客时每阶段的费用是 $r(i)$。在最后一个阶段结束时若系统中有 i 个顾客，则还有末端费用 $R(i)$。

问题是如何在每个阶段按照系统中顾客的数量选择服务的类型让 N 个阶段的总费用的数学期

望最小。我们期待当在队列中的顾客数量 i 大时，最好用快速服务，而问题是如何确定 i 的取值。

这里适合用每个阶段开始时系统中的顾客数量 i 为状态，以所提供的服务类型为控制。那么，取决于所提供的是快速或者慢速服务，每个阶段的费用是 $r(i)$ 加上 c_f 或者 c_s。我们下面推导系统的转移概率。

当在阶段开始系统为空时，下一状态为 j 的概率与所提供的服务类型独立。当 $j<n$ 时这一概率等于有 j 个顾客到达的概率，

$$p_{0j}(u_f)=p_{0j}(u_s)=p_j, j=0,1,\cdots,n-1$$

当 $j=n$ 时这一概率等于有 n 个或者更多顾客到达的概率，

$$p_{0n}(u_f)=p_{0n}(u_s)=\sum_{m=n}^{\infty}p_m$$

当在系统中至少有一个顾客时（$i>0$），我们有

$$p_{ij}(u_f)=0,\ 若\, j<i-1$$

$$p_{ij}(u_f)=q_f p_0,\ 若\, j=i-1$$

$$\begin{aligned}p_{ij}(u_f)&=P\{j-i+1个到达，服务结束\}+P\{j-i个到达，服务未结束\}\\&=q_f p_{j-i+1}+(1-q_f)p_{j-i},\ 若\, i-1<j<n-1\end{aligned}$$

$$p_{i(n-1)}(u_f)=q_f\sum_{m=n-i}^{\infty}p_m+(1-q_f)p_{n-1-i}$$

$$p_{in}(u_f)=(1-q_f)\sum_{m=n-i}^{\infty}p_m$$

采用慢速服务时对应的转移概率也可以将这些公式中的 u_f 和 q_f 分别替换为 u_s 和 q_s 来获得。

例 1.1.5（国际象棋策略优化）

一位棋手将要与对手下两局国际象棋，想让他赢棋的概率最大。每局比赛有如下两种可能结果：

(a) 两位棋手之一赢棋（赢家得 1 分，输家得 0 分）。

(b) 和棋（每人得 1/2 分）。

如果在两局棋后得分为 1-1 平手，那么比赛进入突然死亡模式，即选手们继续比赛直到其中一方首先赢棋（同时赢得整场比赛）。棋手有两种下棋风格，可以在每场比赛中任意选择两者之一，与他在之前比赛中选择的风格独立。

(1) 胆小风格，平局概率为 $p_d>0$，输棋概率为 $(1-p_d)$。

(2) 胆大风格，赢棋概率为 p_w，输棋概率为 $(1-p_w)$。

所以，在每局棋中，胆小风格不会赢钱，而胆大风格不会平局。棋手想找到选择风格的策略让赢得整场比赛的概率最大。注意一旦比赛进入突然死亡模式，棋手应当采用胆大风格，因为在胆小风格下他最多只能延长比赛时间，从而可能输掉整场比赛。于是，棋手只有两个选择，即在前两局棋中风格的选择。所以，我们可以将问题建模成包括两个阶段，将前两个阶段每个阶段开始的可能得分作为状态，如图 1.1.4 所示。初始状态为初始得分 0-0。对两个不同控制（比赛风

格）中的每一个，棋局的转移概率也示于图 1.1.4。在末端状态有费用：若 2-0 或者 1.5-0.5 赢棋则费用为 -1，若 0-2 或者 0.5-1.5 输棋则费用为 0，若 1-1 和棋则费用为 $-p_w$（因为在突然死亡模式下赢棋的概率为 p_w）。注意为了让赢得比赛的概率 P 最大，我们必须让 $-P$ 最小。

该问题有个特点很有趣。您可能想，如果 $p_w < 1/2$，即使用最优的策略比赛，选手赢得比赛的机会也会小于 50-50，因为无论他采用哪种比赛风格，其输棋的概率都大于赢棋的概率。然而，事实并非如此，因为棋手可以根据当前得分调整比赛风格，但是他的对手没有这种选择。换言之，棋手可以使用闭环策略，稍后将看到在由动态规划算法确定的最优策略下，他赢得比赛的机会可以大于 50-50，前提是 p_w 大于阈值 $\bar{p}$，这个阈值依赖于 p_d 的取值，并且满足 $\bar{p} < 1/2$。

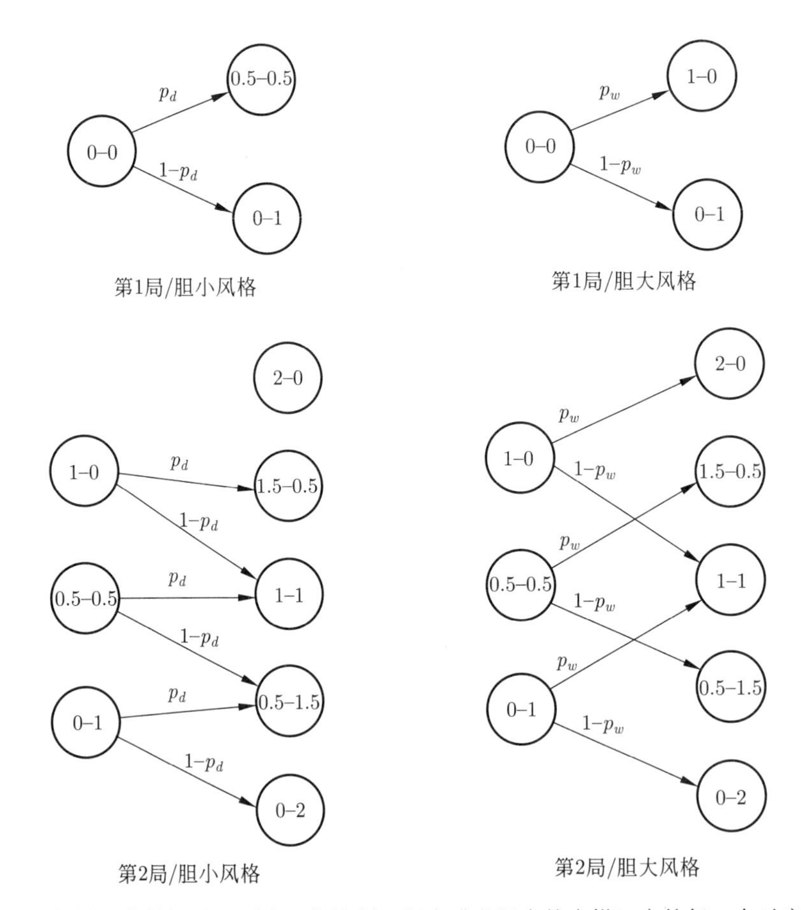

图 1.1.4 国际象棋比赛的例子。两个可能控制（胆小或者胆大的走棋）中的每一个对应的转移概率图。这里注意状态空间在每个阶段不同。赢棋的最终比分 2-0 和 1.5-0.5 的末端费用是 -1，输棋的最终比分 0-2 和 0.5-1.5 的末端费用是 0，平局比分 1-1 的末端费用是 $-p_w$

1.2 基本问题

我们现在建立有限阶段的在随机不确定下的通用决策问题。我们称这个问题为基本问题，这是本书的中心内容。我们将在前六章中讨论基于动态规划求解这个问题的方法，将在最后一章和本书第 II 卷中将我们的分析推广到涉及无限阶段的版本。

基本问题是非常具有一般性的。特别地，我们将不要求状态、控制或者随机参数取有限个值或者属于 n-维向量空间。动态规划的一个惊人方面是其适用性几乎不依赖于状态、控制和随机参数空间的特点。因此，可以方便地在不假设这些空间的结构的前提下推进讨论；稍后这些假设会成为严肃的问题。

基本问题

给定离散时间动态系统

$$x_{k+1} = f_k(x_k, u_k, w_k), k = 0, 1, \cdots, N-1$$

其中状态 x_k 是空间 S_k 的元素，控制 u_k 是空间 C_k 的元素，随机"扰动" w_k 是空间 D_k 的元素。

控制 u_k 被限制在给定的非空子集 $U(x_k) \subset C_k$ 中取值，并依赖于当前状态 x_k；即对所有的 $x_k \in S_k$ 和 k，有 $u_k \in U_k(x_k)$。

随机扰动 w_k 由概率分布 $P_k(\cdot|x_k, u_k)$ 描述，可明确依赖于 x_k 和 u_k 但并不依赖于之前扰动 $w_{k-1}, \cdots, w_0$ 的取值。

我们考虑由一系列函数构成的一类策略（也被称为控制律），

$$\pi = \{\mu_0, \cdots, \mu_{N-1}\}$$

其中 μ_k 将状态 x_k 映射到控制 $u_k = \mu_k(x_k)$ 且对所有的 $x_k \in S_k$ 满足 $\mu_k(x_k) \in U_k(x_k)$。称这样的策略为可接受的。

给定初始状态 x_0 和可接受的策略 $\pi = \{\mu_0, \cdots, \mu_{N-1}\}$，状态 x_k 和扰动 w_k 是随机变量，其分布由如下系统方程定义

$$x_{k+1} = f_k(x_k, \mu_k(x_k), w_k), k = 0, 1, \cdots, N-1 \tag{1.1}$$

所以，对于给定的函数 g_k, $k = 0, 1, \cdots, N$，π 从 x_0 开始的期望费用是

$$J_\pi(x_0) = E\left\{g_N(x_N) + \sum_{k=0}^{N-1} g_k(x_k, \mu_k(x_k), w_k)\right\}$$

其中期望值在随机变量 w_k 和 x_k 上取值。最优策略 π^* 能最小化这一费用；即

$$J_{\pi^*}(x_0) = \min_{\pi\in\Pi} J_\pi(x_0)$$

其中 Π 是所有可接受的策略构成的集合。

注意最优策略 π^* 与一个固定的初始状态 x_0 相关联。然而，这个基本问题和动态规划有趣的一面是通常能够找到策略 π^* 同时对于所有的初始状态是最优的。

将依赖于 x_0 的最优费用记作 $J^*(x_0)$，即

$$J^*(x_0) = \min_{\pi\in\Pi} J_\pi(x_0)$$

一种有用的视角是将 J^* 视作函数为每个初始状态 x_0 分配最优费用 $J^*(x_0)$，并将其称为最优费用函数或者最优值函数。[①]

---

① 为了方便喜欢数学上严格的读者，我们注意到在之前的方程中，"min" 表示数值集合 $\{J_\pi(x_0)|\pi \in \Pi\}$ 的最大下界（或者下确界）。与通常的数学习惯更一致的符号是 $J^*(x_0) = \inf_{\pi\in\Pi} J_\pi(x_0)$。然而（正如在附录 B 中所讨论的），我们发现使用"min"而不是"inf"更加方便，即使在下确界达不到的情形下也是如此。这不易分散注意力，也不会导致歧义。

信息的角色与价值

我们之前注意到开环最小化与闭环最小化的区别，前者在 0 时刻一次性选定所有的控制 $u_0, u_1, \cdots, u_{N-1}$，后者选择策略 $\{\mu_0, \mu_1, \cdots, \mu_{N-1}\}$ 在 k 时刻基于当前状态 x_k 的信息施加控制 $\mu_k(x_k)$（见图 1.2.1）。通过闭环策略，可以取得更低的费用，本质上是利用了额外的信息（当前状态的取值）。费用的降低可称为信息的价值而且可能确实很显著。如果没有这一信息，控制器不能针对不可预期的状态取值适当调整，结果会影响费用。例如，在前一节的库存控制例子中，在每个阶段 k 的开始变得可用的信息是库存水平 x_k。显然，这一信息对于库存管理员非常重要，他希望基于当前库存水平 x_k 是否较高或者较低来调整订购量 u_k。

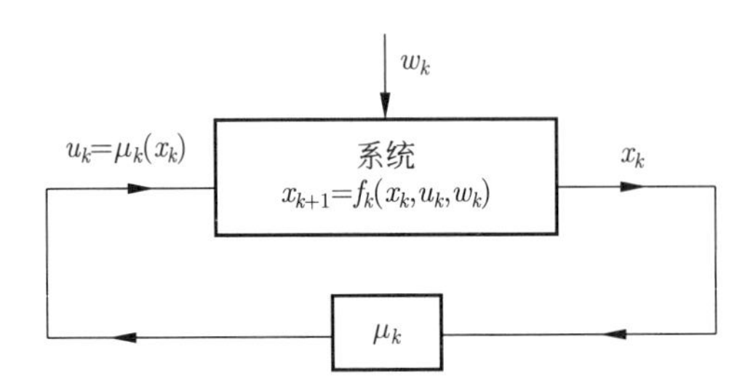

图 1.2.1 基本问题中的信息获取。在每个时刻 k 控制器观测当前状态 x_k 并施加依赖于那个状态的控制 $u_k = \mu_k(x_k)$

为了说明恰当使用信息带来的好处，让我们考虑前一节中的国际象棋比赛例子。在那里，在比赛中两局棋的每一局，棋手可以选择胆小风格（平局和输棋的概率分别为 p_d 和 $1-p_d$），或者胆大策略（赢棋和输棋的概率分别为 p_w 和 $1-p_w$）。假设棋手选择当且仅当领先时使用胆小策略，如图 1.2.2 所示；我们将在下一节中看到这一策略是最优的，假设 $p_d > p_w$。那么在第一局比赛之后（他在其中使用胆大风格），比分以概率 p_w 是 1-0，以概率 $1-p_w$ 为 0-1。在第二局中，他在前一种情形中使用胆小风格，在后一种情形中使用胆大风格。所以在两局比赛后，赢得整场

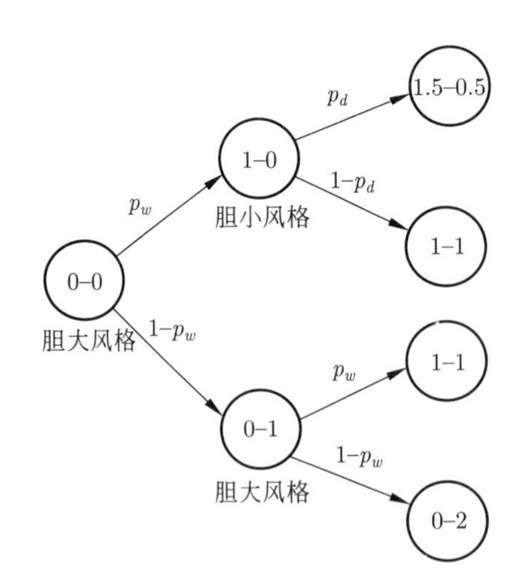

图 1.2.2 例 1.2.1 中用于获得高于 50-50 比例赢得国际象棋比赛的策略及相关的转移概率的示意图。玩家当且仅当他的得分领先时选择胆小风格

比赛的概率是 $p_w p_d$，输掉整场比赛的概率是 $(1-p_w)^2$，平分的概率是 $p_w(1-p_d)+(1-p_w)p_w$，此时他赢得后续的突然死亡比赛的概率是 p_w。所以在给定策略下赢得比赛的概率是

$$p_w p_d + p_w \left(p_w(1-p_d)+(1-p_w)p_w\right)$$

通过重新组合给出

$$\text{赢得比赛的概率} = p_w^2(2-p_w) + p_w(1-p_w)p_d \tag{1.2}$$

现在假设 $p_w < 1/2$。那么不论他使用哪种风格，棋手在任何一局比赛中输棋的概率都比赢棋的概率大。由此我们可以推断没有任何开环策略赢得比赛的机会可以超过 50-50。然而从 (1.2) 式中可以看出通过使用闭环策略，当且仅当领先时采用胆小风格，赢得比赛的机会可以超过 50-50，前提是 p_w 足够接近 1/2 且 p_d 足够接近 1。作为一个例子，对于 $p_w = 0.45$ 和 $p_d = 0.9$，(1.2) 式给出赢得比赛的概率大约为 0.53。

为了计算信息的价值，让我们考虑四种开环策略，其中我们不等着看第一局比赛的结果就确定所使用的下棋风格。这四种策略是：

(1) 在两局棋中均采用胆小风格；赢得比赛的概率为 $p_d^2 p_w$。

(2) 在两局棋中均采用胆大风格；赢得比赛的概率为 $p_w^2 + 2p_w^2(1-p_w) = p_w^2(3-2p_w)$。

(3) 在第一局棋中采用胆大风格，在第二局棋中采用胆小风格；赢得比赛的概率为 $p_w p_d + p_w^2(1-p_d)$。

(4) 在第一局棋中采用胆小风格，在第二局棋中采用胆大风格；赢得比赛的概率为 $p_w p_d + p_w^2(1-p_d)$。

第一个策略永远被其他策略支配，赢得比赛的最优开环概率是

$$\begin{aligned}\text{赢得比赛的开环概率} &= \max\left(p_w^2(3-2p_w), p_w p_d + p_w^2(1-p_d)\right) \\ &= p_w^2 + p_w(1-p_w)\max(2p_w, p_d) \end{aligned} \tag{1.3}$$

所以如果 $p_d > 2p_w$，我们看到最优开环策略是在两局比赛中的一局比赛采用胆小风格，在另一局中采用胆大风格，否则在两局比赛中均采用胆大风格是最优的。对于 $p_w = 0.45$ 和 $p_d = 0.9$，式 (1.3) 给出了开环策略赢得比赛的最优概率大约为 0.425。所以，（第一局比赛结果）信息的价值是最优闭环与开环值之差，大约是 $0.53 - 0.425 = 0.105$。

更一般地，通过将式 (1.2) 与式 (1.3) 相减，我们看到

$$\begin{aligned}\text{信息的价值} &= p_w^2(2-p_w) + p_w(1-p_w)p_d - p_w^2 - p_w(1-p_w)\max(2p_w, p_d) \\ &= p_w(1-p_w)\min(p_w, p_d - p_w)\end{aligned}$$

然而，应当注意到，尽管知道状态的信息不会有害，也可能不会带来好处。例如，在确定性问题中，没有随机扰动，给定初始状态和控制序列后可以预测未来的状态。所以，在所有控制序列 $\{u_0, u_1, \cdots, u_{N-1}\}$ 上的优化获得的最优费用将与在所有可接受的策略上优化相同。在有些随机问题中也是这样（例如习题 1.13）。这带来了一个相关的问题。假设不遗忘任何信息，控制器实际上知道之前的状态和控制 $x_0, u_0, \cdots, x_{k-1}, u_{k-1}$ 以及当前状态 x_k。所以，出现了一个问题，使用整个系统历史的策略是否会比仅使用当前状态的策略更好？答案是否定的，尽管证明比较复杂（见 [BeS78]）。直观上的原因是，对于给定时刻 k 和状态 x_k，所有未来的期望费用只是显式地依赖于 x_k 而不是之前的历史。

将风险编码入费用函数

正如上面提到的，随机问题的一个重要特征是使用信息可能带来优势。另一个重要的特征是在问题建模中考虑风险。例如，在典型的投资问题中，我们不仅对投资决策的期望收益感兴趣，也对其方差感兴趣：若两种投资具有几乎相等的期望收益但显著不同的方差，大部分投资人会选择具有较小方差的投资方式。这意味着费用或者收益的期望值未必是表达决策者在不同选择之间倾向的最恰当的标尺。

作为在建模不确定性最优化问题时应考虑风险的更加戏剧化的例子，考虑所谓的圣彼得堡悖论。这里，有人有机会支付 x 元参加如下游戏：一枚均匀的硬币被序贯地投掷多次，此人被支付 2^k 元，其中 k 是在第一次出现背面前正面出现的次数。这个人必须做出的决定是接受或者拒绝参加这个游戏。现在如果他接受，他从游戏中获得的期望收益是

$$\sum_{k=0}^{\infty} \frac{1}{2^{k+1}} \cdot 2^k - x = \infty$$

所以如果他的接受准则是基于期望收益最大，他将乐于支付任意的 x 参加游戏。然而，这与所观察到的行为之间有很大不一致，这是因为参加游戏涉及风险的因素，于是这展示了需要不同的问题模型。在不确定性之下的决策中适度考虑风险因素是个深入的问题且具有有趣的理论。附录 G 给出了对这一理论的介绍，特别展示了在合理假设下最小化期望费用是合适的，前提是费用函数选择恰当且以适度编码表示决策者对风险的偏好。

1.3　算　　法

动态规划（DP）技术依赖非常简单的想法，最优化原理。这源自贝尔曼，他在普及动态规划并将其转化为系统性工具上做出了重要贡献。大致说来，最优化原理表述了如下比较简单的事实。

定理 1.3.1 (最优化原理) *令 $\pi^* = \{\mu_0^*, \mu_1^*, \cdots, \mu_{N-1}^*\}$ 为基本问题的最优策略，假设当使用 π^* 时，给定状态 x_i 在 i 时刻以正概率出现。考虑如下子问题，我们在 i 时刻处于 x_i 且希望最小化从 i 时刻到 N 时刻的“剩余费用”*

$$E\left\{g_N(x_N) + \sum_{k=i}^{N-1} g_k\left(x_k, \mu_k(x_k), w_k\right)\right\}$$

那么剩余策略 $\{\mu_i^*, \mu_{i+1}^*, \cdots, \mu_{N-1}^*\}$ 对于这个子问题是最优的。

最优化原理的直观解释是非常简单的。如果剩余策略 $\{\mu_i^*, \mu_{i+1}^*, \cdots, \mu_{N-1}^*\}$ 并非最优，我们将能够通过一旦到达 x_i 再切换到子问题的最优策略来降低费用。以自助旅游来打比方，假设从洛杉矶到波士顿的最快路径经过芝加哥。最优化原理阐述的是如下明显的事实，即从芝加哥到波士顿这部分的路也是对于从芝加哥出发到波士顿结束的旅程的最快路径。

最优化原理建议最优策略可以通过分段的方式来构造，首先构造涉及最后阶段的“尾部子问题”的最优策略，然后将最优策略推广到涉及最后两个阶段的“尾部子问题”，继续下去直到对整个问题的最优策略被构造出来。动态规划算法基于这个想法：通过使用时长更短的尾部子问题

的解，求解给定时间长度下的所有尾部子问题，并序贯推进。我们通过两个例子介绍这个算法，一个确定性问题和一个随机问题。

确定性调度例子的动态规划算法

让我们考虑前一节的调度例子，并应用最优化原理来计算最优调度。我们需要优化调度四个操作 A、B、C 和 D。转移和设置费用在图 1.3.1 中示于对应的弧旁。

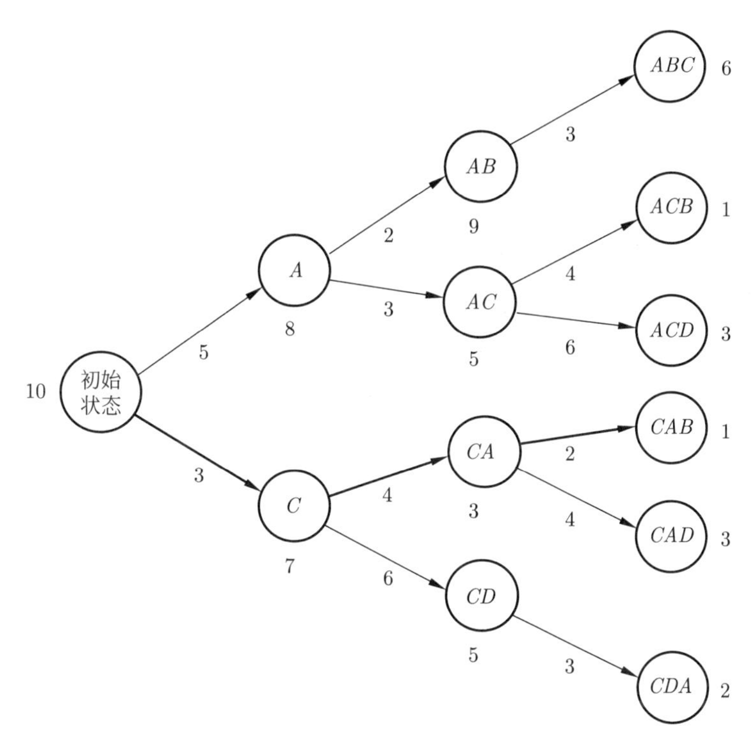

图 1.3.1　确定性调度问题的转移图，每个决定对应的费用示于对应的弧旁。在每个节点/状态旁我们展示从那个状态开始最优地完成调度所用的费用。这是对应的尾部子问题的最优费用（参阅最优性原理）。原问题的最优费用等于 10，示于初始状态旁。最优调度对应于粗线弧（从初始状态至 C，再至 CA，最后止于 CAB）

基于最优化原理，最优调度的“尾”部一定是最优的。例如，假设最优调度是 $CABD$。那么，在首先调度 C 然后 A 之后，用 BD 来完成调度一定是最优的而 DB 不是。记住这一点，我们求解所有长度为二的尾部子问题，然后是所有长度为三的尾部子问题，最后是长度为四的原始问题（长度为一的子问题当然是简单的，因为只有一个还没有调度的操作）。正如我们马上要看到的，一旦已经求解了长度为 k 的尾部子问题，那么长度为 $k+1$ 的尾部子问题就易于求解了。这正是动态规划技术的核心。

长度为 2 的尾部子问题：这些子问题涉及两个尚未调度的操作，并对应于状态 AB、AC、CA 和 CD（见图 1.3.1）。

状态 AB：这里只可能在下一个操作中调度操作 C，所以这个子问题的最优费用是 9（在 B 之后调度 C 的费用是 3，加上在 D 之后调度 C 的费用 6）。

状态 AC：这里可能的是 (a) 调度操作 B 然后 D，费用为 5，或者 (b) 调度 B 然后 D，费

用为 9。第一种可能性是最优的，尾部子问题对应的费用是 5，如图 1.3.1 中节点 AC 旁所示的。

状态 CA：这里可能的是 (a) 调度 B 然后 D，费用为 3，或者 (b) 调度 D 然后 B，费用为 7。第一种可能性是最优的，尾部子问题对应的费用是 3，正如在图 1.3.1 中节点 CA 旁所示的。

状态 CD：这里只可能在下一个操作中调度操作 A，所以这个子问题的最优费用是 5。

长度为 3 的尾部子问题：这些子问题现在可以通过使用长度为 2 的子问题的最优费用来求解。

状态 A：这里的可能性是 (a) 采用操作 B（费用为 2）然后求解对应的长度为 2 的子问题的最优策略（费用为 9，正如之前计算的），总费用为 11，或者 (b) 采用操作 C（费用为 3），然后求解对应的长度为 2 的子问题的最优策略（费用为 5，正如之前计算的），总费用为 8。第二种可能性是最优的，尾部子问题对应的费用是 8，正如在图 1.3.1 中节点 A 旁所示。

状态 C：这里的可能性是 (a) 采用操作 A（费用为 4）然后求解对应的长度为 2 的子问题的最优策略（费用为 3，正如之前计算的），总费用为 7，或者 (b) 采用操作 D（费用为 6）然后求解对应的长度为 2 的子问题的最优策略（费用为 5，正如之前计算的），总费用为 11。第一种可能性是最优的，尾部子问题对应的费用是 7，正如在图 1.3.1 中节点 A 旁所示。

长度为 4 的原问题：这里的可能性是 (a) 从操作 A 开始（费用为 5），然后求解长度为 3 的子问题的最优策略（费用为 8，正如之前计算的），总费用为 13，或者 (b) 从操作 C 开始（费用为 3），然后求解长度为 3 的子问题的最优策略（费用为 7，正如之前计算的），总费用为 10。第二种可能性是最优的，对应的最优费用是 10，正如在图 1.3.1 中初始状态节点旁所示。

注意在已经通过求解所有尾部子问题获得原问题的最优费用之后，我们可以通过从初始节点出发来构造出最优调度，每次选择对应尾部子问题最优调度的操作。这样，通过检查图 1.3.1 中的计算结果，我们确定 $CABD$ 是最优调度。

库存控制例子的动态规划算法

考虑前一节的库存控制例子。与之前的确定性调度问题的求解类似，我们序贯地求解所有尾部子问题的最优费用，从短的问题到长的问题。唯一的区别是最优费用按照期望值来计算，因为这里的问题是随机的。

长度为 1 的尾部子问题：假设在阶段 $N-1$ 开始时的库存水平为 x_{N-1}。显然，无论后面发生什么，库存管理员应当订购 $u_{N-1} \geqslant 0$ 让订购费用与末端维持/短缺费用的期望值之和最小。所以，他应当在 u_{N-1} 上最小化 $cu_{N-1} + E\{R(x_N)\}$ 之和，可以写成

$$cu_{N-1} + E_{w_{N-1}}\{R(x_{N-1} + u_{N-1} - w_{N-1})\}$$

我们加上在阶段 $N-1$ 的维持/短缺费用，看到最后一个阶段的最优费用（加上末端费用）给定如下

$$J_{N-1}(x_{N-1}) = r(x_{N-1}) + \min_{u_{N-1} \geqslant 0} \left[cu_{N-1} + E_{w_{N-1}}\{R(x_{N-1} + u_{N-1} - w_{N-1})\}\right]$$

J_{N-1} 自然是库存水平 x_{N-1} 的函数。可以通过分析或者数值方法（此时用一张表来存储函数 J_{N-1}）来求解。在计算 J_{N-1} 的过程中，我们获得最后一个阶段的最优库存策略 $\mu^*_{N-1}(x_{N-1})$：$\mu^*_{N-1}(x_{N-1})$ 是对 x_{N-1} 的给定值让之前方程的右侧最小的 u_{N-1} 的取值。

长度为 2 的尾部子问题：假设在阶段 $N-2$ 开始时的库存水平是 x_{N-2}。很明显库存管理员应当订购的库存量不应仅让阶段 $N-2$ 的费用期望值最小，而且应让如下费用最小

$$(\text{阶段}N-2\text{的期望费用})+(\text{阶段}N-1\text{的期望费用，给定在阶段}N-1\text{阶段将使用最优策略})$$

这等于

$$r(x_{N-2})+cu_{N-2}+E\{J_{N-1}(x_{N-1})\}$$

使用系统方程 $x_{N-1}=x_{N-2}+u_{N-2}-w_{N-2}$，最后一项也可以写成 $J_{N-1}(x_{N-2}+u_{N-2}-w_{N-2})$。

所以给定我们在 x_{N-2} 状态时最后两个阶段的最优费用，记作 $J_{N-2}(x_{N-2})$，即

$$J_{N-2}(x_{N-2})=r(x_{N-2})+\min_{u_{N-2}\geqslant 0}\left[cu_{N-2}+F_{w_{N-2}}\{J_{N-1}(x_{N-2}+u_{N-2}-w_{N-2})\}\right]$$

再一次，对每个 x_{N-2} 计算 $J_{N-2}(x_{N-2})$。同时，最优策略 $\mu^*_{N-2}(x_{N-2})$ 也被计算出来。

长度为 $N-k$ 的子问题：类似地，我们有在阶段 k，当库存水平为 x_k 时，库存管理人员应当订购 u_k 来最小化

$$(\text{阶段}k\text{的期望费用})+(\text{阶段}k+1,\cdots,N-1\text{的期望费用}$$
$$\text{假设这些阶段将使用最优策略})$$

通过用 $J_k(x_k)$ 表示最优费用，我们有

$$J_k(x_k)=r(x_k)+\min_{u_k\geqslant 0}[cu_k+E_{w_k}\{J_{k+1}(x_k+u_k-w_k)\}] \tag{1.4}$$

这正是这个问题的动态规划方程。

函数 $J_k(x_k)$ 表示了从阶段 k 开始时初始库存为 x_k 的尾部子问题的最优期望费用。这些函数从阶段 $N-1$ 开始到阶段 0 结束按时间反向迭代计算出来。数值 $J_0(x_0)$ 是当 0 时刻的初始库存为 x_0 时的最优期望费用。在计算中，最优策略通过最小化 (1.4) 式右侧来同步计算出来。

这个例子展示了由动态规划提供的主要优点。尽管原库存问题需要在策略集合上进行优化，(1.4) 式的动态规划算法将这个问题分解成了一系列在控制集合上的最小化问题。其中每个最小化都比原问题简单许多。

基本问题的动态规划算法

我们现在介绍基本问题的动态规划算法并通过将数学名词翻译成上面的库存例子中的经验术语来展示其最优性。

命题 1.3.1　*对每个初始状态 x_0，基本问题的最优费用 $J^*(x_0)$ 等于 $J_0(x_0)$，由如下算法的最后一步给出，这一算法沿时间反向从阶段 $N-1$ 向阶段 0 进行：*

$$J_N(x_N)=g_N(x_N) \tag{1.5}$$

$$J_k(x_k)=\min_{u_k\in U_k(x_k)}E\{g_k(x_k,u_k,w_k)+J_{k+1}(f_k(x_k,u_k,w_k))\},\ k=0,1,\cdots,N-1 \tag{1.6}$$

其中的数学期望按照 w_k 的概率分布计算，后者依赖 x_k 和 u_k。进一步，如果对每个 x_k 和 k，$u^*_k=\mu^*_k(x_k)$ 让 (1.6) 式右侧最小，那么策略 $\pi=\{\mu^*_0,\cdots,\mu^*_{N-1}\}$ 是最优的。

证明[①]　*对每个可接受策略 $\pi=\{\mu_0,\mu_1,\cdots,\mu_{N-1}\}$ 和每个 $k=0,1,\cdots,N-1$，记有 $\pi^k=\{\mu_k,\mu_{k+1},\cdots,\mu_{N-1}\}$。对 $k=0,1,\cdots,N-1$，令 $J^*_k(x_k)$ 为时间 k 从状态 x_k 开始到时间 N 结束的 $(N-k)$ 阶段问题的最优费用，*

① 我们的证明不太正式，且假设函数 J_k 是有定义的并且有限。作为更严格的证明，需要处理一些数学问题；见 1.5 节。若扰动 w_k 取有限或者可数个值且 (1.1) 式的费用函数表达式中所有项的期望值对每个可接受的策略 π 都有定义且有限，那么这些问题不会出现。

$$J_k^*(x_k) = \min_{\pi^k} E_{w_k,\cdots,w_{N-1}} \left\{ g_N(x_N) + \sum_{i=k}^{N-1} g_i\left(x_i, \mu_i(x_i), w_i\right) \right\}$$

对 $k=N$，我们定义 $J_N^*(x_N)=g_N(x_N)$。我们将通过归纳法证明函数 J_k^* 等于由动态规划算法生成的函数 J_k，这样对 $k=0$，我们将获得所需的结果。

确实，我们由定义有 $J_N^*=J_N=g_N$。假设对某个 k 和所有的 x_{k+1}，我们有 $J_{k+1}^*(x_{k+1})=J_{k+1}(x_{k+1})$。然后，因为 $\pi^k=(\mu_k,\pi^{k+1})$，我们对所有的 x_k 有

$$\begin{aligned}
J_k^*(x_k) &= \min_{(\mu_k,\pi^{k+1})} E_{w_k,\cdots,w_{N-1}} \left\{ g_k(x_k,\mu_k(x_k),w_k) + g_N(x_N) + \sum_{i=k+1}^{N-1} g_i(x_i,\mu_i(x_i),w_i) \right\} \\
&= \min_{\mu_k} E_{w_k} \left\{ g_k(x_k,\mu_k(x_k),w_k) + \right. \\
&\quad \left. \min_{\pi^{k+1}} \left[E_{w_{k+1},\cdots,w_{N-1}} \left\{ g_N(x_N) + \sum_{i=k+1}^{N-1} g_i\left(x_i,\mu_i(x_i),w_i\right) \right\} \right] \right\} \\
&= \min_{\mu_k} E_{w_k} \left\{ g_k(x_k,\mu_k(x_k),w_k) + J_{k+1}^*(f_k(x_k,\mu_k(x_k),w_k)) \right\} \\
&= \min_{\mu_k} E_{w_k} \left\{ g_k(x_k,\mu_k(x_k),w_k) + J_{k+1}(f_k(x_k,\mu_k(x_k),w_k)) \right\} \\
&= \min_{u_k\in U_k(x_k)} E_{w_k} \left\{ g_k(x_k,u_k,w_k) + J_{k+1}(f_k(x_k,u_k,w_k)) \right\} \\
&= J_k(x_k)
\end{aligned}$$

完成了归纳。在上面第二个等号，我们将对 π^{k+1} 的最小化移进了括号表达式内，使用最优化原理："最优策略的尾部对于尾部子问题是最优的"(对于这一步的更严格的证明将在 1.5 节中给出)。在第三个等式中，我们使用了 J_{k+1}^* 的定义，在第四个等式中我们使用了归纳假设。在第五个等式中，我们将对 μ_k 的最小化转化为对 u_k 的最小化，使用了如下事实，即对 x 和 u 的任意函数 F，我们有

$$\min_{\mu\in M} F\left(x,\mu(x)\right) = \min_{u\in U(x)} F(x,u)$$

其中 M 是对所有 x 满足 $\mu(x)\in U(x)$ 的所有函数 $\mu(x)$ 构成的集合。

上面证明的论述将 $J_k(x_k)$ 解释为从 k 时刻的状态 x_k 出发到 N 时刻结束的 $(N-k)$ 阶段问题的最优费用。我们于是将 $J_k(x_k)$ 称为 k 时刻状态 x_k 的后续费用，并将 J_k 称为 k 时刻的后续费用函数。

在理想情况下，我们希望用动态规划算法获得 J_k 的闭式表达或者最优策略。在本书中，我们将讨论一大类允许动态规划获得解析解的模型。即使这些模型依赖的假设过度简化，这些模型通常非常有用。这些模型可能提供对于更加复杂模型的最优解结构的有价值的启示，可以构成次优控制的基础。进一步，分析可解模型对建模提供了有用的指导：当面临新问题时，值得尝试将其模型匹配到这些分析可处理的主要模型中的某一个。

不幸的是，在许多实际情形中解析解并不可能，需要寻求动态规划算法的数值解。这将是非常耗费时间的，因为 (1.6) 式动态规划的最小化需要在 x_k 的每个值下进行。状态空间如果不是有限集合，就需要按照某种方式离散化。所需的计算量与 x_k 可能取值的个数成正比，所以对于

复杂问题计算负担非常大。不过，动态规划是对于不确定性下序贯优化的唯一通用方法，即使当其在计算上不可行，也可以作为更实际的次优方法的基础，这将在第 6 章讨论。

下面的例子阐述了动态规划的一些分析和计算特点。

例 1.3.1

一种材料按顺序通过两个炉子（见图 1.3.2）。记

x_0: 材料的初始温度；

$x_k, k=1,2$: 炉子 k 出口处材料的温度；

$u_{k-1}, k=1,2$: 炉子 k 的温度。

我们假设如下形式的模型

$$x_{k+1}=(1-a)x_k+au_k, k=0,1$$

其中 a 是区间 $(0,1)$ 上的已知标量。目标是让最终温度 x_2 接近目标温度 T，同时用相对少的能量。这表达为如下形式的费用函数

$$r(x_2-T)^2+u_0^2+u_1^2$$

其中 $r>0$ 是给定标量。我们假设 u_k 没有任何约束。(在实际中，存在约束，但如果我们能够求解无约束问题并验证解满足约束条件，也没有问题。）问题是确定性的；即没有随机不确定性。然而，这样的问题可以通过引入以概率 1 取单一值的虚拟扰动放入基本框架内。

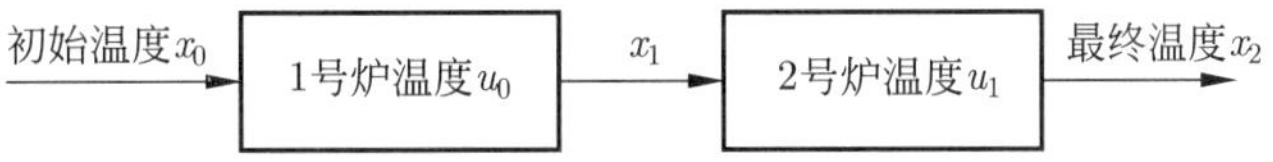

初始温度 x_0 → 1号炉温度 u_0 → x_1 → 2号炉温度 u_1 → 最终温度 x_2

图 1.3.2　例 1.3.1 中的问题。物质的温度按照 $x_{k+1}=(1-a)x_k+au_k$ 演化，其中 a 是某个标量，满足 $0<a<1$

我们有 $N=2$，末端费用 $g_2(x_2)=r(x_2-T)^2$，所以动态规划算法的初始条件为 [参见 (1.5) 式]

$$J_2(x_2)=r(x_2-T)^2$$

对于倒数第二个阶段，我们有 [参见 (1.6) 式]

$$\begin{aligned}J_1(x_1)&=\min_{u_1}\left[u_1^2+J_2(x_2)\right]\\&=\min_{u_1}\left[u_1^2+J_2\left((1-a)x_1+au_1\right)\right]\end{aligned}$$

代入 J_2 的之前形式，我们获得

$$J_1(x_1)=\min_{u_1}\left[u_1^2+r\left((1-a)x_1+au_1-T\right)^2\right] \tag{1.7}$$

这里的最小化通过将对于 u_1 的导数设为 0 来求解。这将获得

$$0=2u_1+2ra\left((1-a)x_1+au_1-T\right)$$

并通过对 u_1 求解，我们获得对于最后一个炉子的最优温度为

$$\mu_1^*(x_1)=\frac{ra\left(T-(1-a)x_1\right)}{1+ra^2}$$

注意这不是单个控制，而是控制函数，是一个规则告诉我们对每个可能状态 x_1 的最优炉温 $u_1=\mu_1^*(x_1)$。

通过在 (1.7) 式 J_1 的表达式中代入最优的 u_1，我们有

$$J_1(x_1) = \frac{r^2a^2\left((1-a)x_1-T\right)^2}{(1+ra^2)^2} + r\left((1-a)x_1 + \frac{ra^2\left(T-(1-a)x_1\right)}{1+ra^2} - T\right)^2$$
$$= \frac{r^2a^2\left((1-a)x_1-T\right)^2}{(1+ra^2)^2} + r\left(\frac{ra^2}{1+ra^2}-1\right)^2\left((1-a)x_1-T\right)^2$$
$$= \frac{r\left((1-a)x_1-T\right)^2}{1+ra^2}$$

现在回退一个阶段。我们有 [参见 (1.6) 式]

$$J_0(x_0) = \min_{u_0}\left[u_0^2 + J_1(x_1)\right] = \min_{u_0}\left[u_0^2 + J_1\left((1-a)x_0 + au_0\right)\right]$$

并通过代入已经获得的 J_1 的表达式，我们有

$$J_0(x_0) = \min_{u_0}\left[u_0^2 + \frac{r\left((1-a)^2x_0 + (1-a)au_0 - T\right)^2}{1+ra^2}\right]$$

通过将相应的导数设为 0 来最小化 u_0，我们获得

$$0 = 2u_0 + \frac{2r(1-a)a\left((1-a)^2x_0 + (1-a)au_0 - T\right)}{1+ra^2}$$

在一些计算之后，获得第一台炉子的最优温度：

$$\mu_0^*(x_0) = \frac{r(1-a)a\left(T-(1-a)^2x_0\right)}{1+ra^2\left(1+(1-a)^2\right)}$$

最优费用可以通过在 J_0 的公式中代入这一表达式获得。通过直接但是冗长的计算，最终可以获得如下相对简单的公式

$$J_0(x_0) = \frac{r\left((1-a)^2x_0-T\right)^2}{1+ra^2\left(1+(1-a)^2\right)}$$

该问题的求解至此完成。

上面例子的一个值得注意的特点是我们获得解析解所使用的方法。跟踪上面的计算过程再稍加分析就会发现计算能得以简化归功于费用的二次形式和系统方程的线性。在 4.1 节，我们将看到，一般而言，当系统是线性的且费用是二次的，最优策略和后续费用函数可以由闭式表达式给出，不论阶段数 N 是多少。

这个例子的另一个值得注意的特点是当在系统方程中加入零均值随机扰动时最优策略保持不变。为了看到这一点，假设材料的温度变化如下

$$x_{k+1} = (1-a)x_k + au_k + w_k, k = 0, 1$$

其中 w_0、w_1 是给定分布的独立随机变量，均值为 0，

$$E\{w_0\} = E\{w_1\} = 0$$

且方差有限。那么 J_1 的方程 [(1.6) 式] 变成

$$J_1(x_1) = \min_{u_1} E_{w_1}\left\{u_1^2 + r\left((1-a)x_1 + au_1 + w_1 - T\right)^2\right\}$$
$$= \min_{u_1}\left[u_1^2 + r\left((1-a)x_1 + au_1 - T\right)^2 + 2rE\{w_1\}\left((1-a)x_1 + au_1 - T\right) + rE\{w_1^2\}\right]$$

因为 $E\{w_1\}=0$，我们有

$$J_1(x_1)=\min_{u_1}\left[u_1^2+r\left((1-a)x_1+au_1-T\right)^2\right]+rE\{w_1^2\}$$

将这个方程与 (1.7) 式相比，我们看到 w_1 的存在导致了额外的不重要的一项，$rE\{w_1^2\}$。所以，最后一个阶段的最优策略在 w_1 存在时保持不变，而 $J_1(x_1)$ 增加了常数项 $rE\{w_1^2\}$。可以看到对于第一个阶段存在类似情形。特别地，最优费用由与上面相同的表达式给出，唯一的区别是依赖于 $E\{w_0^2\}$ 和 $E\{w_1^2\}$ 的加性常数。

如果当扰动由其均值替代时最优策略没有变化，我们说*确定等价性*成立。我们将对几类涉及线性系统和二次型费用的系统推导确定等价性（见 4.1 节、5.2 节和 5.3 节）。

例 1.3.2

为了解释动态规划的计算特点，考虑与 1.1 节和 1.2 节稍有不同的库存控制问题。特别地，我们假设库存 u_k 和需求 w_k 是非负整数，超出的需求 $(w_k-x_k-u_k)$ 被丢弃。结果，库存方程形式如下

$$x_{k+1}=\max(0,x_k+u_k-w_k)$$

我们也假设库存上界为 2，即，存在约束 $x_k+u_k\leqslant 2$。在第 k 阶段的存储费用给定如下

$$(x_k+u_k-w_k)^2$$

意味着对于超出的库存和在第 k 个阶段没有满足的需求都有惩罚。单位订购费用是 1。所以每个阶段的费用是

$$g_k(x_k,u_k,w_k)=u_k+(x_k+u_k-w_k)^2$$

假设末端费用为 0，

$$g_N(x_N)=0$$

规划时长 N 是 3 个阶段，初始库存 x_0 为 0。每个阶段的需求 w_k 概率分布相同，如下

$$p(w_k=0)=0.1,p(w_k=1)=0.7,p(w_k=2)=0.2$$

这个系统也可以通过不同控制下在三个可能状态之间的转移概率 $p_{ij}(u)$ 来表示（见图 1.3.3）。

开始动态规划算法的方程为

$$J_3(x_3)=0$$

因为末端状态的费用为 0[参见 (1.5) 式]。算法形式如下 [参见 (1.6) 式]

$$J_k(x_k)=\min_{0\leqslant u_k\leqslant 2-x_k,u_k=0,1,2}E_{w_k}\left\{u_k+(x_k+u_k-w_k)^2+J_{k+1}\left(\max(0,x_k+u_k-w_k)\right)\right\}$$

其中 $k=0,1,2$ 且 x_k,u_k,w_k 可以取值 0,1 和 2。

阶段 2：为三个可能状态中的每一个计算 $J_2(x_2)$。有

$$\begin{aligned}J_2(0)&=\min_{u_2=0,1,2}E_{w_2}\left\{u_2+(u_2-w_2)^2\right\}\\&=\min_{u_2=0,1,2}\left[u_2+0.1(u_2)^2+0.7(u_2-1)^2+0.2(u_2-2)^2\right]\end{aligned}$$

为 u_2 的三个可能取值中的每一个计算上式右侧的期望值：

$$u_2=0,\quad E\{\cdot\}=0.7\cdot 1+0.2\cdot 4=1.5$$

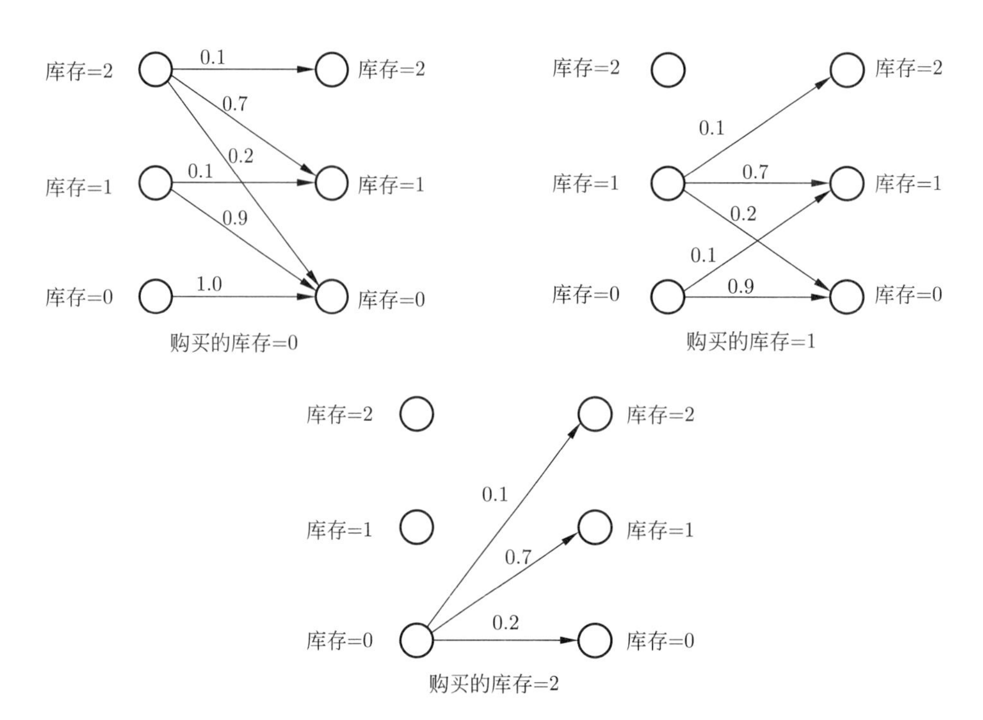

图 1.3.3　例 1.3.2 的系统和动态规划结果。不同库存购买量（控制）下的转移概率图示于图中。弧旁的数字是转移概率。因为约束 $x_k + u_k \leqslant 2$，控制 $u = 1$ 在状态 2 下不可用。类似地，控制 $u = 2$ 在状态 1 和 2 不可用。动态规划算法的结果在表中给出

图 1.3.3 中的表格

库存	阶段 0 的后续费用	阶段 0 的最优购买库存量	阶段 1 的后续费用	阶段 1 的最优购买库存量	阶段 2 的后续费用	阶段 2 的最优购买库存量
0	3.7	1	2.5	1	1.3	1
1	2.7	0	1.5	0	0.3	0
2	2.818	0	1.68	0	1.1	0

$$u_2 = 1, \quad E\{\cdot\} = 1 + 0.1 \cdot 1 + 0.2 \cdot 1 = 1.3$$

$$u_2 = 2, \quad E\{\cdot\} = 2 + 0.1 \cdot 4 + 0.7 \cdot 1 = 3.1$$

通过选择最小化的 u_2，于是有

$$J_2(0) = 1.3, \mu_2^*(0) = 1$$

对 $x_2 = 1$，有

$$\begin{aligned} J_2(1) &= \min_{u_2=0,1} E_{w_2}\left\{u_2 + (1 + u_2 - w_2)^2\right\} \\ &= \min_{u_2=0,1}\left[u_2 + 0.1(1+u_2)^2 + 0.7(u_2)^2 + 0.2(u_2-1)^2\right] \end{aligned}$$

右侧的期望值是

$$u_2 = 0, \quad E\{\cdot\} = 0.1 \cdot 1 + 0.2 \cdot 1 = 0.3$$

$$u_2 = 1, \quad E\{\cdot\} = 1 + 0.1 \cdot 4 + 0.7 \cdot 1 = 2.1$$

然后

$$J_2(1) = 0.3, \mu_2^*(1) = 0$$

对 $x_2 = 2$，唯一可接受的控制是 $u_2 = 0$，所以有

$$J_2(2) = E_{w_2}\left\{(2 - w_2)^2\right\} = 0.1 \cdot 4 + 0.7 \cdot 1 = 1.1$$

$$J_2(2) = 1.1, \mu_2^*(2) = 0$$

阶段 1：再一次，对三个可能状态 $x_1 = 0, 1, 2$ 的每一个计算 $J_1(x_1)$，使用从前一个阶段获得的值 $J_2(0), J_2(1), J_2(2)$。对于 $x_1 = 0$，有

$$J_1(0) = \min_{u_1=0,1,2} E_{w_1}\left\{u_1 + (u_1 - w_1)^2 + J_2\left(\max(0, u_1 - w_1)\right)\right\}$$

$$u_1 = 0, \quad E\{\cdot\} = 0.1 \cdot J_2(0) + 0.7\left(1 + J_2(0)\right) + 0.2\left(4 + J_2(0)\right) = 2.8$$

$$u_1 = 1, \quad E\{\cdot\} = 1 + 0.1\left(1 + J_2(1)\right) + 0.7 \cdot J_2(0) + 0.2\left(1 + J_2(0)\right) = 2.5$$

$$u_1 = 2, \quad E\{\cdot\} = 2 + 0.1\left(4 + J_2(2)\right) + 0.7\left(1 + J_2(1)\right) + 0.2 \cdot J_2(0) = 3.68$$

$$J_1(0) = 2.5, \mu_1^*(0) = 1$$

对于 $x_1 = 1$，有

$$J_1(1) = \min_{u_1=0,1} E_{w_1}\left\{u_1 + (1 + u_1 - w_1)^2 + J_2(\max(0, 1 + u_1 - w_1))\right\}$$

$$u_1 = 0, \quad E\{\cdot\} = 0.1\left(1 + J_2(1)\right) + 0.7 \cdot J_2(0) + 0.2\left(1 + J_2(0)\right) = 1.5$$

$$u_1 = 1, \quad E\{\cdot\} = 1 + 0.1\left(4 + J_2(2)\right) + 0.7\left(1 + J_2(1)\right) + 0.2 \cdot J_2(0) = 2.68$$

$$J_1(1) = 1.5, \mu_1^*(1) = 0$$

对于 $x_1 = 2$，唯一可以接受的控制是 $u_1 = 0$，所以有

$$\begin{aligned} J_1(2) &= E_{w_1}\left\{(2 - w_1)^2 + J_2\left(\max(0, 2 - w_1)\right)\right\} \\ &= 0.1\left(4 + J_2(2)\right) + 0.7\left(1 + J_2(1)\right) + 0.2 \cdot J_2(0) \\ &= 1.68 \end{aligned}$$

$$J_1(2) = 1.68, \mu_1^*(2) = 0$$

阶段 0：因为初始状态已知为 0，这里仅需要计算 $J_0(0)$。有

$$J_0(0) = \min_{u_0=0,1,2} E_{w_0}\left\{u_0 + (u_0 - w_0)^2 + J_1\left(\max(0, u_0 - w_0)\right)\right\}$$

$$u_0 = 0, \quad E\{\cdot\} = 0.1 \cdot J_1(0) + 0.7\left(1 + J_1(0)\right) + 0.2\left(4 + J_1(0)\right) = 4.0$$

$$u_0 = 1, \quad E\{\cdot\} = 1 + 0.1\left(1 + J_1(1)\right) + 0.7 \cdot J_1(0) + 0.2\left(1 + J_1(0)\right) = 3.7$$

$$u_0 = 2, \quad E\{\cdot\} = 2 + 0.1\left(4 + J_1(2)\right) + 0.7\left(1 + J_1(1)\right) + 0.2 \cdot J_1(0) = 4.818$$

$$J_0(0) = 3.7, \mu_0^*(0) = 1$$

如果初始状态事先未知，我们应该用类似方式计算 $J_0(1)$ 和 $J_0(2)$，以及最小化 u_0。读者可自行验证（习题 1.2）这些计算将获得

$$J_0(1) = 2.7, \mu_0^*(1) = 0$$

$$J_0(2) = 2.818, \mu_0^*(2) = 0$$

所以每个阶段的最优订购策略是如果当前库存为 0，那么就订购一个，否则不订购。动态规划算法的结果在图 1.3.3 中按表格形式给出。

例 1.3.3（国际象棋比赛策略优化）

考虑 1.1 节中的国际象棋比赛例子。那里，在比赛的每局棋中棋手可以选择胆小风格（和棋与输棋的概率分别是 p_d 和 $1-p_d$）或者胆大风格（赢棋与输棋的概率分别是 p_w 和 $1-p_w$）。我们想用动态规划算法找到让棋手赢得整场比赛的概率最大的策略。注意在这里我们处理的是最大化问题。我们可以通过改变费用函数的符号将问题转化为最小化问题，但更简单的一种方式也是我们将广泛采用的方式是，将动态规划算法中的最小化替换为最大化。

让我们考虑更一般的有 N 局棋的比赛，令状态为净得分，即，棋手得分减去对手得分（所以状态 0 对应于平分）。在第 k 局棋开始时的最优后续费用函数由动态规划迭代给出

$$\begin{aligned} J_k(x_k) = \max \ & [p_d J_{k+1}(x_k) + (1-p_d) J_{k+1}(x_k - 1), \\ & p_w J_{k+1}(x_k+1) + (1-p_w) J_{k+1}(x_k - 1)] \end{aligned} \tag{1.8}$$

上面的最大化在如下两种可能决策之间选取：

(a) 胆小风格，这以概率 p_d 将得分保持在 x_k，以概率 $1-p_d$ 将 x_k 变成 $x_k - 1$。

(b) 胆大风格，这以概率 p_w 将 x_k 变成 x_k+1，或者以概率 $(1-p_w)$ 将 x_k 变成 x_k-1。

当

$$p_w J_{k+1}(x_k+1) + (1-p_w) J_{k+1}(x_k-1) \geqslant p_d J_{k+1}(x_k) + (1-p_d) J_{k+1}(x_k-1)$$

时，采用胆大风格是最优的，或者等价地，如果

$$\frac{p_w}{p_d} \geqslant \frac{J_{k+1}(x_k) - J_{k+1}(x_k-1)}{J_{k+1}(x_k+1) - J_{k+1}(x_k-1)} \tag{1.9}$$

时，采用胆大风格是最优的。动态规划迭代开始于

$$J_N(x_N) = \begin{cases} 1 & 若\, x_N > 0 \\ p_w & 若\, x_N = 0 \\ 0 & 若\, x_N < 0 \end{cases} \tag{1.10}$$

在这个方程中，我们有 $J_N(0) = p_w$，因为在 N 局比赛之后得分相等 $(x_N = 0)$ 时，在第一局比赛中采用胆大模式进入突然死亡是最优的。

通过从末端条件 (1.10) 式出发执行 (1.8) 式的动态规划算法，以及对胆大风格使用 (1.9) 式的条件，假设 $p_d > p_w$，我们发现如下结论：

$$\begin{aligned} J_{N-1}(x_{N-1}) &= 1\ 对 x_{N-1} > 1；最优风格：任意 \\ J_{N-1}(1) &= \max[p_d + (1-p_d)p_w, p_w + (1-p_w)p_w] \\ &= p_d + (1-p_d)p_w; 最优风格：胆小 \\ J_{N-1}(0) &= p_w; 最优风格：胆大 \\ J_{N-1}(-1) &= p_w^2; 最优风格：胆大 \\ J_{N-1}(x_{N-1}) &= 0 对 x_{N-1} < -1; 最优风格：任意 \end{aligned}$$

还有，给定 $J_{N-1}(x_{N-1})$ 和 (1.8) 式、(1.9) 式，我们有

$$\begin{aligned}J_{N-2}(0) &= \max\left[p_d p_w + (1-p_d)p_w^2, p_w\left(p_d + (1-p_d)p_w\right) + (1-p_w)p_w^2\right]\\&= p_w\left(p_w + (p_w + p_d)(1-p_w)\right)\end{aligned}$$

如果还剩两局棋时平分，采用胆大风格是最优的。所以对于 2 局棋的比赛，两个阶段的最优策略是当且仅当棋手得分领先采用胆小风格。当 (p_w, p_d) 的取值区间是

$$R_2 = \{(p_w, p_d) | J_0(0) = p_w\left(p_w + (p_w + p_d)(1-p_w)\right) > 1/2\}$$

时，棋手以高于 50-50 的机会赢得两局棋比赛。在之前章节中注意到以上区间包含 $p_w < 1/2$ 的点。

例 1.3.4（有限状态系统）

我们之前提到（参见 1.1 节的例子）具有有限状态的系统可以用离散时间系统方程表示或者用状态之间的转移概率表示。让我们按照后一种情况给出动态规划算法。我们为了下面的讨论假设问题是平稳的（即，转移概率、每阶段的费用和控制约束集合不随阶段变化而改变）。那么，如果

$$p_{ij}(u) = P\{x_{k+1} = j | x_k = i, u_k = u\}$$

是转移概率，我们可以用系统方程来表示系统（参见前一节的讨论）

$$x_{k+1} = w_k$$

其中扰动 w_k 的概率分布是

$$P\{w_k = j | x_k = i, u_k = u\} = p_{ij}(u)$$

使用这一系统方程并用 $g(i,u)$ 表示在状态 i 使用控制 u 时每个阶段的期望费用，动态规划算法可以被重写为

$$J_k(i) = \min_{u\in U(i)}\left[g(i,u) + E\left\{J_{k+1}(w_k)\right\}\right]$$

或者等价地（注意到之前给出的 w_k 的分布）

$$J_k(i) = \min_{u\in U(i)}\left[g(i,u) + \sum_j p_{ij}(u) J_{k+1}(j)\right]$$

作为示例，在 1.1 节的机器替换例子中，这个算法取如下形式

$$J_N(i) = 0, i = 1, \cdots, n$$

$$J_k(i) = \min\left[R + g(1) + J_{k+1}(1), g(i) + \sum_{j=i}^{n} p_{ij} J_{k+1}(j)\right]$$

上面最小化中的两个表达式对应于两种可用的决策（是否替换机器）。

在 1.1 节的排队例子中，动态规划算法形式如下

$$J_N(i) = R(i), i = 0, 1, \cdots, n$$

$$J_k(i) = \min\left[r(i) + c_f + \sum_{j=0}^{n} p_{ij}(u_f) J_{k+1}(j), r(i) + c_s + \sum_{j=0}^{n} p_{ij}(u_s) J_{k+1}(j)\right]$$

上面最小化的两个表达式对应于两种可能的决策（快服务和慢服务）。

注意如果在每个阶段有 n 个状态，$U(i)$ 包含 m 个控制，动态规划算法右侧的最小化要求对每个 (i,k) 执行 mn 的常数倍次运算。因为有 nN 个状态-时间对，动态规划算法的总运算次数等于 mn^2N 的常数倍。相反，所有策略的个数是 nN 的指数（多达 m^{nN}），所以枚举所有策略并比较费用的蛮力方法需要 nN 的指数次运算。

1.4 状态增广和其他重新建模

我们现在讨论如何处理当基本问题的一些假设条件被违反的情形。一般而言，在这些情形中问题可以被重新建模成基本问题的形式。这个过程被称为状态增广，因为这通常涉及增大状态空间。状态增广的通用原则是*在 k 时刻增加的状态中控制器在 k 时刻所有已知且有助于选择 u_k 的信息*。不幸的是，状态增广通常是有代价的：重新建模的问题可能具有非常复杂的状态和/或者控制空间。我们提供一些例子。

时间滞后

在许多应用中系统状态 x_{k+1} 不仅依赖于之前的状态 x_k 和控制 u_k，而且依赖更早的状态和控制。换言之，状态和控制影响未来的状态且有些滞后。这样的情形可以通过状态增广来处理；状态被扩充到包括适量的之前的状态和控制。

为了简化，假设状态和控制最多有单位时间的滞后；即，系统方程具有如下形式

$$x_{k+1} = f_k(x_k, x_{k-1}, u_k, u_{k-1}, w_k), k = 1, 2, \cdots, N-1 \tag{1.11}$$

$$x_1 = f_0(x_0, u_0, w_0)$$

超过单位时间的滞后可以类似处理。

如果我们引入额外的状态变量 y_k 和 s_k，同时引入 $y_k = x_{k-1}, s_k = u_{k-1}$，那么系统方程 (1.11) 式获得

$$\begin{pmatrix} x_{k+1} \\ y_{k+1} \\ s_{k+1} \end{pmatrix} = \begin{pmatrix} f_k(x_k, y_k, u_k, s_k, w_k) \\ x_k \\ u_k \end{pmatrix} \tag{1.12}$$

通过定义 $\tilde{x}_k = (x_k, y_k, s_k)$ 作为新状态，我们有

$$\tilde{x}_{k+1} = \tilde{f}_k(\tilde{x}_k, u_k, w_k)$$

其中系统方程 $\tilde{f}_k$ 由 (1.12) 式定义。通过使用之前的方程作为系统方程，同时将费用函数表示为新状态的函数，原问题化简为没有时间滞后的基本问题。自然地，控制 u_k 现在应该依赖于新的状态 $\tilde{x}_k$，或者等价地，一个策略应该是当前状态 x_k、之前的状态 x_{k-1} 和控制 u_{k-1} 的函数 μ_k。

当重新建模问题的动态规划算法翻译成用原问题的变量时，具有如下形式

$$J_N(x_N) = g_N(x_N)$$

$$J_{N-1}(x_{N-1}, x_{N-2}, u_{N-2}) = \min_{u_{N-1} \in U_{N-1}(x_{N-1})} E_{w_{N-1}} \{ g_{N-1}(x_{N-1}, u_{N-1}, w_{N-1}) \\ + J_N \left(f_{N-1}(x_{N-1}, x_{N-2}, u_{N-1}, u_{N-2}, w_{N-1}) \right) \}$$

$$J_k(x_k, x_{k-1}, u_{k-1}) = \min_{u_k \in U_k(x_k)} E_{w_k} \{g_k(x_k, u_k, w_k) \\ + J_{k+1}(f_k(x_k, x_{k-1}, u_k, u_{k-1}, w_k), x_k, u_k)\}, k = 1, \cdots, N-2$$

$$J_0(x_0) = \min_{u_0 \in U_0(x_0)} E_{w_0} \{g_0(x_0, u_0, w_0) + J_1(f_0(x_0, u_0, w_0), x_0, u_0)\}$$

当时间滞后出现在费用中时可以采用类似的方法重新建模；例如，在如下形式的费用情形中

$$E\left\{g_N(x_N, x_{N-1}) + g_0(x_0, u_0, w_0) + \sum_{k=1}^{N-1} g_k(x_k, x_{k-1}, u_k, w_k)\right\}$$

费用具有时间滞后的极端情形出现在非加性形式中

$$E\{g_N(x_N, x_{N-1}, \cdots, x_0, u_{N-1}, \cdots, u_0, w_{N-1}, \cdots, w_0)\}$$

那么这个问题可以通过采用如下的增广状态化简成基本问题的形式

$$\tilde{x}_k = (x_k, x_{k-1}, \cdots, x_0, u_{k-1}, \cdots, u_0, w_{k-1}, \cdots, w_0)$$

同时将 $E\{g_N(\tilde{x}_N)\}$ 作为重新建模时的费用。由当前和过去的状态 $x_k, \cdots, x_0$，过去的控制 $u_{k-1}, \cdots, u_0$ 和过去的扰动 $w_{k-1}, \cdots, w_0$ 的函数 μ_k 构成策略。自然地，我们必须假设控制器已知过去的扰动。否则，我们面临的问题中控制器不能精确地知道状态。这样的问题被称为具有不完备状态信息的问题，将在第 5 章讨论。

相关的扰动

我们现在转向如下情况，其中扰动 w_k 在时间上相关。在一种常见的可以由状态增广方法高效处理的情形中，过程 $w_0, \cdots, w_{N-1}$ 可以表示为由独立随机变量驱动的线性系统的输出。作为一个例子，假设通过使用统计方法，我们确定了 w_k 的演化可以被建模成如下形式的方程

$$w_k = \lambda w_{k-1} + \xi_k$$

其中 λ 是给定标量，$\{\xi\}$ 是一系列给定分布的独立随机向量。那么我们可以引入额外的状态变量

$$y_k = w_{k-1}$$

获得新的系统方程

$$\begin{pmatrix} x_{k+1} \\ y_{k+1} \end{pmatrix} = \begin{pmatrix} f_k(x_k, u_k, \lambda y_k + \xi_k) \\ \lambda y_k + \xi_k \end{pmatrix}$$

其中新状态是 $\tilde{x}_k = (x_k, y_k)$，新的扰动是向量 ξ_k。

更一般地，假设 w_k 可以被建模成

$$w_k = C_k y_{k+1}$$

其中

$$y_{k+1} = A_k y_k + \xi_k, k = 0, \cdots, N-1$$

A_k, C_k 是具有合适维度的已知矩阵，ξ_k 是具有给定分布的独立随机向量（见图 1.4.1）。通过将 y_k 视作额外的状态变量，我们获得新的系统方程

$$\begin{pmatrix} x_{k+1} \\ y_{k+1} \end{pmatrix} = \begin{pmatrix} f_k(x_k, u_k, C_k(A_k y_k + \xi_k)) \\ A_k y_k + \xi_k \end{pmatrix}$$

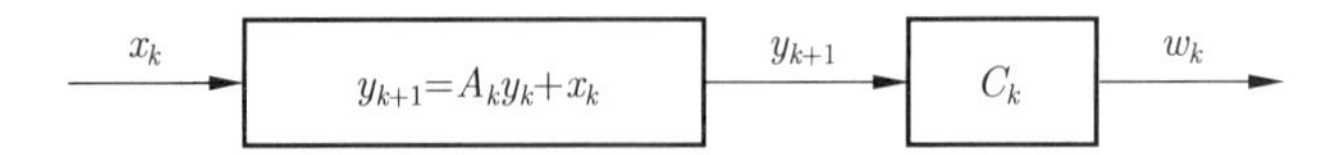

图 1.4.1 将关联扰动表示为由独立随机向量驱动的线性系统的输出

注意为了获得精确的状态信息，控制器必须能够观测 y_k。不幸的是，这仅在少数实际情形中成立；例如当 C_k 是单位阵、w_{k-1} 在 u_k 施加前可以被观测到。在精确状态信息的情形下，动态规划算法具有如下形式

$$J_N(x_N, y_N) = g_N(x_N)$$

$$J_k(x_k, y_k) = \min_{u_k \in U_k(x_k)} E_{\xi_k} \{g_k(x_k, u_k, C_k(A_k y_k + \xi_k)) + J_{k+1}(f_k(x_k, u_k, C_k(A_k y_k + \xi_k)), A_k y_k + \xi_k\}$$

预测

最后考虑一种情形，控制器可以在 k 时刻预测 y_k，这将重新评估 w_k 的概率分布以及可能还有未来扰动的概率分布。例如，y_k 可以是 w_k 的精确预测，或者估计 w_k 的概率分布是有限个分布中的某一个。在实际中有趣的情形是，例如，对天气状态、钱的利率、库存需求的概率性预测。

一般而言，尽管通过重新建模获得的基本问题可能非常复杂，但是预测可以通过状态增广来处理，我们将在这里仅处理一个简单情形。

假设在每个阶段 k 的开始，控制器获得精确的预测说下一个扰动 w_k 将根据给定分布集合 $\{Q_1, Q_2, \cdots, Q_m\}$ 中的某个特定的概率分布来选择；即，如果预测是 i，那么 w_k 按照 Q_i 来预测。预测状态为 i 的先验概率记作 p_i，且给定。

例如，假设在我们之前的库存例子中需求 w_k 根据三个分布 Q_1, Q_2 和 Q_3 中的某一个来确定，这三个分布分别对应于“小”、“中”和“大”需求。这三类需求的每一个都在每个时间阶段以给定概率出现，与之前时间阶段的需求值独立。然而，库存管理员在订购 u_k 之前，需要通过预测了解将出现的需求类型。(注意通过预测可以获得的是需求的概率分布，而不是需求本身。)

预测过程可以表达为如下方程

$$y_{k+1} = \xi_k$$

其中 y_{k+1} 可以取值 $1, 2, \cdots, m$，分别对应于 m 个可能的预测，ξ_k 是以概率 p_i 取值 i 的随机变量。这里的解释是当 ξ_k 取值为 i 时，那么 w_{k+1} 将按照分布 Q_i 出现。

通过将系统方程与预测方程 $y_{k+1} = \xi_k$ 结合，我们获得如下给定的增广系统

$$\begin{pmatrix} x_{k+1} \\ y_{k+1} \end{pmatrix} = \begin{pmatrix} f_k(x_k, u_k, w_k) \\ \xi_k \end{pmatrix}$$

新状态是

$$\tilde{x}_k = (x_k, y_k)$$

因为预测值 y_k 在 k 时刻已知，已知精确的状态信息。新的扰动是

$$\tilde{w}_k = (w_k, \xi_k)$$

其概率分布由分布 Q_i 和概率 p_i 来确定，并且显式地依赖于 $\tilde{x}_k$ (通过 y_k) 但不依赖于之前的扰动。

所以，通过合适地重新建模费用，该问题可以被转化成基本问题的形式。注意所施加的控制依赖当前状态和当前预测。动态规划算法取如下形式

$$J_N(x_N, y_N) = g_N(x_N)$$

$$J_k(x_k, y_k) = \min_{u_k \in U_k(x_k)} E_{w_k} \left\{ g_k(x_k, u_k, w_k) + \sum_{i=1}^{m} p_i J_{k+1}\left(f_k(x_k, u_k, w_k), i\right) | y_k \right\} \tag{1.13}$$

其中 y_k 可以取值 $1, \cdots, m$，在 w_k 上的期望值根据分布 Q_{y_k} 计算。

需要明确的是之前的模型采用了多种推广。一个例子是当预测可以通过控制行为影响且涉及多个未来的扰动。然而，这些推广的代价是对应的动态规划算法增长的复杂性。

针对不可控状态成分的简化

当对给定系统的状态进行增广时，经常出现组合状态，包括多个成分。如果这些成分中的一部分不由控制的选择影响，那么动态规划算法可以显著简化，正如我们现在将描述的。

令系统状态为 (x_k, y_k)，包含两部分 x_k 和 y_k。主要部分 x_k 的演化按如下方程受控制 u_k 影响

$$x_{k+1} = f_k(x_k, y_k, u_k, w_k)$$

其中概率分布 $P_k(w_k|x_k, y_k, u_k)$ 给定。另一部分 y_k 的演化由给定的条件分布 $P_k(y_k|x_k)$ 确定，除了间接地通过 x_k 之外，不受控制的影响。我们尝试将 y_k 视作扰动，但这里有区别：y_k 在施加 u_k 前由控制器观测，而 w_k 在 u_k 施加之后出现，确实 w_k 可能在概率意义上依赖于 u_k。

我们将建模一个动态规划算法，在状态的可控部分上执行，而在不可控部分上的依赖关系被“平均化”。特别地，用 $J_k(x_k, y_k)$ 表示阶段 k 和状态 (x_k, y_k) 的最优后续费用，定义

$$\hat{J}_k(x_k) = E_{y_k}\{J_k(x_k, y_k)|x_k\}$$

我们将推导动态规划算法来生成 $\hat{J}_k(x_k)$。

确实，我们有

$$\begin{aligned}
\hat{J}_k(x_k) &= E_{y_k}\{J_k(x_k, y_k)|x_k\} \\
&= E_{y_k}\left\{ \min_{u_k \in U_k(x_k, y_k)} E_{w_k, x_{k+1}, y_{k+1}} \{g_k(x_k, y_k, u_k, w_k) \right. \\
&\quad \left. + J_{k+1}(x_{k+1}, y_{k+1})|x_k, y_k, u_k\}|x_k \right\} \\
&= E_{y_k}\left\{ \min_{u_k \in U_k(x_k, y_k)} E_{w_k, x_{k+1}} \{g_k(x_k, y_k, u_k, w_k) \right. \\
&\quad \left. + E_{y_{k+1}}\{J_{k+1}(x_{k+1}, y_{k+1})|x_{k+1}\}|x_k, y_k, u_k\} \,|x_k \right\}
\end{aligned}$$

最后有

$$\begin{aligned}
\hat{J}_k(x_k) = E_{y_k}\left\{ \min_{u_k \in U_k(x_k, y_k)} E_{w_k} \{g_k(x_k, y_k, u_k, w_k) \right. \\
\left. + \hat{J}_{k+1}(f_k(x_k, y_k, u_k, w_k))\right\} |x_k \Big\}
\end{aligned} \tag{1.14}$$

这个等价的动态规划算法的优势是在极大化简后的状态空间中执行。例如，如果 x_k 取 n 个可能值，y_k 取 m 个可能值，那么动态规划在 n 个状态上而不是 nm 个状态上执行。然而应注意之前方程右侧的最小化获得的最优控制律是精确状态 (x_k, y_k) 的函数。

作为一个例子，正如之前讨论的，考虑从引入预测获得的增广状态。然后，预测值 y_k 代表了状态的不可控部分，所以动态规划算法可以如 (1.14) 式简化。特别地，通过定义

$$\hat{J}_k(x_k) = \sum_{i=1}^{m} p_i J_k(x_k, i), k = 0, 1, \cdots, N-1$$

和

$$\hat{J}_N(x_N) = g_N(x_N)$$

我们通过使用 (1.13) 式有

$$\begin{aligned}\hat{J}_k(x_k) = \sum_{i=1}^{m} p_i \min_{u_k \in U_k(x_k)} & E_{w_k} \{ g_k(x_k, u_k, w_k) \\ & + \hat{J}_{k+1}(f_k(x_k, u_k, w_k)) | y_k = i \Big\}\end{aligned}$$

这是在 x_k 的空间上执行的，而不是 x_k 和 y_k 的空间。

不可控的状态部分经常在到达系统中出现，例如排队，其中行为必须按照不受控制影响的随机事件（例如顾客到达）来选择。必须增广到达系统的状态来包括随机事件，但是动态规划算法可以在更小的空间上执行，如 (1.14) 式。下面是类似情形的另一个例子。

例 1.4.1（俄罗斯方块）

俄罗斯方块是在二维格点上玩的一款广受欢迎的视频游戏。格点上的每个方块可以是满的或者空的，构成了由“洞”和“参差不齐的顶”构成的“一堵砖墙”。不同形状的积木从格点顶部掉下来，落在墙的顶部。当给定的积木掉下来时，玩家可以水平移动或者旋转积木，受格点的尺寸和墙顶的高度限制。掉落的积木按照某个概率分布从给定的有限个标准形状构成的集合中生成。游戏开始时格点全空，当最高一行的某个格点满了，从而墙的顶部到达格点的顶部时游戏结束。当一行所有的方块都被填满时，整行被消除，上面所有的砖块下降一层，玩家获得一分。玩家的目标是最大化在 N 步内或者在游戏结束时能得到的分数（即消除的总行数），不论哪一种先出现。

我们可以将寻找最优的俄罗斯方框游戏策略的问题建模成随机动态规划问题。控制，记为 u，是掉落砖块的水平位置和施加的旋转。状态由两部分构成：

(1) 盘面状况，即，每个方块满/空的布尔描述，记为 x。

(2) 当前掉落砖块的形状，记为 y。

还有一个额外的末端状态且是免费的。一旦状态到达末端状态，系统将停留在那里且费用没有变化。

形状 y 按照概率分布 $p(y)$ 生成，与控制独立，所以可被视作不可控的状态部分。(1.14) 式的动态规划算法在 x 的空间上执行且具有直观的形式

$$\hat{J}_k(x) = \sum_{y} p(y) \max_{u} \left[g(x, y, u) + \hat{J}_{k+1}(f(x, y, u)) \right], \text{对所有的} x$$

其中 $g(x, y, u)$ 和 $f(x, y, u)$ 分别是获得的分数（消除的行数），以及在状态 (x, y) 下施加 u 的盘面状况（或者末端状态）。然而，应注意，尽管通过消除状态中不可控的部分可以简化动态规划算法，状态 x 的数量巨大，问题仅能用次优方法处理，这将在第 II 卷第 6 章讨论。

1.5　一些数学问题

现在让我们讨论与基本问题建模有关的技术问题以及动态规划算法的合理性。不倾向于数学的读者不需要考虑这些问题，可以跳过这一节而不失内容的连续性。

一旦采用一个可接受的策略 $\{\mu_0,\cdots,\mu_{N-1}\}$，在典型的阶段 k 可预见下面的事件序列：

(1) 控制器观测 x_k 并应用 $u_k=\mu_k(x_k)$。

(2) 扰动 w_k 按照给定分布 $P_k\left(\cdot|x_k,\mu_k(x_k)\right)$ 生成。

(3) 费用 $g_k\left(x_k,\mu_k(x_k),w_k\right)$ 被产生并加到之前的费用之上。

(4) 下一个状态 x_{k+1} 按照如下系统方程产生

$$x_{k+1}=f_k\left(x_k,\mu_k(x_k),w_k\right)$$

如果这是最后一个阶段（$k=N-1$），末端费用 $g_N(x_N)$ 加到之前的费用上，整个过程结束。否则，k 增加，在下一个阶段产生相同的事件序列。

对每个阶段，上面的过程定义完整并以概率意义严格执行。不过，问题出在需要将费用视作拥有良好定义的随机变量，且具有良好定义的期望值。概率论框架要求我们对每个策略定义一个相应的概率空间，即，集合 Ω，Ω 中的全体事件以及在这些事件上的概率测度。另外，费用必须是在附录 C 的意义下在这个空间上定义完整的随机变量（用测度概率论的术语表述为从概率空间到实轴的一个可测函数）。为让此成立，可能需要对函数 f_k,g_k 和 μ_k 的额外的（可测性）假设，而且可能需要引入对空间 S_k,C_k 和 D_k 的结构的假设。进一步，这些假设可能限制了可接受的策略的类别，因为函数 μ_k 可能被要求满足额外的（可测性）约束。

所以，除非说清楚这些额外的假设和结构，否则基本问题从数学的观点来看并未被完整建模出来。不幸的是，对于一般状态、控制和扰动空间的严格建模超出了这本介绍性书籍的数学框架，在这里将不讨论。不过，这些困难主要是技术上的，并未从本质上影响所获得的基本结论。为此原因，我们发现按照非正式的推导与论证来推进比较方便；这与本主题的多数文献一致。

然而，我们希望强调，在至少一个经常满足的假设下，上面提及的数学困难将消失。特别地，让我们假设扰动空间 D_k 是可数的，费用中所有项的期望值对于每个可接受的策略都是有限的（当空间 D_k 是有限集合时，这尤其成立。）然后，对于每个可接受的策略，所有费用项的期望值可以被写成涉及空间 D_k 的元素的概率的（可能无穷的）加和。

另一种方案是将费用写成

$$J_\pi(x_0)=E_{x_1,\cdots,x_N}\left\{g_N(x_N)+\sum_{k=0}^{N-1}\tilde{g}_k\left(x_k,\mu_k(x_k)\right)\right\} \tag{1.15}$$

其中

$$\tilde{g}_k\left(x_k,\mu_k(x_k)\right)=E_{w_k}\left\{g_k\left(x_k,\mu_k(x_k),w_k\right)|x_k,\mu_k(x_k)\right\}$$

前面的期望按定义在可数集合 D_k 上的分布 $P_k\left(\cdot|x_k,\mu_k(x_k)\right)$ 来取。那么可以将空间 $\tilde{S}_k,k=1,\cdots,N$ 的笛卡儿积作为基本概率空间，其中对所有的 k 有

$$\tilde{S}_{k+1}=\left\{x_{k+1}\in S_{k+1}|x_{k+1}=f_k\left(x_k,\mu_k(x_k),w_k\right),x_k\in\tilde{S}_k,w_k\in D_k\right\}$$

其中 $S_0=\{x_0\}$。集合 S_k 是使用策略 $\{\mu_0,\cdots,\mu_{N-1}\}$ 在 k 时刻可以到达的所有状态构成的子集。因为扰动空间 D_k 是可数的，集合 $\tilde{S}_k$ 也是可数的（因为任意可数个可数集合的并集仍然是

可数集合）。系统方程 $x_{k+1}=f_k\left(x_k,\mu_k(x_k),w_k\right)$，概率分布 $P_k\left(\cdot|x_k,\mu_k(x_k)\right)$，初始状态 x_0，策略 $\{\mu_0,\cdots,\mu_{N-1}\}$ 定义了在可数集合 $\tilde{S}_1\times\cdots\times\tilde{S}_N$ 上的概率分布，费用表达式 (1.15) 式的期望值可以按照后者的分布来定义。

现在让我们给出动态规划算法（命题 1.3.1）合理性的更细致的证明。假设扰动 w_k 取有限个或者可数个值，且对每个可接受的策略 π 费用函数表达式中所有项的期望值都是有限的。进一步，由动态规划算法生成的函数 $J_k(x_k)$ 对所有的状态 x_k 和时间 k 都是有限的。不需要假设在 $J_k(x_k)$ 的定义中在 u_k 上的最小值由某个 $u_k\in U(x_k)$ 取到。

对任意可接受的策略 $\pi=\{\mu_0,\mu_1,\cdots,\mu_{N-1}\}$ 和每个 $k=0,1,\cdots,N-1$，记有 $\pi^k=\{\mu_k,\mu_{k+1},\cdots,\mu_{N-1}\}$。对 $k=0,1,\cdots,N-1$，令 $J_k^*(x_k)$ 为从 k 时刻的状态 x_k 开始到 N 时刻结束的 $(N-k)$ 阶段问题的最优费用；即

$$J_k^*(x_k)=\min_{\pi^k}E\left\{g_N(x_N)+\sum_{i=k}^{N-1}g_i(x_i,\mu_i(x_i),w_i)\right\}$$

对于 $k=N$，我们定义 $J_N^*(x_N)=g_N(x_N)$。我们将用归纳法证明函数 J_k^* 等于由动态规划算法生成的函数 J_k，因此对于 $k=0$，我们将获得所需要的结果。

对任意的 $\epsilon>0$，对所有的 k 和 x_k，令 $\mu_k^\epsilon(x_k)$ 在 ϵ 中达到如下方程的最小值

$$J_k(x_k)=\min_{u_k\in U_k(x_k)}E_{w_k}\left\{g_k(x_k,u_k,w_k)+J_{k+1}\left(f_k(x_k,u_k,w_k)\right)\right\},\ k=0,1,\cdots,N-1 \tag{1.16}$$

即，对所有的 x_k 和 k，我们有 $\mu_k^\epsilon(x_k)\in U_k(x_k)$ 且

$$E_{w_k}\left\{g_k\left(x_k,\mu_k^\epsilon(x_k),w_k\right)+J_{k+1}\left(f_k(x_k,\mu_k^\epsilon(x_k),w_k)\right)\right\}\leqslant J_k(x_k)+\epsilon \tag{1.17}$$

令 $J_k^\epsilon(x_k)$ 为从 k 时刻的状态 x_k 开始使用策略 $\{\mu_k^\epsilon,\mu_{k+1}^\epsilon,\cdots,\mu_{N-1}^\epsilon\}$ 的期望费用。我们将证明对所有的 x_k 和 k 有

$$J_k(x_k)\leqslant J_k^\epsilon(x_k)\leqslant J_k(x_k)+(N-k)\epsilon \tag{1.18}$$

$$J_k^*(x_k)\leqslant J_k^\epsilon(x_k)\leqslant J_k^*(x_k)+(N-k)\epsilon \tag{1.19}$$

$$J_k(x_k)=J_k^*(x_k) \tag{1.20}$$

用 (1.17) 式可以看到 (1.18) 式和 (1.19) 式的不等式对 $k=N-1$ 成立。在 (1.18) 式和 (1.19) 式中让 $\epsilon\to 0$，还可以看出 $J_{N-1}=J_{N-1}^*$。假设 (1.18) 式–(1.20) 式对 $k+1$ 成立。我们将证明这些公式对于 k 也成立。

确实，我们有

$$\begin{aligned}
J_k^\epsilon(x_k)&=E_{w_k}\left\{g_k(x_k,\mu_k^\epsilon(x_k),w_k)+J_{k+1}^\epsilon\left(f_k(x_k,\mu_k^\epsilon(x_k),w_k)\right)\right\}\\
&\leqslant E_{w_k}\left\{g_k(x_k,\mu_k^\epsilon(x_k),w_k)+J_{k+1}(f_k(x_k,\mu_k^\epsilon(x_k),w_k))\right\}+(N-k-1)\epsilon\\
&\leqslant J_k(x_k)+\epsilon+(N-k-1)\epsilon\\
&=J_k(x_k)+(N-k)\epsilon
\end{aligned}$$

其中第一个等式由 J_k^ϵ 的定义成立，第一个不等式由归纳假设成立，第二个不等式由 (1.17) 式成立。我们还有

$$\begin{aligned}
J_k^\epsilon(x_k)&=E_{w_k}\left\{g_k(x_k,\mu_k^\epsilon(x_k),w_k)+J_{k+1}^\epsilon(f_k(x_k,\mu_k^\epsilon(x_k),w_k))\right\}\\
&\geqslant E_{w_k}\left\{g_k(x_k,\mu_k^\epsilon(x_k),w_k)+J_{k+1}(f_k(x_k,\mu_k^\epsilon(x_k),w_k))\right\}
\end{aligned}$$

$$
\begin{aligned}
&\geqslant \min_{u_k \in U(x_k)} E_{w_k}\{g_k(x_k,u_k,w_k)+J_{k+1}(f_k(x_k,u_k,w_k))\} \\
&= J_k(x_k)
\end{aligned}
$$

其中第一个不等式由归纳假设成立。将之前两个关系式联立，可以看到 (1.18) 式对 k 成立。

对每个策略 $\pi=\{\mu_0,\mu_1,\cdots,\mu_{N-1}\}$，我们有

$$
\begin{aligned}
J_k^{\epsilon}(x_k) &= E_{w_k}\left\{g_k(x_k,\mu_k^{\epsilon}(x_k),w_k)+J_{k+1}^{\epsilon}(f_k(x_k,\mu_k^{\epsilon}(x_k),w_k))\right\} \\
&\leqslant E_{w_k}\left\{g_k(x_k,\mu_k^{\epsilon}(x_k),w_k)+J_{k+1}(f_k(x_k,\mu_k^{\epsilon}(x_k),w_k))\right\}+(N-k-1)\epsilon \\
&\leqslant \min_{u_k \in U(x_k)} E_{w_k}\left\{g_k(x_k,u_k,w_k)+J_{k+1}(f_k(x_k,u_k,w_k))\right\}+(N-k)\epsilon \\
&\leqslant \min_{u_k \in U(x_k)} E_{w_k}\left\{g_k(x_k,u_k,w_k)+J_{k+1}(f_k(x_k,u_k,w_k))\right\}+(N-k)\epsilon \\
&\leqslant E_{w_k}\left\{g_k(x_k,\mu_k(x_k),w_k)+J_{\pi^{k+1}}(f_k(x_k,\mu_k(x_k),w_k))\right\}+(N-k)\epsilon \\
&= J_{\pi^k}(x_k)+(N-k)\epsilon
\end{aligned}
$$

其中第一个不等式由归纳假设成立，第二个不等式由 (1.17) 式成立。在之前的关系式中对 π^k 取最小，于是对所有的 x_k 有

$$J_k^{\epsilon}(x_k) \leqslant J_k^*(x_k)+(N-k)\epsilon$$

我们还由 J_k^* 的定义对所有的 x_k 有

$$J_k^*(x_k) \leqslant J_k^{\epsilon}(x_k)$$

联立上面的两个关系式，可见 (1.19) 式对 k 成立。最后，通过让 $\epsilon \to 0$，(1.20) 式由 (1.18) 式和 (1.19) 式可得，归纳证明结束了。

注意通过在如下关系式中使用 $\epsilon=0$

$$J_0^{\epsilon}(x_k) \leqslant J_0^*(x_k)+N\epsilon$$

[参见 (1.19) 式]，可见在 (1.16) 式中对所有的 x_k 和 k 取得最小值的策略是最优的。

结论是，基本问题被严格建模出来，动态规划算法仅当扰动空间 $D_0,\cdots,D_{N-1}$ 是可数集合时被严格证明了，与问题和动态规划算法有关的所有费用表达式的期望值是有限的。在没有这些假设时，读者应当认为后续的结果和结论大体上来说是正确的，但是从数学上来说是不精确的。事实上，当讨论无限阶段问题时（这类问题更加需要精确），我们将显式地假设可数性。

然而，我们注意到即使并不满足可数性假设。深入的读者可以毫无困难地推导出下面针对特定的有限阶段应用的相关结论，这可以通过将动态规划算法作为验证定理来证明。特别地，如果可以在一个策略子集 $\tilde{\Pi}$ 中（例如那些满足特定的可测性限制的策略）找到达到动态规划算法中最小值的策略，那么这个策略已经是 $\tilde{\Pi}$ 中最优的。这个结论在习题 1.12 中推导，可以给倾向数学的读者用于在特定的应用中建立我们许多的后续结论。例如，在线性二次型问题（4.1 节）中我们从动态规划算法闭式地确定一个策略，这个策略是当前状态的线性函数。当 w_k 可以取不可数个值时，需要可接受的策略包括伯日尔（Borel）可测函数 μ_k。因为从动态规划算法获得线性策略属于这一类，习题 1.12 的结果保证了这个策略是最优的。对于解决了相关测度性问题的数学上更严格的动态规划的处理，以及对当前文本的补充，请见 Bertsekas 和 Shreve 的书 [BeS78]。

1.6 动态规划和极小化极大控制

对不确定系统的最优控制传统上在随机框架内处理，其中所有的不确定量用概率分布描述，费用的期望值被最小化。然而，在许多实际情形中可能没有对不确定性的随机描述，所拥有的信息可能缺乏详细的结构，比如只有不确定量的大小级别的上下界。换言之，可能知道不确定量所取值的集合，但不知道对应的概率分布。在这些情形下，可以用极小化极大方法，假设不确定量在所给定集合中的最坏可能值出现。

在不确定性下决策的极小化极大方法在附录 G 中有所介绍，且与我们到目前一直使用的期望费用方法相对。在其最简单形式中，对应的决策问题被描述为三元组 (Π, W, J)，其中 Π 是所考虑的策略集合，W 是不确定量已知所属的集合，$J:\Pi\times W\mapsto[-\infty,+\infty]$ 是给定的费用函数。目标是对所有的 $\pi\in\Pi$

$$\text{minimize}\ \max_{w\in W} J(\pi, w)$$

可以建立与具有精确状态信息的基本问题对应的极小化极大问题。这个问题是上述抽象的极小化极大问题的特例，将在附录 G 中进行完整讨论。一般而言，即使是这个问题的最简单形式也很少有闭式解。不过，可以使用动态规划进行计算求解，本节的目的是描述相应的算法。

在基本问题的框架中，考虑如下情形，其中扰动 $w_0, w_1, \cdots, w_{N-1}$ 没有概率描述但已知属于对应给定的集合 $W_k(x_k, u_k)\subset D_k, k=0,1,\cdots,N-1$，可能依赖当前状态 x_k 和控制 u_k。考虑如下问题，寻找一个策略 $\pi=\{\mu_0,\cdots,\mu_{N-1}\}$，其中对所有的 x_k 和 k 满足 $\mu_k(x_k)\in U_k(x_k)$，来最小化如下费用函数

$$J_\pi(x_0)=\max_{w_k\in W_k(x_k,\mu_k(x_k)),k=0,1,\cdots,N-1}\left[g_N(x_N)+\sum_{k=0}^{N-1} g_k\left(x_k, \mu_k(x_k), w_k\right)\right]$$

这个问题的动态规划算法具有如下形式，再现了与随机基本问题对应的算法（期望由最大化替代）：

$$J_N(x_N)=g_N(x_N) \tag{1.21}$$

$$J_k(x_k)=\min_{u_k\in U(x_k)}\max_{w_k\in W_k(x_k,u_k)}\left[g_k(x_k,u_k,w_k)+J_{k+1}\left(f_k(x_k,u_k,w_k)\right)\right] \tag{1.22}$$

这个算法可以通过使用最优化原理一类的方式来解释。特别地，考虑尾部子问题，其中在时间 k 的状态 x_k 我们希望最小化“后续费用”

$$\max_{w_i\in W_k(x_i,\mu_i(x_i)),i=k,k+1,\cdots,N-1}\left[g_N(x_N)+\sum_{i=k}^{N-1} g_i\left(x_i, \mu_i(x_i), w_i\right)\right]$$

我们认为如果 $\pi^*=\{\mu_0^*,\mu_1^*,\cdots,\mu_{N-1}^*\}$ 是极小化极大问题的最优策略，那么截断策略 $\{\mu_k^*,\mu_{k+1}^*,\cdots,\mu_{N-1}^*\}$ 对于尾部子问题是最优的。这个子问题的最优费用是 $J_k(x_k)$，正如由动态规划算法 (1.21) 式和 (1.22) 式给定的。这一算法表达了一个直观上清晰的事实，即当在 k 时刻处于状态 x_k 时，不论过去发生了什么，我们应当选择 u_k 对所有 w_k 的最坏/最大值来最小化当前阶段费用与从下一个状态出发的尾部子问题最优费用之和。

我们现在要给出动态规划算法 (1.21) 式和 (1.22) 式适用的数学证明，同时证明最优费用等于 $J_0(x_0)$。为此需要假设对所有 x_k 和 k 有 $J_k(x_k)>-\infty$。这与我们在前一节中为证明动态规

划算法在随机扰动下适用时所用的假设条件类似，即，由动态规划算法产生的值 $J_k(x_k)$ 对所有的状态 x_k 和阶段 k 有限。如下引理提供了关键论述。

引理 1.6.1　令 $f: W \to X$ 为函数，M 为所有函数 $\mu: X \to U$ 构成的集合，其中 W，X 和 U 是某些集合。那么对任意满足

$$\min_{u\in U} G_1\left(f(w), u\right) > -\infty, \text{ 对所有的} w \in W$$

的函数 $G_0: W \to (-\infty, \infty]$ 和 $G_1: X \times U \to (-\infty, \infty]$ 我们有

$$\min_{\mu\in M}\max_{w\in W}\left[G_0(w) + G_1\left(f(w), \mu\left(f(w)\right)\right)\right] = \max_{w\in W}\left[G_0(w) + \min_{u\in U} G_1\left(f(w), u\right)\right]$$

证明　对所有 $\mu \in M$ 有

$$\max_{w\in W}\left[G_0(w) + G_1\left(f(w), \mu\left(f(w)\right)\right)\right] \geqslant \max_{w\in W}\left[G_0(w) + \min_{u\in U} G_1(f(w), u)\right]$$

对 $\mu \in M$ 取最小值，有

$$\min_{\mu\in M}\max_{w\in W}\left[G_0(w) + G_1\left(f(w), \mu(f(w))\right)\right] \geqslant \max_{w\in W}\left[G_0(w) + \min_{u\in U} G_1(f(w), u)\right] \tag{1.23}$$

为了证明反向不等式成立，对任意 $\epsilon > 0$，令 $\mu_\epsilon \in M$ 满足

$$G_1\left(f(w), \mu_\epsilon\left(f(w)\right)\right) \leqslant \min_{u\in U} G_1\left(f(w), u\right) + \epsilon, \text{ 对所有} w \in W$$

[这样的 μ_ϵ 存在因为假设 $\min_{u\in U} G_1\left(f(w), u\right) > -\infty$。] 那么

$$\begin{aligned}\min_{\mu\in M}\max_{w\in W}\left[G_0(w) + G_1\left(f(w), \mu(f(w))\right)\right] &\leqslant \max_{w\in W}\left[G_0(w) + G_1\left(f(w), \mu_\epsilon(f(w))\right)\right] \\ &\leqslant \max_{w\in W}\left[G_0(w) + \min_{u\in U} G_1(f(w), u)\right] + \epsilon\end{aligned}$$

因为 $\epsilon > 0$ 可以任意小，我们获得 (1.23) 式的反向，所期待的结果顺势可得。

为了明白引理的结论在没有条件 $\min_{u\in U} G_1\left(f(w), u\right) > -\infty$ 时会出错，令 $w = (w_1, w_2)$ 为二维向量，令 u 和 w 没有任何约束（$U = \Re, W = \Re \times \Re$，其中 $\Re$ 是实轴）。也令

$$G_0(w) = w_1, f(w) = w_2, G_1\left(f(w), u\right) = f(w) + u$$

那么，对所有的 $\mu \in M$，我们有

$$\max_{w\in W}\left[G_0(w) + G_1\left(f(w), \mu(f(w))\right)\right] = \max_{w_1\in\Re, w_2\in\Re}\left[w_1 + w_2 + \mu(w_2)\right] = \infty$$

所以

$$\min_{\mu\in M}\max_{w\in W}\left[G_0(w) + G_1\left(f(w), \mu(f(w))\right)\right] = \infty$$

另外，

$$\max_{w\in W}\left[G_0(w) + \min_{u\in U} G_1(f(w), u)\right] = \max_{w_1\in\Re, w_2\in\Re}\left[w_1 + \min_{u\in\Re}[w_2 + u]\right] = -\infty$$

因为 $\min_{u\in\Re}[w_2 + u] = -\infty$ 对所有的 w_2 成立。

我们现在转向证明 (1.21) 式和 (1.22) 式的动态规划算法。这一证明与随机问题的动态规划算法的证明类似。该问题的最优费用 $J^*(x_0)$ 给定如下

$$
\begin{aligned}
J^*(x_0) = & \min_{\mu_0} \cdots \min_{\mu_{N-1}} \max_{w_0 \in W[x_0,\mu_0(x_0)]} \cdots \max_{w_{N-1} \in W[x_{N-1},\mu_{N-1}(x_{N-1})]} \\
& \left[\sum_{k=0}^{N-1} g_k\left(x_k, \mu_k(x_k), w_k\right) + g_N(x_N) \right] \\
= & \min_{\mu_0} \cdots \min_{\mu_{N-2}} \left[\min_{\mu_{N-1}} \max_{w_0 \in W[x_0,\mu_0(x_0)]} \cdots \max_{w_{N-2} \in W[x_{N-2},\mu_{N-2}(x_{N-2})]} \right. \\
& \left[\sum_{k=0}^{N-2} g_k\left(x_k, \mu_k(x_k), w_k\right) + \max_{w_{N-1} \in W[x_{N-1},\mu_{N-1}(x_{N-1})]} \right. \\
& \left.\left. \left[g_{N-1}\left(x_{N-1}, \mu_{N-1}(x_{N-1}), w_{N-1}\right) + J_N(x_N) \right] \right] \right]
\end{aligned}
$$

我们可以通过用如下的符号应用引理 1.6.1 来交换在 μ_{N-1} 上的最小化和在 $w_0, \cdots, w_{N-2}$ 上的最大化

$$
w = (w_0, w_1, \cdots, w_{N-2}), u = u_{N-1}, f(w) = x_{N-1}
$$

$$
G_0(w) = \begin{cases} \displaystyle\sum_{k=0}^{N-2} g_k\left(x_k, \mu_k(x_k), w_k\right) & \text{若对所有的}k\text{有}w_k \in W_k\left(x_k, \mu_k(x_k)\right) \\ \infty & \text{否则} \end{cases}
$$

$$
G_1\left(f(w), u\right) = \begin{cases} \hat{G}_1\left(f(w), u\right) & \text{若 } u \in U_{N-1}\left(f(w)\right) \\ \infty & \text{否则} \end{cases}
$$

其中

$$
\hat{G}_1\left(f(w), u\right) = \max_{w_{N-1} \in W_{N-1}(f(w),u)} \left[g_{N-1}\left(f(w), u, w_{N-1}\right) + J_N\left(f_{N-1}(f(w), u, w_{N-1})\right) \right]
$$

为了获得

$$
\begin{aligned}
J^*(x_0) = & \min_{\mu_0} \cdots \min_{\mu_{N-2}} \\
& \max_{w_0 \in W[x_0,\mu_0(x_0)]} \cdots \max_{w_{N-2} \in W[x_{N-2},\mu_{N-2}(x_{N-2})]} \\
& \left[\sum_{k=0}^{N-2} g_k\left(x_k, \mu_k(x_k), w_k\right) + J_{N-1}(x_{N-1}) \right]
\end{aligned} \tag{1.24}
$$

所需要的条件 $\min_{u \in U} G_1\left(f(w), u\right) > -\infty$ 对所有的 w（应用引理 1.6.1 需要这一条件）由假设条件 $J_{N-1}(x_{N-1}) > -\infty$ 对所有的 x_{N-1} 表明了。现在，通过用 (1.24) 式中的 $J^*(x_0)$，并类似地反向推进，用 $N-1$ 替代 N 等，在 N 步之后，我们获得 $J^*(x_0) = J_0(x_0)$，这正是所希望的关系。这里所给出的论证也证明了极小化极大问题的最优策略可以通过最小化 (1.22) 式动态规划的右侧构造出来，与在随机基本问题中的动态规划算法类似。

不幸的是，正如之前提到的，几乎不存在任何动态规划算法 (1.21) 式和 (1.22) 式的闭式解析解的有趣的例子。通过计算求解与随机动态规划算法需要相当的计算量。代替数学期望操作符的是必须对每个 x_k 和 k 进行最大化操作。

极小化极大控制问题将在第 4 章中在目标集合和目标管道的可达性（见 4.6.2 节）中再次讨论，以及在第 6 章中在对抗性游戏和计算机国际象棋（见 6.3 节）和模型预测控制（见 6.5 节）中再次讨论。

1.7　注释、参考文献和习题

动态规划是一项简单的数学技术，已经被工程师、数学家和社会科学家在多种问题中使用了许多年。然而，是贝尔曼在 20 世纪 50 年代早期意识到动态规划可以（与当时刚刚出现的数字计算机一起）发展成优化问题的系统性工具。在他影响深远的书 [Bel57] 和 [BeD62] 中，贝尔曼展示了动态规划的广泛适用范围并且帮助理顺了其理论。

在贝尔曼的工作之后，存在许多针对动态规划的研究。特别是对无限阶段问题的数学和算法进行了深入探索，对连续时间问题的推广进行了建模和分析，在 1.5 节中讨论了与动态规划问题的模型相关的数学问题。此外，动态规划具有非常广泛的应用，从许多工程问题的分支到统计、经济学、金融和一些社会科学领域。这些应用的例子将在后续章节中给出。

习　　题

1.1

考虑系统

$$x_{k+1} = x_k + u_k + w_k, k = 0, 1, 2, 3$$

初始状态 $x_0 = 5$，费用函数为

$$\sum_{k=0}^{3}(x_k^2 + u_k^2)$$

对如下三种情形应用动态规划算法：

(a) 所有的 x_k 和 k 的控制约束集合 $U_k(x_k)$ 是 $\{u|0 \leqslant x_k + u \leqslant 5, u: \text{整数}\}$，对所有的 k 扰动 w_k 等于 0。

(b) 控制约束和扰动 w_k 与 (a) 部分相同，但是存在另外的针对最终状态的约束 $x_4 = 5$。提示：对于这个问题你需要为 x_4 定义一个仅包括 $x_4 = 5$ 的状态空间，而且也需要重新定义 $U_3(x_3)$。或者，另一种替代方法是 $g_4(x_4)$ 对于 $x_4 \neq 5$ 令末端费用等于一个非常大的数。

(c) 控制约束与 (a) 部分相同，扰动 w_k 对所有的 x_k 和 u_k 以等概率取 -1 和 1，除非 $x_k + u_k$ 等于 0 或者 5 时，$w_k = 0$ 以概率 1 成立。

1.2

执行所需要的计算来验证在例 1.3.2 中有 $J_0(1) = 2.7$ 且 $J_0(2) = 2.818$。

1.3

假设我们有一台机器要么运行要么损坏。如果它持续运行一周，产生毛利润 \$100。如果它

在一周中间损坏，毛利润是零。如果它在一周的开始时是运行的，并且我们执行预防性维护，它将在周中损坏的概率是 0.4。如果我们不执行这样的维护，损坏的概率是 0.7。然而，维修将耗费 \$20。当机器在一周开始时损坏，可以花费 \$40 维修，此后周中损坏的概率是 0.4，或者花费 \$150 更换为一台新机器，此时可保证在此后第一周内持续运行。找到最优的维修、更换、维护费用以最大化在四周内的总利润，假设在第一周开始时机器全新。

1.4

两个玩家玩一种变形的二十一点游戏，玩法如下：两个玩家投掷色子。第一个玩家，知道其对手的结果，可以停止或者再次投掷色子并将结果加到自己前一次结果之上。他之后可以选择停止或者再次投掷色子并将结果加到之前所有投掷结果之和之上。他可以按自己的意愿多次重复这一过程。如果他的和超过 7（即，他撑爆了），那么他输掉比赛。如果他在超过 7 之前停止，那么第二个玩家接管并持续地掷色子直到他的投掷结果的和大于等于 4。如果第二个玩家的投掷结果之和超过 7，他输掉比赛。否则，和更大的玩家获胜，平分时第二个玩家获胜。试求第一个玩家的停止策略，对于第二个玩家初始投掷的每种可能结果最大化第一个玩家获胜的概率。将这一问题建模为动态规划，并为第二个玩家的初始投掷结果是 3 的情形找到最优停止策略。提示：取 $N=6$ 以及包括如下 15 个状态的状态空间：

$$x^1: \text{撑爆}$$

$$x^{1+i}: \text{已经停止在总和为} i (1 \leqslant i \leqslant 7)$$

$$x^{8+i}: \text{当前的和为} i \text{但是玩家还没有停止} (1 \leqslant i \leqslant 7)$$

最优策略是继续投掷直到和为 4 或者更大。

1.5（计算机指派）

在经典的二十一点游戏中，玩家取牌时只知道庄家的一张牌。玩家点数和超过 21 时为输。如果玩家在超过 21 之前停下，庄家持续取牌直至达到或者超过 17。庄家点数和超过 21 或者小于玩家点数和时为输。如果玩家和庄家的点数和相等，则无人获胜。在所有其他情形下，庄家获胜。玩家手中的牌 A 可以按照玩家的选择被算成 1 或者 11。庄家手中的牌 A 若算成 11 时可以让点数和在 17 和 21 之间，则算成 11，否则就算成 1。对于玩家和庄家 J，Q 和 K 都算成 10。我们假设有无穷多的牌，所以一张特定的牌的出现概率与之前的牌独立。

(a) 对每个可能的初始庄家的牌，计算庄家点数和达到 17，18，19，20，21 或者超过 21 的概率。

(b) 对于庄家的牌和玩家点数和为 12 到 20 中的每种组合，计算玩家的最优选择（取牌或者停止）。假设玩家的牌中不包括 A。

(c) 对于玩家的牌中包括 (a) 的情形重复 (b) 部分。

1.6（每阶段折扣费用）

在基本问题的框架中，考虑如下情形，其中费用的形式是

$$E_{w_k, k=0,1,\cdots,N-1}\left\{\alpha^N g_N(x_N)+\sum_{k=0}^{N-1}\alpha^k g_k(x_k,u_k,w_k)\right\}$$

其中 α 是折扣因子，满足 $0<\alpha<1$。证明动态规划算法的一种替代形式给定如下

$$V_N(x_N)=g_N(x_N)$$

$$V_k(x_k) = \min_{u_k \in U_k(x_k)} E_{w_k}\left\{g_k(x_k,u_k,w_k) + \alpha V_{k+1}\left(f_k(x_k,u_k,w_k)\right)\right\}$$

1.7（指数费用函数）

在基本问题的框架中，考虑如下情形，其中费用的形式为

$$E_{w_k,k=0,1,\cdots,N-1}\left\{\exp\left(g_N(x_N) + \sum_{k=0}^{N-1} g_k(x_k,u_k,w_k)\right)\right\}$$

(a) 证明最优费用和最优策略可以从动态规划类的算法获得

$$J_N(x_N) = \exp\left(g_N(x_N)\right)$$

$$J_k(x_k) = \min_{u_k \in U_k(x_k)} E_{w_k}\left\{J_{k+1}\left(f_k(x_k,u_k,w_k)\right)\exp\left(g_k(x_k,u_k,w_k)\right)\right\}$$

(b) 定义函数 $V_k(x_k) = \ln J_k(x_k)$。也假设 g_k 仅为 x_k 和 u_k 的函数（而不是 w_k 的函数）。证明上面的算法可以重写为

$$V_N(x_N) = g_N(x_N)$$

$$V_k(x_k) = \min_{u_k \in U_k(x_k)} \left\{g_k(x_k,u_k) + \ln E_{w_k}\left\{\exp\left(V_{k+1}\left(f_k(x_k,u_k,w_k)\right)\right)\right\}\right\}$$

注意：指数费用函数是风险敏感型费用函数的一个例子，可以用于表示对具有小方差、费用为 $g_N(x_N) + \sum_{k=0}^{N-1} g_k(x_k,u_k,w_k)$ 的策略的偏好。相关联的问题有许多有趣的性质，在几个参考文献中讨论，例如，Whittle[Whi90]、Fernandez-Gaucherand 和 Markus[FeM94]、James、Baras 和 Elliott[JBE94]、Basar 和 Bernhard[BaB95]。

1.8（终止过程）

在基本问题的框架中，考虑如下情形，其中系统演化终止于时间 i，若扰动在时间 i 的给定值 $\bar{w}_i$ 出现，或者控制器做出终止的决定 u_i。如果在时间 i 出现终止，由此产生的费用是

$$T + \sum_{k=0}^{i} g_k(x_k,u_k,w_k)$$

其中 T 是末端费用。如果这一过程直到最终时间 N 尚未终止，由此导致的费用是 $g_N(x_N) + \sum_{k=0}^{N-1} g_k(x_k,u_k,w_k)$。在基本问题的框架中重新构建这一问题。提示：为状态空间增广一个特殊的末端状态。

1.9（乘性费用）

在基本问题的框架中，考虑如下情形，其中费用具有乘性形式

$$E_{w_k,k=0,1,\cdots,N-1}\left\{g_N(x_N)\cdot g_{N-1}(x_{N-1},u_{N-1},w_{N-1})\cdots g_0(x_0,u_0,w_0)\right\}$$

对所有的 x_k, u_k, w_k 和 k 假设 $g_k(x_k,u_k,w_k) \geqslant 0$，为这个问题开发一个动态规划类的算法。

1.10

假设我们有一艘船，其最大载重量是 z，其货物包括不同数量的 N 种。令 v_i 表示第 i 种类型货物的值，w_i 表示第 i 种货物的重量，x_i 表示第 i 种货物的数量，均指装在船上的量。问题

是找到最优价值的货运方式，即，在约束条件 $\sum_{i=1}^{N} x_i w_i \leqslant z$ 和 $x_i = 0, 1, 2, \cdots$ 下最大化 $\sum_{i=1}^{N} x_i v_i$。将这一问题建模为动态规划。

1.11

考虑一个设备，包括 N 个阶段序贯地连接在一起，其中每个阶段由一个特定的元件构成。元件可能失效，为了提高设备的可靠性，提供重复的元件。对 $j = 1, 2, \cdots, N$，令 $(1 + m_j)$ 为第 j 阶段的元件数量，令 $p_j(m_j)$ 为当使用 $(1 + m_j)$ 个元件时第 j 个阶段成功运行的概率，令 c_j 表示在第 j 个阶段单个元件的费用。考虑确定每个阶段的元件数量的问题以最大化设备的可靠性（表示如下）：

$$p_1(m_1) \cdot p_2(m_2) \cdots p_N(m_N)$$

费用约束为 $\sum_{j=1}^{N} c_j m_j \leqslant A$，其中 $A > 0$ 给定，将该问题建模为动态规划问题。

1.12（在策略子集上最小化）

这一问题主要出于理论上的兴趣（见 1.5 节末）。考虑基本问题的一种变形，其中我们寻找

$$\min_{\pi \in \tilde{\Pi}} J_\pi(x_0)$$

其中 $\tilde{\Pi}$ 是函数 $\mu_k : S_k \to C_k$ 序列 $\{\mu_0, \mu_1, \cdots, \mu_{N-1}\}$ 构成的集合的某个给定的子集，其中对所有 $x_k \in S_k$ 有 $\mu_k(x_k) \in U_k(x_k)$。假设有

$$\pi^* = \{\mu_0^*, \mu_1^*, \cdots, \mu_{N-1}^*\}$$

属于 $\tilde{\Pi}$ 且达到动态规划算法中的最小值；即，对所有的 $k = 0, 1, \cdots, N-1$ 和 $x_k \in S_k$，有

$$\begin{aligned} J_k(x_k) &= E_{w_k}\left\{g_k\left(x_k, \mu_k^*(x_k), w_k\right) + J_{k+1}\left(f_k(x_k, \mu_k^*(x_k), w_k)\right)\right\} \\ &= \min_{u_k \in U_k(x_k)} E_{w_k}\left\{g_k(x_k, u_k, w_k) + J_{k+1}\left(f_k(x_k, u_k, w_k)\right)\right\} \end{aligned}$$

满足 $J_N(x_N) = g_N(x_N)$。进一步假设函数 J_k 为实值函数，之前的数学期望有定义且有限。证明 π^* 为 $\tilde{\Pi}$ 中最优且对应的最优费用等于 $J_0(x_0)$。

1.13（半线性系统）(www)

考虑涉及如下系统的问题

$$x_{k+1} = A_k x_k + f_k(u_k) + w_k$$

其中 $x_k \in \Re^n$，f_k 是给定的函数，A_k 和 w_k 分别是随机的 $n \times n$ 矩阵和 n 维向量，具有给定的概率分布且不依赖于 x_k、u_k 或者 A_k 和 w_k 之前的取值。假设费用的形式为

$$E_{A_k, w_k, k=0,1,\cdots,N-1}\left\{c_N' x_N + \sum_{k=0}^{N-1}\left(c_k' x_k + g_k\left(\mu_k(x_k)\right)\right)\right\}$$

其中 c_k 是给定向量，g_k 是给定函数。证明如果这一问题的最优费用有限且控制约束集合 $U_k(x_k)$ 与 x_k 独立，那么动态规划算法的后续费用函数是仿射的（线性加上常数）。假设存在至少一个最优策略，证明存在一个最优策略由常数函数 μ_k^* 构成；即，对所有的 $x_k \in \Re^n$ 有 $\mu_k^*(x_k) =$ 常数。

1.14

一个农夫每年生产 x_k 单位的某种农作物，存储其中的 $(1-u_k)x_k$ 单位，$0 \leqslant u_k \leqslant 1$，并将剩余的 $u_k x_k$ 单位用于投资，于是将次年的产量提升到如下给定的水平 x_{k+1}

$$x_{k+1} = x_k + w_k u_k x_k, k = 0, 1, \cdots, N-1$$

标量 w_k 是具有相同概率分布的独立随机变量，且不依赖于 x_k 或 u_k。进一步，$E\{w_k\} = \bar{w} > 0$。问题是找到最优的投资策略以最大化在 N 年内的总期望产出

$$E_{w_k, k=0,1,\cdots,N-1}\left\{x_N + \sum_{k=0}^{N-1}(1-u_k)x_k\right\}$$

证明如下由常数函数构成的策略的最优性：

(a) 若 $\bar{w} > 1$，则 $\mu_0^*(x_0) = \cdots = \mu_{N-1}^*(x_{N-1}) = 1$.

(b) 若 $0 < \bar{w} < 1/N$，则 $\mu_0^*(x_0) = \cdots = \mu_{N-1}^*(x_{N-1}) = 0$.

(c) 若 $1/N \leqslant \bar{w} \leqslant 1$，则

$$\mu_0^*(x_0) = \cdots = \mu_{N-\bar{k}-1}(x_{N-\bar{k}-1}) = 1$$
$$\mu_{N-\bar{k}}(x_{N-\bar{k}}) = \cdots = \mu_{N-1}^*(x_{N-1}) = 0$$

其中 $\bar{k}$ 满足 $1/(\bar{k}+1) < \bar{w} \leqslant 1/\bar{k}$。

1.15

令 x_k 表示某个国家在时间 k 的教师数量，令 y_k 表示时间 k 的研究型科学家数量。新科学家（可能的教师或者研究型科学家）由教师在第 k 阶段按照每个教师 γ_k 的速率培养出来，而教师和研究型科学家由于死亡、退休和转行按照速率 δ_k 离开这个领域。标量 $\gamma_k, k = 0, 1, \cdots, N-1$ 是独立同分布随机变量从一个闭有界整数区间内取值。类似的，$\delta_k, k = 0, 1, \cdots, N-1$ 独立同分布且从一个区间 $[\delta, \delta']$ 内取值，满足 $0 < \delta \leqslant \delta' < 1$。通过激励，科学政策制定者可以确定在时间 k 培养出来的科学家中成为教师的比例 u_k。于是研究型科学家和教师的数量按照如下方程演化

$$x_{k+1} = (1-\delta_k)x_k + u_k\gamma_k x_k$$
$$y_{k+1} = (1-\delta_k)y_k + (1-u_k)\gamma_k x_k \tag{1.25}$$

初始值 x_0，y_0 已知，需要找到策略

$$\{\mu_0^*(x_0, y_0), \cdots, \mu_{N-1}^*(x_{N-1}, y_{N-1})\}$$

满足

$$0 < \alpha \leqslant \mu_k^*(x_k, y_k) \leqslant \beta < 1, \forall x_k, y_k, k$$

以最大化 $E_{\gamma_k, \delta_k}\{y_N\}$（即，在 N 个阶段后研究型科学家的最终数量的期望值）。标量 α 和 β 给定。

(a) 证明后续费用函数 $J_k(x_k, y_k)$ 是线性的；即，对某个标量 ξ_k, ζ_k，

$$J_k(x_k, y_k) = \xi_k x_k + \zeta_k y_k$$

(b) 在假设

$$E\{\gamma_k\} > E\{\delta_k\}$$

之下推导最优策略 $\{\mu_0^*, \cdots, \mu_{N-1}^*\}$ 并证明这一最优策略可以由常数函数构成。

(c) 假设在时间 k 成为教师的新科学家的比例是 $u_k+\epsilon_k$（而不是 u_k），其中 ϵ_k 是独立同分布随机变量且与 γ_k,δ_k 独立，并且在区间 $[-\alpha,1-\beta]$ 内取值。推导后续费用函数的形式和最优策略。

1.16 (www)

给定一系列矩阵乘积

$$M_1M_2\cdots M_kM_{k+1}\cdots M_N$$

其中每个 M_k 是 $n_k\times n_{k+1}$ 维的矩阵，乘积执行的顺序有影响。例如，如果 $n_1=1,n_2=10,n_3=1,n_4=10$，计算 $((M_1M_2)M_3)$ 需要 20 次标量乘法，而计算 $(M_1(M_2M_3))$ 需要 200 次标量乘法（$m\times n$ 的矩阵乘上 $n\times k$ 的矩阵需要 mnk 次标量乘法）。

(a) 推导动态规划算法找到最优的乘法顺序 [任意顺序均允许，包括涉及部分乘积的乘法，其中每一个乘积由两个或更多相邻矩阵相乘构成，例如，$((M_1M_2)(M_3M_4))$]。为 $N=3,n_1=2,n_2=10,n_3=5,n_4=1$ 求解该问题。

(b) 推导动态规划算法找到在每一步仅保持相邻矩阵之间乘法的最优的乘法顺序，例如 $((M_1(M_2M_3))M_4)$。

1.17

段落划分问题处理的是将给定长度的 N 个单词构成的序列划分成长度为 A 的若干行。令 $w_1,\cdots,w_N$ 为单词，令 $L_1,\cdots,L_N$ 为这些单词的长度。在该问题的一个简单版本中，单词之间由空白隔开，其理想宽度是 b，但是如果需要的话空白可以拉伸或者压缩以至于让一行 $w_i,w_{i+1},\cdots,w_{i+k}$ 的长度恰好为 A。与该行相关联的费用是 $(k+1)|b'-b|$，其中 $b'=(A-L_i-\cdots-L_{i+k})/(k+1)$ 是空白的实际平均宽度，除了对于最后一行 $(N=i+k)$，当 $b'\geqslant b$ 时的费用是 0。构建一个动态规划算法找到最小费用的划分。提示：对 $i=1,\cdots,N$ 考虑最优分开 $w_i,\cdots,w_N$ 的子问题。

1.18 [Shr81](www)

一个决策者必须在时间区间 $[0,T]$ 上连续地在两个活动之间进行选择。在时间 t 选择活动 i，其中 $i=1,2$，则按速率 $g_i(t)$ 获得收益，且每次在这两个活动之间的切换产生费用 $c>0$。于是，例如，从活动 1 开始、在时间 t_1 切换到活动 2 并在时间 $t_2>t_1$ 切换回活动 1 获得的总收益是

$$\int_0^{t_1}g_1(t)\mathrm{d}t+\int_{t_1}^{t_2}g_2(t)\mathrm{d}t+\int_{t_2}^{T}g_1(t)\mathrm{d}t-2c$$

我们想找到一组切换时间以最大化总收益。假设函数 $g_1(t)-g_2(t)$ 在区间 $[0,T]$ 内有限次改变符号。将该问题建模为有限时段问题，并写出对应的动态规划算法。

1.19（游戏）

(a) 考虑一种流行的拼图游戏的简单版本。三个方形棋子编号为 1，2，3，放在一个 2×2 的网格中，留有一个空格。与空格相邻的两个棋子可以移动到那个空白中，于是产生新的棋局。使用动态规划的论述回答是否可能从任意给定的一个棋局出发产生另一个给定的棋局。

(b) 从十一根火柴棍中，两个玩家轮流移走一根或者四根火柴棍。移走最后一根火柴棍的玩家获胜。使用动态规划的论述证明对于先玩的玩家存在必胜策略。

1.20（假硬币问题）

给定六枚硬币，其中一枚是假硬币且已知与其他硬币的重量不同。构造一个策略使用一台两

个托盘的天平用最少平均次数的比较找到假硬币。提示：存在两个合理的初始决定：(1) 比较两枚硬币与另两枚硬币；(2) 比较一枚硬币与另一枚硬币。

1.21（正多边形定理）**(www)**

根据一个著名的定理（归功于古希腊几何学家 Zenodorus），在一个给定圆形内部的所有 N 边形中，那些正多边形（各边相等的多边形）的面积最大。

(a) 通过对一个涉及在圆的内部序贯放置 N 个点的问题应用动态规划证明这个定理。

(b) 使用动态规划求解在一段圆弧上放置给定数量点的问题，以最大化由这些点、圆弧的端点和圆心为顶点构成的多边形的面积。

1.22（周长最大的内接多边形）

考虑在给定圆内接一个 N 边形的问题，让这个多边形的周长最大。

(a) 将这个问题建模成涉及在圆内序贯地放置 N 个点的动态规划问题。

(b) 用动态规划证明最优多边形是正多边形（各边长相等）。

1.23（动态规划的单调性）

动态规划算法的一条显然但是非常重要的性质是如果末端费用 g_N 变成一致更大的费用 $\bar{g}_N$[即，$g_N(x_N) \leqslant \bar{g}_N(x_N)$ 对所有 x_N 成立]，那么最后一个阶段的后续费用 $J_{N-1}(x_{N-1})$ 将一致增加。更一般地，若给定两个函数 J_{k+1} 和 $\bar{J}_{k+1}$ 满足 $J_{k+1}(x_{k+1}) \leqslant \bar{J}_{k+1}(x_{k+1})$ 对所有的 x_{k+1} 成立，则对所有的 x_k 和 $u_k \in U_k(x_k)$ 有

$$
\begin{aligned}
&E_{w_k}\{g_k(x_k,u_k,w_k)+J_{k+1}(f_k(x_k,u_k,w_k))\} \leqslant \\
&E_{w_k}\{g_k(x_k,u_k,w_k)+\bar{J}_{k+1}(f_k(x_k,u_k,w_k))\}
\end{aligned}
$$

现在假设在基本问题中系统和费用是时不变的；即，$S_k \equiv S, C_k \equiv C, D_k \equiv D, f_k \equiv f, U_k \equiv U, P_k \equiv P, g_k \equiv g$ 对某个 S, C, D, f, U, P, g 成立。证明如果在动态规划算法中 $J_{N-1}(x) \leqslant J_N(x)$ 对所有的 $x \in S$ 成立，那么有

$$J_k(x) \leqslant J_{k+1}(x), \forall x \in S, k$$

类似地，如果 $J_{N-1}(x) \geqslant J_N(x)$ 对所有的 $x \in S$ 成立，那么有

$$J_k(x) \geqslant J_{k+1}(x), \forall x \in S, k$$

1.24（旅行修理工问题）

一个修理工需要服务 n 个站点，位于一条线上且序贯编号为 $1,2,\cdots,n$。修理工从给定站点 s 开始，$1<s<n$，且限制为仅服务到目前为止已经服务的站点相邻的站点，即，如果他已经服务了站点 $i,i+1,\cdots,j$，那么他下一步只能服务站点 $i-1$（假设 $1<i$）或者站点 $j+1$（假设 $j<n$）。对于站点 i 保持未被服务的每个时段存在等待费用 c_i，且对于在服务站点 i 之后立刻服务站点 j 存在旅行费用 t_{ij}。建模一个动态规划算法找到最小费用的服务调度。

1.25 (www)

一个不道德的店主随着日子的进展对同一个房间收取不同的费率，取决于他有许多空房还是很少空房。他的目标是最大化其在当天的期望总收入。令 x 为在当天开始时的空房间数量，令 y 为在当天将请求房间的顾客数量。我们（有点不切实际地）假设店主确定地知道 y，而且在顾客到达时，从 m 个价格 $r_i, i=1,\cdots,m$ 中选一个报价，其中 $0<r_1 \leqslant r_2 \leqslant \cdots \leqslant r_m$。费率 r_i 的报价以概率 p_i 被接受，以概率 $1-p_i$ 被拒绝，此时顾客离开，并在当日不再返回。

(a) 将这个问题建模为一个有 y 个阶段的问题，并证明最大期望收入，作为 x 和 y 的函数，满足如下迭代关系

$$J(x,y)=\max_{i=1,\cdots,m}[p_i(r_i+J(x-1,y-1))+(1-p_i)J(x,y-1)]$$

对所有的 $x\geqslant 1$ 和 $y\geqslant 1$，具有初始条件

$$J(x,0)=J(0,y)=0,\forall x,y$$

假设乘积 p_ir_i 是 i 的单调非减的，且 p_i 是 i 的单调非增的，证明店主总是应该收取最高的费率 r_m。

(b) 考虑该问题的一个变形，其中每位到来的顾客，以概率 p_i 为一间房报价 r_i，店主可以接受或者拒绝，被拒绝时顾客离开且在当日不再返回。证明一个合适的动态规划算法是

$$J(x,y)=\sum_{i=1}^{m}p_i\max[r_i+J(x-1,y-1),J(x,y-1)]$$

具有初始条件

$$J(x,0)=J(0,y)=0,\forall x,y$$

再证明对于给定的 x 和 y，若顾客的报价高于某个阈值 $\bar{r}(x,y)$ 则接受这个报价是最优的。提示：这一部分与不可控状态部分的动态规划有关（见 1.4 节）。

1.26（股票投资）(www)

一位投资人在每个阶段 k 的开始时观察一只股票的价格 x_k 并决定是买 1 单位，卖 1 单位，还是什么也不做。存在买入或者卖出的交易费 c。股票价格可以从 n 个不同的值 $v^1,\cdots,v^n$ 中取一个值，而且转移概率 $p_{ij}^k=P\{x_{k+1}=v^j|x_k=v^i\}$ 已知。投资者希望最大化他的股票在固定的最终阶段 N 的总价值减去他从阶段 0 到阶段 $N-1$ 的投资费用（卖出获得的收入被视作负的费用）。我们假设函数

$$P_k(x)=E\{x_N|x_k=x\}-x$$

是 x 的单调非增函数，即，从买入中获得的期望收益是购买价格的非增函数。

(a) 假设投资人从 N 或者更多单位的股票开始，并且具有无限多的现金，所以无论之前的决定和当前的价格在每个阶段买入或者卖出的决定都是可能的。对于每个阶段 k，令 $\underline{x}_k$ 为 $x\in\{v^1,\cdots,v^n\}$ 的满足 $P_k(x)>c$ 的最大值，令 $\bar{x}_k$ 为 $x\in\{v^1,\cdots,v^n\}$ 的满足 $P_k(x)<-c$ 的最小值。证明若 $x_k\leqslant\underline{x}_k$ 则买入，若 $\bar{x}_k\leqslant x_k$ 则卖出，否则什么也不做，这是最优的。提示：将该问题建模为最大化

$$E\left\{\sum_{k=0}^{N-1}(u_kP_k(x_k)-c|u_k|)\right\}$$

其中 $u_k\in\{-1,0,1\}$。

(b) 对如下情形构建一个有效的动态规划算法，其中投资人从少于 N 单位的股票和无穷多现金开始。证明若 $x_k\leqslant\underline{x}_k$ 则买入仍然是最优的，且若 $x_k<\bar{x}_k$ 则卖出仍然不是最优的。在任意高于 $\underline{x}_k$ 的价格 x_k 买入可能是最优的吗？

(c) 考虑如下情形，其中投资人一开始有 N 或者更多单位的股票，且有一个约束，即对于任意时间 k，到 k 为止的总买入量超出总卖出量的数量不应超过一个给定的固定数 m（这近似建模

了投资人拥有有限的初始现金的情形)。为这一情形构建有效的动态规划算法。证明若 $\bar{x}_k \leqslant x_k$ 则卖出仍然是最优的，若 $\underline{x}_k < x_k$ 则买入仍然不是最优的。

(d) 考虑如下情形其中同时存在如同 (b) 部分的对初始股票数量的限制和如同 (c) 部分的买入量的限制。为这一问题推导动态规划算法。

(e) 如果现金可以按照给定的固定利率投资，这将如何影响 (a)-(d) 部分的分析？

1.27（决策后状态）

考虑在有限时段上的基本问题并且假设系统方程 $x_{k+1} = f_k(x_k, u_k, w_k)$ 具有特殊的结构，其中从状态 x_k 出发在施加 u_k 之后我们移动到一个中间的“决策后状态” $y_k = p_k(x_k, u_k)$，费用为 $g_k(x_k, u_k)$。然后从 y_k 出发我们按照如下方程无费用地移动到新的状态 x_{k+1}，

$$x_{k+1} = h_k(y_k, w_k)$$

其中扰动 w_k 的分布仅依赖于 y_k，而不依赖于之前的扰动、状态和控制。记有

$J_k(x_k)$：从时间 k 开始从状态 x_k 出发的最优后续费用。

$V_k(y_k)$：从时间 k 开始从决策后状态 y_k 出发的最优后续费用。

写一个动态规划算法生成 J_k 和 V_k，再写一个动态规划算法只生成 V_k 且在 y_k 的空间上执行。

第 2 章　确定性系统和最短路径问题

在这一章，我们关注确定性问题，即，其中每个扰动 w_k 仅取一个值。这样的问题在许多重要的情境下出现，它们也出现在真实随机的问题中，但是作为一种近似，扰动被固定在某个典型值上；见第 6 章。

确定性问题的一个重要的性质是，与随机问题相对，使用反馈不会导致费用降低方面的优势。换言之，在可接受策略 $\{\mu_0, \cdots, \mu_{N-1}\}$ 上的最小化与在控制向量序列 $\{u_0, \cdots, u_{N-1}\}$ 上的最小化获得相同的最优费用。这是因为给定策略 $\{\mu_0, \cdots, \mu_{N-1}\}$ 和初始状态 x_0，未来状态通过如下方程可精确预测

$$x_{k+1} = f_k\left(x_k, \mu_k(x_k)\right), k = 0, 1, \cdots, N-1$$

且对应的控制通过如下方程可精确预测

$$u_k = \mu_k(x_k), k = 0, 1, \cdots, N-1$$

所以，通过可接受的策略 $\{\mu_0, \cdots, \mu_{N-1}\}$ 在确定性问题上得到的费用也由上面定义的控制序列 $\{u_0, \cdots, u_{N-1}\}$ 达到。结果，我们可以不失最优性地将注意力限制在控制序列上。

刚才讨论的确定性和随机性问题之间的区别经常具有重要的计算上的含义。特别地，在一个具有“连续空间”特征（状态和控制是欧氏向量）的确定性问题中，最优控制序列可以通过将在第 3 章中讨论的确定性变分技术和广泛使用的迭代最优控制算法，例如最速下降、共轭梯度和牛顿法（例如，见非线性规划教材，比如 Bertsekas[Ber99] 或 Luenberger[Lue84]）找到。当可用时，这些算法经常比动态规划更加有效。另外，动态规划具有更加广泛的适用性因为可以处理不同的约束集合，比如整数或者离散集合。进一步，动态规划可以得到全局最优解而对于变分技术这一点通常不能保证。

在这一章，我们考虑具有离散特征的确定性问题，对此类问题变分最优控制技术不适用，所以定制化形式的动态规划是主要的求解方法。

2.1　有限状态系统和最短路径

考虑一个确定性问题，其中状态空间 S_k 对每个 k 是一个有限集合。那么在任意状态 x_k，控制 u_k 可以关联到一次从状态 x_k 到状态 $f_k(x_k, u_k)$ 的转移，且费用是 $g_k(x_k, u_k)$。于是一个有限状态确定性问题可以等价地表示为图 2.1.1，其中弧对应于连续阶段的状态之间的转移，每条弧具有相关联的费用。为了处理最后一个阶段，加入人工末端节点 t。在阶段 N 的状态 x_N 用弧连接到末端节点 t，具有费用 $g_N(x_N)$。控制序列对应于从初始状态（阶段 0 的节点 s）开始且终止于对应于最后一个阶段 N 的某个节点的路径。如果我们将一条弧的费用视作其长度，我们看到确定性有限状态问题等价于找到从图的初始节点 s 到末端节点 t 的长度最短的（或者简称为最短）路径。这里，我们的路径指形式为 $(j_1, j_2), (j_2, j_3), \cdots, (j_{k-1}, j_k)$ 的一系列弧，路径的长度指其弧的长度之和。

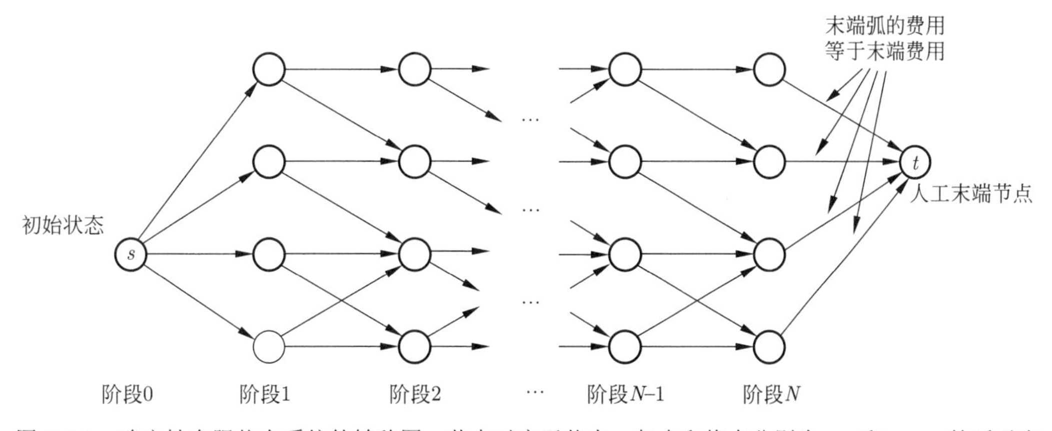

图 2.1.1　确定性有限状态系统的转移图。节点对应于状态。起点和终点分别为 x_k 和 x_{k+1} 的弧对应于形式为 $x_{k+1} = f_k(x_k, u_k)$ 的转移。我们将转移的费用 $g_k(x_k, u_k)$ 视作这条弧的长度。该问题等价于找到从初始节点 s 到末端节点 t 的最短路径

引入如下符号

$$a_{ij}^k = \text{阶段}k\text{从状态}i \in S_k\text{到状态}j \in S_{k+1}\text{的转移费用}$$

$$a_{it}^N = \text{状态}i \in S_N\text{的末端费用 [是}g_N(i)\text{]}$$

其中如果没有控制在阶段 k 将状态从 i 移动到 j，则采用惯例 $a_{ij}^k = \infty$。动态规划算法具有如下形式

$$J_N(i) = a_{it}^N, i \in S_N \tag{2.1}$$

$$J_k(i) = \min_{j \in S_{k+1}} [a_{ij}^k + J_{k+1}(j)], i \in S_k, k = 0, 1, \cdots, N-1 \tag{2.2}$$

最优费用是 $J_0(s)$ 且等于从 s 到 t 的最短路径的长度。

前向动态规划算法

之前的算法按时间反向推进。可以通过下面的简单观察推导出一个等价的按时间正向推进的算法。从 s 到 t 的一条最优路径也是在一个“翻转的”最短路径问题中从 t 到 s 的最优路径，其中每条弧的方向翻转但其长度保持不变。对应于这一“翻转”问题的动态规划算法从阶段 1 的状态 $x_1 \in S_1$ 开始，推进到阶段 2 的状态 $x_2 \in S_2$，并一路继续直到阶段 N 的状态 $x_N \in S_N$。有

$$\tilde{J}_N(j) = a_{sj}^0, j \in S_1 \tag{2.3}$$

$$\tilde{J}_k(j) = \min_{i \in S_{N-k}} [a_{ij}^{N-k} + \tilde{J}_{k+1}(i)], j \in S_{N-k+1}, k = 1, 2, \cdots, N-1 \tag{2.4}$$

最优费用是

$$\tilde{J}_0(t) = \min_{i \in S_N} [a_{it}^N + \tilde{J}_1(i)]$$

后向算法 (2.1) 式和 (2.2) 式和前向算法 (2.3) 式和 (2.4) 式获得相同的结果，即

$$J_0(s) = \tilde{J}_0(t)$$

而且从这两个算法中任意一个获得的最优控制序列（或者最短路径）对于原问题都是最优的。我们可以将 (2.4) 式中的 $\tilde{J}_k(j)$ 视作从初始状态 s 到状态 j 的最优后续费用。这应该与 (2.2) 式中的 $J_k(i)$ 区分开，后者表示从状态 i 到末端状态 t 的最优后续费用。

前向动态规划算法的一个重要用途在实时应用中出现，其中阶段 k 的数据在阶段 k 之前未知，且仅仅在阶段 k 开始时被控制器获得。将在 2.2.2 节中与隐马尔可夫模型的状态估计问题一起给出一个例子。注意为了推导前向动态规划算法，我们用了最短路径的模型，这仅对于确定性问题适用。确实，对于随机问题，没有类似的前向动态规划算法。

总结一下，确定性有限状态问题等价于特定类型的最短路径问题且可通过常规的（反向）动态规划算法或者替代的前向动态规划算法求解。值得注意的是，任意最短路径问题可以被表示为确定性有限状态动态规划问题，正如我们现在要展示的那样。

将最短路径问题变换为确定性有限状态问题

令 $\{1,2,\cdots,N,t\}$ 为图的节点集合，令 a_{ij} 为从节点 i 到节点 j 的费用（也被称为连接 i 和 j 的弧的长度）。节点 t 是一个特殊节点，我们称之为目的地。我们允许 $a_{ij}=\infty$ 来处理不存在连接节点 i 和 j 的弧的情形。我们想找到从每个节点 i 到节点 t 的最短路径，即，从节点 $1,2,\cdots,N$ 中的每一个到达 t 的总费用最小的一系列移动。

为了让该问题有解，必须引入与环路相关的假设，即，起点和终点为相同节点的形式为 $(i,j_1),(j_1,j_2),\cdots,(j_k,i)$ 的路径。我们必须排除环路总长度为负的可能性。否则，可以简单地通过增加越来越多的长度为负值的环路将某些路径的长度减小到任意小的值。我们于是假设所有环路都具有非负的长度。有了这一假设，显然最优路径不需要超过 N 步，所以我们可以将移动的数量限制在 N 以内。我们将问题建模为需要恰好 N 次移动但是允许从节点 i 到自身的费用 $a_{ii}=0$ 的退化的移动。为 $i=1,2,\cdots,N,k=0,1,\cdots,N-1$ 记有

$$J_k(i)=\text{在}N-k\text{步内从}i\text{到}t\text{的最优费用}$$

那么从 i 到 t 的最优路径的费用是 $J_0(i)$。

可以在基本问题的框架内建模这一问题，并且后续使用动态规划算法。然而为了简便，我们直接写出动态规划方程，其具有如下直观上清晰的形式

$$\text{在}N-k\text{步内从}i\text{到}t\text{的最优费用}=\min_{j=1,\cdots,N}[a_{ij}+(\text{在}N-k-1\text{步内从}j\text{到}t\text{的最优费用})],$$

或者

$$J_k(i)=\min_{j=1,\cdots,N}[a_{ij}+J_{k+1}(j)],k=0,1,\cdots,N-2$$

满足

$$J_{N-1}(i)=a_{it},i=1,2,\cdots,N$$

在 k 次移动后在节点 i 的最优策略是移动到在所有的 $j=1,2,\cdots,N$ 上最小化 $a_{ij}+J_{k+1}(j)$ 的节点 j^*。如果从算法中获得的最优路径包含从一个节点到自身的退化的移动，这只是意味着实际上这条路径包含少于 N 次移动。

注意如果对某个 $k>0$，我们对所有的 i 有 $J_k(i)=J_{k+1}(i)$，那么后续的动态规划迭代将不会改变后续费用的取值 [对所有的 $m>0$ 和 i 有 $J_{k-m}(i)=J_k(i)$]，所以算法可以终止于对所有的 i 有 $J_k(i)$ 为从 i 到 t 的最短距离。

为了展示该算法，考虑示于图 2.2.1(a) 中的问题，其中费用 a_{ij} 满足 $i \neq j$ 示于连线旁（我们假设 $a_{ij} = a_{ji}$）。图 2.1.2(b) 展示了在每个 i 和 k 的后续费用 $J_k(i)$ 以及最优路径。

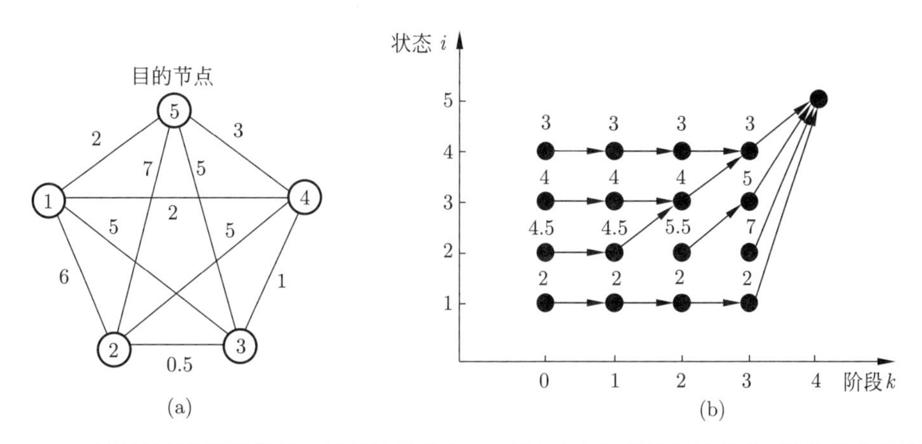

图 2.1.2　(a) 最短路径问题的数据。目的地是节点 5。两个方向的弧长相等并示于连接节点的线段旁。(b) 由动态规划算法生成的后续费用。阶段 k 状态 i 的值为 $J_k(i)$。箭头表示在每个阶段和节点的最优移动。最优路径是 $1 \to 5, 2 \to 3 \to 4 \to 5, 3 \to 4 \to 5, 4 \to 5$

2.2　一些最短路径的应用

最短路径问题在许多不同的场合下出现。我们提供一些例子。

2.2.1　关键路径分析

考虑涉及几项活动的项目规划，有些活动结束之后其他活动才能开始。每个活动的持续时间事先已知。我们想找到完成整个项目所需要的时间和关键活动，即这些活动延误之后将导致整个项目推迟完成。

这个问题可以表示成一个图，节点为 $1, 2, \cdots, N$，如图 2.2.1 所示。这里节点表示项目的某个阶段结束。弧 (i, j) 表示一旦阶段 i 结束即可开始的一个活动，且具有已知的时长 $t_{ij} > 0$。当

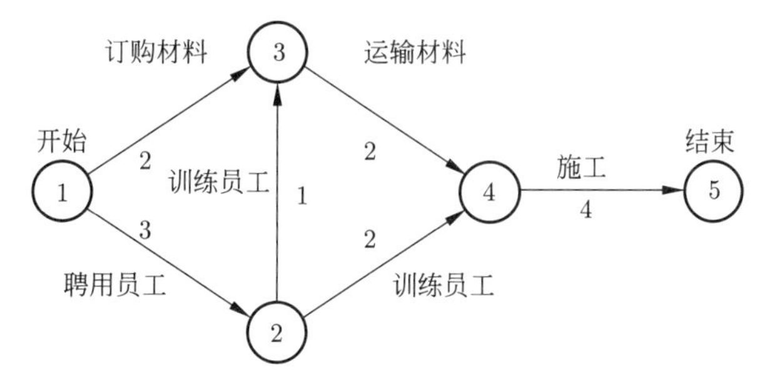

图 2.2.1　活动网络图。弧表示活动，按对应的时长标记。节点表示项目某个阶段的结束。如果与相应节点的所有入弧对应的活动都完成了，那么一个阶段就完成了。当所有阶段都完成了，项目就完成了。项目的持续时间是从节点 1 到节点 5 的最长路径的长度，由粗线表示 $(1 \to 2 \to 3 \to 4 \to 5)$

所有进入 j 的活动或者弧 (i,j) 完成了，则阶段（节点）j 完成了。特殊的节点 1 和 N 表示项目的开始和结束。节点 1 没有入弧，而节点 N 没有出弧。而且，从节点 1 到每个其他节点至少有一条路。

活动网络的一个重要特征是无环；即，没有环。这是问题建模和将节点解释为阶段的结束继承下来的属性。

对于从节点 1 到节点 i 的任意的路径 $p=\{(1,j_1),(j_1,j_2),\cdots,(j_k,i)\}$，令 D_p 为路径时长，定义为其活动的时长之和；即

$$D_p = t_{1j_1} + t_{j_1j_2} + \cdots + t_{j_ki}$$

那么完成阶段 i 所需要的时间

$$T_i = \max_{\text{从 1 到}i\text{的路径}p} D_p$$

所以为了找到 T_i，我们应当找到从 1 到 i 的最长路径。这个问题也可以被视作最短路径问题，其中每条弧 (i,j) 的长度是 $-t_{ij}$。特别地，找到这个项目的时长等于找到从 1 到 N 的最短路径。这条路径也被称为关键路径。可以看到在关键路径上的某个行为的完成发生一定量的延迟之后将导致整个项目的完成被推迟相同的量。注意因为网络是无环的，从 1 到任意 i 只能存在有限条路径，所以至少这些路径中的一条对应于最大的路径时长 T_i。

让我们将不依赖于任何其他阶段完成的阶段构成的集合记为 S_1，更一般地，对于 $k=1,2,\cdots$，令 S_k 为集合

$$S_k = \{i|\text{所有从 1 到}i\text{长度为}k\text{或者更少弧的路径}\}$$

且 $S_0=\{1\}$。集合 S_k 可以被视作等价的动态规划问题的状态空间。通过改变弧长的符号，将最小化改成最大化，动态规划算法可以写成

$$T_i = \max_{(j,i),j\in S_{k-1}} [t_{ji}+T_j],\ \text{对所有的}i\in S_k, i\notin S_{k-1}$$

注意这是一个前向算法；即，从起点 1 开始向目标 N 前进。替代的后向算法也是可能的，从 N 开始向 1 推进，正如在前一节中所讨论的。

例如，对于图 2.2.1 的活动网络有

$$S_0=\{1\}, S_1=\{1,2\}, S_2=\{1,2,3\}$$
$$S_3=\{1,2,3,4\}, S_4=\{1,2,3,4,5\}$$

使用前向方程计算可以获得

$$T_1=0, T_2=3, T_3=4, T_4=6, T_5=10$$

关键路径是 $1\to2\to3\to4\to5$。

2.2.2 隐马尔可夫模型和瓦特比算法

考虑具有有限状态和给定状态转移概率 p_{ij} 的马尔可夫链。假设当转移出现时，对应转移的状态对于我们未知（或者是“隐的”），但是我们获得与该转移相关联的观测。给定一系列的观测，我们希望在某种最优意义下估计对应的转移序列。当状态转移是从 i 到 j 时，我们观测到 z 值的概率为 $r(z;i,j)$。我们假设观测独立；即，一个观测只依赖与其对应的转移，而不是其他转移。

我们也给定初始状态取值为 i 的概率 π_i。为了简化符号，概率 p_{ij} 和 $r(z;i,j)$ 假设为与时间独立。将要描述的方法允许直接推广到系统和观测概率时变的情形。

状态转移按上述概率机制不能精确观测的马尔可夫链被称为隐马尔可夫链（简称为 HMM）或者部分可观马尔可夫链。在第 5 章我们将讨论按照具有不精确状态信息的随机最优控制问题的方式来控制这类马尔可夫链。在这一节，我们将关注给定相应的观测序列后估计状态序列的问题。这是一个源自多种实际问题的重要的问题。

我们使用“最有可能的状态”的估计准则，这里给定观测序列 $Z_N=\{z_1,z_2,\cdots,z_N\}$，我们在所有的 $X_N=\{x_0,x_1,\cdots,x_N\}$ 中选择能最大化条件概率 $p(X_N|Z_N)$ 的 $\hat{X}_N=\{\hat{x}_0,\hat{x}_1,\cdots,\hat{x}_N\}$ 作为状态转移序列的估计。我们将证明通过求解一类特殊的涉及无环图的最短路径问题找到 $\hat{X}_N$。

我们有

$$p(X_N|Z_N)=\frac{p(X_N,Z_N)}{p(Z_N)}$$

其中 $p(X_N,Z_N)$ 和 $p(Z_N)$ 分别是 (X_N,Z_N) 和 Z_N 出现的无条件概率。因为一旦 Z_N 已知，$p(Z_N)$ 是正常数，我们可以最大化 $p(X_N,Z_N)$ 而不是 $p(X_N|Z_N)$。概率 $p(X_N,Z_N)$ 可以被写成

$$\begin{aligned}p(X_N,Z_N)&=p(x_0,x_1,\cdots,x_N,z_1,z_2,\cdots,z_N)\\&=\pi_{x_0}p(x_1,\cdots,x_N,z_1,z_2,\cdots,z_N|x_0)\\&=\pi_{x_0}p(x_1,z_1|x_0)p(x_2,\cdots,x_N,z_2,\cdots,z_N|x_0,x_1,z_1)\\&=\pi_{x_0}p_{x_0x_1}r(z_1;x_0,x_1)p(x_2,\cdots,x_N,z_2,\cdots,z_N|x_0,x_1,z_1)\end{aligned}$$

可以通过如下关系式继续这一计算

$$\begin{aligned}p(x_2,\cdots,x_N,z_2,\cdots,z_N|x_0,x_1,z_1)&=p(x_2,z_2|x_0,x_1,z_1)p(x_3,\cdots,x_N,z_3,\cdots,z_N|x_0,x_1,z_1,x_2,z_2)\\&=p_{x_1x_2}r(z_2;x_1,x_2)p(x_3,\cdots,x_N,z_3,\cdots,z_N|x_0,x_1,z_1,x_2,z_2)\end{aligned}$$

其中最后一个等式使用了观测的独立性，即，$p(z_2|x_0,x_1,x_2,z_1)=r(z_2;x_1,x_2)$。将上面两个关系式综合在一起有

$$\begin{aligned}p(X_N,Z_N)=&\pi_{x_0}p_{x_0x_1}r(z_1;x_0,x_1)p_{x_1x_2}r(z_2;x_1,x_2)\\&\cdot p(x_3,\cdots,x_N,z_3,\cdots,z_N|x_0,x_1,z_1,x_2,z_2)\end{aligned}$$

并按同样方式推进，我们有

$$p(X_N,Z_N)=\pi_{x_0}\prod_{k=1}^{N}p_{x_{k-1}x_k}r(z_k;x_{k-1},x_k) \tag{2.5}$$

我们现在展示上述表达式的最大化可以被视作最短路径问题。特别地，我们构建状态-时间对构成的图，称为网格图，通过将 $N+1$ 个状态空间的复件连接在一起，并在其前后相应接上节点 s 和 t，如图 2.2.2 所示。第 k 份复件的节点对应于在 $k-1$ 时刻的状态 x_{k-1}。若对应的转移概率 $p_{x_{k-1}x_k}$ 是正的，那么有一条弧连接第 k 份复制的节点 x_{k-1} 与第 $(k+1)$ 份复件的节点 x_k 。因为最大化正的费用函数等价于最大化其对数，我们从 (2.5) 式可见，给定观测序列 $Z_N=\{z_1,z_2,\cdots,z_N\}$，$p(X_N,Z_N)$ 的最大化问题等价于如下问题

$$\text{在所有可能序列}\{x_0,x_1,\cdots,x_N\}\text{上最小化}-\ln\left(\pi_{x_0}\right)-\sum_{k=1}^{N}\ln\left(p_{x_{k-1}x_kr(z_k;x_{k-1},x_k)}\right)$$

通过指定弧 (s, x_0) 的长度为 $-\ln(\pi_{x_0})$，指定弧 (x_N, t) 的长度为 0，指定弧 (x_{k-1}, x_k) 的长度为 $-\ln\left(p_{x_{k-1}x_k} r(z_k; x_{k-1}, x_k)\right)$，我们看到上面的最小化问题等价于在网格图中寻找从 s 到 t 的最短路径问题。这条最短路径定义了估计的状态序列 $\{\hat{x}_0, \hat{x}_1, \cdots, \hat{x}_N\}$。

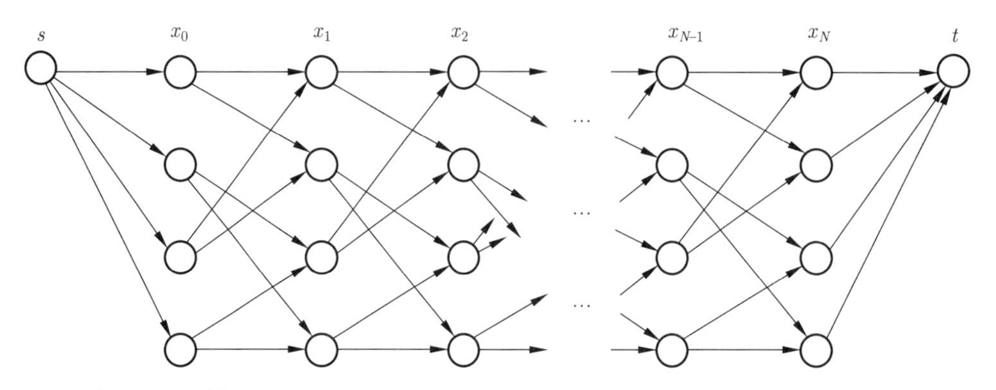

图 2.2.2 隐马尔可夫模型的状态估计被视作寻找从 s 到 t 的最短路径问题。从 s 到状态 x_0 的弧的长度为 $-\ln\pi_{x_0}$，从状态 x_N 到 t 的弧长为零。从状态 x_{k-1} 到 x_k 的弧长为 $-\ln\left(p_{x_{k-1}x_k} r(z_k; x_{k-1}, x_k)\right)$，其中 z_k 是第 k 个观测

在实际中，最短路径通常可通过前向动态规划方便地序贯地构造，即，通过首先计算从 s 到每个节点 x_1 的最短距离，然后用这些距离计算从 s 到每个节点 x_2 的最短距离，等等。特别地，假设我们在观测序列 Z_k 的基础上计算了从 s 到所有状态 x_k 的最短距离 $D_k(x_k)$，假设已经获得新的观测 z_{k+1}。然后从 s 到任意状态 x_{k+1} 的最短路径 $D_{k+1}(x_{k+1})$ 可以通过动态规划迭代计算出来

$$D_{k+1}(x_{k+1}) = \min_{x_k, p_{x_k x_{k+1}} > 0} \left[D_k(x_k) - \ln\left(p_{x_k x_{k+1}} r(z_{k+1}; x_k, x_{k+1})\right)\right]$$

初始条件是 $D_0(x_0) = -\ln(\pi_{x_0})$。最后估计的状态序列 $\hat{X}_N$ 对应于从 s 到最终状态 $\hat{x}_N$ 的能在可能状态 x_N 的集合上最小化 $D_N(x_N)$ 的最短路径。这个程序的优势是只要获得新的观测就可以实时执行。

存在一些实际情形允许我们不用等收到整个观测序列 Z_N 就可以估计一部分状态序列，这在 Z_N 是一个长序列时有用。例如，从 s 到状态 x_k 的所有最短路径经过子图 $x_0, \cdots, x_{k-1}$ 中的单个节点。如果是这样，那么可以从图 2.2.3 中看到从 s 到那个节点的最短路径将不会受到额外观测的影响，所以到那个节点的后续状态估计可以不用等到剩下的观测即可确定。

刚才描述的最短路径估计程序被称为瓦特比算法，在众多场合下得以应用。例如语音识别，其基本的目标是将一系列语音切分成一些列音素。一种可能性是将隐马尔可夫链的状态与音素关联上，给定记录的音素 $Z_N = \{z_1, \cdots, z_N\}$，试求音素序列 $\hat{X}_N = \{\hat{x}_1, \cdots, \hat{x}_N\}$ 在所有的 $X_N = \{x_1, \cdots, x_N\}$ 中最大化条件概率 $p(X_N|Z_N)$。概率 $r(z_k; x_{k-1}, x_k)$ 和 $p_{x_{k-1}x_k}$ 可以通过实验获得，如果必要的话通过使用语音识别系统对每个说话的人进行专门的“训练”。然后瓦特比算法可以用来找到最可能的音素序列。也有其他的隐马尔可夫链用于单词和语句的识别，其中只有构成单词的音素序列被考虑。我们向读者推荐 Rabiner[Rab89] 和 Picone[Pic90] 来获得隐马尔可夫链应用在语音识别的更一般的综述以及对更深入工作的了解。也可以使用相似的模型来进行

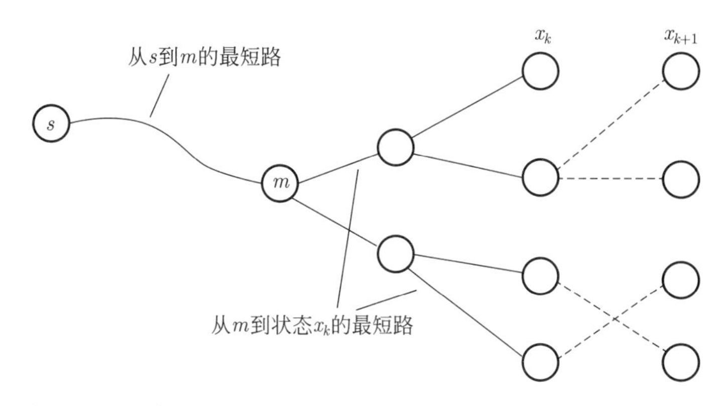

图 2.2.3　在收到完整的观测序列之前估计状态序列的一部分。假设从 s 到所有状态 x_k 的最短路径经过单个节点 m。如果收到额外的观测，则从 s 到所有状态 x_{k+1} 的最短路径将继续经过 m。于是，状态序列中直到节点 m 的部分可以被安全地估计出来，因为额外的观测将不会改变最短路径上从 s 直到 m 的起始部分

计算机辅助的手写识别。

瓦特比算法最初为在有噪声的通信信道解码数据所开发。下面的例子更详细地描述了这一点。

例 2.2.1（卷积编码和解码）

当布尔数据通过有噪声的信道传输时，通常需要使用编码作为提高通信可信度的方式。常用的编码方法，称为*卷积编码*，将信源产生的二进制数据序列

$$\{w_1, w_2, \cdots\}, w_k \in \{0, 1\}, k = 1, 2, \cdots$$

转换成编码后的序列 $\{y_1, y_2, \cdots\}$，其中每个 y_k 是一个 n 维布尔向量，称为*码字*，

$$y_k = \begin{pmatrix} y_k^1 \\ \vdots \\ y_k^n \end{pmatrix}, y_k^i \in \{0, 1\}, i = 1, \cdots, n, k = 1, 2, \cdots$$

然后通过有噪声的信道传输序列 $\{y_1, y_2, \cdots\}$，并转化成序列 $\{z_1, z_2, \cdots\}$，然后解码获得数据系列 $\{\hat{w}_1, \hat{w}_2, \cdots\}$；见图 2.2.4。目的是设计编码/解码机制使得解码后的序列尽可能接近原来的序列。

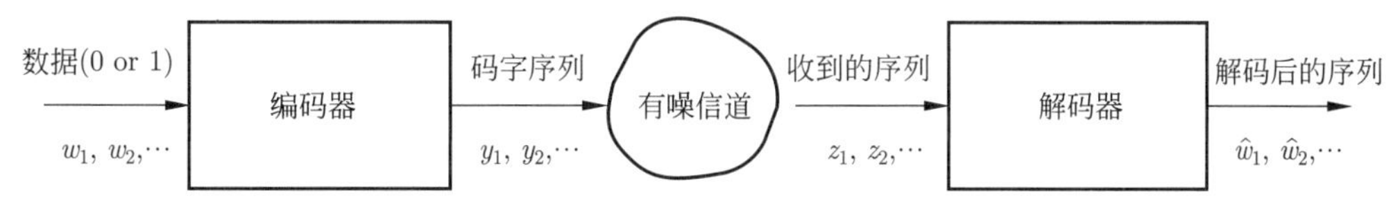

图 2.2.4　编码/解码机制

上面描述的是信息论中的核心问题，可以用多种方式来解决。在一种特定的颇受欢迎且有效的称为*卷积编码*的技术中，向量 y_k 与 w_k 通过如下形式的方程关联

$$y_k = Cx_{k-1} + dw_k, k = 1, 2, \cdots \tag{2.6}$$

$$x_k = Ax_{k-1} + bw_k, k = 1, 2, \cdots, x_0 : \text{给定} \tag{2.7}$$

其中 x_k 是一个 m 维布尔向量，我们将此视作状态，C, d, A 和 b 分别是 $n \times m, n \times 1, m \times m$ 和 $m \times 1$ 的布尔矩阵。在表达式 $Cx_{k-1} + dw_k$ 和 $Ax_{k-1} + bw_k$ 中涉及的乘积和加和使用模 2 计算。

作为一个例子，令 $m = 2, n = 3$，

$$C = \begin{pmatrix} 1 & 0 \\ 0 & 1 \\ 0 & 1 \end{pmatrix}, A = \begin{pmatrix} 0 & 1 \\ 1 & 1 \end{pmatrix}, d = \begin{pmatrix} 1 \\ 1 \\ 1 \end{pmatrix}, b = \begin{pmatrix} 0 \\ 1 \end{pmatrix}$$

(2.6) 式和 (2.7) 式中的系统的演化示于图 2.2.5 中。给定初始的 x_0，这个图可以用于产生码字序列 $\{y_1, y_2, \cdots\}$ 对应于数据序列 $\{w_1, w_2, \cdots\}$。例如，当初始状态是 $x_0 = 00$ 时，数据序列

$$\{w_1, w_2, w_3, w_4\} = \{1, 0, 0, 1\}$$

产生状态序列

$$\{x_0, x_1, x_2, x_3, x_4\} = \{00, 01, 11, 10, 00\}$$

和码字序列

$$\{y_1, y_2, y_3, y_4\} = \{111, 011, 111, 011\}$$

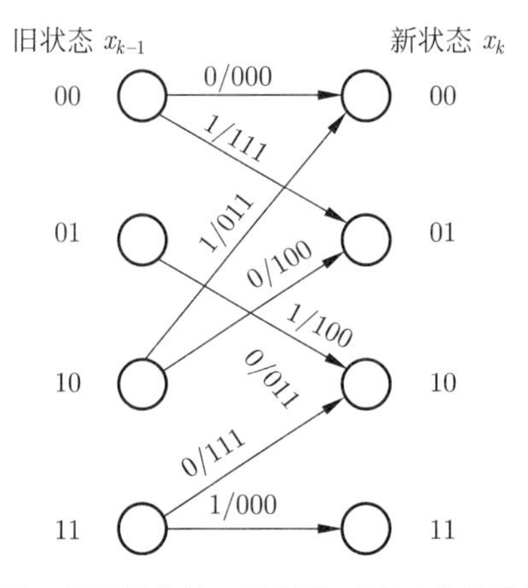

图 2.2.5 卷积编码的状态转移图。每条弧上的二进制数对是对应转移的数据/码字对 w_k/y_k。所以例如，当 $x_{k-1} = 01$ 时，一位零数据比特 $(w_k = 0)$ 的效果是转移到 $x_k = 11$ 并且产生码字 001

现在假设有噪声的信道的特征满足码字 y 按照已知概率 $p(z|y)$ 被收成 z，其中 z 是任意 n 比特二进制数。我们假设独立误差满足

$$p(Z_N|Y_N) = \prod_{k=1}^{N} p(z_k|y_k) \tag{2.8}$$

其中 $Z_N = \{z_1, \cdots, z_N\}$ 是收到的序列，$Y_N = \{y_1, \cdots, y_N\}$ 是传输的序列。通过将码字 y 与状态转移关联上，我们建立了一个极大似然估计问题，其中我们想找到序列 $\hat{Y}_N = \{\hat{y}_1, \hat{y}_2, \cdots, \hat{y}_N\}$ 满足

$$p(Z_N|\hat{Y}_N) = \max_{Y_N} p(Z_N|Y_N)$$

约束条件是 Y_N 必须为可行的码字序列（即，必须对应于某个初始状态和数据序列，或者等价的，对应于一系列网格图的弧）。

让我们将 N 个状态转移图连接在一起，同时在其左右增加节点 s 和 t，并分别用长度为 0 的弧与状态 x_0 和 x_N 相连接。通过使用 (2.8) 式，我们看到，给定接收序列 $Z_N=\{z_1,z_2,\cdots,z_N\}$ 最大化 $p(Z_N|Y_N)$ 的问题等价于如下问题

$$\text{在所有二进制序列}\{y_1,y_2,\cdots,y_N\}\text{上最小化}\sum_{k=1}^{N}-\ln\left(p(z_k|y_k)\right)$$

这等价于在网格图中寻找从 s 到 t 的最短路径，其中与码字 y_k 关联的弧的长度是 $-\ln\left(p(z_k|y_k)\right)$，且与上述虚拟节点相连的弧的长度是 0。从最短路径和网格图，我们可以获得对应的数据序列 $\{\hat{w}_1,\cdots,\hat{w}_N\}$，这是被接受的解码后的数据。

极大似然估计 $\hat{Y}_N$ 可以通过使用瓦特比算法求解对应的最短路径问题找到。特别地，从 s 到任意状态 x_{k+1} 的最短距离 $D_{k+1}(x_{k+1})$ 由动态规划迭代求解如下

$$D_{k+1}(x_{k+1})=\min_{(x_k,x_{k+1})\text{是条弧的}x_k}\left[D_k(x_k)-\ln\left(p(z_{k+1}|y_{k+1})\right)\right]$$

其中 y_{k+1} 是与弧 (x_k,x_{k+1}) 对应的码字。在最短路径上的最后的状态 $\hat{x}_N$ 是可以在 x_N 中最小化 $D_N(x_N)$ 的那一个。

2.3　最短路径算法

我们已经看到最短路径问题和确定性有限状态最优控制问题是等价的。这一点在计算上意味着两方面事情。

(a) 可以用动态规划求解一般性最短路径问题。注意有几个其他的最短路径方法，其中一些在最坏情况下比动态规划有更好的理论性能。然而，对于具有无环图结构的问题，而且当有并行计算机可以使用的时候，动态规划在实用中经常使用。

(b) 可以使用一般性最短路径方法（而不是动态规划）来求解确定性有限状态最优控制问题，在大多数情形下，推荐使用动态规划而不是其他最短路径方法，因为动态规划更适于最优控制问题的序贯性。然而，存在一些重要的情形，在其中推荐使用其他的最短路径方法。

在这一节我们讨论一种替代的最短路径方法。通过集中关注具有非常多节点的最短路径问题来启发这些方法。正如在确定性最优控制中出现的最短路径问题（见图 2.1.1），假设只有一个起点和一个目的地。而且大多数节点经常与最短路径问题不相关，即这些节点不太可能成为在给定的起点和目的节点之间的最短路径上。然而不幸的是，在动态规划算法中每个节点和弧都将参与计算，所以可能存在更加有效的方法。

在某些搜索问题中存在类似的情形，这在人工智能和组合优化中很常见。一般而言，这些问题涉及可以被分解为按阶段进行的决策。通过恰当地重新建模，决策阶段可以变成对应于最短路径问题中的弧选择，或者对应于动态规划算法中的阶段。我们提供如下例子。

例 2.3.1（四皇后问题）

要在 4×4 的棋盘上摆放四个皇后，让她们彼此不能攻击。换言之，在每行、每列、每斜线上最多有一个皇后。等价地，可以将这个问题视作一系列问题。首先，将第一行的前两个方块中

摆放一个皇后，然后在第二行中摆放第二个皇后且不受第一个皇后的攻击，类似地摆放第三个和第四个皇后。(只考虑第一行中的前两个方块是足够的，因为另外两个位置是对称的。) 我们可以将位置与无环图的节点关联上，其中根节点 s 对应于没有皇后的位置，末端节点对应于没有额外的皇后可以被放入且不导致某些皇后彼此攻击的位置。将每个末端节点通过一条弧与一个人工节点 t 关联。也为所有的弧赋值 0，除了将少于四个皇后的末端节点与人工节点 t 相连的人工弧。为这些后续的弧赋值 ∞（见图 2.3.1）表示它们对应于找不到解的死胡同位置。那么，四皇后问题化简为找到从节点 s 到节点 t 的最短路径。

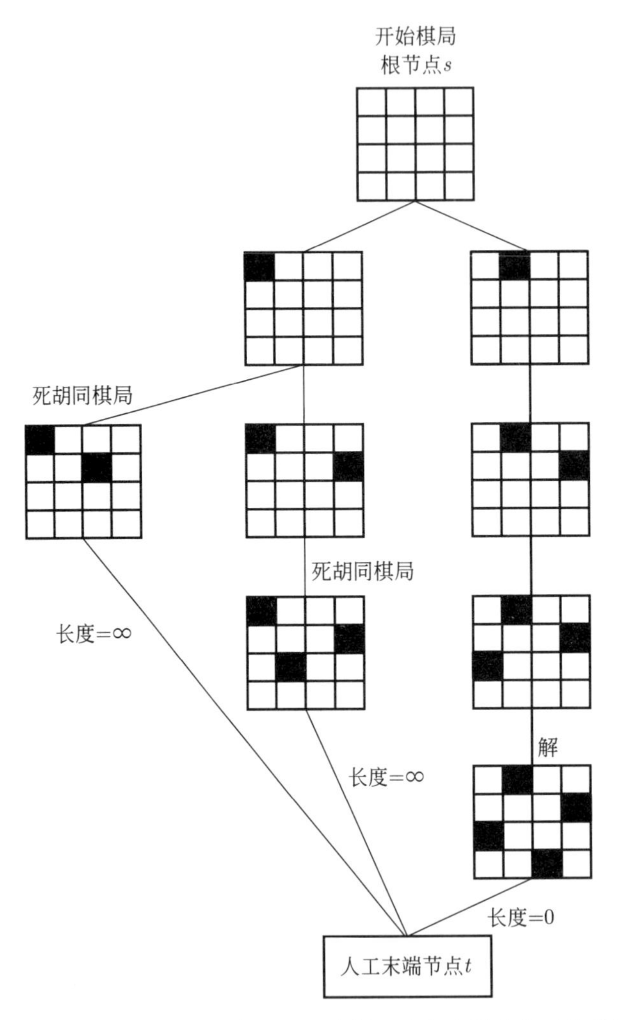

图 2.3.1 四皇后问题的最短路径模型。将皇后放置在棋盘右上方导致的对称棋局被忽略了。包含皇后的方块显示为黑色。所有的弧的长度为零，除了那些将死胡同位置与人工末端节点相连的弧

注意一旦穷举图的节点，这从本质上解决了这个问题。在这个 4×4 的问题中节点的数量少。然而，我们可以设想具有更大存储需求的类似问题。例如，有一个 8×8 而不是 4×4 的八皇后问题。

例 2.3.2（旅行商问题）

调度一系列操作的一个重要模型是经典的旅行商问题。这里给定 N 个城市之间的距离。希望

找到经过每个城市仅一次且返回起点的最短路径。为了将这个问题转化成最短路径问题，我们将每条 n 个不同城市的序列关联为一个节点，其中 $n \leqslant N$。对相应图的构造与弧的长度可以通过图 2.3.2 中的例子来说明。源节点 s 由城市 A 构成，作为起点。由 n 个城市（$n < N$）构成的一个序列通过增加新的城市构成 $(n+1)$ 个城市构成的序列。这样两个序列由弧相连，长度等于 $n+1$ 个城市中的最后两个城市之间的距离。每条由 N 个城市构成的序列与人工构造的末端节点 t 由弧相连，长度等于从序列中的最后一个城市到起点城市 A 的距离。注意节点数量随着城市数量的增加以指数速度增加。

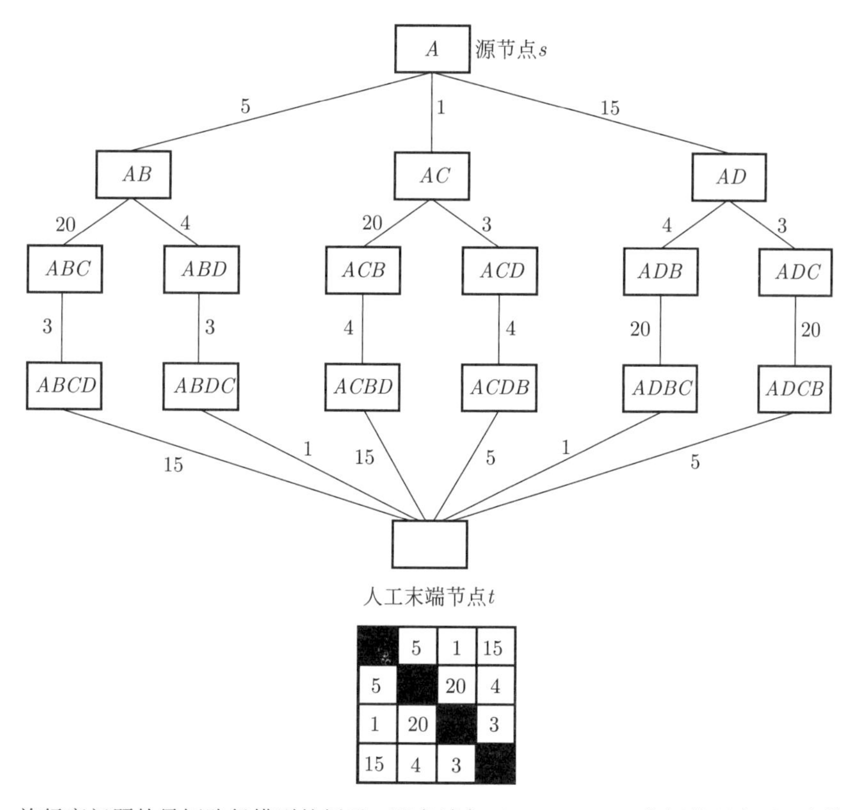

	5	1	15
5		20	4
1	20		3
15	4	3	

图 2.3.2　旅行商问题的最短路径模型的例子。四座城市 A、B、C、D 之间的距离示于表格中。弧长示于弧旁

在本节将考虑的最短路径问题中，有一个特殊节点 s，称为**起点**，和一个特殊节点 t，称为**目的地**。我们将假设有单个目的地，但是将要讨论的方法可以推广到有多个目的节点的情形（见习题 2.6）。若有一条弧 (i,j) 将 i 与 j 相连，则节点 j 被称为节点 i 的**孩子**。弧 (i,j) 的长度记为 a_{ij}，我们假设所有弧的长度非负。习题 2.7 处理当环的长度（而不是弧的长度）假设为非负的情形。我们希望找到从起点到目的节点的最短路径。

2.3.1　标签纠正方法

我们现在讨论一类一般性的最短路径问题。其想法是不断寻找从原点到其他节点 i 的更短路径，同时在变量 d_i 中保持到目前为止找到的最短路径的长度，称为 i 的标签。每当发现到节点 i

的更短路径之后，d_i 下降，算法检查 i 的孩子 j 的标签 d_j 是否可被“纠正”，即，它们可以通过被设定为 $d_i + a_{ij}$ 进一步下降 [在到目前为止找到的到 i 的最短路径之后接上弧 (i,j) 的总长度]。目的节点 d_t 的标签维持在变量 UPPER 中，这在算法中扮演特殊的角色。源节点的标签 d_s 初始化为 0，并在算法过程中保持为 0。所有其他节点的标签初始化为 ∞，即，对所有的 $i \neq s$ 有 $d_i = \infty$。

算法也使用节点列表，称为 OPEN（另一个经常使用的名称为候选列表）。列表 OPEN 包含那些当前活跃的节点，即这些节点需要算法后续检查看是否可能包含在最短路径中。一开始，OPEN 只包含起点 s。除了 s 之外的每个节点至少进入 OPEN 一次，有一个“父辈”，是某个其他节点。这个父辈节点对于计算最短距离不是必需的；但对于在算法终止时追踪到达起点的最短路径是需要的。算法的步骤如下（如图 2.3.3 所示）。

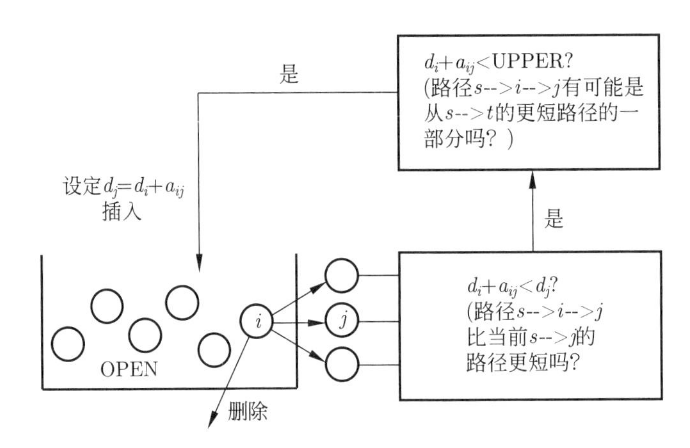

图 2.3.3 标签纠正算法的图示说明，包含对将节点加入 OPEN 列表中的测试的说明

标签纠正算法

第 1 步：从 OPEN 中移除节点 i，并且对 i 的每个孩子 j，执行第 2 步。

第 2 步：如果 $d_i + a_{ij} < \min\{d_j, \text{UPPER}\}$，令 $d_j = d_i + a_{ij}$，并且令 i 为 j 的父节点。此外，如果 $j \neq t$，若 j 尚未在 OPEN 中则将 j 放入 OPEN，然而如果 $j = t$，令 UPPER 为 d_t 的新值 $d_i + a_{it}$。

第 3 步：如果 OPEN 为空，则终止；否则转向第 1 步。

通过归纳法可以看到，在算法中，d_j 或者是 ∞（如果节点 j 还没有进入 OPEN 列表），或者是从 s 到 j 的由进入 OPEN 至少一次的节点构成的某条路径的长度。在后面这种情形中，路径可以通过从节点 j 的父辈开始后向追踪父辈节点获得。更进一步，UPPER 要么是 ∞，要么是某条从 s 到 t 的路径的长度，于是这一结果是从 s 到 t 的最短距离的上界。算法的思想是当发现一条从 s 到 j 的更短路径时（在第 2 步中 $d_i + a_{ij} < d_j$），d_j 的值相应减少，节点 j 进入 OPEN 列表使得经过 j 并到达 j 的后代的路径可被考虑。不过，仅当所考虑的路径有机会得到从 s 到 t 且具有比从 s 到 t 的最短路径的上界 UPPER 更短的长度时，这么做才是合理的。注意到弧的长度非负，这仅当路径的长度 $d_i + a_{ij}$ 比 UPPER 更小时才可能。这为在第 2 步中仅当 $d_i + a_{ij} <$ UPPER 时将 j 加入 OPEN 提供了合理性（见图 2.3.3）。

追踪算法的步骤，我们看到算法将首先从 OPEN 中移除节点 s，并依次检查其后代。如果 t 不是 s 的后代，算法会将 s 的所有孩子设为 $d_j = a_{sj}$ 然后放入 OPEN。如果 t 是 s 的后代，那么算法会将 s 在 t 之前检查的所有孩子 j 放入 OPEN，并将其标签设为 a_{sj}；然后将检查 t 并将 UPPER 设为 a_{st}；最后，仅当 a_{sj} 比 UPPER 的当前值 a_{st} 更小时，将 s 的每个剩下的后代 j 放入 OPEN。该算法后续将从 OPEN 中选择 s 的一个孩子 $i \neq t$，并且将其满足第 2 步准则的后代 $j \neq t$ 序贯地放入 OPEN 中，等等。注意源点 s 永远不会重新进入 OPEN，因为 d_s 不能从其初始值零下降。而且，基于算法的规则，目的地永远不能进入 OPEN。下面将证明当算法终止时可以通过从 t 开始朝向 s 反向回溯获得最短路径。图 2.3.4 展示了用这个算法求解图 2.3.2 中旅行商问题的过程。

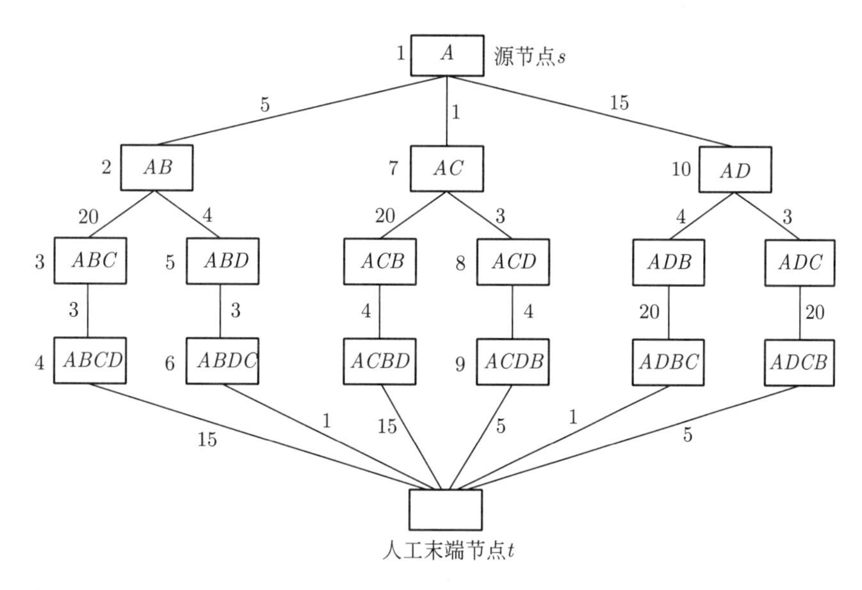

图 2.3.4　应用于图 2.3.2 的旅行商问题的算法。在按图中顺序依次检查节点 1 到 10 之后找到最优解 $ABCD$。表格展示了 OPEN 列表的内容

图 2.3.4 中的表格

迭代轮次	退出 OPEN 的节点	本轮迭代结束时的 OPEN	UPPER
0	—	1	∞
1	1	2,7,10	∞
2	2	3,5,7,10	∞
3	3	4,5,7,10	∞
4	4	5,7,10	43
5	5	6,7,10	43
6	6	7,10	13
7	7	8,10	13
8	8	9,10	13
9	9	10	13
10	10	空	13

命题 2.3.1 如果从源点到目的地存在至少一条路径，标签纠正算法终止时 UPPER 等于从源点到目的地的最短距离。否则，算法终止于 UPPER $= \infty$。

证明 我们首先证明算法是可终止的。确实，每次一个节点 j 进入 OPEN 列表，其标签将下降并且变成等于从 s 到 j 的某条路径的长度。另一方面，小于某个给定数值的从 s 到 j 的路径的长度是有限的。原因是每条路径可以分解为没有重复节点的路径（存在有限多条这样的路径），加上（可能为空的）环路集合，其中每一条环路均具有非负长度。所以，只可能存在有限次标签下降，这意味着该算法是可终止的。

假设不存在从 s 到 t 的路径。那么对应于一条弧 (i,t) 的节点 i 不能进入 OPEN 列表，因为如之前所论述的那样，这将产生从 s 到 i 的路径，因而也产生从 s 到 t 的路径。所以，基于算法的规则，UPPER 永远不能从其初始值 ∞ 下降。

现在假设存在一条从 s 到 t 的路径。那么，因为存在有限多个任意给定数值之下的从 s 到 t 的路径的长度取值，总存在最短路径。令 $(s,j_1,j_2,\cdots,j_k,t)$ 为最短路径，令 d^* 为对应的最短距离。我们将证明当算法终止时 UPPER 的取值必将等于 d^*。确实，最短路径 $(s,j_1,j_2,\cdots,j_k,t)$ 的每一条子路径 $(s,j_1,\cdots,j_m), m=1,\cdots,k$ 必然是从 s 到 j_m 的最短路径。如果在终止时 UPPER 的值比 d^* 更大，那么这一点在算法运行过程中需要始终成立，再注意到假设弧的长度非负，于是 UPPER 将在整个算法执行过程中始终比所有的路径 $(s,j_1,\cdots,j_m), m=1,\cdots,k$ 的长度更大。于是有节点 j_k 将永远不会进入 OPEN 列表，d_{j_k} 等于从 s 到 j_k 的最短距离，这是因为当算法在第 2 步下一次检查节点 j_k 之后，UPPER 将在第 2 步被设成 d^*。类似地，也使用非负长度的假设，这意味着节点 j_{k-1} 将永远不会进入 OPEN 列表，其中 $d_{j_{k-1}}$ 等于从 s 到 j_{k-1} 的最短距离。反向前进，可以得到 j_1 永远不会进入 OPEN 列表，其中 d_{j_1} 等于从 s 到 j_1 的最短距离 [这等于弧 (s,j_1) 的长度]。然而，这在算法的第一次迭代中已经发生，于是获得矛盾。于是有，在终止时 UPPER 将等于从 s 到 t 的最短距离。

从上面的证明还可以发现当算法终止时，从 t 沿着父节点返回到 s 所构成的路径的长度等于 UPPER，这于是为从 s 到 t 的一条最短路径。所以只要我们保存进入 OPEN 的节点的父节点，那么该算法不仅获得最短距离，而且获得一条最短路径。

该算法的另一个重要的性质是对于在第 2 步中满足 $d_i + a_{ij} \geqslant$ UPPER 的节点 j 将不会在当前迭代中进入 OPEN，而且可能在后续所有的迭代中都不能进入。结果能进入 OPEN 的节点数量可能远少于总节点的数量。进一步，如果已知从 s 到 t 的最短距离的良好下界（或者最短距离），那么一旦 UPPER 与那个界的距离在可接受的范围内则计算可终止。这是有用的，例如，在四皇后问题中，最短距离已知为零或者无穷。那么一旦找到第一个解时，UPPER=0，算法将终止。

特定的标签纠正方法

在每步迭代中选择从 OPEN 中移除的节点时有许多自由度。这里有几种不同的方法。下面是一些最重要的方法（本书作者关于网络优化的教材 [Ber91a] 和 [Ber98a] 包含了关于标签纠正方法的更完整的介绍及其分析；[Ber91a] 包含了几种实现这些方法的计算机代码）。

(a) 宽度优先搜索，也被称为贝尔曼-福特方法，采用先入先出策略；即，总是从 OPEN 顶部移除节点，进入 OPEN 的节点总被放在 OPEN 底部。[在这里以及下面除了 (c) 的方法中，我们假设 OPEN 的结构是一个队列。]

(b) 深度优先搜索，采用后入先出策略；即，总是从 OPEN 顶部移除节点，节点进入 OPEN 时被放在 OPEN 顶部。该方法的思想是通常需要相对较少的存储空间。例如，假设图有类似于树型的结构，存在从起点到除了终点以外其他每个节点的唯一通路，如图 2.3.5 所示。那么节点将进入 OPEN 仅一次，且按照在图 2.3.5 中的顺序。在任何一次，仅需要如图 2.3.6 中所示存储图的一小部分。

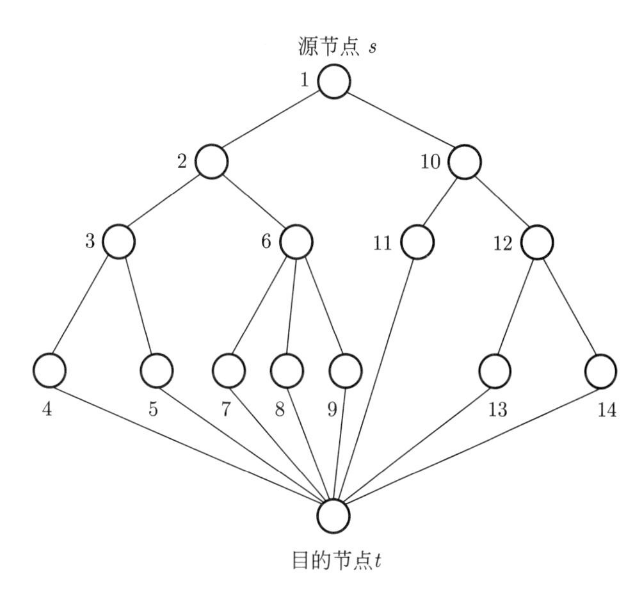

图 2.3.5　用深度优先的方式搜索一棵树。节点旁的数字表示该节点退出 OPEN 列表的顺序

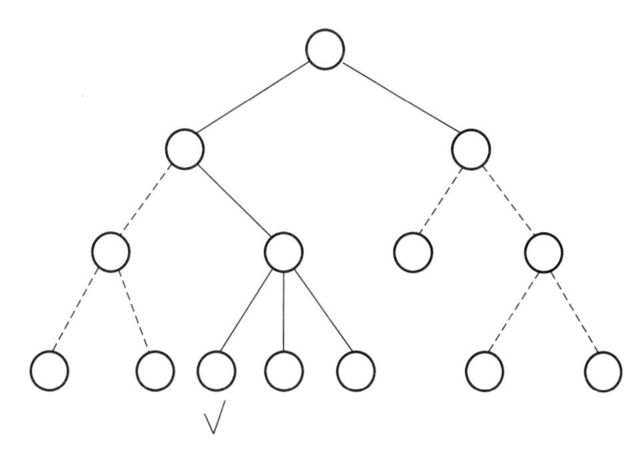

图 2.3.6　对图 2.3.5 进行深度优先搜索需要的存储空间。当对勾记号标出的节点退出 OPEN 列表时，只有树的实现部分需要在存储空间中。点状线表示的部分被生成了然后从存储空间中清除了，基于如下规则，即对于一个图，如果从源点到除了目的地之外的每个节点如果只有一条路径，那么一旦一个节点的所有后继节点均退出 OPEN 列表，那么就没有必要存储这个节点了。虚线表示的树的部分还没有被生成

(c) 性能最优优先搜索，在每次迭代中从 OPEN 中移除性能取值最小节点的标签，即，节点

i 满足

$$d_i = \min_{j \in \text{OPEN}} d_j$$

这个方法，也被称为 *Dijkstra 方法*或者*标签设定方法*，有一个特别有趣的性质。可证明在这个方法中，节点最多进入 OPEN 列表一次（见习题 2.4）。该方法的缺陷是在每次迭代中寻找 OPEN 中最小标签的节点所需的计算开销太大。有几种高效完成这一操作的复杂方法（例如见 Bertsekas[Ber98a]）。

(d) *D'Esopo-Pape 方法*，在每次迭代中从 OPEN 顶部移除节点，加入节点时若该节点此前曾进入过 OPEN，则将其放在 OPEN 顶部，否则将其放在 OPEN 底部。

(e) *小标签优先方法*（Small-Label-First，简记为 SLF 方法），在每次迭代中从 OPEN 顶部移除节点；在加入节点时，若节点 i 的标签 d_i 小于等于 OPEN 顶部节点 j 的标签 d_j，则将节点 i 插入 OPEN 顶部，否则将其插入 OPEN 底部。这是对性能最优优先搜索方法的一种小计算量的近似。作为对 SLF 方法的补充，为了避免从 OPEN 中移除具有相对较大标签的节点，可以使用下面的方法，该方法也被称为*大标签最后方法*：在迭代开始时，比较 OPEN 顶部节点与 OPEN 中节点标签的平均值，如果 OPEN 顶部节点更大，则将其放在 OPEN 底部，并类似比较新的 OPEN 顶部节点与标签平均值。在这种方法中，相对于小标签节点，大标签节点的移除被推迟。该方法所需的额外计算开销比较小：仅需要维护 OPEN 中标签之和与节点数目。当开始新的迭代时，这两个数字的比值给出所需要的平均值。还有基于优先检查小标签节点的几种其他方法（见 Bertsekas[Ber93]，[Ber98a]；细节描述和计算分析详见 Bertsekas，Guerriero 和 Musmanno[BGM96]）。

一般而言，对于非负弧长度，因为该方法更成功地从 OPEN 中移除具有相对较小标签的节点，迭代次数减少了。直观上，注意如果节点 j 想重新进入 OPEN，某个满足 $d_i + a_{ij} < d_j$ 的节点 i 必须首先退出 OPEN。所以，此前从 OPEN 退出的节点 j 的 d_j 越小，则之后找到 OPEN 中的某个节点 i 以及弧 (i,j) 且满足 $d_i + a_{ij}$ 比 d_j 小的机会越小。特别地，如果 $d_j \leqslant \min_{i \in \text{OPEN}} d_i$，则在 j 退出 OPEN 之前，不会出现对某个 OPEN 中的 i 有 $d_i + a_{ij} < d_j$，因为弧长 a_{ij} 是非负的。SLF 和其他更复杂的方法需要的迭代次数通常接近最小值（由性能最优优先搜索方法所需要的迭代次数）。然而，这些方法可能比性能最优优先搜索方法快许多，因为在确定从 OPEN 中移除的节点时需要的计算量少。

2.3.2 标签纠正变形-A^* 算法

为了正确工作，通用的标签纠正算法无须从对 $i \neq s$ 都有 $d_s = 0$ 和 $d_i = \infty$ 的初始条件开始。可以证明，与命题 2.3.1 类似，可以使用满足如下条件的任意初始标签，对节点 i，d_i 或者为 ∞ 或者是从 s 到 t 的某条路径的长度。标量 UPPER 可被取为等于 d_t，初始 OPEN 列表可被取为集合 $\{i | d_i < \infty\}$。

这类初始化是非常有用的，如果通过使用规则或者某个类似的最短路径问题的已知解，我们可以构造一条从 s 到 t 的“好”路

$$P = (s, i_1, \cdots, i_k, t)$$

然后我们可以将算法初始化为

$$d_i = \begin{cases} \text{从 } s \text{ 到 } i \text{ 的路径 } P \text{ 的一部分的长度} & \text{若 } i \in P \\ \infty & \text{若 } i \notin P \end{cases}$$

其中 UPPER 等于 d_t，且 OPEN 列表等于 $\{s, i_1, \cdots, i_k\}$。如果 P 是近优路径，结果 UPPER 的初始值接近其最优值，对于未来能否进入候选列表的测试将从算法一开始就比较紧，许多不必要进入 OPEN 的节点将被省去。特别地，可见所有到原点的最短路径长度大于等于 P 的长度的节点将永远不会进入候选列表。

另一种可能性，被称为 A^* 算法，是加强节点 j 在第 2 步被放到 OPEN 列表中之前必须通过的测试 $d_i + a_{ij} <$ UPPER。当从节点 j 到目的节点的最短距离有正的下界估计 h_j 时，可以做到这一点。可以通过问题的特殊知识获得这一估计。然后我们可以在第 2 步中仅当满足

$$d_i + a_{ij} + h_j < \text{UPPER}$$

（而不是 $d_i + a_{ij} <$ UPPER）时才将节点 j 放入 OPEN 中来显著加速计算过程。这样，终止前可能有更少的节点被放入 OPEN。使用 h_j 是从 j 到目的地的真正最短距离的下界估计这一事实，可以看到满足 $d_i + a_{ij} + h'_j \geqslant$ UPPER 的节点 j 无须进入 OPEN，命题 2.3.1 中的论述证明了使用前述测试的算法将在获得最短路径时终止。

A^* 算法只是将节点 j 放入 OPEN 列表时收紧测试 $d_i + a_{ij} <$ UPPER 的一种方法。另一种替代方法是对第 2 步中的节点 j 获得从 j 到目的 t 的最短距离的上界 m_j（例如从 j 到 t 的某条路径的长度），尝试据此降低 UPPER 的值。然后如果在第 2 步之后 $d_j + m_j <$ UPPER，我们可以将 UPPER 降低到 $d_j + m_j$，这样让未来加入 OPEN 的测试更紧。这一想法用于某些版本的分支定界算法，我们下面讨论其中一种。

2.3.3　分支定界

考虑在可行解 X 的有限集合上最小化费用函数 $f(x)$ 的问题。我们关心的问题中可行解的数量非常大，比如例 2.3.2 的旅行商问题，所以穷举并比较这些解的方法并不实际。分支定界方法的思想是通过基于某些测试丢弃一些不可能是最优的解从而避免完整的穷举。这与标签纠正方法类似，后者通过多种使用 UPPER 取值和其他数据的测试，避免在 OPEN 列表中加入某些节点。实际上，我们将看到分支定界方法可被视作某种形式的标签纠正方法。

分支定界方法的关键思想是将可行集合分成更小的子集合，然后使用费用在某些子集合上可达到的特定的界来将其他子集合从未来的考虑中删除。用下面的简单例子展示这一原理。

定界原理

考虑在 $x \in X$ 上最小化 $f(x)$ 的问题，有两个子集合 $Y_1 \subset X$ 和 $Y_2 \subset X$，假设我们有如下的界

$$\underline{f}_1 \leqslant \min_{x \in Y_1} f(x), \bar{f}_2 \geqslant \min_{x \in Y_2} f(x)$$

如果 $\bar{f}_2 \leqslant \underline{f}_1$，那么 Y_1 中的解可以丢弃，因为它们的费用不可能比 Y_2 中的最好解的费用更小。

分支定界方法计算合适的上界和下界，使用定界原理消除显著的一部分可行解。为描述这一方法，我们使用无环图，其节点对应可行集 X 的子集，节点构成的集合是 $\mathcal{X}$。我们需要如下条件：

(a) $X \in \mathcal{X}$（即，所有解的集合是一个节点）。

(b) 对每个解 x，我们有 $\{x\} \in \mathcal{X}$（即，每个解被视作单元素集合，是一个节点）。

(c) 每个包含多于一个 $x \in X$ 的集合 $Y \in \mathcal{X}$ 被划分成集合 $Y_1, \cdots, Y_n \in \mathcal{X}$，且对所有的 i 满足 $Y_i \neq Y$，以及

$$\bigcup_{i=1}^{n} Y_i = Y$$

集合 Y 被称为 $Y_1, \cdots, Y_n$ 的父节点，集合 $Y_1, \cdots, Y_n$ 被称为 Y 的子节点。

(d) $\mathcal{X}$ 中的 X 之外的每个集合都有至少一个父节点。

集合构成的集类 $\mathcal{X}$ 定义了一个无环图，其根节点是由所有可行解构成的集合 X，其叶子节点是由单个解构成的集合 $\{x\}, x \in X$（见图 2.3.7）。图中的弧连接父节点 Y 与其子节点 Y_i。假设对每个非叶子节点 Y 均有一个算法计算 Y 上最小费用的上界 $\bar{f}_Y$ 和下界 $\underline{f}_Y$：

$$\underline{f}_Y \leqslant \min_{x \in Y} f(x) \leqslant \bar{f}_Y$$

进一步假设对于每个解构成的单元素集合 $\{x\}$，该上、下界取等号：

$$\underline{f}_{\{x\}} = f(x) = \bar{f}_{\{x\}}，对所有x \in X$$

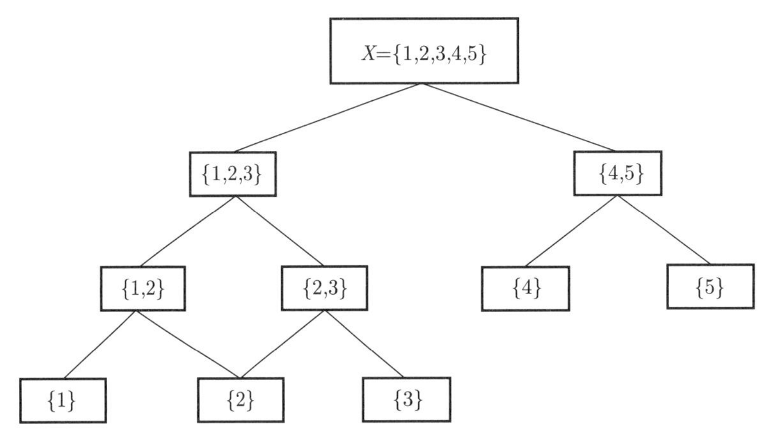

图 2.3.7 分支定界算法对应的无环图。除去那些仅含单个解的节点之外，每个节点（子集）分成几个其他节点（子集）

现在将涉及父节点 Y 和子节点 Y_i 的弧的长度定义为两个下界之差

$$\underline{f}_{Y_i} - \underline{f}_Y$$

那么从源节点 X 到节点 Y 的路径长度为 $\underline{f}_Y$。因为对所有可行解 $x \in X$ 有 $\underline{f}_{\{x\}} = f(x)$，所以在 $x \in X$ 上最小化 $f(x)$ 等价于寻找从源节点到某个单元素节点 $\{x\}$ 的最短路径。

现在考虑一种变形的标签纠正方法，其中用关于上界 $\bar{f}_Y$ 的知识减小 UPPER 的值。一开始，OPEN 仅包含 X，UPPER 等于 $\bar{f}_X$。

分支定界算法

第 1 步： 从 OPEN 中移除节点 Y。对 Y 的每个子节点 Y_j，执行如下操作：若 $\underline{f}_{Y_j}$ <UPPER，则将 Y_j 放入 OPEN。若还有 $\bar{f}_{Y_j}$ <UPPER，则令 UPPER $= \bar{f}_{Y_j}$，且若 Y_j 由单个解构成，将那个解标记为到目前为止发现的最好解。

第 2 步：（终止条件判断）若 OPEN 非空，回第 1 步；否则，终止。到目前为止找到的最好解是最优的。

上述算法第 2 步的一种替代终止条件是设定容忍度 $\epsilon > 0$，并检查 OPEN 列表中所有集合 Y 的下界 $\underline{f}_Y$ 的最小值与 UPPER 的差别是否小于 ϵ。若是如此，则算法终止，且 OPEN 中的某个集合一定包含了一个解，其与最优值之差在 ϵ 之内。该算法还有其他一些变形。例如，若某节点的上界 $\bar{f}_Y$ 恰好是某个元素 $x \in Y$ 的费用 $f(x)$，那么只要在第 2 步中有 $\bar{f}_Y <$UPPER，则这个元素可被用作到目前为止找到的最好解。其他变形与在第 1 步中从 OPEN 中选择节点的方法有关。例如，最优解优先类别的两个策略分别是选择具有最小下界或最小上界的节点。注意，实现生成分支定界方法对应的无环图既不实际也无必要。相反，可根据算法的进展决定将父集合划分成子集合的顺序与方式。我们推荐 Nemhauser 和 Wolsey[NeW88]，Bertsimas 和 Tsitsiklis[BeT97]，Bertsekas[Ber98a] 和 Wolsey[Wol98] 等教材来更全面地介绍这一方面。

2.3.4 约束与多目标问题

在有些最短路径问题中，可能对沿最优路径所需费用有约束，比如时间、油等。例如，可能限制沿最优路径旅行的总时间不应超过给定阈值 T，即

$$\sum_{(i,j)\in P} \tau_{ij} \leqslant T$$

其中 τ_{ij} 是穿过弧 (i,j) 所需的时间。类似地，可能有安全性约束，要求能沿路径 P 安全旅行的概率不应小于某给定阈值。这里，我们假设安全通过弧 (i,j) 的概率为 P_{ij}。假设安全通过各条弧的事件彼此独立，则安全通过一条路径 P 的概率是乘积 $\Pi_{(i,j)\in P} p_{ij}$。要求这一概率不小于某给定阈值 β 的约束可翻译成如下形式的路径长度约束

$$\sum_{(i,j)\in P} \ln(p_{ij}) \geqslant \ln(\beta)$$

我们将路径长度表达为如下通用形式

$$\sum_{(i,j)\in P} c_{ij}^m \leqslant b^m, m = 1, \cdots, M \tag{2.9}$$

其中 c_{ij}^m 是通过弧 (i,j) 所需的第 m 种资源的量，b^m 是第 m 种资源可用总量，于是问题转化为找到一条路径 P 从源点 s 开始，到目的地 t 结束，满足约束 (2.9) 式，且最小化

$$\sum_{(i,j)\in P} a_{ij}$$

我们称该问题为约束最短路径问题，注意这与约束可行性问题相关，在后者中我们只想找到一条满足约束 (2.9) 式的路径 P。特别地，约束可行性问题是如下约束最短路径问题的特殊情形，其中对所有的弧 (i,j) 有 $a_{ij} = 0$。反过来，约束最短路径问题等价于包含约束 (2.9) 式和如下附加约束的约束可行性问题

$$\sum_{(i,j)\in P} a_{ij} \leqslant L^*$$

其中 L^* 是最优路径的长度（其值一般未知）。

另一个密切相关的问题是多目标最短路径问题，其中我们想找到一条路径 P 能同时让所有如下长度比较“小”，

$$\sum_{(i,j)\in P} c_{ij}^m, m=1,\cdots,M$$

下面我们将明确这里“小”的含义。特别地，对任意集合 $S\subset\Re^M$，若 $x=(x_1,\cdots,x_M)\in S$ 不受任意向量 $y=(y_1,\cdots,y_M)\in S$ 支配，即

$$y_m\leqslant x_m, m=1,\cdots,M$$

且至少有一个 m 的不等号是严格的（见图 2.3.8），则称 x 为非劣的。更一般地，给定一个问题具有多个费用函数 $f_1(x),\cdots,f_M(x)$ 和约束集合 X，若 x 的费用向量 $(f_1(x),\cdots,f_M(x))$ 是可达到的费用构成的集合

$$\{(f_1(y),\cdots,f_M(y))\,|y\in X\}$$

的一个非劣向量，则称 x 为非劣解。

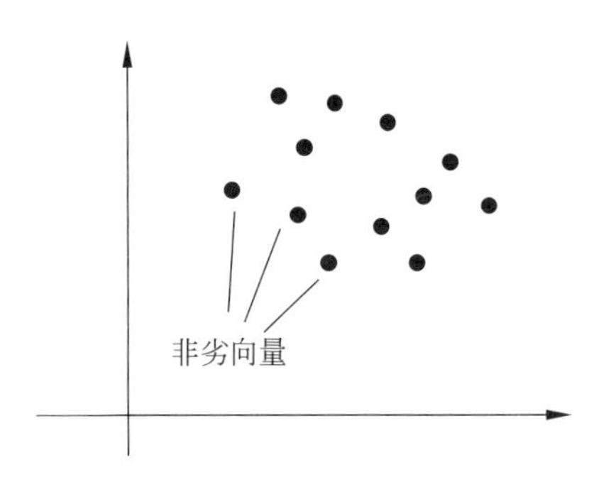

图 2.3.8 有限集的非劣向量的示意图

注意给定有限个解构成的集合，至少有一个非劣解。进一步，可用简单算法提取出非劣解集：序贯测试所有的解并丢弃那些被未丢弃的解所支配的解，直到不能再丢弃任何解。

多目标最短路径问题是找到一条非劣路径 P，即没有其他路径 P' 满足

$$\sum_{(i,j)\in P'} c_{ij}^m\leqslant\sum_{(i,j)\in P} c_{ij}^m, m=1,\cdots,M$$

其中对至少一个 m 不等式严格成立。注意约束可行问题有解当且仅当满足约束 (2.11) 式的多目标/非劣解集非空。于是一旦计算出所有非劣路径构成的集合，则约束可行性问题易于解决。类似地，约束最短路径问题可通过转化为多目标最短路径问题来求解，其中多个目标对应于费用和约束。给定所有非劣解构成的集合，可从该集合中选择一条满足约束且最小化费用的路径来获得约束最短路径问题的最优解（假设可行解存在）。因为上述联系，约束最短路径、约束可行性、多目标这三个问题本质上具有相同的数学结构，可以用类似方法处理。

多目标动态规划问题

我们已经看到最短路径问题和确定性有限状态动态规划问题是等价的，于是多目标、约束最短路径问题与多目标、约束确定性有限状态动态规划问题的求解方法相同。该问题的多目标版本涉及单个受控的确定性有限状态系统

$$x_{k+1}f_k(x_k,u_k)$$

和多个形式如下的费用函数

$$g_N^m(x_N)+\sum_{k=0}^{N-1} g_k^m(x_k,u_k), m=1,\cdots,M$$

下面给出一种推广的动态规划算法以求解涉及上述系统和费用函数的多目标确定性动态规划问题的所有非劣解集。该算法从终止时间后向计算，对每个阶段 k 和状态 x_k 计算从状态 x_k 开始的（多目标）子问题的非劣控制序列集合。该算法基于最优性原理的一个相对明显的推广：

若 $\{u_k,u_{k+1},\cdots,u_{N-1}\}$ 是从 x_k 开始的子问题的非劣控制序列，那么 $\{u_{k+1},\cdots,u_{N-1}\}$ 是从 $f_k(x_k,u_k)$ 开始的子问题的非劣控制序列。

这允许简便地使用更短子问题的非劣解集来计算原问题的非劣解集。

更具体而言，令 $\mathcal{F}_k(x_k)$ 为所有如下 $\mathcal{M}$ 元后续费用构成的集合

$$\left(g_N^1(x_N)+\sum_{i=k}^{N-1} g_i^1(x_i,u_i),\cdots,g_N^M(x_N)+\sum_{i=k}^{N-1} g_i^M(x_i,u_i)\right) \tag{2.10}$$

这对应于从 x_k 开始并在如下意义下非劣的可行控制序列 $\{u_k,\cdots,u_{N-1}\}$：没有其他可行控制序列 $\{u_k',\cdots,u_{N-1}'\}$ 与对应的状态序列 $\{x_k',\cdots,x_N'\}$（其中 $x_k'=x_k$）满足

$$g_N^m(x_N')+\sum_{i=k}^{N-1} g_i^m(x_i',u_i')\leqslant g_N^m(x_N)+\sum_{i=k}^{N-1} g_i^m(x_i,u_i), m=1,\cdots,M$$

且对至少一个 m 该不等式严格成立。注意 $\mathcal{F}_k(x_k)$ 是有限集合（因为控制约束集有限，这意味着控制序列集合有限）。集合 $\mathcal{F}_k(x_k)$ 由一个算法生成，该算法从末端时刻 N 的 $\mathcal{F}_N(x_N)$ 开始，这里的 $\mathcal{F}_N(x_N)$ 仅包含末端费用向量

$$\mathcal{F}_N(x_N)=\left\{\left(g_N^1(x_N),\cdots,g_N^M(x_N)\right)\right\}$$

并按如下流程后向推进：给定所有状态 x_{k+1} 的集合 $\mathcal{F}_{k+1}(x_{k+1})$，该算法为每个状态 x_k 生成向量集合

$$\left(g_k^1(x_k,u_k)+c^1,\cdots,g_k^M(x_k,u_k)+c^M\right)$$

满足

$$\left(c^1,\cdots,c^M\right)\in\mathcal{F}_{k+1}\left(f_k(x_k,u_k)\right), u_k\in U_k(x_k)$$

然后通过提取非劣子集获得 $\mathcal{F}_k(x_k)$，即，从该集合丢弃被其他向量支配的向量。

在 N 步之后，该算法获得 $\mathcal{F}_0(x_0)$，这是从初始状态 x_0 开始的所有非劣 M 元后续费用构成的集合。注意该算法与常规动态规划算法类似：它在每个状态 x_k 仅维护非劣 M 元后续费用构成的集合，而非单个后续费用。还注意到通过与 2.1 节类似的分析，可以构造该算法的前向版本。

约束动态规划问题

现在让我们考虑一个相关的约束动态规划问题，二者具有相同的被控系统

$$x_{k+1}=f_k(x_k,u_k)$$

其中我们想最小化费用函数

$$g_N^1(x_N)+\sum_{k=0}^{N-1} g_k^1(x_k,u_k) \tag{2.11}$$

针对如下约束

$$g_N^m(x_N)+\sum_{k=0}^{N-1}g_k^m(x_k,u_k)\leqslant b^m, m=2,\cdots,M \tag{2.12}$$

我们可以找到涉及 (2.10) 式费用的多目标动态规划问题的非劣解/控制序列构成的集合，从中挑出满足 (2.12) 式约束的解/控制序列，再从中挑选最小化 (2.11) 式费用的解/控制序列，通过这样的方法求解上述问题。

然而，我们可以尽可能早地丢弃不可行的控制序列，以此改进该算法。原理与标签纠正方法和 A^* 算法的思想相关（见 2.3.2 节）。对 $m=2,\cdots,M$，令 $\tilde{J}_k^m(x_k)$ 为从给定的初始状态 x_0 到达 x_k 且每阶段费用等于 $g_i^m(x_i,u_i)$ 的最优费用。这是如下函数的最小值

$$\sum_{i=0}^{k-1}g_k^m(x_i,u_i), m=2,\cdots,M$$

其约束条件是第 k 阶段的状态为 x_k，该问题可由 2.1 节的前向动态规划算法求解。现在考虑一个动态规划类的算法，对每个阶段的每个状态产生一个子集的 M 元向量。该算法从末端时刻 N 开始，集合 $\mathcal{F}_N(x_N)$ 仅包括末端费用向量

$$\mathcal{F}_N(x_N)=\left\{\left(g_N^1(x_N),\cdots,g_N^M(x_N)\right)\right\}$$

该算法按如下方式后向推进：给定每个状态 x_{k+1} 对应的 $\mathcal{F}_{k+1}(x_{k+1})$，对每个状态 x_k 生成如下 M 元组构成的集合

$$\left(g_k^1(x_k,u_k)+c^1,\cdots,g_k^M(x_k,u_k)+c^M\right) \tag{2.13}$$

满足

$$\left(c^1,\cdots,c^M\right)\in\mathcal{F}_{k+1}\left(f_k(x_k,u_k)\right), u_k\in U_k(x_k)$$

和

$$\tilde{J}_k^m(x_k)+g_k^m(x_k,u_k)+C^m\leqslant b^m, m=2,\cdots,M \tag{2.14}$$

然后该算法通过提取非劣子集获得 $\mathcal{F}_k(x_k)$，即，通过从该集合中丢弃被其他元素支配的元素。

注意违反 (2.14) 式条件的形式如 (2.13) 式所示的 M 元组对应于不可能可行的路径，所以它们可以安全地排除在未来考虑之外 [实际上 $\tilde{J}_k^m(x_k)$ 可被替换为任意在 (2.14) 式的条件中方便可得的下界估计；使用 $\tilde{J}_k^m(x_k)$ 让这一条件尽可能紧]。该算法在 N 步后获得的集合 $\mathcal{F}_0(x_0)$ 包括如下费用和约束函数值构成的 M 元组

$$g_N^m(x_N)+\sum_{k=0}^{N-1}g_k^m(x_k,u_k), m=1,\cdots,M$$

这对应于所有非劣可行解。在 $\mathcal{F}_0(x_0)$ 中的 M 元的第一个分量对应于 (2.11) 式的费用。$\mathcal{F}_0(x_0)$ 的元素，若其第一个分量最小，则该元素是约束最短路径问题的一个最优解。(2.14) 式判据的优点是允许尽早丢弃不可行解，并相应减小集合 $\mathcal{F}_k(x_k)$ 的大小及相应的计算量。

再注意若已知最优路径长度的上界，记为 UPPER，可用于引入附加约束

$$g_N^1(x_N)+\sum_{k=0}^{N-1}g_k^1(x_k,u_k)\leqslant \text{UPPER}$$

并通过与附加不等式

$$\tilde{J}_k^1(x_k) + g_k^1(x_k, u_k) + c^1 \leqslant \text{UPPER}$$

联合使用让 (2.14) 式的测试更有效。任意违反这一条件的 M 元组 $(c^1, \cdots, c^M)$ 对应于不可能最优的路径，因而可以安全地从未来考虑中移除。与标签纠正方法类似，可以通过引入一些能伴随算法推进而减少 UPPER 的机制，以此进一步增强这一思想。

显然对于相同的系统多目标和约束动态规划算法需要比常规动态规划更多的计算量和存储空间。因此，有许多努力尝试发展近似求解方法。这些方法超出了我们讨论的范畴，对于这一主题我们推荐阅读文献。

前述多目标和约束问题的动态规划算法可方便地变成适用于最短路径问题的版本。一种可能是使用 2.1 节中描述的变换将最短路径问题重新描述成（多目标或约束）确定性有限状态问题。后者可使用之前讨论的动态规划类算法求解。也可以使用标签纠正类的算法，包括 A^* 算法，求解多目标和约束最短路径问题。现在一个节点的标签不仅是一个数字，而是一个 M 维向量，其成分对应于 M 个费用函数；见章末的参考文献。

2.4 注释、参考文献和习题

最短路径问题有许多研究。Dreyfus[Dre69]，Deo 和 Pang [DeP84]，Gallo 和 Pallottino[GaP88] 进行了文献综述。对最短路径的教科书式的细致讨论，参见 Bertsekas[Ber98a]（这本书关于最短路径的章节在互联网上可访问）和 [Ber91a]，其中包含了多种相关的程序代码。

对于关键路径分析，见 Elmaghraby[Elm78]。Rabiner[Rab89] 给出了隐马尔可夫模型的介绍性综述。瓦特比（Viterbi）算法，首次在 [Vit67] 中提出，也由 Forney[For73] 进行了讨论。对于在通信系统中的应用，见 Proakis 和 Salehi[PrS94] 和 Sklar[Skl88]。关于在语音识别中的应用，见 Rabiner[Rab89] 和 Picone[Pic90]。关于在数据网络路由中的应用，见 Bertsekas 和 Gallager[BeG92]。

标签纠正算法源自 Bellman[Bel57] 和 Ford[For56] 的工作。D'Esopo-Pape 算法出现在 [Pap74] 中，且基于 D'Esopo 更早的建议。关于 Dijkstra 算法的多种实现，见 Bertsekas[Ber98a]。SLF 方法及其变形由本书作者在 [Ber93] 中提出；也见 Bertsekas，Guerriero 和 Musmanno[BGM96]，其中讨论了 LLL 策略及多种标签纠正方法在并行计算机上的实现。A^* 方法由 Hart，Nilsson 和 Raphael[HNR68] 提出（在 [HNR72] 中进行了纠正）。也见 Nilsson[Nil71]，[Nil80] 和 Pearl[Pea84]，其中提供了对在人工智能中应用最短路径方法的讨论。

Dijkstra 算法已由 Tsitsiklis[Tsi75] 推广到连续空间最短路径问题。SLF/LLL 方法也被 Bertsekas，Guerriero 和 Musmanno[BGM95] 及 Polymenakos，Bertsekas 和 Tsitsiklis[PBT98] 进行了类似的推广。

约束和多目标最短路径及动态规划问题的精确和近似求解方法也有大量文献。Vincke[Vin74] 和 Hansen[Han80] 分别提出了标签纠正和 Dijkstra 类方法的类似方法；也见 Jaffe[Jaf84] 和 Martins[Mar84]。近期工作包括 Guerriero 和 Musmanno[GuM01]，讨论了 SLF/LLL 方法的类似方法，并给出了许多参考文献和计算结果。关于 A^* 方法的多目标版本，见 Stewart 和 White[StW91]，其中也综述了更早的工作。

习 题

2.1

用动态规划算法为图 2.4.1 找到从每个节点到节点 6 的最短路径。

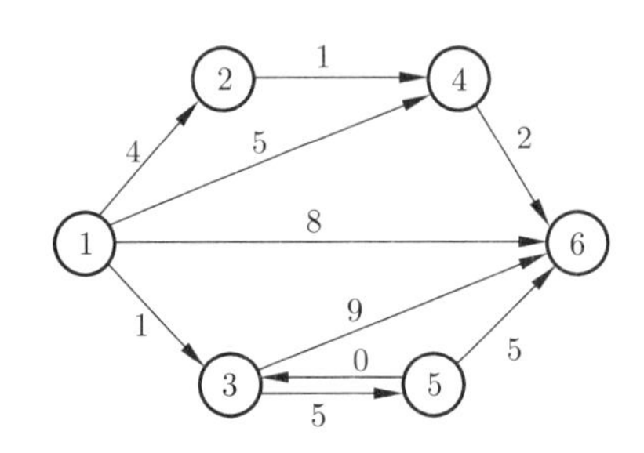

图 2.4.1 习题 2.1 的图。弧长示于弧旁

2.2

用 2.3.1 节中的标签纠正法为图 2.4.2 找到从节点 1 到节点 5 的一条最短路径。

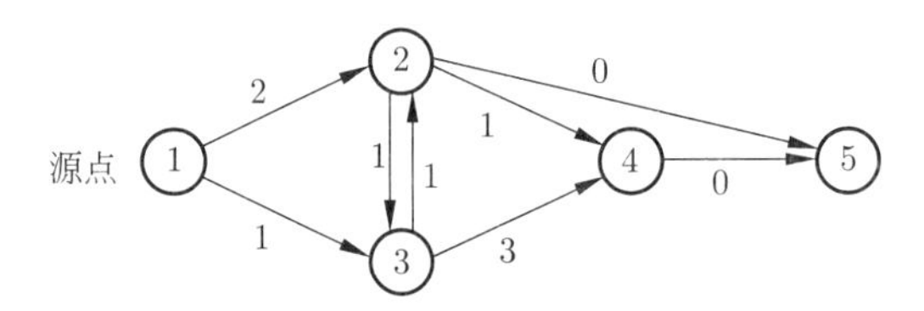

图 2.4.2 习题 2.2 的图。弧长示于弧旁

2.3

n 个城市间有空中航线，有的是直航，有的则需转机并更换承运的航空公司。城市 i 和 j 之间的航空票价记为 a_{ij}。假设 $a_{ij}=a_{ji}$，若 i 和 j 之间无直航则令 $a_{ij}=\infty$。试求两城市间最便宜的票价，允许转机。令 $n=6, a_{12}=30, a_{13}=60, a_{14}=25, a_{15}=a_{16}=\infty, a_{23}=a_{24}=a_{25}=\infty, a_{26}=50, a_{34}=35, a_{35}=a_{36}=\infty, a_{45}=15, a_{46}=\infty, a_{56}=15$。用动态规划算法找到每两座城市之间的最便宜票价。

2.4（最短路径的 Dijkstra 算法）(www)

考虑 2.3.1 节标签纠正算法的最优值优先版本。在每轮迭代中，我们从 OPEN 中移除标签最小的节点。

(a) 证明每个节点 j 最多进入 OPEN 一次，证明在该节点离开 OPEN 时，其标签 d_j 等于从 s 到 j 的最短距离。提示：用弧长非负的假设论证在标签纠正算法中，为了让已离开 OPEN 的节点 i 再次进入，必须在 OPEN 中存在另一个节点 k 满足 $d_k+a_{ki}<d_i$。

(b) 证明终止所需的运算次数的上界是 cN^2，其中 N 是节点数，c 是某个常数。

2.5（无环图的标签纠正）

考虑涉及无环图的最短路径问题。令 S_k 为点集，其中每个点 i 满足从源点到 i 有最多 k 条弧，且至少存在一条路恰有 k 条弧。考虑标签纠正算法，当且仅当 OPEN 中没有 $S_1,\cdots,S_{k-1}$

中的节点时该算法从 OPEN 中移除节点 S_k。证明每个节点最多进入 OPEN 一次。这一结论与确定性动态规划的最短路径问题有何关系（见图 2.1.1）?

2.6（多目的地标签纠正）(www)

假设所有弧长非负，考虑找到从节点 s 到子集 T 中每个点的最短路径的问题。证明下面 2.3.1 节中标签纠正算法的修改版可解决这个问题。一开始，$\text{UPPER} = \infty, d_s = 0$，且对所有 $i \neq s, d_i = \infty$。

第 1 步：从 OPEN 中移除节点 i，并且对 i 的每个子节点 j 执行第 2 步。

第 2 步：若 $d_i + a_{ij} < \min\{d_j, \text{UPPER}\}$，令 $d_j = d_i + a_{ij}$，令 i 为 j 的父节点，若 j 尚不在 OPEN 中，则将其放入 OPEN。此外，若 $j \in T$，令 $\text{UPPER} = \max_{t\in T} d_t$。

第 3 步：若 OPEN 空，终止：否则，去第 1 步。

为这个算法证明类似命题 2.3.1 的终止性质。

2.7（有负弧长的标签纠正）

考虑找到从节点 s 到 t 的最短路径问题，假设所有环的长度非负（而非所有弧长非负）。假设对每个节点 j 已知标量 u_j，这是从 j 到 t 的最短距离的下界估计（若无已知下界，可令 u_j 取 $-\infty$）。考虑 2.3.1 节的标签纠正算法的典型迭代的一种修订版本，其中第 2 步替换为如下步骤：

修订的第 2 步：若 $d_i + a_{ij} < \min\{d_j, \text{UPPER} - u_j\}$，令 $d_j = d_i + a_{ij}$，令 i 为 j 的父节点。此外，若 $j \neq t$，且 j 尚不在 OPEN 中，则将其放入 OPEN；若 $j = t$，令 UPPER 为 d_t 的新值 $d_i + a_{it}$。

(a) 假设从 s 到 t 有至少一条路，证明算法终止时得到一条最短路径（参见命题 2.3.1）。

(b) 为何 2.3.1 节中的算法是本习题算法的一种特殊情形？

2.8

有 N 个物体，分别记为 $1, 2, \cdots, N$，试图将其分组，每组内包含相邻物体。对每组 $i, i+1, \cdots, j$，有相关联的费用 a_{ij}。试求总费用最小的分组方式。将本问题建模成最短路径问题，并写出求解的动态规划算法。（注意：这个问题的一个例子源自排版程序，比如 TEX/LATEX，将一个段落以优化段落外观的方式分成多行。）

2.9（最短参观路径问题 [BeC04]）

考虑在一个弧长非负的图中找到从给定源点 s 到给定终点 t 的最短路径问题。然而，要求路径应一次经过给定节点子集 $T_1, T_2, \cdots, T_N$ 中的至少一个点（即，对所有 k，应在经过子集 $T_1, \cdots, T_{k-1}$ 中至少一个节点后经过子集 T_k 的某个点）。

(a) 将其建模为动态规划问题。

(b) 证明可通过求解一系列常规最短路径问题获得本问题的一个解，每个这样的常规最短路径问题涉及单个源点和多个终点。

2.10（双边 Dijkstra 算法 [Nic66]）

考虑在弧长非负的图中找到从给定源点 s 到给定终点 t 的最短路径问题。考虑一个算法，维护两个点集 W 和 V，具有如下性质：

(1) $s \in W, t \in V$.

(2) 若 $i \in W, j \notin W$，则从 s 到 i 的最短距离小于等于从 s 到 j 的最短距离。

(3) 若 $i \in V, j \notin V$，则从 i 到 t 的最短距离小于等于从 j 到 t 的最短距离。

在每次迭代中该算法在 W 中加入一个新节点，在 V 中加入一个新节点（可用 Dijkstra 算法），当 W 和 V 有相同节点时终止。令 d_i^s 为从 s 出发除 i 以外仅经过 W 中的点到达 i 的最短距离（若不存在这样的路径，令 $d_i^s=\infty$），令 d_i^t 为从 i 出发除 i 以外仅经过 V 中的点到达 t 的最短距离（若不存在这样的路径，令 $d_i^t=\infty$）。

(a) 证明在终止时，从 s 到 t 的最短距离 D_{st} 给定如下

$$D_{st}=\min_{i\in W}\{d_i^s+d_i^t\}=\min_{i\in W\cup V}\{d_i^s+d_i^t\}=\min_{i\in V}\{d_i^s+d_i^t\}$$

(b) 即使 W 和 V 没有相同节点，若一旦如下条件

$$\min_{i\in W}\{d_i^s+d_i^t\}\leqslant\max_{i\in W}d_i^s+\max_{i\in V}d_i^t$$

成立则算法终止，证明 (a) 部分的结论依然成立。

2.11（在两个并行处理器上的动态规划 [Las85]）

在一台有两个处理器的并行计算机上，建立一个动态规划算法求解 2.1 节的确定性问题。一个处理器应执行前向算法，另一个处理器应执行后向算法。

2.12（加倍算法）

考虑一个确定性时不变有限状态问题，即状态与控制空间、每阶段的费用及每阶段的系统方程相同。令 $J_k(x,y)$ 为在 0 时刻从状态 x 出发，在 k 时刻到达状态 y 的最优费用。证明对所有的 k 有

$$J_{2k}(x,y)=\min_{x}\{J_k(x,z)+J_k(z,y)\}$$

讨论如何用此方程求解具有大量阶段的问题。

2.13（分布式最短路径计算 [Ber82a]）(www)

考虑找从节点 $1,2,\cdots,N$ 到节点 t 的最短路径问题，假设所有弧长非负，所有环长为正。考虑如下迭代

$$d_i^{k+1}=\min_j[a_{ij}+d_j^k],i=1,2,\cdots,N \tag{2.15}$$

(a) 在 2.1 节中证明了若初始条件是对 $i=1,\cdots,N,d_i^0=\infty,d_t^0=0$，则 (2.15) 式的迭代在 N 步内获得最短距离。证明若初始条件是对所有 $i=1,\cdots,N,t$ 有 $d_i^0=0$，则 (2.15) 式迭代在有限步内获得最短距离。

(b) 假设如下迭代

$$d_i:=\min_j[a_{ij}+d_j] \tag{2.16}$$

在节点 i 执行，且并行地在每个其他节点 j 执行 d_j。不过，在不同节点，执行这一迭代所用时间并不同步。进一步，每个节点 i 在任意时间交换其 d_i 的最新计算结果，可能有长的通信时延。所以，有可能有一个节点执行了几次 (2.16) 式迭代然后才从每个其他相邻节点收到新的信息。假设每个节点从不停止执行 (2.16) 式迭代并将其发送给其他节点。证明在有限时间 $\bar{T}$ 之后的每个时间点 T 上，每个节点 i 对应的值 d_i^T 等于最短距离。提示：令 $\bar{d}_i^k$ 和 $\underline{d}_i^k$ 分别由 (2.16) 式迭代从 (a) 部分的第 1 个和第 2 个初始条件出发所生成。证明对每个 k 存在时刻 T_k 满足对所有的 $T\geqslant T_k$ 和 k，我们有 $\underline{d}_i^k\leqslant d_i^T\leqslant\bar{d}_i^k$。注意：关于异步迭代的细致分析，包括最短路径和动态规

划的算法，见 Bertsekas 和 Tsitsiklis[BeT89] 第 6 章。分布式异步最短路径算法在通信网络数据包路由问题中有广泛应用。详细讨论与分析见 Bertsekas 和 Gallager[BeG92] 第 5 章。

2.14（无穷多节点的最短路径）

考虑 2.3 节的最短路径问题，图中可能有可列无穷多的节点（尽管从每个节点的出弧数量仍有限）。假设每条弧的长度是正整数。进一步，从源点 s 到目的点 t 至少有一条路。考虑在 2.3.1 节中陈述并初始化的标签纠正算法，不同在于 UPPER 一开始被设为从 s 到 t 的最短距离上界的某个整数。证明当 UPPER 等于从 s 到 t 的最短距离时该算法将在有限步内终止。提示：证明仅有有限多的节点满足到 s 的最短距离不超过 UPPER 的初始值。

2.15（路径瓶颈问题）

考虑最短路径问题的框架。对于任意路径 P，将 P 的瓶颈弧定义为在 P 中具有最大长度的弧。考虑如下问题，在所有连接起点与终点的路径中找到瓶颈弧长最小的路径。给出类似于 2.3.1 节中的标签纠正方法，并证明该方法的正确性。提示：将 $d_i + a_{ij}$ 替换为 $\max\{d_i, a_{ij}\}$。

2.16

在 n 个城市间均有直通航线，但是由于价格原因，经其他城市转机可能更经济。一个旅客想找到从起点城市 s 到终点城市 t 的最便宜路径。城市 i 与 j 之间的机票价格记为 a_{ij}，对第 m 次转机停靠，有费用 c_m（假设 a_{ij} 和 c_m 为正）。所以，例如从 s 直接到 t 的费用为 a_{st}，而从 s 经城市 i_1 和 i_2 转机后到 t 的费用为 $a_{si_1} + c_1 + a_{i_1 i_2} + c_2 + a_{i_2}$。

(a) 将问题建模为最短路径问题，指明节点、弧和弧的费用。

(b) 写出可在 $n-2$ 个阶段内找到最优解的动态规划算法。

(c) 假设 c_m 对所有的 m 相同。设计一个终止准则，可在动态规划算法第 $n-2$ 次迭代前检测是否已找到最优解。

2.17

一位生意人开着车每天在两个地点之一做生意。若他第 k 天在地点 i（其中 $i = 1, 2$），将获得已知可预测的收益，记为 r_k^i。然而，每次他从一个地点搬到另一个地点，需要支付费用 c。该生意人想最大化 N 天的总收益。

(a) 证明该问题可被建模为最短路径问题，写出对应的动态规划算法。

(b) 假设他第 k 天在地点 i。令

$$R_k^i = r_k^{\bar{i}} - r_k^i$$

其中 $\bar{i}$ 表示不同于 i 的另一处地点。证明若 $R_k^i \leqslant 0$，则停在地点 i 是最优的；若 $R_k^i \geqslant 2c$，则移到另一处是最优的。

(c) 假设每天在地点 i 下雨的概率为 p_i，两地下雨事件独立，每天下雨事件独立。若他在地点 i 且下雨了，则他当天的收益按照因子 β_i 减少。该问题还能被建模为最短路径问题吗？写出动态规划算法。

(d) 如同 (c) 部分一样假设有下雨的概率，但生意人可在决定是否搬到另一处之前收到准确的天气预报。该问题是否仍可被建模为最短路径问题？写出动态规划算法。

第 3 章　确定性连续时间最优控制

本章介绍确定性连续时间最优控制问题。我们将推导动态规划算法的类比方法，即哈密尔顿-雅可比-贝尔曼方程方法；进一步，推导最优控制的著名定理——庞特里亚金最小化原理及其变形，讨论该定理的两种不同推导方法，其中一种基于动态规划；还将通过例子说明定理。

3.1　连续时间最优控制

考虑如下连续时间动态系统

$$\dot{x}(t)=f\left(x(t),u(t)\right),0\leqslant t\leqslant T \tag{3.1}$$

$$x(0):\text{给定}$$

其中 $x(t)\in\Re^n$ 是 t 时刻的状态向量，$\dot{x}(t)\in\Re^n$ 是 t 时刻状态对时间的一阶导数向量，$u(t)\in U\subset\Re^m$ 是 t 时刻的控制向量，U 是控制约束集，T 是终止时刻。分别用 $f_i,x_i,\dot{x}_i$ 和 u_i 表示 $f,x,\dot{x}$ 和 u 的分量。所以，(3.1) 式系统表示 n 个一阶微分方程

$$\frac{\mathrm{d}x_i(t)}{\mathrm{d}t}=f_i\left(x(t),u(t)\right),i=1,2,\cdots,n$$

将 $\dot{x}(t)$、$x(t)$ 和 $u(t)$ 视为列向量。假设系统函数 f_i 相对于 x 连续可微，相对于 u 连续。可接受的控制函数，也称为控制轨迹是分段连续函数 $\{U(t)|t\in[0,T]\}$，其中 $u(t)\in U,\forall t\in[0,T]$。

我们应强调本章的主题高度复杂，将相关内容写成满足高标准数学严格要求的形式超出了本书的范畴。特别地，我们假设对每个可接受的控制轨迹 $\{u(t)|t\in[0,T]\}$，(3.1) 式微分方程描述的系统有唯一解，记为 $\{x^u(t)|t\in[0,T]\}$ 并被称为对应的状态轨迹。在更严格的描述中，该解的存在性和唯一性需要更仔细地处理。

我们想找到可接受的控制轨迹 $\{u(t)|t\in[0,T]\}$，以及对应的状态轨迹 $\{x(t)|t\in[0,T]\}$，可最小化如下形式的费用函数

$$h\left(x(T)\right)+\int_0^T g\left(x(t),u(t)\right)\mathrm{d}t$$

其中函数 g 和 h 相对于 x 连续可微，g 相对于 u 连续。

例 3.1.1（运动控制）

一个单位质量的物体在外力 u 的作用下沿直线运动。分别令 $x_1(t)$ 和 $x_2(t)$ 为 t 时刻物体的位置和速度。对于给定的 $(x_1(0),x_2(0))$ 我们想让物体在给定的最终时刻 T 的位置-速度“接近” $(\bar{x}_1,\bar{x}_2)$。特别地，我们想

$$\min|x_1(T)-\bar{x}_1|^2+|x_2(T)-\bar{x}_2|^2$$

相对于如下控制约束

$$|u(t)|\leqslant 1,\forall t\in[0,T]$$

对应的连续时间系统是

$$\dot{x}_1(t) = x_2(t), \dot{x}_2(t) = u(t)$$

该问题属于之前给出的框架，其费用函数给定如下

$$h\left(x(T)\right) = |x_1(T) - \bar{x}_1|^2 + |x_2(T) - \bar{x}_2|^2$$

$$g\left(x(t), u(t)\right) = 0, \forall t \in [0, T]$$

该问题有许多变形；例如，最终位置和/或速度可能固定。这些变化可通过对该一般的连续时间最优控制问题的多种重新建模来处理，稍后将给出。

例 3.1.2（资源分配）

一个制造商在 t 时刻的生产率为 $x(t)$，其可将生产率的一部分 $u(t)$ 用于再投资，将剩余部分 $1 - u(t)$ 用于制造可库存的商品。所以 $x(t)$ 按下述方程演化

$$\dot{x}(t) = \gamma u(t) x(t)$$

其中 $\gamma > 0$ 是给定常数。制造商想最大化库存商品的总量

$$\int_0^T \left(1 - u(t)\right) x(t) \mathrm{d}t$$

满足

$$0 \leqslant u(t) \leqslant 1, \forall t \in [0, T]$$

初始生产率 $x(0)$ 是给定正数。

例 3.1.3（变分问题的微积分）

变分问题的微积分涉及找到具有某些特定最优性质的（可能多维的）曲线 $x(t)$。这类问题是应用数学最著名的问题之一，并在过去的 300 年间被许多杰出的数学家研究过（比如欧拉、拉格朗日、伯努利、高斯等）。我们将看到变分问题的微积分可被重新建模为最优控制问题。我们将通过一个简单例子解释这一重新建模。

假设我们想找到从给定点开始到给定直线结束的最小曲线。虽然答案显而易见，但我们想用连续时间最优控制的模型求解。不失一般性，令 $(0, \alpha)$ 为给定点，令给定直线是经过 $(T, 0)$ 的垂线，如图 3.1.1 所示。也令 $(t, x(t))$ 为曲线上的点（$0 \leqslant t \leqslant T$）。点 $(t, x(t))$ 和点 $(t + \mathrm{d}t, x(t + \mathrm{d}t))$ 之间的曲线，对于小 $\mathrm{d}t$，可用以 $\mathrm{d}t$ 和 $\dot{x}(t)\mathrm{d}t$ 为直角边的小直角三角形的斜边来近似。所以这部分曲线的长度是

$$\sqrt{(\mathrm{d}t)^2 + \left(\dot{x}(t)\right)^2 (\mathrm{d}t)^2}$$

这等价于

$$\sqrt{1 + \left(\dot{x}(t)\right)^2} \mathrm{d}t$$

为了将该问题重新建模为连续时间最优控制问题，我们引入控制 u 和如下的系统方程

$$\dot{x}(t) = u(t), x(0) = \alpha$$

于是我们的问题变成了

$$\min \int_0^T \sqrt{1 + \left(u(t)\right)^2} \mathrm{d}t$$

该问题属于连续时间最优控制的范畴。

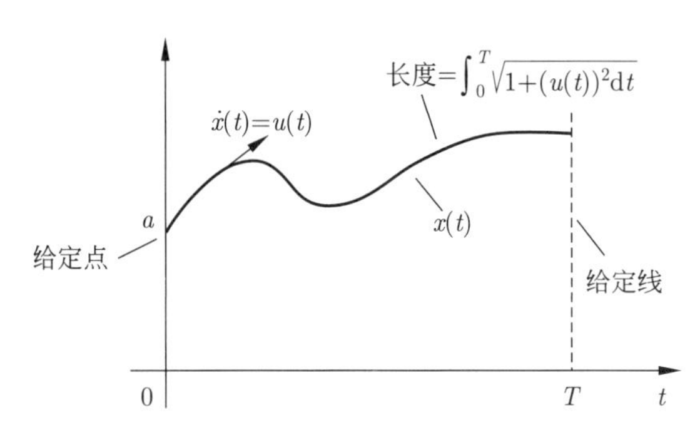

图 3.1.1 找到从给定点到给定直线的最短曲线问题，及其变分问题的微积分模型

3.2 哈密尔顿-雅可比-贝尔曼方程

我们现在将非正式地推导最优后续费用函数在特定假设下满足的一个偏微分方程。该方程是动态规划算法在连续时间的类比，并将由对连续时间最优控制问题的离散时间的近似问题应用动态规划来启发获得。

让我们用如下的离散化区间将时间段 $[0,T]$ 分成 N 等份

$$\delta = \frac{T}{N}$$

记有

$$x_k = x(k\delta), k = 0, 1, \cdots, N$$

$$u_k = u(k\delta), k = 0, 1, \cdots, N$$

将连续时间系统近似为

$$x_{k+1} = x_k + f(x_k, u_k) \cdot \delta$$

将费用函数近似为

$$h(x_N) + \sum_{k=0}^{N-1} g(x_k, u_k) \cdot \delta$$

现在对这一离散时间的近似问题应用动态规划。令

$J^*(t,x)$: 连续时间问题在t时刻和x状态的最优后续费用；

$\tilde{J}^*(t,x)$: 离散时间近似问题在t时刻和x状态的最优后续费用。

动态规划方程是

$$\tilde{J}^*(N\delta, x) = h(x)$$

$$\tilde{J}^*(k\delta, x) = \min_{u \in U} \left[g(x,u) \cdot \delta + \tilde{J}^*((k+1) \cdot \delta, x + f(x,u) \cdot \delta) \right], k = 0, \cdots, N-1$$

假设 $\tilde{J}^*$ 具有所需的可导性质，将其在 $(k\delta, x)$ 附近按一阶泰勒级数展开，可获得

$$\begin{aligned}\tilde{J}^*((k+1) \cdot \delta, x + f(x,u) \cdot \delta) = &\tilde{J}^*(k\delta, x) + \nabla_t \tilde{J}^*(k\delta, x) \cdot \delta \\ &+ \nabla_x \tilde{J}^*(k\delta, x)' f(x,u) \cdot \delta + o(\delta)\end{aligned}$$

其中 $o(\delta)$ 代表满足 $\lim_{\delta\to 0} o(\delta)/\delta=0$ 的二阶项，∇_t 表示相对于 t 的偏导数，∇_x 表示相对于 x 的 n 维偏导（列）向量。代入动态规划方程，获得如下

$$\tilde{J}^*(k\delta,x)=\min_{u\in U}[g(x,u)\cdot\delta+\tilde{J}^*(k\delta,x)+\nabla_t\tilde{J}^*(k\delta,x)\cdot\delta$$
$$+\nabla_x\tilde{J}^*(k\delta,x)'f(x,u)\cdot\delta+o(\delta)]$$

等式两侧同时消去 $\tilde{J}^*(k\delta,x)$，除以 δ，对 $\delta\to 0$ 取极限，并且假设离散时间后续费用函数在极限时收敛到其连续时间对应函数

$$\lim_{k\to\infty,\delta\to 0,k\delta=t}\tilde{J}^*(k\delta,x)=J^*(t,x),\forall t,x$$

可获得关于后续费用函数 $J^*(t,x)$ 的如下方程：

$$0=\min_{u\in U}[g(x,u)+\nabla_tJ^*(t,x)+\nabla_xJ^*(t,x)'f(x,u)],\forall t,x$$

及边界条件 $J^*(T,x)=h(x)$。

这便是哈密尔顿-雅可比-贝尔曼（HJB）方程。这是一个偏微分方程，基于之前的非正式推导，假设后续费用函数 $J^*(t,x)$ 可微，则 $J^*(t,x)$ 应在所有的时刻-状态 (t,x) 下均满足该方程。实际上，我们事先并不知道 $J^*(t,x)$ 可微，所以我们并不知道 $J^*(t,x)$ 是否可以使该方程成立。然而，结果是若我们可以用解析或者计算的方式求解 HJB 方程，那么我们可以通过最小化该方程右侧来获得一个最优控制策略。这一点示于下面的命题中，其描述让人想起离散时间动态规划的对应描述：如果可执行动态规划算法，这有可能因为需要巨大的计算量而不可行，那么可以通过最小化右侧找到一个最优策略。

命题 3.2.1（充分性定理）：假设 $V(t,x)$ 是 HJB 方程的一个解，即 V 对 t 和 x 连续可微，且满足

$$0=\min_{u\in U}[g(x,u)+\nabla_tV(t,x)+\nabla_xV(t,x)'f(x,u)],\forall t,x \tag{3.2}$$

$$V(T,x)=h(x),\forall x \tag{3.3}$$

再假设 $\mu^*(t,x)$ 对所有的 t 和 x 取到 (3.2) 式的最小值。令 $\{x^*(t)|t\in[0,T]\}$ 为从初始条件 $x(0)$ 出发并且使用控制轨迹 $u^*(t)=\mu^*(t,x^*(t))$ 所获得的状态轨迹 [即，$x^*(0)=x(0)$ 且对所有 $t\in[0,T]$ 有 $\dot{x}^*(t)=f(x^*(t),\mu^*(t),x^*(t))$；假设该微分方程从任意 (t,x) 开始都有唯一解，且控制轨迹 $\{\mu^*(t,x^*(t))|t\in[0,T]\}$ 是 t 的分段连续函数]。那么 V 等于最优后续费用函数，即

$$V(t,x)=J^*(t,x)\forall t,x$$

进一步，控制轨迹 $\{u^*(t)|t\in[0,T]\}$ 是最优的。

证明　令 $\{\hat{u}(t)|t\in[0,T]\}$ 为任意可接受的控制轨迹，令 $\{\hat{x}(t)|t\in[0,T]\}$ 为对应的状态轨迹。从 (3.2) 式，对所有的 $t\in[0,T]$ 有

$$0\leqslant g(\hat{x}(t),\hat{u}(t))+\nabla_tV(t,\hat{x}(t))+\nabla_xV(t,\hat{x}(t))'f(\hat{x}(t),\hat{u}(t))$$

使用系统方程 $\dot{\hat{x}}(t)=f(\hat{x}(t),\hat{u}(t))$，上述不等式右侧等于如下表达式

$$g(\hat{x}(t),\hat{u}(t))+\frac{d}{\mathrm{d}t}(V(t,\hat{x}(t)))$$

其中 $d/\mathrm{d}t(\cdot)$ 表示相对于 t 的全微分。对该表达式在 $t\in[0,T]$ 上积分，并使用之前的不等式，我们获得

$$0\leqslant\int_0^T g\left(\hat{x}(t),\hat{u}(t)\right)\mathrm{d}t+V\left(T,\hat{x}(T)\right)-V\left(0,\hat{x}(0)\right)$$

所以通过使用 (3.3) 式的终止条件 $V(T,x)=h(x)$ 及初始条件 $\hat{x}(0)=x(0)$，有

$$V\left(0,x(0)\right)\leqslant h\left(\hat{x}(T)\right)+\int_0^T g\left(\hat{x}(t),\hat{u}(t)\right)\mathrm{d}t$$

如果分别用 $u^*(t)$ 和 $x^*(t)$ 代替 $\hat{u}(t)$ 和 $\hat{x}(t)$，则上述不等式变成等式，于是获得

$$V\left(0,x(0)\right)=h\left(x^*(T)\right)+\int_0^T g\left(x^*(t),u^*(t)\right)\mathrm{d}t$$

于是与 $\{u^*(t)|t\in[0,T]\}$ 对应的费用是 $V\left(0,x(0)\right)$ 且不大于与其他任意可接受的控制轨迹 $\{\hat{u}(t)|t\in[0,T]\}$ 所对应的费用。于是有 $\{u^*(t)|t\in[0,T]\}$ 是最优的，且有

$$V\left(0,x(0)\right)=J^*\left(0,x(0)\right)$$

现在注意之前的论述可对任意初始时刻 $t\in[0,T]$ 及初始状态 x 重复。于是有

$$V(t,x)=J^*(t,x)\ \forall t,x$$

例 3.2.1

为说明 HJB 方程，考虑一个简单例子，涉及如下标量系统

$$\dot{x}(t)=u(t)$$

及约束条件 $|u(t)|\leqslant 1$ 对所有 $t\in[0,T]$ 成立。费用是

$$\frac{1}{2}\left(x(T)\right)^2$$

这里的 HJB 方程是

$$0=\min_{|u|\leqslant 1}[\nabla_t V(t,x)+\nabla_x V(t,x)u],\forall t,x \tag{3.4}$$

及终止条件

$$V(T,x)=\frac{1}{2}x^2 \tag{3.5}$$

最优策略有一个明显的候选策略，即尽可能快地将状态移向 0。且一旦到达 0 便保持在 0 对应的控制策略是

$$\mu^*(t,x)=-\mathrm{sgn}(x)=\begin{cases}1 & 若\ x<0\\ 0 & 若\ x=0\\ -1 & 若\ x>0\end{cases} \tag{3.6}$$

对给定的初始时刻 t 和初始状态 x，可计算出该策略相关的费用如下

$$J^*(t,x)=\frac{1}{2}\left(\max\{0,|x|-(T-t)\}\right)^2 \tag{3.7}$$

该函数示于图 3.2.1 中，满足终止条件 (3.5) 式，因为 $J^*(T,x)=(1/2)x^2$。让我们验证该函数也满足 (3.4) 式的 HJB 方程，且 $u=-\operatorname{sgn}(x)$ 对所有 t 和 x 达到方程右侧的最小值。命题 3.2.1 于是将保证对应于策略 $\mu^*(t,x)$ 的状态和控制轨迹是最优的。

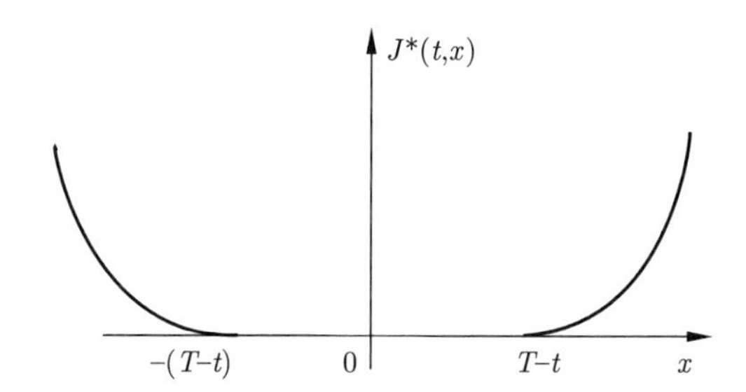

图 3.2.1　例 3.2.1 的最优后续费用函数 $J^*(t,x)$

我们确实有

$$\nabla_t J^*(t,x)=\max\{0,|x|-(T-t)\}$$

$$\nabla_x J^*(t,x)=\operatorname{sgn}(x)\cdot\max\{0,|x|-(T-t)\}$$

代入这些关系式，HJB 方程 (3.4) 式变为

$$0=\min_{|u|\leqslant 1}[1+\operatorname{sgn}(x)\cdot u]\max\{0,|x|-(T-t)\} \tag{3.8}$$

上式对所有 (t,x) 一致成立。进一步，最小值在 $u=-\operatorname{sgn}(x)$ 取到。于是基于命题 3.2.1 得出结论，即：由 (3.7) 式给定的 $J^*(t,x)$ 确实是最优后续费用函数，且由 (3.6) 式定义的策略是最优的。不过，注意最优策略并不唯一。基于命题 3.2.1，任意取到 (3.8) 式最小值的策略都是最优的。特别地，当 $|x(t)|\leqslant T-t$ 时，应用任意在 $[-1,1]$ 范围内的控制都是最优的。

上述推导可推广到如下费用

$$h\left(x(T)\right)$$

其中 h 是非负可微凸函数且满足 $h(0)=0$。对应的最优后续费用函数是

$$J^*(t,x)=\begin{cases} h\left(x-(T-t)\right) & 若\ x>T-t \\ h\left(x+(T-t)\right) & 若\ x<-(T-t) \\ 0 & 若\ |x|\leqslant T-t \end{cases}$$

可类似地验证这是 HJB 方程的一个解。

例 3.2.2（**线性二次型问题**）

考虑 n 维线性系统

$$\dot{x}(t)=Ax(t)+Bu(t)$$

其中 A 和 B 是给定矩阵，二次型费用如下

$$x(T)'Q_Tx(T)+\int_0^T\left(x(t)'Qx(t)+u(t)'Ru(t)\right)\mathrm{d}t$$

其中 Q_T 和 Q 是对称半正定矩阵，R 是对称正定阵（附录 A 定义了正定和半正定矩阵）。HJB 方程是

$$0=\min_{u\in\Re^m}[x'Qx+u'Ru+\nabla_t V(t,x)+\nabla_x V(t,x)'(Ax+Bu)] \tag{3.9}$$

$$V(T,x)=x'Q_Tx$$

让我们尝试如下形式的解

$$V(t,x)=x'K(t)x, K(t): n\times n\text{对称阵}$$

并看看我们是否可以求解这个 HJB 方程。我们有 $\nabla_x V(t,x)=2K(t)x$ 和 $\nabla_t V(t,x)=x'\dot{K}(t)x$，其中 $\dot{K}(t)$ 矩阵的每个元素是 $K(t)$ 的对应元素相对于时间的一阶导数。将这些表达式代入 (3.9) 式，有

$$0=\min_{u\in\Re^m}[x'Qx+u'Ru+\nabla_t V(t,x)+\nabla_x V(t,x)'(Ax+Bu)]$$

$$V(T,x)=x'Q_Tx$$

尝试如下形式的解

$$V(t,x)=x'K(t)x, K(t): n\times n\text{对称阵}$$

并看看是否可以求解这个 HJB 方程。我们有 $\nabla_x V(t,x)=2K(t)x$ 和 $\nabla_t V(t,x)=x'\dot{K}(t)x$，其中 $\dot{K}(t)$ 矩阵的每个元素是 $K(t)$ 的对应元素相对于时间的一阶导数。将这些表达式代入 (3.9) 式，有

$$0=\min_u[x'Qx+u'Ru+x'\dot{K}(t)x+2x'K(t)Ax+2x'K(t)Bu] \tag{3.10}$$

最小值在某个 u 处取到，上式相对于 u 的梯度为零，即

$$2B'K(t)x+2Ru=0$$

或者

$$u=-R^{-1}B'K(t)x \tag{3.11}$$

将上述 u 值代入 (3.10) 式，有

$$0=x'\left(\dot{K}(t)+K(t)A+A'K(t)-K(t)BR^{-1}B'K(t)+Q\right)x, \text{ 对所有}(t,x)$$

所以，为了让 $V(t,x)=x'K(t)x$ 是 HJB 方程的解，$K(t)$ 必须满足如下的矩阵微分方程（称为连续时间黎卡提方程）

$$\dot{K}(t)=-K(t)A-A'K(t)+K(t)BR^{-1}B'K(t)-Q \tag{3.12}$$

且具有终止条件

$$K(T)=Q_T \tag{3.13}$$

反过来，若 $K(T)$ 是 (3.12) 式黎卡提方程和 (3.13) 式边界条件的解，那么 $V(t,x)=x'K(t)x$ 是 HJB 方程的解。所以，用命题 3.2.1，结论是最优后续费用函数为

$$J^*(,x)=x'K(t)x$$

进一步，通过推导可最小化 HJB 方程右侧的控制律的表达式 [参阅 (3.11) 式]，一个最优策略是

$$\mu^*(t,x)=-R^{-1}B'K(t)x$$

3.3 庞特里亚金最小值原理

在本节我们讨论连续时间和离散时间版本的最小化原理，从基于动态规划的非正式论述开始。

3.3.1 使用 HJB 方程的非正式推导

回忆 HJB 方程

$$0 = \min_{u \in U}[g(x,u) + \nabla_t J^*(t,x) + \nabla_x J^*(t,x)' f(x,u)], \text{ 对所有的} t, x \tag{3.14}$$

$$J^*(T,x) = h(x), \text{ 对所有的} x \tag{3.15}$$

我们论证了最优后续费用函数 $J^*(t,x)$ 在某些条件下满足这一方程。进一步，前一节的充分性定理建议若对给定的初始状态 $x(0)$，控制轨迹 $\{u^*(t)|t \in [0,T]\}$ 是最优的，并具有对应的状态轨迹 $\{x^*(t)|t \in [0,T]\}$，那么对所有的 $t \in [0,T]$ 有

$$u^*(t) = \arg\min_{u \in U}[g(x^*(t),u) + \nabla_x J^*(t,x^*(t))' f(x^*(t),u)] \tag{3.16}$$

注意为了通过这个方程获得最优控制轨迹，无须在所有的 x 和 t 取值下知道 $\nabla_x J^*$；仅需要对每个 t 知道 $\nabla_x J^*$ 在一个 x 的取值就足够了，即仅知道 $\nabla_x J^*(t,x^*(t))$。

最小化原理基本上就是前述 (3.16) 式。通过简化对 $\nabla_x J^*(t,x^*(t))$ 的计算可以让其应用更加方便。结果我们经常可以较轻松地沿着最优状态轨迹计算 $\nabla_x J^*(t,x^*(t))$，远比求解 HJB 方程更容易。特别地，$\nabla_x J^*(t,x^*(t))$ 满足特定的微分方程，称为伴随方程。我们将通过对 HJB 方程 (3.14) 式求导来非正式地推导这个方程。首先需要下面的引理，指出了如何对涉及最小值的函数求导。

引理 3.3.1　令 $F(t,x,u)$ 为 $t \in \Re, x \in \Re^n$ 和 $u \in \Re^m$ 的连续可微函数，令 U 为 $\Re^m$ 的凸子集。假设 $\mu^*(t,x)$ 是连续可微函数且满足

$$\mu^*(t,x) = \arg\min_{u \in U} F(t,x,u), \text{ 对所有的} t, x$$

那么

$$\nabla_t \left\{ \min_{u \in U} F(t,x,u) \right\} = \nabla_t F(t,x,\mu^*(t,x)), \text{ 对所有的} t, x$$

$$\nabla_x \left\{ \min_{u \in U} F(t,x,u) \right\} = \nabla_x F(t,x,\mu^*(t,x)), \text{ 对所有的} t, x$$

[注意：在左侧，$\nabla_t\{\cdot\}$ 和 $\nabla_x\{\cdot\}$ 分别表示函数 $G(t,x) = \min_{u \in U} F(t,x,u)$ 相对于 t 和 x 的梯度。在右侧，∇_t 和 ∇_x 分别表示 F 相对于 t 和 x 的偏微分向量，并在 $(t,x,\mu^*(t,x))$ 处取值。]

证明　为简化符号，记有 $y=(t,x), F(y,u)=F(t,x,u), \mu^*(y)=\mu^*(t,x)$。因为 $\min_{u \in U} F(y,u) = F(y,\mu^*(y))$，

$$\nabla \left\{ \min_{u \in U} F(y,u) \right\} = \nabla_y F(y,\mu^*(y)) + \nabla \mu^*(y) \nabla_u F(y,\mu^*(y))$$

我们将通过证明右侧第二项为零来证明之前结论。当 $u=\Re^m$ 时这一点成立，因为此时 $\mu^*(y)$ 是 $F(y,u)$ 的无约束最小值，且 $\nabla_u F(y,\mu^*(y))=0$。更一般地，对每个固定的 y，我们有

$$(u-\mu^*(y))'\nabla_u F(y,\mu^*(y))\geqslant 0, \text{ 对所有的} u\in U$$

[见附录 B 中 (B.2) 式]。现在由泰勒定理，我们有当 y 变成 $y+\Delta y$ 时，最小值 $\mu^*(y)$ 从 $\mu^*(y)$ 变成 U 的某个向量 $\mu^*(y+\Delta y)=\mu^*(y)+\nabla\mu^*(y)'\Delta y+o(\|\Delta y\|)$，所以有

$$(\nabla\mu^*(y)'\Delta y+o(\|\Delta y\|))'\nabla_u F(y,\mu^*(y))\geqslant 0, \text{ 对所有的} \Delta y$$

意味着

$$\nabla\mu^*(y)\nabla_u F(y,\mu^*(y))=0$$

证毕。

考虑 HJB 方程 (3.14) 式，并且对任意 (t,x)，假设 $\mu^*(t,x)$ 是达到右侧最小值的控制。我们采用有局限性的假设：U 是凸集，且 $\mu^*(t,x)$ 对 (t,x) 连续可微，于是可使用引理 3.3.1。(然而，注意最小化原理的另一种推导不需要这些假设；见 3.3.2 节。)

同时将 HJB 方程的两侧对 x 和对 t 取导数。特别地，令如下函数对 x 和 t 的导数为 0，

$$g(x,\mu^*(t,x))+\nabla_t J^*(t,x)+\nabla_x J^*(t,x)'f(x,\mu^*(t,x))$$

并依靠引理 3.3.1 忽略涉及 $\mu^*(t,x)$ 相对于 t 和 x 的微分的项。对所有的 (t,x)，有

$$\begin{aligned}0=&\nabla_x g(x,\mu^*(t,x))+\nabla_{xt}^2 J^*(t,x)+\nabla_{xx}^2 J^*(t,x)f(x,\mu^*(t,x))\\&+\nabla_x f(x,\mu^*(t,x))\nabla_x J^*(t,x)\end{aligned}\tag{3.17}$$

$$0=\nabla_{tt}^2 J^*(t,x)+\nabla_{xt}^2 J^*(t,x)'f(x,\mu^*(t,x))\tag{3.18}$$

其中 $\nabla_x f(x,\mu^*(t,x))$ 是如下矩阵

$$\nabla_x f=\begin{pmatrix}\dfrac{\partial f_1}{\partial x_1} & \cdots & \dfrac{\partial f_n}{\partial x_1}\\ \vdots & \ddots & \vdots\\ \dfrac{\partial f_1}{\partial x_n} & \cdots & \dfrac{\partial f_n}{\partial x_n}\end{pmatrix}$$

其中偏微分取在 $(x,\mu^*(t,x))$ 处。

上述方程对所有 (t,x) 成立。沿着最优的状态与控制轨迹 $\{(x^*(t),u^*(t))\,|t\in[0,T]\}$ 将这些方程具体化，其中 $u^*(t)=\mu^*(t,x^*(t))$ 对所有 $t\in[0,T]$ 成立。我们对所有 t 有

$$\dot{x}^*(t)=f(x^*(t),u^*(t))$$

于是 (3.17) 式中的如下项

$$\nabla_{xt}^2 J^*(t,x^*(t))+\nabla_{xx}^2 J^*(t,x^*(t))f(x^*(t),u^*(t))$$

等于如下对 t 的全微分

$$\frac{d}{\mathrm{d}t}(\nabla_x J^*(t,x^*(t)))$$

类似地，(3.18) 式的如下项

$$\nabla_{tt}^2 J^*(t,x^*(t))+\nabla_{xt}^2 J^*(t,x^*(t))'f(x^*(t),u^*(t))$$

等于全微分

$$\frac{d}{\mathrm{d}t}\left(\nabla_t J^*\left(t, x^*(t)\right)\right)$$

所以，通过记

$$p(t)=\nabla_x J^*\left(t, x^*(t)\right) \tag{3.19}$$

$$p_0(t)=\nabla_t J^*\left(t, x^*(t)\right) \tag{3.20}$$

(3.17) 式变成

$$\dot{p}(t)=-\nabla_x f\left(x^*(t), u^*(t)\right) p(t)-\nabla_x g\left(x^*(t), u^*(t)\right) \tag{3.21}$$

(3.18) 式变成

$$\dot{p}_0(t)=0$$

或者等价地，

$$p_0(t)=\text{常数，对所有的}t \in[0, T] \tag{3.22}$$

(3.21) 式是一个有 n 个一阶微分方程的系统，称为伴随方程。从边界条件

$$J^*(T, x)=h(x), \text{ 对所有}x$$

相对 x 求微分，我们有关系式 $\nabla_x J^*(T, x)=\nabla h(x)$，并用定义 $\nabla_x J^*\left(t, x^*(t)\right)=p(t)$，我们有

$$p(T)=\nabla h\left(X^*(T)\right) \tag{3.23}$$

所以有伴随方程 (3.21) 式的终点边界条件。

综上，沿着最优状态和控制轨迹 $x^*(t), u^*(t), t \in[0, T]$，伴随方程 (3.21) 式与边界条件 (3.23) 式一并成立，而 (3.16) 式与 $p(t)$ 的定义意味着 $u^*(t)$ 满足

$$u^*(t)=\arg \min _{u \in U}\left[g\left(x^*(t), u\right)+p(t)' f\left(x^*(t), u\right)\right], \text{ 对所有}t \in[0, T] \tag{3.24}$$

哈密尔顿公式

受 (3.24) 式启发，我们引入哈密尔顿函数将三元组 $(x, u, p) \in \Re^n \times \Re^m \times \Re^n$ 映射成实数，给定如下

$$H(x, u, p)=g(x, u)+p' f(x, u)$$

注意系统和伴随方程可用哈密尔顿公式写成如下紧凑形式

$$\dot{x}^*(t)=\nabla_p H\left(x^*(t), u^*(t), p(t)\right), \dot{p}(t)=-\nabla_x H\left(x^*(t), u^*(t), p(t)\right)$$

下面用哈密尔顿函数给出最小化原理。

命题 3.3.1（最小化原理） 令 $\{u^*(t) \mid t \in[0, T]\}$ 为最优控制轨迹，令 $\{x^*(t) \mid t \in[0, T]\}$ 为对应的状态轨迹，即

$$\dot{x}^*(t)=f\left(x^*(t), u^*(t)\right), x^*(0)=x(0): \text{给定}$$

再令 $p(t)$ 为伴随方程的解

$$\dot{p}(t)=-\nabla_x H\left(x^*(t), u^*(t), p(t)\right)$$

满足边界条件

$$p(T)=\nabla h\left(x^*(T)\right)$$

其中 $h(\cdot)$ 是末端费用函数。那么，对所有 $t \in [0,T]$，

$$u^*(t) = \arg\min_{u \in U} H\left(x^*(t), u, p(t)\right)$$

进一步，有常数 C 满足

$$H\left(x^*(t), u^*(t), p(t)\right) = C, \text{ 对所有的} t \in [0,T]$$

最小化原理中除了最后一部分，所有其他论点都在之前已被（非正式地）推导出了。为明白为何沿着最优状态和控制轨迹的哈密尔顿函数对 $t \in [0,T]$ 是常量，注意由 (3.14) 式、(3.19) 式和 (3.20) 式，我们对所有 $t \in [0,T]$ 有

$$H\left(x^*(t), u^*(t), p(t)\right) = -\nabla_t J^*\left(t, x^*(t)\right) = -p_0(t)$$

且由 (3.22) 式有 $p_0(t)$ 是常数。请注意，若与我们到目前为止的假设不同，系统和费用非时齐，则沿着最优轨迹的哈密尔顿函数也未必是常数（见 3.4.4 节）。

需要注意到最小化原理提供了优化的*必要*条件，所以所有最优控制轨迹都满足这些条件，但若一条控制轨迹满足这些条件，其未必是最优的。需要进一步的分析才能保证最优性。一种常用的方法是先证明最优控制轨迹存在，然后再验证只有一条控制轨迹满足最小化原理的条件（或者所有满足这些条件的控制轨迹有相同费用）。另一种证明最优性的方法常用于当系统函数 f 是 (x,u) 的线性函数，约束集 U 为凸集，费用函数 h 和 g 是凸函数。于是可以证明最小化原理的条件是最优性的充分必要条件。

最小化原理常被用作数值解的基础。一种可能性是*两点边界问题方法*。在这一方法中，我们使用最小值条件

$$u^*(t) = \arg\min_{u \in U} H\left(x^*(t), u, p(t)\right)$$

用 $x^*(t)$ 和 $p(t)$ 表示 $u^*(t)$。然后我们将这一结果代入系统与伴随方程，获得关于 $x^*(t)$ 和 $p(t)$ 的 $2n$ 个一阶微分方程。这些方程可以使用如下分离边界条件求解

$$x^*(0) = x(0), p(T) = \nabla\left(x^*(T)\right)$$

边界条件的数量（$2n$）等于微分方程个数，所以我们一般期待可用数值方法求解这些微分方程（尽管实际中这可能并不简单）。

在许多有趣的问题中用最小化原理可以获得解析解，但通常需要显著的创造力。下面给出一些简单例子。

例 3.3.1（变分微积分续）

考虑求从点 $(0,\alpha)$ 到直线 $\{(T,y) | y \in \Re\}$ 的最短曲线问题。在 3.1 节中，我们将这个问题建模成如下问题：找到最优控制轨迹 $\{u(t) | t \in [0,T]\}$ 最小化

$$\int_0^T \sqrt{1 + (u(t))^2} \mathrm{d}t$$

并满足

$$\dot{x}(t) = u(t), x(0) = \alpha$$

让我们应用前述必要条件。哈密尔顿函数是

$$H(x,u,p) = \sqrt{1+u^2} + pu$$

伴随方程是

$$\dot{p}(t)=0, p(T)=0$$

于是有

$$p(t)=0,\ \text{对所有的} t\in[0,T]$$

所以对哈密尔顿的最小化给出

$$u^*(t)=\arg\min_{u\in\Re}\sqrt{1+u^2}=0,\ \text{对所有} t\in[0,T]$$

于是我们对所有 t 有 $\dot{x}^*(t)=0$，这意味着 $x^*(t)$ 是常数。使用初始条件 $x^*(0)=\alpha$，于是有

$$x^*(t)=\alpha,\ \text{对所有的} t\in[0,T]$$

我们于是获得（显然的先验）最优解，这是经过 $(0,\alpha)$ 的一条水平线。注意因为最小化原理仅为最优性的必要条件，这并不保证水平线的解是最优的。为获得最优性保证，我们应使用系统方程的线性性质和费用函数的凸性。正如之前提及（但并未证明的），在这些条件下，最小化原理是最优性的充分必要条件。

例 3.3.2（资源分配续）

考虑最优生产问题（例 3.1.2）。希望最大化

$$\int_0^T(1-u(t))\,x(t)\mathrm{d}t$$

满足

$$0\leqslant u(t)\leqslant 1,\ \text{对所有} t\in[0,T]$$

$$\dot{x}(t)=\gamma u(t)x(t), x(0)>0:\text{给定}$$

哈密尔顿函数是

$$H(x,u,p)=(1-u)x+p\gamma ux$$

伴随方程是

$$\dot{p}(t)=-\gamma u^*(t)p(t)-1+u^*(t)$$
$$p(T)=0$$

在 $u\in[0,1]$ 上最大化哈密尔顿函数获得

$$u^*(t)=\begin{cases}0 & \text{若} p(t)<\dfrac{1}{\gamma}\\[2ex] 1 & \text{若} p(t)\geqslant\dfrac{1}{\gamma}\end{cases}$$

因为 $p(T)=0$，当 t 接近 T 时我们将有 $p(t)<1/\gamma$ 且 $u^*(t)=0$。于是，当 t 接近 T 时伴随方程的形式是 $\dot{p}(t)=-1$，且 $p(t)$ 形式示于图 3.3.1 中。

所以，接近 $t=T$ 时，$p(t)$ 以斜率 -1 下降。对于 $t=T-1/\gamma$，$p(t)$ 等于 $1/\gamma$，所以 $u^*(t)$ 变为 $u^*(t)=1$。于是对 $t<T-1/\gamma$，伴随方程是

$$\dot{p}(t)=-\gamma p(t)$$

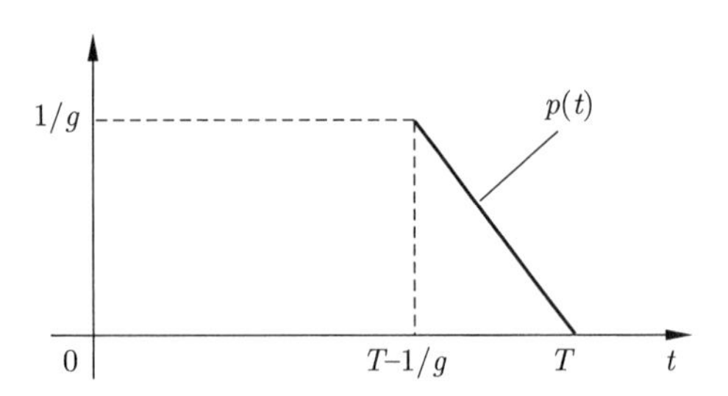

图 3.3.1 资源分配一例中当 t 接近 T 时伴随变量 $p(t)$ 的形式

或

$$p(t) = e^{-\gamma t} \cdot 常数$$

将 t 大于和小于 $T - 1/\gamma$ 时的 $p(t)$ 连在一起，我们获得如图 3.3.2 所示的 $p(t)$ 和 $u^*(t)$ 的形式。注意若 $T < 1/\gamma$，最优控制是对所有 $t \in [0, T]$ 有 $u^*(t) = 0$；即，对于足够短的时间段，任何时间点上都不值得再投资。

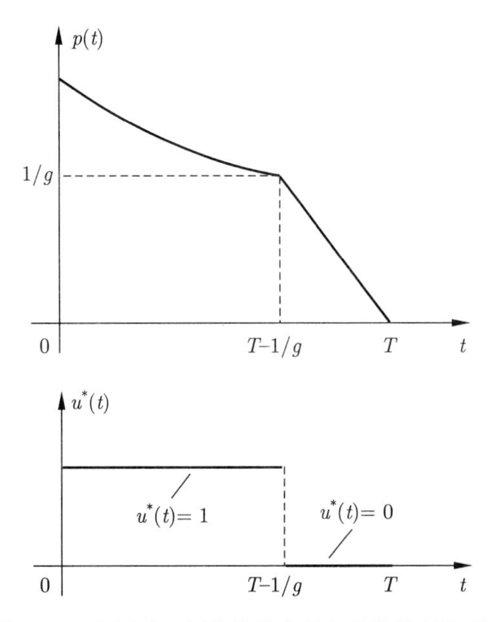

图 3.3.2 资源分配例中伴随变量与最优控制的形式

例 3.3.3（一个线性二次型问题）

考虑一维线性系统

$$\dot{x}(t) = ax(t) + bu(t)$$

其中 a 和 b 是给定的标量。我们想找到一个最优控制在给定区间 $[0, T]$ 上最小化二次型费用

$$\frac{1}{2} q \cdot (x(T))^2 + \frac{1}{2} \int_0^T (u(t))^2 \, \mathrm{d}t$$

其中 q 是给定正标量。控制无约束，所以这是例 3.2.2 的线性二次型问题的特例。我们将通过最小化原理求解这一问题。

这里的哈密尔顿函数是

$$H(x,u,p)=\frac{1}{2}u^2+p(ax+bu)$$

伴随方程是

$$\dot{p}(t)=-ap(t)$$

终止条件为

$$p(T)=qx^*(T)$$

最优控制通过相对于 u 最小化哈密尔顿函数获得，如下

$$u^*(t)=\arg\min_u\left[\frac{1}{2}u^2+p(t)\left(ax^*(t)+bu\right)\right]=-bp(t) \tag{3.25}$$

我们将用两种不同方法从这些条件提取出最优解。

在第一种方法中，我们用命题 3.3.1 求解之前讨论的两点边值问题。特别地，通过使用 (3.25) 式从系统方程中消除控制项，我们获得

$$\dot{x}^*(t)=ax^*(t)-b^2p(t)$$

此外，从伴随方程可以看出

$$p(t)=e^{-at}\xi,\ \text{对所有的}t\in[0,T]$$

其中 $\xi=p(0)$ 是一个未知参数。最后两个方程获得

$$\dot{x}^*(t)=ax^*(t)-b^2e^{-at}\xi \tag{3.26}$$

这个微分方程，与给定的初始条件 $x^*(0)=x(0)$ 和终止条件

$$x^*(T)=\frac{e^{-aT}\xi}{q}$$

（这是伴随方程的终止条件）可求解获得未知变量 ξ。特别地，可验证微分方程 (3.26) 式的解给定如下

$$x^*(t)=x(0)e^{at}+\frac{b^2\xi}{2a}\left(e^{-at}-e^{at}\right)$$

且 ξ 可由前两个关系式获得。给定 ξ，我们获得 $p(t)=e^{-at}\xi$，且根据 $p(t)$ 可以确定最优控制轨迹为 $u^*(t)=-bp(t),t\in[0,T]$[参见 (3.25) 式]。

在第二种方法中，我们基本上推导了例 3.2.2 中碰到的黎卡提方程。特别地，假设 $x^*(t)$ 和 $p(t)$ 之间是线性关系，即

$$K(t)x^*(t)=p(t),\ \text{对所有的}t\in[0,T]$$

且证明 $K(t)$ 可通过求解黎卡提方程获得。确实，根据 (3.25) 式有

$$u^*(t)=-bK(t)x^*(t)$$

将该式代入系统方程中，获得

$$\dot{x}^*(t)=\left(a-b^2K(t)\right)x^*(t)$$

通过将方程 $K(t)x^*(t)=p(t)$ 求导并使用伴随方程，我们有

$$\dot{K}(t)x^*(t)+K(t)\dot{x}^*(t)=\dot{p}(t)=-ap(t)=-aK(t)x^*(t)$$

通过综合最后两个关系式，我们有

$$\dot{K}(t)x^*(t) + K(t)\left(a - b^2K(t)\right)x^*(t) = -aK(t)x^*(t)$$

从中看到 $K(t)$ 应满足

$$\dot{K}(t) = -2aK(t) + b^2\left(K(t)\right)^2$$

这是例 3.2.2 的黎卡提方程在当前问题上的具体形式。该方程可以使用如下终止条件求解

$$K(T) = q$$

该条件由伴随方程的终止条件 $p(T)qx^*(T)$ 可推导出。一旦 $K(t)$ 已知，可得闭环形式的最优控制 $u^*(t) = -bK(t)x^*(t)$。通过反转之前的论述，于是可证明该控制满足最小化原理的所有条件。

3.3.2 一种基于变分思想的推导

在本小节我们概要给出最小化原理的更严格证明。该证明主要面向高级读者，通过对最优轨迹进行小的变化并与相邻轨迹比较。

为了方便，我们将讨论集中在如下情形的费用

$$h\left(x(T)\right)$$

更一般的费用

$$h\left(x(T)\right) + \int_0^T g\left(x(t), u(t)\right) \mathrm{d}t \tag{3.27}$$

可以通过引入新状态变量 y 和如下额外的微分方程被重新建模为末端费用

$$\dot{y}(t) = g\left(x(t), u(t)\right) \tag{3.28}$$

该费用于是变为

$$h\left(x(T)\right) + y(T) \tag{3.29}$$

对应于这一末端费用的最小化原理获得 (3.27) 式通用费用的最小化原理。

我们引入一些假设：

凸性假设：对每个状态 x，如下集合

$$D = \{f(x,u) | u \in U\}$$

是凸的。

若 u 是凸集且 f 是 u 的线性函数 [当存在 (3.27) 式形式的积分费用时，该费用可用 (3.28) 式的额外状态变量 y 被重新建模为末端费用，此时 g 是 u 的线性函数]，则凸性假设成立。因而，凸性假设是相当局限的。然而，最小化原理通常没有凸性假设时也成立，因为即使当集合 $D = \{f(x,u) | u \in U\}$ 非凸时，D 的凸包内的任意向量可通过将 D 内向量的快速交替来生成（例如习题 3.10）。这涉及随机或者松弛控制这一复杂的数学概念，将不在此进一步讨论。

正则化假设：令 $u(t)$ 和 $u^*(t), t \in [0,T]$，是任意两个可接受的控制轨迹，并令 $\{x^*(t) | t \in [0,T]\}$ 是对应于 $u^*(t)$ 的状态轨迹。对任意 $\epsilon \in [0,1]$，如下系统

$$\dot{x}_\epsilon(t) = (1-\epsilon)f\left(x_\epsilon(t), u^*(t)\right) + \epsilon f\left(x_\epsilon(t), u(t)\right) \tag{3.30}$$

的解 $\{x_\epsilon(t) | t \in [0,T]\}$ 满足

$$x_\epsilon(t) = x^*(t) + \epsilon\xi(t) + o(\epsilon) \tag{3.31}$$

其中 $\{\xi(t) | t \in [0, T]\}$ 是如下线性微分系统

$$\dot{\xi}(t) = \nabla_x f(x^*(t), u^*(t)) \xi(t) + f(x^*(t), u(t)) - f(x^*(t), u^*(t)) \tag{3.32}$$

及初始条件 $\xi(0) = 0$ 的解。

正则化假设“通常”成立，因为由 (3.30) 式有

$$\begin{aligned} \dot{x}_\epsilon(t) - \dot{x}^*(t) = & f(x_\epsilon(t), u^*(t)) - f(x^*(t), u^*(t)) \\ & + \epsilon (f(x_\epsilon(t), u(t)) - f(x_\epsilon(t), u^*(t))) \end{aligned}$$

于是由一阶泰勒级数展开可得

$$\begin{aligned} \delta \dot{x}(t) = & \nabla f(x^*(t), u^*(t))' \delta x(t) + o(\|\delta x(t)\|) \\ & + \epsilon (f(x_\epsilon(t), u(t)) - f(x_\epsilon(t), u^*(t))) \end{aligned}$$

其中

$$\delta x(t) = x_\epsilon(t) - x^*(t)$$

除以 ϵ 并对 $\epsilon \to 0$ 取极限，可见如下函数

$$\xi(t) = \lim_{\epsilon \to 0} \delta x(t) / \epsilon, t \in [0, T]$$

应“通常”是 (3.32) 式微分方程线性系统的解，且满足 (3.31) 式。

事实上，若系统是如下形式的线性系统

$$\dot{x}(t) = Ax(t) + Bu(t)$$

其中 A 和 B 是给定矩阵，可证明正则化假设成立。为证明这一点，注意 (3.30) 式和 (3.32) 式的形式分别为

$$\dot{x}_\epsilon(t) = Ax_\epsilon(t) + Bu^*(t) + \epsilon B (u(t) - u^*(t))$$

和

$$\dot{\xi}(t) = A\xi(t) + B (u(t) - u^*(t))$$

所以考虑到初始条件 $x_\epsilon(0)$ 和 $\xi(0) = 0$，我们看到

$$x_\epsilon(t) = x^*(t) + \epsilon \xi(t), t \in [0, T]$$

所以 (3.31) 式的正则化条件成立。

在上述凸性和正则化假设下我们证明最小化原理。设 $\{u^*(t) | t \in [0, T]\}$ 是最优控制轨迹，并令 $\{x^*(t) | t \in [0, T]\}$ 为对应的状态轨迹。那么对任意其他可接受的控制轨迹 $\{u(t) | t \in [0, T]\}$ 和任意 $\epsilon \in [0, 1]$，凸性假设保证对每个 t，存在控制 $\bar{u}(t) \in U$ 满足

$$f(x_\epsilon(t), \bar{u}(t)) = (1 - \epsilon) f(x_\epsilon(t), u^*(t)) + \epsilon f(x_\epsilon(t), u(t))$$

所以，(3.30) 式的状态轨迹 $\{x_\epsilon(t) | t \in [0, T]\}$ 对应于可接受的控制轨迹 $\{\bar{u}(t) | t \in [0, T]\}$。然后，使用 $\{x^*(t) | t \in [0, T]\}$ 的最优性和正则化假设，我们有

$$\begin{aligned} h(x^*(T)) & \leqslant h(x^*_\epsilon(T)) \\ & = h(x^*(T) + \epsilon \xi(T) + o(\epsilon)) \\ & = h(x^*(T)) + \epsilon \nabla h(x^*(T))' \xi(T) + o(\epsilon) \end{aligned}$$

这意味着

$$\nabla h\left(x^{*}(T)\right)^{\prime} \xi(T) \geqslant 0 \tag{3.33}$$

使用线性微分方程组的标准结论（例如 [CoL65]），(3.32) 式线性微分系统的解可被闭式地写成

$$\xi(t)=\Phi(t,\tau)\xi(\tau)+\int_{\tau}^{t} \Phi(t,\tau)\left(f\left(x^{*}(\tau),u(\tau)\right)-f\left(x^{*}(\tau),u^{*}(\tau)\right)\right) \mathrm{d}\tau \tag{3.34}$$

其中方阵 Φ 对所有 t 和 τ 满足

$$\begin{gathered}\frac{\partial \Phi(t,\tau)}{\partial \tau}=-\Phi(t,\tau) \nabla_{x} f\left(x^{*}(\tau),u^{*}(\tau)\right)^{\prime} \\ \Phi(t,t)=I\end{gathered} \tag{3.35}$$

因为 $\xi(0)=0$，我们从 (3.34) 式有

$$\xi(T)=\int_{0}^{T} \Phi(T,t)\left(f\left(x^{*}(t),u(t)\right)-f\left(x^{*}(t),u^{*}(t)\right)\right) \mathrm{d}t \tag{3.36}$$

定义

$$p(T)=\nabla h\left(x^{*}(T)\right), p(t)=\Phi(T,t)^{\prime} p(T), t \in[0,T] \tag{3.37}$$

对于 t 取微分，我们获得

$$\dot{p}(t)=\frac{\partial \Phi(T,t)^{\prime}}{\partial t} p(T)$$

将该式与 (3.35) 式和 (3.37) 式相结合，我们看到 $p(t)$ 由如下微分方程

$$\dot{p}(t)=-\nabla_{x} f\left(x^{*}(t),u^{*}(t)\right) p(t)$$

和末端条件

$$p(T)=\nabla h\left(x^{*}(T)\right)$$

生成。这是与 $\{(x^{*}(t),u^{*}(t))|t \in[0,T]\}$ 对应的伴随方程。

现在，为获得最小化原理，注意由 (3.33) 式、(3.36) 式和 (3.37) 式，有

$$\begin{aligned}0 & \leqslant p(T)^{\prime} \xi(T) \\ & =p(T)^{\prime} \int_{0}^{T} \Phi(T,t)\left(f\left(x^{*}(t),u(t)\right)-f\left(x^{*}(t),u^{*}(t)\right)\right) \mathrm{d}t \\ & =\int_{0}^{T} p(t)^{\prime}\left(f\left(x^{*}(t),u(t)\right)-f\left(x^{*}(t),u^{*}(t)\right)\right) \mathrm{d}t\end{aligned} \tag{3.38}$$

由此可证对所有让 $u^{*}(\cdot)$ 连续的 t，我们有

$$p(t)^{\prime} f\left(x^{*}(t),u^{*}(t)\right) \leqslant p(t)^{\prime} f\left(x^{*}(t),u\right),\ \text{对所有} u \in U \tag{3.39}$$

确实，若对某个 $\hat{u} \in U$ 和 $t_0 \in[0,T]$，我们有

$$p(t_0)^{\prime} f\left(x^{*}(t_0),u^{*}(t_0)\right)>p(t_0)^{\prime} f\left(x^{*}(t_0),\hat{u}\right)$$

而 $\{u^{*}(t)|t \in[0,T]\}$ 在 t_0 连续，我们也将对某个包含 t_0 的区间 I 中所有的 t 有

$$p(t)^{\prime} f\left(x^{*}(t),u^{*}(t)\right)>p(t)^{\prime} f\left(x^{*}(t),\hat{u}\right)$$

令

$$u(t)=\begin{cases}\hat{u} & 若\ t\in I\\ u^*(t) & 若\ t\notin I\end{cases}$$

于是获得与 (3.38) 式的矛盾。

至此我们已经在凸性和正则性假设以及仅有终止费用 $h(x(T))$ 的假设下，证明了 (3.39) 式的最小化原理。我们也看到当约束集 U 是凸的且系统是线性的，则凸性和正则化假设条件满足。为对更一般的 (3.27) 式的积分费用函数证明最小化原理，可将之前分析用于由微分方程组 $\dot{x}=f(x,u)$ 及 (3.28) 式和等价的末端费用 (3.29) 式所描述的系统。若约束集 U 是凸的，系统函数 $f(x,u)$ 及费用函数 $g(x,u)$ 是线性的，则对应的凸性和正则化假设自动满足。为保持增广系统的线性，以及正则化假设的有效性，上述凸性和正则化假设是必要的。

3.3.3　离散时间问题的最小值原理

本节将简要推导离散时间确定性最优控制问题的最小值原理。有趣的是，为让最小值原理成立，使用一些凸性假设是直观且重要的。这些凸性假设对于连续时间问题通常并不需要，因为如前所述，该微分系统可以通过在不同控制间的迅速切换产生由可能的向量 $f(x(t),u(t))$ 构成的集合的凸包中的任意的 $\dot{x}(t)$（例如见习题 3.10）。

假设我们想找到控制序列 $(u_0,u_1,\cdots,u_{N-1})$ 和对应的状态序列 $(x_0,x_1,\cdots,x_N)$，来最小化

$$J(u)=g_N(x_N)+\sum_{k=0}^{N-1}g_k(x_k,u_k)$$

以及离散时间系统约束

$$x_{k+1}=f_k(x_k,u_k),k=0,\cdots,N-1,x_0:给定$$

和控制约束

$$u_k\in U_k\subset\Re^m,k=0,\cdots,N-1$$

首先推导梯度 $\nabla J(u_0,\cdots,u_{N-1})$ 的表达式。使用链式法则，有

$$\begin{aligned}\nabla_{u_{N-1}}J(u_0,\cdots,u_{N-1})&=\nabla_{u_{N-1}}\left(g_N\left(f_{N-1}(x_{N-1},u_{N-1})\right)+g_{N-1}(x_{N-1},u_{N-1})\right)\\&=\nabla_{u_{N-1}}f_{N-1}\cdot\nabla g_N+\nabla_{u_{N-1}}g_{N-1}\end{aligned}$$

其中所有梯度沿着控制轨迹 $(u_0,\cdots,u_{N-1})$ 和对应的状态轨迹来评价。类似地，对所有 k，有

$$\begin{aligned}\nabla_{u_k}J(u_0,\cdots,u_{N-1})=&\nabla_{u_k}f_k\cdot\nabla_{x_{k+1}}f_{k+1}\cdots\nabla_{x_{N-1}}f_{N-1}\cdot\nabla g_N\\&+\nabla_{u_k}f_k\cdot\nabla_{x_{k+1}}f_{k+1}\cdots\nabla_{x_{N-2}}f_{N-2}\cdot\nabla x_{N-1}g_{N-1}\\&\cdots\\&+\nabla_{u_k}f_k\cdot\nabla_{x_{k+1}}g_{k+1}\\&+\nabla_{u_k}g_k\end{aligned}\tag{3.40}$$

对合适的向量 p_{k+1} 可写成如下形式

$$\nabla_{u_k}J(u_0,\cdots,u_{N-1})=\nabla_{u_k}f_k\cdot p_{k+1}+\nabla_{u_k}g_k$$

或者

$$\nabla_{u_k} J(u_0, \cdots, u_{N-1}) = \nabla_{u_k} H_k(x_k, u_k, p_{k+1}) \tag{3.41}$$

其中 H_k 是哈密尔顿函数，定义如下

$$H_k(x_k, u_k, p_{k+1}) = g_k(x_k, u_k) + p'_{k+1} f_k(x_k, u_k)$$

由 (3.40) 式可见向量 p_{k+1} 由离散时间伴随方程

$$p_k = \nabla_{x_k} f_k \cdot p_{k+1} + \nabla_{x_k} g_k, k = 1, \cdots, N-1$$

及末端条件

$$p_N = \nabla g_N$$

反向计算得出。

现在假设约束集 U_k 是凸的，于是对所有可行的 $(u_0, \cdots, u_{N-1})$ 可应用最优性条件

$$\sum_{k=0}^{N-1} \nabla_{u_k} J(u_0^*, \cdots, u_{N-1}^*)'(u_k - u_k^*) \geqslant 0$$

（见附录 B）。这一条件可被分解成 N 个条件

$$\nabla_{u_k} J(u_0^*, \cdots, u_{N-1}^*)'(u_k - u_k^*) \geqslant 0, \text{ 对所有} u_k \in U_k, k = 0, \cdots, N-1 \tag{3.42}$$

于是有如下命题。

命题 3.3.2（离散时间最小值原理）假设 $(u_0^*, u_1^*, \cdots, u_{N-1}^*)$ 是最优控制轨迹，$(x_0^*, x_1^*, \cdots, x_N^*)$ 是对应的状态轨迹。再假设约束集 U_k 是凸的。那么对所有的 $k = 0, \cdots, N-1$ 有

$$\nabla_{u_k} H_k(x_k^*, u_k^*, p_{k+1})'(u_k - u_k^*) \geqslant 0, \text{ 对所有} u_k \in U_k \tag{3.43}$$

其中向量 $p_1, \cdots, p_N$ 由如下伴随方程

$$p_k = \nabla_{x_k} f_k \cdot p_{k+1} + \nabla_{x_k} g_k, k = 1, \cdots, N-1$$

和末端条件

$$p_N = \nabla g_N(x_N^*)$$

可计算获得。上述偏微分方程沿着最优状态和控制轨迹评价。若此外对任意固定的 x_k 和 p_{k+1} 哈密尔顿函数 H_k 是 u_k 的凸函数，则有

$$u_k^* = \arg\min_{u_k \in U_k} H_k(x_k^*, u_k, p_{k+1}), \text{ 对所有的} k = 0, \cdots, N-1 \tag{3.44}$$

证明 (3.43) 式是对 J 的梯度的表达式（3.41）式的必要条件 (3.42) 式的重新阐述。若 H_k 相对于 u_k 是凸的，则 (3.42) 式是为了让 (3.44) 式最小值条件满足所需的充分条件（见附录 B）。证毕。

3.4 最小值原理推广

我们现在考虑连续时间最优控制问题的一些变形并推导对应的最小值原理。

3.4.1 固定的末端状态

假设在初始状态 $x(0)$ 之外，末端状态 $x(T)$ 给定。那么前述非正式推导仍然成立，除了末端条件 $J^*(T,x)=h(x)$ 不再成立。事实上，这里有

$$J^*(T,x)=\begin{cases}0 & \text{若 } x=x(T)\\ \infty & \text{否则}\end{cases}$$

所以 $J^*(T,x)$ 相对于 x 不可微，且伴随方程的末端边界条件 $p(T)=\nabla h\left(x^*(T)\right)$ 不再成立。不过，作为补偿，有额外的条件

$$x(T):\text{给定}$$

从而保持边界条件与未知量之间的平衡。

若只有某些末端状态固定，即

$$x_i(T):\text{给定，对所有} i\in I$$

其中 I 是某个下标集合，于是对伴随方程有下面的部分边界条件

$$p_j(T)=\frac{\partial h\left(x^*(T)\right)}{\partial x_j},\ \text{对所有} j\notin I$$

例 3.4.1

考虑连接两点 $(0,\alpha)$ 和 (T,β) 的最短曲线问题。这是前一节例 3.3.1 的固定端点问题的变形。有

$$\dot{x}(t)=u(t)$$

$$x(0)=\alpha, x(T)=\beta$$

且费用为

$$\int_0^T\sqrt{1+(u(t))^2}\mathrm{d}t$$

伴随方程是

$$\dot{p}(t)=0$$

意味着

$$p(t)=\text{常数，对所有} t\in[0,T]$$

最小化哈密尔顿函数

$$\min_{u\in\Re}[\sqrt{1+u^2}+p(t)u]$$

获得

$$u^*(t)=\text{常数, 对所有} t\in[0,T]$$

所以最优轨迹 $\{x^*(t)|t\in[0,T]\}$ 是一条直线。因为这一轨迹必须经过 $(0,\alpha)$ 和 (T,β)，我们（显然是先验地）获得图 3.4.1 所示的最优解。

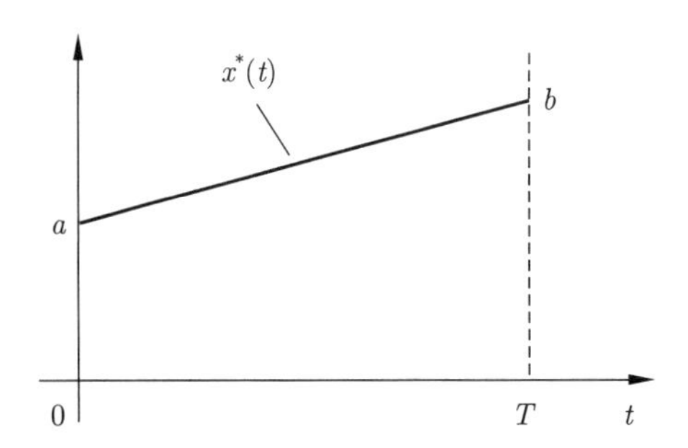

图 3.4.1　连接两点 $(0,\alpha)$ 和 (T,β) 的最短曲线问题的最优解（参见例 3.4.1）

例 3.4.2（**最速降线问题**）

1696 年约翰 • 贝努利提出如下问题挑战当时的数学世界，该问题在变分微积分的发展中扮演了重要作用。给定两点 A 和 B，找到连接 A 和 B 的曲线使得在重力作用下沿着曲线移动的物体以最短时间到达 B（见图 3.4.2）。令 A 为 $(0,0)$，B 为 $(T,-b), b>0$。于是可见该问题是找到 $\{x(t)|t\in[0,T]\}$ 满足 $x(0)=0, x(T)=b$，且最小化

$$\int_0^T \frac{\sqrt{1+(\dot{x}(t))^2}}{\sqrt{2\gamma x(t)}}\mathrm{d}t$$

其中 γ 是由重力导致的加速度。这里 $\{(t,-x(t))|t\in[0,T]\}$，是所期望的曲线，$\sqrt{1+(\dot{x}(t))^2}\mathrm{d}t$ 这一项是从 $x(t)$ 到 $x(t+\mathrm{d}t)$ 的曲线的长度，$\sqrt{2\gamma x(t)}$ 这一项是物体到达 $x(t)$ 高度时的速度 [若 m 和 v 表示物体的质量与速度，则动能是 $mv^2/2$，这一功能在 $x(t)$ 高度一定等于势能的变化，即 $m\gamma x(t)$；由此可得 $v=\sqrt{2\gamma x(t)}$]。

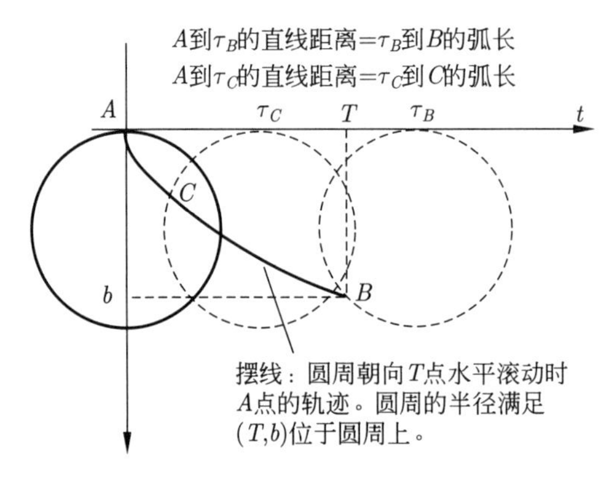

图 3.4.2　最速降线问题的模型和最优解

引入系统 $\dot{x}=u$，获得一个固定末端状态问题 $[x(0)=0$ 和 $x(T)=b]$。令

$$g(x,u)=\frac{\sqrt{1+u^2}}{\sqrt{2\gamma x}}$$

哈密尔顿函数是

$$H(x,u,p)=g(x,u)+pu$$

令哈密尔顿对 u 的梯度为 0 来取得最小值：

$$p(t)=-\nabla_u g\left(x^*(t), u^*(t)\right)$$

从最小值原理知道哈密尔顿函数沿着最优轨迹是常量，即

$$g\left(x^*(t), u^*(t)\right)-\nabla_u g\left(x^*(t), u^*(t)\right) u^*(t)=\text{常数，对所有}t \in[0, T]$$

使用 g 的表达式，可写成

$$\frac{\sqrt{1+\left(u^*(t)\right)^2}}{\sqrt{2 \gamma x^*(t)}}-\frac{\left(u^*(t)\right)^2}{\sqrt{1+\left(u^*(t)\right)^2} \sqrt{2 \gamma x^*(t)}}=\text{常数，对所有的}t \in[0, T]$$

或者等价地，

$$\frac{1}{\sqrt{1+\left(u^*(t)\right)^2} \sqrt{2 \gamma x^*(t)}}=\text{常量，对所有}t \in[0, T]$$

使用关系式 $\dot{x}^*(t)=u^*(t)$，将获得

$$x^*(t)\left(1+\dot{x}^*(t)^2\right)=C, \text{ 对所有}t \in[0, T]$$

对某个常数 C。所以最优轨迹满足微分方程

$$\dot{x}^*(t)=\sqrt{\frac{C-x^*(t)}{x^*(t)}}, \text{ 对所有}t \in[0, T]$$

该微分方程的解在贝努利的时代被称为摆线；见图 3.4.2。摆线的未知参数由边界条件 $x^*(0)=0$ 和 $x^*(T)=b$ 确定。

3.4.2　自由初始状态

若初始状态 $x(0)$ 不固定，但可优化，则有

$$J^*\left(0, x^*(0)\right) \leqslant J^*(0, x), \text{ 对所有}x \in \Re^n$$

可得

$$\nabla_x J^*\left(0, x^*(0)\right)=0$$

以及伴随方程的额外边界条件

$$p(0)=0$$

此外若在初始状态有费用 $l\left(x(0)\right)$，即，费用是

$$l(x(0))+\int_0^T g(x(t), u(t)) \mathrm{d} t+h(x(T))$$

则边界条件变成

$$p(0)=-\nabla l\left(x^*(0)\right)$$

这可以通过将 $l(x)+J(0, x)$ 对 x 的梯度设为 0 来获得，即

$$\nabla_x\{l(x)+J(0, x)\}|_{x=x^*(0)}=0$$

3.4.3 自由终止时间

假设初始状态和/或末端状态给定，但终止时间 T 待优化。

令 $\{(x^*(t), u^*(t))\,|t\in[0,T]\}$ 为最优状态-控制轨迹对，令 T^* 为最优终止时间。那么若终止时间固定在 T^*，则 $\{(u^*(t), x^*(t))|t\in[0,T^*]\}$ 满足最小值原理的条件。特别地，

$$u^*(t)=\arg\min_{u\in U} H\left(x^*(t), u, p(t)\right), \text{ 对所有}t\in[0,T^*]$$

其中 $p(t)$ 是伴随方程的解。当终止时间自由时，需要如下推导的一个额外条件。

若终止时间固定在 T^*，初始状态固定在 $x(0)$，而初始时间有待优化，则从 $t=0$ 开始是最优的。这意味着最优费用相对于初始时间的一阶变分必须为零，即

$$\nabla_t J^*\left(t, x^*(t)\right)|_{t=0}=0$$

HJB 方程可沿着最优轨迹写出为

$$\nabla_t J^*\left(t, x^*(t)\right)=-H\left(x^*(t), u^*(t), p(t)\right), \text{ 对所有}t\in[0,T^*]$$

[参见 (3.14) 式和 (3.19) 式]，所以由之前的两个方程可获得

$$H\left(x^*(0), u^*(0), p(0)\right)=0$$

因为之前已经证明沿着最优轨迹哈密尔顿函数取常值，我们对于自由终止时间的情形获得

$$H\left(x^*(t), u^*(t), p(t)\right)=0, \text{ 对所有}t\in[0,T^*]$$

例 3.4.3（最短时间问题）

一个单位质量的物体在外力 $u(t)$ 的作用下沿水平方向移动，满足

$$\ddot{y}(t)=u(t)$$

其中 $y(t)$ 是物体在 t 时刻的位置。给定物体的初始位置 $y(0)$ 和初始速度 $\dot{y}(0)$，需要让物体停到（速度为零）给定位置，比如零点，且仅可使用最大为单位量的力，

$$-1\leqslant u(t)\leqslant 1, \text{ 对所有}t$$

我们希望在最短时间内完成这一任务。所以，我们想

$$\min T=\int_0^T 1\mathrm{d}t$$

注意，这里的积分费用 $g\left(x(t), u(t)\right)\equiv 1$ 非同寻常；该费用不依赖于状态或控制。然而，理论并未事先排除这一可能性，该问题仍然有意义，因为终止时间 T 是自由的，有待优化。

令状态变量为

$$x_1(t)=y(t), x_2(t)=\dot{y}(t)$$

所以系统方程为

$$\dot{x}_1(t)=x_2(t), \dot{x}_2(t)=u(t)$$

初始状态 $(x_1(0), x_2(0))$ 给定且末端状态也给定

$$x_1(T)=0, x_2(T)=0$$

若 $\{u^*(t)|t\in[0,T]\}$ 是最优控制轨迹，$u^*(t)$ 必须对每个 t 都最小化哈密尔顿函数，即

$$u^*(t)=\arg\min_{-1\leqslant u\leqslant 1}[1+p_1(t)x_2^*(t)+p_2(t)u]$$

所以

$$u^*(t)=\begin{cases}1 & 若\ p_2(t)<0\\ -1 & 若\ p_2(t)\geqslant 0\end{cases}$$

伴随方程是

$$\dot{p}_1(t)=0,\dot{p}_2(t)=-p_1(t)$$

所以

$$p_1(t)=c_1,p_2(t)=c_2-c_1t$$

其中 c_1 和 c_2 是常数。于是有 $\{p_2(t)|t\in[0,T]\}$ 具有图 3.4.3(a) 所示的四种形式中的某一种；即，$\{p_2(t)|t\in[0,T]\}$ 在由负到正或相反变化中最多切换一次。[注意 $p_2(t)$ 不可能对所有 t 都等于 0，因为这意味着 $p_1(t)$ 对所有 t 也等于 0，于是对所有 t 哈密尔顿函数都等于 1；必要条件要求沿着最优轨迹时哈密尔顿函数等于 0。] 对应的控制轨迹示于图 3.4.3(b) 中。结论是对每个 t，$u^*(t)$ 要么是 1 要么是 -1，且 $\{u^*(t)|t\in[0,T]\}$ 在区间 $[0,T]$ 上最多有一个切换的点。

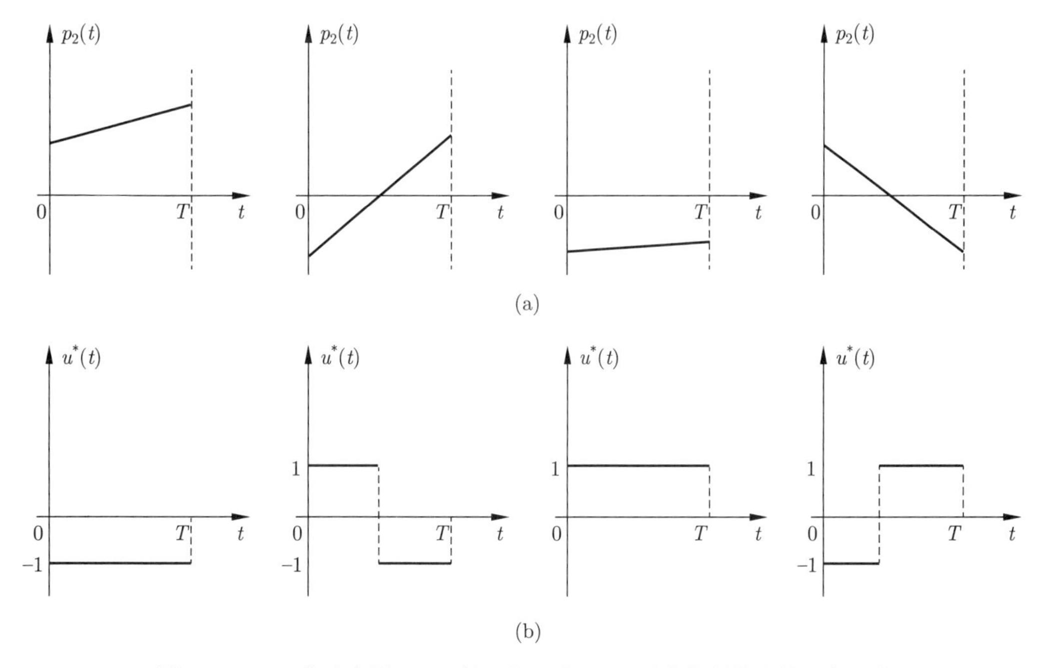

图 3.4.3　(a) 伴随变量 $p_2(t)$ 的可能形式。(b) 最优控制轨迹的对应形式

为确定最优控制轨迹的确切形式，我们使用给定的初始和末端状态。对 $u(t)\equiv\zeta$，其中 $\zeta=\pm1$，系统按如下方式演化

$$x_1(t)=x_1(0)+x_2(0)t+\frac{\zeta}{2}t^2,x_2(t)=x_2(0)+\zeta t$$

通过消除这两个方程中的时间 t，可见对所有的 t 有

$$x_1(t)-\frac{1}{2\zeta}\left(x_2(t)\right)^2=x_1(0)-\frac{1}{2\zeta}\left(x_2(0)\right)^2$$

所以对于 $u(t) \equiv 1$ 的区间，该系统沿着 $x_1(t) - \frac{1}{2}(x_2(t))^2$ 为常数的曲线移动，示于图 3.4.4(a) 中。对于 $u(t) \equiv -1$ 的区间，该系统沿着 $x_1(t) + \frac{1}{2}(x_2(t))^2$ 为常数的曲线移动，示于图 3.4.4(b) 中。

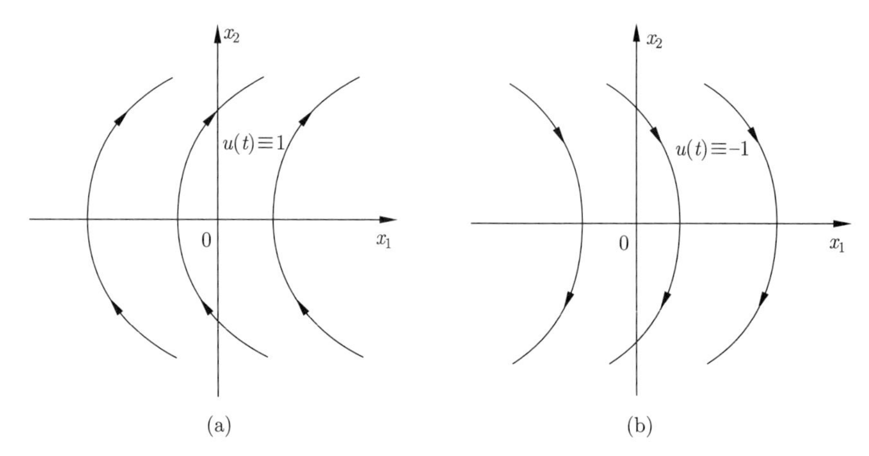

图 3.4.4 当控制分别为 $u(t) \equiv 1$[图 (a)] 和 $u(t) \equiv -1$[图 (b)] 时的状态轨迹

为将系统从初始状态 $(x_1(0), x_2(0))$ 带到原点，且控制取值最多有一次切换，我们必须按照涉及图 3.4.5 中的切换曲线的下列规则来施加控制。

(a) 若初始状态位于切换曲线之上，用 $u^*(t) \equiv -1$ 直至状态碰到切换曲线，然后使用 $u^*(t) \equiv 1$ 直至到达原点。

(b) 若初始状态位于切换曲线之下，用 $u^*(t) \equiv 1$ 直至状态碰到切换曲线，然后使用 $u^*(t) \equiv -1$ 直至到达原点。

(c) 若初始状态位于切换曲线的顶部（底部），用 $u^*(t) \equiv -1$[或者 $u^*(t) \equiv 1$] 直至到达原点。

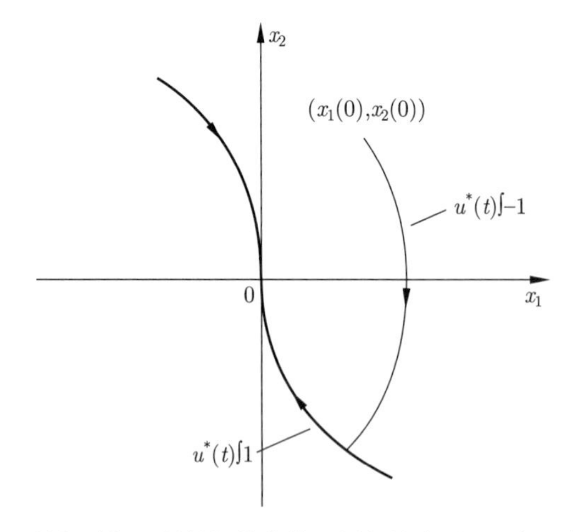

图 3.4.5 最短时间一例的切换曲线（用粗线表示）及闭环最优控制

3.4.4　时变系统与费用

若系统方程和积分费用与时间 t 有关，即

$$\dot{x}(t)=f\left(x(t),u(t),t\right)$$

$$\text{费用}=h\left(x(T)\right)+\int_0^T g\left(x(t),u(t),t\right)\mathrm{d}t$$

可以通过引入一个额外的状态变量 $y(t)$ 表示时间来将该问题转化为一个涉及非时齐系统及费用的问题：

$$\dot{y}(t)=1,y(0)=0$$

$$\dot{x}(t)=f\left(x(t),u(t),y(t)\right),x(0):\text{给定}$$

$$\text{费用}=h\left(x(T)\right)+\int_0^T g\left(x(t),u(t),y(t)\right)\mathrm{d}t$$

在整理出对应的最优性条件后，我们看到这些条件与系统和费用时齐时相同。唯一的区别是哈密尔顿函数沿最优轨迹无须为常数。

3.4.5　奇异问题

在某些情况下，最小值条件

$$u^*(t)=\arg\min_{u\in U}H\left(x^*(t),u,p(t),t\right)\tag{3.45}$$

不足以确定所有 t 的 $u^*(t)$，因为 $x^*(t)$ 和 $p(t)$ 的值满足让 $H\left(x^*(t),u,p(t),t\right)$ 在一段不可忽略的时间段内与 u 独立。这类问题被称为奇异的。它们的最优轨迹包括被称为常规弧的部分，其中 $u^*(t)$ 可由 (3.45) 式的最小值条件确定，以及被称为奇异弧的部分，这一部分可由哈密尔顿函数与 u 独立这一条件确定。

例 3.4.4（铺路）

假设要在一维地形上铺一条路，其地面海拔高度（从某个参考点起测量的高度）已知且给定为 $z(t),t\in[0,T]$。路面高度记为 $x(t),t\in[0,T]$，高度差 $x(t)-z(t)$ 需要填平或移平。希望最小化

$$\frac{1}{2}\int_0^T\left(x(t)-z(t)\right)^2\mathrm{d}t$$

约束条件为要求道路的梯度 $\dot{x}(t)$ 位于 $-a$ 与 a 之间，其中 a 是一个特定的最大允许的坡度。所以有如下约束

$$|u(t)|\leqslant a,t\in[0,T]$$

其中

$$\dot{x}(t)=u(t),t\in[0,T]$$

这里的伴随方程是

$$\dot{p}(t)=-x^*(t)+z(t)$$

具有末端条件

$$p(T)=0$$

将哈密尔顿函数

$$H\left(x^*(t),u,p(t),t\right)=\frac{1}{2}\left(x^*(t)-z(t)\right)^2+p(t)u$$

相对于 u 最小化获得

$$u^*(t)=\arg\min_{|u|\leqslant a}p(t)u$$

对所有 t 成立，并且展示了最优轨迹通过将三类弧串联获得：

(a) 常规弧，其中 $p(t)>0$ 且 $u^*(t)=-a$（最大下山坡度弧）。

(b) 常规弧，其中 $p(t)<0$ 且 $u^*(t)=a$（最大上山坡度弧）。

(c) 奇异弧，其中 $p(t)=0$ 且 $u^*(t)$ 可取 $[-a,a]$ 中保持条件 $p(t)=0$ 的任意值。由伴随方程可见在奇异弧上 $p(t)=0$ 且 $x^*(t)=z(t)$，即，道路遵循地面的高低（无填充或移除）。沿着这些弧必然有

$$\dot{z}(t)=u^*(t)\in[-a,a]$$

可用图 3.4.6 类似的图示法求得最优解。考虑上山区间 $\bar{I}$ 满足对所有 $t\in\bar{I}$ 有 $\dot{z}(t)\geqslant a$ 和下山区间 $\underline{I}$ 满足对所有 $t\in\underline{I}$ 有 $\dot{z}(t)\leqslant -a$。显然，在每个上山区间 $\bar{I}$ 最优坡度是 $u^*(t)=a$，但最优坡度在更大的上山区间 $\bar{V}\supset\bar{I}$ 也等于 a，满足在 $\bar{V}$ 内 $p(t)<0$ 且在 $\bar{V}$ 的端点 t_1 和 t_2 有

$$p(t_1)=p(t_2)=0$$

注意到伴随方程的形式，我们看到 $\bar{V}$ 的端点 t_1 和 t_2 应满足

$$\int_{t_1}^{t_2}\left(z(t)-x^*(t)\right)\mathrm{d}t=0$$

即，在 $\bar{V}$ 之内的总填充量应等于总移除量（见图 3.4.6）。类似地，每个下山区间 $\underline{I}$ 应被包含在一个更大的最大下山坡度区间 $\underline{V}\supset\underline{I}$，在 $\underline{V}$ 中满足 $p(t)>0$，而在 $\underline{V}$ 之内的总填充量应等于总

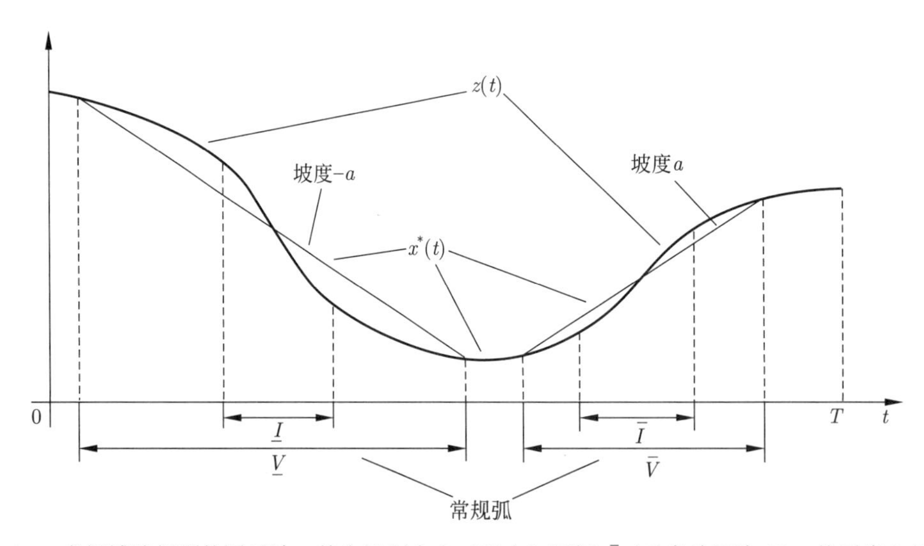

图 3.4.6 求解铺路问题的图示法。首先识别上山（下山）区间 $\bar{I}$（对应地记为 $\underline{I}$），然后嵌入最大上山（下山）常规弧 $\bar{V}$（$\underline{V}$）在这些弧中总填充量等于总移除量。常规弧由奇异弧连接，在这些奇异弧上既无填充也无移除。图示过程从终点 $t=T$ 开始

移除量（见图 3.4.6）。于是常规弧由上述区间 $\bar{V}$ 和 $\underline{V}$ 组成。在常规弧之间有一个或多个奇异弧，其中 $x^*(t)=z(t)$。从终点 $t=T$ 开始 [在那里我们知道 $p(T)=0$]，并且反向前进，将各段相连可得最优解。

3.5　注释、参考文献和习题

变分微积分是一个源自 17 世纪和 18 世纪伟大数学家工作的经典问题。其（按现代数学标准的）严格推导发生在 20 世纪 30 年代和 40 年代，由主要源自芝加哥大学的一群数学家的工作完成；Bliss，McShane 和 Hestenes 是这群人中最著名的成员。令人好奇的是，这一发展比非线性规划早了许多年。[①]确定性最优控制的现代理论主要源自 20 世纪 50 年代的 Pontryagin，Boltyanski，Gamkrelidze 和 Mishchenko[PBG65]。Boltyanski 在 [BMS96] 中对这一工作给出了相当个性化且具有争议的历史回顾。该主题的理论和应用文献相当丰富。这里给出三份有代表性的参考文献：Athans 和 Falb 的书 [AtF66]（一本经典的详尽的教材，包含工程应用），Hestenes 的书 [Hes66]（严格的数学分析，包括早于 Pontryagin 等人的重要工作），和 Luenberger 的书 [Lue69]（在更广泛的无穷维背景下处理最优控制）。本书作者的《非线性规划》一书 [Ber99] 对离散时间最优控制问题的最优性条件和计算方法给出了详细的处理。

习　题

3.1

当费用函数是

$$(x(T))^2+\int_0^T (u(t))^2\,\mathrm{d}t$$

时求解例 3.2.1 的问题。再计算后续费用函数 $J^*(t,x)$ 并验证其满足 HJB 方程。

3.2

一位年轻的投资人在股市赚了一大笔钱 S，计划通过某种方式花钱来最大化他的快乐且在余生不用工作。他估计自己将再活 T 年，且在 T 时其资产将减至 0，即 $x(T)=0$。并且他用如下微分方程建模其资产的演进

$$\frac{\mathrm{d}x(t)}{\mathrm{d}t}=\alpha x(t)-u(t)$$

其中 $x(0)=S$ 是其初始资本，$\alpha>0$ 是给定利率，$u(t)\geqslant 0$ 是其开销费用。他将获得的总快乐为

$$\int_0^T e^{-\beta t}\sqrt{u(t)}\mathrm{d}t$$

这里 β 是某个正标量，用于对未来的快乐打折扣。求最优的 $\{u(t)|t\in[0,T]\}$。

---

① 在 20 世纪 30 年代和 40 年代期刊空间非常珍贵，有限维优化的研究被视作变分微积分的简单特例，所以不够论文发表所需要的挑战性或新颖性。事实上具有等式和不等式约束的有限维优化的现代最优性条件首先在 1939 年 Karush 的硕士论文中被推导，但许多年后在其他研究者的名下首次出现在期刊论文中。

3.3

考虑图 3.5.1 中所示的水库系统。系统方程为

$$\dot{x}_1(t) = -x_1(t) + u(t)$$
$$\dot{x}_2(t) = x_1(t)$$

控制约束为对所有 t 有 $0 \leqslant u(t) \leqslant 1$。一开始

$$x_1(0) = x_2(0) = 0$$

我们想在约束 $x_1(1) = 0.5$ 下最大化 $x_2(1)$。求解该问题。

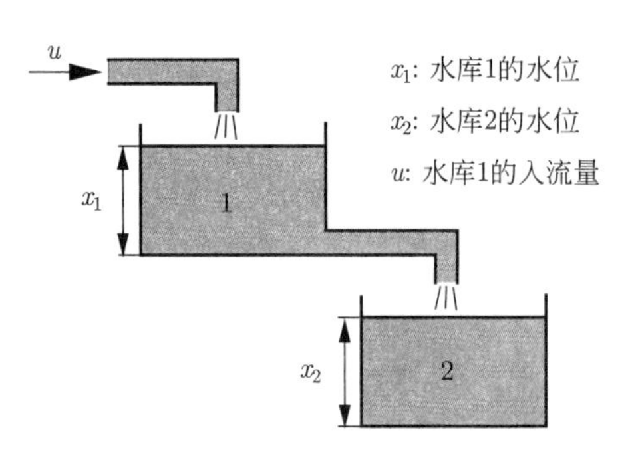

图 3.5.1　习题 3.3 的水库系统

3.4

当有摩擦力且物体位置按如下方式移动时求解最短时间问题（例 3.4.3）

$$\ddot{y}(t) = -a\dot{y}(t) + u(t)$$

其中 $a > 0$ 给定。提示：如下系统

$$\dot{p}_1(t) = 0$$

$$\dot{p}_2(t) = -p_1(t) + ap_2(t)$$

的解是

$$p_1(t) = p_1(0)$$

$$p_2(t) = \frac{1}{a}\left(1 - e^{at}\right)p_1(0) + e^{at}p_2(0)$$

对 $u(t) \equiv -1$ 和 $u(t) \equiv 1$ 时的系统轨迹示于图 3.5.2。

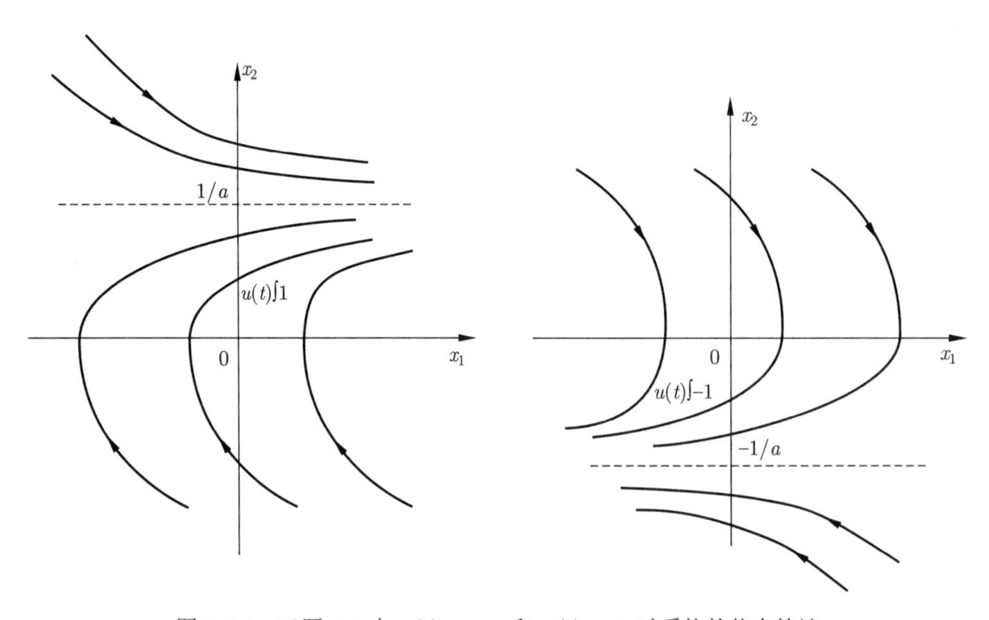

图 3.5.2　习题 3.4 中 $u(t) \equiv -1$ 和 $u(t) \equiv 1$ 时系统的状态轨迹

3.5（等周问题）

找到曲线 $\{x(t)|t\in[0,T]\}$ 最大化 x 之下的区域

$$\int_0^T x(t)\mathrm{d}t$$

约束为

$$x(0)=a, x(T)=b, \int_0^T \sqrt{1+(\dot{x}(t))^2}\mathrm{d}t=L$$

其中 a，b 和 L 为给定正标量，最后一条约束被称为等周约束；要求曲线的长度为 L。提示：引入系统 $\dot{x}_1=u,\dot{x}_2=\sqrt{1+u^2}$，将问题视作固定末端状态问题。证明最优控制 $u^*(t)$ 的正弦曲线线性依赖于 t。在 a，b 和 L 的某些假设下，最优曲线是圆弧。

3.6（洛比达问题）**(www)**

令 a,b 和 T 为正标量，令 $A=(0,a)$ 和 $B=(T,b)$ 是某种媒介中的亮点，其中光的传播速度正比于垂直坐标。于是光从 A 到 B 沿曲线 $\{x(t)|t\in[0,T]\}$ 传播所用的时间是

$$\int_0^T \frac{\sqrt{1+(\dot{x}(t))^2}}{Cx(t)}\mathrm{d}t$$

其中 C 为给定正常数。找到光从 A 到 B 的最短旅行时间对应的曲线，证明这是如下形式的圆弧

$$x(t)^2+(t-d)^2=D$$

其中 d 和 D 是某常数。

3.7

一条船以单位速度在以恒定速度 s 流动的河流中。求转向角 $u(t),0\leqslant t\leqslant T$，最小化该船在点 (0,0) 和给定点 (a,b) 之间移动所需的时间。运动方程是

$$\dot{x}_1(t)=s+\cos u(t), \dot{x}_2(t)=\sin u(t)$$

其中 $x_1(t)$ 和 $x_2(t)$ 分别是船平行和垂直于河流方向的速度分量。证明最优解是固定的转向角。

3.8

单位质量的物体从给定初始位置 $x(0)$ 以给定初始速度 $x_2(0)$ 沿直线移动。求控制力 $\{u(t)|t\in[0,1]\}$ 让物体于 1 时刻停止 $[x_2(1)=0]$ 在位置 $x_1(1)=0$，并且最小化

$$\int_0^1 (u(t))^2\,\mathrm{d}t$$

3.9 (www)

用最小化原理求解例 3.2.2 的线性二次型问题。提示：参照例 3.3.3。

3.10（关于对图形假设的需要）

求解连续时间问题，系统方程为 $\dot{x}(t)=u(t)$，末端费用 $(x(T))^2$，控制约束对所有 t 为 $u(t)=-1$ 或 1，证明解满足最小化原理。证明，取决于初始状态 x_0，这一点对于离散时间的版本可能不成立，其中系统方程为 $x_{k+1}=x_k+u_k$，末端费用为 x_N^2，控制约束为对所有 k 有 $u_k=-1$ 或 1。

3.11

用离散时间最小值原理求解第 1 章习题 1.14，假设每个 w_k 固定在已知确定值。

3.12

用离散时间最小值原理求解第 1 章习题 1.15，假设 γ_k 和 δ_k 固定在已知确定值。

3.13（拉格朗日乘子与最小值原理）

考虑 3.3.3 节的离散时间最优控制问题，其中没有控制约束 $U = \Re^m$。对如下每个约束

$$f_k(x_k, u_k) - x_{k+1} = 0, k = 0, \cdots, N-1$$

引入拉格朗日乘子向量 p_{k+1} 和拉格朗日函数

$$g_N(x_N) + \sum_{k=0}^{N-1} \big(g_k(x_k, u_k) + p'_{k+1}(f_k(x_k, u_k) - x_{k+1})\big)$$

（参见附录 B）。将状态与控制向量视作问题的优化变量，证明通过将拉格朗日函数对于 x_k 和 u_k 取导数可得离散时间最小值原理。

第 4 章　具有精确状态信息的问题

在本章我们考虑具有精确状态信息的离散时间随机最优控制的若干应用。这些应用是 1.2 节基本问题的特例，可用动态规划算法处理。在所有这些应用中扰动的随机特性是显著的。因此，与之前两章的确定性问题相反，使用闭环控制对于取得最优性能是至关重要的。

4.1　线性系统和二次型费用

在本节我们考虑如下这类线性系统的特例

$$x_{k+1} = A_k x_k + B_k u_k + w_k, k = 0, 1, \cdots, N-1$$

及二次型费用

$$E_{w_k, k=0,1,\cdots,N-1}\left\{x_N' Q_N x_N + \sum_{k=0}^{N-1}(x_k' Q_k x_k + u_k' R_k u_k)\right\}$$

在这些表达式中，x_k 和 u_k 分别是 n 维和 m 维向量，矩阵 A_k、B_k、Q_k 和 R_k 给定且具有恰当的维数。假设矩阵 Q_k 是半正定对称的，矩阵 R_k 是正定对称的。控制 u_k 无约束。扰动 w_k 是与 x_k 和 u_k 无关的、给定概率分布的独立随机向量。进一步，每个 w_k 均值为零，二阶矩有限。

上述问题是镇定问题的常用模型，我们希望将系统状态保持在原点附近。这类问题在对运动或过程的自动控制理论中很常见。二次型费用函数经常是合理的，因为当状态偏离原点较大时惩罚较大，而偏离原点较小时惩罚较小。而且，二次型费用经常使用，即使不能完全说明这样做的合理性时，因为这可获得良好的解析解。若干变形与推广具有类似解。例如，扰动 w_k 可具有零均值，二次型费用可具有如下形式，

$$E\left\{(x_N - \bar{x}_N)' Q_N (x_N - \bar{x}_N) + \sum_{k=0}^{N-1}((x_k - \bar{x}_k)' Q_k (x_k - \bar{x}_k) + u_k' R_k u_k)\right\}$$

这表示希望将系统状态保持在给定轨迹 $(\bar{x}_0, \bar{x}_1, \cdots, \bar{x}_N)$ 附近，而不是在原点附近。该问题的另一种推广版本出现于 $\boldsymbol{A}_k$ 和 $\boldsymbol{B}_k$ 为独立随机矩阵，而非已知。本节末考虑这种情形。

现在应用动态规划算法，我们有

$$J_N(x_N) = x_N' Q_N x_N$$

$$J_k(x_k) = \min_{u_k} E\left\{x_k' Q_k x_k + u_k' R_k u_k + J_{k+1}(A_k x_k + B_k u_k + w_k)\right\} \tag{4.1}$$

结果后续费用函数 J_k 是二次的，最优控制律是状态的线性函数。这些事实可直接通过归纳法验证。对 $k = N-1$ 将 (4.1) 式写成如下形式

$$\begin{aligned}J_{N-1}(X_{N-1}) = \min_{u_{N-1}} E\{&x_{N-1}' Q_{N-1} x_{N-1} + u_{N-1}' R_{N-1} u_{N-1}\\&+ (A_{N-1}x_{N-1} + B_{N-1}u_{N-1} + w_{N-1})' Q_N \cdot (A_{N-1}x_{N-1} + B_{N-1}u_{N-1} + w_{N-1})\}\end{aligned}$$

我们将右侧最后一项二次项展开。然后用事实 $E\{w_{N-1}\}=0$ 消除 $E\{w'_{N-1}Q_N(A_{N-1}x_{N-1}+B_{N-1}u_{N-1})\}$ 这一项，获得

$$\begin{aligned}J_{N-1}(x_{N-1})=&x'_{N-1}Q_{N-1}x_{N-1}+\min_{u_{N-1}}[u'_{N-1}R_{N-1}u_{N-1}\\&+u'_{N-1}B'_{N-1}Q_NB_{N-1}u_{N-1}+2x'_{N-1}A'_{N-1}Q_NB_{N-1}u_{N-1}]\\&+x'_{N-1}A'_{N-1}Q_NA_{N-1}x_{N-1}+E\{w'_{N-1}Q_Nw_{N-1}\}\end{aligned}$$

通过相对于 u_{N-1} 求导数并令其为 0，有

$$\left(R_{N-1}+B'_{N-1}Q_NB_{N-1}\right)u_{N-1}=-B'_{N-1}Q_NA_{N-1}x_{N-1}$$

在左侧乘上 u_{N-1} 的矩阵是正定的（于是可逆），因为 R_{N-1} 是正定的，$B'_{N-1}Q_NB_{N-1}$ 是半正定的。结果，最小化的控制向量给定如下

$$u^*_{N-1}=-\left(R_{N-1}+B'_{N-1}Q_NB_{N-1}\right)^{-1}B'_{N-1}Q_NA_{N-1}x_{N-1}$$

通过代入 J_{N-1} 的表达式，我们有

$$J_{N-1}(x_{N-1})=x'_{N-1}K_{N-1}x_{N-1}+E\{w'_{N-1}Q_Nw_{N-1}\}$$

其中通过直接计算，矩阵 K_{N-1} 可验证为

$$K_{N-1}=A'_{N-1}\left(Q_N-Q_NB_{N-1}\left(B'_{N-1}Q_NB_{N-1}+R_{N-1}\right)^{-1}B'_{N-1}Q_N\right)A_{N-1}+Q_{N-1}$$

矩阵 $\boldsymbol{K}_{N-1}$ 明显是对称的。它也是半正定的。为明白这一点，注意由之前的计算，对 $x\in\Re^n$ 有

$$x'\boldsymbol{K}_{N-1}x=\min_u[x'\boldsymbol{Q}_{N-1}x+u'\boldsymbol{R}_{N-1}u+(\boldsymbol{A}_{N-1}x+\boldsymbol{B}_{N-1}u)'Q_N\left(\boldsymbol{A}_{N-1}x+\boldsymbol{B}_{N-1}u\right)]$$

因为 $\boldsymbol{Q}_{N-1}$，$\boldsymbol{R}_{N-1}$ 和 $\boldsymbol{Q}_N$ 是半正定的，括号中的表达式是非负的。对 u 进行最小化保持非负性，于是对所有的 $x\in\Re^n$ 有 $x'\boldsymbol{K}_{N-1}x\geqslant 0$。于是 $\boldsymbol{K}_{N-1}$ 是半正定。

因为 J_{N-1} 是半正定二次型函数（加上一个无足轻重的常数项），我们可以类似推进并由动态规划 (4.1) 式获得对第 $N-2$ 阶段的最优控制律。与之前相同，我们证明 J_{N-2} 是半正定二次函数，再序贯推进，可对每个 k 获得最优控制律。有如下形式

$$\mu^*_k(x_k)=\boldsymbol{L}_kx_k \tag{4.2}$$

其中增益矩阵 $\boldsymbol{L}_k$ 由如下方程给定

$$\boldsymbol{L}_k=-\left(\boldsymbol{B}'_k\boldsymbol{K}_{k+1}\boldsymbol{B}_k+\boldsymbol{R}_k\right)^{-1}\boldsymbol{B}'_k\boldsymbol{K}_{k+1}\boldsymbol{A}_k$$

其中半正定对称阵 $\boldsymbol{K}_k$ 由如下算法迭代给定

$$\boldsymbol{K}_N=\boldsymbol{Q}_N \tag{4.3}$$

$$\boldsymbol{K}_k=A'_k\left(\boldsymbol{K}_{k+1}-\boldsymbol{K}_{k+1}\boldsymbol{B}_k\left(\boldsymbol{B}'_k\boldsymbol{K}_{k+1}\boldsymbol{B}_k+\boldsymbol{R}_k\right)^{-1}\boldsymbol{B}'_k\boldsymbol{K}_{k+1}\right)\boldsymbol{A}_k+\boldsymbol{Q}_k \tag{4.4}$$

正如动态规划，这个算法从终止时刻 N 开始，后向前进。最优费用给定如下

$$J_0(x_0)=x'_0\boldsymbol{K}_0x_0+\sum_{k=0}^{N-1}E\{w'_k\boldsymbol{K}_{k+1}w_k\}$$

(4.2) 式的控制律简单且在工程应用实现中受欢迎：如图 4.1.1 所示，当前状态 x_k 通过线性反馈增益矩阵 $\boldsymbol{L}_k$ 被反馈回来并且作为输入。这部分地解释了线性二次型模型广受欢迎的原因。

正如将在第 5 章所见，控制律的线性即使在状态 x_k 不完全可观（非精确状态信息）的问题中也仍然得以保持。

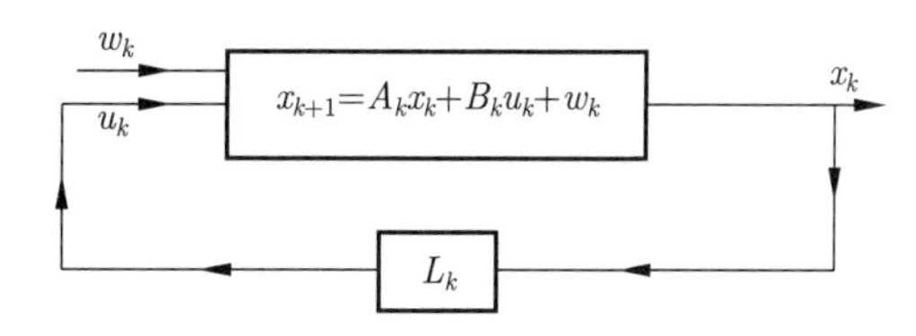

图 4.1.1 线性二次型问题最优控制器的线性反馈结构

黎卡提方程及其渐近行为

(4.4) 式被称为离散时间黎卡提方程。这在控制理论中扮演了重要角色。有许多对其性质的研究。黎卡提方程的一个有趣的性质是若矩阵 $\boldsymbol{A}_k, \boldsymbol{B}_k, \boldsymbol{Q}_k, \boldsymbol{R}_k$ 是常量且分别等于 A, B, Q, R，那么当 $k \to -\infty$ 时（在温和的假设条件下）解 K_k 收敛到稳态解 K 且满足代数黎卡提方程

$$K = A'(K - KB(B'KB + R)^{-1}B'K)A + Q \tag{4.5}$$

这一稍后即将证明的性质指明对如下系统

$$x_{k+1} = Ax_k + Bu_k + w_k, k = 0, 1, \cdots, N - 1$$

及大量的阶段 N，可用控制律 $\{\mu^*, \mu^*, \cdots, \mu^*\}$ 来合理近似 (4.2) 式控制律，其中

$$\mu^*(x) = Lx \tag{4.6}$$

$$L = -(B'KB + R)^{-1}B'KA$$

且 K 是 (4.5) 式代数黎卡提方程的解。这一控制律是平稳的，即，不随时间变化。

我们现在转向证明由 (4.4) 式黎卡提方程生成的矩阵序列 $\{K_k\}$ 的收敛性。首先引入能控性和能观性的概念，这在控制理论中非常重要。

定义 4.1.1 一对矩阵 (A, B)，其中 A 是 $n \times n$ 矩阵，B 是 $n \times nm$ 矩阵，被称为能控的，若如下 $n \times nm$ 的矩阵

$$[B, AB, A^2B, \cdots, A^{n-1}B]$$

满秩（即，各行线性独立）。一对矩阵 (A, C)，其中 A 是 $n \times m$ 的矩阵，C 是 $m \times n$，被称为是能观的，若 (A', C') 是能控的，其中 A' 和 C' 分别表示 A 和 C 的转置。

可证明若 (A, B) 能控，则对任何初始状态 x_0，存在控制向量序列 $u_0, u_1, \cdots, u_{n-1}$ 按如下方式驱使系统的状态 x_n 在时刻 n 等于 0

$$x_{k+1} = Ax_k + Bu_k$$

确实，通过对 $k = n-1, n-2, \cdots, 0$ 依次使用上面的方程，我们获得

$$x_n = A^n x_0 + Bu_{n-1} + ABu_{n-2} + \cdots + A^{n-1}Bu_0$$

或者等价地

$$x_n - A^n x_0 = (B, AB, \cdots, A^{n-1}B)\begin{pmatrix} u_{n-1} \\ u_{n-2} \\ \vdots \\ u_0 \end{pmatrix} \tag{4.7}$$

若 (A, B) 能控，矩阵 $(B, AB, \cdots, A^{n-1}B)$ 满秩，结果可通过选择合适的 $(u_0, u_1, \cdots, u_{n-1})$ 让 (4.7) 式右侧等于 $\Re^n$ 中任意向量。特别地，可选择 $(u_0, u_1, \cdots, u_{n-1})$ 让 (4.7) 式右侧等于 $-A^n x_0$，这意味着 $x_n = 0$。这一性质解释了“能控对”这一名称，且实际上经常用于定义能控性。

能观性是在估计问题中的类似解释；即，给定 $z_k = Cx_k$ 形式的测量值 $z_0, z_1, \cdots, z_{n-1}$，可以推断系统 $x_{k+1} = Ax_k$ 的初始状态 x_0，只要注意到下面的关系式

$$\begin{pmatrix} z_{n-1} \\ \vdots \\ z_1 \\ z_0 \end{pmatrix} = \begin{pmatrix} CA^{n-1} \\ \vdots \\ CA \\ C \end{pmatrix} x_0$$

相应地，可看出能控性等于如下性质，在无控制时，若 $Cx_k \to 0$，则 $x_k \to 0$。

稳定性的概念在控制理论中具有重要意义。在我们的问题中重要的一点是令 (4.6) 式的平稳控制律获得一个稳定的闭环系统；即，在没有输入扰动时，系统

$$x_{k+1} = (A + BL)x_k, k = 0, 1, \cdots$$

的状态当 $k \to \infty$ 时趋向零。因为 $x_k = (A + BL)^k x_0$，于是有闭环系统是稳定的当且仅当 $(A + BL)^k \to 0$，或者等价地（见附录 A），当且仅当矩阵 $(A + BL)$ 的特征值严格位于单位圆内。

下面的命题展示了对于一个平稳能控系统和常量矩阵 Q 和 R，(4.4) 式的黎卡提方程对于任意半正定对称初始矩阵都收敛到正定对称阵 K。此外，该命题展示了对应的闭环系统是稳定的。命题也需要能观性假设，即，Q 可被写成 $C'C$，其中 (A, C) 能观。注意，若 r 是 Q 的秩，存在一个秩为 r 的 $r \times n$ 的矩阵 C 满足 $Q = C'C$ （见附录 A）。能观性假设意味着在没有控制时，若每阶段的状态费用 $x_k'Qx_k$ 趋向零或者等价地 $Cx_k \to 0$，那么也有 $x_k \to 0$。

命题 4.1.1　令 A 为 $n \times n$ 矩阵，B 为 $n \times m$ 矩阵，Q 为 $n \times n$ 半正定对称阵，R 为 $m \times m$ 正定对称阵。考虑离散时间黎卡提方程

$$P_{k+1} = A'\left(P_k - P_k B(B'P_k B + R)^{-1} B'P_k\right) A + Q, k = 0, 1, \cdots \tag{4.8}$$

其中初始矩阵 P_0 是任意半正定对称阵。假设 (A, B) 能控。也假设 Q 可被写成 $C'C$，其中 (A, C) 能观。于是，

(a) 存在正定对称阵 P 满足每个半正定对称初始矩阵 P_0 有

$$\lim_{k \to \infty} P_k = P$$

进一步，P 是如下代数矩阵方程在半正定对称矩阵中的唯一解

$$P = A'(P - PB(B'PB_R)^{-1}B'P)A + Q \tag{4.9}$$

(b) 对应的闭环系统是稳定的；即，如下矩阵

$$D = A + BL \tag{4.10}$$

其中

$$L = -(B'PB + R)^{-1}B'PA \tag{4.11}$$

的特征值严格位于单位圆之内。

证明　该证明包括几步。首先展示当初始矩阵 P_0 等于零时 (4.8) 式生成的序列收敛。其次证明 (4.10) 式对应的矩阵 D 满足 $D^k \to 0$。然后证明当 P_0 是任意半正定对称阵时 (4.8) 式生成的序列收敛，最后证明 (4.9) 式解的唯一性。

初始矩阵 $P_0 = 0$。考虑如下最优控制问题：找到 $u_0, u_1, \cdots, u_{k-1}$ 最小化

$$\sum_{i=0}^{k-1}(x_i'Qx_i + u_i'Ru_i)$$

满足

$$x_{i+1} = Ax_i + Bu_i, i = 0, \quad 1, \cdots, k-1$$

其中 x_0 给定。根据本节的理论，该问题的最优值是 $x_0'P_k(0)x_0$，其中 $P_k(0)$ 由 (4.8) 式黎卡提方程当 $P_0 = 0$ 时给定。对任意控制序列 $(u_0, u_1, \cdots, u_k)$，有

$$\sum_{i=0}^{k-1}(x_i'Qx_i + u_i'Ru_i) \leqslant \sum_{i=0}^{k}(x_i'Qx_i + u_i'Ru_i)$$

于是有

$$\begin{aligned} x_0'P_k(0)x_0 &= \min_{u_i, i=0,\cdots,k-1} \sum_{i=0}^{k}(x_i'Qx_i + u_i'Ru_i) \\ &\leqslant \min_{u_i, i=0,\cdots,k} \sum_{i=0}^{k}(x_i'Qx_i + u_i'Ru_i) \\ &= x_0'P_{k+1}(0)x_0 \end{aligned}$$

(4.8) 式的黎卡提方程给定如下

$$P_{k+1} = A^2\left(P_k - \frac{B^2P_k^2}{B^2P_k + R}\right) + Q$$

这可以等价地写成

$$P_{k+1} = F(P_k)$$

其中函数 F 给定如下

$$F(P) = \frac{A^2RP}{B^2P + R} + Q$$

因为 F 是凹的，且在区间 $(-R/B^2, \infty)$ 内单调增，正如在图 4.1.2 中所示，方程 $P = F(P)$ 有一个正解 P^* 和一个负解 $\tilde{P}$。从区间 $(\tilde{P}, \infty)$ 内任意点开始的黎卡提迭代 $P_{k+1} = F(P_k)$ 收敛到 P^*，如图 4.1.2 所示。

其中两个最小化均相对于系统方程约束 $x_{i+1} = Ax_i + Bu_i$。进一步，对于固定的 x_0 及每个 k，$x_0'P_k(0)x_0$ 的一个上界是如下控制序列的费用，该序列驱使 x_0 在 n 步内到达原点，并在之后施加零控制。由能控性假设，该序列存在。所以序列 $\{x_0'P_k(0)x_0\}$ 相对于 k 是非减的，并且有上界，于是对每个 $x_0 \in \Re^n$ 都收敛到某个实物。于是有序列 $\{P_k(0)\}$ 收敛到某个矩阵 P_0，即 $P_k(0)$ 中每个元素的序列都收敛到对应的 P 的元素。为明白这一点，取 $x_0 = (1, 0, \cdots, 0)$。于是 $x_0'P_k(0)x_0$ 等于 $P_k(0)$ 的第一个对角元素，于是有 $P_k(0)$ 的第一对角元素序列收敛；该序列的极限是 P 的

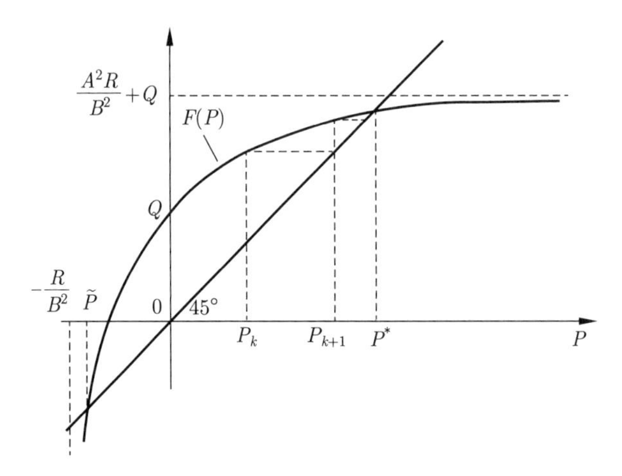

图 4.1.2 对标量平稳系统一位状态与控制情形下命题 4.4.1 的图示证明，假设 $A \neq 0, B \neq 0, Q > 0, R > 0$

第一对角元。类似地，通过令 $x_0 = (0, \cdots, 0, 1, 0, \cdots, 0)$ 其中 1 为第 i 维坐标，对 $i = 2, \cdots, n$，于是有 $P_k(0)$ 的所有对角元都收敛到 P 的对应对角元。下一步，取 $x_0 = (1, 1, 0, \cdots, 0)$ 来证明第一行的第二个元素收敛。类似进行下去，有

$$\lim_{k \to \infty} P_k(0) = P$$

其中 $P_k(0)$ 由 (4.8) 式当 $P_0 = 0$ 时生成。进一步，因为 $P_k(0)$ 是半正定对称的，极限阵 P 也是半正定对称的。现在通过在 (4.8) 式中取极限，于是有 P 满足

$$P = A'(P - PB(B'PB + R)^{-1}B'P)A + Q$$

此外，通过直接计算可以验证下面这一有用的等式

$$P = D'PD + Q + L'RL \tag{4.12}$$

其中 D 和 L 由 (4.10) 式和 (4.11) 式给定。推导该等式的另一种替代方式是从对应于有限阶段 N 的动态规划算法注意到对所有状态 x_{N-k} 有

$$\begin{aligned} x'_{N-k}P_{k+1}(0)x_{N-k} = x'_{N-k}Qx_{N-k} \quad &+ \quad \mu^*_{N-k}(x_{N-k})'R\mu^*_{N-k}(x_{N-k}) \\ &+ \quad x'_{N-k+1}P_k(0)x_{N-k+1} \end{aligned}$$

通过使用最优控制器表达式 $\mu^*_{N-k}(x_{N-k}) = L_{N-k}x_{N-k}$ 和闭环系统方程 $x_{N-k+1} = (A + BL_{N-k})x_{N-k}$，于是有

$$P_{k+1}(0) = Q + L'_{N-k}RL_{N-k} + (A + BL_{N-k})'P_k(0)(A + BL_{N-k}) \tag{4.13}$$

通过在 (4.13) 式中当 $k \to \infty$ 时取极限，于是有 (4.12) 式。

闭环系统的稳定性。对任意初始状态 x_0，考虑如下系统

$$x_{k+1} = (A + BL)x_k = Dx_k \tag{4.14}$$

我们将证明当 $k \to \infty$ 时有 $x_k \to 0$。对所有 k，通过使用 (4.12) 式，有

$$x'_{k+1}Px_{k+1} - x'_kPx_k = x'_k(D'PD - P)x_k = -x'_k(Q + L'RL)x_k$$

然后

$$x'_{k+1}Px_{k+1} = x'_0Px_0 - \sum_{i=0}^{k} x'_i(Q + L'RL)x_i \tag{4.15}$$

该式左侧以 0 为下界，于是有

$$\lim_{k\to\infty} x'_k(Q + L'RL)x_k = 0$$

因为 R 正定，Q 可被写成 $C'C$，有

$$\lim_{k\to\infty} Cx_k = 0, \lim_{k\to\infty} Lx_k = \lim_{k\to\infty} \mu^*(x_k) = 0 \tag{4.16}$$

之前的关系式意味着当控制渐近地变得可忽略时，我们有 $\lim_{k\to\infty} Cx_k = 0$，由能观性假设，这意味着 $x_k \to 0$。为更确切表达这一点，用关系式 $x_{k+1} = (A + BL)x_k$[参见 (4.14) 式] 写出如下关系

$$\begin{pmatrix} C\left(x_{k+n-1} - \sum_{i=1}^{n-1} A^{i-1}BLx_{k+n-i-1}\right) \\ C\left(x_{k+n-2} - \sum_{i=1}^{n-2} A^{i-1}BLx_{k+n-i-2}\right) \\ \vdots \\ C(x_{k+1} - BLx_k) \\ Cx_k \end{pmatrix} = \begin{pmatrix} CA^{n-1} \\ CA^{n-2} \\ \vdots \\ CA \\ C \end{pmatrix} x_k \tag{4.17}$$

因为由 (4.16) 式有 $Lx_k \to 0$，左侧趋向零，于是右侧也趋向零。然而，由能观性假设，(4.17) 式中右侧乘上 x_k 的矩阵满秩。于是有 $x_k \to 0$。

P 的正定性。假设反命题成立，即，存在某个 $x_0 \neq 0$ 满足 $x'_0Px_0 = 0$。因为 P 是半正定的，由 (4.15) 式我们有

$$x'_k(Q + L'RL)x_k = 0, k = 0, 1, \cdots$$

因为 $x_k \to 0$，我们有 $x'_kQx_k = x'_kC'Cx_k = 0, x'_kL'RLx_k = 0$，或者

$$Cx_k = 0, Lx_k = 0, k = 0, 1, \cdots$$

所以当对所有 k 有 $Cx_k = 0$ 时，闭环系统的所有控制 $\mu^*(x_k) = Lx_k$ 是零。基于能观性假设，我们将证明这意味着 $x_0 = 0$，于是得到矛盾。确实，对 $k = 0$ 考虑 (4.17) 式。由之前的等式，左侧为零，于是有

$$0 = \begin{pmatrix} CA^{n-1} \\ \vdots \\ CA \\ C \end{pmatrix} x_0$$

因为由能观性假设，上面与 x_0 相乘的矩阵满秩，我们有 $x_0 = 0$，这与假设 $x_0 \neq 0$ 矛盾，由此证明了 P 是正定的。

任意初始矩阵 P_0。下面证明当起始矩阵 P_0 为任意半正定对称阵时，矩阵序列 $\{P_k(P_0)\}$ 收敛到 $P = \lim_{k\to\infty} P_k(0)$。确实，如下最小化问题

$$x_k' P_0 x_k + \sum_{i=0}^{k-1} (x_i' Q x_i + u_i' R u_i) \tag{4.18}$$

在系统方程 $x_{i+1} = Ax_i + Bu_i$ 约束下的最优费用等于 $x_0' P_k(P_0) x_0$，然后对每个 $x_0 \in \Re^n$，有

$$x_0' P_k(0) x_0 \leqslant x_0' P_k(P_0) x_0$$

现在考虑 (4.18) 式对应于控制 $\mu(x_k) = u_k = Lx_k$ 的费用，其中 L 由 (4.11) 式定义。这一费用是

$$x_0' \left(D^{k\prime} P_0 D^k + \sum_{i=0}^{k-1} D^{i\prime}(Q + L'RL) D^i \right) x_0$$

且大于等于 $x_0' P_k(P_0) x_0$，这是 (4.18) 式费用的最优值。于是对所有的 k 及 $x \in \Re^n$，有

$$x' P_k(0) x \leqslant x' P_k(P_0) x \leqslant x' \left(D^{k\prime} P_0 D^k + \sum_{i=0}^{k-1} D^{i\prime}(Q + L'RL) D^i \right) x$$

已经证明

$$\lim_{k\to\infty} P_k(0) = P$$

而且通过用事实 $\lim_{k\to\infty} D^{k\prime} P_0 D^k = 0$ 及关系式 $Q + L'RL = P - D'PD$[参见 (4.12) 式] 有

$$\begin{aligned}
\lim_{k\to\infty} \left\{ D^{k\prime} P_0 D_k + \sum_{i=0}^{k-1} D^{i\prime}(Q + L'RL) D^i \right\} &= \lim_{k\to\infty} \left\{ \sum_{i=0}^{k-1} D^{i\prime}(Q + L'RL) D^i \right\} \\
&= \lim_{k\to\infty} \left\{ \sum_{i=0}^{k-1} D^{i\prime}(P - D'PD) D^i \right\} \\
&= P
\end{aligned} \tag{4.19}$$

综合前述三个方程，我们有

$$\lim_{k\to\infty} P_k(P_0) = P$$

对任意半正定初始矩阵 P_0 成立。

解的唯一性。若 $\tilde{P}$ 是 (4.9) 式代数黎卡提方程的另一个半正定对称解，我们对所有 $k = 0, 1, \cdots$，有 $P_k(\tilde{P}) = \tilde{P}$。从刚才所证明的 n 收敛性结果，于是有

$$\lim_{k\to\infty} P_k(\tilde{P}) = P$$

这意味着 $\tilde{P} = P$。证毕。

之前命题的假设可被放松。假如不用 (A, B) 的能控性，取而代之假设系统是稳定的，即存在 $m \times n$ 的反馈增益阵 G 满足让闭环系统 $x_{k+1} = (A + BG)x_k$ 稳定。那么可用前述论述证明 $P_k(0)$ 收敛到某半正定 P。[我们使用平稳控制律 $\mu(x) = Gx$ 让闭环系统稳定以确保 $x_0' P_k(0) x_0$ 有界。] 假设不用 (A, C) 的能观性，系统假设为可检测的，即 A 满足若 $u_k \to 0$ 且 $Cx_k \to 0$ 则有 $x_k \to 0$。(这本质上意味着可通过观测序列 $\{z_k\}, z_k = Cx_k$，检测到系统的不稳定性。) 那么

(4.16) 式意味着 $x_k \to 0$，而且系统 $x_{k+1} = (A + BL)x_k$ 是稳定的。该命题其他部分的证明可类似获得，只有 P 的正定性除外，这一点已不再能保证。（作为例子，取 $A = 0, B = 0, C = 0, R > 0$。那么稳定性和检测性假设得以满足，但 $P = 0$。）

总之，若该命题的能控性与能观性假设替换为前述稳定性与检测性假设，命题的结论基本上依然成立，除了极限阵 P 的正定性之外，P 现在只能保证为半正定的。

随机系统矩阵

现在考虑如下情形：$\{A_0, B_0\}, \cdots, \{A_{N-1}, B_{N-1}\}$ 未知但为独立随机矩阵，且也与 $w_0, w_1, \cdots, w_{N-1}$ 独立。他们的概率分布给定且假设具有有限二阶矩。通过将每个时刻 k 的三元组 (A_k, B_k, w_k) 看作扰动，该问题再次进入基本问题的范畴。动态规划算法如下

$$J_N(x_N) = x_N' Q_N x_N$$

$$J_k(x_k) = \min_{u_k} E_{w_k, A_k, B_k}\{x_k' Q_k x_k + u_k' R_k u_k + J_{k+1}(A_k x_k + B_k u_k + w_k)\}$$

与 A_k, B_k 非随机情形下非常类似的计算证明最优控制律具有如下形式

$$\mu_k^*(x_k) = L_k x_k$$

其中增益矩阵 L_k 给出如下

$$L_k = -(R_k + E\{B_k' K_{k+1} B_k\})^{-1} E\{B_k' K_{k+1} A_k\}$$

其中矩阵 K_k 由如下迭代方程给出

$$K_N = Q_N$$

$$\begin{aligned} K_k = {} & E\{A_k' K_{k+1} A_k\} \\ & - E\{A_k' K_{k+1} B_k\}(R_k + E\{B_k' K_{k+1} B_k\})^{-1} E\{B_k' K_{k+1} A_k\} + Q_k \end{aligned} \tag{4.20}$$

对于平稳系统且 Q_k 和 R_k 为常数阵的情形，上述方程未必收敛到稳态解。这一点在图 4.1.3 中对标量系统展示了，其中证明了若如下表达式

$$T = E\{A^2\}E\{B^2\} - (E\{A\})^2 (E\{B\})^2$$

超出某阈值，从任意非负初始条件开始的矩阵 K_k 发散到 ∞。一种可能的解释是若系统有大量不确定性，量化为 T，在长时段上的优化是无意义的。这一现象被称为*不确定阈值原理*；见 Athans, Ku 和 Gershwin[AGK77] 和 Ku 和 Athans[KuA77]。

关于确定性等价

我们在本节最后讨论当费用为二次型时可采用的简化。考虑对

$$E_w\{(ax + bu + w)^2\}$$

在 u 上进行最小化，其中 a 和 b 是给定标量，x 已知，w 是随机变量。最优值在

$$u^* = -\left(\frac{a}{b}\right) x - \left(\frac{1}{b}\right) E\{w\}$$

时达到。所以 u^* 对 w 概率分布的依赖仅通过期望值 $E\{w\}$。特别地，优化的结果与对应的确定性问题相同，其中 w 替换为 $E\{w\}$。这一性质被称为*确定性等价原理*，并在许多（但非所有）涉及线性系统与二次型费用的随机控制问题以多种形式出现。对于本节第一个问题，其中 A_k, B_k 已知，确定性等价成立因为 (4.2) 式最优控制律与当 w_k 不随机、已知且（其期望值）等于零的

对应的确定性问题中可得的最优控制律相同。然而，对于 A_k, B_k 随机的问题，确定性等价原理不成立，因为若在 (4.20) 式中将 A_k, B_k 分别替换为期望值，所得控制律未必是最优的。用 P_k 替换 K_{N-k}，该方程可写作

$$P_{k+1} = \tilde{F}(P_k)$$

其中函数 $\tilde{F}$ 给定如下

$$\tilde{F}(P) = \frac{E\{A^2\}RP}{E\{B^2\}P + R} + Q + \frac{TP^2}{E\{B^2\}P + R}$$

$$T = E\{A^2\}E\{B^2\} - (E\{A\})^2 (E\{B\})^2$$

若 $T = 0$，与 A 与 B 非随机情形相同，黎卡提方程变成与图 4.1.3 的情形相同并收敛到平稳状态。当 T 取小的正值时也会出现收敛。然而如图所示，当 T 足够大时，函数 $\tilde{F}$ 的图与经过原点的 45° 线在 P 的正值并不相交，黎卡提方程发散到无穷。

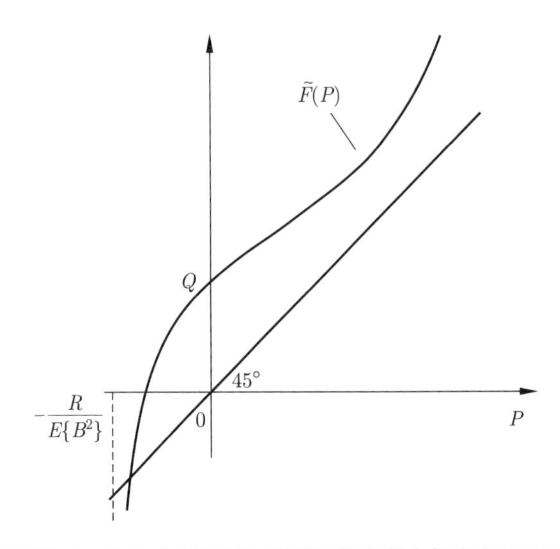

图 4.1.3　标量平稳系统（一位状态和控制）情形下推广黎卡提方程 (4.20) 式渐近行为的图示

4.2　库 存 控 制

现在考虑在 1.1 节和 1.2 节讨论的库存控制问题。假设在每个阶段未能满足的需求将被延迟到额外库存后再满足。这在系统方程中表示为负库存

$$x_{k+1} = x_k + u_k - w_k, k = 0, 1, \cdots, N-1$$

假设需求 w_k 在某有界区间内独立取值。将对如下形式的维持费用分析问题

$$r(x) = p\max(0, -x) + h\max(0, x)$$

其中 p 和 h 是给定非负标量。所以，要最小化的总期望费用是

$$E\left\{\sum_{k=0}^{N-1} (cu_k + r(x_k + u_k - w_k))\right\}$$

假设货物单价 c 为正且 $p > c$。最后一个假设对于问题的合理性是必需的。若采购单价 $c > p$（单个货物的枯竭费用），最优策略永远不在最后一个阶段买新货物，甚至在更早的阶段也不买。下面的许多分析可推广到 r 为凸函数且当其参数趋向 $-\infty$ 和 ∞ 时，r 分别以 p 和 h 的渐近坡度趋向无穷。

应用动态规划算法，我们有

$$J_N(x_N) = 0$$

$$J_k(x_k) = \min_{u_k \geqslant 0} [cu_k + H(x_k + u_k) + E\{J_{k+1}(x_k + u_k - w_k)\}] \tag{4.21}$$

其中函数 H 定义如下

$$H(y) = E\{r(y - w_k)\} = pE\{\max(0, w_k - y)\} + hE\{\max(0, y - w_k)\}$$

实际上，无论何时 w_k 的概率分布依赖于 k，H 依赖于 k。为简化符号，我们不展示这一依赖关系并假设所有需求独立同分布，但下面的分析即使当需求时变时也成立。可见函数 H 为凸函数，因为对每个固定的 w_k, $r(y - w_k)$ 是 y 的凸函数，且 H 对 w_k 取期望仍保持凸性。

通过引入变量 $y_k = x_k + u_k$，可将动态规划方程 (4.21) 式写成

$$J_k(x_k) = \min_{y_k \geqslant x_k} G_k(y_k) - cx_k \tag{4.22}$$

其中

$$G_k(y) = cy + H(y) + E\{J_{k+1}(y - w)\} \tag{4.23}$$

我们很快将证明函数 G_k 是凸的，但目前让我们假设这一凸性。假设 G_k 具有相对于 y 的无约束最小值，记为 S_k：

$$S_k = \arg\min_{y \in \Re} G_k(y)$$

那么，由约束 $y_k \geqslant x_k$，可见若 $x_k < S_k$ 则 (4.22) 式中最小化的 y_k 等于 S_k，否则 y_k 等于 x_k[因为由凸性，当 y 增至超过 S_k 时，$G_k(y)$ 不能下降]。使用逆变换 $u_k = y_k - x_k$，可见若 $x_k < S_k$ 则 (4.21) 式的动态规划在 $u_k = S_k - x_k$ 时达到最小值，否则在 $u_k = 0$ 时达到最小值。最优策略由标量序列 $\{S_0, S_1, \cdots, S_{N-1}\}$ 确定且具有如下形式

$$\mu_k^*(x_k) = \begin{cases} S_k - x_k & 若\ x_k < S_k \\ 0 & 若\ x_k \geqslant S_k \end{cases} \tag{4.24}$$

所以，若可证明后续费用函数 J_k 是凸的 [于是 (4.23) 式的函数 G_k 也是凸的] 且进一步 $\lim_{|y|\to\infty} G_k(y) = \infty$，于是最小化标量 S_k 存在，则可证明 (4.24) 式策略的最优性。下面用归纳法证明这些性质。

我们有 J_N 是零函数，于是为凸的。因为 $c < p$ 且当 $y \to -\infty$ 时，$H(y)$ 的微分趋向于 $-p$，可见 $G_{N-1}(y)$[为 $cy + H(y)$] 的微分当 $y \to -\infty$ 时变为负，当 $y \to \infty$ 时变为正（见图 4.2.1）。于是有

$$\lim_{|y|\to\infty} G_{N-1}(y) = \infty$$

于是，如上所示，在 $N - 1$ 的最优策略给定如下

$$\mu_{N-1}^*(x_{N-1}) = \begin{cases} S_{N-1} - x_{N-1} & 若\ x_{N-1} < S_{N-1} \\ 0 & 若\ x_{N-1} \geqslant S_{N-1} \end{cases}$$

进一步，从 (4.21) 式的动态规划我们有

$$J_{N-1}(x_{N-1})=\begin{cases} c(S_{N-1}-x_{N-1})+H(S_{N-1}) & \text{若 } x_{N-1}<S_{N-1} \\ H(x_{N-1}) & \text{若 } x_{N-1}\geqslant S_{N-1} \end{cases}$$

这是一个凸函数，因为 H 是凸的且 S_{N-1} 最小化 $cy+H(y)$（见图 4.2.1）。所以，给定 J_N 的凸性，可以证明 J_{N-1} 的凸性。进一步，

$$\lim_{|y|\to\infty} J_{N-1}(y)=\infty$$

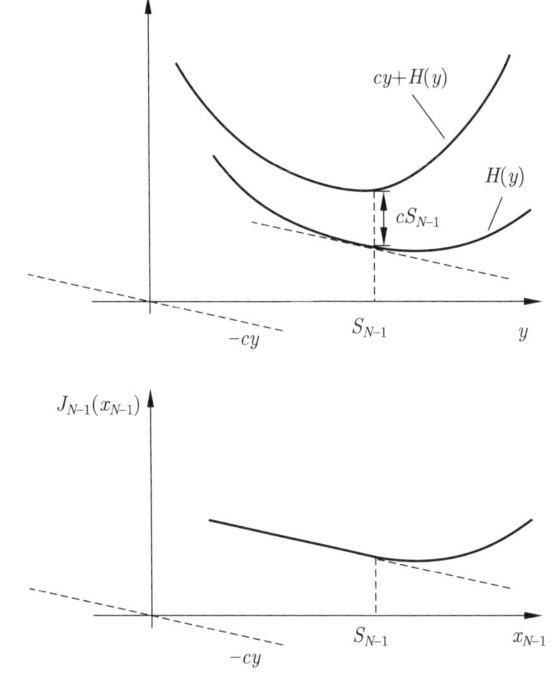

图 4.2.1　当固定费用为零时后续费用函数的结构

重复这一论述可证对所有的 $k=N-2,\cdots,0$，若 J_{k+1} 是凸的，$\lim_{|y|\to\infty} J_{k+1}(y)=\infty$，且 $\lim_{|y|\to\infty} G_k(y)=\infty$，则有

$$J_k(x_k)=\begin{cases} c(S_k-x_k)+H(S_k)+E\{J_{k+1}(S_k-w_k)\} & \text{若 } x_k<S_k \\ H(x_k)+E\{J_{k+1}(x_k-w_k)\} & \text{若 } x_k\geqslant S_k \end{cases}$$

其中 S_k 是 G_k 的无约束最小值。进一步，J_k 是凸的，$\lim_{|y|\to\infty} J_k(y)=\infty$ 且 $\lim_{|y|\to\infty} G_{k-1}(y)=\infty$。那么 (4.24) 式策略的最优性证毕。

正固定费用和 (s,S) 策略

我们现在转向更复杂的情形，其中有与正库存订单相关联的正固定费用 K。于是订购库存 $u\geqslant 0$ 的费用为

$$C(u)=\begin{cases} K+cu & \text{若 } u>0 \\ 0 & \text{若 } u=0 \end{cases}$$

动态规划算法具有如下形式

$$J_N(x_N)=0$$

$$J_k(x_k)=\min_{u_k\geqslant 0}[C(u_k)+H(x_k+u_k)+E\{J_{k+1}(x_k+u_k-w_k)\}]$$

其中 H 如同之前可定义为

$$H(y)=E\{r(y-w)\}=pE\{\max(0,w-y)\}+hE\{\max(0,y-w)\}$$

再次考虑函数

$$G_k(y)=cy+H(y)+E\{J_{k+1}(y-w)\}$$

那么 J_k 写成

$$J_k(x_k)=\min[G_k(x_k),\min_{u_k>0}[K+G_k(x_k+u_k)]]-cx_k$$

或者等价地，通过变量代换 $y_k=x_k+u_k$，

$$J_k(x_k)=\min[G_k(x_k),\min_{y_k>x_k}[K+G_k(y_k)]]-cx_k$$

正如当 $k=0$ 的情形，若可证明函数 G_k 是凸的，那么不难验证 [见下面引理 4.2.1 的 (d) 部分] 如下策略是最优的，

$$\mu_k^*(x_k)=\begin{cases}S_k-x_k & 若\ x_k<s_k\\ 0 & 若\ x_k\geqslant s_k\end{cases}\tag{4.25}$$

其中 S_k 是最小化 $G_k(y)$ 的 y 的取值，S_k 是满足 $G_k(y)=K+G_k(S_k)$ 的 y 的最小值。(4.25) 式形式的策略称为多阶段 (s,S) 策略。

不幸的是，当 $k>0$ 时未必有函数 G_k 为凸。这打开了一种可能性，让 G_k 具有如图 4.2.2 所示的形式，其中最优策略是在区间 I 订购 $(S-x)$，在区间 II 和 IV 订购量为零，在区间 III 为 $(\tilde{S}-x)$。然而，我们将证明尽管函数 G_k 未必是凸的，但具有如下性质

$$K+G_k(z+y)\geqslant G_k(y)+z\left(\frac{G_k(y)-G_k(y-b)}{b}\right),\ 对所有的z\geqslant 0,b>0,y\tag{4.26}$$

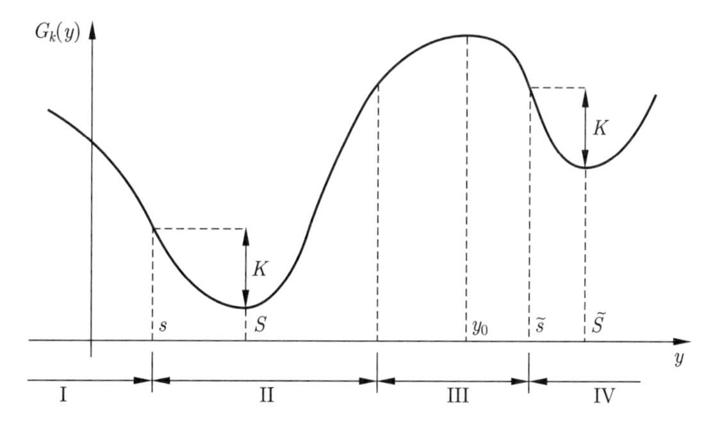

图 4.2.2　当固定费用非零时函数 G_k 的可能形式。若 G_k 有如图所示的形式，则最优策略在区间 I 订购 $(s-s)$，在区间 II 和 IV 订购量为零，在区间 III 订购 $(\tilde{S}-x)$。K-凸性的使用允许我们证明图示 G_k 的形式不可能出现

该性质称为 K-凸性，由 Scarf[Sca60] 首先用于证明多阶段 (s,S) 策略的最优性。现在若 K-凸性成立，图 4.2.2 中所示情形不可能出现；若 y_0 是区间 III 内的局部最大，那么必有，对充分小的 $b>0$，有

$$\frac{G_k(y_0)-G_k(y_0-b)}{b}\geqslant 0$$

这与图 4.2.2 所示的构造矛盾。更一般地，我们将用如下引理 4.2.1(d) 部分证明若 (4.26) 式的 K-凸性成立，那么最优策略具有 (4.25) 式的 (s,S) 形式。

定义 4.2.1 我们说一个实值函数 g 是 K-凸的，其中 $K\geqslant 0$，若

$$K+g(z+y)\geqslant g(y)+z\left(\frac{g(y)-g(y-b)}{b}\right),\ 对所有z\geqslant 0,b>0,y$$

下面的引理给出了 K-凸函数的一些性质。引理 (d) 部分本质上证明了当函数 G_k 是 K-凸时 (4.25) 式 (s,S) 策略的最优性。

引理 4.2.1 (a) 实值凸函数 g 也是 0-凸的，于是也是 K-凸的，对所有 $K\geqslant 0$。

(b) 若 $g_1(y)$ 和 $g_2(y)$ 分别是 K-凸和 L-凸的（$K\geqslant 0,L\geqslant 0$），那么对所有 $\alpha>0$ 和 $\beta>0$，$\alpha g_1(y)+\beta g_2(y)$ 是 $(\alpha K+\beta L)$-凸的。

(c) 若 $g(y)$ 是 K-凸的，w 是随机变量，那么只要对所有的 y 有 $E_w\{|g(y-w)|\}<\infty$，则 $E_w\{g(y-w)\}$ 也是 K-凸的。

(d) 若 g 是连续 K-凸函数且当 $|y|\to\infty$ 时有 $g(y)\to\infty$，则存在标量 s 和 S，$s\leqslant S$，满足

(i) $g(S)\geqslant g(y)$，对所有标量 y 成立；

(ii) $g(S)+K=g(s)<g(y)$，对所有 $y<s$ 成立；

(iii) $g(y)$ 是 $(-\infty,s)$ 上的下降函数；

(iv) $g(y)\leqslant g(z)+K$ 对所有满足 $s\leqslant y\leqslant z$ 的 y 和 z 成立。

证明 (a) 部分由凸函数的基本性质可得，(b) 和 (c) 部分由 K-凸函数的定义可得。下面集中证明 (d)。

因为 g 连续且当 $|y|\to\infty$ 时有 $g(y)\to\infty$，存在 g 的最小点。令 S 为这个点。也令 s 为满足 $z\leqslant S$ 和 $g(S)+K=g(z)$ 的最小标量 z。对所有的 y，$y<s$，由 K-凸性的定义有

$$K+g(S)\geqslant g(s)+\frac{S-s}{s-y}\left(g(s)-g(y)\right)$$

因为 $K+g(S)-g(s)=0$，可得 $g(s)-g(y)\leqslant 0$。因为 $y<s$ 且 s 是满足 $g(S)+K=g(s)$ 的最小标量，所以一定有 $g(s)<g(y)$，于是 (ii) 得证。为证明 (iii)，注意对 $y_1<y_2<s$，我们有

$$K+g(S)\geqslant g(y_2)+\frac{S-y_2}{y_2-y_1}\left(g(y_2)-g(y_1)\right)$$

也由 (ii)，

$$g(y_2)>g(S)+K$$

将这两个不等式相加我们有

$$0>\frac{S-y_2}{y_2-y_1}\left(g(y_2)-g(y_1)\right)$$

由此可得 $g(y_1) > g(y_2)$，于是证明了 (iii)。为证明 (iv)，注意到其对 $y = z$ 以及 $y = S$ 或 $y = s$ 都成立，还存在两种其他可能性：$S < y < z$ 和 $s < y < S$。若 $S < y < z$，那么由 K-凸性

$$K + g(z) \geqslant g(y) + \frac{z-y}{y-S}(g(y) - g(S)) \geqslant g(y)$$

于是 (iv) 得证。若 $s < y < S$，那么由 K-凸性，

$$g(s) = K + g(S) \geqslant g(y) + \frac{S-y}{y-s}(g(y) - g(s))$$

因而有

$$\left(1 + \frac{S-y}{y-s}\right) g(s) \geqslant \left(1 + \frac{S-y}{y-s}\right) g(y)$$

及 $g(s) \geqslant g(y)$。注意有

$$g(z) + K \geqslant g(S) + K = g(s)$$

于是有 $g(z) + K \geqslant g(y)$。于是 (iv) 对这一情形也得证。证毕。

现在考虑函数 G_{N-1}：

$$G_{N-1}(y) = cy + H(y)$$

显然，G_{N-1} 是凸的，于是由引理 4.2.1 的 (a) 部分，这也是 K-凸的。我们有

$$J_{N-1}(x) = \min[G_{N-1}(x), \min_{y>x}[K + G_{N-1}(y)]] - cx$$

可见

$$J_{N-1}(x) = \begin{cases} K + G_{N-1}(S_{N-1}) - cx & \text{对于 } x < s_{N-1} \\ G_{N-1}(x) - cx & \text{对于 } x \geqslant s_{N-1} \end{cases} \tag{4.27}$$

其中 S_{N-1} 最小化 $G_{N-1}(y)$，s_{N-1} 是满足 $G_{N-1}(y) = K + G_{N-1}(S_{N-1})$ 的 y 的最小值，进一步 G_{N-1} 在 s_{N-1} 的梯度为负。结果，J_{N-1} 在 s_{N-1} 的左导数大于右导数，如图 4.2.3 所示，于是 J_{N-1} 非凸。然而，我们将用 G_{N-1} 是 K-凸这一事实证明 J_{N-1} 是 K-凸的。至此必须验证对所有 $z \geqslant 0, b > 0$ 和 y，有

$$K + J_{N-1}(y+z) \geqslant J_{N-1}(y) + z\left(\frac{J_{N-1}(y) - J_{N-1}(y-b)}{b}\right) \tag{4.28}$$

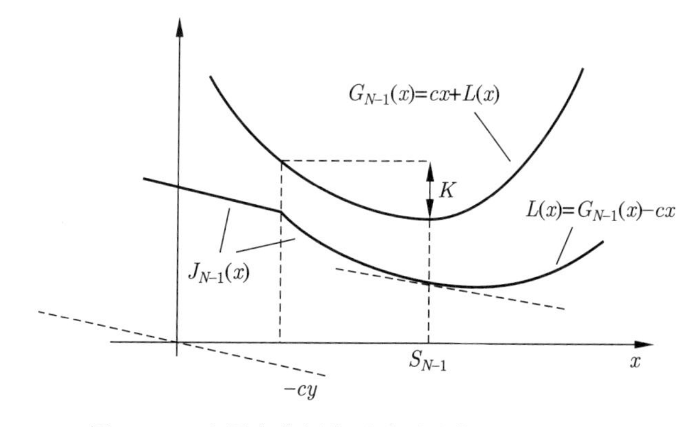

图 4.2.3　当固定费用非零时后续费用函数的结构

我们区分三种情形：

情形 1：$y \geqslant s_{N-1}$。若 $y-b \geqslant s_{N-1}$，则在 z, b 和 y 的这一值域中由 (4.27) 式函数 J_{N-1} 是 K-凸函数和线性函数之和。于是由引理 4.2.1 的 (b) 部分，这是 K-凸的，且 (4.28) 式成立。若 $y-b < s_{N-1}$，那么由 (4.27) 式可将 (4.28) 式写成

$$K + G_{N-1}(y+z) - c(y+z) \geqslant G_{N-1}(y) - cy + z\left(\frac{G_{N-1}(y) - cy - G_{N-1}(s_{N-1}) + c(y-b)}{b}\right)$$

或者等价

$$K + G_{N-1}(y+z) \geqslant G_{N-1}(y) + z\left(\frac{G_{N-1}(y) - G_{N-1}(s_{N-1})}{b}\right) \tag{4.29}$$

现在若 y 满足 $G_{N-1}(y) \geqslant G_{N-1}(s_{N-1})$，则由 G_{N-1} 的 K-凸性，我们有

$$\begin{aligned} K + G_{N-1}(y+z) &\geqslant G_{N-1}(y) + z\left(\frac{G_{N-1}(y) - G_{N-1}(s_{N-1})}{y - s_{N-1}}\right) \\ &\geqslant G_{N-1}(y) + z\left(\frac{G_{N-1}(y) - G_{N-1}(s_{N-1})}{b}\right) \end{aligned}$$

于是 (4.29) 式和 (4.28) 式成立。若 y 满足 $G_{N-1}(y) < G_{N-1}(s_{N-1})$，那么有

$$\begin{aligned} K + G_{N-1}(y+z) &\geqslant K + G_{N-1}(S_{N-1}) \\ &= G_{N-1}(s_{N-1}) \\ &> G_{N-1}(y) \\ &\geqslant G_{N-1}(y) + z\left(\frac{G_{N-1}(y) - G_{N-1}(s_{N-1})}{b}\right) \end{aligned}$$

所以对这一情形，(4.29) 式成立，于是所期望的 K-凸性 (4.28) 式成立。

情形 2：$y \leqslant y+z \leqslant s_{N-1}$。在这一区域，由 (4.27) 式，函数 J_{N-1} 是线性的，于是 K-凸性 (4.28) 式成立。

情形 3：$y < s_{N-1} < y+z$。对这一情形，由 (4.28) 式，可将 K-凸性 (4.28) 式写成

$$K + G_{N-1}(y+z) - c(y+z) \geqslant G_{N-1}(s_{N-1}) - cy + z\left(\frac{G_{N-1}(s_{N-1}) - cy - G_{N-1}(s_{N-1}) + c(y-b)}{b}\right)$$

或者等价地

$$K + G_{N-1}(y+z) \geqslant G_{N-1}(s_{N-1})$$

由 s_{N-1} 定义，该式成立。

于是我们证明了 G_{N-1} 的 K-凸性和连续性，以及当 $|y| \to \infty$ 时有 $G_{N-1}(y) \to \infty$，这意味着 J_{N-1} 的 K-凸性。此外，可见 J_{N-1} 是连续的。现在使用引理 4.2.1，由 (4.23) 式有 G_{N-2} 是 K-凸函数。进一步，使用 w_{N-2} 的有界性，于是有 G_{N-2} 是连续的，以及当 $|y| \to \infty$ 时有 $G_{N-2}(y) \to \infty$。重复前述分析，可得 J_{N-2} 是 K-凸的，类似推进可对所有 K 证明函数 G_k 的 K-凸性和连续性，以及当 $|y| \to \infty$ 时有 $G_k(y) \to \infty$。与此同时 [使用引理 4.2.1 的 (d) 部分] 我们证明了 (4.25) 式多阶段 (s, S) 策略的最优性。

可对几类其他库存问题证明 (s, S) 类策略的最优性（见习题 4.3 至习题 4.10）。

4.3　动态资本分析

资本理论处理在一些资产之间如何配置一定量财富的问题，有可能在很长的时段内。在本节将讨论的一种方法假设投资人在连续几个时段内的每一个都做决策，且目标是最终财富最多。我们将从单阶段模型的分析开始，然后将结果推广到多阶段情形。

令 x_0 为投资人初始财富，假设有 n 个有风险的资产，对应的随机回报率为 $e_1, \cdots, e_n$。投资人也可投资无风险的资产，其回报率为 s。若用 $u_1, \cdots, u_n$ 表示在 n 种有风险的资产上投资的对应量，并且用 $(x_0 - u_1 - \cdots - u_n)$ 表示在无风险资产上的投资量，第一阶段结束时的财富为

$$x_1 = s(x_0 - u_1 - \cdots - u_n) + \sum_{i=1}^{n} e_i u_i$$

或者等价地

$$x_1 = sx_0 + \sum_{i=1}^{n} (e_i - s) u_i$$

目标是在 $u_1, \cdots, u_n$ 上最大化

$$E\{U(x_1)\}$$

其中 U 是已知函数，称作投资人的*效用函数*（附录 G 讨论了效用函数及其在不确定情形下优化问题建模中的重要性）。假设 U 是凹的，且二次连续可微，且对所有 x_0 和 u_i，所给的期望值有定义且有限。我们将不在 $u_1, \cdots, u_n$ 上施加约束。这对于获得简洁形式的结果是必要的。稍后将给出一些额外的假设。

当初始财富为 x_0 时，让我们用 $u_i^* = \mu^{i^*}(x_0), i = 1, \cdots, n$ 表示在这 n 个有风险的资产上投资的最优量。我们将证明当效用函数满足

$$-\frac{U'(x)}{U''(x)} = a + bx, \text{ 对所有的} x \tag{4.30}$$

其中 U' 和 U'' 分别表示 U 的一阶和二阶导数，a 和 b 为标量，那么最优资本由线性策略给出

$$\mu^{i^*}(x_0) = \alpha^i (a + bsx_0), i = 1, \cdots, n \tag{4.31}$$

其中 α^i 是常标量。进一步，若 $J(x_0)$ 是问题的最优值

$$J(x_0) = \max_{u_i} E\{U(x_1)\}$$

那么有

$$-\frac{J'(x_0)}{J''(x_0)} = \frac{a}{s} + bx_0, \text{ 对所有} x_0 \tag{4.32}$$

可验证下面的效用函数 $U(x)$ 满足 (4.30) 式条件：

指数的：$e^{-x/a}$，对 $b = 0, a > 0$,

对数的：$\ln(x + a)$，对 $b = 1$,

幂的：$(1/(b-1))\,(a + bx)^{1-(1/b)}$，对 $b \neq 0, b \neq 1$。

只有这一类中的凹效用函数在我们的问题中是可接受的。进一步，若使用了只在实数轴的一部分有定义的效用函数，该问题应建模成确保最终财富的所有可能值均在效用函数的定义域中。

为展示所希望的关系，假设最优配置存在且形式为

$$\mu^{i^*}(x_0) = \alpha^i(x_0)(a + bsx_0)$$

其中 $\alpha^i(x_0), i = 1, \cdots, n$ 是可微函数。我们将证明对所有 x_0 有 $\mathrm{d}\alpha^i(x_0)/\mathrm{d}x_0 = 0$，这意味着函数 α^i 一定为常数，所以最优配置具有 (4.31) 式的线性形式。

对每个 x_0 和 $i = 1, \cdots, n$，由 $\mu^{i^*}(x_0)$ 的最优性，有

$$\begin{aligned}\frac{\mathrm{d}E\{U(x_1)\}}{\mathrm{d}u_i} &= E\left\{U'\left(sx_0 + \sum_{j=1}^{n}(e_j - s)\alpha^j(x_0)(a + bsx_0)\right)(e_i - s)\right\} \\ &= 0 \end{aligned} \tag{4.33}$$

将上述 n 个方程对 x_0 求导获得

$$\begin{aligned} &E\left\{\begin{pmatrix}(e_1 - s)^2 \cdots (e_1 - s)(e_n - s) \\ \vdots \\ (e_n - s)(e_1 - s) \cdots (e_n - s)^2\end{pmatrix} U''(x_1)(a + bsx_0)\right\}\begin{pmatrix}\dfrac{\mathrm{d}\alpha^1(x_0)}{\mathrm{d}x_0} \\ \vdots \\ \dfrac{\mathrm{d}\alpha^n(x_0)}{\mathrm{d}x_0}\end{pmatrix} \\ &= -\begin{pmatrix}E\{U''(x_1)(e_1 - s)s(1 + \sum\limits_{i=1}^{n}(e_i - s)\alpha^i(x_0)b)\} \\ \vdots \\ E\{U''(x_1)(e_n - s)s(1 + \sum\limits_{i=1}^{n}(e_i - s)\alpha^i(x_0)b)\}\end{pmatrix} \end{aligned} \tag{4.34}$$

使用关系式 (4.31) 式，我们有

$$\begin{aligned} U''(x_1) &= -\frac{U'(x_1)}{a + b\left(sx_0 + \sum\limits_{i=1}^{n}(e_i - s)\alpha^i(x_0)(a + bsx_0)\right)} \\ &= -\frac{U'(x_1)}{(a + bsx_0)\left(1 + \sum\limits_{i=1}^{n}(e_i - s)\alpha^i(x_0)b\right)} \end{aligned} \tag{4.35}$$

代入 (4.34) 式并使用 (4.33) 式，可得 (4.34) 式右侧为零向量。除了退化的情形，可证明 (4.34) 式左侧矩阵为非奇异的。假设其确实非奇异，我们有

$$\frac{\mathrm{d}\alpha^i(x_0)}{\mathrm{d}x_0} = 0, i = 1, \cdots, n$$

和 $\alpha^i(x_0) = \alpha^i$，其中 α^i 是某个常数，于是证明了线性策略 (4.31) 式的最优性。

现在证明 (4.32) 式。我们有

$$\begin{aligned} J(x_0) &= E\{U(x_1)\} \\ &= E\left\{U\left(s\left(1 + \sum_{i=1}^{n}(e_i - s)\alpha^i b\right)x_0 + \sum_{i=1}^{n}(e_i - s)\alpha^i a\right)\right\} \end{aligned}$$

于是有

$$J'(x_0) = E\left\{U'(x_1)s\left(1+\sum_{i=1}^{n}(e_i-s)\alpha^i b\right)\right\}$$

$$J''(x_0) = E\left\{U''(x_1)s^2\left(1+\sum_{i=1}^{n}(e_i-s)\alpha^i b\right)^2\right\} \tag{4.36}$$

使用 (4.35) 式进行一些计算后从最后一个关系式获得

$$J''(x_0) = -\frac{E\{U'(x_1)s\left(1+\sum_{i=1}^{n}(e_i-s)\alpha^i b\right)\}s}{a+bsx_0} \tag{4.37}$$

将 (4.36) 式和 (4.37) 式合在一起，我们获得所期望的结果：

$$-\frac{J'(x_0)}{J''(x_0)} = \frac{a}{s} + bx_0$$

多阶段问题

我们现在将之前的单阶段分析推广到多阶段情形。假设当前财富可在 N 个连续时间阶段中每个的开始重新投资。记有

x_k：第 k 个阶段开始时投资人的资产；

u_i^k：第 k 个阶段开始时在第 i 中有风险资产上的投资量；

e_i^k：第 i 中有风险资产在第 k 阶段的回报率；

s_k：无风险资产在第 k 阶段的回报率。

有如下系统方程

$$x_{k+1} = s_k x_k + \sum_{i=1}^{n}(e_i^k - s_k)u_i^k, k = 0, 1, \cdots, N-1$$

在下面的分析中，假设向量 $e^k = (e_1^k, \cdots, e_n^k), k = 0, \cdots, N-1$ 独立，有给定的概率分布，且获得有限的期望值。目标是最大化最终财富 x_N 的期望效用 $E\{U(x_N)\}$，其中假设 U 满足

$$-\frac{U'(x)}{U''(x)} = a + bx, 对所有x$$

对该问题应用动态规划算法，我们有

$$J_N(x_N) = U(x_N)$$

$$J_k(x_k) = \max_{u_1^k, \cdots, u_n^k} E\left\{J_{k+1}\left(s_k x_k + \sum_{i=1}^{n}\left(e_i^k - s_k\right)u_i^k\right)\right\} \tag{4.38}$$

从该单阶段问题的解，我们有第 $N-1$ 阶段的最优策略形式如下

$$-\frac{J'_{N-1}(x)}{J''_{N-1}(x)} = \frac{a}{s_{N-1}} + bx$$

然后，对从下一个到最后一个阶段应用 (4.38) 式中的动态规划单阶段结果，我们获得最优策略

$$\mu_{N-1}^*(x_{N-2}) = \alpha_{N-2}\left(\frac{a}{s_{N-1}} + bs_{N-2}x_{N-2}\right)$$

其中 α_{N-2} 也是一个合适的 n 维向量。

类似地推进，我们对第 k 个阶段有

$$\mu_k^*(x_k) = \alpha_k \left(\frac{a}{s_{N-1} \cdots s_{k+1}} + b s_k x_k \right) \tag{4.39}$$

其中 α_k 是一个 n 维向量，依赖有风险资产的回报率 e_i^k 的概率分布，且可由 (4.38) 式动态规划的最大化确定。对应的后续费用函数满足

$$-\frac{J_k'(x)}{J_k''(x)} = \frac{a}{s_{N-1} \cdots s_k} + bx, k = 0, 1, \cdots, N-1 \tag{4.40}$$

所以可见当投资者有机会序贯地再投资其财富时，使用了与单阶段情形类似的策略。进一步推进分析，可见若效用函数满足 $a = 0$，即 U 具有如下形式

$$\ln x, \text{ 对} b = 1$$

$$\left(\frac{1}{b-1} \right) (bx)^{1-(1/b)}, \text{ 对} b \neq 0, b \neq 1$$

那么由 (4.39) 式有，投资人在每个阶段 k 像面对一个收益率为 s_k 和 e_i^k 且目标函数为 $E\{U(x_{k+1})\}$ 的单阶段投资一样采取行动。这一策略中投资人忽略可将其财富再投资的机会，被称为短视策略。

注意当 $s_k = 1$ 对所有 k 成立时，短视策略也是最优的，这意味着财产以无风险资产的回报率打折扣。进一步，Mossin[Mos68] 证明当 $a = 0$ 时，即使在更一般的情形下短视策略也是最优的，这包括回报率 s_k 是独立随机变量的情形，包括对有风险资产的回报率 e_i^k 的概率分布的预测在投资过程中变得可用的情形（见习题 4.14）。

结果即使在 $a \neq 0$ 的更一般情形，仅需要少量的前瞻即够决策者使用。[对比 (4.38) 式～(4.40) 式的方程组] 可见阶段 k 的最优策略 (4.39) 式是投资人将在单阶段问题中用于在 $u_i^*, i = 1, \cdots, n$ 上最大化

$$E\{U(s_{N-1} \cdots s_{k+1} x_{k+1})\}$$

及约束

$$x_{k+1} = s_k x_k + \sum_{i=1}^{n} (e_i^k - s_k) u_i^k$$

的策略。换言之，若在阶段 k 在有风险资产上投资 u_i^k，而且所得财富 x_{k+1} 在剩余的 $k+1, \cdots, N-1$ 阶段上都毫无保留地投资到无风险的资产上，投资人在阶段 k 可以最大化财富的期望效用。这被称为部分短视策略。当有风险资产的收益率的概率分布的预测在投资过程中变得可用时，这样的策略也可被证明是最优的（参见习题 4.14）。

$a \neq 0$ 情形的另一个有趣的方面是，若 $s_k > 1$ 对所有 k 成立，那么当时间长度越来越长（$N \to \infty$），初始阶段的策略趋向短视策略 [比较 (4.39) 式和 (4.40) 式]。所以，对 $s_k > 1$，当时间跨度趋向无穷时，部分短视策略变成渐近短视的。

4.4 最优停止问题

我们在本节及后续章节考虑的最优停止问题，其特征为在每个状态有一个控制可停止系统的演化。所以在每个阶段决策者观测当前系统状态，并决定是继续这一过程（可能有一定费用）

或者以一定费用停止这一过程。若决策为继续，必须从给定可用选项中选择一个控制。若除了停止之外仅有一个选项，那么每个策略在每个阶段由停止集描述，即，策略停止系统的状态构成的集合。

卖资产

作为第一个例子，考虑一个人有一处资产（比如一片土地），每个阶段他都会收到关于该资产的报价。假设报价，记为 $w_0, w_1, \cdots, w_{N-1}$，是随机的，独立的，并在某个非负数的有界区间上取值（$w_k = 0$ 可表示在该阶段未收到报价）。若该人接受报价他可将钱按固定利率 $r > 0$ 投资，若他拒绝报价，他等到下一个阶段考虑下一个报价。被拒绝的报价不可续约，假设之前的每个报价都被拒绝，那么必须接受最后的报价 w_{N-1}。目标是找到最大化第 N 阶段时该人财富的接受、拒绝报价的策略。

该问题的动态规划算法可通过基本分析获得。不过，作为建模练习，我们将该问题嵌入基本问题的框架中，明确系统与费用。我们定义状态为实数轴，加上一个额外的状态（称之为 T），这是末端状态。系统在某个时间 $k \leqslant N-1$ 时位于状态 $x_k = T$，意味着资产已被出售。系统在某个时间 $k \leqslant N-1$ 时位于状态 $x_k \neq T$，意味着资产尚未被出售，正被考虑的报价等于 x_k（且等于第 k 个报价 w_{k-1}）。令 $x_0 = 0$（一个假想的“空”报价）。控制空间包括两个元素 u^1 和 u^2，分别对应“卖”和“不卖”的决定。将 w_k 视作在 k 时刻的扰动。

通过这些约定，可以写出如下形式的系统方程

$$x_{k+1} = f_k(x_k, u_k, w_k), k = 0, 1, \cdots, N-1$$

其中函数 f_k 用如下关系式定义

$$x_{k+1} = \begin{cases} T & \text{若 } x_k = T, \text{或者若} x_k \neq T \text{且} u_k = u^1 \text{(卖)} \\ w_k & \text{否则} \end{cases}$$

注意 k 时刻的卖出决定（$u_k = u^1$）接受报价 w_{k-1}，无需明确的卖出决定来接受最后一个报价 w_{N-1}，因为依假设若该资产尚未被售出，则必须接受这个报价。对应的收益函数可被写成

$$E_{w_k, k=0,1,\cdots,N-1} \left\{ g_N(x_N) + \sum_{k=0}^{N-1} g_k(x_k, u_k, w_k) \right\}$$

其中

$$g_N(x_N) = \begin{cases} x_N & \text{若 } x_N \neq T \\ 0 & \text{否则} \end{cases}$$

$$g_k(x_k, u_k, w_k) = \begin{cases} (1+r)^{N-k} x_k & \text{若 } x_k \neq T \text{且} u_k = u^1 \text{(卖)} \\ 0 & \text{否则} \end{cases}$$

基于这一模型可写出对应的动态规划算法：

$$J_N(x_N) = \begin{cases} x_N & \text{若 } x_N \neq T \\ 0 & \text{若 } x_N = T \end{cases} \tag{4.41}$$

$$J_k(x_k) = \begin{cases} \max[(1+r)^{N-k} x_k, E\{J_{k+1}(w_k)\}] & \text{若 } x_k \neq T \\ 0 & \text{若 } x_k = T \end{cases} \tag{4.42}$$

在上述方程中，$(1+r)^{N-k}x_k$ 是由报价为 x_k 时的（出售）决定 u^1 获得的财富，$E\{J_{k+1}(w_k)\}$ 表示对应于决定 u^2（不出售）的期望财富。所以，最优策略是当其大于 $E\{J_{k+1}(w_k)\}/(1+r)^{N-k}$ 时接受报价，这表示折扣到当期时间的期望财富：

$$\text{接受报价}x_k, \text{ 若 } x_k > \alpha_k$$
$$\text{拒绝报价}x_k, \text{ 若 } x_k < \alpha_k$$

其中

$$\alpha_k = \frac{E\{J_{k+1}(w_k)\}}{(1+r)^{N-k}}$$

当 $x_k = \alpha_k$ 时，接受和拒绝都是最优的。所以最优策略由标量序列 $\{\alpha_k\}$ 决定（见图 4.4.1）。

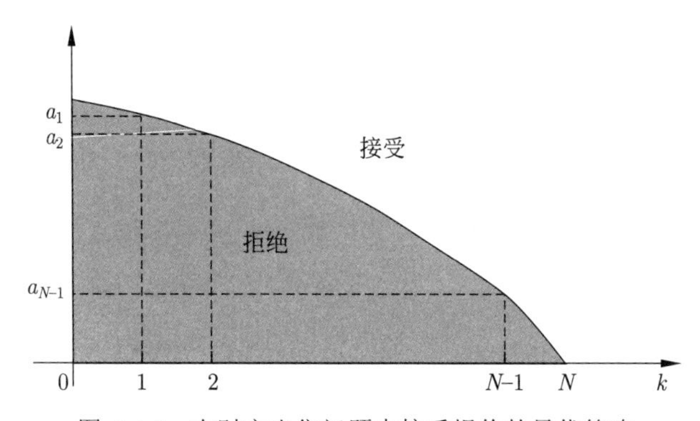

图 4.4.1 在财产出售问题中接受报价的最优策略

最优策略的性质

下面通过进一步分析推导最优策略的一些性质。假设报价 w_k 同分布，为简化符号，让我们舍去时间索引 k 并用 $E_w\{\cdot\}$ 表示对应表达式在 w_k 上的期望值。将证明

$$\alpha_k \geqslant \alpha_{k+1}, \text{ 对所有的}k$$

这表示形象的事实，即若一个报价好到可在 k 时刻接受则在 $k+1$ 时刻也是可接受的，因为此时少了一次提升的机会。我们也有当 $k \to \infty$ 时 α_k 的极限方程。

引入下述函数

$$V_k(x_k) = \frac{J_k(x_k)}{(1+r)^{N-k}}, x_k \neq T$$

从 (4.41) 式和 (4.42) 式可见

$$V_N(x_N) = x_N \tag{4.43}$$

$$V_k(x_k) = \max[x_k, (1+r)^{-1}E_w\{V_{k+1}(w)\}], k = 0, 1, \cdots, N-1 \tag{4.44}$$

及

$$\alpha_k = \frac{E_w\{V_{k+1}(w)\}}{1+r}$$

为了证明 $\alpha_k \geqslant \alpha_{k+1}$，注意从 (4.43) 式和 (4.44) 式我们有

$$V_{N-1}(x) \geqslant V_N(x), \text{ 对所有的}x \geqslant 0$$

对 $k=N-2$ 和 $k=N-1$ 应用 (4.44) 式并使用之前的不等式，我们对所有 $x\geqslant 0$ 有

$$\begin{aligned}V_{N-2}(x)&=\max[x,(1+r)^{-1}E_w\{V_{N-1}(w)\}]\\&\geqslant \max[x,(1+r)^{-1}E_w\{V_N(w)\}]\\&=V_{N-1}(x)\end{aligned}$$

用同样方式继续下去，我们看到

$$V_k(x)\geqslant V_{k+1}(x),\ \text{对所有}x\geqslant 0\text{和}k$$

因为 $\alpha_k=E_w\{V_{k+1}(w)\}/(1+r)$，我们获得 $\alpha\geqslant\alpha_{k+1}$，正如所希望的。

现在让我们弄清楚当时长 N 非常大时发生了什么。从 (4.43) 式和 (4.44) 式算法我们有

$$V_k(x_k)=\max(x_k,\alpha_k) \tag{4.45}$$

于是有

$$\begin{aligned}\alpha_k&=\frac{1}{1+r}E_w\{V_{k+1}(w)\}\\&=\frac{1}{1+r}\int_0^{\alpha_{k+1}}\alpha_{k+1}\mathrm{d}P(w)+\frac{1}{1+r}\int_{\alpha_{k+1}}^{\infty}w\mathrm{d}P(w)\end{aligned}$$

其中函数 P 对所有标量 λ 定义如下

$$P(\lambda)=\mathrm{Prob}\{w<\lambda\}$$

α_k 的差分方程也可被写成

$$\alpha_k=\frac{P(\alpha_{k+1})}{1+r}\alpha_{k+1}+\frac{1}{1+r}\int_{\alpha_{k+1}}^{\infty}w\mathrm{d}P(w),\ \text{对所有}k \tag{4.46}$$

其中 $\alpha_N=0$。

现在因为有

$$0\leqslant\frac{P(\alpha)}{1+r}\leqslant\frac{1}{1+r}<1,\ \text{对所有}\alpha\geqslant 0$$

$$0\leqslant\frac{1}{1+r}\int_{\alpha_{k+1}}^{\infty}w\mathrm{d}P(w)\leqslant\frac{E\{w\}}{1+r},\ \text{对所有}k$$

可见用性质 $\alpha_k\geqslant\alpha_{k+1}$，差分方程 (4.46) 式（后向）生成的序列（当 $k\to\infty$ 时）收敛到常数 $\bar{\alpha}$ 满足

$$(1+r)\bar{\alpha}=P(\bar{\alpha})\bar{\alpha}+\int_{\bar{\alpha}}^{\infty}w\mathrm{d}P(w)$$

该方程可以通过当 $k\to-\infty$ 时取极限并且使用 P 是左连续的事实获得。

所以，当时长 N 倾向变长时，对每个固定的 $k\geqslant 1$，最优策略可被平稳策略近似

$$\text{接受报价}x_k,\ \text{若}\ x_k>\bar{\alpha}$$

$$\text{拒绝报价}x_k,\ \text{若}\ x_k<\bar{\alpha}$$

该策略在对应的无限阶段问题上的最优性将在 7.3 节证明。

有截止日期的购买

让我们考虑另一个类似的停止问题。假设在特定时间需要特定量的原材料。若该材料价格波动，于是产生了问题：是按当前价格购买还是再等一段时间，与此同时价格可能波动。我们于是想最小化购买的期望价格。假设价格序列 w_k 独立同 $P(w_k)$ 分布，且购买需在 N 个阶段内完成。

该问题与之前的资产出售问题有明显相似之处。将在第 $k+1$ 阶段开始时的价格表示为

$$x_{k+1} = w_k$$

与之前的问题类似，我们有如下的动态规划算法

$$J_N(x_N) = x_N$$

$$J_k(x_k) = \min[x_k, E\{J_{k+1}(w_k)\}]$$

注意 $J_k(x_k)$ 是当前价格为 x_k 且材料尚未购买时的最优后续费用。为了严格正式，我们应引入末端状态 T，此后采用购买决策且之后的系统保持不变且没有费用。仅当从 x_k 移到 T 时有非零费用；该费用等于 x_k。所以从末端状态 T 出发的后续费用是 0，也因此该费用在之前的动态规划方程中忽略。

最优策略给定如下

$$\text{购买，若} x_k < \alpha_k$$

$$\text{不买，若} x_k > \alpha_k$$

其中

$$\alpha_k = E\{J_{k+1}(w_k)\}.$$

与财产售卖问题类似，阈值 $\alpha_1, \alpha_2, \cdots, \alpha_{N-1}$ 可由如下离散时间方程获得

$$\alpha_k = \alpha_{k+1}\left(1 - P(\alpha_{k+1})\right) + \int_0^{\alpha_{k+1}} w \mathrm{d}P(w)$$

及其末端条件

$$\alpha_{N-1} = \int_0^{\infty} w \mathrm{d}P(w) = E\{w\}$$

相关价格的情形

现在考虑购买问题的一种变形，其中不再假设价格序列 $w_0, \cdots, w_{N-1}$ 独立。相反，假设它们相关且可被表达为由独立扰动驱使的线性系统的状态（参见 1.4 节）。特别地，有

$$w_k = x_{k+1}, k = 0, 1, \cdots, N-1$$

其中

$$x_{k+1} = \lambda x_k + \xi_k, x_0 = 0$$

其中 λ 为标量，满足 $0 \leqslant \lambda < 1$ 且 $\xi_0, \xi_1, \cdots, \xi_{N-1}$ 为按给定概率分布取正值的独立同分布随机变量。正如在 1.4 节中讨论的，在这些条件之下的动态规划算法形式如下

$$J_N(x_N) = x_N$$

$$J_k(x_k) = \min[x_k, E\{J_{k+1}(\lambda x_k + \xi_k)\}]$$

其中与购买决定相关的费用是 x_k，与等待决定相关的费用是 $E\{J_{k+1}(\lambda x_k + \xi_k)\}$。

我们将展示在这种情形中最优策略具有与价格独立的情形下相同的类型。确实，我们有

$$J_{N-1}(x_{N-1}) = \min[x_{N-1}, \lambda x_{N-1} + \bar{\xi}]$$

其中 $\bar{\xi} = E\{\xi_{N-1}\}$。正如在图 4.4.2 所示，在 $N-1$ 时刻的最优策略给定如下

$$\text{购买，若} x_{N-1} < \alpha_{N-1}$$

$$\text{不买，若} x_{N-1} > \alpha_{N-1}$$

其中 α_{N-1} 由方程 $\alpha_{N-1} = \lambda\alpha_{N-1} + \bar{\xi}$ 定义：

$$\alpha_{N-1} = \frac{\bar{\xi}}{1-\lambda}$$

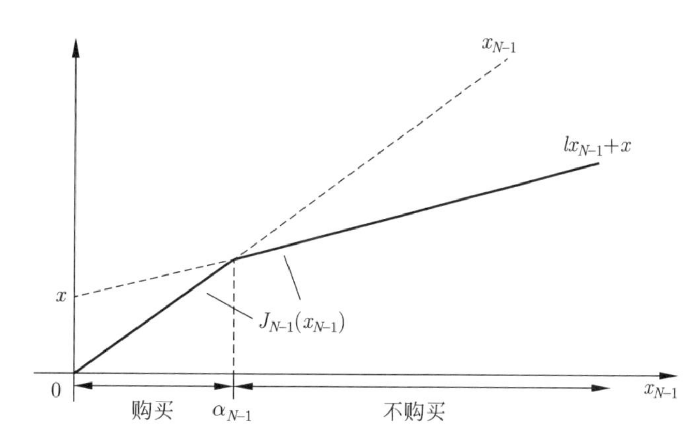

图 4.4.2　当价格相关是后续费用函数 $J_{N-1}(x_{N-1})$ 的结构

注意

$$J_{N-1}(x) \leqslant J_N(x), \text{ 对所有} x$$

以及 J_{N-1} 是凹的 x 的增函数。在动态规划算法中使用这一事实，可以证明（动态规划的单调性质；第 1 章的习题 1.23）

$$J_k(x) \leqslant J_{k+1}(x), \text{ 对所有} x \text{和} k$$

以及 J_k 对所有的 k 都是凹的 x 的增函数。进一步，因为对所有 k 有 $\bar{\xi} = E\{\xi_k\} > 0$，可以证明

$$E\{J_{k+1}(\xi_k)\} > 0, \text{ 对所有} k$$

这些事实意味着（正如在图 4.4.3 中展示的）每个阶段 k 的最优策略形式为

$$\text{购买，若} x_k < \alpha_k$$

$$\text{不买，若} x_k > \alpha_k$$

其中标量 α_k 是方程的唯一正解

$$x = E\{J_{k+1}(\lambda x + \xi_k)\}$$

注意对所有 x 和 k 的关系式 $J_k(x) \leqslant J_{k+1}(x)$ 意味着

$$\alpha_{k-1} \leqslant \alpha_k \leqslant \alpha_{k+1}$$

于是（正如所期望的）购买的阈值价格随着截止日期临近而增加。

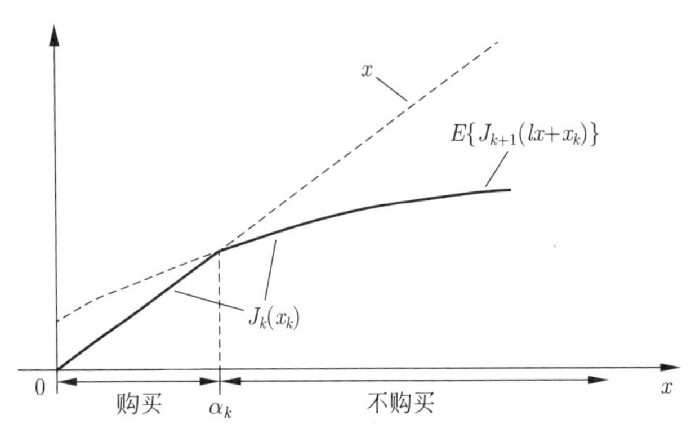

图 4.4.3 当价格相关是确定最优策略

一般停止问题及一步前瞻规则

我们现在建模一般的 N 阶段问题，其中必须在阶段 N 或之前停止。考虑第 1 章基本问题的平稳版本（即所有时间点上的状态、控制、扰动空间、扰动分布、控制约束集、每阶段费用都相同)。假设在每个状态 x_k 及时刻 k，在控制 $u_k \in U(x_k)$ 之外，有一个可用的停止行为让系统以费用 $t(x_k)$ 进入末端状态，并且后续无代价地保持在那里。假设到最后一个阶段之前未出现停止，那么末端费用是 $t(x_N)$。于是，实际上我们假设终止费用总是在整个时段之末或者更早出现。

动态规划算法给定如下：

$$J_N(x_N) = t(x_N) \tag{4.47}$$

$$J_k(x_k) = \min[t(x_k), \min_{u_k \in U(x_k)} E\left\{g(x_k, u_k, w_k) + J_{k+1}\left(f(x_k, u_k, w_k)\right)\right\}] \tag{4.48}$$

于是对于如下集合中的状态 x，在 k 时刻停下来是最优的，

$$T_k = \left\{x | t(x) \leqslant \min_{u \in U(x)} E\left\{g(x, u, w) + J_{k+1}\left(f(x, u, w)\right)\right\}\right\}$$

由 (4.47) 式和 (4.48) 式有

$$J_{N-1}(x) \leqslant J_N(x), \text{ 对所有} x$$

并且在 (4.48) 式动态规划方程中使用这一事实，我们归纳式地获得

$$J_k(x) \leqslant J_{k+1}(x), \text{ 对所有} x \text{和} k$$

[我们在这里使用了问题的平稳性和动态规划的单调性（第 1 章习题 1.23)。] 使用这一事实及 T_k 的定义，可见

$$T_0 \subset \cdots \subset T_k \subset T_{k+1} \subset \cdots \subset T_{N-1} \tag{4.49}$$

我们现在考虑一个条件可保证所有停止集合 T_k 相等。假设集合 T_{N-1} 是吸收的，即，若一个状态属于 T_{N-1} 且未选中终止，则下一个状态将还在 T_{N-1} 中：

$$f(x, u, w) \in T_{N-1}, \text{ 对所有的} x \in T_{N-1}, u \in U(x), w \tag{4.50}$$

我们将证明 (4.49) 式的等号成立，且对所有的 k 我们有

$$T_k = T_{N-1} = \left\{ x \in S | t(x) \leqslant \min_{u \in U(x)} E\left\{ g(x,u,w) + t\left(f(x,u,w) \right) \right\} \right\}$$

为理解这件事，注意由 T_{N-1} 的定义，我们有

$$J_{N-1}(x) = t(x),\ \text{对所有的} x \in T_{N-1}$$

使用 (4.50) 式，我们对 $x \in T_{N-1}$ 有

$$\begin{aligned}\min_{u \in U(x)} \quad & E\left\{ g(x,u,w) + J_{N-1}\left(f(x,u,w) \right) \right\} \\ &= \min_{u \in U(x)} E\left\{ g(x,u,w) + t\left(f(x,u,w) \right) \right\} \\ &\geqslant t(x)\end{aligned}$$

所以对所有 $x_{N-2} \in T_{N-1}$ 停止是最优的，或者等价地 $T_{N-1} \subset T_{N-2}$。这与 (4.49) 式一起意味着 $T_{N-2} = T_{N-1}$。类似推进，我们对所有 k 有 $T_k = T_{N-1}$。

结论是若 (4.50) 式条件成立（即单步停止集 T_{N-1} 是吸收的），那么停止集 T_k 都等于这样的状态构成的集合，在这些状态上停下比再继续一个阶段然后再停下更好。这类策略被称为单步前瞻策略。这样的策略在几类应用中是最优的。我们下面提供一些例子。习题及第 II 卷第 3 章给出了更多的例子。

例 4.4.1（报价保留的资产出售）

考虑本节之前讨论的资产出售问题，区别是被拒绝的报价可在稍后被接受。那么若资产未在 k 时刻出售，状态按如下方式演化

$$x_{k+1} = \max(x_k, w_k)$$

而非 $x_{k+1} = w_k$。(4.43) 式和 (4.44) 式的动态规划于是变成

$$V_N(x_N) = x_N$$

$$V_k(x_k) = \max[x_k, (1+r)^{-1} E\{V_{k+1}(\max(x_k, w_k))\}]$$

单步停止集是

$$T_{N-1} = \{x | x \geqslant (1+r)^{-1} E\{\max(x,w)\}\}$$

[与 (4.45) 式和 (4.46) 式相比较] 可见另一种描述是

$$T_{N-1} = \{x | x \geqslant \bar{\alpha}\} \tag{4.51}$$

其中 $\bar{\alpha}$ 由如下方程获得

$$(1+r)\bar{\alpha} = P(\bar{\alpha})\bar{\alpha} + \int_{\bar{\alpha}}^{\infty} w \mathrm{d}P(w)$$

因为过去的报价可在之后接受，有效可用的报价不随时间减少，于是 (4.51) 式的单步停止集在 (4.50) 式意义下是吸收的。因此，接受第一个等于或超过 $\bar{\alpha}$ 的单步前瞻停止准则是最优的。注意这个策略与时段长度 N 独立。

例 4.4.2（理性的窃贼 [Whi82]）

窃贼可以选择在任意一个夜晚 k 退休并享用他的累积收入 x_k 或者进入一幢房子并且带回家

w_k。然而，在后一种选择中，他以 p 的概率被抓，并且被迫结束他的行窃并上缴所有赃款。w_k 独立同分布且均值为 $\bar{w}$。问题是如何找到策略最大化窃贼在 N 个夜晚的期望收益。

我们可以将这个问题建模成停止问题，有两个动作（退休或继续），状态空间包括实数轴、退休状态，以及一个特殊状态对应于窃贼被抓。动态规划算法给定如下：

$$J_N(x_N) = x_N$$
$$J_k(x_k) = \max[x_k, (1-p)E\{J_{k+1}(x_k + w_k)\}]$$

单步停止集为

$$T_{N-1} = \{x | x \geqslant (1-p)(x+\bar{w})\} = \left\{x \middle| x \geqslant \frac{(1-p)\bar{w}}{p}\right\}$$

（更确切地说，这个集合与那个对应于窃贼被捕的状态一起为单步停止集）。因为这个集合在 (4.50) 式的意义下是吸收的，我们看到窃贼的最优策略是当其收入达到或超过 $(1-p)\bar{w}/p$ 时退休的单步前瞻策略。该策略在对应的无限阶段问题上的最优性将在第 II 卷第 3 章证明。

4.5　调度与交换的理由

假设有若干任务要完成但各任务间的顺序可供优化。例如，可以通过优化建筑工程中各项操作的顺序以最小化建造时间，或者通过调度车间内的不同任务最小化机器的闲置时间。在这样的问题中一项有用的技术是从某个调度开始，然后交换两个相邻的任务看会发生什么。首先我们看一些例子，然后再从数学上形式化这一技术。

例 4.5.1（小测验问题）

考虑一个小测验比赛，一个人有 N 道题且可选择按任意顺序回答。正确回答问题 i 的概率是 p_i，正确回答后收益为 R_i。第一次回答错后，小测验结束，该人可以保留之前的收益。问题是如何确定回答问题的顺序来最大化期望收益。

令 i 和 j 为在最优顺序列表中第 k 和 $(k+1)$ 个问题，

$$L = (i_0, \cdots, i_{k-1}, i, j, i_{k+2}, \cdots, i_{N-1})$$

考虑通过交换问题 i 和 j 的顺序后从 L 获得的列表

$$L' = (i_0, \cdots, i_{k-1}, j, i, i_{k+2}, \cdots, i_{N-1})$$

比较 L 和 L' 的期望收益，我们有

$$\begin{aligned} E\{L\text{的收益}\} = {} & E\{\{i_0, \cdots, i_{k-1}\}\text{的收益}\} \\ & + p_{i_0} \cdots p_{i_{k-1}}(p_i R_i + p_i p_j R_j) \\ & + p_{i_0} \cdots p_{i_{k-1}} p_i p_j E\{\{i_{k+2}, \cdots, i_{N-1}\}\text{的收益}\} \\ E\{L'\text{的收益}\} = {} & E\{\{i_0, \cdots, i_{k-1}\}\text{的收益}\} \\ & + p_{i_0} \cdots p_{i_{k-1}}(p_j R_j + p_j p_i R_i) \\ & + p_{i_0} \cdots p_{i_{k-1}} p_j p_i E\{\{i_{k+2}, \cdots, i_{N-1}\}\text{的收益}\} \end{aligned}$$

因为 L 是最优顺序，我们有

$$E\{L\text{的收益}\} \geqslant E\{L'\text{的收益}\}$$

于是由这些方程有

$$p_iR_i + p_ip_jR_j \geqslant p_jR_j + p_jp_iR_i$$

或者等价地

$$\frac{p_iR_i}{1-p_i} \geqslant \frac{p_jR_j}{1-p_j}$$

因此为了最大化期望收益，应当按 $p_iR_i/(1-p_i)$ 的下降顺序回答问题。

例 4.5.2（在单处理器上的任务调度）

假设我们有 N 个任务要序贯处理，第 i 个任务的执行需要随机时间 T_i。时长 $T_1,\cdots,T_N$ 独立。若任务 i 在 t 时刻结束，收益是 α^tR_i，其中 α 是折扣因子，满足 $0<\alpha<1$。问题是找到最大化期望收益的调度。

可见该问题的状态就是待处理的任务集合。确实，因为执行时间 T_i 独立，并且因为后续费用受之前任务完成时间的乘性折扣影响，对未来任务的优化调度不受之前任务完成时间的影响。结果，这些时间无须包含在状态中；若时长 T_i 相关，或者在 t 时刻完成任务 i 的收益不是 α^tR_i 而是一般性地依赖于 t，则情形将会不同。现在，取状态为有待处理的任务集合，清晰可见最优策略可映射到最优任务调度 $(i_0,\cdots,i_{N-1})$。

假设 $L=(i_0,\cdots,i_{k-1},i,j,i_{k+2},\cdots,i_{N-1})$ 是一个最优任务调度，并考虑通过交换 i 和 j 获得的调度 $L'=(i_0,\cdots,i_{k-1},j,i,i_{k+2},\cdots,i_{N-1})$。令 t_k 为任务 i_{k-1} 的完成时间。比较调度 L 和 L' 的收益，与前例类似。因为完成剩余任务 $i_{k+2},\cdots,i_{N-1}$ 的收益与任务 i 和 j 的执行顺序独立，我们有

$$E\left\{\alpha^{t_k+T_i}R_i + \alpha^{t_k+T_i+T_j}R_j\right\} \geqslant E\left\{\alpha^{t_k+T_j}R_j + \alpha^{t_k+T_j+T_i}R_i\right\}$$

因为 t_k,T_i 和 T_j 是独立的，这一关系可被写成

$$E\{\alpha^{t_k}\}\left(E\{\alpha^{T_i}\}R_i + E\{\alpha^{T_i}\}E\{\alpha^{T_j}\}R_j\right) \geqslant E\{\alpha^{t_k}\}\left(E\{\alpha^{T_j}\}R_j + E\{\alpha^{T_j}\}E\{\alpha^{T_i}\}R_i\right)$$

由此最终获得

$$\frac{E\{\alpha^{T_i}\}R_i}{1-E\{\alpha^{T_i}\}} \geqslant \frac{E\{\alpha^{T_j}\}R_j}{1-E\{\alpha^{T_j}\}}$$

于是有按 $E\{\alpha^{T_i}\}R_i/\left(1-E\{\alpha^{T_i}\}\right)$ 降序调度任务可最大化期望收益。最优策略的结构与我们为之前的小测验比赛例子推导的结构相同（即，将 $E\{\alpha^{T_i}\}$ 视作以概率 p_i 正确回答问题 i）。

例 4.5.3（两串联处理器上的任务调度）

考虑在两个处理器 A 和 B 上调度 N 个任务，满足 B 将 A 的输出作为输入。问题是找到最小化总处理时间的调度。

为将该问题建模成基本问题的形式，我们在任务在机器 A 上完成的时刻与下一个任务的开始时刻之间插入适当的离散时间。我们将 k 时刻的状态取为包括有待在 A 上处理的任务集合 X_k 与在机器 B 上拖欠的工作量 τ_k，即用于清空 B 上当前的任务所需的时间。因此，若 (X_k,τ_k) 是 k 阶段的状态，任务 i 在机器 A 完成，状态变为 (X_{k+1},τ_{k+1}) 给定如下

$$X_{k+1}=X_k-\{i\},\tau_{k+1}=b_i+\max(0,\tau_k-a_i)$$

对应的动态规划算法是

$$J_k(X_k,\tau_k)=\min_{i\in X_k}[a_i+J_{k+1}\left(X_k-\{i\},b_i+\max(0,\tau_k-a_i)\right)]$$

具有末端条件

$$J_N(\varnothing, \tau_N) = \tau_N$$

其中 $\varnothing$ 是空集。

因为问题是确定性的，存在最优开环调度

$$\{i_0, \cdots, i_{k-1}, i, j, i_{k+2}, \cdots, i_{N-1}\}$$

通过论证该调度的费用不比如下通过交换 i 和 j 获得的调度的费用差，

$$\{i_0, \cdots, i_{k-1}, j, i, i_{k+2}, \cdots, i_{N-1}\}$$

可以验证

$$J_{k+2}(X_k - \{i\} - \{j\}, \tau_{ij}) \leqslant J_{k+2}(X_k - \{i\} - \{j\}, \tau_{ji}) \tag{4.52}$$

其中 τ_{ij} 和 τ_{ji} 分别是在 $k+2$ 时刻当 i 在 j 之前处理或 j 在 i 之前处理时在机器 B 的积压订单额，且在 k 时刻的积压订单额是 τ_k。直接计算得出

$$\tau_{ij} = b_i + b_j - a_i - a_j + \max(\tau_k, a_i, a_i + a_j - b_i) \tag{4.53}$$

$$\tau_{ji} = b_j + b_i - a_j - a_i + \max(\tau_k, a_j, a_j + a_i - b_j) \tag{4.54}$$

显然，J_{k+2} 是 τ 的单调增函数，因为由 (4.52) 式我们有

$$\tau_{ij} \leqslant \tau_{ji}$$

注意到 (4.53) 式和 (4.54) 式，这一关系式预示着两种可能性。第一种是

$$\tau_k \geqslant \max(a_i, a_i + a_j - b_i)$$

$$\tau_k \geqslant \max(a_j, a_j + a_i - b_j)$$

其中 $\tau_{ij} = \tau_{ji}$ 且 i 与 j 的顺序对结果没有影响（该情形中 k 时刻的未完成订单是如此之大甚至于任务 i 和 j 都会发现机器 B 在加工更早的任务）。第二种是

$$\max(a_i, a_i + a_j - b_i) \leqslant \max(a_j, a_j + a_i - b_j)$$

可见与下式等价

$$\min(a_i, b_j) \leqslant \min(a_j, b_i)$$

满足这些最优性必要条件的调度可由下列步骤构造：

1. 找到 $\min_i \min(a_i, b_i)$。
2. 若最小值是某个 a，则首先采取对应的任务；若最小值是某个 b，则最后采取对应的任务。
3. 对剩余的任务重复这一流程直到构造出完整的调度。

为证明这一调度确实最优，我们从最优调度开始。考虑最小化 $\min(a_i, b_i)$ 的任务 i_0，通过连续交换将其移至与之前构造的调度相同的位置。由之前的分析可见最终所得调度仍然是最优的。类似地，通过连续交换并保持最优性，我们可将最优调度转变为之前构造的调度。细节留给读者。

关于交换的论述

现在考虑第 1 章的基本问题，并将之前使用的交换的论述形式化表述出来。主要要求是该问题有结构，*存在开环的最优策略*，即，一系列控制与任意控制函数序列相比，都同样好或更好。这在第 1 章的确定性问题中当然成立，但在如例 4.5.1 和例 4.5.2 的一些随机问题中也成立。

为应用交换法论述，我们从最优序列出发

$$\{u_0, \cdots, u_{k-1}, \bar{u}, \tilde{u}, u_{k+2}, \cdots, u_{N-1}\}$$

并将注意力集中在分别在 k 和 $k+1$ 时刻施加的控制 $\bar{u}$ 和 $\tilde{u}$ 上。然后论证若交换 $\bar{u}$ 和 $\tilde{u}$ 的顺序，则期望费用不会减少。特别地，若 X_k 是从给定初始状态 x_0 出发使用控制子列 $\{u_0, \cdots, u_{k-1}\}$ 以正概率可达的状态集合，则对所有 $x_k \in X_k$ 有

$$\begin{aligned} &E\{g(x_k, \bar{u}, w_k) + g_{k+1}(\bar{x}_{k+1}, \tilde{u}, w_{k+1}) + J^*_{k+2}(\bar{x}_{k+2})\} \\ &\leqslant E\{g(x_k, \tilde{u}, w_k) + g_{k+1}(\tilde{x}_{k+1}, \bar{u}, w_{k+1}) + J^*_{k+2}(\tilde{x}_{k+2})\} \end{aligned} \tag{4.55}$$

其中 $\bar{x}_{k+1}$ 和 $\bar{x}_{k+2}$（或者 $\tilde{x}_{k+1}$ 和 $\tilde{x}_{k+2}$）是当施加 $u_k = \bar{u}, u_{k+1} = \tilde{u}$（或者 $u_k = \tilde{u}, u_{k+1} = \bar{u}$）之后 x_k 的后续状态，$J^*_{k+2}(\cdot)$ 是 $k+2$ 时刻的最优后续费用函数。

(4.55) 式是最优性的*必要条件*，对每个 k 和每个开环最优策略都成立。虽然不能保证这一必要条件足够强大到导出最优解，但仍值得在一些有特殊结构的问题中考虑。一般来说在调度问题中，旨在通过一系列交换提升次优调度的算法未必能提供最优解，但经常是成功的经验方法的基础。

4.6 不确定性的集合隶属度描述

在本节，我们集中考虑这样的问题，其中不确定量描述为在给定集合上的隶属度而非概率分布。这一类描述在极小化极大控制问题中是恰当的，如同在 1.6 节中所讨论的那样。我们在本节的目的是分析涉及集合隶属度描述的不确定性的估计与控制的一些基础问题。这些问题在概念上重要，从几种场景中出现，包括 6.5 节中讨论的模型预测控制方法。然而，它们的通用解可能在计算上是困难的。我们将讨论一些易于实现的近似，涉及线性系统与椭圆描述。

4.6.1 集合隶属度估计

假设给定 4.1 节中考虑的线性动态系统但没有控制 $(u_k \equiv 0)$：

$$x_{k+1} = A_k x_k + w_k, k = 0, 1, \cdots, N-1$$

其中 $x_k \in \Re^n, w_k \in \Re^n$ 分别表示状态和扰动向量，矩阵 A_k 已知。再假设每个时间点 k，我们收到如下形式的测量 $z_k \in \Re^s$,

$$z_k = C_k x_k + v_k$$

其中 $v_k \in \Re^s$ 是（未知）观测噪声向量，矩阵 C_k 给定。

一个重要且一般性的问题是估计 x_k 的值，给定累积到时刻 k 的观测 $z_1, \cdots, z_k$。这里的不确定量是初始状态 x_0，系统扰动 $w_0, \cdots, w_{N-1}$ 和观测噪声向量 $v_1, \cdots, v_N$。当这些向量的联合概率分布给定，可计算给定 $z_1, \cdots, z_k$ 时 x_k 的条件分布，并由此获得诸如条件期望 $E\{x_k | z_1, \cdots, z_k\}$ 一类的估计。这一方法可以导出以卡尔曼滤波算法为中心的丰富的理论，在附录 E 中描述了细节。

现在假设不用概率分布而采用一个集合 $\mathcal{R}$，已知未知向量

$$r = (x_0, w_0, \cdots, w_{N-1}, v_1, \cdots, v_N)$$

属于 $\mathcal{R}$。状态 x_k 可利用如下系统方程用 r 表示出来

$$x_k = A_{k-1}\cdots A_0 x_0 + \sum_{i=0}^{k-1} A_{k-2}\cdots A_{i+1} w_i$$

或者更抽象地写成

$$x_k = L_k r$$

其中 L_k 是某合适的矩阵。所以已知 $r \in \mathcal{R}$ 且在未收到任何测量值之前，状态 x_k 已知属于集合

$$\mathcal{X}_k = L_k \mathcal{R} = \{L_k r | r \in \mathcal{R}\}$$

每个测量值 z_i 在收到时，限制 r 的可能值集合满足 $z_i = C_i L_i r + v_i$ 或者

$$z_i = E_i r$$

其中矩阵 E_i 大小合适。所以，每收到新的测量值，向量 r 的可能取值集合进一步被约束，可能的状态集合也是这样。特别地，给定测量值 $z_1, \cdots, z_k$ 时，向量 r 的可能取值集合给定如下：

$$\mathcal{R}_k(z_1, \cdots, z_k) = \mathcal{R} \cap \{r | z_1 = E_1 r\} \cap \cdots \cap \{r | z_k = E_k r\} \tag{4.56}$$

由线性变换，获得状态 x_k 的可能取值集合为

$$\mathcal{X}_k(z_1, \cdots, z_k) = L_k \mathcal{R}_k(z_1, \cdots, z_k) \tag{4.57}$$

刚才描述的流程是直接的，可轻易推广到非线性系统与测量值。然而，难点在于方便地指定集合 $\mathcal{R}_k(z_1, \cdots, z_k)$ 和/或 $\mathcal{X}_k(z_1, \cdots, z_k)$。只在少数特殊情形中这些集合具有简单描述，比如，只涉及有限多的数构成的集合。这其中有趣的是：

(a) 多面体情形，其中集合 $\mathcal{R}$ 是多面体（由有限个线性不等式指定的集合）。那么可见集合 $\mathcal{R}_k(z_1, \cdots, z_k)$ 和/或 $\mathcal{X}_k(z_1, \cdots, z_k)$ 也是多面体。原因是多面体与线性流形（转换的子空间）的交集是多面体，而多面体在线性变换后是多面体 [参见 (4.56) 式和 (4.57) 式]。

(b) 椭球情形，其中集合 $\mathcal{R}$ 是椭球（一个线性变换的球——稍后给出更确切的描述）。那么，可以证明集合 $\mathcal{R}_k(z_1, \cdots, z_k)$ 和/或 $\mathcal{X}_k(z_1, \cdots, z_k)$ 也是椭球。与多面体情形类似，原因是椭球与线性流形的交集是椭球，而该椭球的线性变换得到另一个椭球。

多面体情形有时是有趣的，但随着 k 增大，描述多面体所需的计算量将迅速爆炸。我们将取而代之考虑椭球情形，并将使用动态规划方法推导易于实现的与附录 E 中描述的卡尔曼滤波算法类似的算法。

能量约束

首先考虑最易于处理的情形，其中可能的状态集 $\mathcal{X}_k(z_1, \cdots, z_k)$ 是一个椭球。假设位置量构成的向量 r 已知属于如下形式的集合，

$$\mathcal{R} = \left\{ r \middle| (x_0 - \hat{x}_0)' S^{-1} (x_0 - \hat{x}_0) + \sum_{i=0}^{N-1} (w_i' M_i^{-1} w_i + v_{i+1}' N_{i+1}^{-1} v_{i+1}) \leqslant 1 \right\}$$

其中 S, M_i 和 N_i 是正定对称阵，$\hat{x}_0$ 是给定向量。该集合是有界椭球。下面的分析对更一般的椭球也成立，但为了简化，我们将注意力集中在有界椭球上。

让我们用动态规划推导可能的状态集并证明这是一个形式如下的椭球

$$\mathcal{X}_k(z_1, \cdots, z_k) = \{x_k | (x_k - \hat{x}_k)' \Sigma_k^{-1} (x_k - \hat{x}_k) \leqslant 1 - \delta_k\}$$

其中，

Σ_k 是与观测值 $z_1, \cdots, z_k$ 独立的正定对称阵；

$\hat{x}_k$ 是一个向量，依赖于 $z_1, \cdots, z_k$；

δ_k 是一个正标量，依赖于 $z_1, \cdots, z_k$。

我们观察到向量 ξ 属于 $\mathcal{X}_k(z_1, \cdots, z_k)$ 当且仅当存在 x_0 和 $w_0, \cdots, w_{k-1}$ 满足

$$(x_0 - \hat{x}_0)' S^{-1}(x_0 - \hat{x}_0) + \sum_{i=0}^{k-1} w_i' M_i^{-1} w_i + \sum_{i=0}^{k-1} (z_{i+1} - C_{i+1}x_{i+1})' N_{i+1}^{-1} (z_{i+1} - C_{i+1}x_{i+1}) \leqslant 1$$

而 ξ 等于向量 x_k，这是由如下系统在第 k 阶段生成的，

$$x_{i+1} = A_i x_i + w_i, i = 0, \cdots, k-1 \tag{4.58}$$

所以，我们有 $\xi \in \mathcal{X}_k(z_1, \cdots, z_k)$ 当且仅当 $V_k(\xi) \leqslant 1$，其中 $V_k(\xi)$ 是如下二次型费用最小化问题的最优费用，

$$(x_0 - \hat{x}_0)' S^{-1}(x_0 - \hat{x}_0) + \sum_{i=0}^{k-1} w_i' M_i^{-1} w_i + \sum_{i=0}^{k-1} (z_{i+1} - C_{i+1}x_{i+1})' N_{i+1}^{-1} (z_{i+1} - C_{i+1}x_{i+1})$$

针对 (4.58) 式系统方程和末端条件 $x_k = \xi$（这里 w_i 被视作控制或最小化变量）。所以

$$\mathcal{X}_k(z_1, \cdots, z_k) = \{\xi | V_k(\xi) \leqslant 1\} \tag{4.59}$$

正如 4.1 节的分析所建议的那样，函数 V_k 是 ξ 的二次函数，可用动态规划迭代计算。这是因为在上述问题中系统是线性的，费用是二次的。所以 (4.59) 式的可能状态 $\mathcal{X}_k(z_1, \cdots, z_k)$ 构成的集合是个椭球。为计算该矩阵和椭球的球心，我们可以使用动态规划。既然这里末端状态 x_k 被限定为等于给定的 ξ，我们应当使用前向动态规划算法并将 $V_k(\xi)$ 视作在 (4.58) 式系统中用最优选择 x_0 和 $w_0, \cdots, w_{k-1}$ 到达 ξ 的最优费用。使用 2.1 节中所用的推理分析，对 $i = 1, \cdots, k$ 有如下前向迭代

$$\begin{aligned} V_i(x_i) &= \min_{w_{i-1}, x_{i-1}, x_i = A_{i-1}x_{i-1} + w_{i-1}} \{V_{i-1}(x_{i-1}) + w_{i-1}' M_{i-1}^{-1} w_{i-1} \\ &\quad + (z_i - C_i x_i)' N_i^{-1} (z_i - C_i x_i)\} \\ &= \min_{x_{i-1}} \{V_{i-1}(x_{i-1}) + (x_i - A_{i-1}x_{i-1})' M_{i-1}^{-1} (x_i - A_{i-1}x_{i-1}) \\ &\quad + (z_i - C_i x_i)' N_i^{-1} (z_i - C_i x_i)\} \end{aligned}$$

从初始条件

$$V_0(x_0) = (x_0 - \hat{x}_0)' S^{-1}(x_0 - \hat{x}_0)$$

开始。在第 k 步迭代，我们获得 (4.59) 式中的可能状态构成的集合 $\mathcal{X}_k(z_1, \cdots, z_k)$。

我们在这里不提供详细的推导，而是让读者用归纳法来验证如下公式

$$V_k(x_k) = (x_k - \hat{x}_k)' \Sigma_k^{-1} (x_k - \hat{x}_k) + \delta_k$$

其中 $\hat{x}_k$ 和 Σ_k 由如下迭代生成

$$\hat{x}_k = A_{k-1}\hat{x}_{k-1} + \Sigma_k C_k' N_k^{-1}(z_k - C_k A_{k-1}\hat{x}_{k-1}) \tag{4.60}$$

$$\Sigma_k = (\hat{\Sigma}_k^{-1} + C_k' N_k^{-1} C_k)^{-1} \tag{4.61}$$

$$\hat{\Sigma}_k = A_{k-1}\Sigma_{k-1}A_{k-1}' + M_{k-1} \tag{4.62}$$

满足初始条件

$$\Sigma_0 = S$$

且 δ_k 给定如下

$$\delta_k = \sum_{i=1}^{k}(z_i - C_i A_{i-1}\hat{x}_{i-1})'(C_i\hat{\Sigma}_i C_i' + N_i)^{-1}(z_i - C_i A_{i-1}\hat{x}_{i-1}) \tag{4.63}$$

对于上面讨论的估计问题有几种变形，推荐阅读本章末尾所给出的参考文献。

瞬时约束

我们现在考虑对不确定性的另一类集合描述。特别地，假设初始状态、系统扰动和观测噪声向量均独立地限制在椭球中。换言之，我们知道

$$x_0' S^{-1} x_0 \leqslant 1 \tag{4.64}$$

$$w_i' M_i^{-1} w_i \leqslant 1, i = 0, \cdots, N-1 \tag{4.65}$$

$$v_{i+1}' N_{i+1}^{-1} v_{i+1} \leqslant 1, i = 0, \cdots, N-1 \tag{4.66}$$

其中 S, M_i 和 N_i 是给定的对称正定矩阵。所以向量

$$r = (x_0, w_0, \cdots, w_{N-1}, v_1, \cdots, v_N)$$

已知属于如下集合

$$\mathcal{R} = \{r | (x_0 - \hat{x}_0)' S^{-1}(x_0 - \hat{x}_0) \leqslant 1, w_i' M_i^{-1} w_i \leqslant 1$$
$$v_{i+1}' N_{i+1}^{-1} v_{i+1} \leqslant 1, i = 0, \cdots, N-1\}$$

对于这一情形，可能状态构成的集合 $\mathcal{X}_k(z_1, \cdots, z_k)$ 并不是椭球，但是可被椭球定界，将集合 $\mathcal{R}$ 用椭球 $\bar{\mathcal{R}}$ 定界，将 $\mathcal{X}_k(z_1, \cdots, z_k)$ 用椭球 $\bar{\mathcal{X}}_k(z_1, \cdots, z_k)$ 定界，后者对应于 $\bar{\mathcal{R}}$，与之前案例中的能量约束一样。

特别地，我们观察到若 $x_0, w_0, \cdots, w_{N-1}, v_1, \cdots, v_N$ 满足 (4.64) 式～(4.66) 式的瞬时约束，那么它们也满足能量约束

$$\delta(x_0 - \hat{x}_0)' S^{-1}(x_0 - \hat{x}_0) + \sum_{i=0}^{N-1}\left(\mu_i w_i' M_i^{-1} w_i + v_{i+1} v_{i+1}' N_{i+1}^{-1} v_{i+1}\right) \leqslant 1 \tag{4.67}$$

其中 σ, μ_i, v_{i+1} 是满足下面等式的任意正标量

$$\sigma + \sum_{i=0}^{N-1}(\mu_i + v_{i+1}) = 1$$

我们于是将 (4.64) 式、(4.65) 式、(4.66) 式的瞬时约束用 (4.67) 式的能量约束替代，获得一个用于定界的椭球，形式如下

$$\bar{\mathcal{X}}_k(z_1, \cdots, z_k) = \{x_k | (x_k - \hat{x}_k)' \Sigma_k^{-1}(x_k - \hat{x}_k) \leqslant 1 - \delta_k\}$$

其中 $\hat{x}_k$ 和 Σ_k 由之前针对能量约束情形给出的迭代生成，将 S 替换为 S/σ，M_i 替换为 M_i/μ_i，N_i 替换为 N_i/v_i。用这种方法获得的公式可简化，只需将 σ,μ_i,v_{i+1} 写成如下形式:

$$\sigma=(1-\beta_0)(1-\gamma_1)(1-\beta_1)(1-\gamma_2)\cdots(1-\beta_{k-1})(1-\gamma_k)$$

$$\mu_0=\beta_0(1-\gamma_1)(1-\beta_1)(1-\gamma_2)\cdots(1-\beta_{k-1})(1-\gamma_k)$$

$$v_1=\gamma_1(1-\beta_1)(1-\gamma_2)\cdots(1-\beta_{k-1})(1-\gamma_k)$$

$$\cdots$$

$$\mu_{k-1}=\beta_{k-1}(1-\gamma_k)$$

$$v_k=\gamma_k$$

其中 $\beta_{i-1},\gamma_i,i=1,\cdots,k$ 是任意满足如下约束的标量

$$0<\beta_{i-1}<1,0<\gamma_i<1$$

容易看到，对由上述等式给出的标量 σ,μ_i,v_{i+1}，有 $\sigma+\sum\limits_{i=0}^{N-1}(\mu_i+v_{i+1})=1$。

现在，通过分别将 S,M_i 和 N_i 替换为 $S/\sigma,M_i/\mu_i$ 和 N_i/v_i，重写估计方程 (4.60) 式～(4.63) 式，在直接的整理之后可以获得

$$\bar{\mathcal{X}}_k(z_1,\cdots,z_k)=\{x_k|(x_k-\hat{x}_k)'\Sigma_k^{-1}(x_k-\hat{x}_k)\leqslant 1-\delta_k\}$$

其中

$$\hat{x}_k=A_{k-1}\hat{x}_{k-1}+\gamma_k\Sigma_kC_k'N_k^{-1}(z_k-C_kA_{k-1}\hat{x}_{k-1})$$

$$\Sigma_k=\Big((1-\gamma_k)\hat{\Sigma}_k^{-1}+\gamma_kC_k'N_k^{-1}C_k\Big)^{-1}$$

$$\hat{\Sigma}_k=(1-\beta_{k-1})^{-1}A_{k-1}\Sigma_{k-1}A_{k-1}'+\beta_{k-1}^{-1}M_{k-1}$$

满足初始条件

$$\Sigma_0=S$$

且 δ_k 由如下方程生成

$$\begin{aligned}\delta_k=&(1-\beta_{k-1})(1-\gamma_k)\delta_{k-1}+(z_k-C_kA_{k-1}\hat{x}_{k-1})'\\&\Big((1-\gamma_k)^{-1}C_k\hat{\sigma}_iC_k'+\gamma_k^{-1}N_k\Big)^{-1}(z_k-C_kA_{k-1}\hat{x}_{k-1})\end{aligned}$$

满足初始条件

$$\delta_0=0$$

我们忽略了对上述方程的验证，因为这很烦琐，我们推荐引用的文献。注意能量和瞬时约束这两种情形的估计与附录 E 描述的卡尔曼滤波器有紧密联系。一个有趣的问题变形是当系统方程形式为 $x_{k+1}=x_k$ 时，在此情形下，问题是如何用线性度量估计初始状态 x_0，这可被视作一个未知参数向量。于是在宽松的假设下，可证当 $k\to\infty$ 时 $\Sigma_k\to 0$，所以随着测量值增多，参数向量可以按任意精度计算出。

4.6.2　具有未知且有界扰动的控制

我们现在考虑一个控制问题，其中不确定量用其在给定集合中的隶属度描述。我们考虑系统

$$x_{k+1} = f_k(x_k, u_k, w_k)$$

其中与通常一样 x_k 是状态，u_k 是有待从集合 $U_k(x_k)$ 中选择的控制，w_k 是扰动。然而，除了概率分布，我们只知道 w_k 属于给定集合 $W_k(x_k, u_k)$，该集合可依赖于当前状态 x_k 和控制 u_k。

在控制问题中，我们经常关心即使在有扰动时，如何让系统状态接近所期待的轨迹。可将这样的问题建模为寻找策略 $\pi = \{\mu_0, \cdots, \mu_{N-1}\}$ 满足 $\mu_k(x_k) \in U_k(x_k)$ 对所有的 x_k 和 k 成立，且满足对每个 $k = 1, 2, \cdots, N$，如下闭环系统

$$x_{k+1} = f_k(x_k, \mu_k(x_k), w_k)$$

的状态 x_k 属于给定集合 X_k，X_k 称为时刻 k 的目标集。

我们可将集合序列 $\{X_1, X_2, \cdots, X_N\}$ 视作"管道"，即使在集合 $W_k(x_k, \mu_k(x_k))$ 中最坏的可能的扰动 w_k 下，状态也必须保持在其中。相应地将这一问题称为目标管道的可达性问题。

我们可将该问题建模为极大化极小控制问题（参见 1.6 节），其中 k 阶段的费用是

$$g_k(x_k) = \begin{cases} 0 & 若\, x_k \in X_k \\ 1 & 若\, x_k \notin X_k \end{cases}$$

在这一选择下，从给定初始状态 x_0 出发的最优后续费用是可能出现的目标管道约束 $x_k \in X_k$ 被违反的最小次数，假设扰动 w_k 由旨在最大化该约束条件违反次数的对手在满足约束条件 $w_k \in W_k(x_k, u_k)$ 时用最优的方式选定。特别地，若对某个 $x_k \in X_k$ 有 $J_k(x_k) = 0$，则存在一个策略满足从 x_k 出发，且后续系统状态 $x_i, i = k+1, \cdots, N$，保证在对应的集合 X_i 中。

可见如下集合

$$\bar{X}_k = \{x_k | J_k(x_k) = 0\}$$

是我们为了能够将状态保持在后续的目标集合中，必须在 k 时刻到达的集合。相应地，我们将 $\bar{X}_k$ 称作 k 时刻的有效目标集。我们可用后向迭代生成集合 $\bar{X}_k$，可以对极小化极大问题用动态规划算法推导出来（参见 1.6 节），也易于从第一原理论证。特别地，我们从

$$\bar{X}_N = X_N \tag{4.68}$$

开始，对 $k = 0, 1, \cdots, N-1$，有

$$\begin{aligned} \bar{X}_k = \{x_k \in X_k | &存在\, u_k \in U_k(x_k) \\ &满足\, f_k(x_k, u_k, w_k) \in \bar{X}_{k+1}，对所有\, w_k \in W_k(x_k, u_k)\, 成立\} \end{aligned} \tag{4.69}$$

例 4.6.1

考虑标量线性系统

$$x_{k+1} = 2x_k + u_k + w_k$$

即目标管道 $\{X_1, X_2, \cdots, X_N\}$，其中对所有的 k，

$$X_k = [-1, 1]$$

我们想用属于集合 $U_k = [-1, 1]$ 的控制 u_k 保持状态在这个管道中不论扰动 W_k 在集合 $[-1/2, 1/2]$ 中取任意值。

让我们用 (4.68) 式和 (4.69) 式的动态规划迭代构造有效目标集 $\bar{X}_k$。我们有 $\bar{X}_N = [-1,1]$，且

$$\begin{aligned}\bar{X}_{N-1} = \{x|\ &\text{对某个}\ u \in [-1,1] \\ &-1 \leqslant 2x+u+w \leqslant 1\ \text{对所有}\ w \in [-1/2,1/2]\ \text{成立}\}\end{aligned}$$

可见为了让 x 和 u 对所有 $u \in [-1/2,1/2]$ 满足 $-1 \leqslant 2x+u+w \leqslant 1$，其充要条件是

$$-\frac{1}{2} \leqslant 2x+u \leqslant \frac{1}{2}$$

故必须（用 x 的知识）选择 u 来满足

$$-1 \leqslant u \leqslant 1, -\frac{1}{2}-2x \leqslant u \leqslant \frac{1}{2}-2x$$

为了让这样的 u 存在，区间 $[-1,1]$ 和 $[-1/2-2x, 1/2-2x]$ 必须有非空交集，可见这一点成立，当且仅当

$$-\frac{3}{4} \leqslant x \leqslant \frac{3}{4}$$

所以，为了能在 N 时刻到达集合 X_N，状态 X_{N-1} 必须属于（有效目标）集合

$$\bar{X}_{N-1} = \left[-\frac{3}{4}, \frac{3}{4}\right]$$

我们类似推进来构造 $\bar{X}_{N-2}$。我们有

$$\begin{aligned}\bar{X}_{N-2} = \{x|\ &\text{对某个}\ u \in [-1,1]\ \text{我们有} \\ &-3/4 \leqslant 2x+u+w \leqslant 3/4\ \text{满足}\ w \in [-1/2,1/2]\ \text{成立}\}\end{aligned}$$

而且我们看到 u 必须选为满足

$$-1 \leqslant u \leqslant 1, -\frac{1}{4}-2x \leqslant u \leqslant \frac{1}{4}-2x$$

为了存在这样的 u，区间 $[-1,1]$ 和 $[-1/4-2x, 1/4-2x]$ 必须有非空交集，这一点可见，当且仅当

$$-\frac{5}{8} \leqslant x \leqslant \frac{5}{8}$$

时成立。所以，为了在 $N-1$ 时刻到达有效目标集 $\bar{X}_{N-1}$，状态 x_{N-2} 必须属于集合

$$\bar{X}_{N-2} = \left[-\frac{5}{8}, \frac{5}{8}\right]$$

上面的计算说明了算法的形式，对每个 k 获得有效目标集合 $\bar{X}_k$。我们有

$$\bar{X}_k = [-\alpha_k, \alpha_k]$$

其中标量 α_k 满足以下迭代关系式

$$\alpha_k = \frac{\alpha_{k+1}}{2} + \frac{1}{4}, k = 0,1,\cdots,N-1$$

及起始条件

$$\alpha_N = 1$$

为了保证给定目标管道的可达性，初始状态 x_0 应属于区间 $[-\alpha_0,\alpha_0]$。注意随着 $k\to-\infty$ 标量 α_k 单调下降，且有 $\alpha_k\to1/2$。所以，若初始状态 x_0 在区间 $[-1/2,1/2]$ 中，则给定任意的时长 N，存在策略可将系统状态保持在集合 $[-1,1]$ 中。事实上，令

$$\mu(x)=-2x$$

可见线性平稳策略 $\{\mu,\mu,\cdots\}$ 将系统状态保持在区间 $[-1/2,1/2]$ 中，前提是初始状态属于该区间。也可看出若初始状态不属于区间 $[-1/2,1/2]$，那么存在足够大的时长 N，满足对每个可接受的策略，存在一系列可能的扰动让状态在某个时刻 $k\leqslant N$ 处于目标集合 $[-1,1]$ 之外。这些观察可被推广到线性系统和椭球约束集合（见如下讨论及所给的参考文献）。

一般来说，不易于描述有效目标集合 $\bar{X}_k$。然而，与前一节的估计问题类似，一些特殊案例涉及线性系统

$$x_{k+1}=A_kx_k+B_ku_k+w_k,k=0,1,\cdots,N-1$$

其中 A_k 和 B_k 为给定矩阵，满足精确与近似计算求解的需求。一个这样的情形是当集合 X_k 为椭球，且集合 $U_k(x_k)$ 和 $W_k(x_k,u_k)$ 分别为不依赖 x_k 和 (x_k,u_k) 的椭球。在该情形下，有效目标集合 $\bar{X}_k$ 也不是椭球的，但可用内椭球 $\tilde{X}_k\subset\bar{X}_k$ 近似（这需要椭球 U_k 有充分大的尺寸，否则目标管道可能不可达，该问题可能无解）。进一步，状态轨迹 $\{x_1,x_2,\cdots,x_N\}$ 通过使用线性控制律（与之前例子相比）可保持在椭球管道

$$\{\tilde{X}_1,\tilde{X}_2,\cdots,\tilde{X}_N\}$$

我们在习题 4.31 中给出主要算法的框架，更详细的分析推荐作者的学位论文工作 [Ber71], [BeR71b]。

另一种有趣的情形是当集合 X_k 为多面体，且集合 $U_k(x_k)$ 和 $W_k(x_k,u_k)$ 也是多面体，并与 x_k 和 u_k 独立。那么有效目标集合是多面体且可用线性规划方法计算。

一个重要的特殊情形是当问题为平稳的，且 f_k,X_k,U_k 和 W_k 不依赖 k。那么可以证明有效目标集合满足

$$\bar{X}_k\subset\bar{X}_{k+1},\text{对所有}k\text{成立}$$

交集 $\cap_{k=0}^N\bar{X}_k$ 依赖于时段长度 N，并当 N 增加到 ∞ 时减少到集合

$$X_\infty=\cap_{N-1}^\infty\cap_{k=0}^N\bar{X}_k$$

我们可将 X_∞ 视作一个集合，当状态位于其中时则可在其中保持任意（有限）时长。有所矛盾的是，在一些非同寻常的情形下，在 X_∞ 中可能存在一些状态，由这些状态出发可能无法在无穷长时段内保持在 X_∞ 中。提前排除这一可能性的条件已由作者在 [Ber72a] 中进行了讨论。参考文献 [Ber71] 和 [Ber72a] 包含一种构造 X_∞ 的内椭球近似的方法，以及当系统为线性且集合 X_k,U_k 和 W_k 是椭球时相关的线性控制律。

4.7 注释、参考文献和习题

动态线性二次型问题的确定性等价原理由 Simon[Sim56] 首先讨论。Theil[The54] 后来延续了他的工作，考虑了单阶段的情形，Holt，Modigliani 和 Simon[HMS55] 考虑了确定性情形。Kalman 和 Koepcke[KaK58]，Joseph 和 Tou[JoT61] 和 Gunckel 和 Franklin[GuF63] 独立地考

虑了类似的问题。线性二次型问题在控制理论中位于中心位置，见专刊 [IEE71]，其中包含了几百篇参考文献。

由 Arrow 等的开拓性工作 [AHM51] 激发的库存控制文献也是大量的。Arrow，Karlin 和 Scarf[AKS58] 总结了至 1958 年的主要工作，Veinott[Vei66] 也综述了该主题的早期工作。非零固定费用情形下 (s, S) 策略的最优性证明源自 Scarf[Sca60]。

4.3 节中的大部分材料取自 Mossin[Mos68]；也见 Hakansson[Hak70]，[Hak71] 和 Samuelson[Sam69]。动态规划在经济学中的许多应用在 Sargent[Sar87]，Stokey 和 Lucas[StL89] 进行了阐述。

4.4 节的材料主要取自 White[Whi69]。例 4.5.1 由 Ross[Ros70] 给出，例 4.5.2 由 Ross[Ros83] 给出，例 4.5.3 由 Weiss 和 Pinedo[WeP80] 给出。Pinedo[Pin95] 给出了有关调度问题的丰富的参考文献。

用集合隶属度描述不确定性的状态估计问题由 Witsenhausen 在 MIT 的博士工作 [Wit66] 中首次建模并处理，也见于论文 [Wit68]。本章给出的材料紧密地遵循作者的博士学位论文 [Ber71]，其中首次建模并处理了具有能量约束的估计问题。4.6.1 节中对瞬时约束给出的估计器也首次在作者的学位论文中用这里所给的方法推导出来，也给出了稳态分析。对瞬时约束使用椭球近似的状态估计器由 Schweppe[Sch68] 和 [Sch74] 首次提出。然而，这一估计器与在这里给出的估计器相比有几个不足。特别地，相关矩阵 Σ_k 依赖于观测量 $z_1, \cdots, z_k$ 且未必当 $k \to \infty$ 时收敛到平稳状态。

4.6 节的连续时间版本的估计器，以及使用集合隶属度描述不确定性的估计问题（预测和平滑问题）的其他变形由 Bertsekas 和 Rhodes[BeR71a] 首次提出。Kurzhanski 和 Valyi[KuV97] 提供了对集合隶属度估计问题的处理。Deller[Del89] 综述了在信号处理中的应用。Kosut，Lau 和 Boyd[KLB92] 讨论了在系统辨识中的应用。状态估计问题也可以通过部分涉及对不确定性的概率描述的极小化极大问题来处理。Basar[Bas91] 描述了这一方法与集合隶属度方法之间的关系。

目标管道可达性首先由本书作者在其博士学位论文 [Ber71] 中建模出来；也见论文 [BeR71b] 和 [Ber72a] 和第 II 卷的习题 3.23 和习题 3.24。有效目标集合的相关迭代 (4.68) 式和 (4.69) 式和近似这一迭代的方法也在这些参考文献中给出（见习题 4.31）。目标管道可达性问题在若干控制系统设计问题中出现，包括在 6.5 节中描述的模型预测控制（近期的讨论参阅 Mayne 的论文 [May01]）。对于相关问题的综述，包括推广到连续时间系统及额外的参考文献，见 Blanchini[Bla99]。

近期出现了关于不确定性之下如线性规划问题等一般性优化问题的极小化极大建模的有关研究。这一方法，被称为鲁棒优化，也是基于对不确定性的集合隶属度描述；一些代表性的工作，见 Ben-Tal 和 Nemirovski[BeN98]，[BeN01] 和 Bertsimas 和 Sim[BeS03]。

习　题

4.1 （具有预测的线性二次型问题）

考虑首先在 4.1 节中讨论的线性二次型问题（已知 A_k, B_k），在阶段 k 一开始我们有预测 $y_k \in \{1, 2, \cdots, n\}$ 包括选择 w_k 所用的特定概率分布 $P_{k|y_k}$ 的精确预测（参见 1.4 节）。向量 w_k

未必在分布 $P_{k|y_k}$ 之下具有零均值。证明最优控制律形式如下

$$\mu_k(x_k, y_k) = -(B_k'K_{k+1}B_k + R_k)^{-1}B_k'K_{k+1}(A_kx_k + E\{w_k|y_k\}) + \alpha_k$$

其中矩阵 K_k 由黎卡提方程 (4.3) 式和 (4.4) 式给出，α_k 是恰当的向量。

4.2

考虑标量线性系统

$$x_{k+1} = a_kx_k + b_ku_k + w_k, k = 0, 1, \cdots, N-1$$

其中 $a_k, b_k \in R$，每个 w_k 是零均值方差为 σ^2 的高斯随机变量。假设无控制约束、扰动独立。假设对每个 x_0 的最优费用有限，证明最小化费用函数

$$E\left\{\exp\left[x_N^2 + \sum_{k=0}^{N-1}(x_k^2 + ru_k^2)\right]\right\}, r > 0$$

的控制律 $\{\mu_0^*, \mu_1^*, \cdots, \mu_{N-1}^*\}$ 是状态变量的线性函数。举例证明高斯假设对此结果成立至关重要。（对于该习题的高维版本的分析，见 Jacobson[Jac73]，Whittle[Whi82]，[Whi90] 和 Basar[Bas00]。）

4.3

考虑与 4.2 节的问题（零固定费用）类似的库存问题。唯一区别是在每个阶段 k 的开始，决策者不仅知道当前的库存水平 x_k，而且由精确的预测得知需求 w_k 将按照两个概率分布 P_l, P_s（大需求、小需求）中的一个进行选择。需求预测的先验概率已知（参见 1.4 节）。

(a) 获得单阶段问题的最优订购策略；

(b) 将结果推广到 N 阶段情形；

(c) 将结果推广到任意有限种可能分布的情形。

4.4

考虑 4.2 节的库存问题（零固定费用），其中购买费用 $c_k, k = 0, 1, \cdots, N-1$ 初始未知，而是独立随机变量具有先验已知概率分布。然而，费用 c_k 的确切值在第 k 阶段开始时为决策者所知，所以在 k 时刻的库存购买决定是在费用 c_k 的确切知识下做出的。假设 p 大于 c_k 的所有可能值，描述最优订购策略。

4.5

考虑 4.2 节的库存问题，其中费用具有如下一般形式

$$E\left\{\sum_{k=0}^{N} r_k(x_k)\right\}$$

函数 r_k 是凸的且可微，且满足

$$\lim_{x\to-\infty}\frac{\mathrm{d}r_k(x)}{\mathrm{d}x} = -\infty, \lim_{x\to\infty}\frac{\mathrm{d}r_k(x)}{\mathrm{d}x} = \infty, k = 0, \cdots, N$$

(a) 假设固定费用为零。写出本问题的动态规划算法，并证明最优订购策略具有与 4.2 节中推导的结论一样的形式。

(b) 假设在订购与交付库存之间有一个单位时间的滞后，即，系统方程形式如下

$$x_{k+1} = x_k + u_{k-1} - w_k, k = 0, 1, \cdots, N-1$$

其中 u_{-1} 给定。重新建模问题让其具有 (a) 部分的形式。提示：变量代换 $y_k = x_k + u_{k-1}$。

4.6 （非零固定费用的库存控制）

考虑 4.2 节（非零固定费用）的库存问题，假设每个阶段未被满足的需求不会推迟满足而是丢弃，即，系统方程为 $x_{k+1} = \max(0, x_k + u_k - w_k)$ 而非 $x_{k+1} = x_k + u_k - w_k$。下面的论述证明了多阶段 (s, S) 策略是最优的，完善其证明细节。

简要证明：（源自 S. Shreve）令 $J_N(x) = 0$ 且对所有的 k 有

$$G_k(y) = cy + E\{h\max(0, y - w_k) + p\max(0, w_k - y) + J_{k+1}(\max(0, y - w_k))\}$$

$$J_k(x) = -cx + \min_{u\geqslant 0}[K\delta(u) + G_k(x + u)]$$

其中 $\delta(0) = 0, \delta(u) = 1$ 对 $u > 0$ 成立。只要我们可以证明 G_k 是 K-凸、连续的，且当 $|y| \to \infty$ 时 $G_k(y) \to \infty$，则上述结论可被证明。难的是证明 K-凸性，因为 G_{k-1} 的 K-凸性并不意味着 $E\{J_{k+1}(\max(0, y - w))\}$ 的 K-凸性。证明 G_{k+1} 的 K-凸性意味着

$$H(y) = p\max(0, -y) + J_{k+1}(\max(0, y)) \tag{4.70}$$

的 K-凸性，或者等价地证明

$$K + H(y + z) \geqslant H(y) + z\left(\frac{H(y) - H(y - b)}{b}\right),\ z \geqslant 0, b > 0, y \in \Re \tag{4.71}$$

是充分的。由 G_{k+1} 的 K-凸性我们对于合适的标量 s_{k+1} 和 S_{k+1} 满足 $G_{k+1}(S_{k+1}) = \min_y G_{k+1}(y)$ 和 $K + G_{k+1}(S_{k+1}) = G_{k+1}(s_{k+1})$ 则有

$$J_{k+1}(x) = \begin{cases} K + G_{k+1}(S_{k+1}) - cx & \text{若 } x < s_{k+1} \\ G_{k+1}(x) - cx & \text{若 } x \geqslant s_{k+1} \end{cases} \tag{4.72}$$

且由 4.2 节有 J_{k+1} 是 K-凸的。

情形 1: $0 \leqslant y - b < y \leqslant y + z$。在这一区域，(4.71) 式由 J_{k+1} 的 K-凸性可得。

情形 2: $y - b < y \leqslant y + z \leqslant 0$。在这一区域，$H$ 是线性的，因而是 K-凸的。

情形 3: $y - b < y \leqslant 0 \leqslant y + z$。在这一区域，(4.71) 式可被写成 [以 (6.1) 式的视角]

$$K + J_{k+1}(y + z) \geqslant J_{k+1}(0) - p(y + z)$$

我们将证明

$$K + J_{k+1}(z) \geqslant J_{k+1}(0) = pz, z \geqslant 0 \tag{4.73}$$

若 $0 < s_{k+1} \leqslant z$，那么用 (4.72) 式及事实 $p > c$，我们有

$$K + J_{k+1}(z) = K - cz + G_{k+1}(z) \geqslant K - pz + G_{k+1}(S_{k+1}) = J_{k+1}(0) = pz$$

若 $0 \leqslant z \leqslant s_{k+1}$，那么用 (4.72) 式及事实 $p > c$，我们有

$$K + J_{k+1}(z) = 2K - cz + G_{k+1}(S_{k+1}) \geqslant K - pz + G_{k+1}(S_{k+1}) = J_{k+1}(0) - pz$$

若 $s_{k+1} \leqslant 0 \leqslant z$，那么用 (4.72) 式，事实 $p > c$，及 4.2 节中引理的 (iv) 部分，我们有

$$K + J_{k+1}(z) = K - cz + G_{k+1}(z) \geqslant G_{k+1}(0) - pz = J_{k+1}(0) - pz$$

那么 (4.73) 式得证，且 (4.71) 式在所考虑的情形下也成立。

情形 4: $y-b<0<y\leqslant y+z$。那么 $0<y<b$。若

$$\frac{H(y)-H(0)}{y}\geqslant\frac{H(y)-H(y-b)}{b} \tag{4.74}$$

那么因为 H 在 $[0,\infty)$ 上与 J_{k+1} 一致，且 J_{k+1} 是 K-凸的，于是有

$$\begin{aligned}K+H(y+z)&\geqslant H(y)+z\left(\frac{H(y)-H(0)}{y}\right)\\&\geqslant H(y)+z\left(\frac{H(y)-H(y-b)}{b}\right)\end{aligned}$$

其中最后一步源自 (4.74) 式。若

$$\frac{H(y)-H(0)}{y}<\frac{H(y)-H(y-b)}{b}$$

那么我们有

$$H(y)-H(0)<\frac{y}{b}(H(y)-H(y-b))=\frac{y}{b}(H(y)-H(0)+p(y-b))$$

于是有

$$\left(1-\frac{y}{b}\right)(H(y)-H(0))<\left(\frac{y}{b}\right)p(y-b)=-py\left(1-\frac{y}{b}\right)$$

且因为 $b>y$，于是有

$$H(y)-H(0)<-py \tag{4.75}$$

现在用 H 的定义、(4.73) 式和 (4.75) 式，我们有

$$\begin{aligned}H(y)+z\frac{H(y)-H(y-b)}{b}&=H(y)+z\left(\frac{H(0)-py-H(0)+p(y-b)}{b}\right)\\&=H(y)-pz\\&<H(0)-p(y+z)\\&\leqslant K+H(y+z)\end{aligned}$$

于是 (4.73) 式在此情形下也得证。证毕。

4.7

考虑 4.2 节的库存问题（零固定费用），但区别是连续需求彼此相关并且满足如下形式的关系式

$$w_k=e_k-\gamma e_{k-1},k=0,1,\cdots$$

其中 γ 是给定标量，e_k 是独立随机变量，e_{-1} 给定。

(a) 证明该问题可被转化为具有独立需求的库存问题。提示：给定 $w_0,w_1,\cdots,w_{k-1}$，我们可以根据关系式

$$e_{k-1}=\gamma^k e_{-1}+\sum_{i=0}^{k-1}\gamma^i w_{k-1-i}$$

确定 e_{k-1}。定义 $z_k=x_k+\gamma e_{k-1}$ 为新的状态变量。

(b) 证明当库存交付存在单时段延迟时上述命题依然存在。

4.8

考虑 4.2 节的库存问题（零固定费用），唯一的区别是库存水平 x_k 的取值范围有上界 $\bar{b}$ 和下界 $\underline{b}$。这为 u_k 引入了额外的约束

$$\underline{b}+d \leqslant u_k+x_k \leqslant \bar{b}$$

其中 $d>0$ 是需求 w_k 可取的最大值（我们假设 $\underline{b}+d<\bar{b}$）。证明最优策略 $\{\mu_0^*,\cdots,\mu_{N-1}^*\}$ 具有如下形式

$$\mu_k^*(x_k)=\begin{cases} S_k-x_k & 若\, x_k<S_k \\ 0 & 若\, x_k \geqslant S_k \end{cases}$$

其中 $S_0,S_1,\cdots,S_{N-1}$ 是标量。

4.9

考虑 4.2 节的库存问题（非零固定费用），区别在于需求是确定的且必须在每个时段内被满足（即，单位量的缺货费用是 ∞）。证明当且仅当在 k 阶段库存水平 x_k 不足时订购正的量以满足需求 w_k 是最优的。进一步，当订购量为正时，应将库存水平提高至可满足若干阶段需求总和的水平。

4.10 [Vei65], [Tsi84b](www)

考虑 4.2 节的库存控制问题（零固定费用），区别在于订购量 u_k 约束为非负整数。令 J_k 为最优后续费用函数。证明：

(a) J_k 是连续的；

(b) $J_k(x+1)-J_k(x)$ 是 x 的非减函数；

(c) 存在数列 $\{S_k\}$ 满足如下给出的策略最优

$$\mu_k(x_k)=\begin{cases} n & 若\, S_k-n \leqslant x_k<S_k-n+1, n=1,2,\cdots \\ 0 & 若\, x_k \geqslant S_k \end{cases}$$

4.11（容量扩充问题）

考虑一个在 N 个时段上扩充生产系统容量的问题。让我们用 x_k 表示第 k 个时段开始时的生产容量，用 $u_k \geqslant 0$ 表示在第 k 个阶段增加的容量。那么容量按如下方式演化

$$x_{k+1}=x_k+u_k, k=0,1,\cdots,N-1$$

在第 k 个阶段的需求记为 w_k，具有已知概率分布且不依赖于 x_k 或 u_k。还有，假设连续的需求独立且有界。我们记有：

$C_k(u_k)$：与增加的容量 u_k 相关的扩充费用；

$P_k(x_k+u_k-w_k)$：与容量 x_k+u_k 和需求 w_k 相关联的惩罚；

$S(x_N)$：最终容量 x_N 的残留价值。

那么费用函数具有如下形式

$$E_{w_k,k=0,1,\cdots,N-1}\left\{-S(x_N)+\sum_{k=0}^{N-1}\left(C_k(u_k)+P_k(x_k+u_k-w_k)\right)\right\}$$

(a) 为该问题推导动态规划算法。

(b) 假设 S 是凹函数且 $\lim_{x\to\infty} dS(x)/dx = 0$，$P_k$ 是凸函数，扩充费用 C_k 形式如下

$$C_k(u) = \begin{cases} K + c_k u & \text{若 } u > 0 \\ 0 & \text{若 } u = 0 \end{cases}$$

其中 $K \geqslant 0, c_k > 0$ 对所有 k 成立。假设当 $|y| \to \infty$ 时 $c_k y + E\{P_k(y - w_k)\} \to \infty$，证明最优策略具有 (s, S) 形式。

4.12

我们想用机器生产某种产品并让其量在 N 个阶段尽可能满足已知（非随机）需求序列 d_k。机器可有两个状态：好（G）或坏（B）。机器的状态完全可观并按如下方式演化

$$P(G|G) = \lambda_G, P(B|G) = 1 - \lambda_G, P(B|B) = \lambda_B, P(G|B) = 1 - \lambda_B$$

其中 λ_G 和 λ_B 是给定概率。令 x_k 为第 k 阶段开始时的库存水平。若机器在阶段 k 处于好状态，其可生产 u_k，其中 $u_k \in [0, \bar{u}]$，库存水平演化方式为

$$x_{k+1} = x_k + u_k - d_k$$

否则库存水平演化方式为

$$x_{k+1} = x_k - d_k$$

在阶段 k 有库存水平 x_k 的费用为 $g(x_k)$，最终费用也是 $g(x_N)$。假设每阶段费用 g 为凸函数且当 $|x| \to \infty$ 时有 $g(x) \to \infty$。目标是找到最小化总期望费用的生产策略。

(a) 用归纳法证明后续费用函数的凸性，并证明对每个 k 有一个目标库存水平 S_{k+1} 满足若机器在好的状态，则最优策略为生产 $u_k^* \in [0, \bar{u}]$ 让 x_{k+1} 尽可能接近 S_{k+1}。

(b) 将 (a) 部分推广到每个需求 d_k 随机并按给定概率分布在区间 $[0, \bar{d}]$ 取值的情形。库存水平和机器的状态仍完全可观。

4.13 （赌博问题）

一个赌徒参加了一个游戏，在 k 时刻只要不超过他当前的财富 x_k（定义为其初始资本加上或减去到目前为止累计所赢或输的钱）他可下注 $u_k \geqslant 0$。他以概率 p，$\dfrac{1}{2} < p < 1$，将赌注赢回或再赚更多钱，以概率 $(1-p)$ 输掉赌注。证明最大化 $E\{\ln x_N\}$（其中 x_N 表示他在 N 次游戏后的财富）的最优赌博策略是在每个时刻 k 下注 $u_k = (2p-1)x_k$。提示：本题与 4.3 节理财问题有关。

4.14

考虑 4.3 节的动态理财问题，如同在 1.4 节中那样，在每个阶段 k 有预测显示风险资产的回报率在那个阶段按特定概率分布被选中。证明部分短视策略是最优的。

4.15

考虑涉及如下线性系统的问题

$$x_{k+1} = A_k x_k + B_k u_k, k = 0, 1, \cdots, N-1$$

其中 $n \times n$ 矩阵 A_k 给定，$n \times m$ 矩阵 B_k 是随机且独立的，且其给定概率分布不依赖于 x_k, u_k。问题是找到最大化 $E\{U(c'x_N)\}$ 的策略，其中 c 是给定 n 维向量，假设 u 是凹的二次连续可微效用函数并且对所有 y 满足

$$-\frac{U'(y)}{U''(y)} = a + by$$

且控制无约束。证明最优策略由当前状态的线性函数构成。提示：将问题化简为一维问题并使用 4.3 节的结果。

4.16

假设有人想卖房，报价在每天一开始到来。假设连续的报价彼此独立且一个报价为 w_j 的概率是 $p_j, j = 1, \cdots, n$，其中 w_j 是给定非负标量。若报价未立刻被接受并不会消失，而是可能在之后更晚日期被接受，而且，房子保持未出售状态的每一天有维护费 c。目标是最大化房子售出价减去维护费的差。考虑当需要在 N 天内售出房子有截止日期的问题，描述最优策略。

4.17

假设我们想在 N 天内卖掉 x_0 个某种商品。每天最多卖出一个。在第 k 天，已知剩余待售商品量 x_k，我们可将商品单价 u_k 设为所选的一个非负数；然后，在第 k 天卖掉商品的概率 $\lambda_k(u_k)$ 按下式依赖 u_k：

$$\lambda_k(u_k) = \alpha e^{-u_k}$$

其中 α 为给定标量且 $0 < \alpha \leqslant 1$。目标是找到最优定价策略以最大化 N 天的总期望收益。

(a) 假设对所有的 k，后续费用函数 $J_k(x_k)$ 是 x_k 的单调非减函数，证明对 $x_k > 0$，最优价格的形式为

$$\mu_k^*(x_k) = 1 + J_{k+1}(x_k) - J_{k+1}(x_k - 1)$$

且有

$$J_k(x_k) = \alpha e^{-\mu_k^*(x_k)} + J_{k+1}(x_k)$$

(b) 用归纳法证明对所有的 k，后续费用函数 $J_k(x_k)$ 确实是 x_k 的单调非减函数，最优价格 $\mu_k^*(x_k)$ 是 x_k 的单调非减函数，且 $J_k(x_k)$ 可闭式给出如下

$$J_k(x_k) = \begin{cases} (N-K)\alpha e^{-1} & \text{若 } x_k \geqslant N-k \\ \displaystyle\sum_{i=k}^{N-x_k} \alpha e^{-\mu_i^*(x_k)} + x_k \alpha e^{-1} & \text{若 } 0 < x_k < N-k \\ 0 & \text{若 } x_k = 0 \end{cases}$$

4.18（采样的最优停止）(www)

这是一个经典问题，当被恰当地重新表述后，被称为工作选择问题、秘书选择问题或者配偶选择问题。$N \geqslant 2$ 个候选对象被随机观测，且每次只能选择一个。观察者可以选择当前被观测的对象，并终止选择过程，或者拒绝当前被观测的对象并继续观测下一个。观察者可将当前被观测对象与之前已观测对象相比，目标是最大化选中按某种指标的“最优”对象的概率。假设任意两个对象均不相等。令 r^* 为满足如下条件的最小正整数

$$\frac{1}{N-1} + \frac{1}{N-2} + \cdots + \frac{1}{r} \leqslant 1$$

证明最优策略需要观测前 r^* 个对象。若第 r^* 个目标是已观测对象中排第 1 的，应选择；否则，观察过程应继续直至找到观察到相对于已观察对象而言排第 1 的对象。提示：我们假设若第 r 个对象优于前 $(r-1)$ 个对象，则其为最优的概率是 r/N。对 $k \geqslant r^*$，假设已观察 k 个对象且第 k 个对象并不优于前 $(k-1)$ 个对象，令 $J_k(0)$ 为找到最优对象的概率。证明

$$J_k(0) = \frac{k}{N}\left(\frac{1}{N-1} + \cdots + \frac{1}{k}\right)$$

4.19

驾驶员在去目的地的途中寻找停车位。每个停车位可用的概率为 p 且彼此独立。驾驶员只有到达停车位方可观测到停车位是否可用。若他的停车位距离目的地 k 个停车位，则产生费用 k。若他到达目的地但没有找到停车位，则费用为 C。

(a) 若他的停车位与目的地的距离为 k，令 F_k 为最小期望费用，其中 $F_0 = C$。证明

$$F_k = p\min(k, F_{k-1}) + qF_{k-1}, k = 1, 2, \cdots$$

其中 $q = 1 - p$。

(b) 证明最优策略的形式如下：若 $k \geqslant k^*$，则永不停于此，若 $k < k^*$ 则选择第一个可用的停车位，其中 k 为距目的地的停车位的个数，k^* 为满足 $q^{i-1} < (pC + q)^{-1}$ 的最小整数 i。

4.20 [Whi82]

某人在某天可能外出打猎或待在家中。当动物总数为 x 时，捉到一个动物的概率为 $p(x)$，这是一个已知的增函数，捉到多于一只动物的概率为零。捉到的每只动物值一个单位的钱，打猎的费用为 c。假设 x 并不因动物的生灭而变化，猎人总是知道 x，时段有限，且最终收益为零。证明最优策略是仅当 $p(x) \geqslant c$ 时打猎。

4.21

考虑标量线性系统 $x_{k+1} = ax_k + bu_k$，其中 a 和 b 已知。在每个阶段 k 我们可选择使用控制 u_k 并产生费用 $qx_k^2 + ru_k^2$，或者停下并产生费用 tx_k^2。若我们到阶段 N 仍未停下，末端费用为停止费用 tx_N^2。假设 $q \geqslant 0, r > 0, t > 0$。证明 t 存在一个阈值，在其之下立即停止，这在每个初始状态下都是最优的，在其之上在每个阶段 k 的每个状态 x_k 下继续都是最优的。

4.22

考虑涉及勒索者及受害者的情形。在每个阶段勒索者可选择：(a) 从受害者处收取付款 R 并保证不再勒索；(b) 索要金额 u，其中 $u \in [0, 1]$。若被勒索，受害者将选择：(i) 服从并支付 u 给勒索者。这以概率 $1 - u$ 发生。(ii) 拒绝支付并向警方举报。这以概率 u 发生。一旦被警方知道，勒索者不能再索要金钱。勒索者想通过最优选择索要金额 u_k 以最大化可在 N 个阶段得到的金额的期望值。(注意被举报给警方并没有额外的惩罚。) 写一个动态规划算法并找到最优策略。

4.23 [Whi82]

希腊神话英雄忒休斯被困于国王米诺斯的迷宫。每天他可尝试 N 条通道。若他进入通道 i 则可以概率 p_i 逃跑，以概率 q_i 被杀，以概率 $(1 - p_i - q_i)$ 确定该通道是死胡同并返回起点。用交换论证来证明按 p_i/q_i 的递减顺序尝试通道可最大化在 N 天内逃跑的概率。

4.24（哈迪定理）

令 $\{a_1, \cdots, a_n\}$ 和 $\{b_1, \cdots, b_n\}$ 为单调非减序列。为每个 $i = 1, \cdots, n$ 关联一个不同的下标 j_i，并考虑表达式 $\sum_{i=1}^{n} a_i b_{j_i}$。用交换论证来证明该表达式当 $j_i = i$ 对所有 i 成立时被最大化，并当 $j_i = n - i + 1$ 对所有 i 成立时被最小化。

4.25

一位教授要完成 N 个项目。每个项目 k 有截止日期 d_k，并需要时间 t_k 完成。教授同时仅能做一个项目，且必须完成该项目方可转向新项目。对于给定的完成项目的顺序，令 c_k 为完成

项目 k 的时刻，即

$$c_k = t_k + \sum_{k\text{之前完成的项目}i} t_i$$

教授想排列项目顺序让最大拖延最小，即 $\max_{k\in\{1,\cdots,N\}} \max(0, c_k - d_k)$。用交换论证来证明按照截止日期的顺序完成项目是最优的（即优先做截止日期最近的项目）。

4.26

假设我们有两个金矿 A 和 B，及一台机器。令 x_A 和 x_B 分别为 A 和 B 的现有金量（x_A 和 x_B 为整数）。当在 A 和 B 使用机器时，分别以概率 p 发现金子中的 $\lceil r_A x_A \rceil$（或 $\lceil r_B x_B \rceil$）可被挖出来且不损坏机器，以概率 $1-p$ 导致机器被损坏到无法维修，且无法再挖金子。假设 $0 < r_A < 1, 0 < r_B < 1$。我们想找到在每阶段选矿及使用机器的策略以最大化所挖出的金子的总量的期望值。

(a) 用交换论证证明当且仅当 $r_A x_A \geqslant r_B x_B$ 时挖 A 矿是最优的。

(b) 对 $x_A = 2, x_B = 4, r_A = 0.4, r_B = 0.6, p = 0.9$ 的情形求解该问题。

4.27

考虑例 5.1 中的测验竞赛问题，其中有一个关于顺序的约束，即问题 i 只能在给定的 k_i 个其他的问题被回答后才能被回答。使用交换论证来证明可以通过按照 $p_i R_i/(1-p_i)$ 递减的顺序排列问题并从其中可用的问题中选择排在首位的问题（尚未被回答且满足顺序约束）可以构造最优的列表。

4.28

考虑例 5.1 中的测验竞赛问题，其中对于未能正确回答问题 i 有费用 $F_i \geqslant 0$（在失去收益 R_i 之外）。

(a) 使用交换论证来证明按照 $(p_i R_i - (1-p_i)F_i)/(1-p_i)$ 递减的顺序回答问题是最优的。

(b) 求解该问题的变形，其中存在停止回答问题的选项。

4.29

考虑例 5.1 的测验竞赛问题，其中可以最多回答一定数量的问题，该数目小于可回答的问题数量。

(a) 证明按照 $p_i R_i/(1-p_i)$ 递减的顺序回答问题未必是最优的。提示：在只有两个问题中的一个可以被回答的情形下尝试分析这个问题。

(b) 给出求解该问题的简单算法，其中可回答的问题数量比最多允许回答的问题数量多一。

4.30（一维线性系统的可达性）

推广例 4.6.1 的分析到一维线性系统

$$x_{k+1} = a x_k + b u_k + w_k, k = 0, \cdots, N-1$$

其中 x_k 应保持在区间 $[-\alpha, \alpha]$ 中，控制取自区间 $[-\beta, \beta]$，扰动取自区间 $[-\gamma, \gamma]$。推导算法来生成有效目标集合，并描述初始状态集合，从该集合出发可保证到达目标管道。当 $N \to \infty$ 时会发生什么？

4.31（椭球管道的可达性 [BeR71b],[Ber72a]）(www)

考虑线性系统

$$x_{k+1} = A_k x_k + B_k u_k + w_k$$

其中控制 u_k 和扰动 w_k 必须属于如下椭球

$$U_k = \{x|u'R_k u \leqslant 1\}, W_k = \{x|w'D_k w \leqslant 1\}$$

其中 R_k 和 D_k 是给定正定对称阵。

(a) 关注单个阶段 k，考虑如何找到椭球

$$\bar{X} = \{x|x'Kx \leqslant 1\}$$

其中 K 是正定对称阵，满足 $\bar{X}$ 被包含在如下两个集合的交集中：(1) 椭球 $\{x|x'\Xi x \leqslant 1\}$，其中 Ξ 是正定对称阵，(2) 由所有满足如下条件的状态 x 构成的集合，该条件是存在 $u \in U_k$ 对所有的 $w \in W_k$ 有 $A_k x + B_k u + w \in X$，其中

$$X = \{x|x'\Psi x \leqslant 1\}$$

Ψ 为给定的正定对称阵。证明若对某个标量 $\beta \in (0,1)$，矩阵

$$F^{-1} = (1-\beta)(\Psi^{-1} - \beta^{-1}D_k^{-1})$$

有定义并且是正定阵，合适的矩阵 K 给定如下

$$K = A_k'(F^{-1} + B_k R_k^{-1} B_k')^{-1} A_k + \Xi$$

进一步，线性控制律

$$\mu(x) = -(R_k + B_k' F B_k)^{-1} B_k' F A_k x$$

满足对所有的 $x \in \bar{X}$ 有 $\mu(x) \in U_k$，并且若 $x \in \bar{X}$ 则 μ 获得 X 的可达性，即，μ 满足对所有的 $x \in \bar{X}$ 和 $w \in W_k$ 有 $A_k x + B_k \mu(x) + w \in X$。提示：使用如下事实，两个椭球 $\{x|x'E_1 x \leqslant 1\}$ 和 $\{x|x'E_2 x \leqslant 1\}$ 的向量和（其中 E_1 和 E_2 是正定对称的）被包含在椭球 $\{x|x'Ex \leqslant 1\}$ 中，其中

$$E^{-1} = \beta^{-1}E_1^{-1} + (1-\beta)^{-1}E_2^{-1}$$

且 β 是满足 $0 < \beta < 1$ 的任意标量。

(b) 考虑椭球目标管道 $\{\hat{X}_0, \hat{X}_1, \cdots, \hat{X}_N\}$，其中

$$\hat{X}_k = \{x|x'\Xi_k x \leqslant 1\}$$

其中 Ξ_k 为给定正定对称阵。令矩阵序列 $\{F_k\}$ 和 $\{K_k\}$ 由如下算法生成

$$K_N = \Xi_N$$

$$F_{k+1}^{-1} = (1-\beta_k)(K_{k+1}^{-1} - \beta_k^{-1}D_k^{-1}), k = 0, 1, \cdots, N-1$$

$$K_k = A_k'(F_k + 1^{-1} + B_k R_k^{-1} B_k')^{-1} A_k + \Xi_k, k = 0, 1, \cdots, N-1$$

其中 β_k 是满足 $0 < \beta_k < 1$ 的标量。使用 (a) 部分的步骤证明具有如下形式的线性控制律

$$\mu_k(x_k) = -(R_k + B_k' F_{k+1} B_k)^{-1} B_k' F_{k+1} A_k x_k, k = 0, 1, \cdots, N-1$$

获得目标管道的可达性，前提是矩阵 F_k 有定义且为正定阵，且 x_0 满足 $x_0' K_0^{-1} x_0 \leqslant 1$。

(c) 假设矩阵 A_k, B_k, R_k, D_k 和 Ξ_k 不依赖于 k，且如下代数矩阵方程

$$K = A'\left((1-\beta)(K^{-1} - \beta^{-1}D^{-1}) + BR^{-1}B'\right)^{-1} A + \Xi$$

对某个 $\beta \in (0,1)$ 具有正定解 $\bar{K}$，且矩阵

$$F^{-1} = (1-\beta)(\bar{K}^{-1} - \beta^{-1}D^{-1})$$

有定义且是正定矩阵。证明若初始状态属于集合 $\bar{X}=\{x|x'\bar{K}x\leqslant 1\}$，那么当使用平稳线性控制律

$$\mu(x)=-(R+B'FB)^{-1}B'FAx$$

时，所有后续状态将属于 $\bar{X}$。

4.32（追逐-侵略游戏与可达性 [BeR71b]）

考虑线性系统

$$x_{k+1}=A_kx_k+B_ku_k+G_kv_k,k=0,1,\cdots,N-1$$

其中控制 u_k 和 v_k 分别由两个对抗者从集合 U_k 和 V_k 中选择，都具有 x_k 的精确信息（但是在 k 时刻没有对方的信息）。选择 u_k 的玩家目标是将系统状态在某个时刻 $k=1,\cdots,N$ 代入某个给定集合 X，而选择 v_k 的玩家旨在将系统状态在所有时刻 $k=1,\cdots,N$ 都保持在集合 X 之外。将该问题关联到目标管道的可达性问题，描述初始条件 x_0 的集合满足由此出发两个玩家保证通过合适地选择他们的控制律确保可达到他们的目标。

4.33

一位著名且有点虚荣的歌剧演员被安排在 N 个连续的晚上演唱。如果她对自己在第 k 个晚上的表演满意（以概率 p 发生，且与之前的历史独立）就将在接下来的晚上继续演唱（即第 $k+1$ 个晚上）。然而，如果她不满意，她会生气并且宣称不再演唱。在这种情形下，唯一能抚慰她并让她在接下来的晚上继续演出的方法，是让歌剧导演送给她一份昂贵的礼物，价值 G 元，这将以概率 q 成功地安抚她的情绪（此概率与之前历史无关）。如果礼物不能抚慰她的情绪，她错过的演出将让歌剧院损失 C 元。歌剧导演可以选择在任意一个晚上送礼，不论他在之前晚上送礼成功与否。目标是找到能最小化 N 个晚上总费用的何时送礼、何时不送礼的策略。

(a) 写求解这个问题的动态规划算法，尽可能描述最优策略。

(b) 对于概率 q 非常数、而是当前阶段的减函数的情形重复 (a) 部分。

4.34

一位有点商业头脑但有点傻气的研究生将下个学期的学费投资在股票市场中。结果，他现在拥有一些股票，但是需要在注册日之前卖掉，现在距离注册日还有 N 天。股票必须在单日内被全部出售，之后所得存入银行并每天获得利息 r。第 k 天的股票价值记为 x_k，并按照如下方式演化

$$x_{k+1}=\lambda x_k+w_k,x_0:\text{给定}$$

其中 λ 是满足 $0<\lambda<1$ 的标量，w_k 是从有限个正数中取值的随机变量。我们假设 $w_0,\cdots,w_{N-1}$ 独立同分布。学生希望最大化在注册日的期望钱数。

(a) 写出求解该问题的动态规划算法，尽可能描述最优策略。

(b) 假设学生可以选择某一天卖掉一部分股票。他/她的决策会有何不同？

第 5 章　不精确状态信息的问题

到目前为止我们假设控制器可以获得当前状态的精确信息，但这一假设经常是不现实的。例如，有些状态变量可能无法获得，用于测量这些状态的传感器可能不精确，或者获取状态精确值的代价太高。为了对这种情形进行建模，我们假设在每个阶段控制器可以获得当前状态的观测值，该观测值可能存在随机不确定性。

控制器使用这类观测值而非状态的问题被称为*不精确状态信息的问题*，这是本章的主题。我们将发现虽然存在对于这类不精确信息问题的动态规划算法，但是这些算法比在精确信息的情形下在计算上要复杂许多。因此，在没有解析解时，不精确信息问题通常在实用中仅仅进行近优求解。另外，从概念上，我们将发现具有不精确信息的问题与我们到目前为止所研究的精确状态信息的问题并无区别。事实上通过多种模型变换，我们可以将不精确信息问题简化为具有精确状态信息的问题。我们将研究两种这类化简方法，推出两种不同的动态规划算法。第一种化简是下面一节的主题，而另一种化简将在 5.4 节中给出。

5.1　化简为精确信息的情形

我们首先对与基本问题对应的不精确状态信息问题进行建模。

具有不精确状态信息的基本问题

考虑 1.2 节的基本问题，其中控制器没有状态的精确信息，而是仅能获得如下形式的观测值 z_k

$$z_0 = h_0(x_0, v_0), z_k = h_k(x_k, u_{k-1}, v_k), k = 1, 2, \cdots, N-1$$

观测值 z_k 属于给定的观测空间 Z_k。随机的观测扰动 v_k 属于给定空间 V_k 并由如下给定的概率分布描述

$$P_{v_k}(\cdot|x_k, \cdots, x_0, u_{k-1}, \cdots, u_0, w_{k-1}, \cdots, w_0, v_{k-1}, \cdots, v_0)$$

这依赖于当前状态以及过去的状态、控制及扰动。

初始状态 x_0 也是随机的且由给定的概率分布 P_{x_0} 描述。w_k 的概率分布 $P_{w_k}(\cdot|x_k, u_k)$ 给定，可能显式地依赖于 x_0 和 u_k 但是并不显式地依赖于之前的扰动 $w_0, \cdots, w_{k-1}, v_0, \cdots, v_{k-1}$。控制 u_k 约束为从控制空间 C_k 的给定非空子集 U_k 中取值。假设这个子集不依赖于 x_k。

用 I_k 表示在 k 时刻对控制器可用的信息，并称之为*信息向量*。我们有

$$\begin{aligned} I_k &= (z_0, z_1, \cdots, z_k, u_0, u_1, \cdots, u_{k-1}), k = 1, 2, \cdots, N-1 \\ I_0 &= z_0 \end{aligned} \tag{5.1}$$

考虑由一系列函数 $\pi = \{\mu_0, \mu_1, \cdots, \mu_{N-1}\}$ 构成的一类策略，其中每个函数 μ_k 将信息向量 I_k 映射到控制空间 C_k，有

$$\mu_k(I_k) \in U_k, \text{对所有的} I_k, k = 0, 1, \cdots, N_1$$

这样的策略被称为可接受的。我们想找到一个可接受的策略 $\pi=\{\mu_0,\mu_1,\cdots,\mu_{N-1}\}$ 以最小化如下的费用函数

$$J_\pi=E_{x_0,w_k,v_k,k=0,\cdots,N-1}\left\{g_N(x_N)+\sum_{k=0}^{N-1}g_k\left(x_k,\mu_k(I_k),w_k\right)\right\}$$

满足如下的系统方程

$$x_{k+1}=f_k\left(x_k,\mu_k(I_k),w_k\right),k=0,1,\cdots,N-1$$

和观测方程

$$z_0=h_0(x_0,v_0)$$

$$z_k=h_k(x_k,\mu_{k-1}(I_{k-1}),v_k),k=1,2,\cdots,N-1$$

注意与精确状态信息情形的区别。之前我们尝试找到规则能在 k 时刻为每个状态 x_k 指定控制 u_k，现在我们寻找一个规则能为每个信息向量（或信息状态）I_k（即，对到 k 时刻为止收到的每个观测与控制序列）给出适用的控制。

例 5.1.1（多路访问通信）

考虑共享信道的一组传输基站，例如，一组使用相同频率与同一颗卫星通信的地面基站。基站通过同步在整数时间点传输数据包。每个包需要一个单位时间（也称为时隙）传输。在时隙 k 到达的包的总数 a_k 与之前的到达独立并具有给定的概率分布。基站在第 k 个时隙的开始并不知道积压的量 x_k（等待传输的数据包数目）。包的传输使用策略（称为时隙 Aloha）进行调度，在第 k 个时隙一开始每个在系统中的数据包将在第 k 个时隙中以概率 u_k 传输（该概率对所有的包相同）。如果有两个或更多包同时传输，将发生碰撞，这些包需要等候在稍晚时间重新传输。然而，基站可以观测信道并确定在任意时隙中是否有碰撞（两个或更多包）、成功（单个包）或者空闲（没有包）。这些观测量提供了关于系统状态的信息（积压量 x_k），可被用于合适地选择控制（传输概率 u_k）。目标是保持积压量小，所以我们假设每阶段的费用 $g_k(x_k)$ 为 x_k 的单调增函数。

这里的系统状态是积压量 x_k 且按如下方程演化

$$x_{k+1}=x_k+a_k-t_k$$

其中 a_k 是新到达的量，t_k 是在时隙 k 成功传输的包的数量。a_k 和 t_k 可被视作扰动，t_k 的分布依赖于状态 x_k 和控制 u_k。可以按概率 $x_ku_k(1-u_k)^{x_k-1}$ 看到 $t_k=1$（成功），否则是 $t_k=0$（空闲或者碰撞）[正在等待传输的 x_k 个数据包中任意一个被传输且其他数据包未被传输的概率是 $u_k(1-u_k)^{x_k-1}$]。

如果有精确的状态信息（即，在时隙 k 开始已知积压量 x_k），最优策略应为选择 u_k 的取值以最大化 $x_ku_k(1-u_k)^{x_k-1}$，这是成功概率。①通过将这一概率的导数设为 0，可找到（精确状态信息下的）最优策略如下

$$\mu_k(x_k)=\frac{1}{x_k},\ 对所有的x_k\geqslant 1$$

① 下面提供更详细的推导，注意精确状态信息问题的动态规划算法是 $J_k(x_k)=g_k(x_k)+\min\limits_{0\leqslant u_k\leqslant 1}E_{a_k}\{p(x_k,u_k)J_{k+1}(x_k+a_k-1)+(1-p(x_k,u_k))J_{k+1}(x_k+a_k)\}$，其中 $p(x_k,u_k)$ 为成功概率 $x_ku_k(1-u_k)^{x_k-1}$。因为单阶段费用 $g_k(x_k)$ 为积压量 x_k 的增函数，可见每个后续费用函数 $J_k(x_k)$ 是 x_k 的增函数（这也可用归纳法证明）。所以对所有的 x_k 和 a_k 有 $J_{k+1}(x_k+a_k)\geqslant J_{k+1}(x_k+a_k-1)$，基于此动态规划算法意味着最优控制 u_k 在 [0,1] 上最大化 $p(x_k,u_k)$。

然而，在实际中 x_k 未知（非精确状态信息），最优控制需要在可用观测量的基础上进行选择（即，成功、空闲与碰撞的完整信道历史）。这些观测量与积压量历史（过去的状态）和过去的传输概率（过去的控制）有关，但是被随机不确定性破坏了。数学上，我们可以写出方程 $z_{k+1}=v_{k+1}$，其中 z_{k+1} 是在第 k 个时隙的末尾获得的观测量，而随机变量 v_{k+1} 空闲的概率是 $(1-u_k)^{x_k}$，成功的概率是 $x_k u_k(1-u_k)^{x_k-1}$，并以剩下的概率发生碰撞。

可以看出这个问题属于所给的不精确状态信息的框架。不幸的是，该问题的最优解非常复杂，从实用的角度上不能计算，将在 6.1 节中讨论次优解。

重新建模为精确状态信息问题

我们现在展示如何将不精确的状态信息简化为状态信息。正如在 1.4 节中对状态增广的讨论，可形象地看出可以定义新系统，其在 k 时刻的状态是对控制器指定第 k 个决策时可用的知识变量。所以新系统状态的首先选择是信息向量 I_k。实际上我们将证明这个选择是合适的。

由信息向量的定义有 [见 (5.1) 式]

$$I_{k+1}=(I_k,z_{k+1},u_k),k=0,1,\cdots,N-2,I_0=z_0 \tag{5.2}$$

这些方程描述的系统演化与在 1.2 节中考虑的基本问题具有相同本质。该系统的状态是 I_k，控制是 u_k，z_{k+1} 可以被视作随机扰动。进一步，我们有

$$P(z_{k+1}|I_k,u_k)=P(z_{k+1}|I_k,u_k,z_0,z_1,\cdots,z_k)$$

因为 $z_0,z_1,\cdots,z_k$ 是信息向量 I_k 的一部分，所以 z_{k+1} 的概率分布显式地依赖于 (5.2) 式新系统的状态 I_k 和控制 u_k，而不是之前的“扰动” $z_k,\cdots,z_0$。

通过

$$E\{g_k(x_k,u_k,w_k)\}=E\left\{E_{x_k,w_k}\{g_k(x_k,u_k,w_k)|I_k,u_k\}\right\}$$

我们可以类似用新系统的变量重写费用函数。每个阶段的费用是新状态 I_k 和控制 u_k 的函数，为

$$\tilde{g}_k(I_k,u_k)=E_{x_k,w_k}\left\{g_k(x_k,u_k,w_k)|I_k,u_k\right\} \tag{5.3}$$

所以具有不精确状态信息的基本问题已经被重写为具有精确状态信息的问题，涉及 (5.2) 式的系统和 (5.3) 式的单阶段费用。通过写出后者的动态规划算法，并替换 (5.2) 式和 (5.3) 式，获得

$$\begin{aligned}J_{N-1}(I_{N-1})=\min_{u_{N-1}\in U_{N-1}}&\left[E_{x_{N-1},w_{N-1}}\left\{g_N(f_{N-1}(x_{N-1},u_{N-1},w_{N-1}))\right.\right.\\&\left.\left.+g_{N-1}(x_{N-1},u_{N-1},w_{N-1})|I_{N-1},u_{N-1}\right]\right.\end{aligned} \tag{5.4}$$

且对所有的 $k=0,1,\cdots,N-2$，

$$J_k(I_k)=\min_{u_k\in U_k}\left[E_{x_k,w_k,z_{k+1}}\left\{g_k(x_k,u_k,w_k)+J_{k+1}(I_k,z_{k+1},u_k)|I_k,u_k\right\}\right] \tag{5.5}$$

这些方程构成了不精确状态信息问题的一种可能的动态规划算法。通过将 (5.4) 式动态规划等式右侧对每个可能的信息向量 I_{N-1} 最小化获得 $\mu_{N-1}^*(I_{N-1})$，由此获得最优策略 $\{\mu_0^*,\mu_1^*,\cdots,\mu_{N-1}^*\}$。同时，计算出 $J_{N-1}(I_{N-1})$ 并在 (5.5) 式动态规划的最小化中用于计算 $J_{N-2}(I_{N-2})$，这一步对 I_{N-2} 的每个可能取值执行。类似地，可以获得 $J_{N-3}(I_{N-3})$ 和 $\mu_{N_3}^*$ 等，直到算出 $J_0(I_0)=J_0(z_0)$。最优费用 J^* 于是给定如下

$$J^*=E_{z_0}\left\{J_0(z_0)\right\}$$

维修机器的例子

一台机器可以处于两个状态之一，分别记为 P 和 $\bar{P}$。状态 P 表示机器处于良好状态（好状态），状态 $\bar{P}$ 表示机器处于不良状态（坏状态）。机器工作一个单位时间后，若机器从 P 开始，则以概率 $\dfrac{2}{3}$ 停留在状态 P，若机器从 $\bar{P}$ 开始，则以概率 1 保持在状态 $\bar{P}$。该机器从状态 P 开始一共运行三个阶段。在第一个和第二个阶段末尾，机器经过检测，有两种可能的检测结果，分别记为 G（可能是好状态）和 B（可能是坏状态）。如果机器在好状态 P，检测结果以概率 $\dfrac{3}{4}$ 为 G；如果机器在坏状态 $\bar{P}$，检测结果以概率 $\dfrac{3}{4}$ 为 B：

$$P(G|x=P)=\frac{3}{4}, P(B|x=P)=\frac{1}{4}$$
$$P(G|x=\bar{P})=\frac{1}{4}, P(B|x=\bar{P})=\frac{3}{4}$$

见图 5.1.1。在每次检测后可以采取以下两种动作。

C：继续机器运行；

S：停止机器，通过精确的诊断测试确定其状态，若为坏状态 $\bar{P}$，则让其回归好状态 P。

在每个阶段，对应于机器从坏状态 $\bar{P}$ 或好状态 P 开始，分别有费用 2 或 0。采用停止-并-维修的动作 S 的费用是 1 个单位，最终费用是 0。

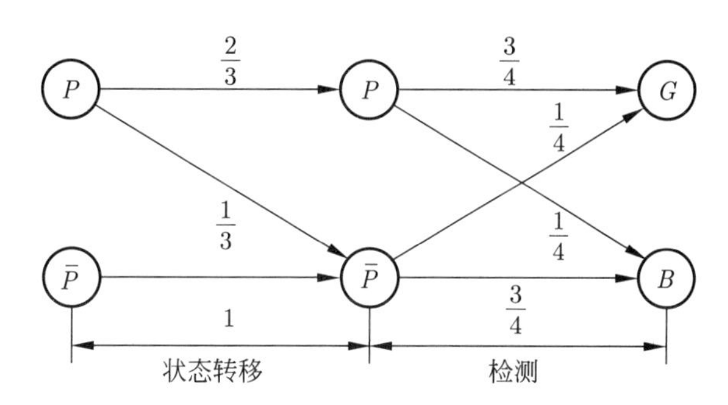

图 5.1.1　机器维修一例中的状态转移图和检测输出的概率

问题是确定可最小化在三个阶段的期望费用的策略。换言之，我们希望在知道第一次检测的结果之后找到最优动作，在知道第一次和第二次检测的结果以及在第一次检测之后采取的动作之后找到最优动作。

可见这个案例属于这一节的问题的通用框架。状态空间包括状态 P 和 $\bar{P}$，

$$状态空间=\{P,\bar{P}\}$$

控制空间包括两个动作

$$控制空间=\{C,S\}$$

可通过引入系统方程描述系统演化

$$x_{k+1}=w_k, k=0,1$$

其中对 $k=0,1$，w_k 的概率分布给定如下

$$P(w_k=P|x_k=P,u_k=C)=\frac{2}{3},\ P(w_k=\bar{P}|x_k=P,u_k=C)=\frac{1}{3}$$
$$P(w_k=P|x_k=\bar{P},u_k=C)=0,\ P(w_k=\bar{P}|x_k=\bar{P},u_k=C)=1$$
$$P(w_k=P|x_k=P,u_k=S)=\frac{2}{3},\ P(w_k=\bar{P}|x_k=P,u_k=S)=\frac{1}{3}$$
$$P(w_k=P|x_k=\bar{P},u_k=S)=\frac{2}{3},\ P(w_k=\bar{P}|x_k=\bar{P},u_k=S)=\frac{1}{3}$$

我们分别用 x_0,x_1,x_2 表示在第一、二、三个时段末尾的机器状态。用 u_0 表示在第一次检测（第一个时段末尾）之后采取的行为，用 u_1 表示在第二次检测（第二个时段末尾）之后采取的行为。x_0 的概率分布为

$$P(x_0=P)=\frac{2}{3},\ P(x_0=\bar{P})=\frac{1}{3}$$

注意我们没有精确的状态信息，因为检测并没有准确揭示机器的状态。每次检测的结果可以被视作系统状态的测量，形式为

$$z_k=v_k,k=0,1$$

其中对 $k=0,1$，v_k 的概率分布给定如下

$$P(v_k=G|x_k=P)=\frac{3}{4},\ P(v_k=B|x_k=P)=\frac{1}{4}$$
$$P(v_k=G|x_k=\bar{P})=\frac{1}{4},\ P(v_k=B|x_k=\bar{P})=\frac{3}{4}$$

与一系列状态 x_0,x_1 和行为 u_0,u_1 对应的费用是

$$g(x_0,u_0)+g(x_1,u_1)$$

其中

$$g(P,C)=0,g(P,S)=1,g(\bar{P},C)=2,g(\bar{P},S)=1$$

时间 0 和 1 的信息向量是

$$I_0=z_0,I_1=(z_0,z_1,u_0)$$

我们寻找函数 $\mu_0(I_0),\mu_1(I_1)$ 最小化

$$\begin{aligned}&E_{x_0,w_0,w_1,v_0,v_1}\left\{g(x_0,\mu_0(I_0))+g(x_1,\mu_1(I_1))\right\}\\&=E_{x_0,w_0,w_1,v_0,v_1}\left\{g(x_0,\mu_0(z_0))+g(x_1,\mu_1(z_0,z_1,\mu_0(z_0)))\right\}\end{aligned}$$

现在使用动态规划算法。这涉及在两个可能的动作 C 和 S 之间取最小，具有如下形式

$$\begin{aligned}J_k(I_k)=\min[&P(x_k=P|I_k,C)g(P,C)+P(x_k=\bar{P}|I_k,C)g(\bar{P},C)\\&+E_{z_{k+1}}\left\{J_{k+1}(I_k,C,z_{k+1})|I_k,C\right\},P(x_k=P|I_k,S)g(P,S)\\&+P(x_k=\bar{P}|I_k,S)g(\bar{P},S)+E_{z_{k+1}}\left\{J_{k+1}(I_k,S,z_{k+1})|I_k,S\right\}]\end{aligned}$$

其中 $k=0,1$，末端条件是 $J_2(I_2)=0$。

最后一个阶段：对 8 个可能的信息向量 $I_1=(z_0,z_1,u_0)$ 中的每一个，我们用 (5.4) 式计算 $J_1(I_1)$。正如上面的动态规划算法指出的，对这些向量中的每一个，我们应该计算可能动作的期望费用 $u_1=C$ 和 $u_1=S$，并将具有最小费用的动作选择为最优动作。我们有

$$C\text{的费用}=2\cdot P(x_1=\bar{P}|I_1), S\text{ 的费用}=1$$

于是有

$$J_1(I_1)=\min[2P(x_1=\bar{P}|I_1),1]$$

概率 $P(x_1=\bar{P}|I_1)$ 可以使用贝叶斯准则和问题数据计算出来。省略一些细节。我们有：

(1) 对 $I_1=(G,G,S)$

$$\begin{aligned}P(x_1=\bar{P}|G,G,S)&=\frac{P(x_1=\bar{P},G,G|S)}{P(G,G|S)}\\&=\frac{\frac{1}{3}\cdot\frac{1}{4}\cdot\left(\frac{2}{3}\cdot\frac{3}{4}+\frac{1}{3}\cdot\frac{1}{4}\right)}{\left(\frac{2}{3}\cdot\frac{3}{4}+\frac{1}{3}\cdot\frac{1}{4}\right)^2}=\frac{1}{7}\end{aligned}$$

然后

$$J_1(G,G,S)=\frac{2}{7},\mu_1^*(G,G,S)=C$$

(2) 对于 $I_1=(B,G,S)$，

$$P(x_1=\bar{P}|B,G,S)=P(x_1=\bar{P}|G,G,S)=\frac{1}{7}$$

$$J_1(B,G,S)=\frac{2}{7},\mu_1^*(B,G,S)=C$$

(3) 对 $I_1=(G,B,S)$，

$$\begin{aligned}P(x_1=\bar{P}|G,B,S)&=\frac{P(x_1=\bar{P},G,B|S)}{P(G,B|S)}\\&=\frac{\frac{1}{3}\cdot\frac{3}{4}\cdot\left(\frac{2}{3}\cdot\frac{3}{4}+\frac{1}{3}\cdot\frac{1}{4}\right)}{\left(\frac{2}{3}\cdot\frac{1}{4}+\frac{1}{3}\cdot\frac{3}{4}\right)\left(\frac{2}{3}\cdot\frac{3}{4}+\frac{1}{3}\cdot\frac{1}{4}\right)}=\frac{3}{5}\end{aligned}$$

$$J_1(G,B,S)=1,\mu_1^*(G,B,S)=S$$

(4) 对 $I_1=(B,B,S)$，

$$P(x_1=\bar{P}|B,B,S)=P(x_1=\bar{P}|G,B,S)=\frac{3}{5}$$

$$J_1(B,B,S)=1,\mu_1^*(B,B,S)=S$$

(5) 对 $I_1=(G,G,C)$，

$$P(x_1=\bar{P}|G,G,C)=\frac{P(x_1=\bar{P},G,G|C)}{P(G,G|C)}=\frac{1}{5}$$

$$J_1(G,G,C)=\frac{2}{5},\mu_1^*(G,G,C)=C$$

(6) 对 $I_1=(B,G,C)$，

$$P(x_1=\bar{P}|B,G,C)=\frac{11}{23}$$

$$J_1(B,G,C)=\frac{22}{23},\mu_1^*(B,G,C)=C$$

(7) 对 $I_1=(G,B,C)$，

$$P(x_1=\bar{P}|G,B,C)=\frac{9}{13}$$

$$J_1(G,B,C)=1,\mu_1^*(G,B,C)=S$$

(8) 对 $I_1=(B,B,C)$，

$$P(x_1=\bar{P}|B,B,C)=\frac{33}{37}$$

$$J_1(B,B,C)=1,\mu_1^*(B,B,C)=S$$

总结对最后一个阶段的结果，最优策略是若最后一次检测结果是 G 则继续 $(u_1=C)$，若最后一次检测结果是 B 则停止 $(u_1=S)$。

使用 (5.5) 式的动态规划对两个可能的信息向量 $I_0=(G),I_0=(B)$ 中的每一个计算 $J_0(I_0)$。我们有

$$\begin{aligned}C\text{的费用}&=2P(x_0=\bar{P}|I_0,C)+E_{z_1}\{J_1(I_0,z_1,C)|I_0,C\}\\&=2P(x_0=\bar{P}|I_0,C)+P(z_1=G|I_0,C)J_1(I_0,G,C)+P(z_1=B|I_0,C)J_1(I_0,B,C)\end{aligned}$$

$$\begin{aligned}S\text{的费用}&=1+E_{z_1}\{J_1(I_0,z_1,S)|I_0,S\}\\&=1+P(z_1=G|I_0,S)J_1(I_0,G,S)+P(z_1=B|I_0,S)J_1(I_0,B,S)\end{aligned}$$

以及

$$\begin{aligned}J_0(I_0)=\min\big[&2P(x_0=\bar{P}|I_0,C)+E_{z_1}\{J_1(I_0,z_1,C)|I_0,C\}\\&1+E_{z_1}\{J_1(I_0,z_1,S)|I_0,S\}\big]\end{aligned}$$

(1) 对 $I_0=(G)$：直接计算获得

$$P(z_1=G|G,C)=\frac{15}{28},\quad P(z_1=B|G,C)=\frac{13}{28}$$

$$P(z_1=G|G,S)=\frac{7}{12},\quad P(z_1=B|G,S)=\frac{5}{12}$$

$$P(x_0=\bar{P}|G,C)=\frac{1}{7}$$

然后有

$$J_0(G)=\min\left[2\cdot\frac{1}{7}+\frac{15}{28}J_1(G,G,C)+\frac{13}{28}J_1(G,B,C)\right.$$

$$1+\frac{7}{12}J_1(G,G,S)+\frac{5}{12}J_1(G,B,S)\bigg]$$

使用在前一阶段获得的 J_1 的值

$$J_0(G)=\min\left[2\cdot\frac{1}{7}+\frac{15}{28}\cdot\frac{2}{5}+\frac{13}{28}\cdot 1, 1+\frac{7}{12}\cdot\frac{2}{7}+\frac{5}{12}\cdot 1\right]$$

$$=\min\left[\frac{27}{28},\frac{19}{12}\right]=\frac{27}{28}$$

$$J_0(G)=\frac{27}{28},\mu_0^*(G)=C$$

(2) 对 $I_0=(B)$：直接计算获得

$$P(z_1=G|B,C)=\frac{23}{60},\quad P(z_1=B|B,C)=\frac{37}{60}$$

$$P(z_1=G|B,S)=\frac{7}{12},\quad P(z_1=B|B,S)=\frac{5}{12}$$

$$P(x_0=\bar{P}|B,C)=\frac{3}{5}$$

以及

$$J_0(B)=\min\bigg[2\cdot\frac{3}{5}+\frac{23}{60}J_1(B,G,C)+\frac{37}{60}J_1(B,B,C)$$

$$1+\frac{7}{12}J_1(B,G,S)+\frac{5}{12}J_1(B,B,S)\bigg]$$

使用在前一状态获得的 J_1 的值

$$J_0(B)=\min\left[\frac{131}{60},\frac{19}{12}\right]=\frac{19}{12}$$

$$J_0(B)=\frac{19}{12},\mu_0^*(B)=S$$

总结一下，两个阶段的最优策略是若最后的检测结果是 G 则继续，否则停止并维修。

最优费用是

$$J^*=P(G)J_0(G)+P(B)J_0(B)$$

我们可以验证 $P(G)=\frac{7}{12}$ 和 $P(B)=\frac{5}{12}$，所以

$$J^*=\frac{7}{12}\cdot\frac{27}{28}+\frac{5}{12}\cdot\frac{19}{12}=\frac{176}{144}$$

在上面的例子中，可以通过 (5.4) 式和 (5.5) 式的动态规划算法计算最优策略和最优费用，因为该系统非常简单。容易换成对于更复杂的问题，动态规划算法所需要的计算量可能非常大，特别是当可能的信息向量 I_k 的数量大（或者无穷多）。不幸的是，即使控制与观测空间是简单的（一维或者有限的），信息向量空间 I_k 可能维数很大。这让算法在许多情形下的应用非常困难。然而，存在一些可能解析求解的问题，下面的两节处理这样的问题。

5.2 线性系统和二次型费用

我们将展示前一节的动态规划算法如何用于与 4.1 节的线性系统/二次型费用问题类似的不精确状态信息问题。考虑相同的线性系统

$$x_{k+1} = A_k x_k + B_k u_k + w_k, k = 0, 1, \cdots, N-1$$

和二次型费用

$$E\left\{x'_N Q_N x_N + \sum_{k=0}^{N-1}(x'_k Q_k x_k + u'_k R_k u_k)\right\}$$

但是现在控制并不直接知道当前的状态。在每个阶段 k 的开始，可以获得观测，形式如下

$$z_k = C_k x_k + v_k, k = 0, 1, \cdots, N-1$$

其中 $z_k \in \Re^s$, C_k 是给定的 $s \times n$ 矩阵，$v_k \in \Re^s$ 是具有给定概率分布的观测噪声向量。进一步，向量 v_k 是彼此独立的，且与 w_k 和 x_0 独立。我们与 4.1 节中对输入扰动 w_k 进行相同的假设，即，独立、零均值、有限方差。系统矩阵 A_k, B_k 已知；与在 4.1 节中考虑的随机系统矩阵对应的不精确信息的问题没有解析解。

从 (5.4) 式的动态规划有

$$\begin{aligned} J_{N-1}(I_{N-1}) = \min_{u_{N-1}}[E_{x_{N-1},w_{N-1}}\{&x'_{N-1}Q_{N-1}x_{N-1} + u'_{N-1}R_{N-1}u_{N-1} \\ &+(A_{N-1}x_{N-1} + B_{N-1}u_{N-1} + w_{N-1})' \\ &\cdot Q_N(A_{N-1}x_{N-1} + B_{N-1}u_{N-1} + w_{N-1})|I_{N-1}\}] \end{aligned}$$

因为 $E\{w_{N-1}|I_{N-1}\} = E\{w_{N-1}\} = 0$，这个表达式可以被写成

$$\begin{aligned} J_{N-1}(I_{N-1}) = E_{x_{N-1}}&\left\{x'_{N-1}(A'_{N-1}Q_N A_{N-1} + Q_{N-1})x_{N-1}|I_{N-1}\right\} \\ &+E_{w_{N-1}}\left\{w'_{N-1}Q_N w_{N-1}\right\} \\ &+\min_{u_{N-1}}[u'_{N-1}(B'_{N-1}Q_N B_{N-1} + R_{N-1})u_{N-1} \\ &+2E\{x_{N-1}|I_{N-1}\}'A'_{N-1}Q_N B_{N-1}u_{N-1}] \end{aligned} \tag{5.6}$$

最小化获得最后阶段的最优策略:

$$\begin{aligned} u^*_{N-1} &= \mu^*_{N-1}(I_{N-1}) \\ &= -(B'_{N-1}Q_N B_{N-1} + R_{N-1})^{-1}B'_{N-1}Q_N A_{N-1}E\{x_{N-1}|I_{N-1}\} \end{aligned} \tag{5.7}$$

通过在 (5.6) 式中进行替换，我们获得

$$\begin{aligned} J_{N-1}(I_{N-1}) = E_{x_{N-1}}&\left\{x'_{N-1}K_{N-1}x_{N-1}|I_{N-1}\right\} \\ &+E_{x_{N-1}}\{(x_{N-1} - E\{x_{N-1}|I_{N-1}\})' \\ &\cdot P_{N-1}(x_{N-1} - E\left\{x_{N-1}|I_{N-1}\right\})|I_{N-1}\} \\ &+E_{w_{N-1}}\left\{w'_{N-1}Q_N w_{N-1}\right\} \end{aligned}$$

其中矩阵 K_{N-1} 和 P_{N-1} 给定如下

$$P_{N-1}=A'_{N-1}Q_NB_{N-1}(R_{N-1}+B'_{N-1}Q_NB_{N-1})^{-1}B'_{N-1}Q_NA_{N-1}$$
$$K_{N-1}=A'_{N-1}Q_NA_{N-1}-P_{N-1}+Q_{N-1}$$

注意 (5.6) 式最优策略与其精确状态信息情形下的对等策略基本相同，区别在于 x_{N-1} 被其条件期望 $E_{x_{N-1}|I_{N-1}}$ 替代。也要注意后续费用 $J_{N-1}(I_{N-1})$ 展现了与在精确状态信息情形下对应的相似性，区别在于 $J_{N-1}(I_{N-1})$ 包括额外的中间项，这实际是对估计误差的惩罚项。

现在对阶段 $N-2$ 的动态规划方程是

$$\begin{aligned}
J_{N-2}(I_{N-2})&=\min_{u_{N-2}}[E_{x_{N-2},w_{N-2},z_{N-1}}\{x'_{N-2}Q_{N-2}x_{N-2}+u'_{N-2}R_{N-2}u_{N-2}\\
&\quad+J_{N-1}(I_{N-1})|I_{N-2},u_{N-2}\}]\\
&=E\{x'_{N-2}Q_{N-2}x_{N-2}|I_{N-2}\}\\
&\quad+\min_{u_{N-2}}[u'_{N-2}R_{N-2}u_{N-2}+E\{x'_{N-1}K_{N-1}x_{N-1}|I_{N-2},u_{N-2}]\\
&\quad+E\{(x_{N-1}-E\{x_{N-1}|I_{N-1})'\\
&\quad\cdot P_{N-1}(x_{N-1}-E\{x_{N-1}|I_{N-1}\})|I_{N-2},u_{N-2}\}\\
&\quad+E_{w_{N-1}}\{w'_{N-1}Q_Nw_{N-1}\}
\end{aligned}\tag{5.8}$$

注意我们已经将倒数第二项排除在相对于 u_{N-2} 的最小化之外了。我们已经这样做了因为这一项与 u_{N-2} 独立。为了展示这一点，需要下面的引理。

该引理本质上阐述了通过误差 $x_k-E\{x_k|I_k\}$ 的统计量表达的估计的质量不会被控制的选择所影响。这是因为系统与观测方程的线性性质。特别地，x_k 和 $E\{x_k|I_k\}$ 包含 $(u_0,\cdots,u_{k-1})$ 中相同的线性项，于是彼此抵消。

引理 5.2.1　对每个 k，有函数 M_k 满足

$$x_k-E\{x_k|I_k\}=M_k(x_0,w_0,\cdots,w_{k-1},v_0,\cdots,v_k)$$

与使用的策略独立。

证明　固定策略并考虑下面的两个系统。在第一个系统中存在由策略确定的控制，

$$x_{k+1}=A_kx_k+B_ku_k+w_k,z_k=C_kx_k+v_k$$

而在第二个系统中没有控制，

$$\bar{x}_{k+1}=A_k\bar{x}_k+\bar{w}_k,\bar{z}_k=C_k\bar{x}_k+\bar{v}_k$$

我们考虑这两个系统从相同初始条件开始的系统演化

$$x_0=\bar{x}_0$$

当它们的系统扰动和观测噪声向量也相同时，

$$w_k=\bar{w}_k,v_k=\bar{v}_k,k=0,1,\cdots,N-1$$

考虑如下向量

$$Z^k=(z_0,\cdots,z_k)',\bar{Z}^k=(\bar{z}_0,\cdots,\bar{z}_k)'$$
$$W^k=(w_0,\cdots,w_k)',V^k=(v_0,\cdots,v_k)',U^k=(u_0,\cdots,u_k)'$$

线性意味着存在矩阵 F_k, G_k 和 H_k 满足

$$x_k = F_k x_0 + G_k U^{k-1} + H_k W^{k-1}$$
$$\bar{x}_k = F_k x_0 + H_k W^{k-1}$$

因为向量 $U^{k-1} = (u_0, \cdots, u_{k-1})'$ 是信息向量 I_k 的一部分，我们有 $U^{k-1} = E\{U^{k-1}|I_k\}$，所以有

$$E\{x_k|I_k\} = F_k E\{x_0|I_k\} + G_k U^{k-1} + H_k E\{W^{k-1}|I_k\}$$
$$E\{\bar{x}_k|I_k\} = F_k E\{x_0|I_k\} + H_k E\{W^{k-1}|I_k\}$$

于是有

$$x_k - E\{x_k|I_k\} = \bar{x}_k - E\{\bar{x}_k|I_k\}$$

从 z_k 和 $\bar{z}_k$ 的方程，可见

$$\bar{Z}^k = Z^k - R_k U^{k-1} = S_k W^{k-1} + T_k V^k$$

其中 R_k，S_k 和 T_k 是维度合适的矩阵。所以，由 $I_k = (Z^k, U^{k-1})$ 提供的关于 $\bar{x}_k$ 的信息总结在 $\bar{Z}^k$ 中，我们有 $E\{\bar{x}_k|I_k\} = E\{\bar{x}_k|\bar{Z}^k\}$，所以

$$x_k - E\{x_k|I_k\} = \bar{x}_k - E\{\bar{x}_k|\bar{Z}^k\}$$

如下给出的函数 M_k

$$M_k(x_0, w_0, \cdots, w_{k-1}, v_0, \cdots, v_k) = \bar{x}_k - E\{\bar{x}_k|\bar{Z}^k\}$$

实现了引理中阐述的目的。

我们现在可以论证从 (5.8) 式的最小化中去除如下项是合理的，因为

$$E\{(x_{N-1} - E\{x_{N-1}|I_{N-1})' P_{N-1}(x_{N-1} - E\{x_{N-1} - E\{x_{N-1}|I_{N-1}\})|I_{N-2}, u_{N-2}\}$$

与 u_{N-2} 独立。事实上，通过使用这一引理，我们看到

$$x_{N-1} - E\{x_{N-1}|I_{N-1}\} = \xi_{N-1}$$

其中 ξ_{N-1} 是 $x_0, w_0, \cdots, w_{N-2}, v_0, \cdots, v_{N-1}$ 的函数。因为 ξ_{N-1} 与 u_{N-2} 独立，$\xi'_{N-1} P_{N-1} \xi_{N-1}$ 的条件期望满足

$$E\{\xi'_{N-1} P_{N-1} \xi_{N-1}|I_{N-2}, u_{N-2}\} = E\{\xi'_{N-1} P_{N-1} \xi_{N-1}|I_{N-2}\}$$

现在回到我们的问题，使用与最后一个阶段类似的论证，从 (5.8) 式的最小化获得

$$\begin{aligned} u^*_{N-2} &= \mu^*_{N-2}(I_{N-2}) \\ &= -(R_{N-2} + B'_{N-2} K_{N-1} B_{N-2})^{-1} B'_{N-2} K_{N-1} A_{N-2} E\{x_{N-2}|I_{N-2}\} \end{aligned}$$

我们可以类似推进，获得对每个阶段的最优策略：

$$\mu^*_k(I_k) = L_k E\{x_k|I_k\} \tag{5.9}$$

其中矩阵 L_k 给定如下

$$L_k = -(R_k + B'_k K_{k+1} B_k)^{-1} B'_k K_{k+1} A_k$$

其中矩阵 K_k 由黎卡提方程迭代地给出

$$K_N = Q_N$$
$$P_k = A'_k K_{k+1} B_k (R_k + B'_k K_{k+1} B_k)^{-1} B'_k K_{k+1} A_k$$

$$K_k = A_k' K_{k+1} A_k - P_k + Q_k$$

这一推导中的关键步骤是在动态规划算法的阶段 k，定义 $J_k(I_k)$ 用到的在 u_k 上的最小化涉及如下的额外项

$$E\{(x_s - E\{x_s|I_s\})' P_s (x_s - E\{x_s|I_s\})|I_k, u_k\}$$

其中 $s = k+1, \cdots, N-1$。通过使用在之前引理的证明中使用的论述，可以看到这些项中无一依赖于 u_k，所以这些项的存在并不影响动态规划算法中的最小化。结果，最优策略与在精确信息情形下的策略相同，除了一点，即状态 x_k 替换为条件期望 $E\{x_k|I_k\}$。

值得注意，如图 5.2.1 所示，最优控制器可被分解为两个部分：

(a) 估计器，使用数据生成条件期望 $E\{x_k|I_k\}$。

(b) 执行器，用增益矩阵 L_k 乘以 $E\{x_k|I_k\}$ 并使用控制输入 $u_k = L_k E\{x_k|I_k\}$。

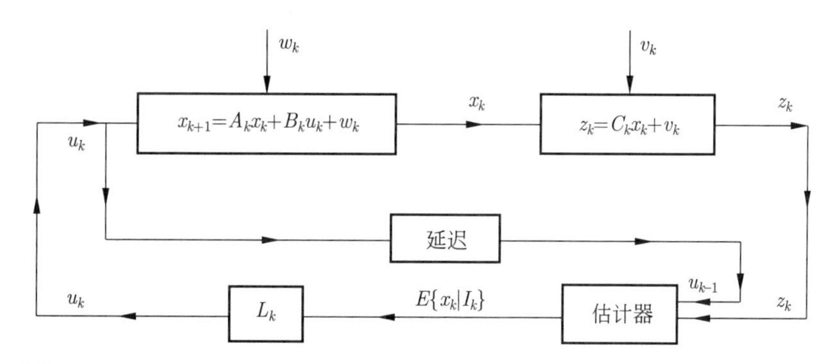

图 5.2.1　线性二次型问题的最优控制器的结构。其包括一个估计器和一个执行器，估计器生成条件期望 $E\{x_k|I_k\}$，执行器为 $E\{x_k|I_k\}$ 乘以增益矩阵 L_k

进一步，增益矩阵 L_k 与问题的统计量独立，并与我们在确定性问题中将使用的相同，其中 w_k 和 x_0 将是固定的，并等于它们的期望值。另一方面，如附录 E 所示，给定一些信息（随机向量）I 之后随机向量 x 的估计 $\hat{x}$，最小化均方误差 $E_x\{||x - \hat{x}||^2|I\}$ 正好是条件期望 $E\{x|I\}$（扩展二次型并将相对于 $\hat{x}$ 的梯度设为零）。所以，最优控制器的估计器部分是假设无控制时状态 x_k 估计问题的最优解，而执行器部分是假设精确状态信息时控制问题的最优解。最优控制器的两部分可以独立设计为估计问题和控制问题的最优解这一性质，被称为线性系统二次型费用问题的可分定理并在现代自动控制理论中占中心位置。

另一个有趣的现象是最优控制器在每个时间 k 上使用的控制与一个确定性问题的最优控制器相同，在该确定性问题中已知扰动 $w_k, w_{k+1}, \cdots, w_{N-1}$ 和当前状态 x_k 均分别为其条件期望值 0 和 $E\{x_k|I_k\}$，且欲最小化如下的后续费用

$$x_N' Q_N x_N + \sum_{i=k}^{N-1} (x_i' Q_i x_i + u_i' R_i u_i)$$

这也是在 4.1 节中提及的确定性等价原理的另一种体现。一种类似的结果在关联扰动的情形中也成立；见习题 5.1。

实现方面-稳态控制器

正如在精确信息情形下所解释的，最优策略的控制器部分的线性部分在实现中尤其受欢迎。然而在不精确信息情形下，我们需要实现估计器以产生条件期望

$$\hat{x}_k = E\{x_k|I_k\}$$

而这一般不容易。幸运的是，在重要的特殊情形下，其中扰动 w_k, v_k 和初始状态 x_0 都是高斯随机向量，估计器的一种方便的实现可能是通过卡尔曼滤波器算法，在附录 E 中推导了。这一算法是迭代式的，在 $k+1$ 时刻只需要最近的测量 z_{k+1} 以及 $\hat{x}_k$ 和 u_k，即可产生 $\hat{x}_{k+1}$。特别地，我们对所有的 $k = 0, \cdots, N-1$ 有

$$\hat{x}_{k+1} = A_k\hat{x}_k + B_k u_k + \Sigma_{k+1|k+1}C'_{k+1}N_{k+1}^{-1}\left(z_{k+1} - C_{k+1}\left(A_k\hat{x}_k + B_k u_k\right)\right)$$

以及

$$\hat{x}_0 = E\{x_0\} + \Sigma_{0|0}C'_0N_0^{-1}\left(z_0 - C_0E\{x_0\}\right)$$

其中矩阵 $\Sigma_{k|k}$ 可以提前计算，且迭代式地给出如下

$$\Sigma_{k+1|k+1} = \Sigma_{k+1|k} - \Sigma_{k+1|k}C'_{k+1}\left(C_{k+1}\Sigma_{k+1|k}C'_{k+1} + N_{k+1}\right)^{-1}C_{k+1}\Sigma_{k+1|k}$$

$$\Sigma_{k+1|k} = A_k\Sigma_{k|k}A'_k + M_k, k = 0, 1, \cdots, N-1$$

其中

$$\Sigma_{0|0} = S - SC'_0\left(C_0SC'_0 + N_0\right)^{-1}C_0S$$

在这些方程中，M_k, N_k 分别和 S 是 w_k, v_k 和 x_0 的协方差矩阵，我们假设 w_k 和 v_k 具有零均值，即

$$E\{w_k\} = E\{v_k\} = 0$$

$$M_k = E\{w_kw'_k\}, N_k = E\{v_kv'_k\}$$

$$S = E\left\{\left(x_0 - E\{x_0\}\right)\left(x_0 - E\{x_0\}\right)'\right\}$$

此外，矩阵 N_k 假设为正定。

现在考虑系统方程、测量方程和扰动统计量平稳的情形。于是我们可以从系统矩阵中舍弃下标。假设 (A, B) 对可控，矩阵 Q 可写作 $Q = F'F$，其中 F 为矩阵且满足 (A, F) 对可观。由 4.1 节的理论，如果阶段属趋向无穷，最优控制器趋向稳态策略

$$\mu^*(I_k) = L\hat{x}_k \tag{5.10}$$

其中

$$L = -(R + B'KB)^{-1}B'KA \tag{5.11}$$

K 是如下代数黎卡提方程的唯一半正定对称解

$$K = A'(K - KB(R + B'KB)^{-1}B'K)A + Q$$

通过类似的分析，可以证明（见附录 E）$\hat{x}_k$ 可以通过如下的稳态卡尔曼滤波算法当 $k \to \infty$ 的极限时生成：

$$\hat{x}_{k+1} = (A + BL)\hat{x}_k + \bar{\Sigma}C'N^{-1}\left(z_{k+1} - C(A + BL)\hat{x}_k\right) \tag{5.12}$$

其中 $\bar{\Sigma}$ 给定如下

$$\bar{\Sigma} = \Sigma - \Sigma C'(C\Sigma C' + N)^{-1}C\Sigma$$

Σ 是如下黎卡提方程的唯一半正定对称解

$$\Sigma = A(\Sigma - \Sigma C'(C\Sigma C' + N)^{-1}C\Sigma)A' + M$$

这里的假设是 (A, C) 对可观且矩阵 M 可被写作 $M = DD'$，其中 D 是满足 (A, D) 对可控的矩阵。方程组 (5.10) 式～(5.12) 式的稳态控制器在实际实现中特别有吸引力。进一步，正如在附录 E 中所示，在之前的能控能观性假设条件下，这导致稳定的闭环系统。

5.3　线性系统的最小方差控制

我们到目前为止考虑的是状态变量形式的线性系统控制，如同前面一节。然而，线性系统经常被建模为输入输出方程，这在描述系统动态所需的参数数量上更经济。在这一节我们考虑单入单出线性时不变系统，以及一种特定的二次型费用函数。这样得到的最优策略特别简单且具有广泛应用。首先介绍输入输出形式的线性系统的一些基本事实。更细节的讨论可以在 Aström 和 Wittenmark[AsW84]，[AsW90]，Goodwin 和 Sin[GoS84]，Whittle[Whi63] 的著作中找到。

考虑单入单出离散时间线性系统，由如下形式的方程描述

$$y_k + a_1 y_{k-1} + \cdots + a_m y_{k-m} = b_0 u_k + b_1 u_{k-1} + \cdots + b_m u_{k-m} \tag{5.13}$$

其中 a_i, b_i 是给定标量。标量序列 $\{u_k | k = 0, \pm 1, \pm 2, \cdots\}$ 分别被视作系统的输入与输出。注意我们允许时间拓展到 $-\infty$ 和 $+\infty$；这将有助于描述与稳定性有关的通用的系统性质。稍后将恢复常用的规范，让时间从 0 开始并由此前进。

为了便于描述这类系统，可以引入*后向移动运算符*，记为 s，当作用于一个序列 $\{x_k | k = 0, \pm 1, \pm 2, \cdots\}$ 时将其下标后移一位；即

$$s(x_k) = x_{k-1}, k = 0, \pm 1, \pm 2, \cdots$$

我们将连续 r 次应用 s 的结果表示为 s^r：

$$s^r(x_k) = x_{k-r}, k = 0, \pm 1, \pm 2, \cdots \tag{5.14}$$

为了简洁，也写成 $s^r x_k = x_{k-r}$。*前向移动运算符*，记为 s^{-1}，是 s 的逆并且定义为

$$s^{-1}(x_k) = x_{k+1}, k = 0, \pm 1, \pm 2, \cdots$$

所以 (5.14) 式的符号对所有整数 r 成立。可以建立 s^r 形式的运算符的线性组合。所以，例如，运算符 $(s + 2s^2)$ 定义为

$$(s + 2s^2)(x_k) = x_{k-1} + 2x_{k-2}, k = 0, \pm 1, \pm 2, \cdots$$

用这一符号，(5.13) 式可以写作

$$A(s) y_k = B(s) u_k$$

其中 $A(s), B(s)$ 是如下运算

$$A(s) = 1 + a_1 s + \cdots + a_m s^m$$

$$B(s) = b_0 + b_1 s + \cdots + b_m s^m$$

有时候将方程 $A(s)y_k = B(s)u_k$ 写成

$$y_k = \frac{B(s)}{A(s)}u_k$$

或者

$$\frac{A(s)}{B(s)}y_k = u_k$$

更方便。两个方程的含义都是序列 $\{y_k\}$ 和 $\{u_k\}$ 通过 $A(s)y_k = B(s)u_k$ 关联。这里当然有歧义，对于固定的 $\{u_k\}$，方程 $A(s)y_k = B(s)u_k$ 有无穷多的 $\{y_k\}$ 的解。例如，方程

$$y_k + ay_{k-1} = u_k$$

对 $u_k \equiv 0$ 所有形式为 $y_k = \beta(-\alpha)^k$ 的序列均为解，其中 β 为任意常数；这个解仅在对序列 $\{y_k\}$ 指定边界条件后变成唯一的。然而，正如稍后将讨论的，对于稳定的系统以及有界序列 $\{u_k\}$ 存在有界的唯一解 $\{y_k\}$。在后续将用 $(B(s)/A(s))\,u_k$ 表示这个解。熟悉线性动态系统理论的读者将注意到 $B(s)/A(s)$ 可被视作涉及 z 变换的传递函数。

我们现在引入一些术语。当序列 $\{y_k\}$ 和 $\{u_k\}$ 满足 $A(s)y_k = B(s)u_k$ 时，u_k 通过滤波器 $B(s)/A(s)$ 获得 y_k。这来自工程术语，其中线性时不变系统通常被称作滤波器。我们也将方程 $A(s)y_k = B(s)u_k$ 称作滤波器 $B(s)/A(s)$。

滤波器 $B(s)/A(s)$ 被称作稳定的如果多项式 $A(s)$ 的所有（复）根严格位于复平面单位圆之外；即，$|\rho| > 1$ 对所有复数 ρ 满足 $A(\rho) = 0$。稳定的滤波器 $B(s)/A(s)$ 具有如下两条性质：

(a) 如下方程

$$A(s)y_k = 0$$

的每个解 $\{y_k\}$ 满足 $\lim_{k\to\infty} y_k = 0$；即，如果输入序列 $\{u_k\}$ 都为 0，那么输出 y_k 趋向 0。

(b) 对每个有界序列 $\{\bar{u}_k\}$，方程

$$A(s)y_k = B(s)\bar{u}_k$$

在有界序列中有唯一解 $\{\bar{y}_k\}$。进一步，该方程的每一个序列 $\{y_k\}$（可能无界）满足

$$\lim_{k\to\infty}(y_k - \bar{y}_k) = 0$$

例如，考虑如下系统

$$y_k - 0.5y_{k-1} = u_k$$

给定有界输入序列 $\bar{u}_k = \{\cdots, 1, 1, 1, \cdots\}$，所有解构成的集合由下式给定，

$$y_k = 2 + \frac{\beta}{2^k}$$

其中 β 是标量，但对于这些唯一有界的解是 $\bar{y}_k = \{\cdots, 2, 2, 2, \cdots\}$。解 $\{\bar{y}_k\}$ 于是可以自然地与输入序列 $\{u_k\}$ 关联上；这也被称为对应于输入 $\{u_k\}$ 的系统的强制响应。

ARMAX 模型-简化为状态空间形式

我们现在考虑线性系统输出为 y_k，由两个输入驱动：随机噪声输入 ϵ_k 和控制输入 u_k。形式如下

$$\begin{aligned} y_k + a_1y_{k-1} + \cdots + a_my_{k-m} = b_1u_{k-1} + \cdots b_mu_{k-m} \\ +\epsilon_k + c_1\epsilon_{k-1} + \cdots + c_m\epsilon_{k-m} \end{aligned} \tag{5.15}$$

这个模型被称为 ARMAX 模型（具有外部输入的自回归滑动平均）。假设随机变量 ϵ_k 互相独立。可将模型写成如下的简化形式

$$A(s)y_k = B(s)u_k + C(s)\epsilon_k$$

其中多项式 $A(s)$，$B(s)$ 和 $C(s)$ 给定如下

$$A(s) = 1 + a_1 s + \cdots + a_m s^m$$

$$B(s) = b_1 s + \cdots + b_m s^m$$

$$C(s) = 1 + c_1 s + \cdots + c_m s^m$$

ARMAX 模型非常常见，其推导列于附录 F 中，其中展示了不失一般性我们可以假设 $C(s)$ 可以没有严格位于单位圆内的根。在后续节的许多分析中，需要排除 $C(s)$ 具有在单位圆上的根的特殊情形，并假设 $C(s)$ 所有的根都在单位圆之外。实际中这一假设通常满足。

在几种情形下，若 $C(s) = 1$ 则噪声项 $C(s)\epsilon_k = \epsilon_k$ 是独立的，于是与 ARMAX 模型有关的分析和算法可以极大简化。然而，这通常是不实际的假设。为强调这一点并明白噪声如何易于彼此关联，假设有一阶系统

$$x_{k+1} = ax_k + w_k$$

其中我们观测到

$$y_k = x_k + v_k$$

那么

$$\begin{aligned} y_{k+1} &= x_{k+1} + v_{k+1} \\ &= ax_k + w_k + v_{k+1} \\ &= a(y_k - v_k) + w_k + v_{k+1} \end{aligned}$$

所以最终有

$$y_{k+1} = ay_k + v_{k+1} - av_k + w_k$$

然而，即使 $\{v_k\}$ 和 $\{w_k\}$ 是彼此独立的，噪声序列 $\{v_{k+1} - av_k + w_k\}$ 也是关联的。

(5.15) 式的 ARMAX 模型可以写成状态空间的形式。这一过程基于状态增广，可能通过例子最容易理解。考虑如下系统

$$y_k + a_1 y_{k-1} + a_2 y_{k-2} = b_1 u_{k-1} + b_2 u_{k-2} + \epsilon_k + c_1 \epsilon_{k-1} \tag{5.16}$$

我们有

$$\begin{pmatrix} y_{k+1} \\ y_k \\ u_k \\ \epsilon_{k+1} \end{pmatrix} = \begin{pmatrix} -a_1 & -a_2 & b_2 & c_1 \\ 1 & 0 & 0 & 0 \\ 0 & 0 & 0 & 0 \\ 0 & 0 & 0 & 0 \end{pmatrix} \begin{pmatrix} y_k \\ y_{k-1} \\ u_{k-1} \\ \epsilon_k \end{pmatrix} + \begin{pmatrix} b_1 \\ 0 \\ 1 \\ 0 \end{pmatrix} u_k + \begin{pmatrix} \epsilon_{k+1} \\ 0 \\ 0 \\ \epsilon_{k+1} \end{pmatrix} \tag{5.17}$$

通过设定

$$x_k = \begin{pmatrix} y_k \\ y_{k-1} \\ u_{k-1} \\ \epsilon_k \end{pmatrix}, w_k = \begin{pmatrix} \epsilon_{k+1} \\ 0 \\ 0 \\ \epsilon_{k+1} \end{pmatrix}$$

$$A=\begin{pmatrix}-a_1 & -a_2 & b_2 & c_1\\ 1 & 0 & 0 & 0\\ 0 & 0 & 0 & 0\\ 0 & 0 & 0 & 0\end{pmatrix}, B=\begin{pmatrix}b_1\\ 0\\ 1\\ 0\end{pmatrix}$$

我们可以将 (5.17) 式写作

$$x_{k+1}=Ax_k+Bu_k+w_k$$

其中 $\{w_k\}$ 是平稳独立过程。我们已经通过状态增广得到了这一状态空间模型。注意状态 x_k 包括 ϵ_k。所以如果假设控制器在 k 时刻仅知道当前和过去的输出 $y_k, y_{k-1}, \cdots$ 和过去的控制 $u_{k-1}, u_{k-2}, \cdots$（但不包括 $\epsilon_k, \epsilon_{k-1}, \cdots$），那么我们面对具有不精确状态信息的模型。如果在 (5.16) 式中有 $c_1=0$，那么状态空间模型可以简化为

$$x_k=\begin{pmatrix}y_k\\ y_{k-1}\\ u_{k-1}\end{pmatrix}$$

在这一情形下有精确的状态信息。更一般地，若 $b_1\neq 0$ 且 $c_1=c_2=\cdots=c_m=0$，我们在 (5.15) 式的 ARMAX 模型中有精确的状态信息。

最小方差控制：精确状态信息的情形

考虑 (5.15) 式 ARMAX 模型的精确状态信息的情形：

$$y_k+a_1y_{k-1}+\cdots+a_my_{k-m}=b_1u_{k-1}+\cdots+b_mu_{k-m}+\epsilon_k$$

其中 $b_1\neq 0$。一类有趣的问题，被称为*最小方差控制问题*，是选择 u_k 作为现在和过去输出 $y_k, y_{k-1}, \cdots$ 以及过去的控制 $u_{k-1}, u_{k-2}, \cdots$ 的函数来最小化费用

$$E\left\{\sum_{k=1}^{N}(y_k)^2\right\}$$

在 u_k 上没有约束。通过将系统转化为状态空间形式，我们看到这个问题可以化简为具有精确状态信息的线性二次型问题，其中状态 x_k 为

$$(y_k, y_{k-1}, \cdots, y_{k-m+1}, u_{k-1}, \cdots, u_{k-m+1})'$$

该问题与 4.1 节中线性二次型问题具有相同的性质，只是这里二次型费用函数的对应矩阵 R_k 为零。不过，在 4.1 节中我们仅用 R_k 的可逆性确保最优策略和黎卡提方程中的多个矩阵是可逆的。如果可由其他方式保证这些矩阵的可逆性，那么即使 R_k 是半正定的，同样的分析一样适用。这里正是这样的情形。与 4.1 节中类似的分析展示在 k 时刻的最优控制 u_k^*（给定 $y_k, y_{k-1}, \cdots, y_{k-m+1}$ 和 $u_{k-1}, \cdots, u_{k-m+1}$）与所有未来的扰动 $\epsilon_{k+1}, \cdots, \epsilon_N$ 被设为等于零的情形下它们的期望值相同（确定性等价）。于是有

$$\mu_k^*(y_k, \cdots, y_{k-m+1}, u_{k-1}, \cdots, u_{k-m+1})=\frac{1}{b_1}(a_1y_k+\cdots+a_my_{k-m+1}$$
$$-b_2u_{k-1}-\cdots-b_mu_{k-m+1})$$

且 $\{u_k^*\}$ 由如下方程生成

$$b_1u_k^*+b_2u_{k-1}^*+\cdots+b_mu_{k-m+1}^*=a_1y_k+a_2y_{k-1}+\cdots+a_my_{k-m+1}$$

换言之，$\{u_k^*\}$ 由将 $\{y_k\}$ 通过线性滤波器 $\bar{A}(s)/\bar{B}(s)$ 来生成，其中

$$\bar{A}(s) = a_1 + a_2 s + \cdots + a_m s^{m-1} = s^{-1}(A(s) - 1)$$
$$\bar{B}(s) = b_1 + b_2 s + \cdots + b_m s^{m-1} = s^{-1}B(s)$$

正如在图 5.3.1 中所示。结果所得的闭环系统是

$$y_k = \epsilon_k \tag{5.18}$$

对应的费用是

$$NE\left\{(\epsilon_k)^2\right\}$$

注意最优策略，被称为*最小方差控制律*，是时不变的且不依赖于阶段 N。

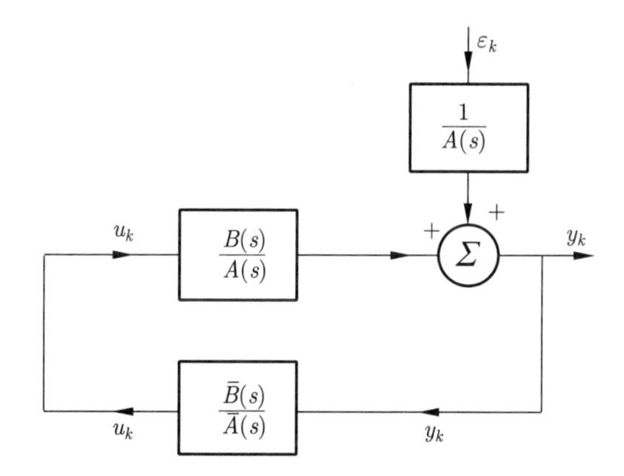

图 5.3.1　具有精确状态信息的最小方差控制。最优闭环系统的结构，其中 $A(s) = 1 + a_1 s + \cdots + a_m s^m, B(s) = b_1 s + \cdots + b_m s^m, \bar{A}(s) = s^{-1}(A(s) - 1), \bar{B}(s) = s^{-1}B(s)$

尽管如 (5.18) 式给定的最优闭环系统显然是稳定的，但是若闭环反馈中的滤波器 $\bar{A}(s)/\bar{B}(s)$ 不稳定，我们可以预期会出现严重的问题。因为如果 $\bar{B}(s)$ 有某些位于单位圆内的根，那么序列 $\{u_k\}$ 将趋向无界。这通过下面的例子加以说明。

例 5.3.1（最优但不稳定的控制器）

考虑系统

$$y_k + y_{k-1} = u_{k-1} - 2u_{k-2} + \epsilon_k$$

最优策略是

$$u_k = 2u_{k-1} + y_k$$

最优闭环系统是

$$y_k = \epsilon_k$$

这是一个稳定系统。另外，由后两个方程得

$$u_k = 2u_{k-1} + \epsilon_k$$

所以，u_k 由一个不稳定系统生成，事实上给定如下

$$u_k = \sum_{n=0}^{k} 2^n \epsilon_{k-n}$$

所以，即使输出 y_k 保持有界，控制 u_k 通常变得无界。

换一个角度看这个难点，假设 $\bar{B}(s)$ 的系数 $b_1,\cdots,b_m$ 与真实系统的取值稍有不同。我们将展示如果反馈滤波器 $\bar{A}(s)/\bar{B}(s)$ 是不稳定的，那么闭环系统也是不稳定的，即 u_k 和 y_k 都以概率 1 变成无界。

假设系统给定如下

$$A^0(s)y_k = B^0(s)u_k + \epsilon_k \tag{5.19}$$

而计算策略的时候假设系统模型为

$$A(s)y_k = B(s)u_k + \epsilon_k$$

其中 $A(s)$ 和 $B(s)$ 的系数与 $A^0(s)$ 和 $B^0(s)$ 的系数稍有不同。定义 $\bar{A}^0(s)$ 和 $\bar{B}^0(s)$ 如下

$$1 + s\bar{A}^0(s) = A^0(s)$$

$$s\bar{B}^0(s) = B^0(s)$$

注意，如果 $A^0(s) = A(s), B^0(s) = B(s)$，那么有 $\bar{A}^0(s) = \bar{A}(s)$ 和 $\bar{B}^0(s) = \bar{B}(s)$。通过将 (5.19) 式乘以 $\bar{B}(s)$，并使用定义了最优策略的如下关系式

$$\bar{B}(s)u_k = \bar{A}(s)y_k$$

我们可得

$$\bar{B}(s)A^0(s)y_k = B^0(s)\bar{A}(s)y_k + \bar{B}(s)\epsilon_k$$

如果 $\bar{A}^0(s)$ 和 $\bar{B}^0(s)$ 的系数与 $\bar{A}(s)$ 和 $\bar{B}(s)$ 的系数接近，那么如下多项式

$$\bar{B}(s) + s\left(\bar{B}(s)\bar{A}^0(s) - \bar{B}^0(s)\bar{A}(s)\right)$$

的根与 $\bar{B}(s)$ 的根接近。所以仅当 $\bar{B}(s)$ 的根位于单位圆之外时闭环系统稳定，或者等价地说，当且仅当滤波器 $\bar{A}(s)/\bar{B}(s)$ 是稳定的。如果我们的模型是精确的，那么因为通常被称为零极点消除的原理，闭环系统将是稳定的。然而，些许的模型偏差将导致不稳定。

前述分析的结论是仅当可以通过稳定滤波器实现时 [$\bar{B}(s)$ 的根位于单位圆之外] 最小方差控制律是值得使用的。即使 $\bar{B}(s)$ 的根位于单位圆外，但是某些根靠近单位圆，最小方差控制律的性能可能对于多项式 $A(s)$ 和 $B(s)$ 的参数变化非常敏感。克服这一敏感性的一种方法是将费用变为

$$E\left\{\sum_{k=1}^{N}\left((y_k)^2 + R\left(u_{k-1}\right)^2\right)\right\}$$

其中 R 是某个正参数。与在 4.1 节中一样这需要通过黎卡提方程求解。详细推导参阅 Aström[Ast83].

在某些问题中，系统方程包括额外的外部输入序列 $\{v_k\}$，其取值可由控制器在这些输入出现时测量获得。特别地，考虑标量系统

$$y_k + a_1y_{k-1} + \cdots + a_my_{k-m} = b_1u_{k-1} + \cdots + b_mu_{k-m} + d_1v_{k-1} + \cdots + d_mv_{k-m} + \epsilon_k$$

其中控制器在 k 时刻无误差地获知 v_k 的值。于是最小方差控制器具有如下形式

$$\begin{aligned}&\mu_k^*(y_k,\cdots,y_{k-m+1},u_{k-1},\cdots,u_{k-m+1},v_k,\cdots,v_{k-m+1})\\&=\frac{1}{b_1}(a_1y_k + \cdots + a_my_{k-m+1} - d_1v_k - \cdots - d_mv_{k-m+1} - b_2u_{k-1}\cdots - b_mu_{k-m+1})\end{aligned}$$

最优控制 $\{u_k^*\}$ 生成如下

$$\bar{B}(s)u_k^* = \bar{A}(s)y_k - \bar{D}(s)v_k$$

其中

$$\bar{A}(s) = a_1 + a_2 s + \cdots + a_m s^{m-1}$$

$$\bar{B}(s) = b_1 + b_2 s + \cdots + b_m s^{m-1}$$

$$\bar{D}(s) = d_1 + d_2 s + \cdots + d_m s^{m-1}$$

闭环系统仍为 $y_k = \epsilon_k$，但出于实际目的仅当 $\bar{B}(s)$ 的根均位于单位圆之外时该系统稳定。外部输入经测量并用于控制的这一过程通常被称为前馈控制。

不精确状态信息的情形

现在考虑一般的 ARMAX 模型

$$y_k + a_1 y_{k-1} + \cdots + a_m y_{k-m} = b_M u_{k-M} + \cdots + b_m u_{k-m} + \epsilon_k + c_1\epsilon_{k-1} + \cdots + c_m\epsilon_{k-m}$$

或者等价地

$$A(s)y_k = B(s)u_k + C(s)\epsilon_k$$

其中

$$A(s) = 1 + a_1 s + \cdots + a_m s^m$$

$$B(s) = b_M s^M + \cdots + b_m s^m$$

$$C(s) = 1 + c_1 s + \cdots + c_m s^m$$

我们假设如下条件成立：

(1) $b_M \neq 0$ 且 $1 \leqslant M \leqslant m$.

(2) $\{\epsilon_k\}$ 是零均值独立平稳过程。

(3) 多项式 $C(s)$ 的所有根均位于单位圆之外。（正如在附录 F 中解释的，这一假设并非很有局限性。）

控制器在每个时刻 k 知道过去的输入和输出。所以 k 时刻的信息向量是

$$I_k = (y_k, y_{k-1}, \cdots, y_{-m+1}, u_{k-1}, u_{k-2}, \cdots, u_{-m+M})$$

（我们在信息向量中包括了控制输入 $u_{-1}, \cdots, u_{-m+M}$。如果在 0 时刻开始控制，这些输入将为 0。）对 u_k 没有约束。问题旨在找到策略 $\{\mu_0(I_0), \cdots, \mu_{N-1}(I_{N-1})\}$ 最小化

$$E\left\{\sum_{k=1}^{N}(y_k)^2\right\}$$

通过使用状态集结，我们可以将这个问题纳入 5.2 节中线性二次型问题的框架之中。在状态空间形式下对应的线性系统涉及如下给定的状态 x_k

$$x_k = (y_{k+M-1}, \cdots, y_{k+M-m}, u_{k-1}, \cdots, u_{k+M-m}, \epsilon_{k+M-1}, \cdots, \epsilon_{k+M-m})$$

因为 $y_{k+M-1}, \cdots, y_{k+1}$ 和 $\epsilon_{k+M-1}, \cdots, \epsilon_{k+M-m}$ 对于控制器是未知的，我们面对的是一个具有不精确状态信息的问题。

与 5.2 节中类似的分析展示出确定性等价是成立的；即，在 k 时刻给定 I_k 时的最优控制 u_k^* 与在如下的确定性问题中将使用的控制相同，后者的当前状态

$$x_k = (y_{k+M-1}, \cdots, y_{k+M-m}, u_{k-1}, \cdots, u_{k+M-m}, \epsilon_{k+M-1}, \cdots, \epsilon_{k+M-m})$$

被设定为给定 I_k 之后的条件期望值，且未来的扰动 $\epsilon_{k+M}, \cdots, \epsilon_N$ 设为 0（它们的期望值）。

所以最优控制 $u_k^* = \mu_k^*(I_k)$ 通过对如下方程

$$\begin{aligned} E\{y_{k+M}|u_k, I_k\} &= E\{y_{k+M}|y_k, y_{k-1}, \cdots, y_{-m+1}, u_k, u_{k-1}, \cdots, u_{-m+M}\} \\ &= 0 \end{aligned}$$

求解 u_k 获得。这引出了求解 $E\{y_{k+M}|I_k, u_k\}$ 的问题，被称为前瞻或预测问题，该问题本身就是重要的。我们首先处理没有延迟（$M=1$）的较为容易的情形，然后讨论可能有正的延迟的更一般的情形。

ARMAX 模型的预测-无延迟（$M=1$）

假设 $M=1$。我们将产生用于预测 $E\{y_{k+1}|I_k, u_k\}$ 的方程，然后通过将这一预测设为 0 来确定最优控制 $u_k^* = \mu_k^*(I_k)$。让我们通过方程

$$z_k = y_k - \epsilon_k$$

引入辅助序列 $\{z_k\}$。关键的事实是，因为 $\{\epsilon_k\}$ 是一个独立、零均值的序列，我们有

$$E\{z_{k+1}|I_k, u_k\} = E\{y_{k+1}|I_k, u_k\}$$

于是可以通过预测 z_{k+1} 获得所期望的 y_{k+1} 的预测。于是可以通过设 $E\{z_{k+1}|I_k, u_k^*\} = 0$ 获得最优控制 u_k^*。

通过使用定义 $z_k = y_k - \epsilon_k$ 在对 $M=1$ 的 ARMAX 模型方程中用 z_k 表达 y_k，我们获得

$$z_{k+1} + c_1 z_k + \cdots + c_m z_{k-m+1} = b_1 u_k + \cdots + b_m u_{k-m+1} + w_k \tag{5.20}$$

其中

$$w_k = (c_1 - a_1) y_k + \cdots + (c_m - a_m) y_{k-m+1}$$

我们注意到 w_k 对于控制器是精确可观的；然而，标量 $z_k, \cdots, z_{k-m+1}$ 对于控制器是未知的，因为 (5.20) 式系统的初始条件 $z_0, \cdots, z_{1-m}$ 是未知的。不管如何，(5.20) 式的系统是稳定的，因为多项式 $C(s)$ 的根已经假设位于单位圆之外。结果，渐近地来说，初始条件不重要。换言之，如果我们使用 (5.20) 式的系统生成序列 $\{\hat{y}_k\}$ 和零初始条件，即

$$\hat{y}_{k+1} + c_1 \hat{y}_k + \cdots + c_m \hat{y}_{k-m+1} = b_1 u_k + \cdots + b_m u_{k-m+1} + w_k$$

满足

$$\hat{y}_0 = 0, \hat{y}_{-1} = 0, \cdots, \hat{y}_{1-m} = 0$$

然后将有

$$\lim_{k \to \infty} (\hat{y}_k - z_k) = 0$$

所以，$\hat{y}_{k+1}$ 是最优预测 $E\{y_{k+1}|I_k, u_k\}$ 的渐近精确近似。

最小方差控制：不精确状态信息且无延迟

基于之前的讨论，最小方差策略的渐近准确近似可以通过将 u_k 设定为让 $\hat{y}_{k+1} = 0$ 的值来获得；即，通过为如下方程

$$\hat{y}_{k+1}+c_1\hat{y}_k+\cdots+c_m\hat{y}_{k-m+1}=b_1u_k+\cdots+b_mu_{k-m+1}+w_k$$

求解 u_k。然而，如果使用这一策略，更早的预测 $\hat{y}_k,\cdots,\hat{y}_{k-m+1}$ 将等于 0。所以（近似）最小方差策略给定如下

$$\begin{aligned}u_k&=\frac{1}{b_1}(w_k-b_2u_{k-1}-\cdots-b_mu_{k-m+1})\\&=\frac{1}{b_1}((a_1-c_1)y_k+\cdots+(a_m-c_m)y_{k-m+1}-b_2u_{k-1}-\cdots-b_mu_{k-m+1})\end{aligned}$$

将这一策略代入如下 ARMAX 模型中

$$\begin{aligned}y_{k+1}+a_1y_k+\cdots+a_my_{k-m+1}=b_1u_k+\cdots+b_mu_{k-m+1}\\+\epsilon_{k+1}+c_1\epsilon_k+\cdots+c_m\epsilon_{k-m+1}\end{aligned}$$

我们可见闭环系统变成了

$$y_{k+1}-\epsilon_{k+1}+c_1(y_k-\epsilon_k)+\cdots+c_m(y_{k-m+1}-\epsilon_{k-m+1})=0$$

或者等价地，$C(s)(y_k-\epsilon_k)=0$。因为 $C(s)$ 的根位于单位圆之外，这是一个稳定系统，于是我们有

$$y_k=\epsilon_k+\gamma(k)$$

其中当 $k\to\infty$ 时有 $\gamma(k)\to 0$。

预测：一般情形

现在考虑当延迟 M 可以大于 1 的一般情形。预测问题仍可以通过使用某个技巧将 ARMAX 方程转化为更方便的形式来解决。至此，我们首先获得如下形式的多项式 $F(s)$ 和 $G(s)$，

$$\begin{aligned}F(s)&=1+f_1s+\cdots+f_{M-1}s^{M-1}\\G(s)&=g_0+g_1s+\cdots+g_{m-1}s^{m-1}\end{aligned}$$

这满足

$$C(s)=A(s)F(s)+s^MG(s)\tag{5.21}$$

$F(s)$ 和 $G(s)$ 的系数可以由 $C(s)$ 和 $A(s)$ 的系数通过将如下关系式两侧的系数相等来唯一确定

$$\begin{aligned}1+c_1s+\cdots+c_ms^m=(1+a_1s+\cdots+a_ms^m)(1+f_1s+\cdots+f_{M-1}s^{M-1}\\+s^M(g_0+g_1s+\cdots+g_{m-1}s^{m-1})\end{aligned}$$

例 5.3.2

令 $m=3$ 和 $M=2$。那么之前的关系式具有如下形式

$$1+c_1s+c_2s^2+c_3s^3=(1+a_1s+a_2s^2+a_3s^3)(1+f_1s)+s^2(g_0+g_1s+g_2s^2)$$

并且通过取对应项系数相等我们有

$$c_1=a_1+f_1,c_2=a_2+a_1f_1+g_0,c_3=a_3+a_2f_1+g_1,a_3f_1+g_2=0$$

由此可唯一确定 f_1,g_0,g_1 和 g_2。

ARMAX 模型可写成

$$A(s)y_{k+M}=\bar{B}(s)u_k+C(s)\epsilon_{k+M}\tag{5.22}$$

其中

$$\bar{B}(s) = s^{-M}B(s) = b_M + b_{M+1}s + \cdots + b_m s^{m-M}$$

在 (5.22) 式的两侧同时乘以 $F(s)$，我们有

$$F(s)A(s)y_{k+M} = F(s)\bar{B}(s)u_k + F(s)C(s)\epsilon_{k+M}$$

并使用 (5.21) 式将 $F(s)A(s)$ 表示成 $C(s) - s^M G(s)$，可得

$$\left(C(s) - s^M G(s)\right) y_{k+M} = F(s)\bar{B}(s)u_k + F(s)C(s)\epsilon_{k+M}$$

或者等价地，

$$C(s)\left(y_{k+M} - F(s)\epsilon_{k+M}\right) = F(s)\bar{B}(s)u_k + G(s)y_k \tag{5.23}$$

现在让我们通过如下方程引入辅助序列 $\{z_k\}$，

$$z_{k+M} = y_{k+M} - F(s)\epsilon_{k+M} = y_{k+M} - \epsilon_{k+M} - f_1\epsilon_{k+M-1} - \cdots - f_{M-1}\epsilon_{k+1}$$

注意当 $M = 1$ 时，我们有 $F(s) = 1$ 和 $z_k = y_k - \epsilon_k$，所以 $\{z_k\}$ 与之前针对无延迟时引入的序列相同。又一次，因为 $\{\epsilon_k\}$ 是独立零均值序列，通过在定义 $z_{k+M} = y_{k+M} - F(s)\epsilon_{k+M}$ 中取期望，我们有

$$E\{z_{k+M}|I_k, u_k\} = E\{y_{k+M}|I_k, u_k\}$$

我们可以通过预测 z_{k+M} 来获得所期望预测的 y_{k+M}。进一步，由 (5.23) 式，z_{k+M} 写成

$$C(s)z_{k+M} = w_k$$

或者

$$z_{k+M} + c_1 z_{k+M-1} + \cdots + c_m z_{k+M-m} = w_k \tag{5.24}$$

其中

$$w_k = F(s)\bar{B}(s)u_k + G(s)y_k \tag{5.25}$$

因为 (5.25) 式的标量 w_k 在 k 时刻已知（即，其由 I_k 和 u_k 确定），(5.24) 式的系统可作为预测 z_{k+M} 的基础。如果我们知道合适的初始条件以启动 (5.24) 式，我们将能够精准预测 z_{k+M} 并用其作为 y_{k+M} 的预测。我们并不知道这样的初始条件，但是因为这一方程表示了一个稳定系统，初始条件的选择在渐近的意义下并不重要，我们下面更正式地解释这一点。

我们考虑由如下方程生成的序列 $\hat{y}_{k+M}$

$$\hat{y}_{k+M} + c_1\hat{y}_{k+M-1} + \cdots + c_m\hat{y}_{k+M-m} = w_k$$

其初始条件为

$$\hat{y}_{M-1} = \hat{y}_{M-2} = \cdots = \hat{y}_{M-m} = 0 \tag{5.26}$$

我们宣称预测 $E\{z_{k+M}|I_k\}$ 可被 $\hat{y}_{k+M}$ 近似。为明白这一点，注意由 (5.24) 式到 (5.26) 式我们有

$$z_{k+M} = \hat{y}_{k+M} + \left(\gamma_1(k)z_{M-1} + \cdots + \gamma_m(k)z_{M-m}\right)$$

和

$$E\{z_{k+M}|I_k, u_k\} = \hat{y}_{k+M} + \sum_{i=1}^{m}\gamma_i(k)E\{z_{M-i}|I_k, u_k\}$$

其中 $\gamma_1(k),\cdots,\gamma_m(k)$ 是依赖于 k 的恰当的标量。因为 $C(s)$ 的根均位于单位圆之外，我们有（与本节之前关于稳定性的讨论相比）

$$\lim_{k\to\infty}\gamma_1(k)=\lim_{k\to\infty}\gamma_2(k)=\cdots=\lim_{k\to\infty}\gamma_m(k)=0$$

于是对大的 k 有，

$$\hat{y}_{k+M}\simeq E\{z_{k+M}|I_k,u_k\}=E\{y_{k+M}|I_k,u_k\}$$

（更准确地说，我们当 $k\to\infty$ 时有 $|\hat{y}_{k+M}-E\{y_{k+M}|I_k,u_l\}|\to 0$，其中收敛性指均方意义下。）

结论是，对最优预测 $E\{y_{k+M}|I_k,u_k\}$ 的一个渐近准确的近似由 $\hat{y}_{k+M}$ 给出，并由如下方程生成

$$\hat{y}_{k+M}+c_1\hat{y}_{k+M-1}+\cdots+c_m\hat{y}_{k+M-m}=F(s)\bar{B}(s)u_k+G(s)y_k \tag{5.27}$$

其初始条件为

$$\hat{y}_{M-1}=\hat{y}_{M-2}=\cdots=\hat{y}_{M-m}=0 \tag{5.28}$$

最小方差控制：一般情形

基于之前的讨论，最小方差策略可通过对方程 $E\{y_{k+M}|I_k,u_k\}=0$ 求解 u_k 获得。所以一个渐近准确的近似可以通过令 u_k 为让 $\hat{y}_{k+M}=0$ 的取值来获得，即，通过对如下方程求解 u_k [见 (5.27) 式和 (5.28) 式]

$$F(s)\bar{B}(s)u_k+G(s)y_k=c_1\hat{y}_{k+M-1}+\cdots+c_m\hat{y}_{k+M-m}$$

然而，如果使用这一策略，更早的预测 $\hat{y}_{k+M-1},\cdots,\hat{y}_{k+M-m}$ 将等于 0。所以（近似）最小方差策略由如下方程给定

$$F(s)\bar{B}(s)u_k+G(s)y_k=0 \tag{5.29}$$

即，将 y_k 通过如下的线性滤波器生成 u_k^*

$$-G(s)/F(s)\bar{B}(s)$$

正如图 5.3.2 所示。

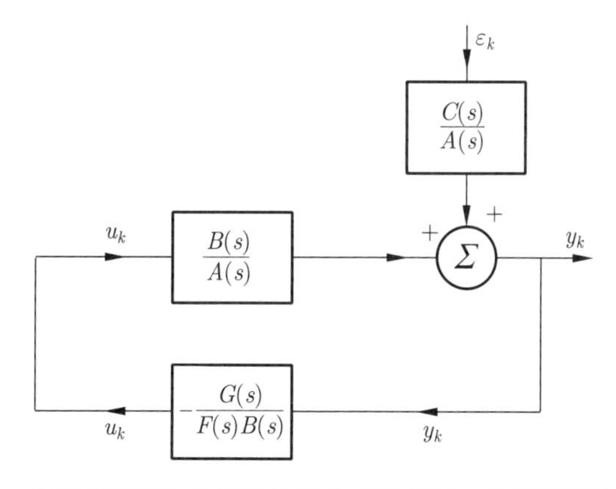

图 5.3.2　具有不精确状态信息的最小方差控制。最优闭环系统的结构

从 (5.23) 式和 (5.29) 式，我们获得闭环系统的方程

$$C(s)\left(y_{k+M}-F(s)\epsilon_{k+M}\right)=0$$

因为 $C(s)$ 的根均在单位圆之外，我们有

$$y_{k+M} = F(s)\epsilon_{k+M} + \gamma(k)$$

其中当 $k \to \infty$ 时有 $\gamma(k) \to 0$。所以渐近地，闭环系统取如下形式

$$y_k = \epsilon_k + f_1\epsilon_{k-1} + \cdots + f_{M-1}\epsilon_{k-M+1}$$

现在让我们考虑当真实系统的参数与所假设的模型稍有偏差时闭环系统的稳定性。令真实系统描述如下

$$A^0(s)y_k = s^M\bar{B}^0(s)u_k + C^0(s)\epsilon_k \tag{5.30}$$

其中 u_k 由最小方差策略给定

$$F(s)\bar{B}(s)u_k + G(s)y_k = 0 \tag{5.31}$$

其中

$$C(s) = A(s)F(s) + s^M G(s)$$

用 $F(s)\bar{B}(s)$ 处理 (5.30) 式并使用 (5.31) 式，我们有

$$F(s)\bar{B}(s)A^0(s)y_k = -s^M\bar{B}^0(s)G(s)y_k + F(s)\bar{B}(s)C^0(s)\epsilon(k)$$

结合最后两个方程及有关项，我们有

$$\left\{F(s)\bar{B}(s)A^0(s) + (C(s) - A(s)F(s))\,\bar{B}^0(s)\right\}y_k = F(s)\bar{B}(s)C^0(s)\epsilon_k$$

或者

$$\left\{\bar{B}^0(s)C(s) + F(s)\left(\bar{B}(s)A^0(s) - A(s)\bar{B}^0(s)\right)\right\}y_k = F(s)\bar{B}(s)C^0(s)\epsilon_k$$

如果 $A^0(s), \bar{B}^0(s)$ 和 $C^0(s)$ 的系数接近 $A(s), \bar{B}(s)$ 和 $C(s)$ 的系数，那么闭环系统的极点将接近 $\bar{B}(s)C(s)$ 的根。于是闭环系统实际上仅当 $\bar{B}(s)$ 的根严格位于单位圆之外时才稳定，与之前讨论的精确状态信息的情形类似。

5.4 充分统计量

对于具有不精确状态信息问题使用动态规划算法的主要困难在于该方法在维度不断增加的状态空间上使用。当在每个阶段 k 加入新的测量值时，状态的维数（信息向量 I_k）相应增加。这启发我们尝试减少数据以找到为控制的目的真正必要的数据。换言之，值得找到被称为**充分统计量**的量，这些量在理想情况下应该比 I_k 的维数低且总结了与控制相关的 I_k 的关键内容。

考虑 (5.4) 式和 (5.5) 式的动态规划算法，为了读者的方便在此重申：

$$\begin{aligned} J_{N-1}(I_{N-1}) = \min u_{N-1} \in U_{N-1}\,\big[E_{x_{N-1},w_{N-1}}\{g_N\left(f_{N-1}(x_{N-1},u_{N-1},w_{N-1})\right) \\ +g_{N-1}(x_{N-1},u_{N-1},w_{N-1})|I_{N-1},u_{N-1}\}\big] \end{aligned} \tag{5.32}$$

$$J_k(I_k) = \min_{u_k\in U_k}\left[E_{x_k,w_k,z_{k+1}}\{g_k(x_k,u_k,w_k) + J_{k+1}(I_k,z_{k+1},u_k)|I_k,u_k\}\right] \tag{5.33}$$

假设我们可以找到信息向量的函数 $S_k(I_k)$，满足 (5.32) 式和 (5.33) 式的最小控制通过 $S_k(I_k)$ 依赖于 I_k。据此我们的意思是动态规划算法 (5.32) 式和 (5.33) 式右侧的最小化可以写成如下的某个函数 H_k，

$$\min_{u_k\in U_k} H_k\left(S_k(I_k), u_k\right)$$

这样的函数 S_k 被称为充分统计量。其突出的特征在于由之前的最小化获得的最优策略可以被写成

$$\mu_k^*(I_k) = \bar{\mu}_k\left(S_k(I_k)\right)$$

其中 $\bar{\mu}_k$ 是一个合适的函数。所以，如果充分统计量由比信息向量 I_k 更少的数来描述，它可能更易于实现形式为 $u_k = \bar{\mu}_k\left(S_k(I_k)\right)$ 的策略并享受数据压缩带来的优势。

5.4.1　条件状态分布

有许多不同的函数可以作为充分统计量。示性函数 $S_k(I_k) = I_k$ 当然是其中之一。在这一小节，我们将推导另一种重要的充分统计量：给定信息向量 I_k 下的状态 x_k 的条件概率分布 $P_{x_k|I_k}$。为此需要一个额外的假设，即观测扰动 v_{k+1} 的条件分布仅显式地依赖于前一个状态、控制和系统扰动 x_k, u_k, w_k，而不依赖于更早的 $x_{k-1}, \cdots, x_0, u_{k-1}, \cdots, u_0, w_{k-1}, \cdots, w_0, v_{k-1}, \cdots, v_0$。在这一假设下，我们将展示对所有的 k 和 I_k，我们有

$$J_k(I_k) = \min_{u_k \in U_k} H_k\left(P_{x_k|I_k}, u_k\right) = \bar{J}_k\left(P_{x_k|I_k}\right) \tag{5.34}$$

其中 H_k 和 $\bar{J}_k$ 是合适的函数。

至此，我们将使用与离散时间随机系统状态估计有关的一个重要事实：条件分布 $P_{x_k|I_k}$ 可以通过如下形式的方程迭代生成

$$P_{x_{k+1}|I_{k+1}} = \Phi_k\left(P_{x_k|I_k}, u_k, z_{k+1}\right) \tag{5.35}$$

其中 Φ_k 是可以由问题的数据确定的某个函数。让我们暂时推迟对此的论证，为了下面的讨论暂时接受这一点。

我们注意到为了进行 (5.32) 式的最小化，知道分布 $P_{x_{N-1}|I_{N-1}}$ 和分布 $P_{w_{N-1}|x_{N-1},u_{N-1}}$ 就足够了，这两个是问题数据的一部分。所以，(5.32) 式右侧的最小化具有如下形式，对合适的函数 H_{N-1} 和 $\bar{J}_{N-1}$ 有

$$J_{N-1}(I_{N-1}) = \min_{u_{N-1} \in U_{N-1}} H_{N-1}\left(P_{x_{N-1}|I_{N-1}, u_{N-1}}\right) = \bar{J}_{N-1}\left(P_{x_{N-1}|I_{N-1}}\right)$$

现在使用归纳法，即，假设对合适的函数 H_{k+1} 和 $\bar{J}_{k+1}$ 有

$$J_{k+1}(I_{k+1}) = \min_{u_{k+1} \in U_{k+1}} H_{k+1}\left(P_{x_{k+1}|I_{k+1}, u_{k+1}}\right) = \bar{J}_{k+1}\left(P_{x_{k+1}|I_{k+1}}\right) \tag{5.36}$$

并且证明对合适的函数 H_k 和 $\bar{J}_k$ 有

$$J_k(I_k) = \min_{u_k \in U_k} H_k\left(P_{x_k|I_k}, u_k\right) = \bar{J}_k\left(P_{x_k|I_k}\right) \tag{5.37}$$

确实，使用 (5.35) 式和 (5.36) 式，(5.33) 式的动态规划方程可以写成

$$J_k(I_k) = \min_{u_k \in U_k} E\left\{g_k(x_k, u_k, w_k) + \bar{J}_{k+1}\left(\Phi_k\left(P_{x_k|I_k}, u_k, z_{k+1}\right)\right) | I_k, u_k\right\} \tag{5.38}$$

为了计算上面这一针对 u_k 最小化的表达式，我们在 $P_{x_k|I_k}$ 之外需要联合分布

$$P\left(x_k, w_k, z_{k+1} | I_k, u_k\right)$$

或者等价地，

$$P\left(x_k, w_k, h_{k+1}\left(f_k(x_k, u_k, w_k), u_k, v_{k+1}\right) | I_k, u_k\right)$$

这一分布可以用 $P_{x_k|I_k}$ 表示，给定分布

$$P(w_k|x_k,u_k),P\left(v_{k+1}|f_k(x_k,u_k,w_k),u_k,w_k\right)$$

和系统方程 $x_{k+1}=f_k(x_k,u_k,w_k)$。所以在 (5.38) 式中对 u_k 最小化的表达式可以写成 $P_{x_k|I_k}$ 和 u_k 的函数，对合适的函数 H_k，(5.33) 式的动态规划方程可以写成

$$J_k(I_k)=\min_{u_k\in U_k} H_k\left(P_{x_k|I_k,u_k}\right)$$

所以归纳完成，于是有分布 $P_{x_k|I_k}$ 是充分统计量。

注意如果条件分布 $P_{x_k|I_k}$ 由另一个表达式 $S_k(I_k)$ 唯一确定，即，对于合适的函数 G_k，

$$P_{x_k|I_k}=G_k\left(S_k(I_k)\right)$$

那么 $S_k(I_k)$ 也是充分统计量。所以，例如，如果我们可以证明 $P_{x_k|I_k}$ 是高斯分布，那么对应于 $P_{x_k|I_k}$ 的均值和协方差阵构成充分统计量。

不论其在计算上的价值，最优策略表示为一系列条件概率分布 $P_{x_k|I_k}$ 的函数，

$$\mu_k(I_k)=\bar{\mu}_k(P_{x_k|I_k}),k=0,1,\cdots,N-1$$

在概念上非常有用。这将最优控制器分解为两部分：

(a) 一个估计器, 这在 k 时刻使用测量值 z_k 和控制 u_{k-1} 来生成概率分布 $P_{x_k|I_k}$；

(b) 一个执行器，这以概率分布 $P_{x_k|I_k}$ 的函数生成控制输入到系统（见图 5.4.1）。

这一解释构成了多种次优控制机制的基础，这些机制先验地将控制器分成控制器和执行器并尝试用某种看似“合理”的方式设计每一部分。这一类的机制将在第 6 章讨论。

条件状态分布迭代

仍有待论证如下迭代

$$P_{x_{k+1}|I_{k+1}}=\Phi_k\left(P_{x_k|I_k},u_k,z_{k+1}\right) \tag{5.39}$$

让我们首先举个例子。

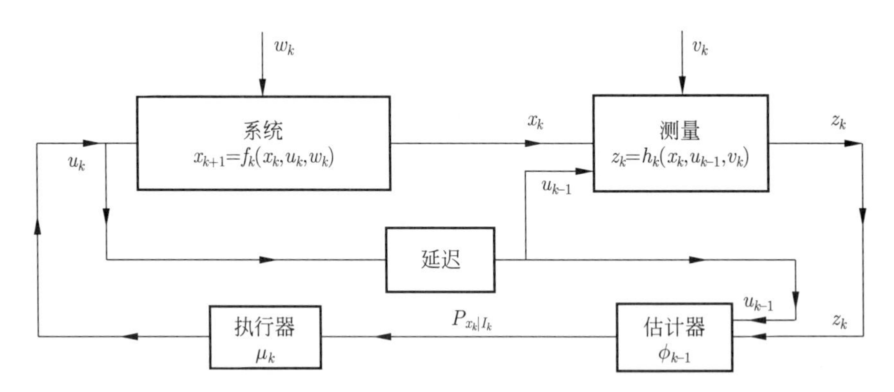

图 5.4.1 将最优控制器从概念上分为估计器和执行器

例 5.4.1（搜索问题）

在一个典型的搜索问题中，需要在每个时段决定是否搜索某个地点以找到宝藏。如果宝藏在这个地点，搜索这个地点将以概率 β 找到宝藏，此时将从该地点移除宝藏。这里的状态有两个

取值：宝藏是否在该地点。控制 u_k 有两个取值：搜或者不搜。如果搜索了这个地点，观测 z_{k+1} 取两个值，找到或者未找到宝藏，而如果未搜索这个地点，z_{k+1} 的值无关。

记有 p_k: 阶段 k 开始存在宝藏的概率。

这一概率按照如下的方程演化

$$p_{k+1} = \begin{cases} p_k & \text{如果该地点在时间}k\text{未被搜索} \\ 0 & \text{如果该地点被搜索且找到宝藏} \\ \dfrac{p_k(1-\beta)}{p_k^{(1-\beta)}+1-p_k} & \text{如果搜索该地点但未找到宝藏} \end{cases}$$

第二个关系式成立因为在成功的搜索之后宝藏被移除。第三个关系式通过使用贝叶斯规则（p_{k+1} 等于在第 k 阶段存在宝藏而且搜索不成功，除以不成功搜索的概率）。之前的方程定义了状态条件分布的所期待的迭代形式，且为 (5.39) 式的特殊情形。

如下迭代的一般形式

$$P_{x_{k+1}|I_{k+1}} = \Phi_k\left(P_{x_k|I_k}, u_k, z_{k+1}\right)$$

在习题 5.7 中推导了当状态、控制、观测和扰动空间是有限集合的情形。当这些空间是实轴且所有涉及的随机变量都具有概率密度函数时，条件概率 $p(x_{k+1}|I_{k+1})$ 由 $p(x_k|I_k), u_k$ 和 z_{k+1} 按照如下方程生成

$$\begin{aligned} p(x_{k+1}|I_{k+1}) &= p(x_{k+1}|I_k, u_k, z_{k+1}) \\ &= \frac{p(x_{k+1}, z_{k+1}|I_k, u_k)}{p(z_{k+1}|I_k, u_k)} \\ &= \frac{p(x_{k+1}|I_k, u_k)p(z_{k+1}|I_k, u_k, x_{k+1})}{\int_{-\infty}^{\infty} p(x_{x_{k+1}|I_k,u_k})p(z_{k+1}|I_k, u_k, x_{k+2})dx_{k+1}} \end{aligned}$$

在这个方程右侧所有出现的概率密度可以用 $p(x_k|I_k)$,u_k 和 z_{k+1} 表示。特别地，密度 $p(x_{k+1}|I_k, u_k)$ 可以通过 $p(x_k|I_k), u_k$ 和系统方程 $x_{k+1} = f_k(x_k, u_k, w_k)$ 并通过使用给定的密度 $p(w_k|x_k, u_k)$ 和关系式来表达

$$p(w_k|I_k, u_k) = \int_{-\infty}^{\infty} p(x_k|I_k)p(w_k|x_k, u_k)dx_k$$

类似地，密度 $p(z_{k+1}|I_k, u_k, x_{k+1})$ 通过测量方程 $z_{k+1} = h_{k+1}(x_{k+1}, u_k, v_{k+1})$ 并使用如下密度来表达

$$p(x_k|I_k), p(w_k|x_k, u_k), p(v_{k+1}|x_k, u_k, w_k)$$

通过将这些表达式代入 $p(x_{k+1}|I_{k+1})$ 的方程，我们获得所期望形式的条件状态分布的动态系统方程。其他类似的例子将在后续章节中给出。在 Bertsekas 和 Shreve[BeS78] 中可以找到迭代 $P_{x_{k+1}|I_{k+1}} = \Phi_k\left(P_{x_k|I_k}, u_k, z_{k+1}\right)$ 的严格数学证明。

替代的精确状态信息压缩

终于，让我们形式化地用充分统计量 $P_{x_k|I_k}$ 重写动态规划算法。使用 (5.35) 式、(5.37) 式和 (5.38) 式，我们对 $k < N-1$ 有

$$\begin{aligned} \bar{J}\left(P_{x_k|I_k}\right) = \min_{u_k \in U_k} \Big[& E_{x_k, w_k, z_{k+1}}\big\{g_k(x_k, u_k, w_k) \\ & + \bar{J}_{k+1}\left(\Phi_k\left(P_{x_k|I_k}, u_k, z_{k+1}\right)\right) | I_k, u_k\big\}\Big] \end{aligned} \tag{5.40}$$

当 $k=N-1$ 时，我们有

$$\bar{J}_{N-1}\left(P_{x_{N-1}|I_{N-1}}\right)=\min_{u_{N-1}\in U_{N-1}}\left[E_{x_{N-1},w_{N-1}}\left\{g_N\left(f_{N-1}(x_{N-1},u_{N-1},w_{N-1})\right)\right.\right.$$
$$\left.\left.+g_{N-1}(x_{N-1},u_{N-1},w_{N-1})|I_{N-1},u_{N-1}\right\}\right] \tag{5.41}$$

这一动态规划算法获得的最优费用是

$$J^*=E_{z_0}\left\{\bar{J}_0(P_{x_0|z_0})\right\}$$

其中 $\bar{J}_0$ 由上一步获得，z_0 的概率分布由测量方程 $z_0=h_0(x_0,v_0)$ 以及 x_0 和 v_0 的分布获得。

通过观测 (5.40) 式的形式，我们注意到该式具有标准的动态规划结构，除了一点，$P_{x_k|I_k}$ 扮演着“状态”的角色。确实，“系统”的角色由 $P_{x_k|I_k}$ 的迭代估计扮演着，

$$P_{x_{k+1}|I_{k+1}}=\Phi_k\left(P_{x_k|I_k},u_k,z_{k+1}\right)$$

该系统符合基本问题的框架（由 u_k 扮演控制的角色，由 z_{k+1} 扮演扰动的角色）。进一步，控制器可以（至少在原则上）计算系统在 k 时刻的状态 $P_{x_k|I_k}$，所以仍然具有精确的状态信息。于是 (5.40) 式和 (5.41) 式的交替动态规划算法可被视作涉及上述系统的具有精确状态信息的问题的动态规划算法，其状态是 $P_{x_k|I_k}$，其费用函数经过了恰当地重新建模。在没有关于状态的精确信息时，控制器可被视作控制“概率状态” $P_{x_k|I_k}$ 在给定可获得的信息 I_k 之后最小化后续费用的条件期望值。

例 5.4.1（续）

让我们为例 5.4.1 的搜索问题写出 (5.40) 式的动态规划算法，假设宝藏的价值为 V、每个搜索的费用为 C，且一旦我们在某个时刻决定不搜索了，则在未来的所有时间均不能再搜索。该算法具有如下形式

$$\bar{J}_k(p_k)=\max\left[0,-C+p_k\beta V+(1-p_k\beta)\bar{J}_{k+1}\left(\frac{p_k(1-\beta)}{p_k(1-\beta)+1-p_k}\right)\right]$$

满足 $\bar{J}_N(p_N)=0$。从这个算法可以通过归纳法直接证明函数 $\bar{J}_k$ 对所有的 $p\leqslant C/(\beta V)$ 满足 $\bar{J}_k(p_k)=0$，以及当且仅当

$$C\leqslant p_k\beta V$$

在阶段 k 搜索是最优的。所以，当且仅当从下一次搜索的期望收益大于或等于搜索的费用时，搜索是最优的。

5.4.2　有限状态系统

我们现在将考虑平稳有限状态马尔可夫链的系统，在这类系统中条件概率分布 $P_{x_k|I_k}$ 由有限多个数描述。状态标记为 $1,2,\cdots,n$。当施加控制 u 时，系统以概率 $p_{ij}(u)$ 从状态 i 转移到状态 j。控制 u 选自有限集合 U。在一次状态转移之后，控制器可进行观测。存在有限多个可能的观测结果，其中每一个结果出现的概率取决于当前状态和之前的控制。在阶段 k 控制器可用的信息是如下信息向量

$$I_k=(z_1,\cdots,z_k,u_0,\cdots,u_{k-1})$$

其中对所有的 i，z_i 和 u_i 分别是阶段 i 的观测和控制。在观测 z_k 之后，控制器选择一个控制 u_k，这将产生费用 $g(x_k,u_k)$，其中 x_k 是当前的（隐）状态。用 $G(x)$ 表示在 N 个阶段后停留在状态 x 的末端费用。我们希望最小化在这 N 个阶段产生的期望费用之和。

正如在 5.4.1 节中讨论的，可以将该问题重新建模为具有精确状态信息的问题：目标是控制条件概率列向量

$$p_k = \left(p_k^1, \cdots, p_k^n\right)'$$

其中

$$p_k^i = P(x_k = i|I_k), i = 1, \cdots, n$$

我们称 p_k 为信念状态，按照如下形式的方程演化

$$p_{k+1} = \Phi(p_k, u_k, z_{k+1})$$

其中函数 Φ 表示估计器，正如在 5.4.1 节中讨论的。初始信念状态 p_0 给定。

对应的动态规划算法 [见 (5.40) 式和 (5.41) 式] 形式如下

$$\bar{J}_k(p_k) = \min_{u_k \in U}\left[p_k' g(u_k) + E_{z_{k+1}}\left\{\bar{J}_{k+1}\left(\Phi(p_k, u_k, z_{k+1})\right)|p_k, u_k\right\}\right] \tag{5.42}$$

其中 $g(u_k)$ 是元素为 $g(1, u_k), \cdots, g(n, u_k)$ 的列向量，期望阶段费用 $p_k' g(u_k)$ 是向量 p_k 和 $g(u_k)$ 的内积。算法从阶段 N 开始

$$\bar{J}_N(p_N) = p_N' G$$

其中 G 是列向量，其元素为末端费用 $G(i), i = 1, \cdots, n$ 并依次后推。注意在这个动态规划算法中，z_{k+1} 在给定 p_k 和 u_k 下的条件分布可以使用转移概率 $p_{ij}(u)$ 及给定 x_{k+1} 和 u_k 后 z_{k+1} 的条件分布进行计算。特别地，我们对任意可能的观测值 z 有

$$P\left(z_{k+1} = z|p_k, u_k\right) = \sum_{i=1}^{n} p_k^i \sum_{j=1}^{n} p_{ij}(u_k) P\left(z_{k+1} = z|x_{k+1} = j, u_k\right)$$

结果动态规划算法中的后续费用函数 $\bar{J}_k$ 是分片线性和凹的。这一事实的展示是直接但繁琐的，在习题 5.7 中扼要地给出了。这一分片线性性质的推论是 $\bar{J}_k$ 可以用有限个标量描述。然而，对于固定的 k，这些标量的数量仍然可能随着 N 迅速增加，而且可能没有在计算上有效的方法求解这个问题（见 Papadimitriou 和 Tsitsiklis[PaT87]）。我们在这里将不讨论计算 $\bar{J}_k$ 的某个特定的过程（见 Lovejoy[Lov91a]、[Lov91b] 和 Smallwood 和 Sondik[SmS73]、[Son71]）。取而代之，我们将通过举例展示动态规划算法。

例 5.4.2（机器维修）

在 5.1 节的两个状态的机器维修问题中，我们记有

$$p_1 = P(x_1 = \bar{P}|I_1), p_0 = P(x_0 = \bar{P}|I_0)$$

关联 p_1, p_0, u_0, z_1 的方程为

$$p_1 = \Phi(p_0, u_0, z_1)$$

可以通过直接计算来验证 Φ_0 按如下方式给定

$$p_1 = \Phi_0(p_0, u_0, z_1) = \begin{cases} \dfrac{1}{7} & \text{当 } u_0 = S, z_1 = G \\ \dfrac{3}{5} & \text{当 } u_0 = S, z_1 = B \\ \dfrac{1+2p_0}{7-4p_0} & \text{当 } u_1 = C, z_1 = G \\ \dfrac{3+6p_0}{5+4p_0} & \text{当 } u_0 = C, z_1 = B \end{cases}$$

(5.42) 式的动态规划算法可以用 p_0, p_1 和 Φ_0 如上写出

$$\bar{J}_1(p_1) = \min[2p_1, 1]$$

$$\bar{J}_0(p_0) = \min\left[2p_0 + P(z_1 = G|p_0\ C)\bar{J}_1\left(\Phi_0(p_0, C, G)\right) + P\left(z_1 = B|p_0, C\right)\bar{J}_1\left(\Phi_0(p_0, C, B)\right)\right.$$
$$\left. 1 + P(z_1 = G|p_0, S)\bar{J}_1\left(\Phi_0(p_0, S, G)\right) + p(z_1 = B|p_0, S)\bar{J}_1\left(\Phi_0(p_0, S, B)\right)\right]$$

在第二个等式中输入的概率可以通过直接计算用 p_0 表示，

$$P(z_1 = G|p_0, C) = \frac{7 - 4p_0}{12}, P(z_1 = B|p_0, C) = \frac{5 + 4p_0}{12}$$
$$P(z_1 = G|p_0, S) = \frac{7}{12}, P(z_1 = B|p_0, S) = \frac{5}{12}$$

使用这些值我们有

$$\bar{J}_0(p_0) = \min\left[2p_0 + \frac{7 - 4p_0}{12}\bar{J}_1\left(\frac{1 + 2p_0}{7 - 4p_0}\right) + \frac{5 + 4p_0}{12}\bar{J}_1\left(\frac{3 + 6p_0}{5 + 4p_0}\right)\right.$$

$$\left. 1 + \frac{7}{12}\bar{J}_1\left(\frac{1}{7}\right) + \frac{5}{12}\bar{J}_1\left(\frac{3}{5}\right)\right]$$

通过在 $\bar{J}_1(p_1)$ 的定义中使用的最小化，我们对最后一个阶段获得了一个最优策略

$$\bar{\mu}_1^*(p_1) = \begin{cases} C & \text{当}\, p_1 \leqslant \dfrac{1}{2} \\ S & \text{当}\, p_1 > \dfrac{1}{2} \end{cases}$$

再通过 $\bar{J}_1(p_1)$ 的替换并进行直接计算，我们获得

$$\bar{J}_0(p_0) = \begin{cases} \dfrac{19}{12} & \text{当}\, \dfrac{3}{8} \leqslant p_0 \leqslant 1 \\ \dfrac{7 + 32p_0}{12} & \text{当}\, 0 \leqslant p_0 \leqslant \dfrac{3}{8} \end{cases}$$

以及对于第一阶段的最优策略：

$$\bar{\mu}_0^*(p_0) = \begin{cases} C & \text{当}\, p_0 \leqslant \dfrac{3}{8} \\ S & \text{当}\, p_0 > \dfrac{3}{8} \end{cases}$$

注意

$$P(x_0 = \bar{P}|z_0 = G) = \frac{1}{7}, P(x_0 = \bar{P}|z_0 = B) = \frac{3}{5}$$
$$P(z_0 = G) = \frac{7}{12}, P(z_0 = B) = \frac{5}{12}$$

所以如下公式

$$J^* = E_{z_0}\left\{\bar{J}_0\left(P_{x_0|z_0}\right)\right\} = \frac{7}{12}\bar{J}_0\left(\frac{1}{7}\right) + \frac{5}{12}\bar{J}_0\left(\frac{3}{5}\right) = \frac{176}{144}$$

获得的最优费用与 5.1 节中通过 (5.4) 式和 (5.5) 式的动态规划算法获得的最优费用相同。

例 5.4.3（指导问题）

考虑指导问题，其目标是教会一位学生某项特定的简单内容。在每个阶段开始，学生可能处于两个状态之一：

L：内容学会了。

$\bar{L}$：内容没有学会。

在每个阶段开始，导师必须从两个决定中选择一个：

T：终止指导。

$\bar{T}$：继续指导一个阶段并在其后进行测试以判断学生是否学会了这项内容。

测试有两个可能结果：

R: 学生给出了正确的答案。

$\bar{R}$: 学生给出了错误的答案。

如果进行了指导，则从一个状态到下一个状态的转移概率给定如下

$$P(x_{k+1}=L|x_k=L)=1, P(x_{k+1}=\bar{L}|x_k=L)=0$$
$$P(x_{k+1}=L|x_k=\bar{L})=t, P(x_{k+1}=\bar{L}|x_k=\bar{L})=1-t$$

其中 t 是给定标量且 $0<t<1$。

测试的结果依概率取决于学生的知识状态，如下：

$$P(z_k=R|x_k=L)=1, P(z_k=\bar{R}|x_k=L)=0$$
$$P(z_k=R|x_k=\bar{L})=r, P(z_k=\bar{R}|x_k=\bar{L})=1-r$$

其中 r 是给定标量且满足 $0<r<1$。该问题的概率结果如图 5.4.2 所示。

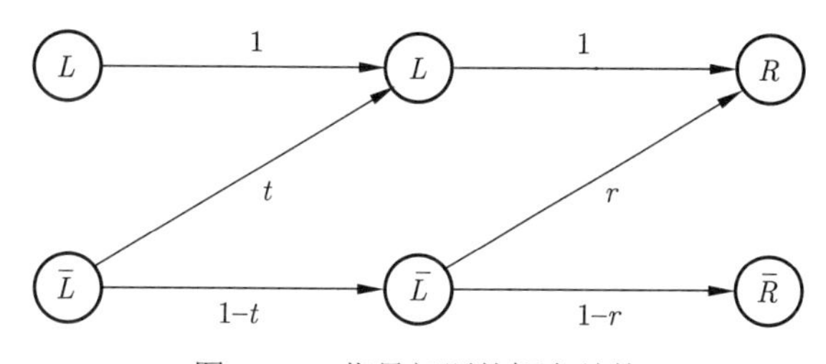

图 5.4.2　指导问题的概率结构

每个阶段的指导和测试的费用是 I。如果学生学会了或者没有学会有关知识，则终止指导的费用分别是 0 或者 $C>0$。目标是为每个阶段 k 找到最优的终止指导的策略，该策略为累积到那个阶段的测试成绩的函数，假设最多有 N 个指导阶段。

可以直接将这个问题重新建模成具有不精确状态信息的基础问题的框架，并能获得结论：在阶段 k 是终止还是继续指导的决定应该依赖于在此之前学生是否已经学会了该内容的条件概率。这一概率记为

$$p_k=P(x_k|I_k)=P(x_k=L|z_0,z_1,\cdots,z_k)$$

此外，我们可以使用在充分统计量 p_k 上定义的动态规划算法 (5.40) 式和 (5.41) 式来获得最优策略。然而，与其使用这一重构方式推进，我们倾向于直接获得这一动态规划算法。

关于条件概率 p_k 的演化（假设出现了指导），我们由贝叶斯规则有

$$p_{k+1} = P(x_{k+1} = L|z_0, \cdots, z_{k+1}) = \frac{P(x_{k+1} = L, z_{k+1}|z_0, \cdots, z_k}{P(z_{k+1}|z_0, \cdots, z_k)}$$

其中

$$\begin{aligned} P(z_{k+1}|z_0, \cdots, z_k) = & P(x_{k+1} = L|z_0, \cdots, z_k) P(z_{k+1}|z_0, \cdots, z_k, x_{k+1} = L) \\ & + P(x_{k+1} = \bar{L}|z_0, \cdots, z_k) P(z_{k+1}|z_0, \cdots, z_k, x_{k+1} = \bar{L}) \end{aligned}$$

从给定的概率描述，我们有

$$P(z_{k+1}|z_0, \cdots, z_k, x_{k+1} = L) = P(z_{k+1}|x_{k+1} = L) = \begin{cases} 1 & 当\ z_{k+1} = R \\ 0 & 当\ z_{k+1} = \bar{R} \end{cases}$$

$$P(x_{k+1} = L|z_0, \cdots, z_k) = p_k + (1 - p_k)t$$

$$P(x_{k+1} = \bar{L}|z_0, \cdots, z_k) = (1 - p_k)(1 - t)$$

综合这些方程，我们有

$$p_{k+1} = \Phi(p_k, z_{k+1}) = \begin{cases} \dfrac{p_k + (1 - p_k)t}{p_k + (1 - p_k)t + (1 - p_k)(1 - t)r} & 当\ z_{k+1} = R \\ 0 & 当\ z_{k+1} = \bar{R} \end{cases}$$

或者等价地

$$p_{k+1} = \Phi(p_k, z_{k+1}) = \begin{cases} \dfrac{1 - (1 - t)(1 - p_k)}{1 - (1 - t)(1 - r)(1 - p_k)} & 当\ z_{k+1} = R \\ 0 & 当\ z_{k+1} = \bar{R} \end{cases} \tag{5.43}$$

这个方程是关于状态的条件概率的通用迭代更新方程 (5.39) 式的特例。对 (5.43) 式的粗略检查展示，正如所期待的那样，学生学会知识的条件概率 p_{k+1} 将伴随着每个正确的答案而增加并随着每个不正确的答案而下降到零。

我们现在为这个问题推导动态规划算法。在第 N 个阶段的结束，假设教师继续到那个阶段，期望费用是

$$\bar{J}_N(p_N) = (1 - p_N)C$$

在阶段 $N-1$ 的结束，教师已计算出学生学会的条件概率 p_{N-1} 并希望决定是否终止教学从而产生期望费用 $(1 - p_{N-1})C$ 或者继续教学从而产生期望费用 $I + E\left\{\bar{J}_N(p_N)\right\}$。这导致对最优期望费用的如下方程：

$$\bar{J}_{N-1}(p_{N-1}) = \min\left[(1 - p_{N-1})C, I + (1 - t)(1 - p_{N-1})C\right]$$

上式中的 $(1 - p_{N-1})C$ 是终止教学的费用，而 $(1 - t)(1 - p_{N-1})$ 是在另一个阶段的教学之后学生依然没有学会知识的概率。

类似地，可以通过将 N 替换为 $k+1$ 对每个阶段 k 写出算法：

$$\bar{J}_k(p_k) = \min\left[(1 - p_k)C, I + E_{z_{k+1}}\left\{\bar{J}_{k+1}\left(\Phi(p_k, z_{k+1})\right)\right\}\right]$$

现在对函数 Φ 使用表达式 (5.43) 式以及如下概率

$$P(z_{k+1} = \bar{R}|p_k) = (1 - t)(1 - r)(1 - p_k)$$

$$P(z_{k+1}=R|p_k)=1-(1-t)(1-r)(1-p_k)$$

我们有

$$\bar{J}_k(p_k)=\min\left[(1-p_k)C, I+A_k(p_k)\right] \tag{5.44}$$

其中

$$A_k(p_k)=P(z_{k+1}=R|I_k)\bar{J}_{k+1}\left(\Phi(p_k,R)\right)+P(z_{k+1}=\bar{R}|I_k)\bar{J}_{k+1}\left(\Phi(p_k,\bar{R})\right)$$

或者等价地，使用 (5.43) 式，

$$A_k(p_k)=(1-(1-t)(1-r)(1-p_k))\,\bar{J}_{k+1}\left(\frac{1-(1-t)(1-p_k)}{1-(1-t)(1-r)(1-p_k)}\right)$$
$$+(1-t)(1-r)(1-p_k)\bar{J}_{k+1}(0)$$

正如在图 5.4.3 中所示，如果 $I+(1-t)C\leqslant C$，或者等价地，如果

$$I<tC$$

那么存在标量 α_{N-1} 满足 $0<\alpha_{N-1}<1$，该标量为最后一个阶段确定了最优策略：

$$\text{如果}\ p_{N-1}\leqslant\alpha_{N-1},\quad \text{继续指导}$$

$$\text{如果}\ p_{N-1}>\alpha_{N-1},\quad \text{终止指导}$$

在相反情形中，其中 $I\geqslant tC$，指导的费用相对于没有学会的费用是如此之高，以至于指导学生永远不是最优的。

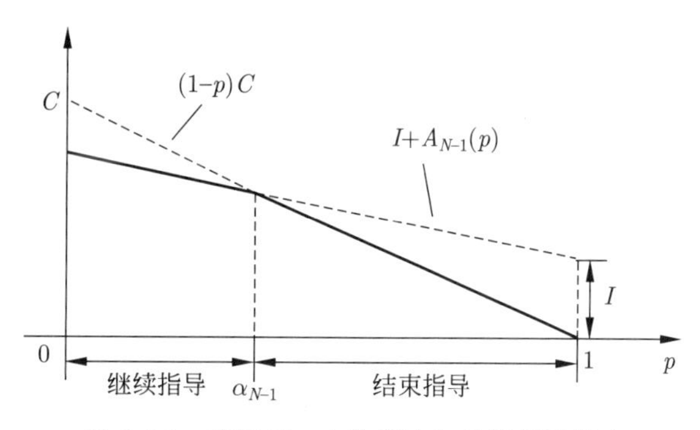

图 5.4.3　在最后一个阶段决定最优指导策略

可以通过归纳法（习题 5.8）证明如果 $I<tC$，对于每个 k 函数 $A_k(p)$ 是凹和分片线性的，并且对所有的 k 满足，

$$A_k(1)=0$$

进一步，对所有的 k 满足

$$A_k(p)\geqslant A_k(p'),\ \text{对}0\leqslant p<p'\leqslant 1$$

$$A_{k-1}(p)\leqslant A_k(p)\leqslant A_{k+1}(p),\ \text{对所有的}p\in[0,1]$$

所以函数 $(1-p_k)C$ 和 $I+A_k(p_k)$ 在单点相交，由 (5.44) 式的动态规划算法，我们可以得到对每个阶段的最优策略由唯一标量 a_k 确定，并且满足

$$(1-\alpha_k)C=I+A_k(\alpha_k), k=0,1,\cdots,N-1$$

对阶段 k 的最优策略给定如下

$$\text{如果} p_k \leqslant \alpha_k, \text{继续指导}$$

$$\text{如果} p_k > \alpha_k, \text{终止指导}$$

因为函数 $A_k(p)$ 相对于 k 单调非减，由图 5.4.4 有

$$\alpha_{N-1} \leqslant \alpha_{N-2} \leqslant \cdots \leqslant \alpha_k \leqslant \cdots \leqslant 1 - \frac{1}{C}$$

于是当 $k \to -\infty$ 时 $\{\alpha_k\}$ 序列收敛到某个标量 $\bar{\alpha}$。所以，随着阶段变长，最优策略（至少对于初始阶段）可以用如下的平稳策略近似

$$\text{如果} p_k \leqslant \bar{\alpha}_k, \text{继续指导} \tag{5.45}$$

$$\text{如果} p_k > \bar{\alpha}_k, \text{终止指导}$$

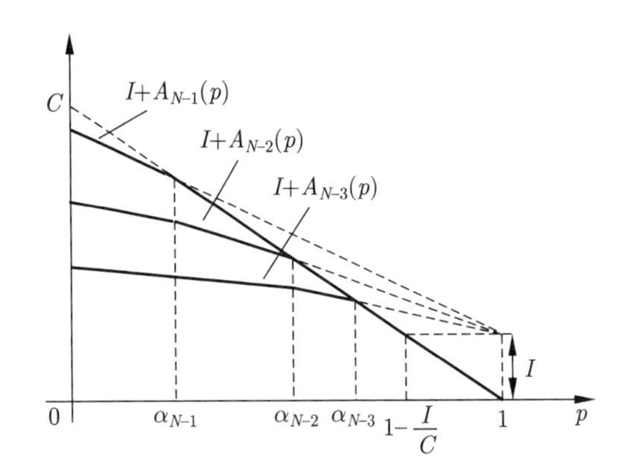

图 5.4.4　指导阈值随时间下降的示意图

结果这一平稳策略有着简便的实现而不需要在每个阶段计算条件概率。从 (5.43) 式，我们看到如果给出正确答案 R 那么 p_{k+1} 相对于 p_k 增大，如果给出错误答案 $\bar{R}$ 那么 p_{k+1} 下降到零。对 $m = 1, 2, \cdots$, 迭代地定义在一个不正确的回答之后紧跟着 m 个连续的正确答案的概率 π_m：

$$\pi_1 = \Phi(0, R), \pi_2 = \Phi(\pi_1, R), \cdots, \pi_{k+1} = \Phi(\pi_k, R), \cdots$$

令 n 为满足 $\pi_n > \bar{\alpha}$ 的最小的整数。那么 (5.45) 式的平稳策略可以实现为当且仅当连续收到 n 个正确答案就终止指导。

例 5.4.4（序贯假设检验）

让我们考虑一类假设检验问题，这是一类典型的统计序贯分析问题。决策者可以进行与两个假设有关的观察，每次的费用为 C。给定新观测后，他可以接受两个假设之一或者再推迟一个阶段进行决策，支付费用 C，并获得一个新的观测。关键是观测费用与以高概率接受错误假设之间的权衡。

令 $z_0, z_1, \cdots, z_{N-1}$ 为观测序列。我们假设观测值为从有限集合 Z 上取值的独立同分布随机变量。假设我们知道 z_k 的概率分布为 f_0 或 f_1，且我们尝试从其中确定一个。这里，对任意元

素 $z \in Z$，$f_0(z)$ 和 $f_1(z)$ 表示真实分布分别为 f_0 和 f_1 时 z 的概率。在观测到 $z_1, \cdots, z_k$ 之后的时刻 k，我们或者停止观测并接受 f_0 或者 f_1，或者我们可以以费用 $C > 0$ 接受额外的一次观测。如果我们停止观测并进行决策，那么如果选择正确则费用为零，如果错误地选择 f_0 或 f_1 则费用分别为 L_0 或 L_1。我们已知真实分布是 f_0，先验概率为 p，并假设最多可能有 N 个观测。

可见我们面对的是一个具有不精确状态信息的问题，涉及两个状态：

$$x^0: \text{真实分布是} f_0$$

$$x^1: \text{真实分布是} f_1$$

交替动态规划算法 (5.40) 式和 (5.41) 式定义在如下条件概率的可能取值范围 [0,1] 之上，

$$p_k = P\left(x_k = x^0 | z_0, \cdots, z_k\right)$$

与前一节类似，我们将直接获得这一算法。

条件概率 p_k 按照下面的方程迭代生成 [假设对所有的 $z \in Z$ 有 $f_0(z) > 0, f_1(z) > 0$]：

$$p_0 = \frac{p f_0(z_0)}{p f_0(z_0) + (1-p) f_1(z_0)} \tag{5.46}$$

$$p_{k+1} = \frac{p_k f_0(z_{k+1})}{p_k f_0(z_{k+1}) + (1-p_k) f_1(z_{k+1})}, k = 0, 1, \cdots, N-2 \tag{5.47}$$

其中 p 是真实分布为 f_0 的先验概率。最后一个阶段的期望费用是

$$\bar{J}_{N-1}(p_{N-1}) = \min\left[(1-p_{N-1}) L_0, p_{N-1} L_1\right] \tag{5.48}$$

其中 $(1-p_{N-1})L_0$ 是接受 f_0 的期望费用，$p_{N-1}L_1$ 是接受 f_1 的期望费用。考虑 (5.46) 式和 (5.47) 式，我们获得第 k 阶段的最优后续费用为

$$\bar{J}_k(p_k) = \min\Bigg[(1-p_k)L_0, p_k L_1$$

$$C + E_{z_{k+1}}\left\{\bar{J}_{k+1}\left(\frac{p_k f_0(z_{k+1})}{p_k f_0(z_{k+1}) + (1-p_k) f_1(z_{k+1})}\right)\right\}\Bigg]$$

其中在 z_{k+1} 上的期望相对于概率分布

$$p(z_{k+1}) = p_k f_0(z_{k+1}) + (1-p_k) f_1(z_{k+1}), z_{k+1} \in Z$$

等价地，对于 $k = 0, 1, \cdots, N-2$,

$$\bar{J}_k(p_k) = \min\left[(1-p_k)L_0, p_k L_1, C + A_k(p_k)\right] \tag{5.49}$$

其中

$$A_k(p_k) = E_{z_{k+1}}\left\{\bar{J}_{k+1}\left(\frac{p_k f_0(z_{k+1})}{p_k f_0(z_{k+1}) + (1-p_k) f_1(z_{k+1})}\right)\right\} \tag{5.50}$$

最后一个阶段的最优策略 (见图 5.4.5）由 (5.48) 式可得

$$\text{如果} p_{N-1} \geqslant \gamma, \text{接受} f_0$$

$$\text{如果} p_{N-1} < \gamma, \text{接受} f_1$$

其中 γ 由关系式 $(1-\gamma)L_0 = \gamma L_1$ 确定，或者等价地

$$\gamma = \frac{L_0}{L_0 + L_1}$$

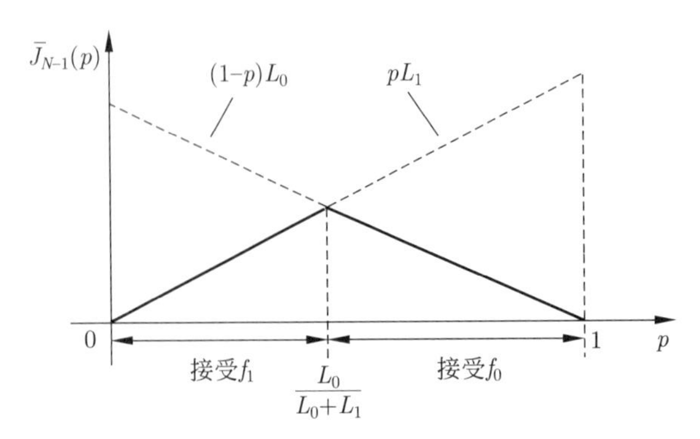

图 5.4.5 为最后一个阶段确定最优策略

我们现在证明 (5.50) 中的函数 $A_k : [0,1] \to R$ 是凹的，且对所有的 k 和 $p \in [0,1]$ 满足

$$A_k(0) = A_k(1) = 0 \tag{5.51}$$

$$A_{k-1}(p) \leqslant A_k(p) \tag{5.52}$$

确实，对所有的 $p \in [0,1]$ 有

$$\bar{J}_{N-2}(p) \leqslant \min[(1-p)L_0, pL_0] = \bar{J}_{N-1}(p)$$

通过使用系统的平稳性和动态规划的单调性（第 1 章习题 1.23），获得

$$\bar{J}_k(p) \leqslant \bar{J}_{k+1}(p)$$

对所有的 k 和 $p \in [0,1]$。使用 (5.50) 式，我们对所有的 k 和 $p \in [0,1]$ 获得 $A_{k+1}(p) \leqslant A_k(p)$。

鉴于 (5.48) 式和 (5.49) 式，为了证明 A_k 的凹性，通过 (5.50) 式证明 $\bar{J}_{k+1}$ 的凹性意味着 A_k 的凹性就足够了。确实，假设 $\bar{J}_{k+1}$ 在 $[0,1]$ 上是凹的。令 $z^1, z^2, \cdots, z^n$ 表示观测空间 Z 的元素。由 (5.50) 式有

$$A_k(p) = \sum_{i=1}^{n} \left(pf_0(z^i) + (1-p)f_1(z^i)\right) \bar{J}_{k+1}\left(\frac{pf_0(z^i)}{pf_0(z^i) + (1-p)f_1(z^i)}\right)$$

于是只要证明 $\bar{J}_{k+1}$ 的凹性意味着如下每个函数的凹性就足够了，

$$H_i(p) = \left(pf_0(z^i) + (1-p)f_1(z^i)\right) \bar{J}_{k+1}\left(\frac{pf_0(z^i)}{pf_0(z^i) + (1-p)f_1(z^i)}\right)$$

为了证明 H_i 的凹性，我们必须对每个 $\lambda \in [0,1], p_1, p_2 \in [0,1]$ 证明

$$\lambda H_i(p_1) + (1-\lambda)H_i(p_2) \leqslant H_i\left(\lambda p_1 + (1-\lambda)p_2\right)$$

使用符号

$$\xi_1 = p_1 f_0(z^i) + (1-p_1)f_1(z^i), \xi_2 = p_2 f_0(z^i) + (1-p_2)f_1(z^i)$$

这个不等式等价于

$$\frac{\lambda\xi_1}{\lambda\xi_1 + (1-\lambda)\xi_2}\bar{J}_{k+1}\left(\frac{p_1 f_0(z^i)}{\xi_1}\right) + \frac{(1-\lambda)\xi_2}{\lambda\xi_1 + (1-\lambda)\xi_2}\bar{J}_{k+1}\left(\frac{p_2 f_0(z^i)}{\xi_2}\right)$$
$$\leqslant \bar{J}_{k+1}\left(\frac{(\lambda p_1 + (1-\lambda)p_2) f_0(z^i)}{\lambda\xi_1 + (1-\lambda)\xi_2}\right)$$

然而这一关系由 $\bar{J}_{k+1}$ 的凹性意味着。

使用 (5.51) 式和 (5.52) 式，我们获得（见图 5.4.6）如果

$$C + A_{N-2}\left(\frac{L_0}{L_0 + L_1}\right) < \frac{L_0 L_1}{L_0 + L_1}$$

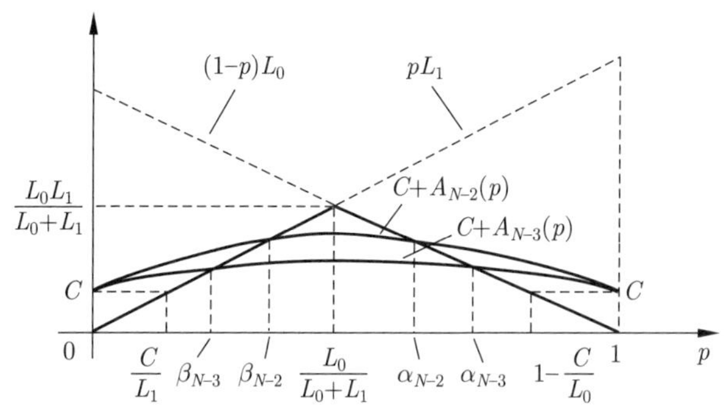

图 5.4.6　确定最优假设检验策略

那么对每个阶段 k 的最优策略的形式如下

$$\text{如果 } p_k \geqslant \alpha_k\text{，那么接受 } f_0$$

$$\text{如果 } p_k \leqslant \beta_k\text{，那么接受 } f_1$$

$$\text{如果 } \beta_k < p_k < \alpha_k\text{，那么继续观测}$$

其中标量 α_k, β_k 由如下关系式确定

$$\begin{aligned} \beta_k L_1 &= C + A_k(\beta_k) \\ (1-\alpha_k)L_0 &= C + A_k(\alpha_k) \end{aligned}$$

进一步，我们有

$$\cdots \leqslant \alpha_{k+1} \leqslant \alpha_k \leqslant \alpha_{k-1} \leqslant \cdots \leqslant 1 - \frac{C}{L_0}$$

$$\cdots \geqslant \beta_{k+1} \geqslant \beta_k \geqslant \beta_{k-1} \geqslant \cdots \geqslant \frac{C}{L_1}$$

于是当 $N \to \infty$ 时，序列 $\{\alpha_{N-i}\}, \{\beta_{N-i}\}$ 分别收敛到标量 $\bar{\alpha}, \bar{\beta}$，而且最优策略由如下平稳策略近似

$$\text{如果 } p_k \geqslant \bar{\alpha}\text{，那么接受 } f_0 \tag{5.53}$$

$$\text{如果 } p_k \leqslant \bar{\beta}\text{，那么接受 } f_1 \tag{5.54}$$

$$\text{如果 } \bar{\beta} < p_k < \bar{\alpha}\text{，那么继续观测} \tag{5.55}$$

现在条件概率 p_k 给定如下

$$p_k = \frac{p f_0(z_0) \cdots f_0(z_k)}{p f_0(z_0) \cdots f_0(z_k) + (1-p) f_1(z_0) \cdots f_1(z_k)} \tag{5.56}$$

其中 p 是 f_0 为真假设的先验概率。使用 (5.56) 式，平稳策略 (5.53) 式～(5.55) 式可以写成如下形式

$$\text{如果 } R_k \geqslant A, \text{ 那么接受 } f_0 \tag{5.57}$$

$$\text{如果 } R_k \leqslant B, \text{ 那么接受 } f_1 \tag{5.58}$$

$$\text{如果 } B < R_k < A, \text{ 那么继续观测} \tag{5.59}$$

其中

$$A = \frac{(1-p)\bar{\alpha}}{p(1-\bar{\alpha})}$$

$$B = \frac{(1-p)\bar{\beta}}{p(1-\bar{\beta})}$$

且

$$R_k = \frac{f_0(z_0)\cdots f_0(z_k)}{f_1(z_0)\cdots f_1(z_k)}$$

注意 R_k 可以容易地通过如下迭代方程生成

$$R_{k+1} = \frac{f_0(z_{k+1})}{f_1(z_{k+1})} R_k$$

(5.57) 式～(5.59) 式的策略称为序贯概率比例检验，且是 Wald[Wal47] 在统计序列分析中研究的最初的形式化方法中的一种。该问题的无限阶段版本的这一概率的最优性将在第 II 卷第 3 章中给出。

5.5 注释、参考文献和习题

具有不精确状态信息的线性二次型问题的参考文献，见 4.1 节所引用的参考文献和 Witsenhausen[Wit71] 的综述论文。卡尔曼滤波算法在许多教材中进行了讨论，比如 Anderson 和 Moore[AnM79]、Ljung 和 Soderstrom[LiS83]。对于习题 5.6 中的具有高斯不确定性的线性二次型问题和观测费用，见 Aoki 和 Li[AoL69]。习题 5.1 指出了当随机扰动彼此关联时的确定性等价原理的形式，是基于本书作者未发表的一份报告 [Ber70]。最小方差方法在 Aström 和 Wittenmark[AsW84] 和 Whittle[Whi63] 中进行了描述。具有指数费用函数的问题在 James，Baras 和 Elliott[JBE94] 以及 Fernandez-Gaucherand 和 Markus[FeM94] 中进行了讨论。

通过充分统计量进行数据压缩的想法在 Striebel[Str65] 论文之后获得了广泛的关注；也见 Shiryaev[Shi64] 和 [Shi66]。关于使用集合隶属度描述不确定性的在序贯极小化极大问题中的充分统计量的想法，见 Bertsekas 和 Rhodes[BeR73]。

充分统计量已经由 Eckles[Eck68] 以及 Smallwood 和 Sondik[SmS73]、[Son71] 用于具有不精确状态信息的有限状态问题的分析。Smallwood 和 Sondik[SmS73]、[Son71] 给出了后续费用函数的分片线性的证明，以及其计算所需的算法。关于具有不精确状态信息的有限状态问题的进一步资料，见 Arapostathis 等 [ABF93]、Lovejoy[Lov91a]、[Lov91b] 和 White 和 Scherer[WhS89]。

例 5.4.3 中描述的指导模型已经（稍作变化）由一些作者考虑了，比如 Atkinson，Bower 和 Crothers[ABC65]，Groen 和 Atkinson[GrA66]，Karush 和 Dear[KaD66] 以及 Smallwood[Sma71]。

关于序贯概率比例检验（参见例 5.4.4）的讨论以及有关的主题，见 Chernoff[Che72]，DeGroot[DeG70]，[Whi82] 以及其中所引用的参考文献。本章给出的描述来自 Arrow，Blackwell 和 Girshick[ABG49]。

习　　题

5.1（线性二次型问题——关联扰动）(www)

考虑 5.2 节中的线性系统和观测方程，并考虑找到最小化如下二次型费用的策略 $\{\mu_0^*(I_0),\cdots,\mu_{N-1}^*(I_{N-1})\}$ 的优化问题

$$E\left\{x_N'Qx_N+\sum_{k=0}^{N-1}u_k'R_ku_k\right\}$$

不过，假设随机向量 $x_0,w_0,\cdots,w_{N-1},v_0,\cdots,v_{N-1}$ 是关联的且有给定的联合概率分布以及有限的一阶和二阶矩。证明最优策略给定如下

$$\mu_k^*(I_k)=L_kE\{y_k|I_k\}$$

其中增益矩阵 L_k 由如下算法获得

$$L_k=-(B_k'K_{k+1}B_k+R_k)^{-1}B_k'K_{k+1}A_k$$

$$K_N=Q$$

$$K_k=A_k'\left(K_{k+1}-K_{k+1}B_k\left(B_k'K_{k+1}B_k+R_k\right)^{-1}B_k'K_{k+1}\right)A_k$$

且向量 y_k 给定如下

$$y_k=x_k+A_k^{-1}w_k+A_k^{-1}A_{k+1}^{-1}w_{k+1}+\cdots+A_k^{-1}\cdots A_{N-1}^{-1}w_{N-1}$$

（假设矩阵 $A_0,A_1,\cdots,A_{N-1}$ 可逆）。提示：证明费用可以写为

$$E\left\{y_0'K_0y_0+\sum_{k=0}^{N-1}(u_k-L_ky_k)'P_k(u_k-L_ky_k)\right\}$$

其中

$$P_k=B_k'K_{k+1}B_k+R_k$$

5.2

考虑标量系统

$$x_{k+1}=x_k+u_k+w_k$$

$$z_k=x_k+v_k$$

其中假设初始条件 x_0, 扰动 w_k 和 v_k 均独立。令费用为

$$E\left\{x_N^2+\sum_{k=0}^{N-1}\left(x_k^2+u_k^2\right)\right\}$$

并令给定的概率分布为

$$p(x_0=2)=\frac{1}{2},p(w_k=1)=\frac{1}{2},p\left(v_k=\frac{1}{4}\right)=\frac{1}{2}$$

$$p(x_0=-2)=\frac{1}{2},p(w_k=-1)=\frac{1}{2},p\left(v_k=-\frac{1}{4}\right)=\frac{1}{2}$$

(a) 确定最优策略。提示：对于这个问题，$E\{x_k|I_k\}$ 可以由 $E\{x_{k-1}|I_{k-1}\}$，u_{k-1} 和 z_k 确定。

(b) 确定与最优策略基本相同的策略，只是使用给定 I_k 时 x_k 的线性最小二乘估计替代 $E\{x_k|I_k\}$（见附录 E，这一策略可以证明为测量值的线性函数策略族中的最优策略）。

(c) 确定 (a) 和 (b) 部分中的策略当 $N\to\infty$ 时的渐近形式。

5.3 (www)

控制具有高斯扰动和高斯初始状态的线性系统

$$x_{k+1}=Ax_k+Bu_k+w_k$$

以最小化二次型费用，与 5.2 节中类似。区别是控制器可以在每个时刻 k 选择对下一阶段 $(k+1)$ 的两种形式的测量之一：

$$\text{第一种：}\quad z_{k+1}=C^1x_{k+1}+v^1_{k+1}$$

$$\text{第二种：}\quad z_{k+1}=C^2x_{k+1}+v^2_{k+1}$$

这里 C^1 和 C^2 是具有合适尺寸的给定矩阵，$\{v^1_k\}$ 和 $\{v^2_k\}$ 是具有给定有限协方差的零均值、独立、随机序列，且不依赖于 x_0 和 $\{w_k\}$。每个时刻采取第 1 种（或者第 2 种）测量则分别产生费用 g_1（或者 g_2）。问题是找到最优控制和测量选择策略以最小化二次型费用期望和

$$x'_NQx_N+\sum_{k=0}^{N-1}(x'_kQx_k+u'_kRu_k)$$

以及总观测费用。为了方便，假设 $N=2$ 且第一个测量 z_0 为第 1 种。证明在 $k=0$ 和 $k=1$ 的最优测量选择不依赖于信息向量 I_0 和 I_1，且可以先验地确定。描述最优策略的特点。

5.4

考虑如下给定的标量单入单出系统

$$y_k+a_1y_{k-1}+\cdots+a_my_{k-m}=b_Mu_{k-M}+\cdots+b_mu_{k-m}+\epsilon_k+c_1\epsilon_{k-1}+\cdots+c_m\epsilon_{k-m}+v_{k-n}$$

其中 $1\leqslant M\leqslant m,0\leqslant n\leqslant m$，且 v_k 由如下形式的方程生成

$$v_k+d_1v_{k-1}+\cdots+d_mv_{k-m}=\xi_k+\epsilon_1\xi_{k-1}+\cdots\epsilon_m\xi_{k-m}$$

多项式 $(1+c_1s+\cdots+c_ms^m)$，$(1+d_1s+\cdots+d_ms^m)$ 和 $(1+\epsilon_1s+\cdots+\epsilon_ms^m)$ 的根严格在单位圆之外。标量 v_k 的值由控制器在 k 时刻与 y_k 一并观测。序列 $\{\epsilon_k\}$ 和 $\{\xi_k\}$ 是零均值独立同分布的且具有有限方差。找到最小方差控制器的易于实现的近似以最小化 $E\left\{\sum\limits_{k=0}^{N}(y_k)^2\right\}$。讨论闭环系统的稳定性。

5.5

(a) 在具有不精确状态信息的基本问题的框架中，考虑系统与观测是线性的情形：

$$x_{k+1}=A_kx_k+B_ku_k+w_k$$

$$z_k=C_kx_k+v_k$$

初始状态 x_0 和扰动 w_k 和 v_k 假设为高斯的且彼此独立。它们的协方差给定，且 w_k 和 v_k 具有零均值。证明 $E\{x_0|I_0\},\cdots,E\{x_{N-1}|I_{N-1}\}$ 构成了这个问题的充分统计量。

(b) 使用 (a) 部分的结果获得涉及标量系统和观测的单阶段问题的特殊情形的最优策略

$$x_1 = x_0 + u_0$$

$$z_0 = x_0 + v_0$$

和费用函数 $E\{|x_k|\}$.

(c) 将 (b) 部分推广到标量系统的情形

$$x_{k+1} = ax_k + u_k$$

$$z_k = cx_k + v_k$$

和费用函数 $E\left\{\sum_{k=1}^{N}|x_k|\right\}$。标量 a 和 c 给定。注意：可能会发现如下的“积分求导”公式有用：

$$\frac{\mathrm{d}}{\mathrm{d}y}\int_{\alpha(y)}^{\beta(y)} f(y,\xi)\mathrm{d}\xi = \int_{\alpha(y)}^{\beta(y)} \frac{\mathrm{d}f(y,\xi)}{\mathrm{d}y}\mathrm{d}\xi + f\left(y,\beta(y)\right)\frac{\mathrm{d}\beta(y)}{\mathrm{d}y} - f\left(y,\alpha(y)\right)\frac{\mathrm{d}\alpha(y)}{\mathrm{d}y}$$

5.6

考虑一台机器，可能处于好或者坏两个状态。假设该机器在每个阶段产出一个产品。该产品有可能是好的或者坏的，取决于该机器在对应阶段的开始分别处于好的或者坏的状态。我们假设一旦该机器在坏的状态，那么将保持在那个状态直到被替换。如果该机器在某个阶段的开始处于好的状态，那么依概率 t 将在那个阶段的结束时处于坏的状态。一旦产出了一个产品，我们可以检测这个产品并支付费用 I 或者不检测。如果一个未检测的产品被发现是坏的，那么该机器被好的机器替代并产生费用 R。产生一个坏产品的费用是 $C > 0$。假设机器一开始处于好的状态，写一个动态规划算法来获得 N 个阶段的最优检测策略。对 $t = 0.2, I = 1, R = 3, C = 2$ 和 $N = 8$，求解这个问题。(最优策略是在第三个阶段结束时检测，并在任何其他阶段都不检测。)

5.7（有限状态系统——不精确状态信息）(www)

考虑一个系统在任何时间可以处于有限个状态 $1, 2, \cdots, n$ 中的任意一个。当施加控制 u 时，系统以概率 $p_{ij}(u)$ 从状态 i 移动到状态 j。控制 u 从有限个选项 $u^1, u^2, \cdots, u^m$ 中选择。在每个状态转移之后，控制器进行观测。存在有限多可能的观测结果 $z^1, z^2, \cdots, z^q$。给定当前状态为 j 且之前的控制是 u，z^θ 出现的概率记为 $r_j(u,\theta), \theta = 1, \cdots, q$。

(a) 考虑条件概率列向量

$$P_k = [p_k^1, \cdots, p_k^n]'$$

其中

$$p_k^j = P(x_k = j | z_0, \cdots, z_k, u_0, \cdots, u_{k-1}), j = 1, \cdots, n$$

并证明其可以按照如下方式更新

$$p_{k+1}^j = \frac{\sum_{i=1}^{n} p_k^i p_{ij}(u_k) r_j(u_k, z_{k+1})}{\sum_{s=1}^{n}\sum_{i=1}^{n} p_k^i p_{is}(u_k) r_s(u_k, z_{k+1})}, j = 1, \cdots, n$$

将该方程写成紧凑的形式

$$P_{k+1}=\frac{[r(u_k,z_{k+1})]*[P(u_k)'P_k]}{r(u_k,z_{k+1})'P(u_k)'P_k}$$

其中的 $'$ 表示转置，且

$P(u_k)$ 是 $n\times n$ 的转移概率矩阵，其第 ij 个元素为 $p_{ij}(u_k)$

$r(u_k,z_{k+1})$ 是列向量，其第 j 维坐标是 $r_j(u_k,z_{k+1})$

$[P(u_k)'P_k]_j$ 是向量 $P(u_k)'P_k$ 的第 j 维

$[r(u_k,z_{k+1})]*[P(u_k)'P_k]$ 是向量，其第 j 维是标量 $r_j(u_k,z_{k+1})\,[P(u_k)'P_k]_j$

(b) 假设对每个阶段 k 存在与控制 u 关联的费用，记为 $g_k(i,u,j)$，该控制让状态从 i 转移到 j。没有末端费用。考虑如下问题，找到最小化 N 个阶段的每个阶段的期望费用之和的策略。证明对应的动态规划算法如下

$$\bar{J}_{N-1}(P_{N-1})=\min_{u\in\{u^1,\cdots,u^m\}}P'_{N-1}G_{N-1}(u)$$

$$\bar{J}_k(P_k)=\min_{u\in\{u^1,\cdots,u^m\}}\left[P'_kG_k(u)+\sum_{\theta=1}^{q}r(u,\theta)'P(u)'P_k\bar{J}_{k+1}\left(\frac{[r(u,\theta)]*[P(u)'P_k]}{r(u,\theta)'P(u)'P_k}\right)\right]$$

其中 $G_k(u)$ 是由期望的第 k 阶段费用构成的向量，给定如下

$$G_k(u)=\begin{pmatrix}\sum_{j=1}^{n}p_{1j}(u)g_k(1,u,j)\\ \vdots\\ \sum_{j=1}^{n}p_{nj}(u)g_k(n,u,j)\end{pmatrix}$$

(c) 证明，当 $\bar{J}_k$ 被视作定义在具有非负坐标的向量集合上的函数时，对所有 k 有，$\bar{J}_k$ 是正齐次的，即对所有的 $\lambda>0$ 有

$$\bar{J}_k(\lambda P_k)=\lambda\bar{J}_k(P_k)$$

使用这一事实来将动态规划算法写成更简单的形式

$$\bar{J}_k(P_k)=\min_{u\in\{u^1,\cdots,u^m\}}\left[P'_kG_k(u)+\sum_{\theta=1}^{q}\bar{J}_{k+1}([r(u,\theta)]*[P(u)'P_k])\right]$$

(d) 用归纳法证明对所有的 $k,\bar{J}_k$ 有如下形式

$$\bar{J}_k(P_k)=\min\left[P'_k\alpha_k^1,\cdots,P'_k\alpha_k^{m_k}\right]$$

其中 $\alpha_k^1,\cdots,\alpha_k^{m_k}$ 是 $\Re^n$ 中的向量。

5.8

考虑例 5.4.3 的指导问题中的函数 $\bar{J}_k(p_k)$。归纳式证明这些函数中的每个都是分片线性、凹的，且具有如下形式

$$\bar{J}_k(p_k)=\min\left[\alpha_k^1+\beta_k^1p_k,\alpha_k^2+\beta_k^2p_k,\cdots,\alpha_k^{m_k}+\beta_k^{m_k}p_k\right]$$

其中 $\alpha_k^1,\cdots,\alpha_k^{m_k},\beta_k^1,\cdots,\beta_k^{m_k}$ 是恰当的标量。

5.9

某人可以在两台机器 A 和 B 上免费玩一共 N 次。机器 A 以已知的概率 s 支付 α 元，以概率 $(1-s)$ 什么也不支付。机器 B 以概率 p 支付 β 元，以概率 $(1-p)$ 什么也不支付。该人不知道 p 但是有 p 的先验概率分布 $F(p)$。问题是找到策略可以最大化期望收益。令 $(m+n)$ 表示在 k 次免费玩 $(m+n\leqslant k)$ 之后玩家在机器 B 上玩的次数，令 m 表示胜利的次数，n 表示失败的次数。证明对于 $m+n\leqslant k$ 这个问题的动态规划算法如下

$$\bar{J}_{N-1}(m,n)=\max[s\alpha,p(m,n)\beta]$$

$$\bar{J}_k(m,n)=\max[s\left(\alpha+\bar{J}_{k+1}(m,n)\right)+(1-s)\bar{J}_{k+1}(m,n)$$
$$p(m,n)\left(\beta+\bar{J}_{k+1}(m+1,n)\right)+(1-p(m,n))\,\bar{J}_{k+1}(m,n+1)]$$

其中

$$p(m,n)=\frac{\int_0^1 p^{m+1}(1-p)^n dF(p)}{\int_0^1 p^m(1-p)^n dF(p)}$$

对于如下情形求解这个问题 $N=6,\alpha=\beta=1,s=0.6$, 对 $0\leqslant p\leqslant 1$ 有 $dF(p)/dp=1$。[答案是在如下 (m,n) 对上玩机器 B：(0,0), (1,0), (2,0), (3,0), (4,0), (5,0), (2,1), (3,1), (4,1)；否则玩机器 A。]

5.10

某人有机会参加赢 2 赔 1 的抛硬币的游戏，硬币背面朝上时他赢。然而，他怀疑硬币有偏且对每次抛硬币时正面朝上的概率 p 有先验概率分布 $F(p)$。问题是找到在给定游戏到目前为止的结果时确定是继续还是停止的最优策略。最多允许抛 N 次。指出如何通过动态规划找到这样的策略。

5.11

考虑 5.3 节的 ARMAX 模型，其中将费用 $E\left\{\sum_{k=1}^{N}(y_k)^2\right\}$ 替代为

$$E\left\{\sum_{k=1}^{N}(y_k-\bar{y})^2\right\}$$

其中 $\bar{y}$ 是给定标量。为这一情形推广最小方差策略。

5.12

考虑 ARMAX 模型

$$y_k+ay_{k-1}=u_{k-M}+\epsilon_k$$

其中 $M\geqslant 1$。证明最小方差控制器是

$$\mu_k(I_k)=au_{k-1}-a^2u_{k-2}+\cdots-(-1)^{M-1}a^{M-1}u_{k-M+1}-(-1)^M a^M y_k$$

而且所得的闭环系统是

$$y_k=\epsilon_k-a\epsilon_{k-1}+a^2\epsilon_{k-2}-\cdots+(-1)^{M-1}a^{M-1}\epsilon_{k-M+1}$$

且长期输出的方差是

$$E\left\{(y_k)^2\right\}=\frac{1-a^{2M}}{1-a^2}E\left\{(\epsilon_k)^2\right\}$$

讨论在情形 $|a|<1$ 和 $|a|>1$ 之间的定性差异，以及与不受控系统 $y_k+ay_{k-1}=\epsilon_k$ 的稳定性和延迟 M 之间的关系。

5.13（具有扰动估计的线性二次型问题）

考虑 4.1 节中讨论的线性二次型问题（A_k, B_k 已知）。状态 x_k 在每个阶段精确可观，扰动 w_k 是独立同分布的随机向量。然而，这一共同的 w_k 的分布未知。相反，已知该分布是两个给定分布 F_1 和 F_2 中的一个，而且 F_1 是正确分布的这一先验概率是一个给定的标量 q，满足 $0<q<1$。为了方便，假设 w_k 可以在 F_1 和 F_2 下都可以取有限多个值。

(a) 将这个问题建模成一个具有不精确状态信息的问题，指定状态、控制、系统扰动、观测和观测量的扰动。

(b) 证明 (x_k, q_k) 是合适的充分统计量，其中，

$$q_k = P(\text{分布是}F_1|w_0,\cdots,w_{k-1})$$

并写出对应的动态规划算法。

(c) 证明最优控制律的形式为

$$\mu_k(x_k,q_k) = -\left(B_k'K_{k+1}B_k+R_k\right)^{-1}B_k'K_{k+1}A_kx_k+c_k(q_k)$$

其中矩阵 K_k 由黎卡提方程给定，$c_k(q_k)$ 是 q_k 的合适的函数。提示：证明后续费用函数具有如下形式

$$J_k(x_k,q_k) = x_k'K_kx_k + a_k(q_k)'x_k + b_k(q_k)$$

其中 $a_k(q_k)$ 和 $b_k(q_k)$ 是 q_k 的合适的函数。

5.14（具有报价估计的资产销售问题）

考虑 4.4 节中的资产销售问题。报价 w_k 独立同分布。然而，w_k 的（共同的）分布未知。不过已知这一分布是两个给定分布 F_1 和 F_2 中的一个，而且正确分布是 F_1 的先验概率为给定的标量 q，满足 $0<q<1$。

(a) 将这个问题建模为具有不精确状态信息的问题，并定义状态、控制、系统扰动、观测和观测扰动。

(b) 证明 (x_k, q_k) 是合适的充分统计量，其中

$$q_k = P(\text{分布是}F_1|w_0,\cdots,w_{k-1})$$

写出对应的动态规划算法，并推导出最优销售策略的形式。

5.15

考虑库存控制问题，其中库存水平按照如下方式演化

$$x_{k+1} = x_k + u_k - w_k$$

阶段 k 的费用为

$$cu_k + h\max(0, w_k - x_k - u_k) + p\max(0, x_k + u_k - w_k)$$

其中 c, h 和 p 为正标量，且 $p>c$。没有末端费用。在每个阶段库存水平 x_k 精确可观。需求 w_k 是独立同分布的非负随机变量。然而，w_k 的（共同的）分布未知。不过已知其分布是两个给定分布 F_1 和 F_2 中的一个，且 F_1 是正确分布的先验概率是给定标量 q，满足 $0<q<1$。

(a) 将这个问题建模为具有不精确状态信息的问题，定义状态、控制、系统扰动、观测和观测扰动。

(b) 写出适当的充分统计量的动态规划算法。

(c) 尽可能描述最优策略。

5.16

为搜索时长 N 的不同取值考虑例 5.4.1 的搜索问题。

(a) 证明对先验概率 p_0 的严格小于 1 的任意取值，存在 N 的阈值，称之为 $\bar{N}$，满足只要 $N > \bar{N}$ 则最优收益函数 $J_0(p_0)$ 与 N 独立。

(b) 当 N 大于 (a) 部分的阈值 $\bar{N}$ 时，对于 p_0 的给定值，给出一种方法计算 $J_0(p_0)$ 的值且不使用动态规划算法。

(c) 假设存在两处可被搜索的地点，而不是一处。两个地点分别有成功的概率 β_1 和 β_2 且可能含有的宝藏的对应价值分别是 V^1 和 V^2（彼此独立）。在找到一处的宝藏之后，可以继续寻找另一处的宝藏（当然每次搜索的费用是 C）。当在第 1 和第 2 处地点存在宝藏的概率分别为 p_k^1 和 p_k^2 时，写一个动态规划算法。

(d) 在 (c) 部分的假设之下，证明对于先验概率 p_0^1, p_0^2 的任意取值，存在 N 的阈值，记为 $\bar{N}$，只要 $N > \bar{N}$，则最优后续费用函数 $J_0(p_0^1, p_0^2)$ 与 N 独立。如果 $N > \bar{N}$，找到最优搜索策略。

第 6 章　近似动态规划

我们已经看到可以使用动态规划算法获得最优策略的闭式形式。然而，这倾向于是一个例外。在多数情况下需要数值解。相关的计算量通常是难以承受的，而且对于许多问题通过动态规划求解问题的完整解是不可能的。在很大程度上，原因是 Bellman 所说的“维数灾”。这指的是当问题规模增加的时候所需的计算量以指数速度增加。

例如考虑一个问题，其中的状态、控制和扰动空间分别是 $\Re^n$、$\Re^m$ 和 $\Re^r$。在直接的数值方法中，这些空间需要被离散化。通过将每个状态坐标轴离散化为 d 个点获得具有 d^n 个状态格点的状态空间。对于这样的每一个点，动态规划方程右侧的最小化需要数值化进行，这涉及多达 d^m 个数字。为了计算这样的每一个数，我们必须计算在扰动上的期望值，这是多达 d^m 个数字的加权和。最后，这一计算需要为 N 个阶段中的每一个都进行。所以作为初步的近似，计算操作的数量至少是 Nd^n 的阶次，而且可能是 Nd^{n+m+r} 的阶次。于是对于具有精确状态信息、状态空间和控制空间为欧氏空间的问题，仅当空间的维数相对较小时可以数值化使用动态规划。基于前一章的分析，我们也可以得出结论：对具有不精确状态信息的问题，情形是无望解决的，除非具有非常简单或者非常特殊的情形。

在真实世界中，最优控制问题中存在一个额外的方面深远影响着动态规划求解实际问题的可行性。特别地，存在许多情形其中所给问题的结构事先已知，但是一些问题数据，比如各种各样的系统参数，可能直到需要控制之前都是未知的，所以这严格地限制了可用于动态规划计算的时间。通常这是如下情形之一或者共同导致的结果：

(a) *处理了一组问题，而不是单个问题*，而且我们直到控制过程开始之前的一小段时间才知道精确的问题。例如，考虑物资车辆在街道网络中日常路径规划问题，目标是经过一系列必须服务的点。街道网络和车辆特性可能事先已知，但是需要服务的点每日都有变化，而且可能直到车辆开始路径规划之前才知道。这个例子常用的情形是问题本身需要周期性求解，但其数据有稍许变化。然而，如果使用动态规划，该问题的一个算例的解对于其他算例的求解未必能有多少帮助。

(b) *问题数据随着系统被控制而变化*。例如，考虑 (a) 情形的路径规划问题，假设当车辆正在行驶过程中会出现新的服务点。原则上可以将这些数据变化建模为随机扰动，但是这之后我们可能会得到一个难以用动态规划分析和求解的问题。经常使用的替代方法是*在线再规划*，其中当这些数据可用时，就使用新数据在线重新求解，然后接着用对应于新数据的策略来控制。

上述情形的共同特征之一，也将对解产生重要的影响，是可能存在着对控制求解的严格时间约束。这可能让上面提到的“维数灾”问题更加严重。

正如在上面的讨论中指出的，在实用中，人们经常被迫接受次优控制，后者能够在实现的便捷与充分好的性能之间取得平衡。在这一章，我们讨论次优控制的一些通用求解方法，这基于对动态规划算法的近似。我们从两个通用机制出发来简化动态规划计算：确定性等价控制（6.1 节），这将问题的随机量替换为确定性常值，和开环前馈控制（6.2 节），这部分地忽略了未来可以获得的信息。这两种机制为有限前瞻控制进行了铺垫，该方法及其许多变形（6.3 节—6.5 节）

是次优控制的主要求解方法之一。我们也在确定性等价控制中讨论了自适应控制。这一讨论在后续分析中并未使用，所以读者如果需要可以跳过 6.1.1 节—6.1.4 节的内容。

6.1 确定性等价和自适应控制

确定性等价控制器（CEC）是一个受线性二次型控制理论启发的次优控制机制。在每个阶段当不确定量固定在某些“典型”值时该控制器施加的控制是最优的；即，该控制器的动作假设确定性等价原理以某种形式成立。

CEC 的优点在于用对计算要求不太高的方法替代了动态规划算法：前者是在每个阶段求解确定性最优控制问题。通过求解这个问题可获得最优控制序列，其中第一个元素在当前阶段使用，而剩余的元素将丢弃。CEC 的主要吸引人的特征是其使用确定性最优控制方法来处理随机性甚至是不精确信息问题的能力。

我们为 5.1 节中具有不精确状态信息的通用问题描述 CEC 方法。正如可期待的，假如控制器拥有精确的状态信息那么实现起来会显著地简单许多。假设我们有“估计器”使用信息向量 I_k 来产生状态的“典型”值 $\bar{x}_k(I_k)$。也假设对每个状态-控制对 (x_k, u_k) 我们已经选择了扰动的“典型”值，记为 $\bar{w}_k(x_k, u_k)$。例如，如果状态空间和扰动空间是欧氏空间的凸子集，期望值为

$$\bar{x}_k(I_k) = E\{x_k|I_k\}, \bar{w}_k(x_k, u_k) = E\{w_k|x_k, u_k\}$$

可以作为典型值。

在 k 时刻 CEC 使用的控制输入 $\bar{\mu}_k(I_k)$ 按如下规则确定：

(1) 给定信息向量 I_k，计算状态估计 $\bar{x}_k(I_k)$。

(2) 通过将不确定量 x_k 和 $w_k, \cdots, w_{N-1}$ 固定在其典型值求解确定性问题来获得控制序列 $\{\bar{u}_k, \bar{u}_{k+1}, \cdots, \bar{u}_{N-1}\}$：

$$\min g_N(x_N) + \sum_{i=k}^{N-1} g_i\left(x_i, u_i, \bar{w}_i(x_i, u_i)\right)$$

相对于初始条件 $x_k = \bar{x}_k(I_k)$ 和约束条件

$$u_i \in U_i, x_{i+1} = f_i\left(x_i, u_i, \bar{w}_i(x_i, u_i)\right), i = k, k+1, \cdots, N-1$$

(3) 使用所找到的控制序列的第一个元素：

$$\bar{\mu}_k(I_k) = \bar{u}_k$$

注意如果有精确状态信息则步骤 (1) 不是必需的；在此情形下我们只需要使用 x_k 的已知值即可。一旦初始状态 $\bar{x}_k(I_k)$ 通过估计（或者精确的观测）过程获得，在步骤 (2) 中的确定性优化问题需要在每个时刻 k 求解。在每次系统运行时一共需要用 CEC 求解 N 个这样的问题。在许多有趣的情形中，这些确定性问题可以用诸如共轭梯度方法、牛顿方法、增广拉格朗日方法、序贯二次规划方法等强大的数值方法求解；例如，见 Luenberger[Lue84] 或者 Bertsekas[Ber99]。进一步，CEC 的实现不需要最优反馈控制器经常需要的存储空间。

用“在线”方式求解 N 个最优控制问题的一种替代方法是先验地求解这些问题。可以将所有的不确定性用其典型值替代，将原问题转化为确定性最优控制问题，再计算其最优反馈控制

器。基于对确定性问题的开环最优控制器与反馈控制实现的等价关系，容易验证，之前给出的 CEC 的实现等价于如下。

令 $\{\mu_0^d(x_0),\cdots,\mu_{N-1}^d(x_{N-1})\}$ 为对于如下确定性问题应用动态规划算法获得的最优控制器

$$\min g_N(x_N)+\sum_{k=0}^{N-1} g_k\left(x_k,\mu_k(x_k),\bar{w}_k(x_k,u_k)\right)$$

$$\text{s.t.}\quad x_{k+1}=f_k\left(x_k,\mu_k(x_k),\bar{w}_k(x_k,u_k)\right),\mu_k(x_k)\in U_k,k\geqslant 0$$

于是由 CEC 在时刻 k 施加的控制输入 $\bar{\mu}_k(I_k)$ 给定如下

$$\bar{\mu}_k(I_k)=\mu_k^d\left(\bar{x}_k(I_k)\right)$$

正如在图 6.1.1 中所示。

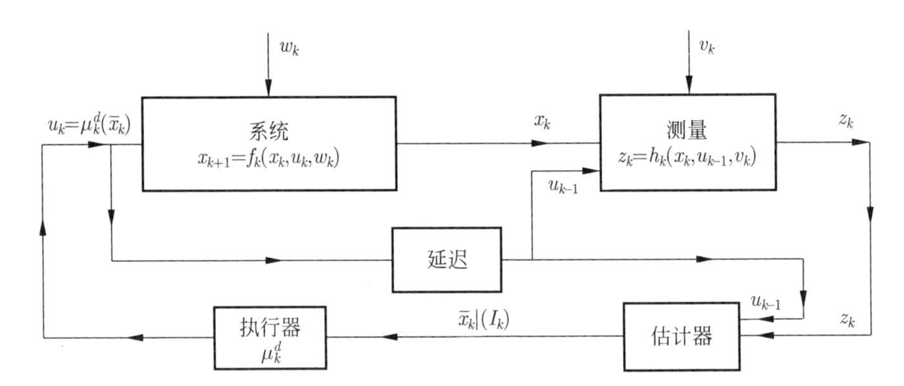

图 6.1.1 当用反馈形式实现时确定性等价控制器的结构

换言之，CEC 的另一种等价的实现包括找到对应于确定性问题的最优的反馈控制器 $\{\mu_0^d,\mu_1^d,\cdots,\mu_{N-1}^d\}$，且后续使用这一控制器来控制不确定系统 [模块化地将状态 x_k 替换为其估计 $\bar{x}_k(I_k)$]。CEC 的这两种定义之一可以作为其应用的基础。基于问题的本质，一种方法可能比另一种方法更好。

CEC 方法在实际中经常效果良好并获得近优策略。实际上，对于 4.1 节和 5.2 节中的线性二次型问题，CEC 与最优控制器相同（确定性等价原理）。然而，可能出现 CEC 的表现严格劣于最优开环控制器的情形（参见习题 6.2）。

在本节剩余部分，我们将讨论 CEC 的一些变形，且将聚焦一类特定的方法，具有未知参数系统的自适应控制。

具有启发式规则的确定性等价控制

尽管 CEC 方法极大简化了计算，仍需要在每个阶段求解确定性最优控制问题。这一问题可能是困难的，可能更方便的方法是使用启发式规则次优地求解。为了简化符号，假设精确状态信息 [将要讨论的思想也可以应用于状态信息不精确的问题，通过将 x_k 替换为其估计 $\bar{x}_k(I_k)$]。那么，在这一方法中，给定 x_k，我们使用某个（易于实现的）规则来找到如下问题的次优控制序

列 $\{\bar{u}_k, \bar{u}_{k+1}, \cdots, \bar{u}_{N-1}\}$，

$$\min g_N(x_N) + \sum_{i=k}^{N-1} g_i\left(x_i, u_i, \bar{w}_i(x_i, u_i)\right)$$

针对

$$u_i \in U_i(x_i), x_{i+1} = f_i\left(x_i, u_i, \bar{w}_i(x_i, u_i)\right), i = k, k+1, \cdots, N-1$$

然后对阶段 k 使用控制 $\bar{u}_k$。

这一想法的一个重要的增强是仅对第一个控制 u_k 进行最小化，并仅对剩余阶段 $k+1, \cdots, N-1$ 使用规则。为了实现 CEC 的这一变形，必须在 k 时刻应用控制 $\bar{u}_k$ 在 $u_k \in U_k(x_k)$ 上最小化如下表达式

$$g_k\left(x_k, u_k, \bar{w}_k(x_k, u_k)\right) + H_{k+1}\left(f_k\left(x_k, u_k, \bar{w}_k(x_k, u_k)\right)\right) \tag{6.1}$$

其中 H_{k+1} 是对应于规则的后续费用函数，即，$H_{k+1}(x_{k+1})$ 是从状态 x_{k+1} 出发使用该规则在剩余阶段 $k+1, \cdots, N-1$ 产生的费用，并假设未来扰动将等于其典型值 $\bar{w}_i(x_i, u_i)$。注意对下一阶段的任意的状态 x_{k+1}，对于这个规则的后续费用 $H_{k+1}(x_{k+1})$ 未必需要有闭式表达。取而代之，可以通过从 x_{k+1} 出发并累积对应的单阶段费用来生成这一费用。因为规则必须对控制 u_k 的每个可能的值运行以计算在最小化中需要的费用 $H_{k+1}\left(f_k\left(x_k, u_k, \bar{w}_k(x_k, u_k)\right)\right)$，如果这仍不是有限的，那么需要离散化控制约束集合。

注意 CEC 的之前变形的通用结构与一种标准动态规划类似。这涉及对 (6.1) 式的最小化，这是当前阶段费用和从下一状态出发的后续费用之和。与动态规划的区别在于最优后续费用 $J_{k+1}^*(x_{k+1})$ 由规则的费用 $H_{k+1}(x_{k+1})$ 替代，而扰动 w_k 替代为其典型值 $\bar{w}_k(x_k, u_k)$（所以不需要针对 w_k 取期望）。我们于是第一次遇到了一个重要的次优控制思想，基于对动态规划算法的近似：*在每个阶段 k 对当前阶段费用和最优后续费用的近似进行最小化*。这一思想在其他类型的次优控制中具有核心位置，例如有限前瞻、滚动优化和模型预测控制方法，这些将在 6.3 节～6.5 节中讨论。

部分随机确定性等价控制

在之前 CEC 的描述中，所有未来的扰动都固定在其典型值。对于某些状态信息不精确问题的一个重要的变化是考虑到这些扰动的随机特性，并通过用 x_k 的估计 $\bar{x}_k(I_k)$ 替代原变量来将这个问题视作一个具有精确状态信息的问题。所以，如果 $\{\mu_0^p(x_0), \cdots, \mu_{N-1}^p(x_{N-1})\}$ 是由动态规划算法对如下随机的精确状态信息问题获得的最优策略

$$\min E\left\{g_N(x_N) + \sum_{k=0}^{N-1} g_k\left(x_k, \mu_k(x_k), w_k\right)\right\}$$

$$\text{s.t.} \quad x_{k+1} = f_k\left(x_k, \mu_k(x_k), w_k\right), \mu_k(x_k) \in U_k, k = 0, 1, \cdots, N-1$$

于是在时刻 k 应用 CEC 的这一变形获得的控制输入 $\bar{\mu}_k(I_k)$ 给定如下

$$\bar{\mu}_k(I_k) = \mu_k^p\left(\bar{x}_k(I_k)\right)$$

一般而言，存在 CEC 的多种变形，其中关于某些未知量的随机不确定性可以显式处理，而所有其他未知量可以用通过不同方法获得的估计来替代。让我们举一些例子。

例 6.1.1（多路通信）

考虑在例 5.1.1 中描述的时隙 Aloha 系统。对这个问题获得最优策略是相当困难的，因为给定信道的传输历史，没有对状态（系统滞后）的条件分布的简单描述。我们于是寻求次优策略。正如在 5.1 节中讨论的，该问题的精确状态信息的版本接受简单的最优策略：

$$\mu_k(x_k) = \frac{1}{x_k},\ \text{对所有的} x_k \geqslant 1$$

结果，存在自然的部分随机的 CEC，

$$\bar{\mu}_k(I_k) = \min\left[1, \frac{1}{\bar{x}_k(I_k)}\right]$$

其中 $\bar{x}_k(I_k)$ 是基于信道的整个成功、空闲、冲突历史（即 I_k）的对当前数据包延迟的估计。Mikhailov[Mik79]，Hajek 和 van Loon[HaL82]，Tsitsiklis[Tsi87]，Bertsekas 和 Gallager[BeG92] 讨论了生成 $\bar{x}_k(I_k)$ 的迭代估计。

例 6.1.2（具有不精确状态信息的有限状态系统）

考虑系统为不精确状态信息下的有限状态马尔可夫链的情形。部分随机 CEC 方法旨在求解对应的精确状态信息的问题，然后对不精确观测的系统使用所得到的控制器，使用 2.2.2 节中描述的 Viterbi 算法获得估计并替代精确的状态。特别地，假设 $\{\mu_0^p, \cdots, \mu_{N-1}^p\}$ 是对应问题的最优策略，其状态是精确可观的。于是给定信息向量 I_k，部分随机 CEC 使用 Viterbi 算法（实时）获得当前状态 x_k 的估计 $\bar{x}_k(I_k)$，并施加控制

$$\bar{\mu}_k(I_k)\mu_k^p\left(\bar{x}_k(I_k)\right)$$

例 6.1.3（具有未知参数的系统）

我们到目前为止所处理的系统拥有已知的系统方程。然而在实际中，存在许多情形其系统参数并不精确已知，或者随时间变化。一种可能的方法是使用系统辨识技术从系统的输入输出记录估计未知参数。这是一类广泛使用的重要方法，对此我们推荐阅读 Kumar 和 Varaiya[KuV86]，Ljung 和 Soderstrom[LjS83]，Ljung[Lju86] 等的教材。然而，系统辨识可能耗时长，且难以应用于在线控制的场景。进一步，若参数变化了必须重新进行估计。

另一种替代方法是建模随机控制问题以直接处理未知参数。可以证明涉及未知系统参数的问题可以通过使用状态增广嵌入具有不精确状态信息的基本问题的框架中。确实，令系统方程形式如下

$$x_{k+1} = f_k(x_k, \theta, u_k, w_k)$$

其中 θ 是未知参数向量，具有给定的先验概率分布。引入额外的状态变量 $y_k = \theta$ 并获得如下形式的系统方程

$$\begin{pmatrix} x_{k+1} \\ y_{k+1} \end{pmatrix} = \begin{pmatrix} f_k(x_k, y_k, u_k, w_k) \\ y_k \end{pmatrix}$$

这一方程可以紧凑地写为

$$\tilde{x} = \tilde{f}_k\left(\tilde{x}_k, u_k, w_k\right)$$

其中 $\tilde{x}_k = (x_k, y_k)$ 是新的状态，$\tilde{f}_k$ 是合适的函数。初始状态是

$$\tilde{x}_0 = (x_0, \theta)$$

通过对费用函数的恰当的重建模，所得到的问题变得可以纳入我们通常的模型框架中。

然而不幸的是，因为 y_k（即 θ）是不可观的，即使控制器确切知道状态 x_k。我们面对的仍然是一个不精确状态信息的问题。所以，典型情形下找不到最优解。无论如何，部分可观的随机 CEC 方法通常是方便的。特别地，假设对于固定的参数向量 θ，我们可以计算对应的最优策略

$$\{\mu_0^*(I_0,\theta),\cdots,\mu_{N-1}^*(I_{N-1},\theta)\}$$

例如对于固定的 θ，问题是在 4.1 节和 5.2 节中考虑的线性二次型类型的问题，就属于上面描述的这一情形。那么部分随机 CEC 的形式为

$$\bar{\mu}_k(I_k)=\mu_k^*(I_k,\hat{\theta}_k)$$

其中 $\hat{\theta}_k$ 是基于信息向量 I_k 的某个 θ 的估计。所以在这一方法中，在系统被控制的同时进行系统辨识。然而，未知参数的估计被视作精确值而使用。

前述例子的方法是*自适应控制*的主要方法之一，即根据系统参数的变化来调整控制自身。在本节剩余部分，我们讨论一些相关的问题。因为自适应控制与本章其他内容关联不大，读者可以直接跳到 6.2 节。

6.1.1 谨慎、探测和对偶控制

次优控制经常受最优控制的定性本质指导。因此尝试理解当某些系统参数未知时最优控制的一些重要特征是重要的。其中一点是需要在“谨慎”(因为系统并非完全已知，需要在施加控制时有一定保守）和“探测”(为了能够辨识系统需要在施加控制时足够激进以充分激励系统）之间进行权衡。这些想法量化起来并不容易，但是经常在特定的控制场景下变得更加明确。下面的例子提供了一些启发；也见 Bar-Shalom[Bar81]。

例 6.1.4 [Kum83]

考虑线性标量系统

$$x_{k+1}=x_k+bu_k+w_k, k=0,1,\cdots,N-1$$

和二次末端费用 $E\{(x_N)^2\}$。这里的控制系数 b 未知，其他均与 4.1 节（精确状态信息）中相同。取而代之，已知 b 的先验概率分布是高斯的，且均值和方差如下

$$\bar{b}=E\{b\}>0,\sigma_b^2=E\{(b-\bar{b})^2\}$$

进一步，对每个 k、w_k 是零均值高斯分布的，方差为 σ_w^2。

首先考虑 $N=1$ 的情形，所以费用为

$$E\{(x_1)^2\}=E\{(x_0+bu_0+w_0)^2\}=x_0^2+2\bar{b}x_0u_0+\left(\bar{b}^2+\sigma_b^2\right)u_0^2+\sigma_w^2$$

对 u_0 的最小化可以在

$$u_0=-\frac{\bar{b}}{\bar{b}^2+\sigma_b^2}x_0$$

达到，可通过直接的计算验证最优费用为

$$\frac{\sigma_b^2}{\bar{b}^2+\sigma_b^2}x_0^2+\sigma_w^2$$

所以这里的最优控制是*谨慎的*，因为最优值 $|u_0|$ 随着 b 的不确定性（即 σ_b^2）的增加而下降。

下面考虑 $N=2$ 的情形。在阶段 1 的最优后续费用由之前的计算得到，即

$$J_1(I_1)=\frac{\sigma_b^2(1)}{\left(\bar{b}(1)\right)^2+\sigma_b^2(1)}x_1^2+\sigma_w^2 \tag{6.2}$$

其中 $I_1=(x_0,u_0,x_1)$ 是信息向量，且

$$\bar{b}(1)=E\{b|I_1\},\sigma_b^2(1)=E\{\left(b-\bar{b}(1)\right)^2|I_1\}$$

让我们在 $J_1(I_1)$ 的 (6.2) 式中主要关注 $\sigma_b^2(1)$ 项。我们可以从方程 $x_1=x_0+bu_0+w_0$ 以及最小二乘理论（见附录 E）获得 $\sigma_b^2(1)$（我们将此视作被噪声影响的 b 的观测）。$\sigma_b^2(1)$ 的公式对我们没有进一步的用处，所以我们只是阐述它而不进行计算：

$$\sigma_b^2(1)=\frac{\sigma_b^2\sigma_w^2}{u_0^2\sigma_b^2+\sigma_w^2}$$

这一方程的重要特征在于 $\sigma_b^2(1)$ 受控制 u_0 的影响。基本上，如果 $|u_0|$ 小，那么测量值 $x_1=x_0+bu_0+w_0$ 受 w_0 支配，“信噪比”小。所以为了获得小的误差方差 $\sigma_b^2(1)$[从方程 (6.2) 式看来这是所希望的]，我们必须施加一个在绝对值上大的控制 u_0。选择大控制以提升参数辨识经常被称为探测。另一方面，如果 $|u_0|$ 大，$|x_1|$ 也将大，而这在 (6.2) 式中并不希望。所以，在选择 u_0 时，我们必须在谨慎（选择小的值让 x_1 合理的小）和试探（选择一个大的值来提升信噪比从而增强 b 的估计）之间取得平衡。

在控制目标和参数估计目标之间的权衡通常被称为对偶控制。

6.1.2 两阶段控制和识别能力

当存在未知参数时一个次优控制显著的合理的形式（参见例 6.1.3）是将控制过程分成两个阶段，参数辨识阶段和控制阶段。在第一阶段未知参数被识别出来，而控制不使用识别的中间结果。从第一阶段最终获得的参数估计然后被用于实现在第二阶段的最优控制律。在识别和控制阶段的交替可以在系统运行中重复任意多次，以考虑后续的参数变化。

这一方法的弱点之一是在辨识阶段获得的信息直到第二阶段开始才用于调整控制律。进一步，确定何时终止一个阶段，何时开始另一个阶段并不总是容易的。

另一个难点，具有更重要意义，基于如下事实，即控制过程可能让某些未知参数对于辨识过程不可见。这是参数辨识问题，在 [Lju86] 中进行了讨论，可通过如下例子进行诠释。

例 6.1.5

考虑标量系统

$$x_{k+1}=ax_k+bu_k+w_k,k=0,1,\cdots,N-1$$

满足二次型费用

$$E\left\{\sum_{k=1}^{N}(x_k)^2\right\}$$

我们假设具有精确的状态信息，所以如果参数 a 和 b 已知，这是最小方差控制问题（参见 5.3 节），最优控制律是

$$\mu_k^*=-\frac{a}{b}x_k$$

现在假设参数 a 和 b 未知，考虑两阶段方法。在第一阶段使用控制律

$$\tilde{\mu}_k(x_k) = \gamma x_k \tag{6.3}$$

（γ 是某个标量；例如，$\gamma = -\bar{a}/\bar{b}$，其中 $\bar{a}$ 和 $\bar{b}$ 分别是 a 和 b 的先验估计）。在第一阶段结束时，控制律变为

$$\bar{\mu}_k(x_k) = -\frac{\hat{a}}{\hat{b}} x_k$$

其中 $\hat{a}$ 和 $\hat{b}$ 是从辨识过程获得的估计。然而，在 (6.3) 式的控制律中，闭环系统为

$$x_{k+1} = (a + b\gamma)\, x_k + w_k$$

所以辨识过程可以最好辨识 $(a + b\gamma)$ 的值但不是 a 和 b 的值。换言之，辨识过程不能在满足 $a_1 + b_1\gamma = a_2 + b_2\gamma$ 的 (a_1, b_1) 和 (a_2, b_2) 之间进行区分。于是，在施加 (6.3) 式形式的反馈控制时无法辨识 a 和 b。

一种纠正这一难点的方法是在 (6.3) 式控制律上增加额外的已知输入 δ_k；即，使用

$$\tilde{\mu}_k(x_k) = \gamma x_k + \delta_k$$

那么闭环系统变成了

$$x_{k+1} = (a + b\gamma)x_k + b\delta_k + w_k$$

于是 $\{x_k\}$ 和 $\{\delta_k\}$ 的知识使得辨识 $(a + b\gamma)$ 和 b 成为可能。给定 γ，于是可以获得 a 和 b 的估计。事实上，为了在更高维系统的更一般的背景下保证这一点，序列 $\{\delta_k\}$ 必须满足特定条件：该系统必须“持续激励”（例如，Ljung 和 Soderstrom[LjS83] 中关于这一概念的深入解释）。

规避辨识问题的另一种可能性是通过在控制闭环中人工引入单位延迟改变系统的结构。那么，与其考虑如 (6.3) 式中的 $\tilde{\mu}_k(x_k) = \gamma x_k$ 形式的控制律，我们考虑如下形式

$$u_k = \hat{u}_k(x_{k-1}) = \gamma x_{k-1}$$

闭环系统于是变成

$$x_{k+1} = ax_k + b\gamma x_{k-1} + w_k$$

给定 γ，可以识别 a 和 b。这一技术可以推广到任意阶系统，但人工引入控制延时会降低系统对控制的反应。

6.1.3　确定性等价控制和可辨识性

两阶段方法的另一个极端是确定性等价控制方法，其中参数估计在被生成之后用于控制律，并且这些估计值被视作好像就是真值。对于在例 6.1.3 中考虑如下系统

$$x_{k+1} = f_k(x_k, \theta, u_k, w_k)$$

假设对 θ 的每个可能取值，控制律 $\pi^*(\theta) = \{\mu_0^*(\cdot,\theta), \cdots, \mu_{N-1}^*(\cdot,\theta)\}$ 相对于特定费用 $J_\pi(x_0,\theta)$ 是最优的。那么在 k 时刻使用的（次优）控制是

$$\hat{\mu}_k(I_k) = \mu_k^*(x_k, \hat{\theta}_k)$$

其中 $\hat{\theta}_k$ 是基于在 k 时刻可用的如下信息

$$I_k = \{x_0, x_1, \cdots, x_k, u_0, u_1, \cdots, u_{k-1}\}$$

获得的 θ 的估计；例如，

$$\hat{\theta}_k = E\{\theta|I_k\}$$

或者在实际中更可能的是通过在线系统辨识方法获得的估计（见 [KuV86]，[LjS83]，[Lju86]）。

我们可以希望当时间范围非常长时，参数估计 $\hat{\theta}_k$ 将收敛到真值 θ，所以确定性等价控制器将渐近地变得最优。不幸的是，我们也将在这里看到与可辨识性有关的难点。

为了简单，假设系统是平稳的，具有先验已知转移概率 $P\{x_{k+1}|x_k,u_k,\theta\}$ 且所使用的控制律也是平稳的：

$$\hat{\mu}_k(I_k) = \mu^*(x_k,\hat{\theta}_k), k = 0, 1, \cdots$$

这里存在三类有趣的系统（见图 6.1.2）：

(a) 被控制器（可能错误地）认为是真的系统如下

$$P\{x_{k+1}|x_k,\mu^*(x_k,\hat{\theta}_k),\hat{\theta}_k\}$$

(b) 真实的闭环系统，按照如下概率演化

$$P\{x_{k+1}|x_k,\mu^*(x_k,\hat{\theta}),\theta\}$$

(c) 对应参数的真实值的最优闭环系统，按照如下概率演化

$$P\{x_{k+1}|x_k,\mu^*(x_k,\theta),\theta\}$$

对于渐近最优性，我们希望最后两个系统渐近地相等。如果 $\hat{\theta} \to \theta$，则这当然是真的。然而，很有可能出现

(1) $\hat{\theta}_k$ 不收敛到任何值；

(2) $\hat{\theta}_k$ 收敛到某个参数 $\hat{\theta} \neq \theta$。

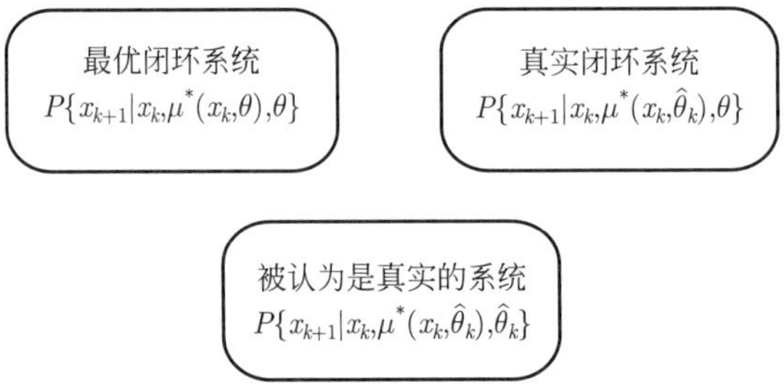

最优闭环系统
$P\{x_{k+1}|x_k,\mu^*(x_k,\theta),\theta\}$

真实闭环系统
$P\{x_{k+1}|x_k,\mu^*(x_k,\hat{\theta}_k),\theta\}$

被认为是真实的系统
$P\{x_{k+1}|x_k,\mu^*(x_k,\hat{\theta}_k),\hat{\theta}_k\}$

图 6.1.2 在确定性等价控制中涉及的三个系统，其中 θ 是真实参数，$\hat{\theta}_k$ 是在时刻 k 的参数估计。当真实系统渐近地与最优闭环系统不同时，将出现最优性的丢失。如果参数估计收敛到某个值 $\hat{\theta}$，真实系统典型地、渐近地变成等于被认为是真实的系统。然而，参数估计不需要收敛，甚至如果收敛了，两个系统可能与最优系统渐近地不同

关于第一种情形没有多少可以说的，所以我们集中关注第二种。为了明白参数估计可以收敛到错误的值，假设对某个 $\hat{\theta} \neq \theta$ 以及所有的 x_{k+1}, x_k，我们有

$$P\{x_{k+1}|x_k,\mu^*(x_k,\hat{\theta}),\hat{\theta}\} = P\{x_{k+1}|x_k,\mu^*(x_k,\hat{\theta}),\theta\} \tag{6.4}$$

换言之，存在错误的参数值让闭环控制的系统看上去就好像该错误值是正确的一样。那么，如果控制器在某个时间将参数估计为 $\hat{\theta}$，后续的数据将倾向于加强这一错误的估计。结果，可能出现

一种局面，其中无论收集多长的信息，辨识过程锁在了错误的参数取值上。这是与之前讨论的两阶段控制有关的可辨识性方面的难点。

在另一方面，如果参数估计收敛到某个（可能错误的）取值，我们可以形象地论述早先的两个系统（所认为的和真实的）通常当 $k \to \infty$ 时在极限情形下变成一样，因为，通常来说，在辨识方法中参数估计的收敛意味着所获取的数据与所拥有的系统基于当前估计来看是渐近一致的。然而，所认为的和真实的系统可能也可能不会渐近地变成最优闭环系统。我们首先给出两个例子说明甚至当参数估计收敛时，真实的闭环系统可以与最优闭环系统渐近地不同，于是获得一个严格次优的确定性等价控制器。我们然后讨论具有未知参数的 ARMAX 模型使用的自调节控制器这一特殊情形，其中令人惊讶的是，所有上述三种系统通常在极限情形下都是相等的，尽管参数估计通常收敛到错误的值。

例 6.1.6 [BoV79]

考虑有两个状态的系统，有两个控制 u^1 和 u^2。转移概率依赖于所施加的控制和参数 θ，后者已知取 θ^* 和 $\hat{\theta}$ 两者之一。如图 6.1.3 所示。从状态 1 转移到自己的费用为 0，所有其他的转移费用为 1。于是，状态 1 的最优控制让状态保持在 1 的概率最大。假设真实参数是 θ^*，且满足

$$p_{11}(u^1,\hat{\theta}) > p_{11}(u^2,\hat{\theta}), p_{11}(u^1,\theta^*) < p_{11}(u^2,\theta^*)$$

那么最优控制是 u^2，但如果控制器认为真实参数为 $\hat{\theta}$，将应用 u^1。也假设

$$p_{11}(u^1,\hat{\theta}) = p_{11}(u^1,\theta^*)$$

那么，在 u^1 下系统在参数的两个取值下看起来相同，所以如果控制器将参数估计为 $\hat{\theta}$ 并应用 u^1，后续的数据将倾向于加强控制器的信念即真实参数确实为 $\hat{\theta}$。

更确切地，假设我们通过在每个时刻 k 选择最大化如下概率的值来估计 θ，

$$P\{\theta|I_k\} = \frac{P\{I_k|\theta\}P(\theta)}{P(I_k)}$$

其中 $P(\theta)$ 为真实参数是 θ 的先验概率（这是广泛的估计方法）。那么如果 $P(\hat{\theta}) > P(\theta^*)$，可以看到，通过使用归纳法，在每个时刻 k，控制器将 θ 错误地估计为 $\hat{\theta}$，并使用不正确的控制 u^1。为了避免在这个例子中展示的困难，已经有建议应偶尔地不使用确定性等价控制，而使用其他能提升对未知参数的识别的控制方法（见 Doshi 和 Shreve[DoS80]，Kumar 和 Lin[KuL82]）。例如，通过确信控制 u^2 被非频繁但无穷次使用，我们可以保障正确的参数取值可通过之前的估计框架来辨识。

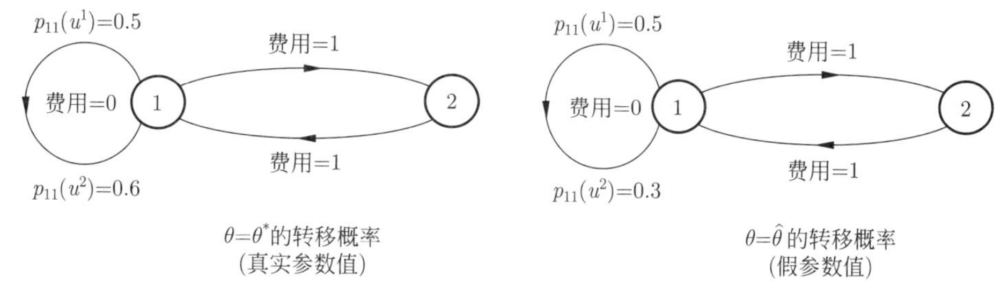

图 6.1.3　例 6.1.6 的两状态系统的转移概率。在非最优控制 u^1 之下，系统在参数 θ 的真假两个值下看起来相同

例 6.1.7 [Kum83]

考虑线性标量系统

$$x_{k+1} = ax_k + bu_k + w_k$$

其中我们知道参数为 $(a,b)=(1,1)$ 或者 $(a,b)=(0,-1)$。序列 $\{w_k\}$ 是独立、平稳、零均值、高斯的。费用为二次，且形式如下

$$\sum_{k=0}^{N-1}\left((x_k)^2 + 2(u_k)^2\right)$$

其中 N 非常大，所以使用最优控制律的平稳形式（参见 4.1 节）。这个控制律可以通过黎卡提方程计算出来

$$\mu^*(x_k) = \begin{cases} -\dfrac{x_k}{2} & 如果(a,b)=(1,1) \\ 0 & 如果(a,b)=(0,-1) \end{cases}$$

为了估计 (a,b)，我们使用最小方差辨识方法。在时刻 k 最小方差标准的取值给定为

$$V_k(1,1) = \sum_{i=0}^{k-1}(x_{i+1} - x_i - u_i)^2,\ 对(a,b)=(1,1) \tag{6.5}$$

$$V_k(0,-1) = \sum_{i=0}^{k-1}(x_{i+1} + u_i)^2,\ 对(a,b)=(0,-1) \tag{6.6}$$

在时刻 k 使用的控制是

$$u_k = \tilde{\mu}_k(I_k) = \begin{cases} -\dfrac{x_k}{2} & 如果V_k(1,1) < V_k(0,-1) \\ 0 & 如果V_k(1,1) > V_k(0,-1) \end{cases}$$

假设真实参数是 $\theta=(0,-1)$。那么真实系统按照如下方式演进

$$x_{k+1} = -u_k + w_k \tag{6.7}$$

如果在 k 时刻控制器错误地将参数估计为 $\hat{\theta}=(1,1)$，因为 $V_k(\hat{\theta}) < V_k(\theta)$，施加的控制将是 $u_k=-x_k/2$ 且真实的闭环系统将按照如下的方式演进

$$x_{k+1} = \frac{x_k}{2} + w_k \tag{6.8}$$

另外，控制器认为（给定估计值 $\hat{\theta}$）闭环系统将按照如下方式演化

$$x_{k+1} = x_k + u_k + w_k = x_k - \frac{x_k}{2} + w_k = \frac{x_k}{2} + w_k \tag{6.9}$$

所以从 (6.7) 式和 (6.8) 式，我们看到在控制律 $u_k=-x_k/2$ 作用下闭环系统在真的和假的参数值之下同样演化 [参见 (6.4) 式]。

为了看出哪里出错了，注意到如果对可能有的某个 k 有 $V_k(\hat{\theta}) < V_k(\theta)$，从 (6.5) 式～(6.9) 式有

$$x_{k+1} + u_k = x_{k+1} - x_k - u_k$$

所以从 (6.5) 式和 (6.6) 式有

$$V_{k+1}(\hat{\theta}) < V_{k+1}(\theta)$$

所以如果 $V_1(\hat{\theta}) < V_1(\theta)$，最小二乘辨识方法将对每个 k 均获得错误的估计 $\hat{\theta}$。为了明白这以正概率发生，注意，因为真实系统是 $x_{k+1} = -u_k + w_k$，我们有

$$V_1(\hat{\theta}) = (x_1 - x_0 - u_0)^2 = (w_0 - x_0 - 2u_0)^2$$
$$V_1(\theta) = (x_1 + u_0)^2 = w_0^2$$

所以不等式 $V_1(\hat{\theta}) < V_1(\theta)$ 等价于

$$(x_0 + 2u_0)^2 < 2w_0(x_0 + 2u_0)$$

这将以正概率发生，因为 w_0 是高斯的。

前面的例子说明了可辨识性的丧失是在确定性等价控制中频繁出现的严重问题。

6.1.4　自调节调节器

我们之前描述了在确定性等价控制中的可辨识性问题的本质：在闭环控制中，不正确的参数估计将使得系统的行为就好像这些估计值是正确的一样 [参见 (6.4) 式]。结果，辨识机制可能锁定在错误的参数值。不过，这未必是糟糕的，因为在错误参数值基础上实现的控制律可能是近优的。确实，通过意外的巧合，结果在实用中具有重要意义的最小方差控制模型中（5.3 节），当参数估计收敛时，它们通常收敛到错误的值，但是相应的控制律通常收敛到最优控制律。我们可以用一个例子来理解这一现象。

例 6.1.8

考虑最简单的 ARMAX 模型：

$$y_{k+1} + ay_k = bu_k + \epsilon_{k+1}$$

当已知 a 和 b 时的最小方差控制律是

$$u_k = \mu_k(I_k) = \frac{a}{b}y_k$$

现在假设 a 和 b 未知，而是通过某种机制在线辨识。所施加的控制是

$$u_k = \frac{\hat{a}_k}{\hat{b}_k}y_k \tag{6.10}$$

其中 $\hat{a}_k$ 和 $\hat{b}_k$ 是在时刻 k 获得的估计值。那么可辨识性相关的困难在

$$\hat{a}_k \to \hat{a}, \hat{b}_k \to \hat{b}$$

时出现，其中 $\hat{a}$ 和 $\hat{b}$ 满足让如下给定的真实闭环系统

$$y_{k+1} + ay_k = \frac{b\hat{a}}{\hat{b}}y_k + \epsilon_{k+1}$$

与控制器认为估计值 $\hat{a}$ 和 $\hat{b}$ 是真值时的闭环系统碰巧相同。后者系统为

$$y_{k+1} = \epsilon_{k+1}$$

为了让这两个系统相同，必须有

$$\frac{a}{b} = \frac{\hat{a}}{\hat{b}}$$

这意味着 (6.10) 式的控制律渐近地变成最优的，尽管渐近估计值 $\hat{a}$ 和 $\hat{b}$ 可能不正确。

例 6.1.8 可以被无延迟地推广到 5.3 节的通用的 ARMAX 模型

$$y_k + \sum_{i=1}^{m} a_i y_{k-i} = \sum_{i=1}^{m} b_i u_{k-i} + \epsilon_k + \sum_{i=1}^{m} c_i \epsilon_{k-i}$$

如果参数估计收敛（不论使用什么辨识方法，也不论极限值是否正确），那么最小方差控制器认为闭环系统渐近地为

$$y_k = \epsilon_k$$

进一步，参数估计收敛在直观上意味着真正的闭环系统渐近地也是 $y_k = \epsilon_k$，而这显然是最优闭环系统。这类结论已经在文献中被证明，并且与参数估计的几种常用方法建立了联系。事实上，令人惊讶的是，在一些这样的结论中，控制器采用的模型允许在一定程度上是不正确的。

我们尚未讨论的一个问题是参数估计是否确实收敛。对这一问题的完整分析相当困难。关于这一主题的讨论与参考文献，我们推荐 Kumar 的综述论文 [Kum85] 以及 Goodwin 和 Sin[GoS84]，Kumar 和 Varaiya[KuV86]，Aström 和 Wittenmark[AsW90] 的图书。然而，大量仿真已经揭示通过恰当的实现，对于在许多应用中可能出现的系统而言，这些估计通常收敛。

6.2 开环反馈控制

通常，在具有不精确状态信息的问题中，最优策略的性能在获得额外信息的时候会提升。然而，对这一信息的使用可能让计算最优策略的动态规划计算变得难以处理。这启发我们考虑采用更易于计算的近似，这一计算过程部分地忽略了额外信息。

让我们在 5.4.1 节的假设下考虑具有不精确状态信息的问题，该问题保证了条件状态分布是充分统计量，即，观测扰动 v_{k+1} 仅显式地依赖于直接的前一状态、控制和系统扰动 x_k, u_k, w_k 而不是依赖于 $x_{k-1}, \cdots, x_0, u_{k-1}, \cdots, u_0, w_{k-1}, \cdots, w_0, v_{k-1}, \cdots, v_0$。

我们进入一种次优策略，称为**开环反馈控制器**（OLFC），该方法使用当前信息向量 I_k 确定 $P_{x_k|I_k}$。然而，该方法假设不会收到进一步的测量值，并使用对系统未来演化的开环优化方法计算控制 u_k。特别地，u_k 按如下方式确定：

(1) 给定信息向量 I_k，计算条件概率分布 $P_{x_k|I_k}$（在精确状态信息的情形下，其中 I_k 包括 x_k，这一步非必需）。

(2) 找到一个控制序列 $\{\bar{u}_k, \bar{u}_{k+1}, \cdots, \bar{u}_{N-1}\}$ 可以求解如下的开环系统最小化问题

$$E\left\{g_N(x_N) + \sum_{i=k}^{N-1} g_i(x_i, u_i, w_i)|I_k\right\}$$

相对于约束

$$x_{i+1} = f_i(x_i, u_i, w_i), u_i \in U_i, i = k, k+1, \cdots, N-1$$

(3) 使用控制输入

$$\bar{\mu}_k(I_k) = \bar{u}_k$$

所以 OLFC 在时刻 k 使用新测量值 z_k 计算条件概率分布 $P_{x_k|I_k}$。然而，它假设未来测量值将被丢弃，进而选择控制输入。

与 CEC 类似，OLFC 需要求解 N 个最优控制问题。每个问题可能又通过确定性最优控制技术求解。然而，计算可能比 CEC 更为复杂，因为现在费用涉及不确定量的期望值。在 OLFC 实现中的主要难点是对 $P_{x_k|I_k}$ 的计算。在许多情形下，并不能精确计算 $P_{x_k|I_k}$，此时必须使用某种“合理的”近似机制。当然，如果我们具有精确的状态信息，将不会出现这一难点。

在任意次优控制机制中，希望确信测量值被充分地使用了。即，我们希望这一机制不比使用与收到的测量序列值独立的控制序列的开环策略差。可以通过最小化如下函数获得最优开环策略

$$\bar{J}(u_0, u_1, \cdots, u_{N-1}) = E\left\{g_N(x_N) + \sum_{k=0}^{N-1} g_k(x_k, u_k, w_k)\right\}$$

相对于约束

$$x_{k+1} = f_k(x_k, u_k, w_k), u_k \in U_k, k = 0, 1, \cdots, N-1$$

OLFC 的一个良好性质是至少与最优开环策略的性能一样好，正如在下面的命题中所展示的。与之相比，CEC 没有这一性质（对于单阶段问题，最优开环控制器和 OLFC 都是最优的，但是 CEC 可能是严格次优的；例如见习题 6.2）。

命题 6.2.1　OLFC 的费用 $J_{\bar{\pi}}$ 满足

$$J_{\bar{\pi}} \leqslant J_0^* \tag{6.11}$$

其中 J_0^* 是对应于最优开环策略的费用。

证明　我们在如下证明中始终假设所有出现的期望值均有定义且取值有限，而且在下面 (6.14) 式中的最小值对每个 I_k 均可以取到。令 $\bar{\pi} = \{\bar{\mu}_0, \bar{\mu}_1, \cdots, \bar{\mu}_{N-1}\}$ 为 OLFC。其费用如下

$$J_{\bar{\pi}} = E_{z_0}\left\{\bar{J}_0(I_0)\right\} = E_{z_0}\{\bar{J}_0(z_0)\} \tag{6.12}$$

其中 $\bar{J}_0$ 由如下迭代算法获得

$$\begin{aligned}
\bar{J}_{N-1}(I_{N-1}) = E_{x_{N-1}, w_{N-1}} &\{g_N\left(f_{N-1}(x_{N-1}, \bar{\mu}_{N-1}(I_{N-1}), w_{N-1})\right) \\
&+ g_{N-1}\left(x_{N-1}, \bar{\mu}_{N-1}(I_{N-1}), w_{N-1}\right)|I_{N-1}\} \\
\bar{J}_k(I_k) = E_{x_k, w_k, v_{k+1}} &\{g_k(x_k, \bar{\mu}_k(I_k), w_k) \\
&+ \bar{J}_{k+1}(I_k, h_{k+1}(f_k(x_k, \bar{\mu}_k(I_k), w_k), \bar{\mu}(I_k), v_{k+1}), \bar{\mu}_k(I_k))|I_k\} \\
&k = 0, \cdots, N-1
\end{aligned} \tag{6.13}$$

其中 h_k 是在测量方程中涉及的函数，正如在 5.1 节中具有不精确状态信息的基本问题中一样。

考虑函数 $J_k^c(I_k), k = 0, 1, \cdots, N-1$，定义如下

$$J_k^c(I_k) = \min_{u_i \in U_i, i=k,\cdots,N-1} E\left\{g_N(x_N) + \sum_{i=k}^{N-1} g_i(x_i, u_i, w_i)|I_k\right\} \tag{6.14}$$

为了在 k 时刻计算 OLFC 的控制 $\bar{\mu}_k(I_k)$，必须求解这个方程中的最小化问题。显然，$J_k^c(I_k)$ 可被解读为信息向量为 I_k 时从时刻 k 到时刻 N 的最优开环费用。可以看出

$$E_{z_0}\{J_0^c(z_0)\} \leqslant J_0^* \tag{6.15}$$

因为 J_0^* 是总期望费用在 $u_0,\cdots,u_{N-1}$ 上的最小值，且可以被写成

$$\min_{u_0,\cdots,u_{N-1}} E_{z_0}\left\{E\{\text{费用}|z_0\}\right\}$$

而 $E_{z_0}\{J_0^c(z_0)\}$ 可以被写成

$$E_{z_0}\left\{\min_{u_0,\cdots,u_{N-1}} E\{\text{费用}|z_0\}\right\}$$

(通常有 $E\{\min[\cdot]\} \leqslant \min[E\{\cdot\}]$)。我们将证明

$$\bar{J}_k(I_k) \leqslant J_k^c(I_k), \text{对所有的} I_k \text{和} k \tag{6.16}$$

于是从 (6.12) 式、(6.15) 式和 (6.16) 式，有

$$J_{\bar{\pi}} \leqslant J_0^*$$

这就是欲证明的关系式。我们用归纳法证明 (6.16) 式。

由 OLFC 的定义和 (6.14) 式，我们有

$$\bar{J}_{N-1}(I_{N-1}) = J_{N-1}^c(I_{N-1}), \text{对所有的} I_{N-1}$$

于是 (6.16) 式对 $k=N-1$ 成立。假设

$$\bar{J}_{k+1}(I_{k+1}) \leqslant J_{k+1}^c(I_{k+1}), \text{对所有的} I_{k+1} \tag{6.17}$$

于是从 (6.13) 式、(6.14) 式和 (6.17) 式，我们有

$$\begin{aligned}
\bar{J}_k(I_k) &= E_{x_k,w_k,v_{k+1}}\{g_k(x_k,\bar{\mu}_k(I_k),w_k) \\
&\quad + \bar{J}_{k+1}(I_k,h_{k+1}(f_k(x_k,\bar{\mu}_k(I_k),w_k),\bar{\mu}_k(I_k),v_{k+1}),\bar{\mu}_k(I_k))\,|I_k\} \\
&\leqslant E_{x_k,w_k,v_{k+1}}\{g_k(x_k,\bar{\mu}_k(I_k),w_k \\
&\quad + J_{k+1}^c(I_k,h_{k+1}(f_k(x_k,\bar{\mu}_k(I_k),w_k),\bar{\mu}_k(I_k),v_{k+1}),\bar{\mu}_k(I_k))\,|I_k\} \\
&= E_{x_k,w_k,v_{k+1}}\left\{\min_{u_i\in U_i,i=k+1,\cdots,N-1} E_{x_{k+1},w_i,x_{i+1}=f_i(x_i,u_i,w_i),i=k+1,\cdots,N-1}\left\{g_k(x_k,\bar{\mu}_k(I_k),w_k)\right.\right. \\
&\quad \left.\left. + \sum_{i=k+1}^{N-1} g_i(x_i,u_i,w_i) + g_N(x_N)|I_{k+1}\right\}\right\} \\
&\leqslant \min_{u_i\in U_i,i=k+1,\cdots,N-1} E_{x_k,w_k,w_i,x_{i+1}=f_i(x_i,u_i,w_i),i=k+1,\cdots,N-1,x_{k+1}=f_k(x_k,\bar{\mu}_k(I_k),w_k)}\left\{g_N(x_N)\right. \\
&\quad \left. + g_k(x_k,\bar{\mu}_k(I_k),w_k) + \sum_{i=k+1}^{N-1} g_i(x_i,u_i,w_i)|I_k\right\} \\
&= J_k^c(I_k)
\end{aligned}$$

第二个不等式通过交换期望和最小化获得（因为通常有 $E\{\min[\cdot]\} \leqslant \min[E\{\cdot\}]$）并且通过“积分消除了” v_{k+1}。最后一个不等式来自 OLFC 的定义。所以 (6.16) 式对所有的 k 得证，于是证明了所期望的结果。

上述命题证明了 OLFC 充分使用了测量值尽管在每个阶段该方法在选择当前的控制输入时假设没有未来的进一步测量值。值得指出由 (6.16) 式，$J_k^c(I_k)$，即所计算出来的从 k 时刻到 N 时刻的开环最优费用，提供了 OLFC 的可以达到的性能界。

部分开环反馈控制

在最优反馈控制和 OLFC 之间的一种次优控制可以通过 OLFC 的推广获得，被称为部分开环反馈控制（简称为 POLFC）。这一控制器使用过去的测量值计算 $P_{x|I_k}$，但是在某些（未必是所有）测量值确实在未来将被使用的基础之上计算控制输入，剩余的测量值将不被采用。

这一方法经常允许处理那些制造麻烦并让求解复杂的观测值。例如，4.2 节中所考虑的库存问题，其中关于未来需求的概率分布随时间推移逐渐可用。POLFC 的一种合理的形式在每个阶段基于当前对未来需求的预测来计算最优的 (s, S) 策略，并遵循这一策略直到新的预测值变得可用。当获得新的预测时，当前的策略替换为基于新的未来需求的概率分布计算所得的新的策略。如此往下。所以由预测引入的复杂性通过所得策略的次优性被回避了。

我们注意到可以对 POLFC 证明与命题 6.2.1 类似的结论（见 Bertsekas[Ber76]）。事实上对应的误差界可能优于 (6.11) 式的界，反映了 POLFC 考虑到了某些测量值在未来可用这一事实。

我们将在 6.5.3 节进一步讨论如何通过忽略部分信息来获得可以处理的次优策略。在那里我们将通过将 OLFC 和 POLFC 嵌入到更一般的次优机制中来推广这两种方法。

6.3 有限前瞻策略

降低动态规划所需要的计算量的一种有效手段是截断时段范围，并在每个阶段使用基于前瞻少数阶段获得的决策。最简单的可能性之一是使用单步前瞻策略，其中在阶段 k 和状态 x_k 使用控制 $\bar{\mu}_k(x_k)$，获得如下表达式的最小值

$$\min_{u_k \in U_k(x_k)} E\left\{g_k(x_k, u_k, w_k) + \tilde{J}_{k+1}\left(f_k(x_k, u_k, w_k)\right)\right\} \tag{6.18}$$

其中 $\tilde{J}_{k+1}$ 是真实后续费用函数 J_{k+1} 的某种近似，且满足 $\tilde{J}_N = g_N$。类似地，在 k 时刻和 x_k 状态使用两步前瞻策略，控制 $\bar{\mu}_k(x_k)$ 获得前述方程的最小值，其中 $\tilde{J}_{k+1}$ 现在通过单步前瞻近似获得。换言之，对于从 x_k 开始用系统方程生成的所有可能状态 x_{k+1}，

$$x_{k+1} = f_k(x_k, u_k, w_k)$$

我们有

$$\tilde{J}_{k+1}(x_{k+1}) = \min_{u_{k+1} \in U_{k+1}(x_{k+1})} E\left\{g_{k+1}(x_{k+1}, u_{k+1}, w_{k+1}) + \tilde{J}_{k+2}\left(f_{k+1}(x_{k+1}, u_{k+1}, w_{k+1})\right)\right\}$$

其中 $\tilde{J}_{k+2}$ 是后续费用函数 J_{k+2} 的某种近似。可以类似定义超过两个阶段的前瞻策略。

注意有限前瞻方法在时间无穷长时一样可以良好地使用。只需要使用从前瞻结束阶段开始的无限阶段问题的最优费用的一个近似值作为末端后续费用函数。所以下面的讨论，通过一些直接的变化，也适用于无限阶段问题。

给定最优后续费用的近似 $\tilde{J}_k$，有限前瞻方法在计算上的节省是明显的。对于单步前瞻策略，每个阶段只需要求解单个最小化问题，而在两步策略中对应的最小化问题的数量是 1 加上从当前状态 x_k 可以生成的所有可能的下一个状态 x_{k+1} 的数量。

然而，即使有了可以使用的后续费用的近似 $\tilde{J}_k$，在单步前瞻控制的计算中涉及对 $u_k \in U_k(x_k)$ 的最小化 [参见 (6.18) 式]，这一过程可能涉及显著的计算量。在一种旨在减少这一计算量的变形方法中，这一最小化在一个子集

$$\bar{U}_k(x_k) \subset U_k(x_k)$$

上进行。所以，在这一变形方法中使用的控制 $\bar{\mu}_k(x_k)$ 在下面的表达式

$$\min_{u_k\in\bar{U}_k(x_k)} E\left\{g_k(x_k,u_k,w_k)+\tilde{J}_{k+1}\left(f_k(x_k,u_k,w_k)\right)\right\} \tag{6.19}$$

中可以达到最小值。这一方法在实际中的一个例子是通过使用某种规则或者近似优化，我们找到有希望的控制构成的子集合 $\bar{U}_k(x_k)$，然后为了节省计算量，我们在单步前瞻最小化中将注意力集中在这个子集合上。

6.3.1 有限前瞻策略的性能界

记 $\bar{J}_k(x_k)$ 为在 k 时刻从 x_k 状态开始使用有限前瞻策略 $\{\bar{\mu}_0,\bar{\mu}_1,\cdots,\bar{\mu}_{N-1}\}$ 的期望后续费用 [$\bar{J}_k(x_k)$ 应与 $\tilde{J}_k(x_k)$ 区分开，后者是对后续费用的近似，用于通过 (6.19) 式的最小化计算有限前瞻策略]。即使当函数 $\tilde{J}_k$ 已经可用，通常也难以解析地评价函数 $\bar{J}_k$。我们于是旨在获得 $\bar{J}_k(x_k)$ 的某个估计。下面的命题给出了一个条件，在这个条件下单步前瞻策略获得的费用 $\bar{J}_k(x_k)$ 比近似 $\tilde{J}_k(x_k)$ 更好。该命题也提供了 $\bar{J}_k(x_k)$ 的一个可以计算的上界。

命题 6.3.1 假设对所有的 x_k 和 k，我们有

$$\min_{u_k\in\bar{U}_k(x_k)} E\left\{g_k(x_k,u_k,w_k)+\tilde{J}_{k+1}\left(f_k(x_k,u_k,w_k)\right)\right\}\leqslant\tilde{J}_k(x_k) \tag{6.20}$$

那么对应于使用 $\tilde{J}_k$ 和 $\bar{U}_k(x_k)$ 的单步前瞻策略的后续费用函数 $\bar{J}_k$[参见 (6.19) 式] 对所有的 x_k 和 k 满足

$$\bar{J}_k(x_k)\leqslant\min_{u_k\in\bar{U}_k(x_k)} E\left\{g_k(x_k,u_k,w_k)+\tilde{J}_{k+1}\left(f_k(x_k,u_k,w_k)\right)\right\} \tag{6.21}$$

证明 对 $k=0,1,\cdots,N-1$，记有

$$\hat{J}_k(x_k)=\min_{u_k\in\bar{U}_k(x_k)} E\left\{g_k(x_k,u_k,w_k)+\tilde{J}_{k+1}\left(f_k(x_k,u_k,w_k)\right)\right\} \tag{6.22}$$

并且令 $\hat{J}_N=g_N$。我们必须证明对所有的 x_k 和 k，有

$$\bar{J}_k(x_k)\leqslant\hat{J}_k(x_k)$$

我们对 k 逆向使用归纳法。特别地，对所有的 x_N 有 $\bar{J}_N(x_N)=\hat{J}_N(x_N)=\tilde{J}_N(x_N)=g_N(x_N)$。假设 $\bar{J}_{k+1}(x_{k+1})\leqslant\hat{J}_{k+1}(x_{k+1})$ 对所有的 x_{k+1} 成立，我们有

$$\begin{aligned}\bar{J}_k(x_k)&=E\{g_k(x_k,\bar{\mu}_k(x_k),w_k)+\bar{J}_{k+1}\left(f_k(x_k,\bar{\mu}_k(x_k),w_k)\right)\}\\&\leqslant E\{g\left(x_k\bar{\mu}_k(x_k),w_k\right)+\hat{J}_{k+1}\left(f_k(x_k,\bar{\mu}_k(x_k),w_k)\right)\}\\&\leqslant E\{g\left(x_k,\bar{\mu}_k(x_k),w_k\right)+\tilde{J}_{k+1}\left(f_k(x_k,\bar{\mu}_k(x_k),w_k)\right)\}\\&=\hat{J}_k(x_k)\end{aligned}$$

对所有的 x_k 成立。上面第一个等式来自动态规划算法并定义了有限前瞻策略的后续费用 $\bar{J}_k$，而第一个不等式来自归纳假设，第二个不等式来自假设条件 (6.20) 式。至此完成了归纳法证明。

注意由 (6.21) 式和 (6.22) 式中 $\hat{J}_k(x_k)$ 的值，为计算出来的从时间 k 的状态 x_k 出发的单步前瞻费用，提供了单步前瞻策略的后续费用 $\bar{J}_k(x_k)$ 的可以使用的性能界。进一步，使用 (6.20) 式的假设，我们对所有的 x_k 和 k 有

$$\bar{J}_k(x_k)\leqslant\tilde{J}_k(x_k)$$

即，单步前瞻策略的后续费用不超过所基于的前瞻近似。命题 6.3.1 中的关键假设 (6.20) 式可以验证在一些有趣的特殊情形下成立，比如下面的例子。

例 6.3.1（滚动算法）

假设 $\tilde{J}_k(x_k)$ 是某个给定的（次优）规则策略 $\pi = \{\mu_0, \cdots, \mu_{N-1}\}$ 的后续费用，且对所有的 x_k 和 k，集合 $\bar{U}_k(x_k)$ 包含了控制 $\mu_k(x_k)$。所获得的单步前瞻算法被称为滚动算法并将在 6.4 节中详细讨论。由动态规划算法（限制到所给定的策略 π），我们有

$$\tilde{J}_k(x_k) = E\left\{g_k\left(x_k, \mu_k(x_k), w_k\right) + \tilde{J}_{k+1}\left(f_k(x_k, \mu_k(x_k), w_k)\right)\right\}$$

并注意到假设 $\mu_k(x_k) \in \bar{U}_k(x_k)$，于是有

$$\tilde{J}_k(x_k) \geqslant \min_{u_k \in \bar{U}_k(x_k)} E\left\{g_k(x_k, u_k, w_k) + \tilde{J}_{k+1}\left(f_k(x_k, u_k, w_k)\right)\right\}$$

所以，命题 6.3.1 的假设得以满足，于是不论从哪个阶段的哪个状态出发都有滚动算法比所基于的规则的性能更好。

例 6.3.2（具有多规则的滚动算法）

考虑与前例类似的机制，不同在于 $\tilde{J}_k(x_k)$ 是对应于 m 个规则的后续费用函数的最小值，即

$$\tilde{J}_k(x_k) = \min\{J_{\pi_1,k}(x_k), \cdots, J_{\pi_m,k}(x_k)\}$$

其中对每个 j，$J_{\pi_j,k}(x_k)$ 是策略 $\pi_j = \{\mu_{j,0}, \cdots, \mu_{j,N-1}\}$ 从阶段 k 的状态 x_k 出发的后续费用。由动态规划算法，我们对所有的 j 有

$$J_{\pi_j,k}(x_k) = E\left\{g_k\left(x_k, \mu_{j,k}(x_k), w_k\right) + J_{\pi_j,k+1}\left(f_k(x_k, \mu_{j,k}(x_k), w_k)\right)\right\}$$

据此，并使用 $\tilde{J}_k$ 的定义，于是有

$$\begin{aligned} J_{\pi_j,k}(x_k) &\geqslant E\left\{g_k\left(x_k, \mu_{j,k}(x_k), w_k\right) + \tilde{J}_{k+1}\left(f_k(x_k, \mu_{j,k}(x_k), w_k)\right)\right\} \\ &\geqslant \min_{u_k \in \bar{U}_k(x_k)} E\left\{g_k(x_k, u_k, w_k) + \tilde{J}_{k+1}\left(f_k(x_k, u_k, w_k)\right)\right\} \end{aligned}$$

左侧对 j 取最小值，我们获得

$$\tilde{J}_k(x_k) \geqslant \min_{u_k \in \bar{U}_k(x_k)} E\left\{g_k(x_k, u_k, w_k) + \tilde{J}_{k+1}\left(f_k(x_k, u_k, w_k)\right)\right\}$$

所以命题 6.3.1 意味着从任意阶段的任意状态出发,基于启发式规则算法的后续费用 $J_{\pi_1,k}(x_k), \cdots, J_{\pi_m,k}(x_k)$ 的单步前瞻算法比这些规则表现都更好。

一般而言，后续费用的近似函数 $\tilde{J}_k$ 不需要满足命题 6.3.1 的 (6.20) 式假设。下面的命题不需要这一假设。这在有些情形下是有用的，包括在单步前瞻策略的计算中涉及的最小化并不精确的情形。

命题 6.3.2　令 $\tilde{J}_k, k = 0, 1, \cdots, N$ 为 x_k 的函数并满足对所有的 x_N 有 $\tilde{J}_N(x_N) = g_N(x_N)$，令 $\pi = \{\bar{\mu}_0, \bar{\mu}_1, \cdots, \bar{\mu}_{N-1}\}$ 为一个策略且满足对所有的 x_k 和 k 有

$$E\left\{g_k\left(x_k, \bar{\mu}_k(x_k), w_k\right) + \tilde{J}_{k+1}\left(f_k(x_k, \bar{\mu}_k(x_k), w_k)\right)\right\} \leqslant \tilde{J}_k(x_k) + \delta_k \tag{6.23}$$

其中 $\delta_0, \delta_1, \cdots, \delta_{N-1}$ 是某个标量。那么对所有的 x_k 和 k，我们有

$$J_{\pi,k}(x_k) \leqslant \tilde{J}_k(x_k) + \sum_{i=k}^{N-1} \delta_i$$

其中 $J_{\pi,k}(x_k)$ 是阶段 k 从状态 x_k 出发的策略 π 的后续费用。

证明 对 k 逆向使用归纳法。特别地，对所有的 x_N 有 $J_{\pi,N}(x_N)=\tilde{J}_N(x_N)=g_N(x_N)$。假设对所有的 x_{k+1} 有

$$J_{\pi,k+1}(x_{k+1})\leqslant \tilde{J}_{k+1}(x_{k+1})+\sum_{i=k+1}^{N-1}\delta_i$$

我们对所有的 x_k 有

$$\begin{aligned}J_{\pi,k}(x_k)&=E\left\{g_k\left(x_k,\bar{\mu}_k(x_k),w_k\right)+J_{\pi,k+1}\left(f_k\left(x_k,\bar{\mu}_k(x_k),w_k\right)\right)\right\}\\&\leqslant E\left\{g\left(x_k,\bar{\mu}_k(x_k),w_k\right)+\tilde{J}_{k+1}\left(f_k\left(x_k,\bar{\mu}_k(x_k),w_k\right)\right)\right\}+\sum_{i=k+1}^{N-1}\delta_i\\&\leqslant \tilde{J}_k(x_k)+\delta_k+\sum_{i=k+1}^{N-1}\delta_i\end{aligned}$$

上面第一个等式由动态规划算法定义了 π 的后续费用 $J_{\pi,k}$，而第一个不等式来自归纳假设，第二个不等式来自 (6.23) 式的假设。归纳证明完成。

例 6.3.3（确定性等价控制）

考虑具有精确状态信息问题的 CEC，其中每个扰动 w_k 固定在标称值 $\bar{w}_k, k=0,1,\cdots,N-1$，这与 x_k 和 u_k 独立。考虑在阶段 k 的状态 x_k 用 CEC 方法求解的问题的最优值

$$\tilde{J}_k(x_k)=\min_{x_{i+1}=f_i(x_i,u_i,\bar{w}_i),u_i\in U_i(x_i),i=k,\cdots,N-1}\left[g_N(x_N)+\sum_{i=k}^{N-1}g_i(x_i,u_i,\bar{w}_i)\right]$$

并对所有的 x_N 令 $\tilde{J}_N(x_N)=g_N(x_N)$。回顾 CEC 方法在找到上式右侧的确定性问题的最优控制序列 $\{\bar{u}_k,\cdots,\bar{u}_{N-1}\}$ 之后，施加控制 $\bar{\mu}_k(x_k)=\bar{u}_k$。也注意到下面的动态规划方程

$$\tilde{J}_k(x_k)=\min_{u_k\in U_k(x_k)}\left[g_k(x_k,u_k,\bar{w}_k)+\tilde{J}_{k+1}\left(f_k(x_k,u_k,\bar{w}_k)\right)\right]$$

成立，以及由 CEC 施加的控制 $\bar{u}_k$ 最小化上式右侧。

现在应用命题 6.3.2 来推导 CEC 的性能界。对所有的 x_k 和 k 有

$$\begin{aligned}\tilde{J}_k(x_k)&=g_k\left(x_k,\bar{\mu}_k(x_k),\bar{w}_k\right)+\tilde{J}_{k+1}\left(f_k(x_k,\bar{\mu}_k(x_k),\bar{w}_k)\right)\\&=E\left\{g\left(x_k,\bar{\mu}_k(x_k),w_k\right)+\tilde{J}_{k+1}\left(f_k(x_k,\bar{\mu}_k(x_k),w_k)\right)\right\}-\gamma_k(x_k)\end{aligned}$$

其中 $\gamma_k(x_k)$ 定义如下

$$\begin{aligned}\gamma_k(x_k)=&E\left\{g\left(x_k,\bar{\mu}_k(x_k),w_k\right)+\tilde{J}_{k+1}\left(f_k(x_k,\bar{\mu}_k(x_k),w_k)\right)\right\}\\&-g_k\left(x_k,\bar{\mu}_k(x_k),\bar{w}_k\right)-\tilde{J}_{k+1}\left(f_k(x_k,\bar{\mu}_k(x_k),\bar{w}_k)\right)\end{aligned}$$

于是有

$$E\left\{g\left(x_k,\bar{\mu}_k(x_k),w_k\right)+\tilde{J}_{k+1}\left(f_k(x_k,\bar{\mu}_k(x_k),w_k)\right)\right\}\leqslant \tilde{J}_k(x_k)+\delta_k$$

其中

$$\delta_k=\max_{x_k}\gamma_k(x_k)$$

且由命题 6.3.2 获得 CEC 的后续费用函数 $\bar{J}_k(x_k)$ 的如下界：

$$\bar{J}_k(x_k) \leqslant \tilde{J}_k(x_k) + \sum_{i=k}^{N-1} \delta_i$$

当可以对所有的 k 证明 $\delta_k \leqslant 0$ 时，在这一情形下我们对所有的 x_k 和 k 有 $\bar{J}_k(x_k) \leqslant \tilde{J}_k(x_k)$，此时之前的性能界有用。这对于所有的 x_k 和 u_k 成立，我们有

$$E\{g(x_k, u_k, w_k)\} \leqslant g_k(x_k, u_k, \bar{w}_k)$$

且有

$$E\{\tilde{J}_{k+1}\left(f_k(x_k, u_k, w_k)\right)\} \leqslant \tilde{J}_{k+1}\left(f_k(x_k, u_k, \bar{w}_k)\right)$$

论证这一类不等式成立的常见方法是通过某种凹性假设；例如，如果状态、控制和扰动空间是欧氏空间时，$\bar{w}_k$ 是 w_k 的期望值，函数 $g(x_k, u_k, \cdot)$ 和 $\tilde{J}_{k+1}\left(f_k(x_k, u_k, \cdot)\right)$ 被视作 w_k 的函数且是凹的（这被称为詹森不等式，且至少在当 w_k 取有限多个值的情形下，可由凹性的定义轻易获得），此时不等式成立。如果系统相对于 x_k 和 w_k 是线性的，对于每个固定的 u_k 费用函数 g_k 相对于 x_k 和 w_k 是凹的，且控制约束集合 U_k 不依赖于 x_k，可以证明刚才描述的凹性条件保证成立。

6.3.2　有限前瞻中的计算问题

我们现在讨论对后续费用函数近似值的计算以及对应的单步前瞻费用的最小化。

使用非线性规划的最小化

单步前瞻策略用于获得控制 $\bar{\mu}_k(x_k)$ 的一种方法是蛮力计算并比较集合 $\bar{U}_k(x_k)$ 中所有控制的单步前瞻费用。在某些情形下，存在更有效的替代方法，即求解合适的非线性规划问题。特别地，如果控制空间是欧氏空间 $\Re^m$，那么对于单步前瞻控制的计算，我们面临着在 $\Re^m$ 的子集上的最小化，这可以通过连续优化/非线性规划技术求解。

结果即使多阶段前瞻控制计算也可以通过非线性规划求解。特别地，假设扰动 r 可以取有限多个值。特别地，假设扰动取有限多个值，比如 r 个。那么，可以证明对于给定的初始状态，一个 l 阶段精确状态信息的问题（这与 l 步前瞻控制计算对应）可以被建模为具有 $m(1+r^{l-1})$ 个变量的非线性规划问题。我们用一个重要的例子说明这一点，其中 $l=2$，然后讨论一般的情形。

例 6.3.4（两阶段随机规划）

这里我们想找到针对如下情形的最优两阶段决策规则：在第一阶段我们将以费用 $g_0(u_0)$ 从子集合 $U_0 \subset \Re^m$ 中选择一个向量 u_0，那么由随机变量 w 表示的不确定事件将出现，其中 w 将以对应的概率 $p^1, \cdots, p^r$ 取值 $w^1, \cdots, w^r$。一旦出现我们就会知道 w^j 的取值，我们必须从子集合 $U_1(u_0, w^j) \subset \Re^m$ 中选择向量 u_1^j，费用为 $g_1(u_1^j, w^j)$。目标是最小化期望费用

$$g_0(u_0) + \sum_{j=1}^{r} p^j g_1(u_1^j, w^j)$$

针对

$$u_0 \in U_0, u_1^j \in U_1(u_0, w^j), j = 1, \cdots, r$$

这是维度为 $m(1+r)$ 的非线性规划问题（优化变量为 $u_0, u_1^1, \cdots, u_1^r$）。这也可被视为两阶段精确状态信息问题，其中 $x_1 = w_0$ 是状态方程，w_0 可以按概率 $p^1, \cdots, p^r$ 取值 $w^1, \cdots, w^r$，第一阶段的费用为 $g_0(u_0)$，第二阶段的费用为 $g_1(x_1, u_1)$。

上面的例子可以推广。考虑第 1 章的基本问题，只有两个阶段（$l=2$）扰动 w_0 和 w_1 可独立地以对应的概率 $p^1,\cdots,p^r$ 取 r 个值 $w^1,\cdots,w^r$ 中的一个。最优费用函数 $J_0(x_0)$ 由两阶段动态规划算法给定

$$
\begin{aligned}
J_0(x_0) = \min_{u_0\in U_0(x_0)} \Bigg[\sum_{j=1}^{r} p^j \Bigg\{ & g_0(x_0,u_0,w^j) \\
& + \min_{u_1^j\in U_1(f_0(x_0,u_0,w^j))} \Bigg[\sum_{i=1}^{r} p^i \Big\{ g_1\left(f_0(x_0,u_0,w^j),u_1^j,w^i\right) \\
& + g_2 g_2\left(f_1\left(f_0(x_0,u_0,w^j),u_1^j,w^i\right)\right) \Big\} \Bigg] \Bigg\} \Bigg]
\end{aligned}
$$

这一动态规划算法等价于求解非线性规划问题

$$
\begin{aligned}
\min \sum_{j=1}^{r} p^j \Bigg\{ & g_0(x_0,u_0,w^j) + \sum_{i=1}^{r} p^i \{ g_1\left(f_0(x_0,u_0,w^j),u_1^j,w^i\right) \\
& + g_2\left(f_1(f_0(x_0,u_0,w^j),u_1^j,w^i)\right) \} \Bigg\} \\
\text{s.t. } & u_0\in U_0(x_0), u_1^j\in U_1\left(f_0(x_0,u_0,w^j)\right), j=1,\cdots,r
\end{aligned}
$$

如果控制 u_0 和 u_1 是 $\Re^m$ 的元素，上述问题中的变量数是 $m(1+r)$。更一般地，对于一个 l 阶段的精确状态信息问题，一个类似的非线性规划问题的重建模需要 $m\left(1+r^{l-1}\right)$ 个变量。所以，如果前瞻阶段数相对较小，非线性规划方法可能是在计算次优前瞻策略时推荐的选项。

选择近似后续费用

实现有限前瞻策略的关键问题是在最后一步选择后续费用的近似。尽管可能看起来应在相关的状态上良好地近似真实后续费用函数；然而，并非如此。重要的是*近似后续费用的差分（或者相对值）*；即，对于 l 步前瞻策略，重要的是对可以从当前状态在 l 步之后生成的任意两个状态 x 和 x'，

$$
\tilde{J}_{k+l}(x) - \tilde{J}_{k+l}(x') \approx J_{k+l}(x) - J_{k+l}(x')
$$

例如，如果上面的等式对所有的 x 和 x' 成立，那么 $\tilde{J}_{k+l}(x)$ 和 $J_{k+l}(x)$ 对每个相关的 x 相差同样的常量，l 步前瞻策略将是最优的。

选择后续费用近似方式的选取非常依赖于所求解的问题。这里有许多不同的选择。我们将讨论三种这样的方法。

(a) *问题近似*：这里的想法是用从相关但更简单的问题上获得的某个费用函数（例如该简化问题的最优后续费用函数）来近似最优后续费用。这一可能性在 6.3.3 节和 6.3.4 节中讨论并举例说明。

(b) *参数化后续费用近似*：这里的想法是用具有恰当的参数化形式的函数来近似最优后续费用函数，其参数由某种规则或者系统性的方法来调整。这一可能性在 6.3.5 节中讨论并用计算机国际象棋展示。这一类的其他方法在第 II 卷中讨论。

(c) *滚动方法*：这里最优后续费用由某个次优策略的费用近似，后者通过解析或者更一般地由仿真来计算。通常，如果已知近似良好的次优策略（例如，确定性等价或者开环反馈控制器，

或者某种其他依赖于问题的规则），可用于获得后续费用函数的近似。这一方法也特别适用于确定性和组合问题。这在 6.4 节中详细讨论。

6.3.3　问题近似——强化分解

后续费用近似的常见简便方法基于计算上或者解析上可处理的更简单问题的解。这里有一个展示用例，涉及对问题的概率结构进行方便的改造。

例 6.3.5

考虑一个不道德的旅馆老板的问题，他根据有许多或者少量空房随着日期的推延收取 m 种不同的房费 $r_1, \cdots, r_m$ 中的一种，以最大化其期望总收益（第 1 章习题 1.25）。所报出的房价 r_i 依概率 p_i 被接受，依概率 $1-p_i$ 被拒绝，拒绝后顾客离开且在当天不再回来。当已知当日剩余时间将询问房价的顾客数 y（包括当前询问房价的顾客）已知，且空房的数量为 x，则老板的最优期望收益 $J(x,y)$ 由动态规划迭代给出

$$J(x,y) = \max_{i=1,\cdots,m} [p_i(r_i + J(x-1,y-1)) + (1-p_i)J(x,y-1)]$$

对所有的 $x \geqslant 1$ 和 $y \geqslant 1$，初始条件为

$$J(x,0) = J(0,y) = 0, \text{ 对所有的 } x \text{ 和 } y$$

另一方面，当老板在决策时不知道 y，仅知道 y 的概率分布，可见该问题变成了一个困难的不精确状态信息问题。然而，可以通过用 $J(x-1,\bar{y}-1)$ 或者 $J(x,\bar{y}-1)$ 近似此后决策的后续费用来获得合理的单步前瞻策略，其中函数 J 通过上述迭代计算，$\bar{y}$ 是与 y 的期望值最接近的整数。特别地，基于这一单步前瞻策略，当老板有一定数量的空房间 $x \geqslant 1$ 时，他对当前的顾客的报价应最大化 $p_i(r_i + J(x-1,\bar{y}-1) - J(x,\bar{y}-1))$。

之前的例子基于将问题的不确定性（随机变量 y）替换为“确定性等价”（标量 $\bar{y}$）。下一个例子描述了基于简化问题的随机结构的这一类近似的推广。

例 6.3.6（使用情景的近似）

一种近似最优后续费用的可能性是使用确定性等价，与 6.1 节的思想一致。特别地，对于在 $k+1$ 时刻给定的状态 x_{k+1}，我们将剩余的不确定性固定在某个标称值 $\bar{w}_{k+1}, \cdots, \bar{w}_{N-1}$，计算从 $k+1$ 时刻的 x_{k+1} 出发的最优控制轨迹。对应的费用，记为 $\tilde{J}_{k+1}(x_{k+1})$ 用于近似最优后续费用 $J_{k+1}(x_{k+1})$，目的是计算对应的单步前瞻策略。所以为了计算状态 x_k 的单步前瞻控制，我们需要求解从所有可能的下一个状态出发的确定性最优控制问题，并基于不确定性的标称值评价对应的最优费用 $\tilde{J}_{k+1}(f_k(x_k,u_k,w_k))$。

这一方法的一个更简单但有效性稍差的变形是对于从状态 x_{k+1} 开始的不确定性的标称值对应的确定性问题计算给定的启发式规则（而不是最优）策略的后续费用 $\tilde{J}_{k+1}(x_{k+1})$。在这里使用确定性等价的优势在于将潜在的复杂的期望费用的计算问题替代为单个状态-控制的轨迹计算问题。

确定性等价近似涉及剩余不确定性的单个标称轨迹。为了提高这一方法，自然会考虑使用不确定性的多条轨迹，称为情景，并涉及为每个情景用最优或者某个给定规则化策略的费用构造对最优后续费用的近似。在数学上，我们假设有一种方法，在给定的状态 x_{k+1}，产生 M 条不确定序列

$$w^m(x_{k+1}) = \left(w_{k+1}^m, \cdots, w_{N-1}^m\right), m = 1, \cdots, M$$

这些是在状态 x_{k+1} 考虑的情景。费用 $J_{k+1}(x_{k+1})$ 被近似为

$$\tilde{J}_{k+1}(x_{k+1}, r) = r_0 + \sum_{m=1}^{M} r_m C_m(x_{k+1}) \tag{6.24}$$

其中 $r = (r_0, r_1, \cdots, r_M)$ 是参数向量，$C_m(x_{k+1})$ 是当从状态 x_{k+1} 出发并且使用最优或者某给定的规则化策略时与情景 $w^m(x_{k+1})$ 的出现所对应的费用。

参数 $r_0, r_1, \cdots, r_M$ 可能依赖于时间，且在更加复杂的情形下，可能依赖于状态的某些特征（见我们后续在 6.3.5 节中关于基于特征的架构的讨论）。我们可以将参数 r_m 解读为“聚合权重”，其编码了与情景 $w^m(x_{k+1})$ 类似的不确定序列对后续费用函数的聚合效果。注意，若 $r_0 = 0$，(6.24) 式的近似也可被视作通过有限仿真的一种计算，这种仿真仅基于 M 个情景 $w^m(x_{k+1})$ 并使用权重 r_m 作为“聚合概率”。这一方法的难点之一是我们必须选择参数 $(r_0, r_1, \cdots, r_M)$。为此，我们可以使用某种基于试错的规则性机制，或者神经动态规划的某种更系统性的机制，将在第 II 卷讨论。

我们最后提一下基于情景的近似方法的一种变形，其中仅有一部分关于未来的不确定量固定在常规的情景值，而剩余的不确定量被显式地视作随机的。情景 m 在状态 x_{k+1} 的费用现在是一个随机变量，在 (6.24) 式中使用的 $C_m(x_{k+1})$ 应当作为这个随机变量的期望费用。只要对应的期望情景费用 $C_m(x_{k+1})$ 的计算是方便的，则这一变化是恰当的并且在实际中合理。

弱耦合系统的增强分解

当问题涉及的若干子系统通过系统方程或费用函数或控制约束耦合在一起，但是耦合的程度“相对较弱”，则简化/近似方法经常适用。精确定义什么构成了“弱耦合”是困难的，但是在特定的问题背景下，通常这类结构易于识别。对于这类问题引入近似通常是合理的，可以通过某种方式人工地分解子系统，于是产生一个更简单的问题或者费用计算更简单，其中各个子系统可以独立处理。存在不同的方法来实现这类人工分解，最优方法通常依赖于具体的问题。

举例而言，考虑一个确定性系统，其中在 k 时刻的控制 u_k 由 m 个元素构成，$u_k = \{u_k^1, \cdots, u_k^m\}$，其中 u_k^i 对应于第 i 个子系统。于是为了计算与给定状态 x_k 对应的后续费用的近似，可以尝试使用每次计算一个子系统的方法：首先对第一个子系统优化控制序列 $\{u_k^1, u_{k+1}^2, \cdots, u_{N-1}^1\}$，并将剩余子系统的控制保持在某个常规值，然后对第二个子系统的控制进行最小化，并保持第一个子系统的控制处于刚计算出来的“最优”值，并保持子系统 $3, \cdots, m$ 的控制在常规值，并按这种方式继续下去。存在几种可能的变形，例如可以对所考虑的子系统的顺序也进行优化。让我们通过一个例子说明这一方法。

例 6.3.7（车辆路由）

考虑 m 辆车沿着弧在给定的图上移动。图的每个点有给定的“值”，首个通过的车辆将获得这一值，而之后通过的车辆得不到任何值。这一模型适用于如下的情形，即在交通网络的点处存在多种有价值的任务，每个任务可最多被单个车辆执行一次。假设每辆车从给定节点开始，并在沿着最多给定数量的弧的移动后，必须返回到某个给定的其他节点。问题是如何为每辆车找到一条路径满足这些约束条件，并且能最大化这些车辆收集到的总价值。

这是一个困难的组合优化问题，从原理上可以用动态规划求解。特别地，我们可以将状态视作车辆当前的位置以及过去已经访问过的节点列表，这些节点已经“失去了”它们的价值。不幸

的是，这些状态的数量是巨大的（该数目伴随着节点和车辆数量的增加按指数速度增加）。涉及单辆车的问题版本，仍然在理论上是困难的，通常可以在合理的时间内通过动态规划精确求解，或者使用规则相当准确地近似求解。所以，建议使用单步前瞻策略并通过求解单辆车问题获得后续费用的近似。

特别地，在单步前瞻机制中，在给定时刻 k 和给定的状态，我们考虑车辆所有可能的第 k 步移动，然后在所得到的状态下我们用对应于次优路径集合的值来近似最优后续费用。这些路径通过如下方式获得：我们固定车辆之间的顺序，假设其他的车辆不移动并计算第一辆车的路径。（这可以通过动态规划精确求解，或者运用某种规则近优求解。）然后，按照顺序计算第二辆车的路径，并考虑第一辆车已经采集的值，以此类推：对每辆车，考虑到之前车辆已经采集的值然后按照给定的顺序计算一条路径。我们最终获得一组路径，以及与之相关的总值，且对应于特定的考虑车辆的顺序。也可以计算其他路径构成的集合以及对应的总值，对应于其他的考虑车辆的顺序（可能包括所有其他的顺序）。然后在给定的状态使用从这个状态出发在所有路径上的最大值作为后续费用的近似。

强化分解有吸引力的另一种场景是当子系统仅通过扰动耦合在一起。特别地，考虑 m 个如下形式的子系统

$$x_{k+1}^i = f^i(x_k^i, u_k^i, w_k^i), i = 1, \cdots, m$$

这里第 i 个子系统具有自己的状态 x_k^i，控制 u_k^i 和每个阶段的费用 $g^i(x_k^i, u_k^i, w_k^i)$，但是 w_k^i 的概率分布取决于整个状态

$$x_k = (x_k^1, \cdots, x_k^m)$$

次优控制的一种自然的形式是在每个阶段 k 对每个 i 求解第 i 个子系统的最优化问题，其中未来扰动 $w_{k+1}^i, \cdots, w_{N-1}^i$ 的概率分布固定在某个仅取决于对应的“局部”状态 $x_{k+1}^i, \cdots, x_{N-1}^i$ 的分布上。这一分布可以在将其他子系统的未来状态取为某些常规值 $\bar{x}_{k+1}^j, \cdots, \bar{x}_{N-1}^j, n \neq i$ 的基础之上推导获得，而且这些常规值可能反过来取决于当前的完整状态 x_k。这样获得的最优策略的第一个控制 $\bar{u}_k^i$ 在阶段 k 的第 i 个子系统中应用，而该策略的剩余部分被丢弃。

让我们更细致地讨论当耦合来自控制约束时对子系统解耦的例子。

例 6.3.8（柔性制造）

柔性制造系统（简称为 FMS）为提升生产小批量相关部件的生产率提供了广受欢迎的方法。在一个 FMS 中存在多个工作站，每个都可以执行多种操作。这使得同时制造多于一种部件成为可能，可以减少空闲时间，并允许即使某个工作台因为故障或者维修而不能使用时，整个生产仍得以继续。

考虑一个工作中心生产 n 种部件。记有

u_k^i：在阶段 k 生产的部件 i 的数量；

d_k^i：已知的在阶段 k 对部件 i 的需求量；

x_k^i：截至阶段 k 部件 i 的累计产量与累计需求量的差别。

分别用 x_k, u_k, d_k 表示 n 维向量且分别以 x_k^i, u_k^i, d_k^i 为坐标，于是有

$$x_{k+1} = x_k + u_k - d_k \tag{6.25}$$

工作中心包括若干个工作站随机地失效并被维修，于是影响着系统的生产容量（即 u_k 的约束）。粗略地说，我们的问题是调度部件的生产让 x_k 尽可能保持在 0 的附近。

系统的生产容量取决于反映了工作站状态的随机变量 α_k。特别地，假设生产向量 u_k 必须属于约束集合 $U(\alpha_k)$。我们将 α_k 的演化建模为具有已知转移概率 $P(\alpha_{k+1}|\alpha_k)$ 的马尔可夫链。在实际中，这些概率需要通过每个工作站的故障和维修速率来估计，但是我们暂且不进一步讨论这件事。也注意到在实用中这些概率可能依赖 u_k。这一依赖关系为了获得对后续费用的近似而被忽略了。当计算实际的次优控制时可以再考虑。

选择 (x_k, α_k) 作为系统状态，其中 x_k 按照 (6.25) 式演化，α_k 按照之前描述的马尔可夫链演化。问题是为每个状态 (x_k, α_k) 找到生产向量 $u_k \in U(\alpha_k)$ 以最小化如下形式的费用函数

$$J_\pi(x_o) = E\left\{\sum_{k=0}^{N-1}\sum_{i=1}^{n} g^i(x_k^i)\right\}$$

函数 g^i 表达了将当前部件 i 的亏空或盈余控制在 0 附近的期望。两个例子是 $g^i(x^i) = \beta_i|x^i|$ 和 $g^i(x^i) = \beta_i(x^i)^2$，其中 $\beta_i > 0$。

这个问题的动态规划算法是

$$J_k(x_k, \alpha_k) = \sum_{i=1}^{n} g^i(x_k^i) + \min_{u_k \in U(\alpha_k)} E_{\alpha_{k+1}}\left\{J_{k+1}\ x_k + u_k - d_k, \alpha_{k+1})|\alpha_k\right\} \tag{6.26}$$

如果仅有一种部件 $(n = 1)$，可以从这一算法轻易地确定最优策略（见习题 6.7）。然而，一般来说，对于具有实际规模的柔性制造系统（比如 $n > 10$ 种部件类型）这一算法需要令人望而生畏的计算量。我们于是利用问题的近似可分结构用近似值 $\tilde{J}_{k+1}$ 取代后续费用 J_{k+1}，考虑一个单步前瞻的策略。

特别地，注意到这个问题在很大程度上可以根据单个部件的类型进行分解。确实，系统方程 (6.25) 式和每个阶段的费用是解耦的，部件之间的唯一耦合来自约束 $u_k \in U(\alpha_k)$。假设我们用如下形式的近似内接和外接超方体 $\underline{U}(\alpha_k)$ 和 $\bar{U}(\alpha_k)$ 来近似 $U(\alpha_k)$，

$$\underline{U}(\alpha_k) = \left\{u_k^i | 0 \leqslant u_k^i \leqslant \underline{B}_i(\alpha_k)\right\}$$

$$\bar{U}(\alpha_k) = \left\{u_k^i | 0 \leqslant u_k^i \leqslant \bar{B}_i(\alpha_k)\right\}$$

$$\underline{U}(\alpha_k) \subset U(\alpha_k) \subset \bar{U}(\alpha_k)$$

正如图 6.3.1 中所示。如果对每个 α_k 用 $\bar{U}(\alpha_k)$ 或者 $\underline{U}(\alpha_k)$ 替换 $U(\alpha_k)$，那么该问题对于部件类型完全解耦。外接近似的动态规划算法对每个部件 i 给定如下

$$\bar{J}_k^i(x_k^i, \alpha_k) = g^i(x_k^i) + \min_{0 \leqslant u_k^i \leqslant \bar{B}_i(\alpha_k)} E_{\alpha_{k+1}}\left\{\bar{J}_k^i(x_k^i + u_k^i - d_k^i, \alpha_{k+1})|\alpha_k\right\} \tag{6.27}$$

内接近似的动态规划算法给定如下

$$\underline{J}_k^i(x_k^i, \alpha_k) = g^i(x_k^i) + \min_{0 \leqslant u_k^i \leqslant \underline{B}_i(\alpha_k)} E_{\alpha_{k+1}}\left\{\underline{J}_{k+1}^i(x_k^i + u_k^i - d_k^i, \alpha_{k+1})|\alpha_k\right\} \tag{6.28}$$

进一步，因为 $\underline{U}(\alpha_k) \subset U(\alpha_k) \subset \bar{U}(\alpha_k)$，后续费用函数 $\bar{J}_k^i$ 和 $\underline{J}_k^i$ 为真实的后续费用函数 J_k 提供了下界和上界，

$$\sum_{i=1}^{n} \bar{J}_k^i(x_k^i, \alpha_k) \leqslant J_k(x_k, \alpha_k) \leqslant \sum_{i=1}^{n} \underline{J}_k^i(x_k^i, \alpha_k)$$

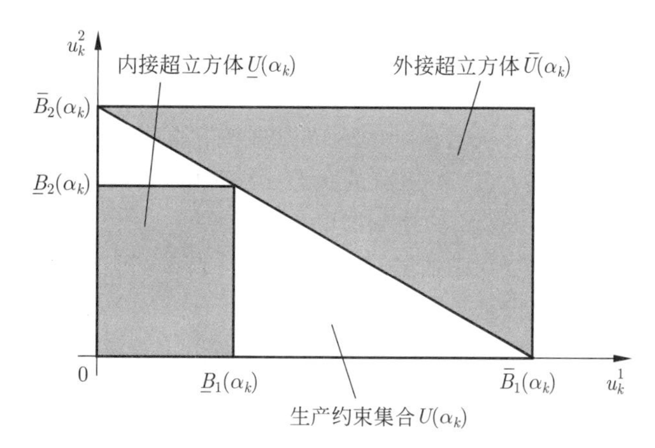

图 6.3.1　柔性制造一例中用超立方体对生产容量约束集合的内近似和外近似

且可用于构造适用于单步前瞻策略的 J_k 的近似。一种简单的可能性是采用平均值

$$\tilde{J}_k(x_k, \alpha_k) = \frac{1}{2}\sum_{i=1}^{n}\left(\bar{J}_k^i(x_k^i, \alpha_k) + \underline{J}_k^i(x_k^i, \alpha_k)\right)$$

作为近似，并在状态 (x_k, α_k) 使用在所有的 $u_k \in U(\alpha_k)$ 上，让 [参见 (6.26) 式]

$$E\left\{\sum_{i=1}^{n}\left(\bar{J}_{k+1}^i(x_k^i + u_k^i - d_k^i, \alpha_{k+1} + \underline{J}_{k+1}^i(x_k^i + u_k^i - d_k^i, \alpha_{k+1})\right) | \alpha_k\right\} \tag{6.29}$$

最小的控制 $\tilde{u}_k$。基于对 $\underline{B}_i(\alpha_k)$ 的多种不同选择，可以获得多个上界近似。

为了实现这一机制，必须计算并在表格中存储近似后续费用函数 $\bar{J}_k^i$ 和 $\underline{J}_k^i$，这样可以通过 (6.29) 式的最小化实时计算次优控制。对应的计算 [参见 (6.27) 和 (6.28) 式的动态规划算法] 并不简单，但是可以离线计算，而且不论如何都比计算最优控制器需要的计算量小许多。整个方法的可行性与收益已经在 Kimemia[Kim82] 的学位论文中通过仿真展示了，其中使用了当前的这一算例。也见 Kimemia，Gershwin，Bertsekas[KGB82] 和 Tsitsiklis[Tsi84a]。

关于其他一些解耦方法的例子，见 Wu 和 Bertsekas[WuB99] 处理了蜂窝通信网络的接入控制，以及 Meuleau 等 [MHK98] 处理了资源分配问题。

6.3.4　集结

构造一个更简单且更易于处理的问题的替代方法是基于通过“组合”许多个这样的问题成为集结状态来减少状态的数目。这导致了一个集结问题，具有更少的状态，可以通过精确动态规划算法求解。集结问题的最优后续费用函数之后可用于构造原问题的单步前瞻费用近似。集结问题的确切形式可能取决于直觉和/或者基于我们对原问题理解的启发式推理。

本节将讨论多种集结方法，从有限状态的问题情形出发。我们将关注并定义转移概率和集结问题的费用，为了简化符号，在下面的行文中省略了事件标签。我们一般性地记有：

$\bar{I}$：分别为原系统在当前阶段和下一个阶段的状态集合；

$p_{ij}(u)$：原系统在控制 u 下从状态 $i \in I$ 转移到状态 $j \in \bar{I}$ 的概率；

$g(i, u, j)$：原系统在控制 u 下从状态 $i \in I$ 转移到状态 $j \in \bar{I}$ 的费用；

$S, \bar{S}$：分别为集结系统在当前阶段和下一个阶段的状态集合；

$r_{st}(u)$：集结系统在控制 u 下从状态 $s \in S$ 转移到状态 $t \in \bar{S}$ 的概率；

$h(s,u)$：集结系统在控制 u 下从状态 $s \in S$ 转移的费用的期望值。

为了简化，假设控制约束集 $U(i)$ 对所有的状态 $i \in I$ 相同。这一共同的控制约束集，记为 U，被选为集结问题在所有状态 $s \in S$ 的控制约束集。

存在几类集结方法，用不同的方式处理问题的结构。所有这些方法基于对概率的两种（某种程度上任意的）选择，将原系统状态关联到集结状态：

(1) 对每个集结状态 $s \in S$ 和原系统状态 $i \in I$，我们指定分解概率 q_{si}（我们对每个 $s \in S$ 有 $\sum_{i \in I} q_{si} = 1$）。粗略地说，$q_{si}$ 可以被解释为“s 被 i 表示的程度”。

(2) 对于每个原系统的状态 $j \in \bar{I}$ 和集结状态 $t \in \bar{S}$，我们指定集结概率 w_{jt}（对每个 $j \in \bar{I}$ 有 $\sum_{t \in \bar{S}} w_{jt} = 1$）。粗略地说，$w_{jt}$ 可以被解释为“j 在集结状态 t 的隶属度”。

注意，一般来说，分解和集结概率可能在每个阶段改变（因为状态空间可能在每个阶段改变）。另外，对于平稳问题，其中的状态和控制空间、系统方程和每阶段的费用对所有的阶段都相同，分解和集结概率通常也会在所有阶段相同。

作为示例考虑下面的集结例子。

例 6.3.9（**硬集结**）

给定原系统状态空间 I 和 $\bar{I}$ 分解为状态子集的一种划分（每个状态属于且仅属于一个子集）。将每个子集视作一个集结状态。这对应于如下的集结概率

$$w_{jt} = 1\text{，如果状态 } j \in \bar{I} \text{ 属于集结状态/子集 } t \in \bar{S}$$

和（假设属于集结状态/子集 s 的所有状态“平等地被代表”）分解概率

$$q_{si} = 1/n_s\text{，如果状态 } i \in I \text{ 属于集结状态/子集 } s \in S$$

其中 n_s 是 s 的状态数目。

给定分解和集结概率 q_{si} 和 w_{jt} 以及原本的转移概率 $p_{ij}(u)$，设想一个集结系统，其中的状态转移如下所示：

(i) 从集结状态 s 出发，按照 q_{si} 生成状态 i；

(ii) 按照 $p_{ij}(u)$ 产生从 i 到 j 的转移，具有费用 $g(i,u,j)$；

(iii) 从状态 j 出发，按照 w_{jt} 产生集结状态 t。

然后，在 u 下从集结状态 s 到集结状态 t 的转移概率和对应的期望转移费用，给定如下

$$r_{st}(u) = \sum_{i \in I} \sum_{j \in \bar{I}} q_{si} p_{ij}(u) w_{jt}$$

$$h(s,u) = \sum_{i \in I} \sum_{j \in \bar{I}} q_{si} p_{ij}(u) g(i,u,j)$$

这些转移概率和费用定义了集结系统。在求解了集结问题的最优后续费用 $\hat{J}(t), t \in \bar{S}$ 之后，原问题的费用可近似为

$$\tilde{J}(j) = \sum_{t \in \bar{S}} w_{jt} \hat{J}(t), j \in \bar{I} \tag{6.30}$$

作为示例，对于之前的硬集结例 6.3.9，集结系统的转移过程按如下方式进行：从集结状态/子集 s 开始，我们以等概率产生 s 中的状态 i，然后按照转移概率 $p_{ij}(u)$ 产生下一个状态 $j \in \bar{I}$，再将下一个集结状态取为 j 所属的子集 t。对应的转移概率和期望转移费用是

$$r_{st}(u) = \frac{1}{n_s}\sum_{i\in s}\sum_{j\in t} p_{ij}(u)$$

$$h(s,u) = \frac{1}{n_s}\sum_{i\in s}\sum_{j\in \bar{I}} p_{ij}(u)g(i,u,j)$$

在计算完集结问题的最优费用 $\hat{J}(t)$ 之后，我们使用 (6.30) 式获得近似费用函数 $\tilde{J}(j)$，对于该硬集结例子这是分片常数，让所有属于相同的集结状态/子集 t 的状态 $j \in \bar{S}$ 具有相同的 $\tilde{J}(j)$。

例 6.3.10（软集结）

在硬集结中集结状态/子集是不相交的，且每个原始系统状态与单个集结状态关联。一种推广是允许集结状态/子集相交，用集结概率 w_{jt} 量化 j 在集结状态 t 的"隶属度"。所以，原系统状态 j 可以是多个集结状态/子集 t 的成员，若果真如此，集结概率 w_{jt} 将对所有包含 j 的 t 都是正的且小于 1（我们仍然有 $\sum_{t\in\bar{S}} w_{jt} = 1$）；见图 6.3.2。

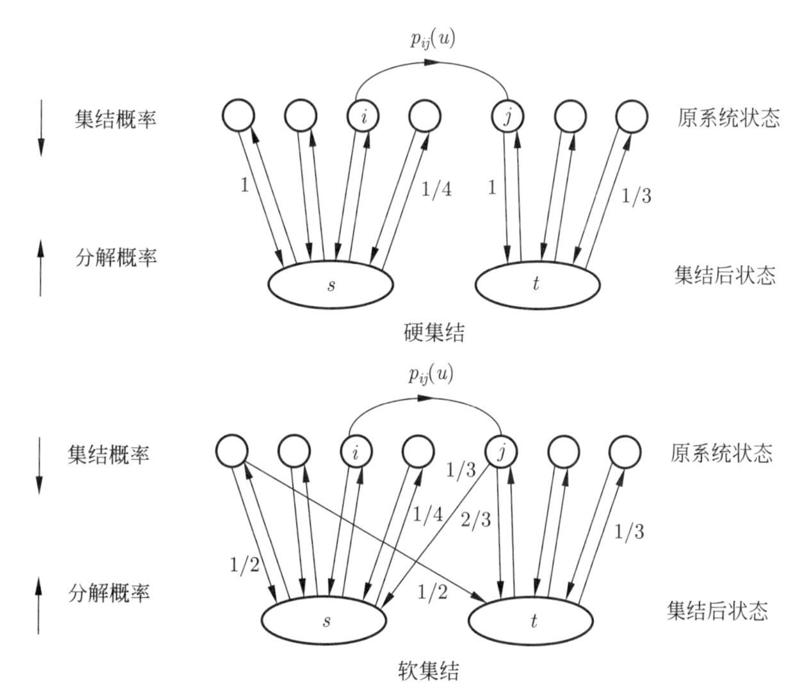

图 6.3.2　例 6.3.9 硬集结和例 6.3.10 软集结中的集结和分解概率。区别是在软集结中，一些集结概率严格位于 0 和 1，即，原系统的一个状态可以与多个集结后的状态关联

例如，假设我们正在处理一个队列，有 100 个顾客的空间容量，状态是在给定时刻被占用的空间的数量。假设我们引入四个集结状态："接近空载"（0~10 个顾客）、"轻载"（11~50 个顾客）、"重载"（51~90 个顾客）和"接近满载"（91~100 个顾客）。于是使用软集结是合理的，

这样接近 50 个顾客的状态不会被集结到“轻载”或“重载”，但是可以被视作以某种程度关联到这两个集结后的状态上。

可以从 (6.30) 式看出，与硬集结不同，在软集结中近似后续费用函数 $\tilde{J}$ 不是分片常数的，而是“光滑地”沿着分开集结状态的边界变化。这是因为属于多个集结状态/子集的原系统状态的近似后续费用是这些集结状态的后续费用的凸组合。

集结状态的选择、集结和分解概率通常受问题结构的直觉指引。下面是一个例子。

例 6.3.11（服务设备的接入控制）

考虑一个服务设备可以服务 m 类顾客。在每个时间阶段，各类别有一个顾客到达，所需要的单位时间的服务水平是随机的且满足给定的分布（取决于顾客的类别）。设备需要在每个时间阶段决定接受哪一位到达的顾客。设备的总服务容量是给定的，且需要在所有时间段保持不小于当前设备内的所有顾客的服务水平总和。每类被接受的顾客在每个时间阶段有给定的离开设备的概率，这一概率与他所需要的服务水平和已经在设备中停留的时间长度独立，被接受的顾客在每个阶段支付设备一定的费用，金额与其所需要的服务水平成正比（比例系数取决于顾客类别）。这里的目标是最大化给定时段上设备的期望收益。所以这里的权衡是优先选择回报高的顾客类别，换言之为了避免将设备中填满长时间停留但是低回报的顾客，进而可能将一些高回报的顾客拒之门外。

在这类问题中，在进行接入决策之前的系统状态是当前设备中每类顾客的完整列表以及各自的服务水平（以及刚到达的顾客的服务水平列表）。这显然有很大数量的状态。直觉在这里建议应将每种给定类别的所有顾客集结在一起，并用他们的总服务水平作为代表。于是这一方法的集结状态是设备中每类顾客所需要的服务水平的列表（以及刚到达的顾客的服务水平列表——一个不受控制的状态元素，参见 1.4 节）。显然在动态规划的框架中处理集结状态空间容易许多。

这里对集结概率的选择是显然的，因为任意的原系统状态自然地映射到唯一的集结状态。尽管有其任意性，指定分解概率背后的原理受问题结构的直觉指引。给定集结状态（设备内的顾客按类别统计的总服务水平），我们应通过分解概率生成每类顾客的一个“有代表性的”列表。设计达成这一目标的合理的启发式方法并不困难。分解和集结的概率，以及原系统的转移概率，指定了集结问题的转移概率和每个阶段的期望费用。

一些旨在降低动态规划计算复杂度的简化技术可以从集结的角度进行解释。下面是一个例子。

例 6.3.12（使用粗糙的网格）

一项经常用于减少动态规划所需要的计算量的技术是从 I 中选择小的状态集合 S，从 $\bar{I}$ 中选择小的状态集合 $\bar{S}$，并定义一个集结问题其中状态是那些在 S 和 $\bar{S}$ 中的状态。然后用动态规划求解这个集结问题，其最优费用用于为 I 和 $\bar{I}$ 中所有的状态定义近似费用。这一过程称为粗糙网格近似，其启发来自如下情形，其中原状态空间 I 和 $\bar{I}$ 是通过将连续状态空间离散化获得的密集网格，而 S 和 $\bar{S}$ 代表粗糙的网格。

集结问题可以通过指定将 S 的状态关联到自己（因为 $S \subset I$）的分解概率来构建：

$$q_{ss} = 1, q_{si} = 0 \text{ 如果} i \neq s, s \in S$$

集结概率可能将某种状态空间的几何属性用于把 $\bar{I}$ 中的每个状态表示为 $\bar{S}$ 中状态的概率组合。

集结方法也用于具有无穷多状态的问题。唯一的区别是对每个集结状态，分解概率替换为在原系统状态空间上的分解分布。在其他可能性中，这一类集结提供了对连续状态空间问题进行离散化的方法，正如下面的例子所说明的。

例 6.3.13（连续状态空间的离散化）

为了简化，假设一个平稳的问题，其中原问题的状态空间是欧氏空间内的一个有界区域。这里的想法是将这个状态空间使用有限网格 $\{x^1, \cdots, x^M\}$ 离散化，然后将每个非网格的状态表示为临近的网格状态的线性插值。即网格状态 $x^1, \cdots, x^M$ 被合适地从状态空间选出，每个非网格状态 x 被表示为

$$x = \sum_{m=1}^{M} w^m(x) x^m$$

其中的权重 $w^m(x)$ 非负、相加得 1，且基于某些几何上的考虑进行选择。我们将权重 $w^m(x)$ 视作集结概率，指定分解概率以将网格与自身关联，即

$$q_x m_x m = 1,\ 对所有的,m$$

与例 6.3.12 的粗糙网格方法类似。

刚才给出的集结概率和分解概率描述了一个集结问题，其状态空间集合 $\{x^1, \cdots, x^M\}$ 有限，且对每个阶段 k 可用动态规划求解获得对应的最优后续费用 $\hat{J}_k(x^m), m = 1, \cdots, M$。然后在阶段 k 的非网格状态 x 的后续费用被近似为

$$\tilde{J}_k(x) = \sum_{m=1}^{M} w^m(x) \hat{J}_k(x^m)$$

最后注意到可以通过某种次优方法求解集结问题，于是在求解原问题的过程中引入了一层额外的近似。

6.3.5　后续费用的参数化近似

这里的思想是从参数化的函数类中选择某个后续费用的近似 $\tilde{J}_k$，这将在有限前瞻机制中用于替代最优后续费用函数 J_k。这些参数化的函数类称为近似结构，并被一般性地记为 $\tilde{J}(x, r)$，其中 x 是当前状态，$r = (r_1, \cdots, r_m)$ 是“可调整的”标量参数向量，也被称为权重（为了简化符号，我们在下面的讨论中简化了时间标志）。通过调整权重，我们可以改变近似 $\tilde{J}$ 的“形状”让其与真实最优后续费用函数合理地接近。

存在丰富的方法选择权重。最简单也是经常被尝试的方法是在权重向量空间做某种形式的半穷举或半随机的搜索，并采用让所关联的单步前瞻控制器取得最佳性能的权重。其他更系统性的方法基于多种形式的后续费用评价和最小二乘拟合。我们将在这里简要讨论这些方法，并在第 II 卷中在神经动态规划方法中进行更详细的讨论；也见 Bertsekas 和 Tsitsiklis[BeT96] 以及 Sutton 和 Barto[SuB98] 这两本书。

还存在多种近似结构，例如涉及多项式、神经网络、小波、多种基函数等。我们简单讨论基于特征提取的结构，并推荐专门的文献（例如，Bertsekas 和 Tsitsiklis[BeT96]，Bishop[Bis95]，Haykin[Hay99]，Sutton 和 Barto[SuB98]）进行更细致的讨论。

基于特征提取的近似结构

显然，为了费用函数近似方法的成功，选择对于手中的问题适用的函数类 $\tilde{J}(x,r)$ 是非常重要的。一种特别有趣的费用近似由**特征提取**提供，这是一个将状态 x 映射到某个其他向量 $y(x)$ 的过程，称为与状态 x 关联的**特征向量**。向量 $y(x)$ 由标量成员 $y_1(x),\cdots,y_m(x)$ 构成，称为特征。这些特征通常基于人类的智慧、直觉或者可用的经验手工制作，并旨在描述当前状态 x 最重要的方面。基于特征的费用近似形式如下：

$$\tilde{J}(x,r)=\hat{J}\left(y(x),r\right)$$

其中 r 是参数向量。于是，费用近似通过其特征向量 $y(x)$ 依赖于状态 x（见图 6.3.3）。

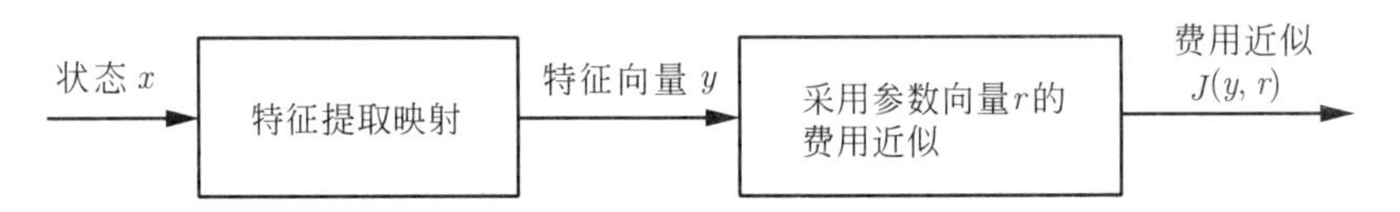

图 6.3.3　使用特征提取映射生成费用近似的输入

思想是要近似的后续费用函数 J 可能是高度复杂的非线性映射，于是尝试将其分为更小的、复杂性更小的部分是合理的。理想情况下，特征将编码表示 J 内在的大部分非线性，于是可能无须复杂的函数 $\hat{J}$ 即可相当精确。例如，使用精心选择的特征向量 $y(x)$，后续费用的良好近似通常由特征的线性加权提供，即

$$\tilde{J}(x,r)=\hat{J}(y(x),r)=\sum_{i=1}^{m}r_iy_i(x)$$

其中 $r_1,\cdots,r_m$ 是一组可调整的标量权重。

注意特征向量的使用隐式地涉及将具有相同特征向量的状态放入相同的子集，即，子集

$$S_v=\{x|y(x)=v\}$$

其中 v 是 $y(x)$ 的可能取值。这些子集构成了状态空间的一种划分，近似后续费用函数 $\tilde{J}(y(x),r)$ 是相对于这一划分为分片常数的；即，为集合 S_v 中的所有状态分配相同的后续费用取值 $\tilde{J}(v,r)$。这意味着当具有相同特征向量的状态具有大致类似的最优后续费用时，该特征提取的映射是良好的。

基于特征的结构也与 6.3.4 节的集结方法有关。特别地，假设我们引入 m 个集结状态 $1,\cdots,m$，以及相关的集结和分解概率。令 r_i 为与集结状态 i 关联的最优后续费用。那么，集结方法获得如下的线性参数化近似

$$\tilde{J}(x,r)=\sum_{i=1}^{m}r_iy_i(x)$$

其中 $y_i(x)$ 是与状态 x 和集结状态 i 关联的集结概率。所以，在这个语境下，集结概率 $y_i(x)$ 可以被视作特征，粗略地说，指定了“x 对于集结状态 i 的隶属度”。

我们现在用国际象棋程序的细致讨论展示之前的概念，其中基于特征的近似结构扮演了重要的角色。

国际象棋程序

下国际象棋的计算机程序是人工智能最具显示度的成功之一。其背后的方法提供了运用近似动态规划的有趣的案例研究。这涉及有限前瞻的思想，也展示我们尚未来得及深入观察的动态规划的思想。这就是前向深度优先搜索，一种在 2.3 节中在标签纠正方法中讨论的重要的节省存储空间的技术，以及阿尔法-贝塔剪枝，这是一种在竞争性游戏中减少求解最优策略所需要的计算量的有效方法。

所有国际象棋程序所基于的奠基性论文出自现代应用数学家之一 C. Shannon[Sha50]。Shannon 认为一个开始的棋局到底是赢、输或和局可在理论上回答，但是答案可能永远都不知道。他估计，基于国际象棋的规则在每 50 步中至少有一个棋子移动或者被吃（否则将宣布为和棋），存在 10^{120} 种不同的可能移动序列。他的结论是对于白棋检查这些序列并选择最好的开局即使用“快的”计算机也需要 10^{90} 年（这里快是相对于 20 世纪 50 年代的标准，不过 10^{90} 这个数字对于今天的标准也是太大了）。作为替代方法，Shannon 提出有限前瞻一些步并通过得分函数评价之后的位置。这个得分函数可能涉及，对于棋局的一组主要特征中的每一个计算出数值（例如子力的均衡、可移动性、棋子的结构以及其他与位置有关的因素），以及一种将这些数值组合为单个得分的方法。所以，我们可以将得分函数视作为了评价一个象棋棋局/状态的基于特征的结构。

首先考虑为了在给定的局面 P 之下选择首个移动的单步前瞻策略。令 $M_1,\cdots,M_r$ 为在给定的局面 P 之下当前走子一方所有合法的走法。将之后的棋局记为 $M_1P,\cdots,M_rP$，并令 $S(M_1P),\cdots,S(M_rP)$ 为对应的得分（这里的假设是得分高的棋局对白棋有利而得分低的棋局对黑棋有利）。然后在棋局 P 被白棋（黑棋）选中的走法是具有最大（最小）得分的走法。这被称为 P 的后向得分并给定如下：

$$BS(P)=\begin{cases}\max\{S(M_1P),\cdots,S(M_rP)\} & \text{若棋局}P\text{下白子走}\\ \min\{S(M_1P),\cdots,S(M_rP)\} & \text{若棋局}P\text{下黑子走}\end{cases}$$

这一过程示于图 6.3.4 中。

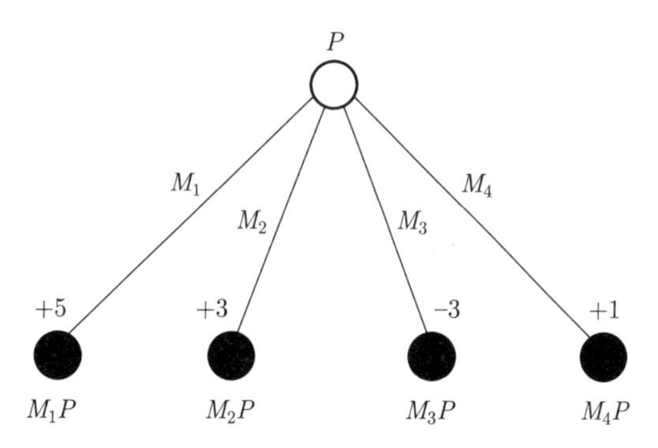

图 6.3.4　一步前瞻树。如果白子在棋局 P 走子，最佳走子是 M_1 且后向得分是 +5。如果黑子在棋局 P 走子，最佳走子是 M_3 且 P 的后向得分是 −3

下面考虑给定棋局 P 下的两步前瞻策略。为了具体一些，假设由白方走子，并令合法走法为 $M_1,\cdots,M_r$，对应的棋局为 $M_1P,\cdots,M_rP$。那么在每个棋局 $M_iP, i=1,\cdots,r$ 下，假设由黑方走子并用单步前瞻策略。这样给出为黑方在每个棋局 $M_iP, i=1,\cdots,r$ 下得到最好的走法以及后向得分 $BS(M_iP)$。最后，基于后向得分 $BS(M_1P),\cdots,BS(M_rP)$，为白方应用单步前瞻策略，于是获得在棋局 P 的最优走法和棋局 P 的后向得分

$$BS(P)=\max\{BS(M_1P),\cdots,BS(M_rP)\}$$

最优的走法序列被称为主继续。这一过程示于图 6.3.5 中。显然之前描述的 Shannon 的方法可以推广到任意步数的前瞻走子上（见图 6.3.6）。

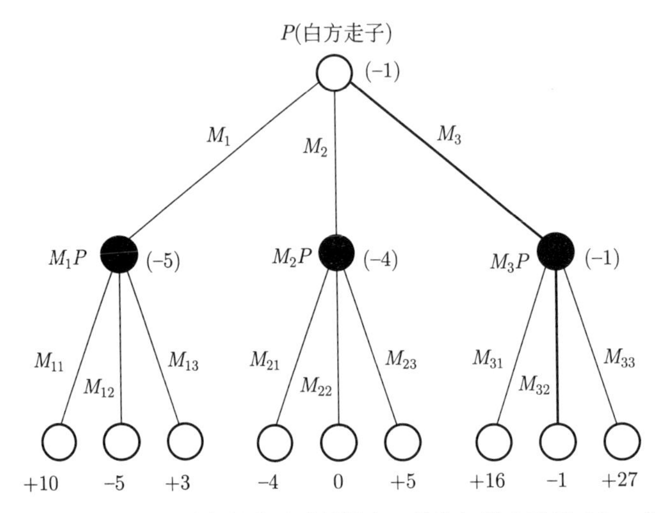

图 6.3.5 白方走子的两步前瞻树。后向得分示于括号内。最佳初始走子是 M_3，主继续是 (M_3, M_{32})

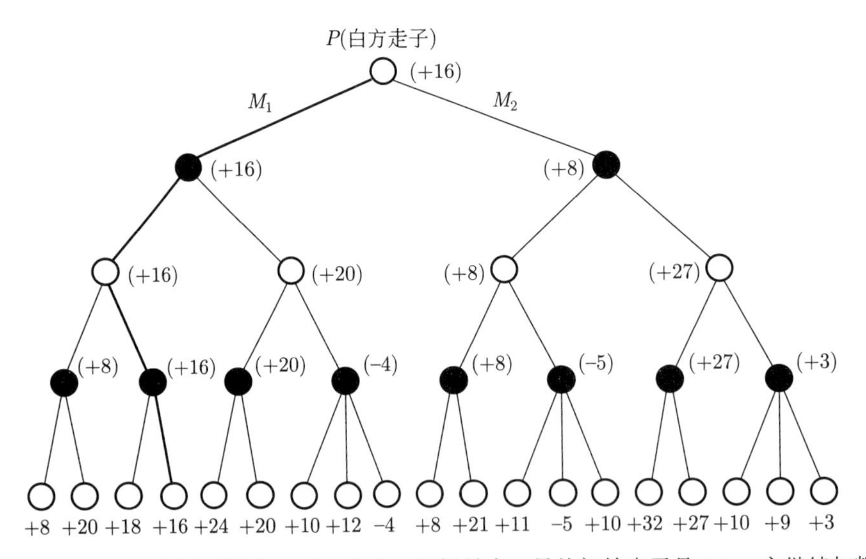

图 6.3.6 白方走子的四步前瞻树。后向得分示于括号内。最佳初始走子是 M_1。主继续加粗显示

通常，为了使用前瞻 n 步评价给定棋局下的最优走法以及对应的后向得分，可以使用如下的拟动态规划过程：

1. 评价从给定棋局 P 出发走 n 步之后所有棋局的得分。

2. 使用上述评价的末端棋局的得分，计算从 P 出发走 $n-1$ 步之后所有棋局的后向得分。

3. 对 $k=1,\cdots,n-1$，使用从 P 出发走 $n-k$ 步得到的所有可能棋局的后向得分，计算从 P 出发走 $n-k-1$ 步得到的所有棋局的后向得分。

上面的过程即使对于比较小的前瞻步数也需要大量的存储空间。Shannon 指出通过使用数学上等价的另一种替代方法，所需要的存储空间仅随着前瞻深度线性增加，于是允许国际象棋程序在内存有限的微处理器系统中。这是通过用深度优先的方式搜索走子树来实现的，以及通过仅在需要时产生新的走子，正如在图 6.3.7 和图 6.3.8 中所展示的。只需要存储当前检查下的单步序列以及在搜索树每一层的合法走子。确切的算法描述为如下流程，并循环地自我调用。

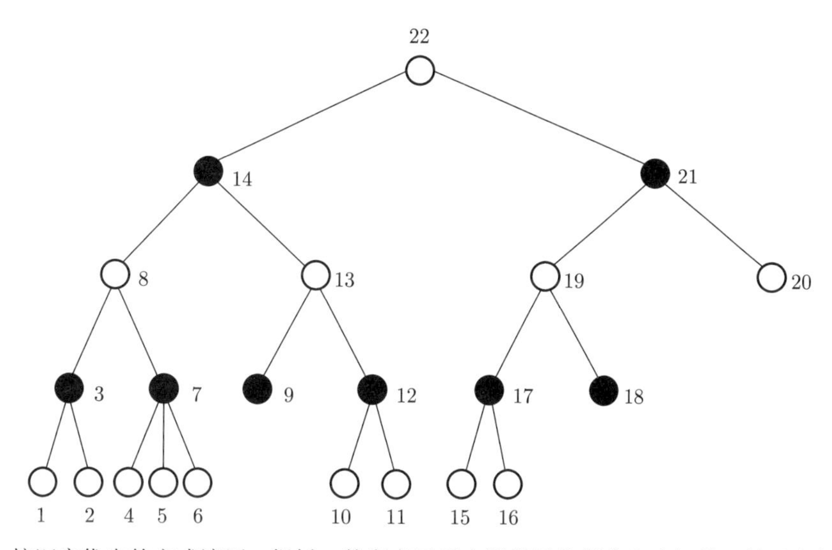

图 6.3.7　按深度优先的方式遍历一棵树。数字表示了末端棋局的得分和中间棋局的后向得分被评价的顺序

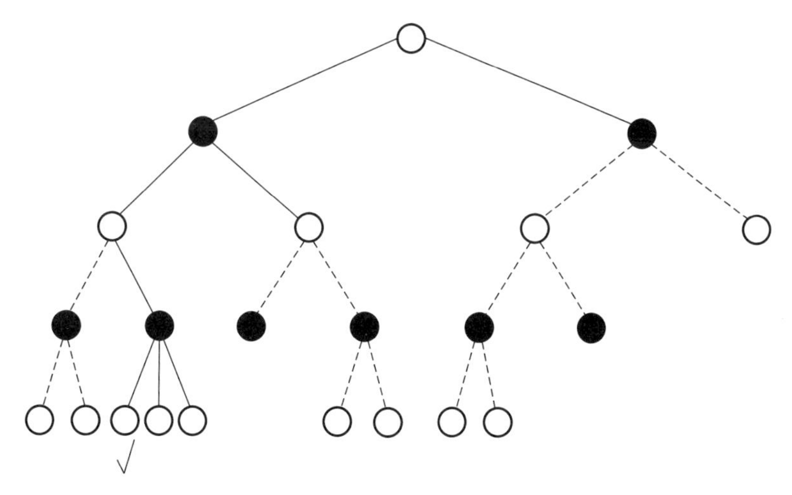

图 6.3.8　对图 6.3.7 的树使用极小化极大算法的深度优先版本需要的存储空间。当对钩表示的末端棋局被评分的时候，只有实线表示的走子存在存储空间中。点状线表示的走子已经被生成并且从存储空间中清楚。虚线表示的走子还没有被生成。所需要的存储空间随着前瞻深度的增加按线性速度增长

极小化极大算法

为了确定位置 n 的后向得分 $BS(n)$，进行如下计算：

(1) 如果 n 是末端位置，那么返回其得分，否则：

(2) 生成位置 n 下的可行走子，并令对应的位置为 $n_1,\cdots,n_r$。如果在 n 轮到白方走子，那么设定位置 n 的临时后向得分 $TBS(n)$ 为 ∞；如果在 n 轮到黑方走子，那么设定临时后向得分为 $-\infty$。

(3) 对 $i=1,\cdots,r$，执行：

a. 确定位置 n_i 的后向得分 $BS(n_i)$。

b. 如果在位置 n 由白方走子，设定

$$TBS(n) := \max\{TBS(n), BS(n_i)\}$$

如果在位置 n 由黑方走子，设定

$$TBS(n) := \min\{TBS(n), BS(n_i)\}$$

(4) 返回 $BS(n)=TBS(n)$。

使用末端费用（或者后向得分）总结后续费用并求解单步前瞻的思想当然在动态规划算法中居于核心地位。确实，可以看出之前描述的极小化极大算法无非是极小化极大问题的动态规划算法（参见 1.6 节）。这里，棋局和走子可以分别被认为是状态和控制，只存在末端费用（末端棋局的得分），而且棋局的后向得分无非是对应状态的最优后续费用。

极小化极大算法也被称为 A 类策略。Shannon 认为不可期待计算机使用这一策略对中等水平的人类棋手产生严肃的挑战。在典型的国际象棋棋局存在 30 ~ 35 种合法的走子。于是 n 步前瞻存在 30^n ~ 35^n 个末端棋局需要给出得分。所以末端棋局的数目伴随着前瞻规模的增加以指数速度增大，这实际上对于现在的计算机将 n 限制在 10 这个规模。不幸的是，在某些棋局需要前瞻许多步才行。特别地，在涉及许多吃子以及反杀的动态棋局中，所必需的前瞻步数可能非常大。

这些考虑让 Shannon 考虑另一种策略，称为 B 类策略，其中搜索树的深度可变。他建议在每个棋局之下计算机对所有合法的走子进行初步的检查并舍弃那些“明显坏的”走子。为此目的可以使用得分函数和一些启发式策略。类似地，他建议在某些涉及许多吃子或者将军威胁的动态棋局，应用远超出常规深度的步数来探查。

国际象棋程序通常使用 Shannon 的 A 和 B 两类策略的组合。这些程序使用得分函数，其形式通过试错不断演变，也使用复杂的启发式规则细致评价动态的末端棋局。特别地，一种有效的程序，称为交换，用于快速分析长的吃子与反杀序列，于是使得评估实际的复杂、动态的棋局成为可能（其描述详见 Levy[Lev84]）。可以将这样的启发式规则视作定义了一种复杂的得分函数或者视作实现了一种 B 类策略。

极小化极大算法的效率可以通过使用阿尔法-贝塔剪枝过程（简记为 $\alpha-\beta$）显著提升，这一过程放弃计算一些涉及不会影响最优走子选择的棋局。为理解 $\alpha-\beta$ 过程，考虑棋手正在思考棋局 P 的下一步棋。假设棋手已经深入分析出一手相对较好的棋 M_1 及对应的得分 $BS(M_1P)$ 并前往检查下一手 M_2。假设在检查对手的走法时，找到了一个特别强的应对手，这表明 M_2 的得分将差于 M_1。这样的应对手，称为 M_2 的反驳，认为无须进一步考虑 M_2 这一手棋（即，可以丢弃掉从 M_2 往下的搜索树）。图 6.3.9 展示了一个例子。

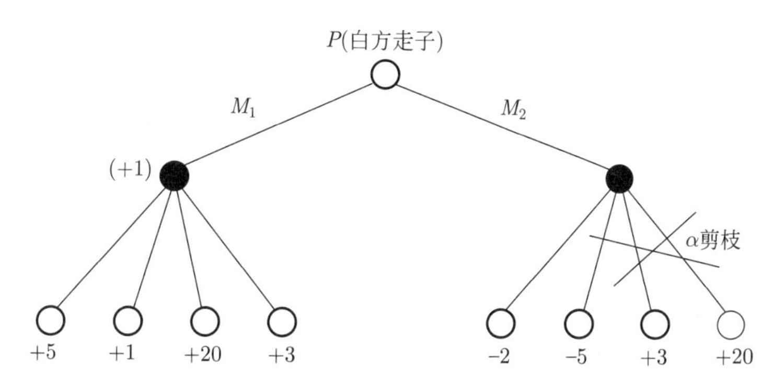

图 6.3.9　$\alpha-\beta$ 过程。白方已经评价了走子 M_1 的后向得分是 (+1)，并且开始评价走子 M_2。黑方的首个回复是对 M_2 的反驳，因为这导致了 -2 的临时得分，低于 M_1 的后向得分。因为 M_2 的后向得分将为 -2 或者更少，M_2 将劣于 M_1。于是无须继续评价走子 M_2

$\alpha-\beta$ 过程可以推广到任意或不规则深度的树，且可以非常简单地融入极小化极大算法中。通常来说，如果在更新给定棋局（3b 步骤）的后向得分的过程中，这一得分超越了某个给定的界，于是对那个棋局无须更进一步的考虑。用于剪枝的界可以如下动态调整：

1. 棋局 n（黑子走）的剪枝界记为 α 并等于 n 的所有祖先棋局（白子走）的最高当前得分。只要其临时后向得分小于等于 α，则棋局 n 的探索可以立即终止。

2. 棋局 n（白子走）的剪枝界记为 β 并等于 n 的所有祖先棋局（黑子走）的最低当前得分。只要其临时后向得分超过 β，则棋局 n 的探索可以立即终止。

这一过程示于图 6.3.10 中。可以证明在极小化极大问题中融入 $\alpha-\beta$ 过程不会影响初始棋局的后向得分与最优走子。我们将这一事实的证明留给读者（习题 6.8)。也可以看到如果每个

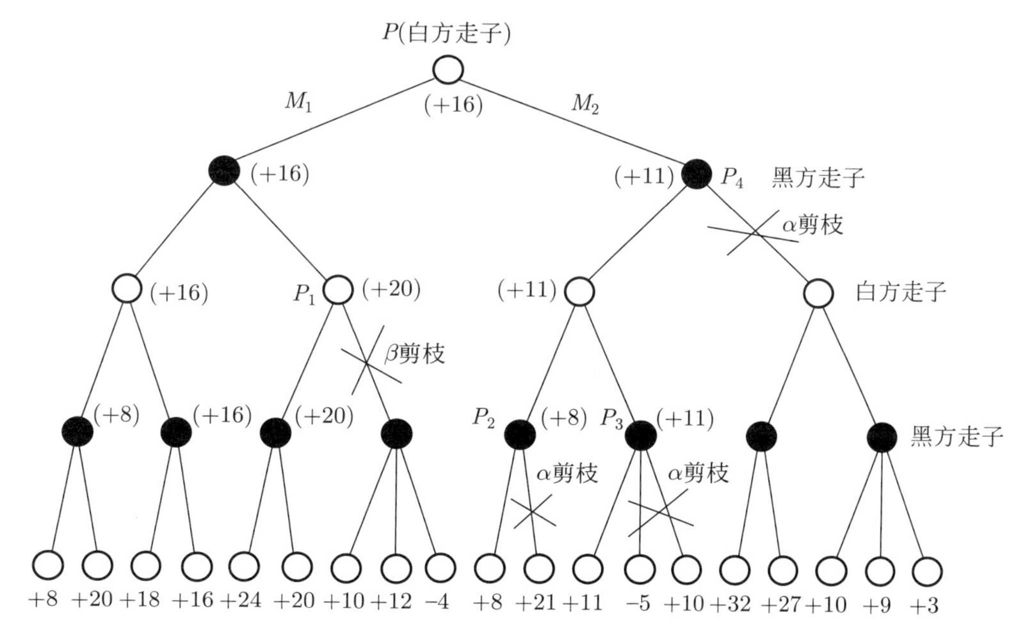

图 6.3.10　应用于图 6.3.5 中的树的 $\alpha-\beta$ 过程。例如，在棋局 P_1 的 β 剪枝是由于其临时得分 (+20) 超过了其当前 β-界 (+16)。在棋局 P_2，P_3 和 P_4 的 α-剪枝是由于对应的临时得分 +8，+11 和 +11 已经降至当前的 α-界 (+16)，在棋局 P 的当前临时得分

棋局下首先探索到最优走子则 $\alpha-\beta$ 过程将更有效。这将让 α 界高并让 β 界低，于是最大程度地节省了计算量。当前的国际象棋程序使用复杂的技术对走子进行排序，努力最大化 $\alpha-\beta$ 过程的有效性。我们简要讨论其中两种技术：迭代深入和杀手规则。

迭代深入，在其纯粹的形式下，包括首先执行基于单步前瞻的搜索；其次执行（从零开始）基于两步的前瞻搜索；然后执行基于三步的前瞻搜索，以此类推。持续这一过程直至某固定的前瞻步数，或者超出计算时间的限制。在与某个程度的前瞻相关的迭代中，我们获得在起始棋局的最好走子，这首先在需要多一步前瞻的后续迭代中检查。这提升了 $\alpha-\beta$ 过程的能力，于是弥补了在进行长期前瞻搜索前先进行短期前瞻这一过程中使用的额外的计算量。（实际上，既然在每一层额外的前瞻过程中终止棋局的数量平均按照 30 的同阶水平增加，额外增加的计算量是相对小的。）这一方法的一个额外的优点是在搜索的过程中始终保持着最优走子，于是可以在任何需要的时候输出。这在商业程序中很好用，可以融入这样的特征，让计算机要么穷尽给定的搜索时间，要么直到由人类终止。这种方法的一种改进是通过单步前瞻获得在起始棋局的所有走子的完整排序，然后在后续的迭代中使用改进的排序提升 $\alpha-\beta$ 过程的性能。

杀手规则与迭代深入类似，旨在每个棋局下首先检查最强有力的走子，于是可以提高 $\alpha-\beta$ 过程的剪枝能力。为理解这一思想，假设在某个棋局下，白子从候选列表 $\{M_1, M_2, M_3, \cdots\}$ 中首先选择 M_1 这一手，然后在检查黑子对 M_1 的应对手时发现了一手特别的棋，我们将称为杀手棋，是到目前为止黑子最好的一手。那么杀手棋经常也是黑方应对白方列表中第二个以及后续手 $M_2, M_3, \cdots$ 最好的应对手。从 $\alpha-\beta$ 剪枝的角度首先将杀手棋视作对剩余手 $M_2, M_3, \cdots$ 的潜在应对是不错的主意。当然，这并不总是按照预期的那样，那么建议根据后续计算的结果改变杀手棋。事实上，一些程序在前瞻的每个程度上保持多于一手杀手棋的列表。

$\alpha-\beta$ 过程在如下意义下是安全的，即是否使用这一过程搜索博弈树将获得同样的结果。有一些国际象棋程序使用了更加激进的树剪枝过程，通常在给定的前瞻水平下需要更少的计算量，但是会偶尔错失最强的一手。目前关于这一过程的优点存在争议。Levy[Lev84] 和 Newborn[New75] 的书讨论了这一问题，并更广泛地讨论了国际象棋程序的局限。Schaeffer[Sch97] 给出了关于编写国际象棋程序的精彩的讨论，并实现了这里所讨论的许多想法。

6.4 滚动算法

我们现在讨论在有限前瞻机制下的一种特定类型的后续费用近似方法。回想一下在单步前瞻方法中，在阶段 k 和状态 x_k 我们使用达到如下表达式最小值的控制 $\bar{\mu}_k(x_k)$，

$$\min_{u_k \in U_k(x_k)} E\{g_k(x_k, u_k, w_k) + \tilde{J}_{k+1}(f_k(x_k, u_k, w_k))\}$$

其中 $\tilde{J}_{k+1}$ 是真实后续费用函数 J_{k+1} 的某种近似。在滚动算法中，近似函数 $\tilde{J}_{k+1}$ 是某个被称为基础策略的已知启发式规则/次优策略 $\pi = \{\mu_0, \cdots, \mu_{N-1}\}$ 的后续费用（参见例 6.3.1）。这样获得的策略被称为基于 π 的滚动策略。于是混动策略是使用基础策略的后续费用近似最优后续费用获得的单步前瞻策略。

上述使用单步前瞻从次优策略出发产生另一个策略的过程也被称为策略改进。这一过程将在 7.2 节以及第 II 卷中策略迭代方法的介绍中讨论，后者是求解无限阶段问题的一种主要方法。

注意可以定义使用多步（比如 l 步）前瞻的滚动策略。这里我们为每个可以在 l 步之后抵达的状态 x 确定基础策略的精确后续费用，后者可以通过从 x 开始进行蒙特卡洛仿真获得的多条样本轨道进行计算。显然，这样的多步前瞻涉及更多在线计算，但是可能获得比单步前瞻更好的性能。在下面的讨论中，我们关注采用单步前瞻的滚动策略。

滚动策略的可行性取决于在状态 x 的跳转之后有多少时间可用于选择控制，以及对如下期望值的蒙特卡洛评价有多昂贵

$$E\left\{g_k(x_k,u_k,w_k)+\tilde{J}\left(f_k(x_k,u_k,w_k)\right)\right\}$$

特别地，必须能够在问题的实时约束下执行蒙特卡洛仿真并完成对滚动控制的计算。如果问题是确定性的，单条仿真轨道就足够了，于是计算被极大简化，但是一般而言，这里需要的计算量是相当大的。

然而，如果可以接受一些性能上的下降，那么就可以加快对滚动策略的计算。例如，可以使用近似 $\hat{J}_{k+1}$ 或者 $\tilde{J}_{k+1}$ 并通过如下形式的最小化识别出一些比较有希望的控制

$$\min_{u_k\in U_k(x_k)} E\left\{g_k(x_k,u_k,w_k)+\hat{J}_{k+1}\left(f_k(x_k,u_k,w_k)\right)\right\}$$

然后将注意力集中在这些控制上，并使用相当准确的蒙特卡洛仿真。特别地，所需要的 $\hat{J}_{k+1}$ 的取值可以通过执行使用有限数量代表性样本轨道的近似的蒙特卡洛仿真获得。这一方法的自适应变形也是可能的，即使用某种启发式规则基于计算的结果调整蒙特卡洛仿真。

一般而言，使用易于计算期望后续费用的策略作为基础策略是重要的。下面是一个例子。

例 6.4.1（小测验问题）

考虑例 4.5.1 的小测验问题，即一个人可以对所给定的 N 道题目按照他选择的任意顺序答题。问题 i 将以概率 p_i 被正确回答，然后这个人获得收益 v_i。首次错误回答问题之后，小测验结束，受试者可以保有之前的收益。问题是选择回答问题的顺序来最大化总期望收益。

我们看到最优顺序可以通过使用交换论证法获得：应该按照“偏好度指标”$p_iv_i/(1-p_i)$ 的下降顺序回答问题。我们将这一策略称为*指标策略*。不幸的是，如果问题的结构有稍许的变化，那么指标策略可能不再是最优的。这个问题的困难的变形可能涉及如下一个或多个特征：

(a) 限制允许回答的最大问题数目，且小于问题的总数 N。为了明白为什么指标策略不再是最优的，考虑有两个问题的情形，只允许回答其中的一个问题。那么回答提供最大期望收益 p_iv_i 的问题是最优的。

(b) 每个问题有时间窗口，限制仅在该时间窗口内方可回答这一问题。时间窗口可能与在特定时段拒绝回答问题同时出现，这可能导致在某个时段没有可供回答的问题，或者回答任一可供选择的问题均涉及巨大的风险。

(c) 顺序约束，即在给定时段可供回答的问题列表取决于前一时刻被回答的问题，甚至可能包括更早的问题。

(d) 与序列有关的收益，即正确回答一个问题的收益取决于之前的问题，甚至可能包括更早的问题。

无论如何，即使当指标策略不是最优的，也可以方便地用作滚动算法的基础策略。原因是在给定状态，指标策略及其期望收益易于计算。特别地，每个可行的问题顺序 $(i_1,\cdots,i_N)$ 的期望收益等于

$$p_{i_1}\left(v_{i_1}+p_{i_2}\left(v_{i_2}+p_{i_3}(\cdots+p_{i_N}v_{i_N})\cdots\right)\right)$$

所以基于指标策略的滚动算法按如下方式运行：在某状态下有一些给定的问题已经被回答了，我们考虑接下来可以回答的问题集合 J。对每个问题 $j\in J$，我们考虑从 j 开始并按照指标规则选择剩余问题构成的问题序列。使用上面的公式计算这一序列的期望收益，记作 $R(j)$。于是在问题 $j\in J$ 中，我们选择接下来回答具有最大 $R(j)$ 的那个问题。Bertsekas 和 Castanon[BeC99] 使用了基础策略的后续费用的几种近似方法，从计算的角度研究了小测验问题以及几种变形问题的滚动算法。

使用滚动算法的费用改进

滚动策略具有良好的性质：在其精确形式下，总是获得比对应的基础策略更好的性能。这本质上是命题 6.3.1 的结论（参见例 6.3.1），但是为了参考起来更方便，我们将那个命题的证明针对滚动的情形进行调整。令 $\bar{J}_k(x_k)$ 和 $H_k(x_k)$ 分别为从 k 时刻的状态 x_k 出发的滚动策略和基础策略的后续费用。我们将证明 $\bar{J}_k(x_k)\leqslant H_k(x_k)$ 对所有的 x_k 和 k 成立，因而滚动策略 $\bar{\pi}$ 是从基础策略 π 获得的改进的策略。我们有 $\bar{J}_N(x_N)=H_N(x_N)=g_N(x_N)$ 对所有的 x_N 成立。假设对所有的 x_{k+1} 有 $\bar{J}_{k+1}(x_{k+1})\leqslant H_{k+1}(x_{k+1})$，我们对所有的 x_k 有

$$\begin{aligned}\bar{J}_k(x_k)&=E\{g_k(x_k,\bar{\mu}_k(x_k),w_k)+\bar{J}_{k+1}\left(f_k(x_k,\bar{\mu}_k(x_k),w_k)\right)\}\\&\leqslant E\{g_k(x_k,\bar{\mu}_k(x_k),w_k)+H_{k+1}\left(f_k(x_k,\bar{\mu}_k(x_k),w_k)\right)\}\\&\leqslant E\{g_k(x_k,\mu_k(x_k),w_k)+H_{k+1}\left(f_k(x_k,\mu_k(x_k),w_k)\right)\}\\&=H_k(x_k)\end{aligned}$$

上述第一个不等式源自归纳假设，第二个不等式源自滚动策略的定义，第一和第二个等号分别来自定义了滚动和基础策略的后续费用的动态规划算法。这就完成了对 $\bar{\pi}$ 是比 π 改进的策略的归纳证明。

实证来看，滚动策略通常能（显著）提升基础策略的性能。然而，对此没有严格的理论支撑。下面的例子提供了针对费用改进性质的一些启发。

例 6.4.2（突破问题）

考虑如图 6.4.1 所示的具有 N 个阶段的二叉树。阶段 k 的树具有 2^k 个节点，阶段 0 的节

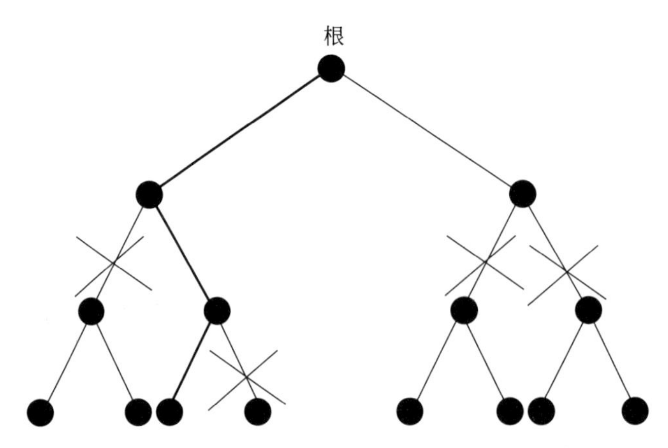

图 6.4.1 突破问题的二进制树。每条弧或者是畅通的或者是堵住的（在图中叉掉了）。问题是找到从根到某个叶子的一条畅通的路径（例如图中用粗线标出的一条路径）

点称为根，阶段 N 的节点称为叶子。有两种树弧：可用的和禁用的。可用的（或者禁用的）弧可以（不可以）按照从树根到树叶的方向通行。目标是找到始于树根终于树叶的一系列可用的弧（一条可用的路径）。

可以使用动态规划从最后一个阶段开始反向前进到根节点找到一条可用的路径（如果存在的话）。这一算法在第 k 步通过使用前一步的计算结果对每个阶段 $N-k$ 的点判断是否存在从那个点到某个叶子节点的可用路径。在第 k 步的计算量是 $O(2^{N-k})$。将 N 个阶段的计算量累加起来，我们看到总计算量是 $O(N2^N)$，所以伴随着阶段数的增加以指数速度增加。因此考虑使用的计算量是 N 的线性或者多项式函数的启发式规则是有意义的，然而即使存在这样的可行路径也可能无法确定可行路径。

所以，可以次优地使用贪婪算法从根节点出发，选择一条可用的出弧（如果存在），并通过在路径上序贯地加入后续节点尝试构造一条可用的路径。一般性地，如果在当前节点有一条可用的出弧而其他的出弧是禁用的，那么贪婪算法选择可用的弧。否则，根据仅取决于当前节点（而不是其他弧的状态）的某种固定的规则选择两条出弧中的一条。显然，即使一条可用的路径存在，贪婪算法也可能找不到，正如图 6.4.1 所示。另一方面与贪婪算法相关的计算量是 $O(N)$，远快于动态规划算法的 $O(N2^N)$ 的计算量。因此我们可以将贪婪算法视作一种快速的启发式规则，因为存在这种算法失败而动态规划算法成功的问题实例，所以贪婪算法是次优的。

让我们也考虑使用贪婪算法作为基础启发式规则的滚动算法。这一算法从根开始通过搜索由贪婪算法构造的可选路径来尝试构造一条可用的路径。在当前节点，按照下面的两种情形推进：

(a) 如果在当前节点的两条出弧中的至少一条被禁用，滚动算法将贪婪算法在当前节点选用的弧添加到当前的路径中。

(b) 如果当前节点的两条出弧均可用，滚动算法考虑这些弧的两个端点，并从其中的每一个出发运行贪婪算法。如果贪婪算法成功地找到一条从这些点中的至少一个出发的可用路径，那么滚动算法终止并且找到了一条可用的路径；否则滚动算法移动到贪婪算法将会在当前节点选择的节点。

所以，当两条出弧均可用时，滚动算法进一步探索这些弧的可用性，正如在上面的情形 (b)。由于这一额外的鉴别能力，滚动算法总是至少与贪婪算法一样好（当贪婪算法能找到可用路径时它也总能找到，而且在某些情形下贪婪算法找不到而它能找到）。这与我们此前关于滚动算法相较于基础策略的通用费用改进的讨论相一致。此外滚动算法使用了 $2N$ 次贪婪算法，所以需要 $O(N^2)$ 的计算量——这在贪婪算法的 $O(N)$ 计算量和动态规划算法的 $O(N2^N)$ 计算量之间。

现在计算给定随机选中的突破问题后这些算法能找到可用路径的概率。特别地，我们通过以与其他节点独立的概率 p 选定其每条弧的可用与否，从而随机生成问题的图。然后我们计算贪婪与滚动算法成功的对应概率。

在 k 阶段的图中贪婪算法找到可用路径的概率 G_k 是在 k 个阶段中的每一个都“成功”的概率，这里只要所涉及的两条弧中的至少一条是可用的就记作成功，这个事件发生的概率是 $1-(1-p)^2$ 或者 $p(2-p)$。所以使用弧的禁用/可用状态的独立性，我们有

$$G_k = \left(p(2-p)\right)^k$$

在一个 k 阶段的图中滚动算法找到可用路径的概率 R_k 可用迭代的方式计算，我们现在来展

示。在给定的尚有 k 个阶段的节点 n_0，考虑由贪婪算法生成的路径 $(n_0,n_1,\cdots,n_k)$，令 (n_0,n_1) 和 (n_0,n_1') 表示节点 n_0 的弧。令 P_1 表示弧 (n_0,n_1) 和 (n_0,n_1') 中恰有一条可用的概率，所以

$$P_1=2p(1-p)$$

令 P_2 表示弧 (n_0,n_1) 和 (n_0,n_1') 均可用的概率，所以

$$P_2=p^2$$

为了计算滚动算法成功找到一条可用路径的这一随机事件发生的概率 R_k，我们将这一随机事件分解成如下的四个互不相交的事件，并计算它们的概率：

(1) 事件 E_1。弧 (n_0,n_1) 和 (n_0,n_1') 中恰有一条可用 [这必然是 (n_0,n_1) 因为这条弧会被贪婪算法选中]，于是滚动算法找到了一条从 n_1 出发的可行路径。这一事件的概率是 $P(E_1)=P_1R_{k-1}$。

(2) 事件 E_2。弧 (n_0,n_1) 和 (n_0,n_1') 都是可用的，于是贪婪算法找到了一条从 n_1 出发的可用路径。这一事件的概率是 $P(E_2)=P_2G_{k-1}$。

(3) 事件 E_3。弧 (n_0,n_1) 和 (n_0,n_1') 都可用，贪婪算法没有找到从 n_1 出发的可行路径，但是找到了从 n_1' 出发的可行路径。这一事件的概率是 $P(E_3)=P_2(1-G_{k-1})G_{k-1}$。

(4) 事件 E_4。弧 (n_0,n_1) 和 (n_0,n_1') 都可用，贪婪算法没有找到从 n_1 或者 n_1' 出发的可行路径，但是滚动算法找了一条从 n_1 出发的可行路径。这一事件的概率是 $P_2(1-G_{k-1})^2H_{k-1}$，其中 H_{k-1} 是贪婪算法没有找到从 n_1 出发的可行路径但是滚动算法找到了从 n_1 出发的可行路径的条件概率。我们有

$$R_{k-1}=G_{k-1}+(1-G_{k-1})H_{k-1}$$

所以 $(1-G_{k-1})H_{k-1}=R_{k-1}-G_{k-1}$，于是事件 E_4 的概率是

$$P(E_4)=P_2(1-G_{k-1})^2H_{k-1}=P_2(1-G_{k-1})(R_{k-1}-G_{k-1})$$

于是，通过将上述互不相交且合在一起包括了所有可能性的事件发生的概率相加，我们有

$$\begin{aligned}R_k&=P(E_1)+P(E_2)+P(E_3)+P(E_4)\\&=P_1R_{k-1}+P_2\left(G_{k-1}+(1-G_{k-1})G_{k-1}+(1-G_{k-1})(R_{k-1}-G_{k-1})\right)\\&=\left(P_1+P_2(1-G_{k-1})\right)R_{k-1}+P_2G_{k-1}\end{aligned}$$

由此，通过代入表达式 $P_1=2p(1-p)$ 和 $P_2=p^2$，我们获得

$$\begin{aligned}R_k&=\big(2p(1-p)+p^2(1-G_{k-1})\big)R_{k-1}+p^2G_{k-1}\\&=p(2-p)R_{k-1}+p^2G_{k-1}(1-R_{k-1})\end{aligned}$$

并具有初始条件 $R_0=1$。因为 $\lim\limits_{k\to\infty}G_k=0$ 且有 $p(2-p)<1$，于是从上面的方程有 $\lim\limits_{k\to\infty}R_k=0$。进一步，通过除以 $G_k=p(2-p)G_{k-1}$，我们有

$$\frac{R_k}{G_k}=\frac{R_{k-1}}{G_{k-1}}+\frac{p}{2-p}(1-R_{k-1})$$

所以因为 $\lim\limits_{k\to\infty}R_k=0$，我们对大的 N 获得

$$\frac{R_N}{G_N}=O\left(N\frac{p}{2-p}\right)$$

所以渐近地，比起贪婪算法，滚动算法需要 $O(N)$ 倍更多的计算量，但是以 $O(N)$ 倍更大

的概率找到一条可用的路径。这类权衡在定性意义下显得具有代表性：滚动算法比基础策略获得了显著的性能提升，但是付出的额外计算量等于对基础启发式规则的计算时间乘上一个为问题规模的低阶多项式的因子。

滚动算法中的计算问题

我们现在在多种不同设定下考虑滚动算法的更多细节实现问题以及具体性质。为了计算滚动控制 $\bar{\mu}_k(x_k)$，我们对所有的 $u_k \in U_k(x_k)$ 需要如下值

$$Q_k(x_k, u_k) = E\left\{g_k(x_k, u_k, w_k) + H_{k+1}\left(f_k(x_k, u_k, w_k)\right)\right\}$$

这被称为 k 时刻下 (x_k, u_k) 的 Q 因子。或者，为了计算 $\bar{\mu}_k(x_k)$，我们需要基础策略在所有可能的下一个状态 $f_k(x_k, u_k, w_k)$ 的后续费用的取值

$$H_{k+1}\left(f_k(x_k, u_k, w_k)\right)$$

由此可以计算所需要的 Q 因子。

我们将着重关注所需要的 Q-因子没有闭式表达的情形。取而代之地我们假设可以仿真在基础策略 π 之下的系统，特别地，可以生成与问题的概率数据一致的系统样本轨道以及对应的费用。我们将考虑几种情形与可能性，将指出它们的优缺点，而且将讨论它们最适用的场景。这些情形是：

(1) *确定性问题情形*，其中 w_k 在每个阶段取单个已知值。我们对这一情形提供深入的讨论，不仅关注传统的确定性最优控制问题，而且关注相当一般的组合优化问题，在这些问题上滚动方法已经被证明是方便有效的。

(2) *通过蒙特卡洛仿真评价 Q 因子的随机问题情形*。这里，一旦处于状态 x_k，对所有的 $u_k \in U_k(x_k)$，通过蒙特卡洛仿真在线评价 Q 因子 $Q_k(x_k, u_k)$。

(3) *通过某种方式近似 Q 因子的随机问题情形*。一种可能性是使用确定性等价近似，其中的问题本质上是随机的，但是 $H_k(x_k)$ 的值近似为（确定性等价假设下）若系统在 k 时刻的状态 x_k 之后由恰当的确定性系统替代所产生的 π 的后续费用。也存在其他使用近似结构和某种形式的最小二乘的可能性。

6.4.1　离散确定性问题

假设问题是确定性的，即在每个阶段 k，w_k 只能取一个值。于是，从阶段 k 的状态 x_k 出发，基础策略 π 产生确定性状态序列 $\{x_{k+1}, \cdots, x_N\}$ 和控制序列 $\{u_k, \cdots, u_{N-1}\}$，满足

$$x_{i+1} = f(x_i, u_i), i = k, \cdots, N-1$$

以及费用

$$g_k(x_k, u_k) + \cdots + g_{N-1}(x_{N-1}u_{N-1}) + g_N(x_N)$$

于是 Q 因子

$$Q_k(x_k, u_k) = g_k(x_k, u_k) + H_{k+1}\left(f_k(x_k, u_k)\right)$$

可以通过从 $k+1$ 时刻的状态 $f_k(x_k, u_k)$ 出发使用 π 并记录下对应的费用 $H_{k+1}\left(f_k(x_k, u_k)\right)$ 来获得。滚动控制 $\bar{\mu}_k(x_k)$ 可以通过用这种方式对所有的 $u_k \in U_k(x_k)$ 计算 Q-因子 $Q_k(x_k, u_k)$ 并设定

$$\bar{\mu}_k(x_k) = \arg\min_{u_k \in U_k(x_k)} Q_k(x_k, u_k)$$

来获得。

不仅对于第 1 章的基本问题的确定性特殊情形用起来很方便，这一滚动方法可以稍加调整用于更一般的离散或者组合优化问题，后者未必像基本问题一样具有强的序贯特征。对这类问题，滚动方法提供了方便且广泛可用的次优解方法，超越并且确实提升了普通类型的启发式规则，比如贪婪算法、局部搜索、遗传算法、禁忌搜索及其他。

为了说明所涉及的思想，考虑如下问题

$$\begin{aligned}&\text{minimize } G(u)\\&\text{subject to } u\in U\end{aligned}\tag{6.31}$$

其中 U 是有限的可行解集，$G(u)$ 是费用函数。假设每个解 u 具有 N 个元素；即，具有形式 $u=(u_1,u_2,\cdots,u_N)$，其中 N 是一个正整数。在这一假设下，可以将问题视作序贯决策问题，其中元素 $u_1,u_2,\cdots,u_N$ 由每次确定一个的方式被选出。一个由解的前 n 个元素构成的 n 元组 $(u_1,u_2,\cdots,u_n)$ 被称为一个 n-解。我们将 n-解与一个动态规划问题的第 n 阶段关联在一起。特别地，对于 $n=1,2,\cdots,N$ 第 n 阶段的状态的形式为 $(u_1,u_2,\cdots,u_n)$。初始状态是一个虚拟（人工）状态。从这一状态出发可以移动到任意状态 (u_1)，其中 u_1 属于集合

$$U_1=\{\tilde{u}_1|\text{存在形式为}(\tilde{u}_1,\tilde{u}_2,\cdots,\tilde{u}_N)\in U\text{的解}\}$$

所以 U_1 是由与可行性一致的 u_1 构成的集合。

更一般地,从形式为 $(u_1,u_2,\cdots,u_{n-1})$ 的状态出发,可以移动到任意形式为 $(u_1,u_2,\cdots,U_{n-1},u_n)$ 的状态，其中 u_n 属于如下集合

$$U_n(u_1,u_2,\cdots,u_{n-1})=\{\tilde{u}_n|\text{存在形式为}(u_1,u_2,\cdots,u_{n-1},\tilde{u}_n,\cdots,\tilde{u}_N)\in U\text{ 的解}\}\tag{6.32}$$

在状态 $(u_1,u_2,\cdots,u_{n-1})$ 可用的选择是 $u_n\in U_n(u_1,u_2,\cdots,u_{n-1})$。这些是与此前的选择 $u_1,u_2,\cdots,u_{n-1}$ 一致且与可行性一致的 u_n 的选择。末端状态对应于 N-解 $(u_1,u_2,\cdots,u_N)$，且唯一的非零费用是末端费用 $G(u_1,u_2,\cdots,u_N)$。

令 $J^*(u_1,u_2,\cdots,u_n)$ 表示从 n-解 $(u_1,u_2,\cdots,u_n)$ 开始的最优费用，即，在所有前 n 个元素被限制为分别等于 $u_i,i=1,2,\cdots,n$ 的解中问题的最优费用。如果我们知道最优后续费用函数 $J^*(u_1,u_2,\cdots,u_n)$，就可以通过一系列共计 N 个单元素最小化构造一个最优解。特别地，最优解 $(u_1^*,u_2^*,\cdots,u_N^*)$ 可以通过下面的算法获得

$$u_i^*=\arg\min_{u_i\in U_i(u_1^*,\cdots,u_{i-1}^*)}J^*(u_1^*,\cdots,u_{i-1}^*,u_i),i=1,2,\cdots,N$$

不幸的是，鉴于为了获得 $J^*(u_1,u_2,\cdots,u_n)$ 所需要的计算量太大，上述情形很少可行。

现在假设有一个启发式规则，从一个 n-解 $(u_1,u_2,\cdots,u_n)$ 出发，产生一个 N-解 $(u_1,u_2,\cdots,u_n,u_{n+1},\cdots,u_N)$，其费用记作 $H(u_1,u_2,\cdots,u_n)$。这样的启发式规则可以被视作问题的一个基础策略，即给定当前状态 $(u_1,u_2,\cdots,u_n)$，它生成下一个决策 u_{n+1} 作为解的剩余部分 $(u_{n+1},u_{n+2},\cdots,u_N)$ 的首元素。考虑对应的滚动算法。可以看出这一算法选择

$$\bar{u}_1=\arg\min_{u_1\in U_1}H(u_1)$$

作为解的首元素，并对 $n=1,2,\cdots,N-1$ 按照如下方式序贯地操作：

给定部分解 $(\bar{u}_1,\bar{u}_2,\cdots,\bar{u}_n)$，针对所有可能的下一个解元素 $u_{n+1}\in U_{n+1}(\bar{u}_1,\bar{u}_2,\cdots,\bar{u}_n)$，从部分解 $(\bar{u}_1,\bar{u}_2,\cdots,\bar{u}_n\ u_{n+1})$ 出发使用启发式规则，并选择

$$\bar{u}_{n+1}=\arg\min_{u_{n+1}\in U_{n+1}(\bar{u}_1,\bar{u}_2,\cdots,\bar{u}_n)}H(\bar{u}_1,\bar{u}_2,\cdots,\bar{u}_n,u_{n+1})$$

作为下一个解元素。

为了更经济地分析前面的算法及其变形，将其嵌入到离散优化的更一般且灵活的框架中。为此，我们介绍图搜索问题，其中包含广泛类型的离散/整数优化问题为特例，并将作为我们方法的背景。我们将描述并分析单步前瞻算法的基本形式，讨论一些变形，通过一些例子展示这一方法，并讨论其与动态规划的联系。

正如稍后将解释的那样（参见 6.4.1 节末尾），将要介绍的算法按照到目前为止所讨论的意义并不算一种滚动算法，因为严格说起来它并没有使用启发式策略的费用作为单步前瞻费用的近似，除非在特殊的假设下（序贯一致性假设，稍后将描述）。不过，这一算法的基本思想与滚动非常接近：这是使用从启发式规则推导出的费用近似的单步前瞻策略。所以，稍事拓展术语之后，我们将这一算法也称为“滚动”。

离散优化的基本滚动算法

引入一个图搜索问题，这将作为离散优化的通用模型。给定一张图，具有顶点集合 $\mathcal{N}$，弧集合 $\mathcal{A}$ 和一个特殊的称为*源点*的顶点 s。弧是有向的，即弧 (i,j) 与弧 (j,i) 不同。给定顶点集合 $\bar{\mathcal{N}}$，称为*目的地*，以及每个目的地 i 的费用 $g(i)$。目的地节点是终点，因为它们没有出弧。为了简化，假设顶点集合 $\mathcal{N}$ 和弧集合 $\mathcal{A}$ 包含有限个元素。然而，通过在语言上的稍许调整，下面的分析与讨论即可应用于可数无穷多节点以及每个节点存在有限集合的出弧的情形。我们希望找到一条从源点 s 开始，到某个目的点 $i \in \bar{\mathcal{N}}$ 结束，且最小化费用 $g(i)$ 的路径。

在 (6.31) 式的离散优化问题上下文中，节点 i 对应于由一个解的前 n 个元素构成的 n-元组 $(u_1, u_2, \cdots, u_n)$，其中 $n = 1, 2, \cdots, N$。弧从形式为 $(u_1, u_2, \cdots, u_{n-1})$ 的节点指向形式为 $(u_1, u_2, \cdots, u_{n-1}, u_n)$ 的节点，且对每一个 (6.32) 式形式的 u_n 都存在一条弧。这一特殊情形的一条有趣的性质是与其相关联的图是无环的。

在我们的符号体系中，一条路径是一系列弧

$$(i_1, i_2), (i_2, i_3), \cdots, (i_{m-1}, i_m)$$

其中的每一条均指向前进的方向。节点 i_1 和 i_m 分别被称为路径的*起点*和*终点*。为了方便，且不失一般性①，我们将假设对于给定的任意节点的有序对 (i,j)，最多存在一条起点为 i 终点为 j 的弧，（如果存在）这条弧将被记作 (i,j)。用这种方式，一条由弧 $(i_1, i_2), (i_2, i_3), \cdots, (i_{m-1}, i_m)$ 构成的路径可以由节点序列 $(i_1, i_2, \cdots, i_m)$ 无歧义地指定。

假设有一个构造路径的启发式算法，记为 $\mathcal{H}$，对给定的非目的地节点 $i \neq \bar{\mathcal{N}}$ 可以构造一条从 i 开始并且终于某个目的地节点 $\bar{i}$ 的路径 $(i, i_1, \cdots, i_m, \bar{i})$。在这一假设条件中隐含的是对每个非目的地节点，存在至少一条从那个节点开始且终止于某个目的地节点的路径。我们将这一算法 $\mathcal{H}$ 称作*基础启发式算法*，因为正如下面很快要介绍的那样我们将用这个算法作为构造滚动算法的基本构建单元。

由基础启发式算法 $\mathcal{H}$ 构造的路径的终点 $\bar{i}$ 完全由起点 i 指定。我们称 $\bar{i}$ 为 i *在* $\mathcal{H}$ *下的投影*，并且将其记作 $p(i)$。将对应的费用记作 $H(i)$，

$$H(i) = g\left(p(i)\right)$$

① 在存在连接一对节点的多条弧的情形下，我们可以将所有这些弧融合成为一条弧，因为从任意非目的地节点可以到达的目的地节点集合不受融合的影响。

按照惯例，目的地节点的投影是自己，所以对所有的 $i \in \bar{N}$ 我们有 $i = p(i)$ 和 $H(i) = g(i)$。注意尽管基础启发式算法 $\mathcal{H}$ 一般构造的是次优解，由其构造的路径可能涉及相当复杂的次优化。例如，$\mathcal{H}$ 可能按照某种启发式规则构造终止于目的地节点的几条路径，然后选择达到最小费用的路径。

该问题次优解的一种可能性是从源点 s 出发并使用启发式规则 $\mathcal{H}$ 获得投影 $p(s)$。取而代之，我们提出使用 $\mathcal{H}$ 序贯地构造到目的地的一条路径。在该序列的典型步骤中，我们考虑节点 i 的所有下游邻居 j，从这些邻居中的每一个出发使用启发式策略 $\mathcal{H}$ 获得对应的投影和费用。然后我们移动到给出最好投影的邻居。这一 $\mathcal{H}$ 的序贯版本被称为基于 $\mathcal{H}$ 的滚动策略，并记为 $\mathcal{RH}$。

为了形式化描述滚动算法，令 $N(i)$ 表示节点 i 的下游邻居的集合

$$N(i) = \{j|(i,j)\text{是一条弧}\}$$

注意对每个非目的地节点 i，$N(i)$ 非空，因为由假设存在从 i 开始并终止于其投影 $p(i)$ 的路径。滚动算法 $\mathcal{RH}$ 从源点 s 开始。在典型的步骤，给定节点序列 $(s, i_1, \cdots, i_m)$，其中 i_m 不是目的地，$\mathcal{RH}$ 在序列中加入满足如下条件的节点 i_{m+1}，

$$i_{m+1} = \arg \min_{j \in N(i_m)} H(j) \tag{6.33}$$

如果 i_{m+1} 是一个目的地节点，$\mathcal{RH}$ 终止；否则，用序列 $(s, i_1, \cdots, i_m, i_{m+1})$ 替换 $(s, i_1, \cdots, i_m)$ 并重复这一过程，见图 6.4.2。

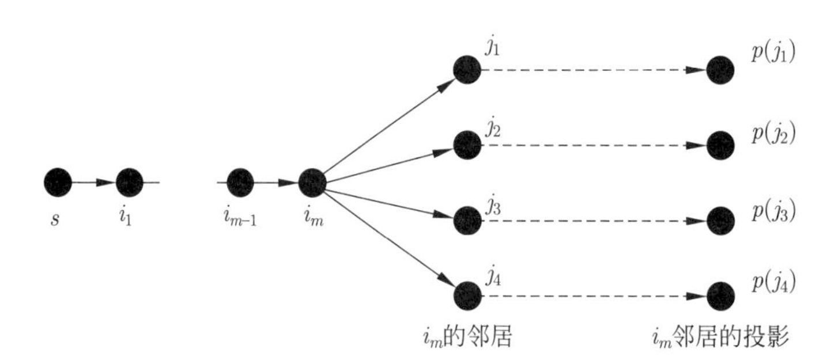

图 6.4.2 滚动算法的插图。在该算法的 m 步之后，我们有路径 $(s, i_1, \cdots, i_m)$

为了在下一步扩展这一路径，我们产生末端节点 i_m 的邻居集合 $N(i_m)$，并从这一集合中选择具有最好投影的邻居，即

$$i_{m+1} = \arg \min_{j \in N(i_m)} H(j) = \arg \min_{j \in N(i_m)} g\left(p(j)\right)$$

注意一旦 $\mathcal{RH}$ 终止并获得路径 $(s, i_1, \cdots, i_m)$，我们将已经获得每个节点 $i_k, i = 1, \cdots, m$ 的投影 $p(i_k)$。这些投影中的最好者获得如下费用

$$\min_{k=1,\cdots,m} H(i_k) = \min_{k=1,\cdots,m} g\left(p(i_k)\right)$$

对应于上面最小值的投影可作为由滚动算法产生的最终（次优）解。我们也可以将上面的最小费用与源点的投影 $p(s)$ 的费用 $g\left(g(s)\right)$ 比较，如果后者产生更小的费用则将 $p(s)$ 作为最终解。这将确保滚动算法产生不差于由基础启发式策略产生的解。

例 6.4.3（旅行商问题）

考虑旅行商问题，其中一个商人想找到一条最小里程/费用的路线访问给定的 N 座城市中的每一个且仅一次，并返回到他开始的城市。为每座城市 $i=1,\cdots,N$ 关联一个节点，并且为每个节点 i 和 j 的有序对引入弧 (i,j) 及旅行费用 a_{ij}。注意我们假设图是完全的，即对每个有序的节点对均存在一条弧。这样做并不失一般性，因为可以通过给一条弧 (i,j) 分配非常高的费用 a_{ij} 让其从解中退出。问题是如何找到一条经过所有点一次且仅一次并且弧费用之和最小的环路。

存在许多求解旅行商问题的启发式方法。为了展示的目的，让我们将注意力局限在简单的最近邻启发式算法上。这里，我们从只包括单个节点 i_1 的路径开始，在每次迭代中，将不会产生环路且能最小化费用的节点增加到路径中。特别地，在 k 轮迭代之后，我们拥有包括不同节点的路径 $\{i_1,\cdots,i_k\}$，在下一轮迭代中，我们在所有满足 $i\neq i_1,\cdots,i_k$ 的弧 (i_k,i) 中增加能最小化 $a_{i_k i}$ 的那条弧作为 (i_k,i_{k+1})。在 $N-1$ 轮迭代之后，所有的节点均被包含在路径中，此路径再通过增加最后一条弧 (i_N,i_1) 转变为环路。

我们可以像下面这样将旅行商问题建模成为图搜索问题：存在一座被选中的起点城市，比如 i_1 对应于图搜索问题的源点。图搜索问题的每个节点对应于一条路径 $(i_1,i_2,\cdots,i_k)$，其中 $i_1,i_2,\cdots,i_k$ 是不同的城市。路径 $(i_1,i_2,\cdots,i_k)$ 的相邻节点是形式为 $(i_1,i_2,\cdots,i_k,i_{k+1})$ 的路径，后者对应于在路径的末端增加了一座未访问过的城市 $i_{k+1}\neq i_1,i_2,\cdots,i_k$。目的地是形式为 $(i_1,i_2,\cdots,i_N)$ 的环路，图搜索问题中一个目的地的费用是对应的环路的费用。所以在图搜索问题中的一条从源点到目的地的路径对应于在 $N-1$ 次增加弧的步骤中构建一条环路，并且在最后产生环路的费用。

现在让我们用最近邻方法作为基础启发式策略。对应的滚动算法按如下方式运行：在 k 轮迭代之后，我们拥有由不同节点构成的路径 $\{i_1,\cdots,i_k\}$。在下一轮迭代中，我们从形式为 $\{i_1,\cdots,i_k,i\}$ 的每一条路径出发运行最近邻启发式规则，其中 $i\neq i_1,\cdots,i_k$，并获得对应的环路。我们于是选择对应于所获得的最好环路的节点 i 作为路径的下一个节点 i_{k+1}。

终止与序贯一致性

如果从任意节点出发均能保证在有限步之内终止，那么我们称滚动算法 $\mathcal{RH}$ 是*可终止的*。基础启发式策略 $\mathcal{H}$ 从任意节点开始均能产生终止于某目的地的路径，与此不同，滚动算法 $\mathcal{RH}$ 在没有其他条件的情况下未必具有这一性质。终止问题通常可以相当容易地解决，我们现在将讨论实现这一目的几种不同方法。

$\mathcal{RH}$ 可终止的一种重要情形是图是*无环的*，因为在这种情形下，$\mathcal{RH}$ 产生的路径的节点在路径内不会重复，而且其数目上限是 $\mathcal{N}$ 中节点的总数。为构造 $\mathcal{RH}$ 可终止的另一种情形，作为第一步我们引入下面的定义，这也将为进一步分析 $\mathcal{RH}$ 的性质做好铺垫。

定义 6.4.1　我们说基础启发式策略 $\mathcal{H}$ 是*序贯一致的*如果对每个节点 i 都具有如下的性质：若 $\mathcal{H}$ 从 i 开始生成路径 $(i,i_1,\cdots,i_m,\bar{i})$，则从节点 i_1 开始时生成路径 $(i_1,\cdots,i_m,\bar{i})$。

所以 $\mathcal{H}$ 是序贯一致的，如果其所生成的路径的所有节点都有相同的投影。在组合优化中存在许多序贯一致的算法的例子，包括下面的例子。

例 6.4.4（贪婪算法作为基础启发式策略）

假设我们有一个函数 F，对每个节点 i，提供从 i 开始的最优费用的标量估计 $F(i)$，即，通

过从 i 开始并且终于目的地节点 $\bar{i} \in \bar{N}$ 的路径可以获得最小费用 $g(\bar{i})$。然后 F 可以按照如下方式定义一个基础启发式策略，相对于 F 的贪婪算法：

贪婪算法使用仅包括节点 i 的（退化的）路径从节点 i 开始。在典型的一步中，给定路径 $(i, i_1, \cdots, i_m)$，其中 i_m 不是目的地，该算法将如下的节点 i_{m+1} 加入到路径中，

$$i_{m+1} = \arg \min_{j \in N(i_m)} F(j) \tag{6.34}$$

当 i_{m+1} 是目的地时，算法终止于路径 $(i, i_1, \cdots, i_m, i_{m+1})$；否则，路径 $(i, i_1, \cdots, i_m, i_{m+1})$ 替代 $(i, i_1, \cdots, i_m)$，这一过程迭代下去。

贪婪算法的一个例子是旅行商问题的最近邻启发式策略（参见例 6.4.3)。回想一下，在那个例子中，图搜索问题的节点对应于路径（不同城市构成的序列)，到相邻节点的转移对应于在当前路径的末端增加一个未访问过的城市。在最近邻启发式策略中的函数 F 指定了加入新城市的费用。

注意到如下事实是有趣的，通过将 F 视作后续费用的近似，我们可以将贪婪算法作为单步前瞻策略的一种特例。进一步，如果选择 $F(j)$ 作为从 j 开始的某种基础策略获得的费用，那么贪婪算法变成了对应的滚动算法。所以，可以说滚动算法是贪婪算法的特例。然而，滚动算法中所使用的特定的 F 需要对未被其他贪婪策略共享的特殊性质负责。

让我们用 $\mathcal{H}$ 表示上面描述的贪婪算法，并假设从每个节点出发均能终止（这一点需要独立地验证)。也假设不论何时在 (6.34) 式的最小化中出现平局，$\mathcal{H}$ 解决平局的方式是固定的且与路径的起点 i 独立，例如，通过优先选择达到 (6.34) 式的最小值的数字上最小的节点 j 来解决平局。于是可以看出 $\mathcal{H}$ 是序贯一致的，因为通过构造，由 $\mathcal{H}$ 生成的路径上的每个点都具有相同的投影。

对于一个序贯一致的基础启发式策略 $\mathcal{H}$，我们将为滚动算法 $\mathcal{RH}$ 在其路径上选择下一个节点的过程中解决平局的方式施加一些假设；这一假设将保证 $\mathcal{RH}$ 是终止的。特别地，假设在 m 步之后，$\mathcal{RH}$ 已经生成了节点序列 $(s, i_1, \cdots, i_m)$，而且由 $\mathcal{H}$ 生成的从 i_m 开始的路径是 $(i_m, i_{m+1}, i_{m+2}, \cdots, \bar{i})$。假设在邻居集合 $N(i_m)$ 中，节点 i_{m+1} 在如下的选择测试中取到最小值

$$\min_{j \in N(i_m)} H(j) \tag{6.35}$$

但是在 i_{m+1} 之外还有其他一些节点达到这一最小值。于是，我们需要在解决平局的时候倾向于 i_{m+1}，即，加入到当前序列 $(s, i_1, \cdots, i_m)$ 的下一个节点是 i_{m+1}。在这一解决平局的惯例下，我们在下面的命题中证明滚动算法 $\mathcal{RH}$ 终止于目的地并且获得的费用不超过基础启发式策略 $\mathcal{H}$ 的费用。[①]

命题 6.4.1 令基础启发式策略 $\mathcal{H}$ 为序贯一致的。那么滚动算法 $\mathcal{RH}$ 是可终止的。进一步，如果 $(i_1, \cdots, i_{\bar{m}})$ 是 $\mathcal{RH}$ 从非目的地节点 i_1 开始、终止于目的地节点 $i_{\bar{m}}$ 的路径，那么 $\mathcal{RH}$ 从

---

① 作为未使用这一解决平局的惯例结果导致 $\mathcal{RH}$ 不能终止的例子，假设存在单个目的地 d 且所有其他所有节点排列成一个环。每个非目的地节点 i 有两条出弧：一条弧属于环，另一条弧是 (i, d)。令 $\mathcal{H}$ 为（序贯一致的）基础启发式策略，从节点 $i \neq d$ 出发，生成路径 (i, d)。当路径的终点是节点 i 时，滚动算法 $\mathcal{RH}$ 比较 i 的两个邻居，即 d 和 i 在环上的下一个节点，称为 j。两个邻居节点都以 d 作为投影，所以在 (6.35) 式中出现了平局。可以看出，如果 $\mathcal{RH}$ 解决平局的时候倾向于环上的邻居 j，那么 $\mathcal{RH}$ 将重复绕圈且永不终止。

i_1 开始的费用小于或等于 $\mathcal{H}$ 从 i_1 开始的费用。特别地，我们有

$$H(i_1) \geqslant H(i_2) \geqslant \cdots \geqslant H(i_{\tilde{m}-1}) \geqslant H(i_{\tilde{m}}) \tag{6.36}$$

进一步，对所有的 $m = 1, \cdots, \tilde{m}$，

$$H(i_m) = \min\left\{H(i_1), \min_{j \in N(i_1)} H(j), \cdots, \min_{j \in N(i_{m-1})} H(j)\right\} \tag{6.37}$$

证明 令 i_m 和 i_{m+1} 是由 $\mathcal{RH}$ 生成的连续两个节点，令 $(i_m, i'_{m+1}, i'_{m+2}, \cdots, \bar{i}_m)$ 为由 $\mathcal{H}$ 从 i_m 开始的路径，其中 $\bar{i}_m$ 是 i_m 的投影。那么，因为 $\mathcal{H}$ 是序贯一致的，我们有

$$H(i_m) = H(i'_{m+1}) = g(\bar{i}_m)$$

进一步，因为 $i'_{m+1} \in N(i_m)$，使用 $\mathcal{RH}$ 的定义 [参见 (6.33) 式] 我们有

$$H(i'_{m+1}) \geqslant \min_{j \in N(i_m)} H(j) = H(i_{m+1})$$

综合上面两个关系式，我们获得

$$H(i_m) \geqslant H(i_{m+1}) = \min_{j \in N(i_m)} H(j) \tag{6.38}$$

为了证明 $\mathcal{RH}$ 是可终止的，注意到在 (6.38) 式中，或者 $H(i_m) > H(i_{m+1})$，或者 $H(i_m) = H(i_{m+1})$。在后一种情形下，从为了解决 (6.35) 式中出现的平局的惯例角度以及 $\mathcal{H}$ 的序贯一致性，可以看出，由 $\mathcal{H}$ 产生的从 i_{m+1} 开始的路径是由 $\mathcal{H}$ 产生的从 i_m 开始的路径的尾部，而且少一条弧。所以在不等式 $H(i_m) > H(i_{m+1})$ 相邻的两次成立的时刻之间由 $\mathcal{RH}$ 产生的节点数量是有限的。另外，不等式 $H(i_m) > H(i_{m+1})$ 只能出现有限次，因为目的地节点的数量是有限的，而且若不等式 $H(i_m) > H(i_{m+1})$ 成立则由 $\mathcal{H}$ 生成的从 i_m 开始的路径的目的地节点不可重复。所以，$\mathcal{RH}$ 是可终止的。

如果 $(i_1, \cdots, i_{\tilde{m}})$ 是由 $\mathcal{RH}$ 生成的路径，那么从 (6.38) 式的关系式可以推导出所期望的关系式 (6.36) 式和 (6.37) 式。证毕。

命题 6.4.1 展示了在序贯一致的情形下，滚动算法 $\mathcal{RH}$ 具有一项重要的"自动费用排序"的性质，其中遵循由基础启发式策略 $\mathcal{H}$ 生成的最优路径。特别地，当 $\mathcal{RH}$ 生成路径 $(i_1, \cdots, i_{\tilde{m}})$ 时，它使用 $\mathcal{H}$ 来生成其他的路径以及从中间节点 $i_1, \cdots, i_{\tilde{m}-1}$ 的所有后继节点出发的对应投影。然而，$(i_1, \cdots, i_{\tilde{m}})$ 被保证是所有这些路径中最好的一条，而且 $i_{\tilde{m}}$ 在所有生成的投影中具有最小的费用 [参见 (6.37) 式]。当然这并不保证由 $\mathcal{RH}$ 生成的路径是近优路径，因为由 $\mathcal{H}$ 生成的路径可能是"差的"。不过，$\mathcal{RH}$ 在所有时刻均遵循所找到的最好路径这一性质在直观上得到了保障。

上述概念在下面的例子中得到阐释。

例 6.4.5（一维游走）

考虑一个人沿着直线进行随机游走，在每个时间段向左或者右移动一步。存在一个费用函数为每个整数 i 分配费用 $g(i)$。给定直线上的一个整数起点，这个人希望最小化在给定的 N 步之后所停在的点的费用。

我们可以将这个问题建模为在之前一节所讨论的图搜索问题。特别地，不失一般性，假设起点是原点，所以在 n 步之后这个人的位置将是区间 $[-n, n]$ 内的某个整数。图的节点由 (k, m) 区分，其中 k 是到目前为止所走的步数 $(k = 1, \cdots, N)$，m 是这个人的位置 $(m \in [-k, k])$。满

足 $k < N$ 的一个点 (k,m) 具有两条出弧，端点分别为 $(k+1,m-1)$（对应于向左一步）和 $(k+1,m+1)$（对应于向右一步）。起始状态是 $(0,0)$，末端状态的形式是 (N,m)，其中 m 的形式为 $N-2l$，$l \in [0,N]$ 是向左走的步数。

定义基础启发式策略 $\mathcal{H}$ 为如下算法，从节点 (k,m) 开始，向右连续走 $N-k$ 步并终止在节点 $(N,m+N-k)$。注意 $\mathcal{H}$ 是序贯一致的。滚动算法 $\mathcal{RH}$ 在节点 (k,m) 比较目的地节点 $(N,m+N-k)$（对应于向右走一步然后遵循 $\mathcal{H}$）和目的地节点 $(N,m+N-k-2)$（对应于向左走一步然后遵循 $\mathcal{H}$）的费用。

如果有 $g(i-2) \geqslant g(i)$ 和 $g(i) \leqslant g(i+2)$，那么我们说整数 $i \in [-N+2,N-2]$ 是局部最小值。如果 $g(N-2) \leqslant g(N)$[或者相应的 $g(-N) \leqslant g(-N+2)$]，我们也说 N（或者 $-N$）是局部最小值。于是可以看出从原点 $(0,0)$ 开始，$\mathcal{RH}$ 获得最接近 N 的局部最小值（见图 6.4.3）。这不比由 $\mathcal{H}$ 获得的整数 N 差（而且通常更好）。注意如果 g 是在 $[-N,N]$ 范围内的整数结合中的唯一局部最小值，那么这一最小值也是全局最小值，而且也会被 $\mathcal{RH}$ 找到。这个例子说明了 $\mathcal{RH}$ 如何展示了 $\mathcal{H}$ 完全缺乏的“智能”，而且与命题 6.4.1 的结论一致。

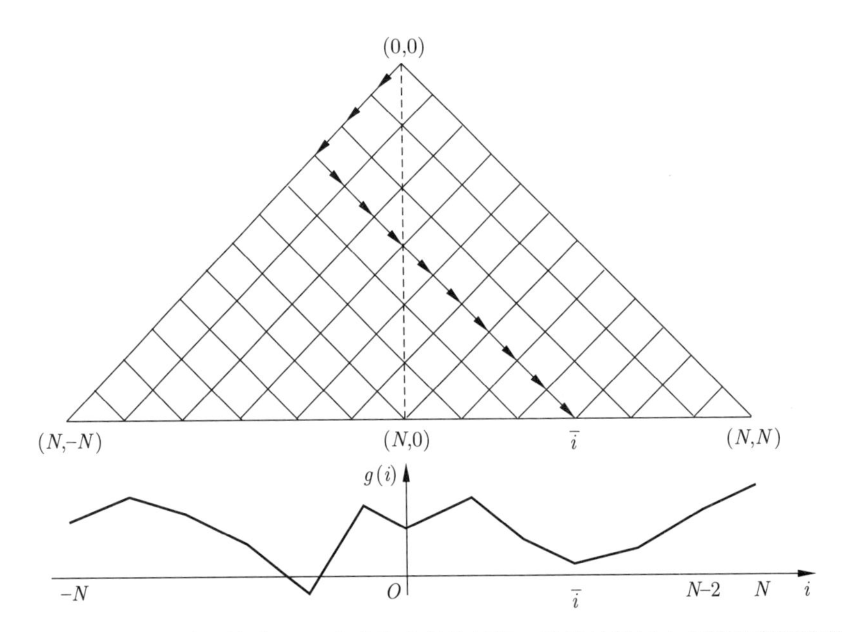

图 6.4.3 在例 6.4.5 中由滚动算法 $\mathcal{RH}$ 生成的路径的插图。该算法持续向左移动直到当基础启发式策略 $\mathcal{H}$ 产生两个目的地 $(N,\bar{i})$ 和 $(N,\bar{i}-2)$ 满足 $g(\bar{i}) \leqslant g(\bar{i}-2)$。然后算法继续向右移动到止于目的地 $(N,\bar{i})$，这对应于与 N 最近的局部最小

序贯改进

可以在更弱的条件下证明滚动算法在基础启发式策略的基础上改进（参见命题 6.4.1）。为此我们引入下面的定义。

定义 6.4.2 如果对每个非目的地节点 i 都有

$$H(i) \geqslant \min_{j \in N(i)} H(j) \tag{6.39}$$

那么我们说基础启发式策略 $\mathcal{H}$ 是序贯改进的。

可以看出序贯一致的 $\mathcal{H}$ 也是序贯改进的，因为序贯一致性意味着 $H(i)$ 等于某个值 $H(j), j \in N(i)$。我们有命题 6.4.1 的如下推广，这也与命题 6.3.1 的单步前瞻策略的通用费用估计有关联。

命题 6.4.2 令基础启发式策略 $\mathcal{H}$ 是序贯改进的，并假设滚动算法 $\mathcal{RH}$ 是可终止的。令 $(i_1, \cdots, i_{\tilde{m}})$ 为由 $\mathcal{RH}$ 从非目的地节点 i_1 并终止于目的地节点 $i_{\tilde{m}}$ 所生成的路径。那么 $\mathcal{RH}$ 从 i_1 开始的费用小于或等于 $\mathcal{H}$ 从 i_1 的费用。特别地，我们对所有的 $m = 1, \cdots, \tilde{m}$ 有

$$H(i_m) = \min \left\{ H(i_1), \min_{j \in N(i_1) H(j), \cdots, \min_{j \in N(i_{m-1}) H(j)}} \right\} \tag{6.40}$$

证明 对每个 $m = 1, \cdots, \tilde{m} - 1$，我们由序贯改进假设有

$$H(i_m) \geqslant \min_{j \in N(i_m)} H(j)$$

又由滚动算法的定义有

$$\min_{j \in N(i_m)} H(j) = H(i_{m+1})$$

由这两个关系式可以推导出 (6.40) 式。因为 $\mathcal{RH}$ 从 i_1 开始的费用是 $H(i_{\tilde{m}})$，于是可以证明结论。

例 6.4.6（一维游走——继续）

考虑例 6.4.5 的一维游走问题，令 $\mathcal{H}$ 定义为如下算法，从节点 (k, m) 开始，比较费用 $g(m + N - k)$（对应于将剩下的 $N - k$ 步都向右走）和费用 $g(m - N + k)$（对应于将剩下的 $N - k$ 步都向左走），并相应地移动到节点

$$(N, m + N - k), \text{ 若} g(m + N - k) \leqslant g(m - N + k)$$

或者节点

$$(N, m - N + k), \text{ 若} g(m - N + k) < g(m + N - k)$$

可以看出 $\mathcal{H}$ 不是序贯一致的，但是序贯改进的。使用 (6.40) 式，于是有从原点 $(0, 0)$ 开始 $\mathcal{RH}$ 在区间 $[-N, N]$ 中获得 g 的全局最小值，然而 $\mathcal{H}$ 获得两个点 $-N$ 和 N 中的更好者。

命题 6.4.2 其实遵循的是由滚动算法所生成的路径的费用满足的一个更一般的方程，该方程对于（未必是序贯改进的）任意的基础策略都成立。下面的命题给出了这一点，这与命题 6.3.2 有关联。

命题 6.4.3 假设滚动算法 $\mathcal{RH}$ 是可终止的。令 $(i_1, \cdots, i_{\tilde{m}})$ 为由 $\mathcal{RH}$ 生成的一条路径，从非目的地节点 i_1 开始并终止于目的地节点 $i_{\tilde{m}}$。那么 $\mathcal{RH}$ 从 i_1 开始的费用等于

$$H(i_1) + \delta_{i_1} + \cdots + \delta_{i_{\tilde{m}-1}}$$

其中对每个非目的地节点 i，我们记有

$$\delta_i = \min_{j \in N(i)} H(j) - H(i)$$

证明 我们由滚动算法的定义有

$$H(i_m) + \delta_{i_m} = \min_{j \in N(i_m)} H(j) = H(i_{m+1}), m = 1, \cdots, \tilde{m} - 1$$

通过将这些方程对 m 累加，我们获得

$$H(i_1)+\delta_{i_1}+\cdots+\delta_{i_{\bar{m}-1}}=H(i_{\bar{m}})$$

因为 $\mathcal{RH}$ 从 i_1 开始的费用是 $H(i_{\bar{m}})$，结论得证。

如果基础启发式策略是序贯改进的，我们对所有的非目的地节点 i 有 $\delta_i \leqslant 0$，所以由命题 6.4.3 得出滚动算法的费用小于或等于基础启发式策略的费用（参见命题 6.4.2）。

强化滚动算法

我们现在描述滚动算法的一种变形，这种变形隐式地使用序贯改进的基础启发式策略以至于具有命题 6.4.2 的费用改进性质。这一变形，称为*强化改进算法*，记为 $\mathcal{R}\bar{\mathcal{H}}$ 从源点 s 开始，在 m 步之后，除了当前的节点序列 $(s,i_1,\cdots,i_m)$ 之外，还保持了一条终止于目的地 i'_k 的路径

$$P(i_m)=(i_m,i'_{m+1},\cdots,i'_k)$$

粗略地说，路径 $P(i_m)$ 是该算法在最初的 m 步之后找到的最好路径的尾部，即目的地 i'_k 在目前所有已计算的节点的投影中具有最小的费用。

特别地，一开始 $P(s)$ 是由基础启发式策略 $\mathcal{H}$ 从 s 开始生成的路径。在强化滚动算法 $\mathcal{R}\bar{\mathcal{H}}$ 的典型步骤中，我们有节点序列 $(s,i_1,\cdots,i_m)$，其中 i_m 不是目的地，且路径 $P(i_m)=\big(i_m,i'_{m+1},\cdots,i'_k\big)$。那么，如果

$$\min_{j\in N(i_m)} H(j) < g(i'_k) \tag{6.41}$$

$\mathcal{R}\bar{\mathcal{H}}$ 在节点序列 $(s,i_1,\cdots,i_m)$ 之后加入节点

$$i_{m+1}=\arg\min_{j\in N(i_m)} H(j)$$

并令 $P(i_{m+1})$ 为由 $\mathcal{H}$ 生成的从 i_{m+1} 开始的路径。另外，如果

$$\min_{j\in N(i_m)} H(j) \geqslant g(i'_k) \tag{6.42}$$

$\mathcal{R}\bar{\mathcal{H}}$ 在节点序列 $(s,i_1,\cdots,i_m)$ 之后加入节点

$$i_{m+1}=i'_{m+1}$$

并令 $P(i_{m+1})$ 为路径 $(i_{m+1},i'_{m+2},\cdots,i'_k)$。如果 i_{m+1} 是目的地，那么 $\mathcal{R}\bar{\mathcal{H}}$ 终止，否则 $\mathcal{R}\bar{\mathcal{H}}$ 分别用 $(s,i_1,\cdots,i_{m+1})$ 代替 $(s,i_1,\cdots,i_m)$，用 $P(i_{m+1})$ 代替 $P(i_m)$，然后重复这一过程。

$\mathcal{R}\bar{\mathcal{H}}$ 的构造的思想是遵循路径 $P(i_m)$ 直到通过 (6.41) 式发现更低费用的路径。我们可以证明 $\mathcal{R}\bar{\mathcal{H}}$ 可以被视作对应于 $\mathcal{H}$ 的一个修订版本（称为*强化的* $\mathcal{H}$，并记作 $\bar{\mathcal{H}}$）的滚动算法 $\mathcal{RH}$。这个算法被应用于原问题的一个稍许修订的版本，对由算法 $\mathcal{R}\bar{\mathcal{H}}$ 过程中生成的每个节点 i_m 涉及一个额外的下游邻居，且条件 (6.42) 式成立。对每个这样的节点 i_m，额外的邻居是 i'_{m+1} 的副本，由 $\bar{\mathcal{H}}$ 生成的从这一副本开始的路径是 $(i'_{m+1},\cdots,i'_k)$。对每个其他节点，由 $\bar{\mathcal{H}}$ 生成的路径与由 $\mathcal{H}$ 生成的路径相同。

可以看出 $\bar{\mathcal{H}}$ 是序贯改进的，所以 $\mathcal{R}\bar{\mathcal{H}}$ 是可终止的，且具有命题 6.4.2 的自动费用排序性质；即

$$H(i_m)=\min\left\{H(i_1),\ \min_{j\in N(i_1)} H(j),\cdots,\ \min_{j\in N(i_{m-1})} H(j)\right\}$$

使用 $\mathcal{R}\bar{\mathcal{H}}$ 的定义，也可以很容易地直接验证上述性质。最后，可以看出当 $\mathcal{H}$ 是序贯一致的，滚动算法 $\mathcal{RH}$ 与其强化版本 $\mathcal{R}\bar{\mathcal{H}}$ 相同。

使用多条路径的构造算法

在许多问题中，可能用多条有希望的路径构造启发式策略。于是在滚动框架中使用所有这些启发式策略是可能的。特别地，让我们假设有 K 个算法，$\mathcal{H}_1,\cdots,\mathcal{H}_K$。给定非终止节点 i，这些算法中的第 k 个产生路径 $(i,i_1,\cdots,i_m,\bar{i})$，终止于目的地节点 $\bar{i}$，对应的费用记为 $H_k(i)=g(\bar{i})$。我们可以将这 K 个算法融入一个推广版本的滚动算法，其中使用如下的最小费用

$$H(i)=\min_{k=1,\cdots,K} H_k(i) \tag{6.43}$$

代替由 K 个算法 $\mathcal{H}_1,\cdots,\mathcal{H}_K$ 中的任意一个获得的费用。

特别地，算法从源点 s 开始。在典型的一步中，给定节点序列 $(s,i_1,\cdots,i_m)$，其中 i_m 不是目的地，该算法在序列中加入一个满足

$$i_{m+1}=\arg\min_{j\in N(i_m)} H(j)$$

的节点 i_{m+1}。如果 i_{m+1} 是目的地节点，那么算法终止，否则这一过程用序列 $(s,i_1,\cdots,i_m,i_{m+1})$ 替代 $(s,i_1,\cdots,i_m)$ 并重复。

一个有趣的性质（可以使用定义进行验证）是如果所有这些算法 $\mathcal{H}_1,\cdots,\mathcal{H}_K$ 是序贯改进的，$\mathcal{H}$ 也是如此。这与例 6.3.2 的分析一致。

通过将从节点 i 开始的所生成的路径定义为由路径构造算法所生成的达到 (6.43) 式最小值的路径，滚动算法 $\mathcal{R}\bar{\mathcal{H}}$ 的强化版本可以轻易地推广到 (6.43) 式的情形。

在使用多条路径构造启发式算法的滚动算法一种替代版本中，K 个算法 $\mathcal{H}_1,\cdots,\mathcal{H}_K$ 的结果用某个固定的标量权重 r_k 加权后计算出 $H(i)$ 并用于 (6.33) 式中：

$$H(i)=\sum_{k=1}^{K} r_k H_k(i) \tag{6.44}$$

权重 r_k 可以通过试错法调整。另一种更复杂的可能性是使用依赖于节点 i 的权重，并使用第 II 卷中讨论的神经动态规划方法训练获得。

中间弧费用的推广

考虑图搜索问题的一种变形，其中在末端费用 $g(i)$ 之外，路径穿越弧 (i,j) 时存在费用 $c(i,j)$。在这一背景下，从 i_1 开始并终于目的节点 i_n 的路径 $(i_1,i_2,\cdots,i_n)$ 的费用被重新定义为

$$g(i_n)+\sum_{k=1}^{n-1} c(i_k,i_{k+1}) \tag{6.45}$$

注意当对所有目的节点 i 的费用 $g(i)$ 都是零时，这就是寻找从源点 s 到某个目的节点的最短路径问题，其中 $c(i,j)$ 可被视作弧 (i,j) 的长度。我们已经在第 2 章看到存在求解这一问题的有效解法。然而，我们在这里感兴趣的是节点数量非常大且无法使用第 2 章的最短路径算法的问题。

将具有弧费用的问题转换为只具有末端费用问题的一种方法是通过重新定义问题对应的图，并用节点对应于原问题图中的节点序列。所以如果我们已经使用路径 $(i_1,\cdots,i_k)$ 到达了节点 i_k，将 i_{k+1} 作为下一个节点的选择视作从 $(i_1,\cdots,i_k)$ 到 $(i_1,\cdots,i_k,i_{k+1})$ 的转移。节点 $(i_1,\cdots,i_k)$ 和 $(i_1,\cdots,i_k,i_{k+1})$ 均被视作重新定义的图的节点。进一步，在这个重新定义的图中，目的节点的形式为 $(i_1,i_2,\cdots,i_n)$，其中 i_n 是原图中的目的节点，且具有由 (6.45) 式给定的费用。

在解决了细节之后，我们看到为了恢复此前的算法和分析，需要对启发式算法 $\mathcal{H}$ 的费用进行如下修改：如果路径 $(i_1,\cdots,i_n)$ 由 $\mathcal{H}$ 生成并始于 i_1，那么

$$H(i_1)=g(i_n)+\sum_{k=1}^{n-1}c(i_k,i_{k+1})$$

进一步，滚动算法 $\mathcal{RH}$ 在节点 i_m 选择如下节点作为下一个节点 i_{m+1}[参见 (6.33) 式]

$$i_{m+1}=\arg\min_{j\in N(i_m)}[c(i_m,j)+H(j)]$$

序贯一致算法的定义保持不变。进一步，除了 (6.36) 式和 (6.37) 式被修改为

$$H(i_k)\geqslant c(i_k,i_{k+1})+H(i_{k+1})=\min_{j\in N(i_k)}[c(i_k,j)+H(j)],k=1,\cdots,m-1$$

之外，命题 6.4.1 保持不变。一个序贯改进的算法现在可以通过如下性质被描述出来

$$H(i_k)\geqslant c(i_k,i_{k+1})+H(i_{k+1})$$

其中 i_{k+1} 是在由 $\mathcal{H}$ 生成的始于 i_k 的路径上的下一个节点。进一步，除了 (6.40) 式做如下修订外，

$$H(i_k)\geqslant\min_{j\in N(i_k)}[c(i_k,j)+H(j)],k=1,\cdots,m-1$$

命题 6.4.2 保持不变。最后，对给定的序列 $(s,i_1,\cdots,i_m)$，其中 $i_m\notin\bar{\mathcal{N}}$，和路径 $P(i_m)=(i_m,i'_{m+1},\cdots,i'_k)$，在强化滚动算法中使用的准则 $\min_{j\in N(i_m)}H(j)<g(i'_k)$[参加 (6.41) 式] 应当被替换为

$$\min_{j\in N(i_m)}[c(i_m,j)+H(j)]<g(i'_k)+c(i_m,i'_{m+1})+\sum_{l=m+1}^{k-1}c(i'_l,i'_{l+1})$$

具有多步前瞻的滚动算法

我们可以将多步前瞻融入滚动框架中。为了描述两步前瞻的情形，假设在 m 步滚动算法之后，我们有当前的节点序列 $(s,i_1,\cdots,i_m)$。然后我们考虑 i_m 的所有两步前瞻邻居构成的集合，定义为

$$\begin{aligned}N_2(i_m)=\{j\in\mathcal{N}|j\in N(i_m)\text{且}j\in\bar{\mathcal{N}}\\ \text{或对某个}n\in N(i_m)\text{有}j\in N(n)\}\end{aligned}$$

我们从每个 $j\in N_2(i_m)$ 开始运行基础启发式策略 $\mathcal{H}$，找到具有最小费用投影的节点 $\bar{j}\in N_2(i_m)$。令 $i_{m+1}\in N(i_m)$ 为在从 i_m 到 $\bar{j}$ 的（单弧或者两条弧构成的）路径上 i_m 的下一个节点。如果 i_{m+1} 是一个目的节点，那么算法终止。否则，用序列 $(s,i_1,\cdots,i_m,i_{m+1})$ 替换 $(s,i_1,\cdots,i_m)$，这一过程重复。

注意沿着之前描述的思路，上面描述的一个强化版本的滚动算法是可能的。而且，从集合 $N_2(i_m)$ 中可以去除 i_m 的一些根据某种启发式策略的标准不是很有希望的两步邻居，可以限制这些基础启发式策略的使用次数。这可以被视作选择性深度前瞻。最后，将算法推广到多于两步的前瞻是很直接的：我们简单地将两步前瞻邻居集合 $N_2(i_m)$ 替代为合适定义的 k 步前瞻邻居集合 $N_k(i_m)$。

从动态规划视角的解释

现在让我们在确定性动态规划的背景下重新解释基于图的滚动算法。只要基础启发式策略是序贯改进的，那么我们将基础策略视作次优策略，将滚动算法视作由策略改进的过程获得的策略。

为了这一目的，我们将图搜索问题建模为序贯决策问题，其中每个节点对应于一个动态系统的状态。在每个非目的节点/状态 i，必须从邻居节点集合 $N(i)$ 中挑选出节点 j；然后如果 j 是目的地，这一过程终止且有费用 $g(i)$，否则 j 成为新状态且这一过程继续。动态规划算法为每个节点 i 计算从 i 出发可以达到的最小费用，即，使用始于 i 终于目的节点 $\bar{i}$ 的路径可以获得的 $g(\bar{i})$ 的最小值。这一值，记为 $J^*(i)$，是从节点 i 开始的最优后续费用。一旦对所有节点 i 计算出 $J^*(i)$，可以通过从任意初始节点/状态 i 出发，并使用关系式

$$i_{k+1} = \arg\min_{j \in N(i_k)} J^*(j), k = 1, \cdots, m-1 \tag{6.46}$$

序贯地生成节点，直到碰到目的节点 i_m 的方式构造一条最优路径 $(i_1, i_2, \cdots, i_m)$。[①]

基础策略 $\mathcal{H}$ 定义了策略 π，即，对任意非目的节点指定后继节点。然而，从给定节点 i 出发，π 的费用未必等于 $H(i)$ 因为若路径 $(i_1, i_2, i_3, \cdots, i_m)$ 由 $\mathcal{H}$ 从节点 i_1 出发生成，未必有路径 $(i_2, i_3, \cdots, i_m)$ 可由基础启发式策略从 i_2 出发而生成。所以由策略 π 在节点 i_2 选择的后继节点可能与在 $H(i_1)$ 的计算中使用的不同。另外，若 $\mathcal{H}$ 是序贯一致的，则策略 π 从节点 i 出发的费用是 $H(i)$，因为序贯一致性意味着基础启发式策略从后继节点出发生成的路径是在前驱节点生成路径的一部分。所以在序贯一致情形下滚动算法的费用改进性质也遵循了在动态规划背景下之前展示的费用改进性质。

一般而言，我们可以将滚动算法 $\mathcal{RH}$ 视作单步前瞻策略，使用 $H(j)$ 作为从状态 j 出发的后续费用的近似。在某些情形下，$H(j)$ 是（在动态规划意义下）某个策略的费用，例如当 $\mathcal{H}$ 是序贯一致的，正如上面所解释的。然而一般来说，未必如此，此时我们可以将 $H(j)$ 视作从基础启发式策略推导出的方便的后续费用的近似。然而，滚动算法 $\mathcal{RH}$ 可以改进基础启发式策略的费用（例如，当 $\mathcal{H}$ 是序贯改进的，参见命题 6.4.2），正如一个一般的单步前瞻策略可以改进对应的单步前瞻费用近似（参见命题 6.3.1）。

6.4.2　由仿真评价的 Q-因子

关于以给定的启发式策略为基础的滚动策略的实现，我们现在考虑一个随机问题以及一些计算问题。在给定 k 时刻下的状态 x_k 计算滚动控制的一个概念上直接的方法是使用蒙特卡洛仿真。为了实现这一算法，我们考虑所有可能的控制 $u_k \in U_k(x_k)$，并产生从 x_k 开始，用 u_k 作为第一个控制，并在之后使用策略 π 的系统的“大”量的仿真轨迹。于是一条仿真轨迹具有如下形式

$$x_{i+1} = f_i(x_i, \mu_i(x_i), w_i), i = k+1, \cdots, N-1$$

其中所生成的第一个状态是

$$x_{k+1} = f_k(x_k, u_k, w_k)$$

① 我们在这里假设没有在例 6.4.4 的脚注中展示的无法终止/有环的难点。

每个扰动 $w_k, \cdots, w_{N-1}$ 是从给定分布采样的独立随机样本。对应于这些轨道的费用取平均后用于计算如下 Q-因子

$$E\left\{g_k(x_k, u_k, w_k) + J_{k+1}\left(f_k(x_k, u_k, w_k)\right)\right\}$$

的近似 $\tilde{Q}_k(x_k, u_k)$。由于使用有限数量的轨迹导致的仿真误差，这里 $\tilde{Q}_k(x_k, u_k)$ 是 $Q_k(x_k, u_k)$ 的近似，这一近似伴随着仿真轨迹数量的增加而变得更加准确。一旦对应于每个控制 $u \in U_k(x_k)$ 的近似 Q-因子 $\tilde{Q}_k(x_k, u_k)$ 被计算出来，我们可以通过最小化

$$\bar{\mu}_k(x_k) = \arg \min_{u_k \in U_k(x_k)} \tilde{Q}_k(x_k, u_k)$$

获得（近似）滚动控制 $\bar{\mu}_k(x_k)$。

由于在 Q-因子的计算中涉及的仿真误差，这一方法存在严重的不足。特别地，为了让 $\bar{\mu}_k(x_k)$ 的计算是准确的，Q-因子的差分

$$Q_k(x_k, u_k) - Q_k(x_k, \hat{u}_k)$$

必须对所有的控制对 u_k 和 $\hat{u}_k$ 精确地计算出来，以至于这些控制能被精确地比较。另外，单个 Q-因子 $Q_k(x_k, u_k)$ 的计算中的仿真/近似误差可以通过之前的差分操作放大。

另一种方法是通过采样下面的差分

$$C_k(x_k, u_k, \boldsymbol{w}_k) - C_k(x_k, \hat{u}_k, \boldsymbol{w}_k)$$

用仿真来近似 Q-因子差分 $Q_k(x_k, u_k) - Q_k(x_k, \hat{u}_k)$，其中

$$\mathbf{w}_k = (w_k, w_{k+1}, \cdots, w_{N-1})$$

且有

$$C_k(x_k, u_k, \mathbf{w}_k) = g_N(x_N) + g_k(x_k, u_k, w_k) + \sum_{i=k+1}^{N-1} g_i\left(x_i, \mu_i(x_i), w_i\right)$$

这一近似与用 $C_k(x_k, u_k \mathbf{w}_k)$ 和 $C_k(x_k, \hat{u}_k, \mathbf{w}_k)$ 的独立样本的差分获得的近似精确得多。事实上，通过引入零均值采样误差

$$D_k(x_k, u_k, \mathbf{w}_k) = C_k(x_k, u_k, \mathbf{w}_k) - Q_k(x_k, u_k)$$

可以看出用之前的方法对 $Q_k(x_k, u_k) - Q_k(x_k, \hat{u}_k)$ 的估计误差的方差将小于后面的方法，当且仅当

$$E_{\mathbf{w}_k, \hat{\mathbf{w}}_k}\left\{|D_k(x_k, u_k, \mathbf{w}_k) - D_k(x_k, \hat{u}_k, \hat{\mathbf{w}}_k)|^2\right\} > E_{\mathbf{w}_k}\left\{|D_k(x_k, u_k, \mathbf{w}_k) - D_k(x_k, \hat{u}_k, \mathbf{w}_k)|^2\right\}$$

或者等价地

$$E\{D_k(x_k, u_k, \mathbf{w}_k) D_k(x_k, \hat{u}_k, \mathbf{w}_k)\} > 0 \tag{6.47}$$

即，当且仅当误差 $D_k(x_k, u_k, \mathbf{w}_k)$ 和 $D_k(x_k, \hat{u}_k, \mathbf{w}_k)$ 之间正相关。稍许思考即可说服读者这一性质在许多类型的问题中有可能成立。粗略地说，如果 u_k 值的变化（在第一阶段）对误差 $D_k(x_k, u_k, \mathbf{w}_k)$ 的值的影响远小于由 $\mathbf{w}_k$ 的随机性产生的影响，那么 (6.47) 式成立。特别地，假设存在标量 $\gamma < 1$ 满足对所有的 x_k，u_k 和 $\hat{u}_k$ 都有

$$E\left\{|D_k(x_k, u_k, \mathbf{w}_k) - D_k(x_k, \hat{u}_k, \mathbf{w}_k)|^2\right\} \leqslant \gamma E\left\{|D_k(x_k, u_k, \mathbf{w}_k)|^2\right\} \tag{6.48}$$

那么我们有

$$\begin{aligned}&D_k(x_k,u_k,\mathbf{w}_k)D_k(x_k,\hat{u}_k,\mathbf{w}_k)\\&=|D_k(x_k,u_k,\mathbf{w}_k)|^2+D_k(x_k,u_k,\mathbf{w}_k)\left(D_k(x_k,\hat{u}_k,\mathbf{w}_k)-D_k(x_k,u_k,\mathbf{w}_k)\right)\\&\geqslant|D_k(x_k,u_k,\mathbf{w}_k)|^2-|D_k(x_k,u_k,\mathbf{w}_k)|\cdot|D_k(x_k,\hat{u}_k,\mathbf{w}_k)-D_k(x_k,u_k,\mathbf{w}_k)|\end{aligned}$$

由此，并使用 (6.48) 式，我们有

$$\begin{aligned}&E\left\{D_k(x_k,u_k,\mathbf{w}_k)D_k(x_k,\hat{u}_k,\mathbf{w}_k)\right\}\\&\geqslant E\left\{|D_k(x_k,u_k,\mathbf{w}_k)|^2\right\}-E\left\{|D_k(x_k,u_k,\mathbf{w}_k)|\cdot|D_k(x_k,\hat{u}_k,\mathbf{w}_k)-D_k(x_k,u_k,\mathbf{w}_k)|\right\}\\&\geqslant E\left\{|D_k(x_k,u_k,\mathbf{w}_k)|^2\right\}-\frac{1}{2}E\left\{|D_k(x_k,u_k,\mathbf{w}_k)|^2\right\}-\frac{1}{2}E\left\{|D_k(x_k,\hat{u}_k,\mathbf{w}_k)-D_k(x_k,u_k,\mathbf{w}_k)|^2\right\}\\&\geqslant\frac{1-\gamma}{2}E\left\{|D_k(x_k,u_k,\mathbf{w}_k)|^2\right\}\end{aligned}$$

所以，在 (6.48) 式的假设和如下假设

$$E\left\{|D_k(x_k,u_k,\mathbf{w}_k)|^2\right\}>0$$

之下，(6.47) 式的条件成立并保证通过对费用差分样本取平均而非对（独立获取的）费用样本均值取差分，仿真误差方差下降。

6.4.3　Q-因子近似

现在让我们考虑随机问题的情形以及为近似基础策略 $\pi=\{\mu_0,\mu_1,\cdots,\mu_{N-1}\}$ 的后续费用 $H_k(x_k),k=1,\cdots,N-1$ 的多种可能性，而不是用蒙特卡洛仿真来计算。例如，在不确定性等价方法中，给定 k 时刻的状态 x_k，我们将剩余的扰动固定在某些“典型”值 $\bar{w}_{k+1},\cdots,\bar{w}_{N-1}$，将真实的 Q-因子

$$Q_k(x_k,u_k)=E\left\{g_k(x_k,u_k,w_k)+H_{k+1}\left(f_k(x_k,u_k,w_k)\right)\right\}$$

替换为

$$\tilde{Q}_k(x_k,u_k)=E\left\{g_k(x_k,u_k,w_k)+\tilde{H}_{k+1}\left(f_k(x_k,u_k,w_k)\right)\right\}\tag{6.49}$$

其中 $\tilde{H}_{k+1}\left(f_k(x_k,u_k,w_k)\right)$ 由

$$\tilde{H}_{k+1}\left(f_k(x_k,u_k,w_k)\right)=g_N(\bar{x}_N)+\sum_{i=k+1}^{N-1}g_i\left(\bar{x}_i,\mu_i(x_i),\bar{w}_i\right)$$

获得，初始状态是

$$\bar{x}_{k+1}=f_k(x_k,u_k,w_k)$$

且中间状态给定如下

$$\bar{x}_{i+1}=f_i\left(\bar{x}_i,\mu_i(x_i),\bar{w}_i\right),i=k+1,\cdots,N-1$$

所以，在这一方法中，滚动控制被近似为

$$\tilde{\mu}_k(x_k)=\arg\min_{u_k\in U_k(x_k)}\tilde{Q}_k(x_k,u_k)$$

注意近似后续费用 $\tilde{H}_{k+1}(x_{k+1})$ 代表了对基础策略的真实后续费用 $H_{k+1}(x_{k+1})$ 的基于单条样本（常规扰动 $\bar{w}_{k+1},\cdots,\bar{w}_{N-1}$）的近似。一种可能更精确的近似可以通过使用多条常规扰动序列并且与例 6.3.6 的情景近似方法类似用合适的概率取对应费用的平均值来获得。

也让我们提及使用近似结构对基础策略 $\pi=\{\mu_0,\mu_1,\cdots,\mu_{N-1}\}$ 的后续费用 H_{k+1} 进行近似的另一种方法。这里我们在有限的状态-时间对的集合上计算基础策略的后续费用的（可能是近似的）取值，然后通过对这些值的“最小二乘拟合”选择权重。

特别地，假设我们已经通过动态规划公式

$$
\begin{aligned}
H_{N-1}(x_{N-1})=E\{&g_{N-1}\left(x_{N-1},\mu_{N-1}(x_{N-1}),w_{N-1}\right)\\
&+g_N\left(f_{N-1}\left(x_{N-1},\mu_{N-1}(x_{N-1}),w_{N-1}\right)\right)\}
\end{aligned}
$$

在倒数第二个阶段对 s 个状态 $x^i,i=1,\cdots,s,$ 和给定的末端费用函数 g_N 计算了后续费用 $H_{N-1}(x^i)$ 的正确值。于是可以用某种给定形式的函数

$$
\tilde{H}_{N-1}\left(x_{N-1},r_{N-1}\right)
$$

近似整个函数 $H_{N-1}(x_{N-1})$，其中 r_{N-1} 是权重向量，可以通过求解如下问题获得

$$
\min_r\sum_{i=1}^s|H_{N-1}(x^i)-\tilde{H}_{N-1}(x^i,r)|^2 \tag{6.50}
$$

例如若 $\tilde{H}_{N-1}$ 被指定为 m 个特征 $y_1(x),\cdots,y_m(x)$ 的线性函数，

$$
\tilde{H}_{N-1}(x,r)=\sum_{j=1}^m r_jy_j(x)
$$

(6.50) 式的最小二乘问题是

$$
\min_r\sum_{i=1}^s|H_{N-1}(x^i)-\sum_{j=1}^m r_jy_j(x^i)|^2
$$

这是一个线性最小二乘问题，可以闭式求解（其费用函数是向量 r 的凸二次的）。

注意如果有关于真实的后续费用函数 $H_{N-1}(x_{N-1})$ 的额外信息，那么这一近似过程可以增强。例如，如果我们知道对所有的 x_{N-1} 有 $H_{N-1}(x_{N-1})\geqslant 0$，我们可以通过求解 (6.50) 式的最小二乘问题首先计算近似 $\tilde{H}_{N-1}(x_{N-1},r_{N-1})$，然后将这一近似替换为

$$
\max\{0,\tilde{H}_{N-1}(x_{N-1},r_{N-1})\}
$$

一旦获得倒数第二个阶段的近似函数 $\tilde{H}_{N-1}(x_{N-1},r_{N-1})$，即可用于类似地获得近似函数 $\tilde{H}_{N-2}(x_{N-2},r_{N-2})$。特别地，对 s 个状态 $x^i,i=1,\cdots,s,$ 通过（近似）动态规划公式

$$
\begin{aligned}
\hat{H}_{N-2}(x_{N-2})=E\Big\{&g_{N-2}\left(x_{N-2},\mu_{N-2}(x_{N-2}),w_{N-2}\right)\\
&+\tilde{H}_{N-1}\left(f_{N-2}\left(x_{N-2},\mu_{N-2}(x_{N-2}),w_{N-2}\right),r_{N-1}\right)\Big\}
\end{aligned}
$$

获得（近似）后续费用函数值 $\hat{H}_{N-2}(x^i)$。这些值用于通过某种给定形式的函数

$$
\tilde{H}_{N-2}(x_{N-2},r_{N-2})
$$

近似后续费用函数 $H_{N-2}(x_{N-2})$，其中 r_{N-2} 是参数向量，可以通过求解如下问题获得

$$
\min_r\sum_{i=1}^s|\hat{H}_{N-2}(x^i)-\tilde{H}_{N-2}(x^i,r)|^2
$$

通过对每个 k 计算如下问题

$$\min_r \sum_{i=1}^{s} |\hat{H}_k(x^i) - \tilde{H}_k(x^i, r)|^2 \tag{6.51}$$

可以类似地让这一过程继续下去以获得 $\tilde{H}_k(x_k, r_k)$，直到 $k=0$。

给定对基础策略的后续费用的近似 $\tilde{H}_0(x_0, r_0), \cdots, \tilde{H}_{N-1}(x_{N-1}, r_{N-1})$，可以通过在状态-时间对 (x_k, k) 使用单步前瞻控制

$$\bar{\mu}_k(x_k) = \arg\min_{u_k \in U_k(x_k)} E\left\{g_k(x_k, u_k, w_k) + \tilde{H}_{k+1}\left(f_k(x_k, u_k, w_k), r_{k+1}\right)\right\}$$

获得次优策略。一旦 k 时刻的状态 x_k 变成已知，必须在线计算这一控制。

6.5 模型预测控制及相关方法

在许多控制问题中目标是保持系统的状态在某个希望的点附近，4.1 节和 5.3 节的线性二次型模型并不能令人满意。为此有两个主要原因：

(a) 系统可能是非线性的，使用在所期待的点附近线性化的模型进行控制可能是不合适的。

(b) 可能存在控制和/或状态约束，不能通过状态和控制的二次乘法来充分地处理。原因可能是所处理问题的特殊结构，比如出于效率的目的，系统可能经常在其约束的边界运行。线性二次型模型获得的解并不适用于此，因为状态和控制的二次乘法倾向于“模糊化”约束的边界。

线性二次型模型的这些不足之处已经启发了一种形式的次优控制，称为**模型预测控制**(MPC)，综合了我们到目前为止所讨论的几种想法的要素：确定性等价控制、多阶段前瞻以及滚动算法。我们将主要关注最常见形式的 MPC，其中系统要么是确定性的，要么是随机的，但通过如同在确定性等价控制方法中那样，将所有不确定量替换为典型值获得一种确定性的版本。在每个阶段，一个从当前状态开始的、固定时段长度的（确定性的）最优控制问题被求解。对应的最优策略的第一个元素于是用作当前阶段的控制，而剩余的元素被丢弃。一旦下一个状态出现，则在下一个阶段重复这一过程。我们也将简要地讨论 MPC 的一种版本，其中使用集合的隶属度描述不确定性。

MPC 的主要目标除了满足问题的状态和控制约束之外，是为了获得稳定的闭环系统。注意这里我们可能只能保证构成 MPC 计算基础的确定性模型的稳定性。这与控制理论中的常见处理方法保持一致：设计系统的确定性模型的稳定控制器，并期待其也能在实际的随机环境中提供某种形式的稳定性。

在 6.5.2 节中，我们将讨论在某些合理的条件下 MPC 达到稳定性的机制。我们将首先在下一节中讨论多阶段前瞻的一些与 MPC 有关的问题，但在更广泛的背景下也是重要的。在 6.5.3 节中，我们为次优控制提供通用的统一框架，并将本章讨论的几种方法作为特例，OLFC、滚动、MPC，并抓住了它们有吸引力的性质的数学本质。

6.5.1 滚动时段近似

让我们考虑当后续费用的近似为零时的 l 步前瞻策略。用这一策略，在每个阶段如果剩余的时段长度是 l 且没有末端费用时，则我们应用的控制将是最优的。于是在典型的阶段 k，我们忽

略在阶段 $k+l+1$ 以及之后产生的费用，并且相应地忽略我们的动作对应的长程效果。我们将这个方法称为滑动窗口方法。在这一方法的一种变形中，在 l 步前瞻之后，我们使用与末端费用函数 g_N 相等的后续费用近似。如果 g_N 相对于在 l 个阶段上累积的费用而言是显著的，那么之前的方式是很关键的。

我们也可以对无限阶段问题使用滑动窗口方法。于是在每个阶段求解的问题的窗口长度是相同的。作为结果，对于时不变系统和每阶段的费用，滑动窗口方法产生了平稳策略（在不同阶段对相同的状态采用相同的控制）。这是无限阶段控制的一般性特征，正如我们在线性二次型问题中已经看到的那样（也见第 II 卷的讨论）。

自然地，使用滑动窗口获得的策略通常也不是最优的。有人会尝试推测若前瞻的步数 l 增加，那么滑动窗口策略的性能可以改进。然而，这一点未必正确，正如下面的例子所展示的。

例 6.5.1

这是一个过度简化的问题，不过展示了滑动窗口方法的基本缺陷。

考虑一个确定性的情形，其中在初始状态存在两个可能的控制，比如 1 和 2（见图 6.5.1）。在所有其他状态只有一种可能的控制，所以策略只包括最初在控制 1 和 2 之间的选择。（基于后续 N 个阶段的费用）假设控制 1 是最优的。也假设如果控制 2 被选中，一个“不太好的”（高费用）状态在 l 次转移后出现，之后是“特别好的”状态，之后是其他的“不好的”状态。那么，与 l 步前瞻策略相对，$(l+1)$ 步前瞻策略可能将差的控制 2 看成更好的，因为会被 $l+1$ 次转移之后的“特别好的”状态而“愚弄”。

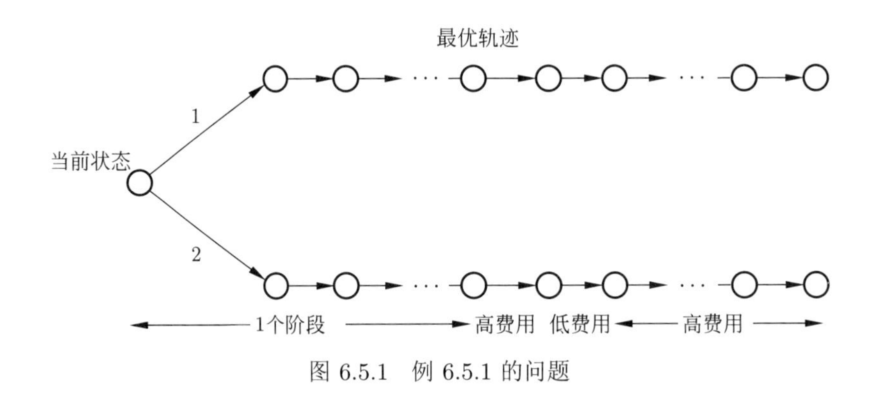

图 6.5.1　例 6.5.1 的问题

滑动窗口方法在滚动算法中也是有趣的，其中我们需要在不同的状态计算基础策略的后续费用。在计算这一后续费用时使用滑动窗口近似是可能的。所以，从给定的状态，我们计算在固定数量的阶段上基础策略的费用，而不是在所有剩余的时段上的总费用。这可以显著地节省计算量。进一步，如果使用了滑动窗口的近似，也可能有滚动策略的性能提升。一个原因是此前例子中展示的现象。实际上，由于基础策略的次优性，这一现象可能被夸大，正如下面的例子中所展示的那样。

例 6.5.2

考虑一个 N 阶段停机问题，其中在每个阶段我们可以选择停机并产生等于 0 的停机费用，或者选择继续，其费用要么是 $-\epsilon$ 或者是 1，其中 $0<\epsilon<1/N$（见图 6.5.2）。令第一个继续费用为 1 的状态为状态 m。然后，最优策略是在 m 步之后停在状态 m。对应的最优费用是 $-m\epsilon$。

也可以看出一个在 l 步上优化评价费用的 l 步滑动窗口方法（而不是使用基础启发式策略的次优评价）是最优的。

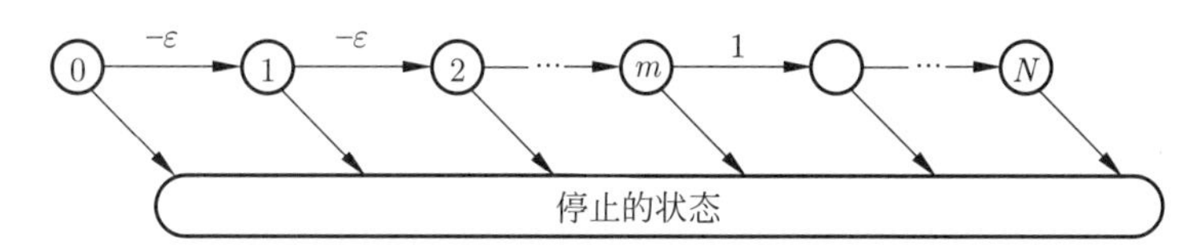

图 6.5.2　例 6.5.2 的问题

现在考虑基础策略是在每个状态继续（除了最后一个阶段，其上的停止是必需的）的滚动策略。可以看出这一策略将在初始状态停机，且费用为 0，因为它将评价继续下去的动作具有正的费用，因为看到 $1-N\epsilon>0$，并且将倾向于停机的动作。然而，使用 l 阶段滑动窗口的滚动策略，$l\leqslant m$，将继续到前 $m-l+1$ 个阶段，并获得 $-(m-l+1)\epsilon$ 的费用。所以，随着滑动窗口的长度 l 变得更小，滚动策略的性能得以改进。

另一个可以使用滑动窗口近似提升性能的滚动算法的例子是例 6.4.2 的突破问题。在这一情形中，在滚动算法之下的系统的演化，其中贪婪启发式策略使用 l 步滑动窗口近似评价，可以使用 $l+1$ 个状态的马尔可夫链建模（见习题 6.18）。使用这一马尔可夫链，可以断言对于很大步数 N 的问题，最大化突破概率的滚动窗口的长度趋向一个本质上与 N 独立的最优值。

6.5.2　模型预测控制中的稳定性问题

正如之前提及的，模型预测控制（MPC）最初所受的启发是将非线性控制和/或状态约束融入线性二次型框架，并获得次优但是稳定的闭环系统。记住这一点，我们将为平稳的、可能非线性的、确定性系统描述 MPC，其中状态和控制属于某个欧氏空间。系统是

$$x_{k+1}=f(x_k,u_k),k=0,1,\cdots$$

每阶段的费用是二次型的：

$$x_k'Qx_k+u_k'Ru_k,k=0,1,\cdots$$

其中 Q 和 R 是正定对称阵。我们引入状态和控制约束

$$x_k\in X,u_k\in U(x_k),k=0,1,\cdots$$

我们假设集合 X 包括对应的欧氏空间的原点。进一步，如果系统位于原点，可以使用等于 0 的控制无费用地将系统保持在那里，即，$0\in U(0)$ 且 $f(0,0)=0$。我们希望推导一个平稳的反馈控制器在状态 x 施加控制 $\bar{\mu}(x)$，并且满足对所有的初始状态 $x_0\in X$，闭环系统

$$x_{k+1}=f\left(x_k,\bar{\mu}(x_k)\right)$$

的状态满足状态和控制约束，且在无限阶段上的总费用是有限的，即

$$\sum_{k=0}^{\infty}\left(x_k'Qx_k+\bar{\mu}(x_k)'R\bar{\mu}(x_k)\right)<\infty \tag{6.52}$$

注意因为 Q 和 R 的正定性，反馈控制器 $\bar{\mu}$ 是稳定的，即对所有的初始状态 $x_0\in X$ 有 $x_k\to 0$ 和 $\bar{\mu}(x_k)\to 0$。（在线性系统的情形下，Q 的正定性可被放松到半正定性，以及在 4.1 节和命题 4.1.1 中引入的可观性假设。）

为了让这样的控制器存在，存在正整数 m 满足对每个初始状态 $x_0 \in X$，可以找到控制序列 $u_k, k=0,1,\cdots,m-1$，驱使系统在 m 时刻的状态 x_m 到 0，并保持之前的状态 $x_1,x_2,\cdots,x_{m-1}$ 位于 X 之内，且满足控制约束 $u_0 \in U(x_0),\cdots,u_{m-1} \in U(x_{m-1})$ 显然是充分条件 [注意到假设 $f(0,0)=0$]。我们将这一条件称为约束可控性假设（参见 4.1 节的对应假设）。在实际应用中，这一假设经常可以简单地验证。取而代之地，可以通过一种方式构造状态和控制约束让假设条件得以满足；在 4.6.2 节中讨论的目标管道的可达性方法可以用于这一目的。

现在让我们在之前的假设之下描述一种形式的 MPC。在每个阶段 k 和状态 $x_k \in X$，求解一个涉及相同的二次型费用以及在 m 阶段之后的状态精确为 0 的 m 阶段确定性最优控制问题。这是最小化

$$\sum_{i=k}^{k+m-1} (x_i' Q x_i + u_i' R u_i)$$

的问题，针对系统方程约束

$$x_{i+1} = f(x_i, u_i), i = k, k+1, \cdots, k+m-1$$

状态和控制约束

$$x_i \in X, u_i \in U(x_i), i = k, k+1, \cdots, k+m-1$$

以及末端状态约束

$$x_{k+m} = 0$$

由约束可控性假设，这一问题有可行解。令 $\{\bar{u}_k, \bar{u}_{k+1}, \cdots, \bar{u}_{k+m-1}\}$ 为对应的最优控制序列。MPC 在阶段 k 施加这一序列的第一个元素，

$$\bar{\mu}(x_k) = \bar{u}_k$$

并丢弃剩余的元素。

例 6.5.3

考虑标量线性系统

$$x_{k+1} = x_k + u_k$$

状态和控制约束

$$x_k \in X = \{x \mid |x| \leqslant 1.5\}, u_k \in U(x_k) = \{u \mid |u| \leqslant 1\}$$

也令 $Q=R=1$。我们选择 $m=2$。对于 m 的这个值，约束可控性假设满足。

当在状态 $x_k \in X$ 时，MPC 最小化两阶段费用

$$x_k^2 + u_k^2 + (x_k + u_k)^2 + u_{k+1}^2$$

针对控制约束

$$|u_k| \leqslant 1, |u_{k+1}| \leqslant 1$$

以及状态约束

$$x_{k+1} \in X, x_{k+2} = x_k + u_k + u_{k+1} = 0$$

容易验证这一最小化获得 $u_{k+1} = -(x_k + u_k)$ 和 $u_k = -(2/3)x_k$。所以 MPC 的形式为

$$\bar{\mu}(x_k) = -\frac{2}{3} x_k$$

且闭环系统是

$$x_{k+1}=\frac{1}{3}x_k, k=0,1,\cdots$$

注意当闭环系统是稳定的，若从 $x_0\neq 0$ 出发，其状态永远不会被驱使到 0。

我们现在证明 MPC 满足稳定性条件 (6.52) 式。令 $x_0,u_0,x_1,u_1,\cdots$ 为由 MPC 生成的状态和控制序列，满足

$$u_k=\bar{\mu}(x_k), x_{k+1}=f\left(x_k,\bar{\mu}(x_k)\right), k=0,1,\cdots$$

记 $\hat{J}(x)$ 为在状态 $x\in X$ 由 MPC 求解的 m 阶段问题的最优费用。也令 $\tilde{J}(x)$ 为从 x 开始的一个对应的 $(m-1)$ 阶段问题的最优费用，即二次型费用

$$\sum_{k=0}^{m-2}(x_k'Qx_k+u_k'Ru_k)$$

的最优值，其中 $x_0=x$，满足约束

$$x_k\in\bar{X}, u_k\in\bar{U}(x_k), k=0,1,\cdots,m-2$$

以及

$$x_{m-1}=0$$

[对于该问题没有可行解的状态 $x\in X$，我们写有 $\tilde{J}(x)=\infty$。] 因为减少一个受我们控制的阶段驱使状态到 0 不能减少最优费用，对所有的 $x\in X$ 有

$$\hat{J}(x)\leqslant\tilde{J}(x) \tag{6.53}$$

从 $\hat{J}$ 和 $\tilde{J}$ 的定义，我们对所有的 k 有，

$$\min_{u\in U(x)}\left[x_k'Qx_k+u'Ru+\tilde{J}\left(f(x_k,u)\right)\right]=x_k'Qx_k+u_k'Ru_k+\tilde{J}(x_{k+1})=\hat{J}(x_k) \tag{6.54}$$

所以使用 (6.53) 式，我们获得

$$x_k'Qx_k+u_k'Ru_k+\hat{J}(x_{k+1})\leqslant\hat{J}(x_k), k=0,1,\cdots$$

对在范围 $[0,K]$ 内的所有 k 将这一方程累加，其中 $K=0,1,\cdots$，我们获得

$$\hat{J}(x_{K+1})+\sum_{k=0}^{K}(x_k'Qx_k+u_k'Ru_k)\leqslant\hat{J}(x_0)$$

因为 $\hat{J}(x_{K+1})\geqslant 0$，于是有

$$\sum_{k=0}^{K}(x_k'Qx_k+u_k'Ru_k)\leqslant\hat{J}(x_0), K=0,1,\cdots \tag{6.55}$$

并当 $K\to\infty$ 时取极限，

$$\sum_{k=0}^{\infty}(x_k'Qx_k+u_k'Ru_k)\leqslant\hat{J}(x_0)<\infty$$

这证明了 (6.52) 式的稳定性条件。

我们注意到 MPC 隐式使用的单步前瞻函数 $\tilde{J}$[参见 (6.54) 式] 是某个策略的后续费用函数。这是在观测到状态与控制约束 $x_k\in X$ 和 $u_k\in\bar{U}(x_k)$，以最小二次型费用在 $m-1$ 阶段后将状

态驱使到 0 并在之后保持在 0 的策略。所以，我们也可以将 MPC 视为用刚才描述的策略作为基础策略的滚动算法。事实上 MPC 的稳定性质是滚动算法费用改进性质的特殊情形，在二次型费用情形下意味着若基础启发式策略获得稳定闭环系统，这一点对于对应的滚动算法也成立。

关于 MPC 计算中选用的时段长度 m，注意对 m 的某个取值如果约束可控性假设得以满足，则其对于 m 的更大的取值也成立。进一步，可以由 (6.55) 式看出 m 阶段费用 $\hat{J}(x)$ 是 MPC 费用的上界，不会随着 m 增加。这对于 m 的更大取值也成立。另外，伴随着 m 增加，在每个阶段由 MPC 求解的最优控制问题变得更大，于是更难。所以，通常基于实验选择时段的长度：首先使用目标管道可达性方法（参见 4.6.2 节）确保 m 足够大，保证约束可控性假设成立，并且目标管道对于手上的实际问题足够大，然后通过进一步的实验来确保总体的性能满意。

我们已经讨论的 MPC 机制对于一种具有许多变形的广泛的方法只是起点，这经常联系到我们在本章到目前为止所讨论的次优控制方法。例如，在每个阶段由 MPC 所求解的问题中，对在 m 步之内将系统状态驱使到 0 的要求，替换为对在 m 步之后系统状态非零进行大的惩罚。那么，只要选择最终惩罚使得 (6.53) 式得以满足，之前的分析就可以继续使用。在另一种变形中，可以使用非二次型费用函数，该函数除了在 $(x, u) = (0, 0)$ 之外在所有其他点均为正。在另一种变形中，对在 m 步之内将系统状态驱使到 0 的要求，替换为只要求达到原点的充分小的领域，在其中可以使用由其他方法设计的稳定控制器。正如我们现在将要解释的那样，这一种变形也非常适用于考虑通过集合隶属度所描述的扰动。

具有集合隶属度扰动的 MPC

为了将 MPC 方法推广到如下情形，其中在如下系统方程中存在扰动 w_k，

$$x_{k+1} = f(x_k, u_k, w_k)$$

我们必须首先修改稳定性目标。原因是在存在扰动的时候，(6.52) 式的稳定性条件不可能满足。一种合理的替代方案是为扰动引入集合隶属度约束 $w_k \in W(x_k, u_k)$，为状态引入目标集合 T，并且要求由 MPC 指定的控制器在有限的二次型费用下将状态驱使到 T。

为了建模这一 MPC，我们假设 $T \subset X$，并且一旦系统状态进入 T，我们将使用对扰动的所有可能取值均可将状态保持在 T 中的某个控制律 $\tilde{\mu}$，即

$$f(x, \tilde{\mu}(x), w) \in T, \quad 对所有的 x \in T, w \in W(x, \tilde{\mu}(x)) \tag{6.56}$$

获得这样的目标集合 T 和控制律 $\tilde{\mu}$ 的细节方法超出了我们的范畴。我们推荐 4.6.2 节中关于目标管道的可达性的讨论作为对这一问题的介绍和参考；也见本卷的习题 4.31、第Ⅱ卷的习题 3.21 和习题 3.22。与在之前的确定性问题中对原点的视角类似，我们本质上将 T 视作免费的吸收态。与这一解释保持一致，我们引入阶段费用函数

$$g(x, u) = \begin{cases} x'Qx + u'Ru & 若 x \notin T \\ 0 & 若 x \in T \end{cases}$$

MPC 现在定义如下：在每个阶段 k 和满足 $x_k \notin T$ 的状态 $x_k \in X$，求解 m 阶段极小化极大控制问题以找到策略 $\hat{\mu}_k, \hat{\mu}_{k+1}, \cdots, \hat{\mu}_{k+m-1}$ 最小化

$$\max_{w_i \in W(x_i, \hat{\mu}(x_i)), i=k,k+1,\cdots,k+m-1} \sum_{i=k}^{k+m-1} g(x_i, \mu(x_i))$$

满足系统方程约束

$$x_{i+1} = f(x_i, u_i, w_i), i = k, k+1, \cdots, k+m-1$$

控制和状态约束

$$x_i \in X, u_i \in U(x_i), i = k, k+1, \cdots, k+m-1$$

以及末端状态约束

$$x_i \in T,\ \text{对某个} i \in [k+1, k+m]$$

必须对所有满足

$$w_i \in W\left(x_i, \hat{\mu}(x_i)\right), i = k, k+1, \cdots, k+m-1$$

的扰动序列满足上述约束。

MPC 在阶段 k 施加所获得的策略 $\hat{\mu}_k, \hat{\mu}_{k+1}, \cdots, \hat{\mu}_{k+m-1}$ 的首个元素，

$$\bar{\mu}(x_k) = \hat{\mu}_k(x_k)$$

并丢弃剩余的元素。对于在目标集合 T 之内的状态 x，MPC 施加将状态保持在 T 之内的控制 $\tilde{\mu}(x)$，正如 (6.56) 式所示，且没有进一步的费用 [对 $x \in T$ 有 $\bar{\mu}(x) = \tilde{\mu}(x)$]。

我们做出约束可控性的假设，即在每个阶段由 MPC 求解的问题对所有满足 $x_k \notin T$ 的 $x_k \in X$ 都有可行解（这一假设可以使用 4.6.2 节的目标管道可达性方法验证）。注意这个问题是一个可能困难的极小化极大控制问题，一般必须通过动态规划求解（参见 1.6 节的算法）。

例 6.5.4

这个例子是前一个问题的另一个版本，修订后考虑了扰动的存在。我们考虑标量线性系统

$$x_{k+1} = x_k + u_k + w_k$$

状态和控制约束

$$x_k \in X = \{x||x| \leqslant 1.5\}, u_k \in U(x_k) = \{u||u| \leqslant 1\}$$

并假设扰动满足

$$w_k \in W(x_k, u_k) = \{w||w| \leqslant 0.2\}$$

我们选择 $m = 2$，可验证对目标集合

$$T = \{x||x| \leqslant 0.2\}$$

约束可控性假设得以满足，使用某个控制律 $\tilde{\mu}$，即 $\tilde{\mu}(x) = -x$，可以使 (6.56) 式条件也被满足。

在每个阶段由 MPC 求解的相关的两阶段极小化极大控制问题需要一个动态规划解。在最后一个阶段，假设 $x \notin T$，动态规划算法计算

$$\tilde{J}(x) = \min_{|u| \geqslant 1, |x+u+\bar{w}| \leqslant 0.2\ \text{对所有的}|\bar{w}| \leqslant 0.2} \left[\max_{|w| \leqslant 0.2} (x^2 + u^2) \right]$$

这是一个直接的最小化。这是可行的，当且仅当 $|x| \leqslant 1$，对最后一个阶段获得最小化的策略：

$$\hat{\mu}_1(x) = -x,\ \text{对所有满足}|x| \leqslant 1 \text{的} x \notin T$$

和后续费用

$$\tilde{J}(x) = 2x^2,\ \text{对所有满足}|x| \leqslant 1 \text{的} x \notin T$$

在第一个阶段，动态规划算法计算

$$\min_{|u|\leqslant q,\ \text{对所有的}|\bar{w}|\leqslant 0.2\text{有}|x+u+\bar{w}|\leqslant 1}\left[\max_{|w|\leqslant 0.2}\left(x^2+u^2+\tilde{J}(x+u+w)\right)\right]$$

或者因为对 w 的最大化在 $w=0.2\mathrm{sgn}(x+u)$ 时取到，

$$\min_{|u|\leqslant 1,|x+u+0.2sgn(x+u)|\leqslant 1}\left[x^2+u^2+2\left(x+u+0.2sgn(x+u)\right)^2\right]$$

或者

$$\min_{|u|\leqslant 1,|x+u|\leqslant 0.8}\left[x^2+u^2+2(x^2+u^2+2xu+0.4|x+u|+0.04)\right]$$

又一次可直接进行最小化，并获得 MPC，

$$\bar{\mu}(x)=\begin{cases}-\min[x,\dfrac{2}{3}(x+0.2)] & \text{若 } x\in(0.2,1.5]\\ \min[-x,-\dfrac{2}{3}(x-0.2)] & \text{若 } x\in[-1.5,-0.2)\end{cases}$$

MPC 的这一分段线性形式应该与对应的例 6.5.3 的线性形式 $\bar{\mu}(x)=-(2/3)x$ 比较，其中没有扰动。

MPC 的稳定性分析（在修改之后的意义下，即对所有可能的扰动值可以在有限的二次型费用下达到目标集合 T）与之前无扰动时给出的分析类似。也可以将存在扰动的 MPC 视作滚动算法的特例，后者适当地修改为考虑对扰动的集合隶属度的描述。这一分析的细节在习题 6.21 中得到描述。

6.5.3 结构受限的策略

我们现在将引入一种通用的统一的次优控制机制，到目前为止所讨论的几种控制机制：OLFC、POLFC、滚动和 MPC，都是其特例。其思想是通过选择性地限制控制器可以使用的信息和/或控制，从而获得一个受限的但是更容易处理的问题结构，于是可以在单步前瞻的背景下方便地使用。

这一结构的一个例子是获得更少的观测，或者控制约束集限制为每个状态下的单个或者少数几个给定的控制。一般而言，一个受限的结构与这样的问题相关联，其中可达到的最优费用比起在给定问题中的取值而言不是那么受欢迎；这一点将在下文中表述地更加明确。在每个阶段，我们求解一个涉及剩余阶段和问题结构受限的最优控制问题并计算出策略。在给定阶段施加的控制是所获得的受限策略的第一个元素。

使用受限结构的次优控制方法的一个例子是 OLFC，其中使用在给定阶段的可用信息作为一个开环计算的起点（其中未来观测被忽略）。另一个例子是滚动算法，其中在给定的阶段将在未来阶段可用的控制限制为由某个启发式策略所施加的那些。另一个例子是 MPC，其在某些条件下可被视作一种形式的滚动算法，正如在 6.5.2 节所讨论的。

对于具有 N 个阶段的问题，将要讨论的次优机制的实现需要在每个阶段求解一个涉及受限结构的问题。这个问题的时间范围从当前阶段开始，称为 k，并且推广到最后一个阶段 N。这个解对阶段 k 获得一个控制 u_k 以及对剩余阶段 $k+1,\cdots,N-1$（这必须遵守受限结构的约束）的策略。控制 u_k 用于当前阶段，而对剩余阶段 $k+1,\cdots,N-1$ 的策略被丢弃。使用在阶段 k 和

$k+1$ 之间获得的额外信息，这一过程在下一个阶段 $k+1$ 被重复；这与 CEC、OLFC、多阶段前瞻和 MPC 类似。

类似地，对于无限阶段模型，次优机制的实现需要在每个阶段 k 求解涉及受限结构和固定长度的（滚动）窗口的问题。对阶段 k 的求解获得控制 u_k 并对每个剩余阶段获得一个策略，然后将控制 u_k 用于阶段 k 并丢弃剩余阶段的策略。在下面为了简单，我们将注意力集中在有限阶段的情形，但是这里的分析稍作修改也适用于无限阶段。

我们的主要结论是次优控制机制的性能不差于受限问题的性能，即，对应于受限结构的问题的性能。这一结论统一并推广了我们对开环反馈控制的分析（这已知可以改进最优开环策略的费用，参见 6.2 节），对于滚动算法的分析（这已知可以改进对应的启发式策略的费用，参见 6.4 节），以及对模型预测控制的分析（其中在一些合理的假设下，次优闭环控制机制的稳定性得以保证，参见 6.5.2 节）。

为了简单，我们集中关注针对具有 N 个阶段的平稳有限状态马尔可夫链的不精确状态信息架构（参见 5.4.2 节）；其思想适用于更一般的具有精确或不精确状态信息的问题，以及具有无限阶段的问题。我们假设系统状态是标记为 $1,2,\cdots,n$ 的有限个状态中的一个。当使用控制 u 时，系统以概率 $p_{ij}(u)$ 从状态 i 移动到状态 j。控制 u 选自有限集合 U。在一次状态转移之后，控制器进行一次观测。存在有限种可能的观测结果，而且每一种的概率取决于当前的状态和之前的控制。控制器在阶段 k 可用的信息是如下的信息向量

$$I_k=(z_1,\cdots,z_k,u_0,\cdots,u_{k-1})$$

其中对所有的 i，z_i 和 u_i 分别是在阶段 i 的观测和控制。在观测 z_k 之后，控制器选中控制 u_k，产生费用 $g(x_k,u_k)$，其中 x_k 是当前的（隐）状态。在 N 个阶段的最后位于状态 x 的末端费用记为 $G(x)$。我们希望最小化在 N 个阶段上的费用之和的期望值。

正如在 5.4 节中所讨论的，我们可以将这个问题重新建模为具有精确状态信息的问题，其中目标是控制条件概率的列向量

$$p_k=(p_k^1,\cdots,p_k^n)'$$

满足

$$p_k^j=P(x_k=j|I_k),j=1,\cdots,n$$

我们称 p_k 为信念状态，注意到该状态按照如下形式的方程演化

$$p_{k+1}=\Phi(p_k,u_k,z_{k+1})$$

函数 Φ 代表估计器，正如在 5.4 节中所讨论的。初始信念状态 p_0 给定。

对应的动态规划算法已在 5.4 节中给出，具有如下形式

$$J_k(p_k)=\min_{u_k\in U}\left[p_k'g(u_k)+E_{z_{k+1}}\left\{J_{k+1}\left(\Phi(p_k,u_k,z_{k+1})\right)\right\}\right]$$

其中 $g(u_k)$ 是具有元素 $g(1,u_k),\cdots,g(n,u_k)$ 和 $p_k'g(u_k)$ 的列向量，期望阶段费用是向量 p_k 和 $g(u_k)$ 的内积。该算法从阶段 N 开始，满足

$$J_N(p_N)=p_N'G$$

其中 G 是具有元素 $G(1),\cdots,G(n)$ 的列向量，并后向前进。

我们也将考虑另一种控制结构，其中信息向量是

$$\bar{I}_k = (\bar{z}_1, \cdots, \bar{z}_k, u_0, \cdots, u_{k-1}), k = 0, \cdots, N-1$$

其中 $\bar{z}_i$ 对每个 i 是某个观测（可能与 z_i 不同），而且在每个 p_k 的控制约束集是给定的集合 $\bar{U}(p_k)$。给定 x_k 和 u_{k-1}，$\bar{z}_k$ 的概率分布已知，且可能与 z_k 的概率不同。$\bar{U}(p_k)$ 可能与 U 不同 [接下来，我们将假设 $\bar{U}(p_k)$ 是 U 的子集]。

我们引入一个次优策略，假设未来的观测与控制约束满足受限结构的要求，在阶段 k 从当前的信念状态 p_k 出发，施加控制 $\bar{\mu}_k(p_k) \in U$。更加具体地，这一策略在典型阶段 k 和状态 x_k 按照如下方式选择控制。

结构受限的策略：在阶段 k 和状态 x_k，施加控制

$$\bar{\mu}_k(p_k) = u_k$$

其中

$$(u_k, \hat{\mu}_{k+1}(\bar{z}_{k+1}, u_k), \cdots, \hat{\mu}_{N-1}(\bar{z}_{k+1}, \cdots, \bar{z}_{N-1}, u_k, \cdots, u_{N-2}))$$

是一个策略，达到了从阶段 k 出发、具有 p_k 的知识并且可以获得未来观测 $\bar{z}_{k+1}, \cdots, \bar{z}_{N-1}$（在未来的控制之外）条件下可以获得的最优费用，满足约束

$$u_k \in U, \mu_{k+1}(p_{k+1}) \in \bar{U}(p_{k+1}), \cdots, \mu_{N-1}(p_{N-1}) \in \bar{U}(p_{N-1})$$

令 $\bar{J}_k(p_k)$ 为刚描述的结构受限策略 $\{\bar{\mu}_0, \cdots, \bar{\mu}_{N-1}\}$ 在阶段 k 从信念状态 p_k 开始的后续费用。这由动态规划算法给定，

$$\bar{J}_k(p_k) = p_k' g\left(\bar{\mu}_k(p_k)\right) + E_{z_{k+1}}\left\{\bar{J}_{k+1}\left(\Phi\left(p_k, \bar{\mu}_k(p_k), z_{k+1}\right)\right) | p_k, \bar{\mu}_k(p_k)\right\} \tag{6.57}$$

对所有的 p_k 和 k，p_N 具有末端条件 $\bar{J}_N(p_N) = p_N' G$。

只用 $J_k^r(p_k)$ 标记受限问题的最优后续费用，即，完全使用受限结构的观测和控制约束。这是从阶段 k 的信念状态 p_k 开始并使用观测 $\bar{z}_i, i = k+1, \cdots, N-1$，而且满足如下约束的最优可达到的费用

$$u_k \in \bar{U}(p_k), u_{k+1}(p_{k+1}) \in \bar{U}\left(p_{k+1}\right), \cdots, \mu_{N-1}(p_{N-1}) \in \bar{U}(p_{N-1})$$

我们将展示，在很快将要介绍的特定假设条件下，

$$\bar{J}_k(p_k) \leqslant J_k^r(p_k), \forall p_k, k = 0, \cdots, N-1$$

而且我们也将获得 $\bar{J}_k(p_k)$ 的一个可以计算的上界。为了这一点，对于给定的信念状态向量 p_k 和控制 $u_k \in U$，我们考虑在剩余阶段 $k+1, \cdots, N-1$ 上信息可用性和控制约束的三种不同模式的三个最优后续费用。我们记有：

$Q_k(p_k, u_k)$：从阶段 k 向后，从 p_k 开始，在阶段 k 应用 u_k，并且最优地选择每一个未来的控制 $u_i, i = k+1, \cdots, N-1$，具有 p_k 的知识、观测 $z_{k+1}, \cdots, z_i$ 和控制 $u_k, \cdots, u_{i-1}$，满足约束 $u_i \in U$，可达到的费用。

$Q_k^c(p_k, u_k)$：从阶段 k 向后，从 p_k 开始，在阶段 k 应用 u_k，并且最优地选择每个未来的控制 $u_i, i = k+1, \cdots, N-1$，具有 p_k 的知识、观测 $\bar{z}_{k+1}, \cdots, \bar{z}_i$ 和控制 $u_k, \cdots, u_{i-1}$，且满足约束 $u_i \in \bar{U}(p_i)$。注意这个定义等价于

$$Q_k^c\left(p_k, \bar{\mu}_k(p_k)\right) = \min_{u_k \in U} Q_k^c(p_k, u_k) \tag{6.58}$$

其中 $\bar{\mu}_k(p_k)$ 是刚描述的结构受限策略应用的控制。

$\hat{Q}_k^c(p_k,u_k)$：从阶段 k 向后，从 p_k 开始，在阶段 k 使用 u_k，最优地选择控制 u_{k+1}，具有 p_k 的知识、观测 z_{k+1} 和控制 u_k，相对于约束 $u_{k+1}\in U$，并且最优地选择每个剩余的控制 $u_i, i=k+2,\cdots,N-1$，具有 p_k 的知识、观测 $z_{k+1},\bar{z}_{k+2},\cdots,\bar{z}_i$ 和控制 $u_k,\cdots,u_{i-1}$，且满足约束 $u_i\in\bar{U}(p_i)$，所能达到的费用。

所以 $Q_k^c(p_k,u_k)$ 和 $Q_k(p_k,u_k)$ 之间的差别源自所有未来阶段 $k+1,\cdots,N-1$ 的控制约束以及控制器可用的信息的区别 [分别是 $\bar{U}(p_{k+1},\cdots,\bar{U}(p_{N-1}))$ 相对于 U 和 $\bar{z}_{k+1},\cdots,\bar{z}_{N-1}$ 相对于 $z_{k+1},\cdots,z_{N-1}$]。$Q_k^c(p_k,u_k)$ 和 $\hat{Q}_k^c(p_k,u_k)$ 的区别是源自单个阶段 $k+1$ 的控制约束和控制器可用的信息 [分别是 $\bar{U}(p_{k+1})$ 相对于 U 和 $\bar{z}_{k+1}$ 相对于 z_{k+1}]。我们的关键假设是

$$\bar{U}(p_k)\subset U, \forall p_k, k=0,\cdots,N-1 \tag{6.59}$$

$$Q_k(p_k,u_k)\leqslant\hat{Q}_k^c(p_k,u_k)\leqslant Q_k^c(p_k,u_k)\forall p_k, u_k\in U, k=0,\cdots,N-1 \tag{6.60}$$

粗略说来，这意味着控制约束 $\bar{U}(p_k)$ 比 U 更加严格，观测 $\bar{z}_{k+1},\cdots,\bar{z}_{N-1}$ 比观测 $z_{k+1},\cdots,z_{N-1}$ “更弱”（在改进费用的意义下没有更大价值）。作为结果，若 (6.59) 式和 (6.60) 式成立，我们将可以分别使用观测 $\bar{z}_k$ 和控制约束 $\bar{U}(p_k)$ 替代 z_k 和 U 的控制器，解释为“拷住的”或者“受限的”。

让我们标记：

$J_k(p_k)$：原问题的从阶段 k 的信念状态 p_k 出发的最优后续费用。这给定如下

$$J_k(p_k)=\min_{u_k\in U}Q_k(p_k,u_k) \tag{6.61}$$

$J_k^c(p_k)$：从阶段 k 的信念状态 p_k 出发，使用观测 $\bar{z}_i, i=k+1,\cdots,N-1$，满足约束

$$u_k\in U, \mu_{k+1}(p_{k+1})\in\bar{U}(p_{k+1}),\cdots,\mu_{N-1}(p_{N-1})\in\bar{U}(p_{N-1})$$

可达到的最优费用。这个给定如下

$$J_k^c(p_k)=\min_{u_k\in U}Q_k^c(p_k,u_k) \tag{6.62}$$

而且这是在结构受限策略机制下求解阶段 k 的优化问题时的费用。注意我们对所有的 p_k，有

$$J_k^r(p_k)=\min_{u_k\in\bar{U}(p_k)}Q_k^c(p_k,u_k)\geqslant\min_{u_k\in U}Q_k^c(p_k,u_k)=J_k^c(p_k) \tag{6.63}$$

其中注意到假设 $\bar{U}(p_k)\subset U$ 不等式成立。

我们主要的结论是如下。

命题 6.5.1 在假设 (6.59) 和 (6.60) 下，有

$$J_k(p_k)\leqslant\bar{J}_k(p_k)\leqslant J_k^c(p_k)\leqslant J_k^r(p_k), \forall p_k, k=0,\cdots,N-1$$

证明 $J_k(p_k)\leqslant\bar{J}_k(p_k)$ 是明显的，因为 $J_k(p_k)$ 是包括结构受限策略 $\{\bar{\mu}_0,\cdots,\bar{\mu}_{N-1}\}$ 在内的一类策略的最优后续费用。而且不等式 $J_k^c(p_k)\leqslant J_k^r(p_k)$ 由定义得来；见 (6.63) 式。我们通过对 k 的归纳法证明剩余的不等式 $\bar{J}_k(p_k)\leqslant J_k^c(p_k)$。

我们对所有的 p_N 有 $\bar{J}_N(p_N)=J_N^c(p_N)$。假设对所有的 p_{k+1}，我们有

$$\bar{J}_{k+1}(p_{k+1})\leqslant J_{k+1}^c(p_{k+1})$$

然后，对所有的 p_k，

$$
\begin{aligned}
\bar{J}_k(p_k) &= p_k' g\left(\bar{\mu}_k(p_k)\right) + E_{z_{k+1}}\left\{\bar{J}_{k+1}\left(\Phi\left(p_k, \bar{\mu}_k(p_k), z_{k+1}\right)\right) | p_k, \bar{\mu}_k(p_k)\right\} \\
&\leqslant p_k' g\left(\bar{\mu}_k(p_k)\right) + E_{z_{k+1}}\left\{J_{k+1}^c\left(\Phi\left(p_k, \bar{\mu}_k(p_k), z_{k+1}\right)\right) | p_k, \bar{\mu}_k(p_k)\right\} \\
&= p_k' g\left(\bar{\mu}_k(p_k)\right) \\
&\quad + E_{z_{k+1}}\left\{\min_{u_{k+1}\in U} Q_{k+1}^c\left(\Phi\left(p_k, \bar{\mu}_k(p_k), z_{k+1}\right), u_{k+1}\right) | p_k, \bar{\mu}_k(p_k)\right\} \\
&= \hat{Q}_k^c\left(p_k, \bar{\mu}_k(p_k)\right) \\
&\leqslant Q_k^c\left(p_k, \bar{\mu}_k(p_k)\right) \\
&= J_k^c(p_k)
\end{aligned}
$$

其中第一个等式由 (6.57) 式成立，第一个不等式由归纳假设成立，第二个等式由 (6.62) 式成立，第三个等式由 $\hat{Q}_k^c$ 的定义成立，第二个不等式由假设 (6.60) 式成立，最后一个等式由结构受限策略的定义 (6.58) 式成立。归纳法证毕。

该命题的主要结论是结构受限策略 $\{\bar{\mu}_0, \cdots, \bar{\mu}_{N-1}\}$ 的性能不差于与受限控制结构相关联的性能。进一步，在每个阶段 k，作为在线计算控制 $\bar{\mu}_k(p_k)$ 的副产品获得的值 $J_k^c(p_k)$ 是次优策略的后续费用 $\bar{J}_k(p_k)$ 的上界。这与命题 6.2.1 一致，后者证明了 OLFC 的费用改进性质，也与命题 6.3.1 一致，后者是滚动算法的费用改进性质和 MPC 的稳定性的基础。

6.6 近似动态规划中的额外主题

我们用与近似动态规划有关的一些额外主题的简要讨论来结束这一章。首先处理为了动态规划计算的目的用离散空间近似连续状态和控制空间时出现的离散化问题，然后描述另一些次优控制方法。

6.6.1 离散化

一个重要的实际问题是如何从计算上处理涉及非离散状态和控制空间的问题。特别地，具有连续状态、控制或者扰动空间的问题必须为了执行动态规划算法进行离散化。这里问题的每个连续空间被替换为由有限数量的元素构成的空间，并且系统方程被合理地修订了。所以最终获得的近似问题涉及有限数量的状态，以及这些状态之间的一组转移概率。一旦完成了离散化，执行动态规划算法来获得最优后续费用函数以及这个离散近似问题的最优策略。这个离散问题的最优费用函数以及/或者最优策略可以推广到通过某种形式的插值处理原连续问题的近似费用函数或者次优策略。我们已经在集结的背景下见过这一过程的例子（参见例 6.3.13）。

这一类型的离散化成功的前提是*一致性*。即原问题的最优费用应当伴随着离散化变得越来越精细，可以在极限时取到。如果在问题中存在“足够数量的连续性”，那么通常可以保证一致性；例如，若原问题的后续费用函数和最优策略是状态的连续函数。这转而可以通过对原问题数据的合理的连续性假设获得保障（见 6.7 节给出的参考文献）。

即使最优策略在状态上是非连续的，后续费用函数的连续性也可能足够保证连续性。这里可能发生的是对于某些状态可能存在连续问题的最优策略和其离散化版本的最优策略之间的巨大差异，但是这一差异可能出现在一部分状态上。作为一个例子，考虑 4.2 节的具有非零固定费用的库存控制问题。我们获得了一个 (s,S) 类型的最优策略

$$\mu_k^*(x_k)=\begin{cases} S_k-x_k & 若\ x_k<s_k \\ 0 & 若\ x_k\geqslant s_k \end{cases}$$

这在较小的阈值 s_k 上是不连续的。从离散化问题获得的最优策略可能在不连续的点 s_k 处近似得不够好，但是很明显这一差别对最优费用的影响伴随着离散化变得精细而消失。

如果原问题定义在连续时间上，那么时间必须被离散化以获得离散时间的近似问题。一致性的问题现在显著地变得更复杂了，因为时间离散化不仅影响系统方程，也影响控制约束集。特别地，控制约束集可能随着我们转到合适的离散时间近似时显著地发生变化。作为一个例子，考虑两维系统

$$\dot{x}_1(t)=u_1(t),\dot{x}_2(t)=u_2(t)$$

和控制约束

$$u_1(t)\in\{-1,1\},u_2(t)\in\{-1,1\}$$

于是可以看到在时间 $t+\Delta t$ 的状态可以位于以 $x(t)$ 为中心、边长为 $2\Delta t$ 的正方形之内的任意地方（注意在区间 $[-1,1]$ 之内的任意控制的效果可以通过 $+1$ 和 -1 之间的"颤振"控制在连续时间系统中获得。）所以，给定 Δt，控制约束集的恰当的离散时间近似应该涉及对整个单位正方形的离散版本，即连续时间问题控制约束集合的凸包。习题 6.10 中给出了一个例子，展示了与离散化过程相关的一些缺点。

处理连续时间/空间最优控制的离散化问题的一种通用方法是在例 6.3.13 中描述的集结/离散化方法。其思想是在时间之外用某个有限的网格离散化状态空间，然后用临近的网格状态的未来函数取值的线性插值近似非网格状态。所以，网格状态 $x^1,\cdots,x^M$ 在状态空间中恰当地选出，每个非网格状态 x 被表示为

$$x=\sum_{m=1}^{M}w^m(x)x^m$$

其中 $w^m(x)$ 为非负权重并相加取 1。当这样处理完之后（见例 6.3.13），获得一个随机最优控制问题，以有限数量的网格状态为状态，以及由上述权重 $w^m(x)$ 确定的转移概率。如果原先的连续时间最优控制问题具有固定的终止时间，所获得的随机控制近似具有有限的时长。如果原问题的终止时间是自由的且可以优化，那么随机控制近似具有将在 7.2 节讨论的随机最短路径的形式。最后，一旦在随机近似问题的网格状态的后续费用 $\hat{J}_k(x^m)$ 被计算出来，在阶段 k 的每个非网格状态 x 的后续费用可以被近似为

$$\tilde{J}_k(x)=\sum_{m=1}^{M}w^m(x)\hat{J}_k(x^m)$$

对于这一方法的介绍，我们推荐 Gonzalez 和 Rofman[GoR85] 以及 Falcone[Fal87] 的论文和 Kushner[Kus90] 的综述论文；对于相关的一致性的细节分析，推荐 Kushner 和 Dupuis 的著作 [KuD92]。

一种重要的特殊情形是习题 6.10 中描述的连续状态最短路径问题。对于对应的随机最短路径问题，Tsitsiklis[Tsi95] 发展了 Dijkstra 最短路径问题的有限终止变形；见第 II 卷第 2 章的习

题 2.10 和习题 2.11。其他相关的工作包括 Bertsekas，Guerriero 和 Musmanno[BGM95] 以及 Polymenakos，Bertsekas 和 Tsitsiklis[PBT98] 的论文，发展了标签纠正算法的连续空间版本，例如在 2.3.1 节中讨论的最小标签优先算法。

6.6.2 其他近似方法

我们简要地提及使用近似的三种额外的方法。在第一种方法中，最优后续费用函数 $J_k(x_k)$ 用函数 $\tilde{J}_k(x_k, r_k)$ 近似，其中 $r_0, r_1, \cdots, r_{N-1}$ 是未知参数向量，其取值按照最小化动态规划方程的某种形式的误差来选取；例如通过求解如下问题

$$\min_{r_0,\cdots,r_{N-1}} \sum_{(x_k,k)\in\tilde{S}} |\tilde{J}_k(x_k, r_k) - \min_{u_k\in U_k(x_k)} E_{w_k}\left\{g_k(x_k, u_k, w_k) + \tilde{J}_{k+1}\left(f_k(x_k, u_k, w_k), r_{k+1}\right)\right\}|^2 \tag{6.64}$$

其中 $\tilde{S}$ 是一个恰当选取的“代表性”状态-时间对。上面的最小化可以尝试通过某种梯度方法求解。注意这样做有一些困难，因为 (6.64) 式的费用函数可能对于 r 的某些取值不可微。然而，有一些变形的梯度方法可以处理不可微的费用函数，对于这一点我们推荐专门的文献。一种可能性是将如下不可微项

$$\min_{u_k\in U_k(x_k)} E_{w_k}\left\{g_k(x_k, u_k, w_k) + \tilde{J}_{k+1}\left(f_k(x_k, u_k, w_k), r_{k+1}\right)\right\}$$

替换为光滑的近似（见 Bertsekas[Ber82b] 一书第 3 章)。通过最小化动态规划方程中误差近似后续费用函数的方法也将在无限阶段的背景下更详细地讨论（见第II卷 2.3 节)。

在第二种方法中，直接近似最优策略。特别地，假设控制空间是欧氏空间，并且我们对有限数量的状态 $x^i, i = 1, \cdots, m$，获得最小化的控制

$$\hat{\mu}_k(x^i) = \arg\min_{u_k\in U_k(x^i)} E\left\{g_k(x^i, u_k, w_k) + \tilde{J}_{k+1}\left(f_k(x^i, u_k, w_k), r_{k+1}\right)\right\}$$

于是可以用某种给定形式的函数

$$\tilde{\mu}_k(x_k, s_k)$$

近似最优策略 $\mu_k(x_k)$，其中 s_k 是通过求解如下问题

$$\min_{s_k} \sum_{i=1}^{m} ||\hat{\mu}_k(x^i) - \tilde{\mu}_k(x^i, s_k)||^2 \tag{6.65}$$

获得的参数向量。

在确定性最优控制问题的情形中，我们可以利用开环与闭环控制之间的等价性更有效地执行近似过程。特别地，对这样的问题，我们可以选择初始状态的有代表性的有限子集，并从每个这样的状态出发生成最优开环轨迹。(基于梯度的方法经常可被用于这一目的。) 这些轨迹中的每一条获得一条 $(x_k, J_k(x_k))$ 对构成的序列和一条 $(x_k, \mu_k(x_k))$ 对构成的序列，都可以用于上面讨论的最小二乘近似过程。特别地，我们可以在 (6.51) 式和 (6.65) 式的最小二乘中分别使用从最优开环轨迹中获得的精确值 $J_k(x^i)$ 和 $\mu_k(x^i)$ 替代 $\hat{J}_k(x^i)$ 和 $\hat{\mu}_k(x^i)$。

在第三种方法中，有时候被称为策略空间优化，我们通过向量 $s = (s_0, s_1, \cdots, s_{N-1})$ 对策略集合进行参数化，并且在这一向量上优化对应的费用。特别地，考虑如下形式的策略

$$\pi(s) = \{\tilde{\mu}_0(x_0, s_0), \cdots, \tilde{\mu}_{N-1}(x_{N-1}, s_{N-1})\}$$

其中 $\tilde{\mu}_k(\cdot,\cdot)$ 是给定形式的函数。然后对 s 最小化期望费用

$$E\{J_{\pi(s)}(x_0)\}$$

其中 $J_{\pi(s)}(x_0)$ 是策略 $\pi(s)$ 从初始状态 x_0 出发的费用，其期望值是相对于 x_0 的合适的概率分布所取的。与这一方法相关联的困难之一是 $E\{J_{\pi(s)}(x_0)\}$ 在 s 上的优化可能是耗费时间的，因为可能需要一些蛮力搜索、局部搜索或者随机搜索方法。有时，可能使用基于梯度的方法在 s 上优化 $E\{J_{\pi(s)}(x_0)\}$，但这也可能是耗费时间的。

在这种方法的一种重要的特例中，策略的参数化是通过近似后续费用函数的参数化间接实现的。特别地，对于给定的参数向量 $s=(s_0,\cdots,s_{N-1})$，我们定义

$$\tilde{\mu}_k(x_k,s_k)=\arg\min_{u_k\in U_k(x_k)} E\left\{g_k(x_k,u_k,w_k)+\tilde{J}_{k+1}\left(f_k(x_k,u_k,w_k),s_k\right)\right\}$$

其中 $\tilde{J}_{k+1}(\cdot,\cdot)$ 是给定形式的函数。例如，$\tilde{J}_{k+1}$ 可以表示基于线性特征的结构，其中 s_k 是一个可调整的标量权重向量乘上对应的状态 x_{k+1} 的特征（见 6.3.5 节）。注意如下策略

$$\pi(s)=\{\tilde{\mu}_0(x_0,s_0),\cdots,\tilde{\mu}_{N-1}(x_{N-1},s_{N-1})\}$$

构成了一类由 s 参数化的单步前瞻策略。通过在 s 上优化对应的期望费用 $E\{J_{\pi(s)}(x_0)\}$，我们获得在这一类中最优的单步前瞻策略。

6.7　注释、参考文献和习题

次优控制的许多机制已经在这一章进行了讨论，对这些机制进行总结是有帮助的。这些机制中的大部分基于单步前瞻，其中我们在阶段 k 和状态 x_k 施加控制 $\bar{\mu}_k(x_k)$，其在 $u_k\in U_k(x_k)$ 上最小化了如下

$$E\{g_k(x_k,u_k,w_k)+\tilde{J}_{k+1}\left(f_k(x_k,u_k,w_k)\right)\}$$

其中 $\tilde{J}_{k+1}$ 是合适的后续费用的近似函数；在某种情形下，控制约束集合和/或者每个阶段的期望费用也被近似。替代方法之间的主要区别在于计算 $\tilde{J}_{k+1}$ 的方法。存在多种可能性（以及变形），其原理是：

1. *显示后续费用近似*。这里 $\tilde{J}_{k+1}$ 用如下方法中的一种离线计算出来。

(1) 通过求解一个相关的问题，例如通过*集结*或者*强化分解*获得，并且从该问题的最优后续费用推导 $\tilde{J}_{k+1}$。

(2) 通过引入参数化近似架构，有可能使用特征。这一架构的参数通过某种形式的启发式规则或者系统性的方法进行调整。

2. *隐式后续费用近似*。这里 $\tilde{J}_{k+1}$ 在状态 $f_k(x_k,u_k,w_k)$ 的取值按照需要*在线*计算出来，通过使用开环计算（最优或者次优/启发式方法，使用或者不使用滑动窗口）。我们已经关注了一些可能性，所有这些可能性都在 6.5.3 节的结构受限策略的统一框架之下进行解释：

(1) *开环反馈控制*，其中使用最优开环计算，从状态 x_k 开始（在具有精确的状态信息的情形下）或者从状态的条件概率分布开始（在不精确的状态信息的情形下）。

(2) *滚动*，其中一个次优/启发式策略的后续费用被用作 $\tilde{J}_{k+1}$。这一费用按其必要性通过在线仿真进行计算（在某些变形中可以被近似并且/或者使用滑动窗口）。

(3) 模型预测控制，其中一个最优控制计算与滑动窗口同时使用。这一计算是确定性的，可能基于原问题的一个通过确定性等价的简化问题，但是也存在一种极小化极大问题的变形，其中隐式地涉及目标管道可达性的计算。

应当提及前述机制的一些重要的变形。第一个是多步前瞻的使用，旨在提高单步前瞻的性能，其代价是增加了在线计算量。第二个是确定性等价的使用，通过用标准值替代当前和未来的未知扰动 $w_k, \cdots, w_{N-1}$ 简化了离线和在线计算。第三个是应用于具有不精确状态信息的问题，使用之前的机制并用某个估计值替代未知状态 x_k。

尽管单步前瞻的思想有历史了，这一思想近年来已经获得了许多认可，这一切归功于近似动态规划的大量研究以及模型预测控制在实际应用中的广泛接受。使用经验和研究不同方法之间的相对优点已经在一定程度上被澄清，现在已经可以理解某些机制具备令人期待的理论上的性能保障，而其他方法没有。特别地，在这一章，我们已经讨论了定性的和/或者定量的性能保障，包括开环反馈控制（见命题 6.2.1 和 6.5.3 节中的讨论）、滚动方法（参见例 6.3.1 和例 6.3.2）和模型预测控制（参见 6.5.2 节中讨论的稳定性保障）。确定性等价控制的性能保障（参见命题 6.3.2 和例 6.3.3）较弱，而且确实对于某些随机问题，确定性等价控制可能被开环控制胜出（参见习题 6.2）。对于性能界的额外的理论分析，见 Witsenhausen[Wit69]，[Wit70]。尽管最近在理论和实践经验上取得了进展，对次优控制机制的性能分析方法目前尚不是非常令人满意，通过仿真验证次优策略经常在实践中是至关重要的。这对于本章所讨论的所有方法都成立，包括不基于单步前瞻的方法，例如在策略空间的近似（参见 6.6.2 节）。

Astrom[Ast83] 和 Kumar[Kum85] 给出了关于自适应控制的杰出综述，包括许多参考文献。自调整正定器在 Astrom 和 Wittenmark[AsW73] 的论文之后获得了广泛的关注。关于自适应控制的教材，见 Astrom 和 Wittenmark[AsW94]，Goodwin 和 Sin[GoS84]，Hernandez-Lerma[Her89]，Ioannou 和 Sun[IoS96]，Krstic，Kanellakopoulos 和 Kokotovic[KKK95]，Kumaer 和 Varaiya[KuV86]，Sastry，Bodson 和 Bartram[SBB89] 以及 Slotine 和 Li[SlL91]。

开环反馈控制由 Dreyfus[Dre65] 提出。其相对于开环控制的优越性（参见命题 6.2.1）由本书作者在极小化极大控制的背景下建立了 [Ber72b]。这一结果的推广由 White 和 Harrington[WhH80] 进行。POLFC 在 Bertsekas[Ber76] 中提出。

随机规划问题已经在文献中被详细讨论了（见 Birge 和 Louveaux[BiL97]，Kall 和 Wallace[KaW94] 和 Prekopa[Pre95] 的论文）。Varaiya 和 Wets[VaW89] 重点讨论了随机规划和随机最优控制之间的联系。

有限前瞻近似在特定的应用场景下具有很长的历史。在 6.3.1 节和习题 6.11～6.15 中给出的有限前瞻策略的性能界是新的。

滚动算法的主要思想，通过从某个其他的次优策略出发，使用一次性的策略改进，获得一个改进的策略，已经在几种动态规划应用场景中出现了。在玩游戏的计算机程序中，这一思想已经由 Abramson[Abr90] 和 Tesauro[TeG96] 提出。“滚动”这一名称由 Tesauro 提出，用于特指在西洋双陆棋中掷骰子。Tesauro 提出，给定的双陆棋棋局通过从那个棋局出发使用仿真器“滚动”许多棋局来评价，这许多棋局的结果平均后提供该起始棋局的“得分”。网上包括了许多计算机双陆棋和使用滚动方法的资料，在某些情形下滚动方法与多步前瞻和后续费用近似同时使用。

滚动算法在离散优化问题上的应用可以追溯到本书作者和 J. Tsitsiklis 的神经动态规划的工

作 [BeT96]，Bertsekas[Ber97] 和 Bertsekas 和 Castanon[BeC99]。突破问题的分析（参见例 6.4.2）基于本书作者和 D. Castanon 和 J. Tsitsiklis 的未发表的合作工作。这个问题的最优策略和某些次优策略的分析由 Pearl[Pea84] 给出。滚动算法在网络优化中应用的讨论可以在作者的网络优化书 [Ber98a] 中找到。在 Q-因子差分计算中的方差减小技术（参见 6.4.2 节）来自 Bertsekas[Ber97]。

对于滚动算法的工作，见 Christodouleas[Chr97]，Secomandi[Sec00]，[Sec01]，[Sec03]，Bertsimas 和 Demir[BeD02]，Ferris 和 Voelker[FeV02]，[FeV04]，McGovern，Moss 和 Barto[MMB02]，Savagaonkar，Givan 和 Chong[SGC02]，Bertsimas 和 Popescu[BeP03]，Guerriero 和 Mancini[GuM03]，Tu 和 Pattipati[TuP03]，Wu，Chong 和 Givan[WCG03]，Chang，Givan 和 Chong[CGC04]，Meloni，Pacciarelli 和 Pranzo[MPP04] 以及 Yan，Diaconis，Rusmevichientong 和 Van Roy[YDR05]。这些工作讨论了多种不同的应用和案例研究，并且普遍性地报告了正面的计算体验。

模型预测控制方法已经在多种控制系统设计的问题中变得受欢迎起来，特别是在化学过程控制中，其中出现显式控制和状态约束是重要的实际问题。随着时间推移，对于与目标管道可达性问题、不确定性的集合隶属度描述以及极小化极大控制问题的联系已经有了越来越多的认识（参见 4.6 节的讨论）。这里给出的稳定性分析基于 Keerthi 和 Gilbert[KeG88] 的工作。对于该领域的详细综述，参见 Morari 和 Lee[MoL99] 以及 Mayne 等 [MRR00]，给出了许多参考文献。关于相关的教材，见 Camacho 和 Bordons[CaB04] 和 Maciejowski[Mac02]。6.5.2 节中报告的与滚动算法和一次策略迭代的联系是新的。6.5.3 节中基于结构受限策略的统一次优控制框架也是新的。

求解随机最优控制问题的计算需求在 Blondel 和 Tsitsiklis[BlT00] 的综述中从计算复杂度的角度进行了讨论，其中给出了几个额外的参考文献；也参见 Rust[Rus97]。离散时间随机最优控制问题的多种离散化和近似过程的一致性分析，参见 Bertsekas[Ber75]，[Ber76a]，Chow 和 Tsitsiklis[ChT89]，[ChT91]，Fox[Fox71] 和 Whitt[Whi78]，[Whi79]。利用有限状态不精确状态信息问题的离散化方法首先由 Lovejoy[Lov91a] 给出；也参见综述 [Lov91b]。对于更近期的工作，基于例 6.3.13 中描述的集结/分解方法，参见 Yu 和 Bertsekas[YuB04]。连续时间/状态最优控制问题的离散化问题已经是许多研究的主题；参见 Gonzalez 和 Rofman[GoR85]，Falcone[Fal87]，Kushner[Kus90] 以及 Kushner 和 Dupuis[KuD92]，其中给出了额外的参考文献。

对于特定类型的连续空间最短路径问题已经有了算法方面的显著发展。一种标签设定（Dijkstra）方法的有限终止变形已经由 Tsitsiklis[Tsi95] 提出。这一方法后来在“快速前进方法”的名称下被 Sethian[Set99a]，[Set99b] 重新发现，他们发现了几种其他相关的方法和许多应用，以及 Helmsen 等 [HPC96]。连续空间最短路径问题的标签纠正算法的有效类比由 Bertsekas，Guerriero 和 Musmanno[BGM95] 以及 Polymenakos，Bertsekas 和 Tsitsiklis[PBT98] 发展。

习　题

6.1

考虑具有精确状态信息的问题，涉及 4.1 节的 n 维线性系统：

$$x_{k+1} = A_k x_k + B_k u_k + w_k, k = 0, 1, \cdots, N-1$$

以及如下形式的费用函数

$$E_{w_k,k=0,1,\cdots,N-1}\left\{g_N(c'x_N)+\sum_{k=0}^{N-1}g_k(u_k)\right\}$$

其中 $c\in R^n$ 是给定的向量。证明对于这个问题的动态规划算法可以在一维状态空间上执行。

6.2

对于单阶段问题论证最优开环控制器和 OLFC 都是最优的。构造一个例子，其中 CEC 可能是严格次优的。再处理下面的两阶段例子，由 [ThW66]，涉及具有标量控制和扰动的如下两维线性系统：

$$x_{k+1}=x_k+bu_k+dw_k, k=0,1$$

其中 $b=(1,0)'$，$d=(1/2,\sqrt{2}/2)'$。初始状态是 $x_0=0$。控制 u_0 和 u_1 是无约束的。扰动 w_0 和 w_1 是独立随机变量且每个以等概率 1/2 取值 1 和 -1。拥有精确状态信息。费用是

$$E_{w_0,w_1}\{||x_2||\}$$

其中 $||\cdot||$ 表示通常的欧氏模。证明采用标称值 $\bar{w}_0=\bar{w}_1=0$ 的 CEC 的性能差于最优开环控制器。特别地，证明最优开环费用和最优闭环费用都是 $\sqrt{3}/2$，但是 CEC 的对应费用是 1。

6.3

考虑涉及如下标量系统、具有精确状态信息的两阶段问题

$$x_0=1,x_1=x_0+u_0+w_0,x_2=f(x_1,u_1)$$

控制约束是 $u_0,u_1\in\{0,-1\}$。随机变量 w_0 以等概率 1/2 取值 1 和 -1。函数 f 定义如下

$$f(1,0)=f(1,-1)=f(-1,0)=f(-1,-1)=0.5$$
$$f(2,0)=0,f(2,-1)=2,f(0,-1)=0.6,f(0,0)=2$$

费用函数是

$$E_{w_0}\{x_2\}$$

(a) 证明这个问题的一个可能的 OLFC 是

$$\bar{\mu}_0(x_0)=-1,\bar{\mu}_1(x_1)=\begin{cases}0 & \text{若 } x_1=\pm 1,2\\ -1, & \text{若 } x_1=0\end{cases}$$

而且所获得的费用是 0.5。

(b) 证明这个问题的一个可能的 CEC 是

$$\bar{\mu}_0(x_0)=0,\bar{\mu}_1(x_1)=\begin{cases}0 & \text{若 } x_1=\pm 1,2\\ -1 & \text{若 } x_1=0\end{cases}$$

而且所获得的费用是 0.3。再证明这个 CEC 是一个最优反馈控制器。

6.4

考虑习题 6.3 的系统和费用函数但区别是

$$f(0,-1)=0$$

(a) 证明习题 6.3(a) 部分的控制器同时是 OLFC 和 CEC，而且对应的费用是 0.5。

(b) 假设对第一阶段的控制约束集合是 $\{0\}$ 而不是 $\{0,-1\}$。证明习题 6.3 的 (b) 部分的控制器同时是 OLFC 和 CEC，而且对应的费用是 0。注意：这个问题解释了在次优控制中通常出

现的道路；即，如果控制约束集受限，次优机制可以改进。为了看到这一点，考虑一个问题和一个对这个问题不是最优的次优控制机制。令 $\pi^* = \{\mu_0^*, \cdots, \mu_{N-1}^*\}$ 为最优策略。限制控制约束集让在状态 x_k 只允许最优控制 $\mu_k^*(x_k)$。那么由次优控制机制得到的费用将被改进。

6.5

考虑 ARMAX 模型

$$y_{k+1} + ay_k = bu_k + \epsilon_{k+1} + c\epsilon_k$$

其中参数 a，b 和 c 未知。控制器假设模型如下

$$y_{k+1} + ay_k = u_k + \epsilon_{k+1}$$

并在每个 k 使用最小方差/确定性等价控制

$$u_k^* = \hat{a}_k y_k$$

其中 $\hat{a}_k$ 是 a 的最小方差估计并按照如下方式获得

$$\hat{a}_k = \arg\min_a \sum_{n=1}^{k} \left(y_n + ay_{n-1} - u_{n-1}^*\right)^2$$

写计算机程序检验序列 $\{\hat{a}_k\}$ 收敛到最优值（即 $(c-a)/b$）的假设条件是否成立。并用取值 $|a| < 1$ 和 $|a| > 1$ 做实验。

6.6（半线性系统）

对半线性系统考虑基本问题（参见习题 1.13）。证明扰动的代表性取值等于期望值的 OLFC 和 CEC 对这个问题都是最优的。

6.7

对只有一类零件（$n = 1$）的情形考虑例 6.3.8 的生产控制问题，并假设每个阶段的费用是凸函数 g 并且满足 $\lim_{|x|\to 1} g(x) = \infty$。

(a) 证明对于 α_k 的每个取值，后续费用函数 $J_k(x_k, \alpha_k)$ 是 x_k 的凸函数。

(b) 证明对每个 k 和 α_k，对每个 x_k 存在一个目标值 $\bar{x}_{k+1}$，最优控制 $u_k \in U_k(\alpha_k)$ 选择让 $x_{k+1} = x_k + u_k - d_k$ 尽可能接近 $\bar{x}_{k+1}$。

6.8 (www)

提供仔细的分析证明无论是否采用 $\alpha - \beta$ 剪枝搜索，国际象棋棋局的结果相同。

6.9

在 Nim 游戏的一种版本中，两个玩家初始面对 5 个 1 分硬币并轮流取走一枚、两枚或者三枚硬币。取走最后一枚硬币的玩家输。构造游戏树并验证第二个玩家采用最优策略总可以获胜。

6.10（连续空间最短路径问题）

考虑两维系统

$$\dot{x}_1(t) = u_1(t), \dot{x}_2(t) = u_2(t)$$

满足控制约束 $||u(t)|| = 1$。我们想找到从给定点 $x(0)$ 出发的状态轨迹，终止于另一个给定点 $x(T)$，并且最小化

$$\int_0^T r\left(x(t)\right) \mathrm{d}t$$

函数 $r(\cdot)$ 是非负连续的，终止时间 T 有待优化。假设我们用尺寸 $\varDelta$ 的网格离散化经过 $x(0)$ 和 $x(T)$ 的平面，引入从 $x(0)$ 走到 $x(T)$ 的使用如下类型走法的最短路径问题：从每个网格点 $\bar{x}=(\bar{x}_1,\bar{x}_2)$ 我们可以用 $r(\bar{x})\varDelta$ 的费用走到 $(\bar{x}_1+\varDelta,\bar{x}_2),(\bar{x}_1-\varDelta,\bar{x}_2),(\bar{x}_1,\bar{x}_2+\varDelta)$ 和 $(\bar{x}_1,\bar{x}_2-\varDelta)$ 中的每一个网格点。用例子证明这是原问题的一个糟糕的离散化，即当 $\varDelta\to 0$ 时最短距离未必接近原问题的最优费用。

6.11（凸问题的离散化）

考虑一个状态空间为 S 的问题，其中 S 是 $\Re^n$ 的凸子集。假设 $\hat{S}=\{y_1,\cdots,y_M\}$ 是 S 的有限子集，且 S 是 $\hat{S}$ 的凸包，并且考虑基于近似后续费用函数 $\tilde{J}_0,\tilde{J}_1,\cdots,\tilde{J}_N$ 的单步前瞻策略，其中

$$\tilde{J}_N(x)=g_N(x),\forall x\in S$$

且对 $k=1,\cdots,N-1$，有

$$\tilde{J}_k(x)=\min\left\{\sum_{i=1}^{M}\lambda_i\hat{J}_k(y_i)|\sum_{i=1}^{M}\lambda_i y_i=x,\sum_{i=1}^{M}\lambda_i=1,\lambda_i\geqslant 0,i=1,\cdots,M\right\}$$

其中 $\hat{J}_k(x)$ 定义如下

$$\hat{J}_k(x)=\min_{u\in U_k(x)}E\left\{g_k(x,u,w_k)+\tilde{J}_{k+1}\left(f_k(x,u,w_k)\right)\right\}$$

所以 $\tilde{J}_k$ 作为对 $\hat{J}_k$ 的基于 M 个取值

$$\hat{J}_k(y_1),\cdots,\hat{J}_k(y_M)$$

的“基于网格的”凸分片线性近似从 $\tilde{J}_{k+1}$ 获得。假设费用函数 g_k 和系统函数 f_k 满足当 $\tilde{J}_{k+1}$ 取实数值且是 S 上的凸函数时，则 $\hat{J}_k$ 取实数值且是 S 上的凸函数。用命题 6.3.1 证明与单步前瞻策略对应的后续费用函数 $\bar{J}_k$ 对所有的 $x\in S$ 满足

$$\bar{J}_k(x)\leqslant\hat{J}_k(x)\leqslant\tilde{J}_k(x),k=0,1,\cdots,N-1$$

6.12（使用每阶段费用和约束近似的单步前瞻）

考虑如同在 6.3 节中的单步前瞻策略，其中 $\tilde{J}_k(x_k)$ 被选为一个不同问题的最优后续费用，后者这个问题中每阶段的费用和控制约束集合分别是 $\tilde{g}_k(x_k,u_k,w_k)$ 和 $\tilde{U}_k(x_k)$[而不是 $g_k(x_k,u_k,w_k)$ 和 $U_k(x_k)$]。假设对所有的 k,x_k,u_k,w_k，我们有

$$g_k(x_k,u_k,w_k)\leqslant\tilde{g}_k(x_k,u_k,w_k),\tilde{U}_k(x_k)\subset\bar{U}_k(x_k)$$

使用命题 6.3.1 证明对所有的 x_k 和 k，单步前瞻策略的后续费用 $\bar{J}_k$ 满足

$$\bar{J}_k(x_k)\leqslant\tilde{J}_k(x_k)$$

将这一结果推广到如下情形，其中 $\tilde{g}_k$ 满足

$$g_k(x_k,u_k,w_k)\leqslant\tilde{g}_k(x_k,u_k,w_k)+\delta_k$$

δ_k 是仅依赖于 k 的某个标量。

6.13（最短路径的单步前瞻/滚动）

考虑由节点 $1,\cdots,N$ 构成的一张图，以及从节点 $1,\cdots,N-1$ 中的每一个出发前往 N 的最短路径问题，假设弧长 a_{ij} 给定。假设所有的环具有正长度。令 $f(i),i=1,\cdots,N$ 为某些给定的标量且满足 $F(N)=0$，标记

$$\hat{F}(i)=\min_{j\in J_i}[a_{ij}+F(j)],i=1,\cdots,N-1 \tag{6.66}$$

其中对每个 i，J_i 是由相邻节点 $\{j|(i,j)\text{是一条弧}\}$ 构成的集合的非空子集。

(a) 假设 $\hat{F}(i) \leqslant F(i)$ 对所有的 $i=1,\cdots,N-1$ 成立。令 $j(i)$ 达到 (6.66) 式中的最小值，并考虑由 $N-1$ 条弧 $(i,j(i))$, $i=1,\cdots,N-1$ 构成的图。证明这一图没有环且对每个 $i=1,\cdots,N-1$ 包括唯一的路径 P_i，从 i 开始并且终于 N。证明 P_i 的长度小于或者等于 $\hat{F}(i)$。

(b) 如果假设原图中环路的长度具有非负（而不是正）长度，(a) 部分的结论依然成立吗？

(c) 如果 $F(i)$ 为某给定的从节点 i 到节点 N 路径 $\bar{P}_i$ 的长度，满足 $F(N)=0$，并且假设对于 $\bar{P}_i$ 的首条弧，比如说 (i,j_i)，我们有 $j_i \in J_i$。进一步假设

$$F(i) \geqslant a_{ij_i} + F(j_i)$$

[如果 $\bar{P}_i$ 由弧 (i,j_i) 和之后的路径 $\bar{P}_{j_i}$ 构成，那么这一不等式取等号，如果路径 $\bar{P}_i$ 构成以目的地 N 为根的一棵树便是这样的情形；例如通过求解某个关联的最短路径问题获得路径 $\bar{P}_i$。] 证明对所有的 $i=1,\cdots,N-1$ 有 $\hat{F}(i) \geqslant F(i)$。

(d) 假设 $J_i=\{j|(i,j)\text{是一条弧}\}$。令 P_i 为当标量 $F(i)$ 如同在 (c) 部分那样生成时由 (a) 部分获得的路径。将 P_i 解释为使用合适的启发式策略的滚动算法的结果，并证明对每个 i，P_i 的长度小于或者等于 $\bar{P}_i$ 的长度。

(e) 假设 $J_i=\{j|(i,j)\text{是一条弧}\}$。让我们将标量 $F(i)$ 视作标签纠正方法的节点标签。这一方法从对所有的 $i \neq N$ 有标签 $F(i)=\infty$ 且 $F(N)=0$ 开始，并在每一步对某个违反下述等式的节点 $i \neq N$ 设定

$$F(i) = \min_{\{j|(i,j)\text{是一条弧}\}} [a_{ij} + F(j)]$$

（若这一等式对所有的 $i \neq N$ 成立则该方法终止）。证明在这一方法的执行过程中，标签 $F(i)$（在终止时或者之前）对所有的 i 有 $F(i) < \infty$ 的所有条件满足 (c) 部分的假设。

6.14（两步前瞻策略的性能界）

考虑在 6.3 节中的两步前瞻策略，并假设对所有的 x_k 和 k 有

$$\hat{J}_k(x_k) \leqslant \tilde{J}_k(x_k)$$

其中 $\hat{J}_N = g_N$ 并且对 $k=0,\cdots,N-1$，

$$\hat{J}_k(x_k) = \min_{u_k \in \bar{U}_k(x_k)} E\left\{g_k(x_k,u_k,w_k) + \tilde{J}_{k+1}\left(f_k(x_k,u_k,w_k)\right)\right\}$$

考虑对应于使用 $\tilde{J}_k$ 和 $\bar{U}_k(x_k)$ 的两步前瞻策略的后续费用函数 $\bar{J}_k$。证明对所有的 x_k 和 k，我们有

$$\bar{J}_k(x_k) \leqslant J_k^+(x_k) \leqslant \hat{J}_k(x_k) \leqslant \tilde{J}_k(x_k)$$

其中 J_k^+ 是从 $\tilde{J}_{k+2}$ 开始两次使用动态规划迭代获得的函数：

$$J_k^+(x_k) = \min_{u_k \in \bar{U}_k(x_k)} E\left\{g_k(x_k,u_k,w_k) + \hat{J}_{k+1}\left(f_k(x_k,u_k,w_k)\right)\right\}$$

6.15（具有误差的滚动算法）

考虑 6.4.1 节的图搜索问题，并令 $\mathcal{H}$ 为序贯改进基础启发式策略。假设按照如下方式生成一条路径 $(i_1,\cdots,i_{\bar{m}})$

$$i_{m+1} = \arg\min_{j \in N(i_m)} \hat{H}(j), m=1,\cdots,\bar{m}-1$$

其中 $\hat{H}(j)$ 与基础启发式策略的费用 $H(j)$ 之间的误差是

$$e(j) = \hat{H}(j) - H(j)$$

(a) 假设对所有的 j 有 $|e(j)| \leqslant \epsilon$，证明所生成的路径的费用小于或者等于 $H(i_1) + 2(\bar{m} - 1)\epsilon$。提示：使用如下关系式

$$H(i_{m+1}) - \epsilon \leqslant \hat{H}(i_{m+1}) = \min_{j \in N(i_m)} \hat{H}(j) \leqslant \min_{j \in N(i_m)} H(j) + \epsilon \leqslant H(i_m) + \epsilon$$

(b) 对于当我们对所有的 j 有 $0 \leqslant e(j) \leqslant \epsilon$ 的情形，以及对所有 j 有 $-\epsilon \leqslant e(j) \leqslant 0$ 的情形，修改 (a) 部分的估计。

(c) 考虑当 $\mathcal{H}$ 是最优的于是有 $H(j) = J^*(j)$ 的情形，推导从 i_1 开始的所生成路径的费用和最优费用之间的差别的界。

6.16（使用随机启发式策略的突破问题）

考虑例 6.4.2 的突破问题，区别在于使用随机启发式策略替代贪婪启发式策略，该随机策略在给定节点以等概率选择两条出弧。用

$$D_k = p^k$$

标记在 k 阶段图中随机启发式策略成功的概率，并用 R_k 表示对应的滚动算法的成功概率。证明对所有的 k 有

$$R_k = p(2 - p)R_{k-1} + p^2 D_{k-1}(1 - R_{k-1})$$

并且证明

$$\frac{R_k}{D_k} = (2 - p)\frac{R_{k-1}}{D_{k-1}} + p(1 - R_{k-1})$$

论证 R_k/D_k 随着 k 指数增加。

6.17

考虑例 6.4.2 的突破问题，区别在于在每个节点有三条出弧而不是两条。每条弧以概率 p 免费，与其他弧独立。推导比例 R_k/G_k 的方程，其中 G_k 是对于 k 阶段问题贪婪启发式策略成功的概率，R_k 是对应的滚动式算法的成功概率。验证例 6.4.2 的结论在定性的意义下仍成立，并且 R_k/G_k 随着 k 线性增加。

6.18（使用滑动窗口滚动的突破问题）

考虑例 6.4.2 的突破问题，并且考虑一个滑动窗口类型的滚动算法，使用贪婪基础启发式策略以及 l 步前瞻。这与例 6.4.2 中描述的算法基本相同，除了下面的区别：如果在阶段 k 当前节点的两条出弧都是免费的，滚动算法考虑这些弧的两个端点，从它们中的每一个出发运行 $\min\{l, N-k-1\}$ 步贪婪算法。考虑具有 $l+1$ 个状态的马尔可夫链，其中状态 $i = 0, \cdots, l-1$ 对应于由贪婪算法生成的路径在 i 条弧之后被堵住的路径。状态 l 对应于由贪婪算法生成的路径在 l 条弧之后仍未被堵住。

(a) 推导这个马尔可夫链的转移概率，其建模了滚动算法的操作。

(b) 使用计算机仿真生成突破的概率，并展示对 N 取值大时，l 的最优值很难保持不变并且远小于 N（这也可以解析地证实，通过使用马尔可夫链的性质）。

6.19（约束动态规划的滚动）

考虑涉及如下系统的确定性约束动态规划问题

$$x_{k+1}=f_k(x_k,u_k)$$

其中我们想最小化费用函数

$$g_N^1(x_N)+\sum_{k=0}^{N-1}g_k^1(x_k,u_k)$$

相对于约束

$$g_N^m(x_N)+\sum_{k=0}^{N-1}g_k^m(x_k,u_k)\leqslant b^m,m=2,\cdots,M$$

参见 2.3.4 节。我们假设每个状态 x_k 从有限集合内取值，每个控制 u_k 从依赖于 x_k 的有限约束集合 $U_k(x_k)$ 内取值。我们描述滚动算法的一种推广，涉及某个可行的基础启发式策略，即当从给定的初始状态 x_0 出发时，算法产生满足问题约束的状态/控制轨迹。

考虑滚动算法，在阶段 k 保持从给定初始状态 x_0 开始的部分状态/控制轨迹

$$T_k=(x_0,u_0,x_1,\cdots,u_{k-1},x_k)$$

对所有的 $i=0,1,\cdots,k-1$ 满足 $x_{i+1}=f_i(x_i,u_i)$ 和 $u_i\in U_i(x_i)$。对于这样的轨迹，令 $C^m(x_k)$ 为约束函数的对应值，

$$C^m(x_k)=\sum_{i=0}^{k-1}g_i^m(x_i,u_i),m=2,\cdots,M$$

对每个 $u_k\in U_k(x_k)$，令 $x_{k+1}=f_k(x_k,u_k)$ 为下一个状态，并且令 $\tilde{J}(x_{k+1})$ 和 $\tilde{C}^m(x_{k+1})$ 为从 x_{k+1} 开始的基础启发式策略的后续费用和约束函数的值。

算法从仅由初始状态 x_0 组成的部分轨迹 T_0 开始。对每个 $k=0,\cdots,N-1$，给定当前轨迹 T_k，构成了由控制 $u_k\in U_k(x_k)$ 形成的子集，与对应的状态 $x_{k+1}=f_k(x_k,u_k)$ 一起满足

$$C^m(x_k)+g_k^m(x_k,u_k)+\tilde{C}^m(x_{k+1})\leqslant b^m,m=2,\cdots,M$$

算法从这个集合中选择一个控制 u_k 和对应的状态 x_{k+1} 满足

$$g_k^1(x_k,u_k)+\tilde{J}(x_{k+1})$$

为最小值，然后通过将 (u_k,x_{k+1}) 加入到 T_k 构成轨迹 T_{k+1}。构建 6.4.1 节中序贯一致性和序贯改进假设的类似假设条件，在这些假设条件下算法保证生成可行状态/控制轨迹，其费用不高于与基础启发式策略关联的费用。注意：对于这一算法推广版本的描述和分析，见作者的报告“约束动态规划的滚动算法”，LIDS 报告 2646，MIT，2005 年 4 月。

6.20（极小化极大问题的滚动）

考虑极小化极大动态规划问题，正如在 1.6 节中描述的那样，以及基于前瞻函数 $\tilde{J}_1,\cdots,\tilde{J}_N$ 的单步前瞻策略，满足 $\tilde{J}_N=g_N$。这是在状态 x_k 下在 $u_k\in U_k(x_k)$ 上最小化如下表达式获得的策略

$$\max_{w_k\in W_k(x_k,u_k)}\left[g_k(x_k,u_k,w_k)+\tilde{J}_{k+1}\left(f_k(x_k,u_k,w_k)\right)\right]$$

(a) 阐述并证明命题 6.3.1 和命题 6.3.2 的类似结论。

(b) 考虑滚动算法，其中 $\tilde{J}_k$ 是对应于某个基础启发式策略的后续费用函数。证明对所有的 x_k 和 k，滚动算法 $\bar{J}_k$ 的后续费用满足 $\bar{J}_k(x_k) \leqslant \tilde{J}_k(x_k)$。

6.21（具有扰动的模型预测控制）

考虑 6.5.2 节的模型预测控制框架，包括采用集合隶属度描述的扰动。令 $\bar{\mu}$ 为从模型预测控制获得的策略。

(a) 使用约束可控性假设证明 $\bar{\mu}$ 满足目标管道 $\{X, X, \cdots\}$ 的可达性，即

$$f\left(x, \bar{\mu}(x), w\right) \in X, \text{ 对所有的} x \in X \text{和} w \in W\left(x, \bar{\mu}(x)\right)$$

(b) 考虑由模型预测控制生成的任意序列 $\{x_0, u_0, x_1, u_1, \cdots\}$[即，$x_0 \in X, x_0 \notin T, u_k = \bar{\mu}(x_k), x_{k+1} = f(x_k, u_k, w_k)$, 和 $w_k \in W(x_k, u_k)$]。证明

$$\sum_{k=0}^{K_T-1} \left(x_k' Q x_k + u_k' R u_k\right) \leqslant \hat{J}(x_0) < \infty$$

其中 K_T 是满足 $x_k \in T$ 的最小整数 k（如果 $x_k \notin T$ 对所有 k 成立，则 $K_T = \infty$），并且 $\hat{J}(x)$ 是从状态 $x \in X$ 开始的 m 阶段极小化极大控制问题由模型预测控制求解的最优费用。提示：如同在没有扰动的情形中一样进行讨论。考虑与由模型预测控制在每个阶段求解的问题类似、但是少一个阶段的最优控制问题。特别地，给定 $x \in X$ 且 $x \notin T$，考虑极小化极大控制问题，找到策略 $\hat{\mu}_0, \hat{\mu}_1, \cdots, \hat{\mu}_{m-2}$ 最小化

$$\max_{w_i \in W(x_i, \hat{\mu}(x_i)), i=0,1,\cdots,m-2} \sum_{i=0}^{m-2} g\left(x_i, \hat{\mu}_i(x_i)\right)$$

满足系统方程约束

$$x_{i+1} = f\left(x_i, \hat{\mu}_i(x_i), w_i\right), i = 0, 1, \cdots, m-2$$

控制和状态约束

$$x_i \in X, \hat{\mu}_i(x_i) \in U(x_i), i = 0, 1, \cdots, m-2$$

以及末端状态约束

$$x_i \in T, \text{对某个} i \in [1, m-1]$$

这些约束必须在所有的扰动序列

$$w_i \in W\left(x_i, \hat{\mu}_i(x_i)\right), i = 0, 1, \cdots, m-2$$

都满足。令 $\tilde{J}(x_0)$ 为对应的最优值，并为没有可行解的问题对 $x_0 \in T$ 定义 $\tilde{J}(x_0) = 0$，为所有的 $x_0 \notin T$ 定义 $\tilde{J}(x_0) = \infty$。证明由模型预测控制在状态 $x \in X, x \notin T$ 施加的控制 $\bar{\mu}(x)$，在 $u \in U(x)$ 上最小化

$$\max_{w \in W(x,u)} \left[x'Qx + u'Ru + \tilde{J}\left(f(x, u, w)\right)\right]$$

并使用事实 $\hat{J}(x) \leqslant \tilde{J}(x)$ 来证明对所有的 $x \in X, x \notin T$，有

$$\max_{w \in W(x,u)} \left[x'Qx + \bar{\mu}(x)'R\bar{\mu}(x) + \hat{J}\left(f\left(x, \bar{\mu}(x), w\right)\right)\right] \leqslant \hat{J}(x)$$

证明对所有满足 $x_k \in X, x_k \notin T$ 的 k，有

$$x_k' Q x_k + u_k' R u_k + \hat{J}(x_{k+1}) \leqslant \hat{J}(x_k)$$

其中若 $x_{k+1} \in T$ 则有 $\hat{J}(x_{k+1}) = 0$。在 $k = 0, 1, \cdots, K_T - 1$ 上累加。

(c) 证明在模型预测控制下，只要 $\min_{x \in X, x \notin T} x'Qx > 0$，那么对于充分大的 k，系统的状态 x_k 必然属于 T。用例 6.5.3 证明需要这一假设。

(d) 将由模型预测控制产生的策略 $\bar{\mu}$ 解释为使用合适的基础启发式策略的滚动策略。提示：将 $\bar{\mu}$ 视作使用等于 $\tilde{J}$ 的单步前瞻近似函数的单步前瞻策略，正如在 (b) 部分的提示中定义的那样。

第 7 章　无限阶段问题介绍

在这一章，我们提供对无限阶段问题的介绍。这些问题与到目前为止所考虑的问题有两方面的区别：

(a) 阶段的数量为无限。

(b) 系统是平稳的，即，系统方程、每阶段的费用和随机扰动的统计量不随阶段变化而变化。

无限阶段数量的假设在实际中不会被满足，但这是对阶段数量有限却很多的问题的一个合理的近似。平稳性的假设经常在实际中被满足，在其他的情形中这一假设对随时间变化非常缓慢的系统参数提供了良好的近似。

无限阶段问题是有趣的，因为它们的分析简洁而有启发性，而且最优策略的实现经常是简单的。例如，最优策略通常是平稳的，即，选择控制的最优准则并不随着阶段的变化而变化。

另一方面，无限阶段问题通常需要比有限阶段的问题更加复杂的分析，因为需要分析随着时段长度趋向无穷时候的极限行为。这一分析通常是非平凡的，并且不时揭示令人惊讶的可能性。我们的分析将限制在有限状态的问题。对这一工作的更加细致的发展以及在多个领域的应用可以在本书第 II 卷中找到。

7.1　概　　览

存在四种主要类别的无限阶段问题。在前三种类别中，我们尝试最小化无限阶段的总费用，给定如下

$$J_\pi(x_0) = \lim_{N\to\infty} E_{w_k,k=0,1,\cdots}\left\{\sum_{k=0}^{N-1}\alpha^k g\left(x_k,\mu_k(x_k),w_k\right)\right\}$$

这里，$J_\pi(x_0)$ 表示与初始状态 x_0 和策略 $\pi=\{\mu_0,\mu_1,\cdots\}$ 相关联的费用，α 是正标量且 $0<\alpha\leqslant 1$，被称为折扣因子。$\alpha<1$ 的含义是比起当前时间的同样费用未来的费用对我们的影响更小。例如，考虑第 k 阶段的钱贬值到初始阶段的因子 $(1+r)^{-k}$，其中 r 是利率；这里 $\alpha=1/(1+r)$。在总费用问题中的另一个重要的考虑是在 $J_\pi(x_0)$ 的定义中的极限是有限的。在下述类别问题中的前两类中，这一点通过对问题结构和折扣因子的多种假设来保证。在第三类问题中，对某些问题调整分析来处理无穷费用。在第四类问题中，对任意策略的这一加和未必是有限的，因此，重新恰当地定义费用。

(a) *随机最短路径问题*。这里 $\alpha=1$ 但是存在特殊的没有费用的末端状态；一旦系统到达这个状态，则将保持在这里并且没有进一步的费用。我们将假设系统的结构让末端状态不可避免（这一假设将在第 II 卷第 2 章中在某种意义上放松）。所以时段在实际意义上是有限的，但是其长度是随机的而且可能被使用的策略所影响。这些问题将在下一节中考虑并且其分析将为本章考虑的其他类型的问题提供基础。

(b) 每阶段平均费用有界的折扣问题。这里 $\alpha < 1$ 且每个阶段的绝对费用 $|g(x, u, w)|$ 有某个常数 M 为上界；这让费用 $J_\pi(x_0)$ 的定义良好，因为这是无穷级数之和，其中的每一项的绝对值由递减的几何级数 $\{\alpha^k M\}$ 为上界。我们将在 7.3 节中考虑这些问题。

(c) 每阶段费用无界的折扣和非折扣问题。这里折扣因子 α 可能小于 1 也可能不小于 1，每个阶段的平均费用可能是无界的。这些问题需要复杂的分析，因为某些策略的费用可能无穷，需要被显式地处理。我们将不在这里考虑这些问题；见第 II 卷第 3 章。

(d) 每阶段平均费用问题。只有当 $J_\pi(x_0)$ 对至少某些可接受的策略 π 和某些初始状态 x_0 有限时，对总费用 $J_\pi(x_0)$ 的最小化才有意义。然而，经常地，对每个策略 π 和初始状态 x_0 有 $J_\pi(x_0) = \infty$（考虑 $\alpha = 1$ 的情形，并且每个状态和控制的费用都是正的）。结果在许多这样的问题中，每阶段平均费用定义如下

$$\lim_{N \to \infty} \frac{1}{N} E_{w_k, k=0,1,\cdots} \left\{ \sum_{k=0}^{N-1} g\left(x_k, \mu_k(x_k), w_k\right) \right\}$$

有定义且有限。我们将在 7.4 节中考虑一些这样的问题。

无限阶段结论的预览

存在针对无穷时段问题的几种分析和计算的问题。其中的许多可以围绕着无限阶段问题的最优后续费用函数 J^* 和对应的 N 阶段问题的最优后续费用函数之间的关系得到解决。特别地，考虑 $\alpha = 1$ 的情形，并且令 $J_N(x)$ 表示涉及 N 个阶段、初始状态为 x、每阶段费用为 $g(x, u, w)$、末端费用为零的问题的最优费用。最优的 N 阶段费用在动态规划算法的 N 次迭代之后被生成，

$$J_{k+1}(x) = \min_{u \in U(x)} E_w \left\{ g(x, u, w) + J_k\left(f(x, u, w)\right) \right\}, k = 0, 1, \cdots \tag{7.1}$$

从初始条件对所有的 x 有 $J_0(x) = 0$ 出发（注意这里我们逆转了时间标签以适应我们的需要）。依定义，给定策略的无穷时段费用是当 $N \to \infty$ 时 N 阶段费用的极限，因此自然可以论断：

(1) 最优无限阶段费用是对应的 N 阶段最优费用当 $N \to \infty$ 时的极限；即

$$J^*(x) = \lim_{N \to \infty} J_N(x) \tag{7.2}$$

对所有的状态 x。这一关系在计算上和分析上都非常有价值，并且幸运的是，通常成立。特别地，它对于下面两节的模型成立 [上述的类别 (a) 和 (b)]。然而，在上述 (c) 类问题中存在一些不寻常的意外，这展示了无限阶段问题应该小心处理。这一问题在第 II 卷中进行了细致讨论。

(2) 下面的动态规划算法的极限形式应当对所有的状态 x 成立，

$$J^*(x) = \min_{u \in U(x)} E_w \left\{ g(x, u, w) + J^*\left(f(x, u, w)\right) \right\}$$

正如由 (7.1) 式和 (7.2) 式建议的。这并不是一个真正的算法，而是由方程组描述的系统（每个状态一个方程），其解为所有状态的后续费用。也可以将其看做后续费用函数 J^* 的函数方程，并被称为贝尔曼方程。再一次幸运的是，该方程的一种合适的形式对我们所感兴趣的每一种无限阶段问题都成立。

(3) 如果 $\mu(x)$ 对每个 x 都达到贝尔曼方程右侧的最小值，那么策略 $\{\mu, \mu, \cdots\}$ 应该是最优的。这对所感兴趣的大部分无限阶段问题是成立的，特别地，对所有在本章讨论的模型都成立。

绝大部分无限阶段问题的分析围绕着上述三个问题得以解决，并且围绕着 J^* 的高效计算和最优策略。在下面的三节中我们将对一些更简单的无限时段问题讨论上述问题，所有这些问题都涉及有限的状态空间。

总费用问题模型

本章我们假设一个受控的有限状态离散时间动态系统，其中在状态 i，使用控制 u 指定了到下一个状态 j 的转移概率 $p_{ij}(u)$。这里状态 i 是有限状态空间中的一个元素，控制 u 限制在给定的有限约束集合 $U(i)$ 中取值，后者可能依赖于当前的状态 i。正如在 1.1 节中讨论的，系统方程是

$$x_{k+1} = w_k$$

其中 w_k 是扰动。我们将一般性地从费用中舍去 w_k 以简化符号。所以，我们将假设第 k 阶段在状态 x_k 使用控制 u_k 的费用为 $g(x_k, u_k)$。这相当于在我们的计算中将每个阶段的费用在所有后续状态中进行平均，这在后续的分析中没有本质上的区别。所以，如果 $\tilde{g}(i, u, j)$ 是在状态 i 使用 u 并移动到状态 j 的费用，我们使用如下给定的期望费用 $g(i, u)$ 作为单个阶段的费用，即

$$g(i, u) = \sum_j p_{ij}(u)\tilde{g}(i, u, j)$$

与在初始状态 i 和策略 $\pi = \{\mu_0, \mu_1, \cdots\}$ 相关联的总期望费用是

$$J_\pi(i) = \lim_{N \to \infty} E\left\{\sum_{k=0}^{N-1} \alpha^k g\left(x_k, \mu_k(x_k)\right) | x_0 = i\right\}$$

其中 α 是折扣因子并且满足 $0 < \alpha \leqslant 1$。在接下来的两节，我们将施加一些假设条件保证上述极限的存在。从状态 i 出发的最优费用，即 $J_\pi(i)$ 在所有可接受的 π 的最小值，标记为 $J^*(i)$。一个平稳策略是一个可接受的策略且形式为 $\pi = \{\mu_0, \mu_1, \cdots\}$，且其对应的费用函数标记为 $J_\pi(i)$。为了简化，我们称 $\{\mu_0, \mu_1, \cdots\}$ 为平稳策略 μ。若对所有的状态 i 均有

$$J_\mu(i) = J^*(i) = \min_\pi J_\pi(i)$$

则我们说 μ 是最优的。

7.2 随机最短路径问题

这里，我们假设没有折扣（$\alpha = 1$），并且为了让费用有意义，我们假设存在一个特殊的没有费用的末端状态 t。一旦系统到达那个状态，将保持在那里且没有进一步的费用，即对所有的 $u \in U(t)$ 均有 $p_{tt}(u) = 1$，$g(t, u) = 0$。我们用 $1, \cdots, n$ 标记除了末端状态 t 之外的其他状态。

在我们感兴趣的问题中达到末端状态是不可避免的，至少在最优策略下如此。所以，这个问题的关键是使用最小的期望费用到达末端状态。我们称这个问题为*随机最短路径问题*。确定性最短路径问题是这里的一种特殊情形，其中对每个状态-控制对 (i, u) 存在依赖于 (i, u) 的唯一的状态 j 满足转移概率 $p_{ij}(u)$ 等于 1。读者也可以验证第 1 章的有限时段问题可以作为一个特例获得，只需要将 (x_k, k) 视作状态（参见第II卷的 3.6 节）。

需要一些条件才能保证至少在最优策略下，终止以概率 1 出现。我们将假设如下的条件以保证在所有的策略下系统最后将终止。

假设 7.2.1 *存在整数 m 满足无论使用什么策略和初始状态，均存在正的概率在不超过 m 个阶段达到末端状态，即，对所有的可接受策略 π，我们有*

$$\rho_\pi = \max_{i=1,\cdots,n} P\{x_m \neq t | x_0 = i, \pi 1\} < 1 \tag{7.3}$$

然而，我们注意到即将阐述的结论在更加一般的情形下也成立。[①]进一步，可以证明如果存在满足假设 7.2.1 的整数 m，那么也存在一个整数小于或等于满足这一性质的 n（习题 7.12）。所以，如果不知道更小的 m 取值，我们总可以在假设 7.2.1 中使用 $m = n$。令

$$\rho = \max_{\pi} \rho_{\pi}$$

注意 ρ_{π} 只依赖于策略 π 的前 m 个元素。进一步，因为在每个状态可用的控制是有限的，不同的 m 阶段策略的数量也是有限的。于是只能存在有限多个不同的 ρ_{π} 的取值满足

$$\rho < 1$$

我们于是对任意的 π 和任意的初始状态 i 均有

$$\begin{aligned} P\{x_{2m} \neq t | x_0 = i, \pi\} &= P\{x_{2m} \neq t | x_m \neq t, x_0 = i, \pi\} \cdot P\{x_m \neq t | x_0 = i, \pi\} \\ &\leqslant \rho^2 \end{aligned}$$

更一般地，不论初始状态如何，对每个可接受的策略 π，在 km 个阶段后没有到达末端状态的概率类似 ρ^k 一般减小，即

$$P\{x_{km} \neq t | x_0 = i, \pi\} \leqslant \rho^k, i = 1, \cdots, n \tag{7.4}$$

因为在 km 和 $(k+1)m - 1$ 之间的 m 个阶段出现的期望费用的绝对值以下式为上界，

$$m\rho^k \max_{i=1,\cdots,n, u \in U(i)} |g(i, u)|$$

所以相关联的总费用向量的极限 J_{π} 是有限的。特别地，我们有

$$|J_{\pi}(i)| \leqslant \sum_{k=0}^{\infty} m\rho^k \max_{i=1,\cdots,n, u \in U(i)} |g(i, u)| = \frac{m}{1-\rho} \max_{i=1,\cdots,n, u \in U(i)} |g(i, u)| \tag{7.5}$$

下面命题的结论是基本的，并且在许多无限时段问题上是典型的。证明的关键思想是随着 K 增加到 ∞ 时费用序列的“尾巴”

$$\sum_{k=mK}^{\infty} E\{g(x_k, \mu_k(x_k))\}$$

将消失，因为 $x_{mK} \neq t$ 的概率如同 ρ^K 一样减小 [参见 (7.4) 式]。

命题 7.2.1　在假设 7.2.1 之下，下面结论对随机最短路径问题成立：

(a) 给定任意初始条件 $J_0(1), \cdots, J_0(n)$，由如下迭代生成的序列 $J_k(i)$

$$J_{k+1}(i) = \min_{u \in U(i)} \left[g(i, u) + \sum_{j=1}^{n} p_{ij}(u) J_k(j) \right], i = 1, \cdots, n \tag{7.6}$$

对每个 i 收敛到最优费用 $J^*(i)$。[注意，通过逆转时间标志，这一迭代可以被视作末端费用函数等于 J_0 的有限时段问题的动态规划算法。实际上，$J_k(i)$ 是从状态 i 开始的由 g 给定的每阶段费用、由 J_0 指定的 k 阶段末端费用的 k 阶段问题的最优费用。]

---

① 若 (7.3) 式对某个 m 成立，我们称平稳策略 π 为合适的，否则称 π 为不合适的。可以证明假设 7.2.1 等价于看起来更弱的假设，即所有的平稳策略都是合适的（见第 II 卷习题 2.3）。然而，确实可在更弱的假设条件下证明命题 7.2.1 的结论，这个条件是存在至少一个合适的策略，并且每个不合适的策略从至少一个初始状态出发导致无穷的期望费用（见 Bertsekas 和 Tsitsiklis[BeT89]、[BeT91]，或者第 II 卷第 2 章）。这些假设条件，当专门针对确定性最短路径问题时，与我们在第 2 章中使用的条件类似。这些条件意味着从每个起点存在至少一条路通往目的地，并且所有的环路具有正费用。在习题 7.28 中描述了另一组让命题 7.2.1 的结论成立的假设条件，其中也允许了不合适的策略，但是假设阶段费用 $g(i, u)$ 非负，并且假设最优费用 $J^*(i)$ 是有限的。

(b) 最优费用 $J^*(1),\cdots,J^*(n)$ 满足贝尔曼方程，

$$J^*(i)=\min_{u\in U(i)}\left[g(i,u)+\sum_{j=1}^{n}p_{ij}(u)J^*(j)\right],i=1,\cdots,n \tag{7.7}$$

实际上它们是这个方程的唯一解。

(c) 对任意平稳策略 μ，费用 $J_\mu(1),\cdots,J_\mu(n)$ 是如下方程的唯一解

$$J_\mu(i)=g\left(i,\mu(i)\right)+\sum_{j=1}^{n}p_{ij}\left(\mu(i)\right)J_\mu(j),i=1,\cdots,n$$

进一步，给定任意初始条件 $J_0(1),\cdots,J_0(n)$，由动态规划迭代生成的序列 $J_k(i)$，

$$J_{k+1}(i)=g\left(i,\mu(i)\right)+\sum_{j=1}^{n}p_{ij}\left(\mu(i)\right)J_k(j),i=1,\cdots,n$$

对每个 i 收敛到费用 $J_\mu(i)$。

(d) 平稳策略 μ 是最优的，当且仅当对每个状态 i，$\mu(i)$ 达到贝尔曼方程 (7.7) 式的最小值。

证明 (a) 对每个正整数 K、初始状态 x_0 和策略 $\pi=\{\mu_0,\mu_1,\cdots\}$，我们将费用 $J_\pi(x_0)$ 分解为开始的 mK 个阶段的费用和剩余阶段的费用，

$$\begin{aligned}J_\pi(x_0)&=\lim_{N\to\infty}E\left\{\sum_{k=0}^{N-1}g\left(x_k,\mu_k(x_k)\right)\right\}\\&=E\left\{\sum_{k=0}^{mK-1}g\left(x_k,\mu_k(x_k)\right)\right\}+\lim_{N\to\infty}E\left\{\sum_{k=mK}^{N-1}g\left(x_k,\mu_k(x_k)\right)\right\}\end{aligned}$$

假设没有在这个循环中出现终止，令 M 表示下面的 m 阶段循环费用的上界，

$$M=m\max_{i=1,\cdots,n,u\in U(i)}|g(i,u)|$$

在第 K 个 m 阶段循环 [从阶段 Km 到 $(K+1)m-1$] 中的期望费用的上界是 $M\rho^K$[参见 (7.4) 式和 (7.5) 式]，所以有

$$\left|\lim_{N\to\infty}E\left\{\sum_{k=mK}^{N-1}g\left(x_k,\mu_k(x_k)\right)\right\}\right|\leqslant M\sum_{k=K}^{\infty}\rho^k=\frac{\rho^KM}{1-\rho}$$

而且，记有 $J_0(t)=0$，让我们将 J_0 视作末端费用函数，并且为其在 π 下 mK 个阶段的期望值提供上界。我们有

$$\begin{aligned}|E\left\{J_0(x_{mK})\right\}|&=|\sum_{i=1}^{n}P(x_{mK}=i|x_0,\pi)J_0(i)|\\&\leqslant\left(\sum_{i=1}^{n}P\left(x_{mK}=i|x_0,\pi\right)\right)\max_{i=1,\cdots,n}|J_0(i)|\\&\leqslant\rho^K\max_{i=1,\cdots,n}|J_0(i)|\end{aligned}$$

因为对任意策略 $x_{mK} \neq t$ 的概率小于或等于 ρ^K。综合前述关系式，我们获得

$$-\rho^K \max_{i=1,\cdots,n} |J_0(i)| + J_\pi(x_0) - \frac{\rho^K M}{1-\rho} \leqslant E\left\{J_0(x_{mK}) + \sum_{k=0}^{mK-1} g\left(x_k, \mu_k(x_k)\right)\right\}$$

$$\leqslant \rho^K \max_{i=1,\cdots,n} |J_0(i)| + J_\pi(x_0) + \frac{\rho^K M}{1-\rho} \tag{7.8}$$

注意上述不等式中间项的期望值是策略 π 从状态 x_0 开始、末端费用为 $J_0(x_{mK})$ 的 mK 阶段的费用；这一费用在所有 π 上的最小值等于 $J_{mK}(x_0)$ 的值，这是由动态规划迭代 (7.6) 式在 mK 轮迭代之后生成的。所以，通过在 (7.8) 式中对 π 取最小值，我们对所有的 x_0 和 K 获得

$$\rho^K \max_{i=1,\cdots,n} |J_0(i)| + J^*(x_0) - \frac{\rho^K M}{1-\rho} \leqslant J_{mK}(x_0)$$

$$\leqslant \rho^K \max_{i=1,\cdots,n} |J_0(i)| + J^*(x_0) + \frac{\rho^K M}{1-\rho} \tag{7.9}$$

并且通过对 $K \to \infty$ 取极限，我们对所有的 x_0 获得 $\lim_{K\to\infty} J_{mK}(x_0) = J^*(x_0)$。因为

$$|J_{mK+q}(x_0) - J_{mK}(x_0)| \leqslant \rho^K M, q = 1, \cdots, m$$

我们看到 $\lim_{K\to\infty} J_{mK+q}(x_0)$ 对所有的 $q = 1, \cdots, m$ 是相同的，所以有 $\lim_{k\to\infty} J_k(x_0) = J_k(x_0) = J^*(x_0)$。

(b) 通过在 (7.6) 式的动态规划迭代中当 $k \to \infty$ 时取极限，并使用 (a) 部分的结论，我们看到 $J^*(1), \cdots, J^*(n)$ 满足贝尔曼方程。为了证明唯一性，注意到如果 $J(1), \cdots, J(n)$ 满足贝尔曼方程，于是 (7.6) 式动态规划迭代从 $J(1), \cdots, J(n)$ 开始只是重复 $J(1), \cdots, J(n)$。从 (a) 部分的收敛性结论可以得到对所有的 i 有 $J(i) = J^*(i)$。

(c) 给定平稳策略 μ，我们可以考虑一个修订的随机最短路径问题，这与原来的问题基本相同，除了一点即对每个状态 i 的控制约束集合只包含一个元素，控制 $\mu(i)$；即，控制约束集合是 $\tilde{U}(i) = \{\mu(i)\}$ 而不是 $U(i)$。从 (b) 部分我们于是获得 $J_\mu(1), \cdots, J_\mu(n)$ 对于这个修订后的问题是贝尔曼方程的唯一解，即

$$J_\mu(i) = g\left(i, \mu(i)\right) + \sum_{j=1}^{n} p_{ij}\left(\mu(i)\right) J_\mu(j), i = 1, \cdots, n$$

而且从 (a) 部分有对应的动态规划迭代收敛到 $J_\mu(i)$。

(d) 我们有 $\mu(i)$ 收敛到 (7.7) 式的最小值，当且仅当我们有

$$J^*(i) = \min_{u\in U(i)} \left[g(i,u) + \sum_{j=1}^{n} p_{ij}(u) J^*(j)\right]$$

$$= g\left(i, \mu(i)\right) + \sum_{j=1}^{n} p_{ij}\left(\mu(i)\right) J^*(j), i = 1, \cdots, n$$

(c) 部分和上面的方程意味着对所有的 i 有 $J_\mu(i) = J^*(i)$。反过来，如果对所有的 i 有 $J_\mu(i) = J^*(i)$，那么 (b) 和 (c) 部分可以推出上面的方程。

例 7.2.1（期望终止时间最小化）

这里的情形是

$$g(i,u)=1, i=1,\cdots,n, u\in U(i)$$

对应着目标函数是平均意义下尽快终止，而且对应的最优费用 $J^*(i)$ 是从状态 i 开始的最小期望终止时间。在我们的假设下，费用 $J^*(i)$ 是贝尔曼方程的唯一解，其具有如下形式

$$J^*(i)=\min_{u\in U(i)}\left[1+\sum_{j=1}^{n}p_{ij}(u)J^*(j)\right], i=1,\cdots,n$$

在每个状态仅有唯一控制的特殊情形下，$J^*(i)$ 代表着从 i 到 t 的期望首达时间（参见附录 D）。这些时间，记为 m_i，是如下方程的唯一解

$$m_i=1+\sum_{j=1}^{n}p_{ij}m_j, i=1,\cdots,n$$

例 7.2.2

一只蜘蛛和一只苍蝇沿着一条直线在时间点 $k=0,1,\cdots$ 移动。苍蝇和蜘蛛的初始位置是整数。在每轮时间中，苍蝇以概率 p 左移一格，以概率 p 右移一格，并以概率 $1-2p$ 停留在原处。蜘蛛在每个时段的开始时知道苍蝇的位置，如果其与苍蝇的距离超过一格单位，就总是朝向苍蝇移动一格。如果蜘蛛距离苍蝇超过一格，则或者朝苍蝇移动或者保持不动。如果蜘蛛距离苍蝇一格，则将或者朝向苍蝇移动一格，或者保持不动。如果蜘蛛和苍蝇在一个时段结束时落在同一个位置，则蜘蛛抓住苍蝇，整个过程终止。蜘蛛的目标是期望在最短时间中抓住苍蝇。

我们将蜘蛛和苍蝇之间的距离视作状态。那么这个问题可以被建模成一个随机最短路径问题，其状态为 $0,1,\cdots,n$，其中 n 是初始距离。状态 0 是末端状态，蜘蛛抓住苍蝇。用 $p_{1j}(M)$ 和 $p_{1j}(\bar{M})$ 分别表示若蜘蛛移动或者不移动时从状态 1 到状态 j 的转移概率，用 p_{ij} 表示从状态 $i\geqslant 2$ 出发的转移概率。我们有

$$p_{ii}=p, p_{i(i-1)}=1-2p, p_{i(i-2)}=p, i\geqslant 2$$

$$p_{11}(M)=2p, p_{10}(M)=1-2p$$

$$p_{12}(\bar{M})=p, p_{11}(\bar{M})=1-2p, p_{10}(\bar{M})=p$$

其他转移概率均为 0。

对于状态 $i\geqslant 2$，贝尔曼方程写为

$$J^*(i)=1+pJ^*(i)+(1-2p)J^*(i-1)+pJ^*(i-2), i\geqslant 2 \tag{7.10}$$

其中由定义有 $J^*(0)=0$。蜘蛛有选择的唯一状态是当距离苍蝇一格远的时候，而且对那个状态贝尔曼方程给定如下

$$J^*(1)=1+\min[2pJ^*(1), pJ^*(2)+(1-2p)J^*(1)] \tag{7.11}$$

其中括号内的第一项和第二项分别对应着蜘蛛移动和不移动。通过对 $i=2$ 写出 (7.10) 式，我们有

$$J^*(2)=1+pJ^*(2)+(1-2p)J^*(1)$$

由此

$$J^*(2) = \frac{1}{1-p} + \frac{(1-2p)J^*(1)}{1-p} \tag{7.12}$$

将这一表达式代入 (7.11) 式，我们获得

$$J^*(1) = 1 + \min\left[2pJ^*(1), \frac{p}{1-p} + \frac{p(1-2p)J^*(1)}{1-p} + (1-2p)J^*(1)\right]$$

或者等价地，

$$J^*(1) = 1 + \min\left[2pJ^*(1), \frac{p}{1-p} + \frac{(1-2p)J^*(1)}{1-p}\right]$$

为了求解上面的方程，我们考虑两种情形，其中括号内的第一个表达式分别大于或者小于第二个表达式。于是，我们对这两种情形分别求解 $J^*(1)$，有

$$J^*(1) = 1 + 2pJ^*(1) \tag{7.13}$$

$$2pJ^*(1) \leqslant \frac{p}{1-p} + \frac{(1-2p)J^*(1)}{1-p} \tag{7.14}$$

和

$$J^*(1) = 1 + \frac{p}{1-p} + \frac{(1-2p)J^*(1)}{1-p} \tag{7.15}$$

$$2pJ^*(1) \geqslant \frac{p}{1-p} + \frac{(1-2p)J^*(1)}{1-p}$$

(7.13) 式的解可以看出是 $J^*(1) = 1/(1-2p)$，并且通过 (7.14) 式替代，我们发现，当

$$\frac{2p}{1-2p} \leqslant \frac{p}{1-p} + \frac{1}{1-p}$$

或者等价地（在一些计算之后），$p \leqslant 1/3$，这一解释可行的。所以对于 $p \leqslant 1/3$，蜘蛛的最优选择是当其与苍蝇距离一格时移动。

类似地，(7.15) 式的解可以看出是 $J^*(1) = 1/p$，代入 (7.14) 式，可以看出，当

$$2 \geqslant \frac{p}{1-p} + \frac{1-2p}{p(1-p)}$$

这一解是可行的，或者等价地（在一些计算之后），$p \geqslant 1/3$。所以，对于 $p \geqslant 1/3$ 蜘蛛的最优选择是当其与苍蝇距离一格时不要移动。

之前已经计算出当蜘蛛与苍蝇距离一格时抓住苍蝇的最少的期望步数是

$$J^*(1) = \begin{cases} 1/(1-2p) & \text{若 } p \leqslant 1/3 \\ 1/p & \text{若 } p \geqslant 1/3 \end{cases}$$

给定 $J^*(1)$ 的值，可以从 (7.12) 式中计算出当蜘蛛与苍蝇距离两格时抓住苍蝇的最少期望步数，$J^*(2)$，我们于是可以从 (7.10) 式获得剩余的值 $J^*(i), i = 3, \cdots, n$。

值迭代和误差界

动态规划迭代

$$J_{k+1}(i)=\min_{u\in U(i)}\left[g(i,u)+\sum_{j=1}^{n}p_{ij}(u)J_k(j)\right],i=1,\cdots,n \tag{7.16}$$

被称为值迭代，而且是计算最优费用函数 J^* 的主要方法。一般而言，值迭代需要无穷步迭代，尽管存在有限步终止的重要的特殊情形（见第II卷 2.2 节）。注意从 (7.9) 式中我们得到误差

$$|J_{mK}(i)-J^*(i)|$$

的上界是 ρ^K 乘上常数项。

值迭代算法有时可以通过使用一些误差界被加强。特别地，可以证明（参见习题 7.13）对所有的 k 和 j，我们有

$$J_{k+1}(j)+(N^*(j)-1)\,\underline{c}_k\leqslant J^*(j)\leqslant J_{\mu^k}(j)\leqslant J_{k+1}(j)+\left(N^k(j)-1\right)\bar{c}_k \tag{7.17}$$

其中 μ^k 满足 $\mu^k(i)$ 对所有的 i 达到了 (7.16) 式第 k 次值迭代中的最小值，而且

$$N^*(j):\ \text{从}j\text{出发使用某个最优平稳策略抵达}t\text{的平均阶段数}$$

$$N^k(j):\ \text{从}j\text{出发使用平稳策略}\mu^k\text{的平均阶段数}$$

$$\underline{c}_k=\min_{i=1,\cdots,n}[J_{k+1}(i)-J_k(i)],\bar{c}_k=\max_{i=1,\cdots,n}[J_{k+1}(i)-J_k(i)]$$

不幸的是，只在有特殊问题结构的时候（例如见下一节）才能容易地计算或者近似 $N^*(j)$ 和 $N^k(j)$ 的值。尽管有这一事实，(7.17) 式的界通常提供了终止值迭代同时保证 J_k 以足够的精度近似 J^* 的有用的指导原则。

策略迭代

存在值迭代的一种替代方法，且总是在有限步终止。这一算法被称为策略迭代，且按如下方式运行：我们从一个平稳策略 μ^0 出发，生成一系列新策略 $\mu^1,\mu^2,\cdots$。给定策略 μ^k，我们进行策略评价步骤，计算 $J_{\mu^k}(i),i=1,\cdots,n$ 作为有 n 个未知量 $J(1),\cdots,J(n)$ 的（线性）系统方程组的解 [参见命题 7.2.1(c)]

$$J(i)=g\left(i,\mu^k(i)\right)+\sum_{j=1}^{n}p_{ij}\left(\mu^k(i)\right)J(j),i=1,\cdots,n \tag{7.18}$$

然后进行策略改进步骤，按照如下方式计算新的策略 μ^{k+1}

$$\mu^{k+1}(i)=\arg\min_{u\in U(i)}\left[g(i,u)+\sum_{j=1}^{n}p_{ij}(u)J_{\mu^k}(j)\right],i=1,\cdots,n \tag{7.19}$$

用 μ^{k+1} 替代 μ^k 重复这一过程，除非对所有的 i 有 $J_{\mu^{k+1}}(i)=J_{\mu^k}(i)$ 成立，此时算法终止于策略 μ^k。下面的命题建立了策略迭代的合理性。

命题 7.2.2 在假设 7.2.1 下，随机最短路径问题的策略迭代算法生成了一系列不断改进的策略 [即，对所有的 i 和 k 有 $J_{\mu^{k+1}}(i)\leqslant J_{\mu^k}(i)$] 并且终止于一个最优策略。

证明 对任意的 k，考虑由如下迭代产生的序列

$$J_{N+1}(i)=g\left(i,\mu^{k+1}(I)\right)+\sum_{j=1}^{n}p_{ij}\left(\mu^{k+1}(i)\right)J_N(j),i=1,\cdots,n$$

其中 $N=0,1,\cdots$，而且

$$J_0(i)=J_{\mu^k}(i), i=1,\cdots,n$$

由 (7.18) 式和 (7.19) 式，我们有

$$\begin{aligned}J_0(i)&=g\left(i,\mu^k(i)\right)+\sum_{j=1}^{n}p_{ij}\left(\mu^k(i)\right)J_0(j)\\&\geqslant g\left(i,\mu^{k+1}(i)\right)+\sum_{j=1}^{n}p_{ij}\left(\mu^{k+1}(i)\right)J_0(j)\\&=J_1(i)\end{aligned}$$

对所有的 i 成立。通过使用上面的不等式我们获得（与第 1 章习题 1.23 中的动态规划的单调性比较）

$$\begin{aligned}J_1(i)&=g\left(i,\mu^{k+1}(i)\right)+\sum_{j=1}^{n}p_{ij}\left(\mu^{k+1}(i)\right)J_0(j)\\&\geqslant g\left(i,\mu^{k+1}(i)\right)+\sum_{j=1}^{n}p_{ij}\left(\mu^{k+1}(i)\right)J_1(j)\\&=J_2(i)\end{aligned}$$

对所有的 i 成立，并通过类似地继续下去，我们有

$$J_0(i)\geqslant J_1(i)\geqslant\cdots\geqslant J_N(i)\geqslant J_{N+1}(i)\geqslant\cdots, i=1,\cdots,n \tag{7.20}$$

由于依据命题 7.2.1(c)，$J_N(i)\to J_{\mu^{k+1}}(i)$，我们有 $J_0(i)\geqslant J_{\mu^{k+1}}(i)$ 或者

$$J_{\mu^k}(i)\geqslant J_{\mu^{k+1}}(i), i=1,\cdots,n, k=0,1,\cdots$$

所以所生成的策略序列是改进的，而且因为平稳策略的数量是有限的，我们必然在有限次迭代后，比如说 $k+1$ 次之后，获得对所有的 i 有 $J_{\mu^k}(i)=J_{\mu^{k+1}}(i)$ 成立。然后我们将有 (7.20) 式的等式成立，这意味着

$$J_{\mu^k}(i)=\min_{u\in U(i)}\left[g(i,u)+\sum_{j=1}^{n}p_{ij}(u)J_{\mu^k}(j)\right], i=1,\cdots,n$$

所以费用 $J_{\mu^k}(1),\cdots,J_{\mu^k}(n)$ 是贝尔曼方程的解，而且由命题 7.2.1(b) 有 $J_{\mu^k}(i)=J^*(i)$ 以及 μ^k 是最优的。证毕。

策略评价步骤的（7.18）式的线性系统方程组可以通过标准方法求解，比如高斯消元法，但是当状态数量增大时，这是困难的而且很耗费时间。通常更有效的选择是用一些旨在求解对应系统 (7.18) 式的值迭代近似策略评价步骤。可以证明即使我们对每个策略用任意正数次数迭代来评价，使用这样的近似策略评价的策略迭代方法在极限情况下仍将获得最优费用以及最优平稳策略（参见第 II 卷 1.3 节）。

近似策略评价步骤的另一种可能性是使用仿真，而且这是滚动算法的关键思想，在 6.4 节中讨论过。仿真也在神经动态规划方法中扮演重要的角色，将在第 II 卷第 2 章讨论。特别地，当状态的数量大时，我们可以通过在策略 μ^k 之下仿真大量的样本轨道来近似后续费用函数 J_{μ^k}，并

使用近似架构进行 J_{μ^k} 的某种形式的最小二乘拟合（参见 6.3.4 节）。这些是这一思想的一些变形，在第 II 卷和 Bertsekas 和 Tsitsiklis[BeT96] 的研究专著中更细致地进行了讨论。

线性规划

假设我们从初始条件向量 $J_0=(J_0(1),\cdots,J_0(n))$ 开始使用值迭代生成一系列向量 $J_k=(J_k(1),\cdots,J_k(n))$ 满足

$$J_0(i)\leqslant\min_{u\in U(i)}\left[g(i,u)+\sum_{j=1}^{n}p_{ij}(u)J_0(j)\right],i=1,\cdots,n$$

然后我们将对所有的 k 和 i 有 $J_k(i)\leqslant J_{k+1}(i)$（动态规划的单调性；参见习题 1.23）。由命题 7.2.1(a) 我们也对所有的 i 有 $J_0(i)\leqslant J^*(i)$。所以 J^* 是满足如下约束条件的“最大的” J

$$J(i)\leqslant g(i,u)+\sum_{j=1}^{n}p_{ij}(u)J(j),\ \text{对所有的}\, i=1,\cdots,n\,\text{和}\, u\in U(i)$$

特别地，$J^*(1),\cdots,J^*(n)$ 是针对上述约束条件最大化 $\sum_{i=1}^{n}J(i)$ 的线性规划问题的解（见图 7.2.1）。不幸的是，对于大的 n，这一规划问题的维数可能非常大，其求解不实际，特别是在没有特殊结构的情形下。

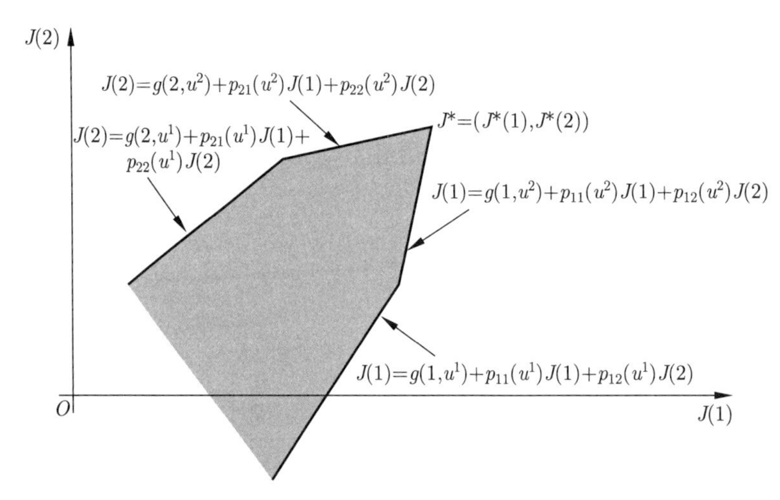

图 7.2.1　与两状态随机最短路径问题关联的线性规划。约束集合是阴影区域，最大化的目标是 $J(1)+J(2)$。注意因为我们对所有的 i 和约束集合中的向量 J 有 $J(i)\leqslant J^*(i)$，向量 J^* 最大化形式为 $\sum_{i=1}^{n}\beta_iJ(i)$ 的任意线性费用函数，其中对所有的 i 有 $\beta_i\geqslant 0$。如果对所有的 i 有 $\beta_i>0$，那么 J^* 是对应的线性规划的唯一最优解

7.3 折扣问题

我们现在考虑折扣问题，其中存在折扣因子 $\alpha<1$。我们将证明这一问题可以被转化为随机最短路径问题，前一节对后者的分析仍成立。为了看出这一点，令 $i=1,\cdots,n$ 为状态，并考虑

涉及状态 $1,\cdots,n$ 加上额外的末端状态 t 的关联的随机最短路径问题，并且具有如下获得的状态转移和费用：从状态 $i \neq t$，当应用控制 u 时，产生费用 $g(i,u)$，下一个状态以概率 $\alpha p_{ij}(u)$ 为 j，以概率 $1-\alpha$ 为 t；见图 7.3.1。注意对于这一关联的随机最短路径问题满足前一节的假设 7.2.1。

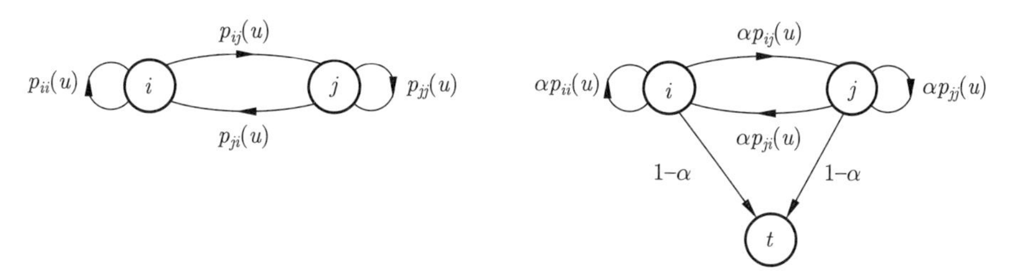

图 7.3.1　一个 α-折扣问题机器相关的随机最短路径问题的转移概率。在后面的问题中，在 k 阶段后状态不是 t 的概率是 α^k。这两个问题在每个状态 $i=1,\cdots,n$ 的期望费用是 $g(i,u)$，但是它必须乘上 α^k，因为折扣（在折扣情形中）或者因为当终止还没有到达时这以概率 α^k 出现（在随机最短路径情形中）

现在假设我们在折扣问题和在关联的随机最短路径问题中使用相同的策略。那么，只要没有出现终止，这两个问题中的状态演化受相同的转移概率支配。进一步，关联的随机最短路径问题的第 k 阶段的期望费用是 $g\left(x_k,\mu_k(x_k)\right)$ 乘上尚未到达状态 t 的概率，是 α^k。这也是折扣问题的第 k 阶段的期望费用。我们的结论是从给定状态出发的任意策略的费用对于原先的折扣问题和关联的随机最短路径问题相同。进一步，值迭代对这两个问题产生相同的迭代。我们于是可以在后者问题上应用前一节的结论并获得下述结论。

命题 7.3.1　下述结论对折扣问题成立：

(a) 从任意初始条件 $J_0(1),\cdots,J_0(n)$ 出发，值迭代算法

$$J_{k+1}(i)=\min_{u\in U(i)}\left[g(i,u)+\alpha\sum_{j=1}^{n}p_{ij}(u)J_k(j)\right],i=1,\cdots,n \tag{7.21}$$

收敛到最优费用 $J^*(i),i=1,\cdots,n$。

(b) 折扣问题的最优费用 $J^*(1),\cdots,J^*(n)$ 满足贝尔曼方程，

$$J^*(i)=\min_{u\in U(i)}\left[g(i,u)+\alpha\sum_{j=1}^{n}p_{ij}(u)J^*(j)\right],i=1,\cdots,n \tag{7.22}$$

而且事实上它们是这个方程的唯一解。

(c) 对于任意平稳策略 μ，费用 $J_\mu(1),\cdots,J_\mu(n)$ 是如下方程的唯一解

$$J_\mu(i)=g\left(i,\mu(i)\right)+\alpha\sum_{j=1}^{n}p_{ij}\left(\mu(i)\right)J_\mu(j),i=1,\cdots,n$$

进一步，给定任意初始条件 $J_0(1),\cdots,J_0(n)$，由如下动态规划迭代生成的序列 $J_k(i)$，

$$J_{k+1}(i)=g\left(i,\mu(i)\right)+\alpha\sum_{j=1}^{n}p_{ij}\left(\mu(i)\right)J_k(j),i=1,\cdots,n$$

对每个 i 都收敛到费用 $J_\mu(i)$。

(d) 平稳策略 μ 是最优的当且仅当对每个状态 i，$\mu(i)$ 达到 (7.22) 式贝尔曼方程的最小值。

(e) 如下给定的策略迭代算法

$$\mu^{k+1}(i) = \arg\min_{u\in U(i)}\left[g(i,u)+\alpha\sum_{j=1}^{n}p_{ij}(u)J_{\mu^k}(j)\right], i=1,\cdots,n$$

产生一系列不断改进的策略并终止于一个最优策略。

证明　(a) ~ (d) 部分和 (e) 部分分别通过对上面描述的关联随机最短路径问题应用命题 7.2.1 的 (a) ~ (d) 部分和命题 7.2.2 证明。证毕。

贝尔曼方程 (7.22) 式有一个熟悉的动态规划解释。在状态 i，最优费用 $J^*(i)$ 对应于所有控制下当前阶段费用期望值与所有未来阶段费用的期望最优费用之和的最小值。前者费用是 $g(i,u)$，后者费用是 $J^*(j)$，但是因为这一费用在一个阶段之后开始累积，其通过乘以 α 打折扣。

正如在随机最短路径问题的情形中 [参见 (7.9) 式和命题 7.2.1 的证明后的讨论]，我们可以证明误差

$$|J_k(i)-J^*(i)|$$

由常数乘上 α^k 为上界。进一步，误差界 (7.17) 式变成

$$J_{k+1}(j)+\frac{\alpha}{1-\alpha}\underline{c}_k \leqslant J^*(j) \leqslant J_{\mu^k}(j) \leqslant J_{k+1}(j)+\frac{\alpha}{1-\alpha}\bar{c}_k \tag{7.23}$$

其中 μ^k 满足 $\mu^k(i)$ 对所有的 i 都达到第 k 次值迭代 (7.21) 式中的最小值，并且

$$\underline{c}_k = \min_{i=1,\cdots,n}[J_{k+1}(i)-J_k(i)], \bar{c}_k = \max_{i=1,\cdots,n}[J_{k+1}(i)-J_k(i)]$$

因为对于关联的随机最短路径问题可以证明对每个策略和起始状态，到达末端状态 t 的期望阶段数是 $1/(1-\alpha)$，所以 (7.17) 式中出现的项 $N^*(j)-1$ 和 $N^k(j)-1$ 都等于 $\alpha/(1-\alpha)$。我们也注意到存在折扣问题的值迭代算法的一些额外的增强（参见第 II 卷 1.3 节）。也存在针对随机最短路径问题的近似策略迭代的折扣费用变形和线性规划方法。

例 7.3.1（资产销售）

考虑 4.4 节中资产销售例子的无限时段版本，假设可能的报价集合是有限的。这里，如果被接受，则阶段 k 的报价 x_k 将被投资并产生利率 r。通过将销售量折算成阶段 0 的价钱，我们将 $(1+r)^{-k}x_k$ 视作在阶段 k 以价格 x_k 销售资产的收益，其中 $r>0$ 是利率。于是我们获得一个折扣因子 $\alpha=1/(1+r)$ 的总折扣收益问题。当前节的分析适用于本问题，最优值函数 J^* 是贝尔曼方程的唯一解

$$J^*(x)=\max\left[x,\frac{E\{J^*(w)\}}{1+r}\right]$$

（参见 4.4 节）。最优收益函数由如下关键数表述

$$\bar{\alpha}=\frac{E\{J^*(w)\}}{1+r}$$

这可以如同在 4.4 节中那样被计算出来。最优策略是当且仅当当前的报价 x_k 大于或等于 $\bar{\alpha}$ 时销售。

例 7.3.2

一位制造商在每个时段以概率 p 收到他货物的订单，以概率 $1-p$ 收不到订单。在每个时段他可以选择批量处理所有未完成的订单，或者根本不处理任何订单。每个时段每个未完成订单的费用是 $c>0$，处理未完成订单的启动费用是 $K>0$。假设折扣因子是 $\alpha<1$，制造商希望找到可以最小化总期望费用的处理策略，而且可以保持未完成的最大订单量是 n。

这里状态是在每个时段开始时未完成的订单量，贝尔曼方程对于状态 $i=0,1,\cdots,n-1$ 的形式为

$$J^*(i)=\min[K+\alpha(1-p)J^*(0)+\alpha pJ^*(1),ci+\alpha(1-p)J^*(i)+\alpha pJ^*(i+1)] \tag{7.24}$$

对于状态 n 的形式为

$$J^*(n)=K+\alpha(1-p)J^*(0)+\alpha pJ^*(1) \tag{7.25}$$

(7.24) 式的括号中的第一个表达式对应于处理 i 个未处理的订单，而第二个表达式对应于让订单继续保持一个阶段处于未处理的状态。当达到最大 n 个未处理的订单时，订单必须被处理，正如 (7.25) 式指出的。

为了解决这个问题，我们注意到最优费用 $J^*(i)$ 关于 i 是单调非减的。这是直观上清楚的，而且可以通过使用值迭代方法严格证明。特别地，我们可以通过使用（有限阶段）动态规划算法证明 k 阶段最优费用函数 $J_k(i)$ 对所有的 k 都是 i 的单调非减函数（习题 7.7），然后论证最优无限阶段费用函数 $J^*(i)$ 也是 i 的单调非减函数，因为由命题 7.3.1(a) 有

$$J^*(i)=\lim_{k\to\infty}J_k(i)$$

给定 $J^*(i)$ 是 i 的单调非减函数，从 (7.24) 式我们有如果处理一批 m 个订单是最优的，即

$$K+\alpha(1-p)J^*(0)+\alpha pJ^*(1)\leqslant cm+\alpha(1-p)J^*(m)+\alpha pJ^*(m+1)$$

那么处理一批 $m+1$ 个订单也是最优的。于是得到阈值型策略，即，若订单数量超过某个阈值整数 m^* 就处理订单的策略是最优的。

我们作为习题 7.8 留给读者验证，如果从阈值型策略开始策略迭代算法，每个后续生成的策略都将是阈值型策略。因为存在 $n+1$ 个不同的阈值型策略，并且所生成的策略序列是不断改进的，于是有策略迭代算法将在最多 n 次迭代后获得最优策略。

7.4　每阶段平均费用问题

之前两节的方法主要应用于最优总期望费用有限的问题，或者是由于折扣或者是由于系统最终进入的一个免费的末端状态。然而，在许多情形下，不可使用折扣，并且没有自然的免费的末端状态。在这样的情形下经常有意义的是优化从状态 i 开始的每阶段平均费用，定义为

$$J_\pi(i)=\lim_{N\to\infty}\frac{1}{N}E\left\{\sum_{k=0}^{N-1}g\left(x_k,\mu_k(x_k)\right)|x_0=i\right\}$$

让我们首先直观地论证对绝大部分我们所感兴趣的问题一个策略的每阶段平均费用和每个阶段的最优平均费用与初始状态独立。

至此我们注意到一个策略的每阶段平均费用主要表示了长期出现的费用。在早先阶段出现的费用并不重要，因为它们对每阶段平均费用的贡献随着 $N \to \infty$ 时减小到零；即，对任意固定的 K，

$$\lim_{N\to\infty} \frac{1}{N} E\left\{\sum_{k=0}^{K} g\left(x_k, \mu_k(x_k)\right)\right\} = 0 \tag{7.26}$$

现在考虑平稳策略 μ 和两个状态 i 和 j 满足系统将在 μ 之下从 i 出发以概率 1 最终到达 j。于是直观地，从 i 到 j 的每阶段平均费用明显不能不同，因为从 i 到达 j 的过程产生的费用没有实质性地增加每阶段的平均费用。更精确地，令 $K_{ij}(\mu)$ 为在 μ 下从 i 首达 j 的时间，即，在 μ 下从 $x_0 = i$ 开始首次达到 $x_k = j$ 的下标 k（参见附录 D）。于是对应于初始条件 $x_0 = i$ 的每阶段平均费用可以被表示为

$$J_\mu(i) = \lim_{N\to\infty} \frac{1}{N} E\left\{\sum_{k=0}^{K_{ij}(\mu)-1} g\left(x_k, \mu(x_k)\right)\right\} + \lim_{N\to\infty} \frac{1}{N} E\left\{\sum_{k=K_{ij}(\mu)}^{N} g\left(x_k, \mu(x_k)\right)\right\}$$

如果 $E\{K_{ij}(\mu)\} < \infty$（这等价于假设系统从 i 出发最终以概率 1 到达 j；参见附录 D），那么可以看出第一个极限是零 [参见 (7.26) 式]，而第二个极限等于 $J_\mu(j)$。于是，

$$J_\mu(i) = J_\mu(j), \text{ 对所有的} i, j \text{满足} E\{K_{ij}(\mu)\} < \infty$$

前面的论述表明在常规情形下最优费用 $J^*(i)$ 应当也与初始状态 i 独立。为了看出这一点，假设对两个状态 i 和 j，存在平稳策略 μ（依赖于 i 和 j）满足 j 可以从 i 出发以概率 1 在 μ 下达到。于是不可能有

$$J^*(j) < J^*(i)$$

因为当从 i 出发时我们可以采用策略 μ 直到首次到达 j 然后切换到从 j 出发的最优策略，于是达到从 i 开始的平均费用等于 $J^*(j)$。确实，可以在之前的假设下（参见第 II 卷 4.2 节）证明

$$J^*(i) = J^*(j), \text{ 对所有} i, j = 1, \cdots, n$$

关联的随机最短路径问题

这一节的结论可以在多种不同的假设下证明（参见第 II 卷第 4 章）。这里我们将采用下面的假设，该架构允许我们使用 7.2 节的随机最短路径分析。

假设 7.4.1 *状态之一，通常记为状态 n，满足对某个整数 $m > 0$，从所有的初始状态出发并使用任意策略都有 n 在最初的 m 个阶段内以正概率至少访问一次。*

假设 7.4.1 可以证明等价于假设特殊状态 n 对应于在每个平稳策略的马尔可夫链中是常返的（常返态的定义见附录 D，这一等价性的证明见第 II 卷第 2 章习题 2.3）。

在假设 7.4.1 之下我们将建立平均费用问题与关联的随机最短路径问题之间的一个重要的联系。为了启发这一联系，考虑所生成的一系列状态，并将其划分为对状态 n 的连续访问的“独立”环。第一个环包括从初始状态到状态 n 的首次访问的转移，第 k 个环，$k = 2, 3, \cdots$，包括从状态 n 的第 $(k-1)$ 次到第 k 次访问之间的转移。每个环可以被视作对应的随机最短路径问题的状态轨迹，末端状态实质上是 n。

更确切地，这个问题可以如下获得，对 $j \neq n$ 保持所有转移概率 $p_{ij}(u)$ 不变，设定所有的转移概率 $p_{in}(u)$ 为 0，并引入人工末端状态 t，我们从每个状态 i 以概率 $p_{in}(u)$ 到达该末端状

态；见图 7.4.1。注意假设 7.4.1 等价于 7.2 节的假设 7.2.1，在后一个假设条件下证明了 7.2 节的随机最短路径问题的结论。

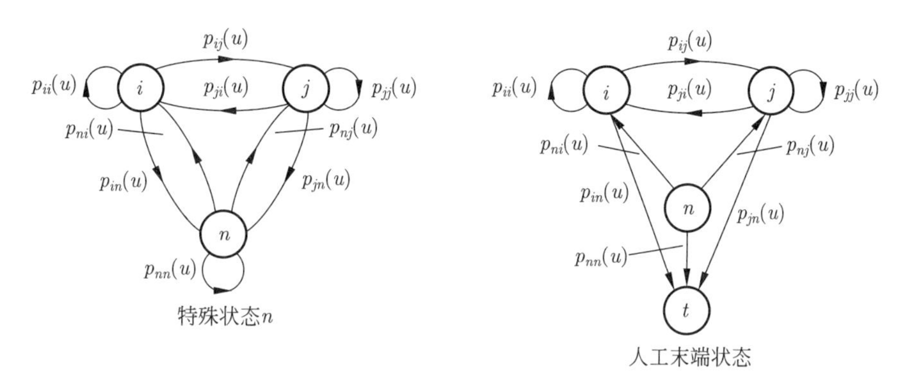

图 7.4.1　一个平均费用问题及其相关的随机最短路径问题的转移概率。后者问题通过在 $1,\cdots,n$ 之外引入一个人工末端状态 t 获得。对应的转移概率通过如下方法从原平均费用问题的转移概率获得：从状态 $i \neq t$ 转移到状态 t 的概率被设成等于 $p_{in}(u)$，从所有状态到状态 n 的转移概率被设成 0，所有其他转移概率保持不变

我们已经界定了随机最短路径问题的概率结构，所以其状态轨迹重复平均费用问题的单个环的状态轨迹。接下来将论证如果我们固定在状态 i 的期望阶段费用是

$$g(i,u) - \lambda^*,$$

其中 λ^* 是从特殊状态 n 出发的最优每阶段平均费用，然后所关联的随机最短路径问题本质上变得等价于原每阶段平均费用问题。进一步，所关联的随机最短路径问题的贝尔曼方程可以被视作原每阶段平均费用问题的贝尔曼方程。

注意，在所有平稳策略下，通过标记先后对状态 n 的访问形成的环存在无穷多个。从这一点，可以断言（也可以证明，正如稍后将看到的）平均费用问题等价于最小环费用问题。这个问题是寻找最小化平均环费用

$$\frac{C_{nn}(\mu)}{N_{nn}(\mu)}$$

的平稳策略 μ，其中对于固定的 μ，

$$C_{nn}(\mu): \text{从}n\text{开始直到首次返回}n\text{的期望费用}$$

$$N_{nn}(\mu): \text{从}n\text{开始直到返回}n\text{的期望阶段数}$$

这里的直观思想是比例 $C_{nn}(\mu)/N_{nn}(\mu)$ 等于 μ 的平均费用，[①]所以最优平均费用 λ^* 等于最优环

---

① 作为直观的论述，令 λ_μ 为对应于平稳策略 μ 的每阶段平均费用，考虑系统在 μ 下从状态 n 开始的轨迹。如果 $C_1, C_2, \cdots, C_m$ 是在前 m 个环中出现的费用，并且 $N_1, N_2, \cdots, N_m$ 是这些环的对应阶段数，我们有

$$\lambda_\mu = \lim_{m\to\infty} \frac{\sum_{k=1}^m C_k}{\sum_{k=1}^m N_k} = \lim_{m\to\infty} \frac{\sum_{k=1}^m C_k}{m} \cdot \lim_{m\to\infty} \frac{m}{\sum_{k=1}^m N_k} = C_{nn}(\mu) \cdot \frac{1}{N_{nn}(\mu)}$$

（以概率 1 成立）。

费用。所以，我们有

$$C_{nn}(\mu) - N_{nn}(\mu)\lambda^* \geqslant 0, \text{ 对所有 } \mu \tag{7.27}$$

其中若 μ 是最优的则等号成立。所以，为了获得最优的 μ，我们必须在 μ 上最小化表达式 $C_{nn}(\mu) - N_{nn}(\mu)\lambda^*$，这是从 n 开始阶段费用为

$$g(i,u) - \lambda^*, i = 1, \cdots, n$$

的所关联的随机最短路径问题中的 μ 期望费用。

用 $h^*(i)$ 表示这个随机最短路径问题从非末端状态 $i = 1, \cdots, n$ 开始的最优费用。于是由命题 7.2.1(b)，$h^*(1), \cdots, h^*(n)$ 是对应的贝尔曼方程的唯一解，该方程具有如下形式

$$h^*(i) = \min_{u \in U(i)} \left[g(i,u) - \lambda^* + \sum_{j=1}^{n-1} p_{ij}(u) h^*(j) \right], i = 1, \cdots, n \tag{7.28}$$

因为在随机最短路径问题中，在所有 u 下从 i 到 $j \neq n$ 的转移概率是 $p_{ij}(u)$，从 i 到 n 的转移概率是零。如果 μ^* 是最小化环费用的平稳策略，那么这个策略一定满足

$$C_{nn}(\mu^*) - N_{nn}(\mu^*)\lambda^* = 0$$

于是由 (7.27) 式，这个策略也一定对于所关联的随机最短路径问题是最优的。所以，我们一定有

$$h^*(n) = C_{nn}(\mu^*) - N_{nn}(\mu^*)\lambda^* = 0$$

通过使用这一方程，我们现在可以将 (7.28) 式的贝尔曼方程写成

$$\lambda^* + h^*(i) = \min_{u \in U(i)} \left[g(i,u) + \sum_{j=1}^{n} p_{ij}(u) h^*(j) \right], i = 1, \cdots, n \tag{7.29}$$

(7.29) 式其实是所关联的随机最短路径问题的贝尔曼方程，将被视作每阶段平均费用问题的贝尔曼方程。之前的分析指出只要我们施加约束 $h^*(n) = 0$，那么这一方程有唯一解。进一步，通过最小化其右侧我们应该获得最优平稳策略。我们下面将正式证明这些事实。

贝尔曼方程

下面的命题提供了关于贝尔曼方程的主要结论。

命题 7.4.1 在假设 7.4.1 下如下结论对每阶段平均费用问题成立:

(a) 最优平均费用对所有的初始状态是一个常数 λ^*，同时有某个向量 $h^* = \{h^*(1), \cdots, h^*(n)\}$ 满足贝尔曼方程

$$\lambda^* + h^*(i) = \min_{u \in U(i)} \left[g(i,u) + \sum_{j=1}^{n} p_{ij}(u) h^*(j) \right], i = 1, \cdots, n \tag{7.30}$$

进一步，如果 $\mu(i)$ 对所有的 i 均达到上述方程的最小值，那么平稳策略 μ 是最优的。另外，在所有满足这一方程的向量 h^* 中，存在唯一的向量满足 $h^*(n) = 0$。

(b) 如果标量 λ 和向量 $h = \{h(1), \cdots, h(n)\}$ 满足贝尔曼方程，那么 λ 是每个初始状态的最优每阶段平均费用。

(c) 给定平稳策略 μ 和对应的每阶段平均费用 λ_μ，存在唯一的向量 $h_\mu = \{h_\mu(1), \cdots, h_\mu(n)\}$ 满足 $h_\mu(n) = 0$，而且

$$\lambda_\mu + h_\mu(i) = g(i, \mu(i)) + \sum_{j=1}^{n} p_{ij}(\mu(i)) h_\mu(j), i = 1, \cdots, n$$

证明　(a) 让我们记

$$\tilde{\lambda} = \min_{\mu} \frac{C_{nn}(\mu)}{N_{nn}(\mu)} \tag{7.31}$$

其中 $C_{nn}(\mu)$ 和 $N_{nn}(\mu)$ 已经在之前定义，最小值在所有平稳策略构成的有限集合上取。注意从假设 7.4.1 和 7.2 节的结论的视角看 $C_{nn}(\mu)$ 和 $N_{nn}(\mu)$ 是有限的。于是有

$$C_{nn}(\mu) - N_{nn}(\mu)\tilde{\lambda} \geqslant 0$$

等号对于所有在 (7.31) 式中取到最小值的 μ 都成立。考虑当在状态 i 的期望每阶段费用是

$$g(i,u) - \tilde{\lambda}$$

的关联的随机最短路径问题。于是由命题 7.2.1(b)，费用 $h^*(1),\cdots,h^*(n)$ 是对应的贝尔曼方程

$$h^*(i) = \min_{u\in U(i)} \left[g(i,u) - \tilde{\lambda} + \sum_{j=1}^{n-1} p_{ij}(u)h^*(j) \right] \tag{7.32}$$

的唯一解，因为从 i 到 n 的转移概率在关联的随机最短路径问题中是零。一个最优平稳策略必然最小化费用 $C_{nn}(\mu) - N_{nn}(\mu)\tilde{\lambda}$ 并且将其减小到零 [注意到 (7.31) 式]，于是可以看到

$$h^*(n) = 0 \tag{7.33}$$

所以，(7.32) 式写成

$$\tilde{\lambda} + h^*(i) = \min_{u\in U(i)} \left[g(i,u) + \sum_{j=1}^{n} p_{ij}(u)h^*(j) \right], i = 1,\cdots,n \tag{7.34}$$

我们将证明这一关系式意味着 $\tilde{\lambda} = \lambda^*$。

确实，令 $\pi = \{\mu_0, \mu_1, \cdots\}$ 为任意可接受的策略，令 N 为一个正整数，并且对所有的 $k = 0,\cdots,N-1$ 用如下的迭代关系式定义 $J_k(i)$，

$$J_0(i) = h^*(i), i = 1,\cdots,n$$

$$J_{k+1}(i) = g\left(i, \mu_{N-k-1}(i)\right) + \sum_{j=1}^{n} p_{ij}\left(\mu_{N-k-1}(i)\right) J_k(j), i = 1,\cdots,n \tag{7.35}$$

注意 $J_N(i)$ 是当出发状态是 i 且末端费用函数是 h^* 时 π 的 N 阶段费用。从 (7.34) 式，我们有

$$\tilde{\lambda} + h^*(i) \leqslant g\left(i, \mu_{N-1}(i)\right) + \sum_{j=1}^{n} p_{ij}\left(\mu_{N-1}(i)\right) h^*(j), i = 1,\cdots,n$$

或者等价地，对 $k = 0$ 使用 (7.35) 式和 J_0 的定义，

$$\tilde{\lambda} + J_0(i) \leqslant J_1(i), i = 1,\cdots,n$$

使用这一关系式，我们有

$$g\left(i, \mu_{N-2}(i)\right) + \tilde{\lambda} + \sum_{j=1}^{n} p_{ij}\left(\mu_{N-2}(i)\right) J_0(j)$$

$$\leqslant g\left(i, \mu_{N-2}(i)\right) + \sum_{j=1}^{n} p_{ij}\left(\mu_{N-2}(i)\right) J_1(j), i = 1,\cdots,n$$

由 (7.34) 式和定义式 $J_0(j)=h^*(j)$，上述不等式左侧不小于 $2\tilde{\lambda}+h^*(i)$，而由 (7.35) 式，右侧等于 $J_2(i)$。于是我们获得

$$2\tilde{\lambda}+h^*(i)\leqslant J_2(i), i=1,\cdots,n$$

通过重复几次这一论述，我们获得

$$k\tilde{\lambda}+h^*(i)\leqslant J_k(i), k=0,\cdots,N, i=1,\cdots,n$$

而且特别地，对 $k=N$，

$$\tilde{\lambda}+\frac{h^*(i)}{N}\leqslant\frac{1}{N}J_N(i), i=1,\cdots,n \tag{7.36}$$

进一步，上述关系式中的等号在 $\mu_k(i)$ 对所有的 i 和 k 达到 (7.34) 式中的最小值时成立。

现在让我们在 (7.36) 式中对 $N\to\infty$ 取极限。左侧趋向 $\tilde{\lambda}$。我们宣称右侧趋向 $J_\pi(i)$，在状态 i 开始的 π 的每阶段平均费用。原因是从定义式 (7.35) 式，$J_N(i)$ 是当末端费用函数是 h^* 时从 i 开始的 π 的 N 阶段费用；当我们取 $(1/N)J_N(i)$ 的极限时，对末端费用函数 h^* 的依赖消失了。所以，通过在 (7.36) 式中对 $N\to\infty$ 取极限，我们获得

$$\tilde{\lambda}\leqslant J_\pi(i), i=1,\cdots,n$$

对所有的可接受的 π，若 π 是一个平稳策略 μ 满足对所有的 i 有 $\mu(i)$ 达到 (7.34) 式中的最小值时等号成立。于是有

$$\tilde{\lambda}=\min_{\pi}J_\pi(i)=\lambda^*, i=1,\cdots,n$$

并且从 (7.34) 式，我们获得所希望的 (7.30) 式。

终于，(7.33) 式和 (7.34) 式对于所关联的随机最短路径问题等于贝尔曼方程 (7.32) 式。因为后者方程的解是唯一的，对 (7.33) 式和 (7.34) 式的解也是唯一的。

(b) 这一部分的证明通过使用 (7.34) 式的 (a) 部分的证明的论述即可获得。

(c) 这一部分的证明通过对 (a) 部分具体化到在每个状态 i 的约束集合是 $\tilde{U}(i)=\{\mu(i)\}$ 的情形即可获得。证毕。

检查一下之前的证明展示了在 (7.30) 式的贝尔曼方程中满足 $h^*(n)=0$ 的唯一向量 h^* 是当在状态 i 的期望阶段费用是

$$g(i,u)-\lambda^*$$

时的所关联的随机最短路径问题的最优费用向量 [参见 (7.32) 式]。结果，$h^*(i)$ 是相对或者微分费用的解释；这是从 i 首次到达 n 的期望费用和如果每阶段费用是平均值 λ^* 时可能出现的费用之间的最小差异。我们注意到随机最短路径和平均费用问题的最优策略之间的关系在习题 7.15 中澄清了。

我们最后提及命题 7.4.1 可以在显著更弱的条件下被证明（见第 II 卷 4.2 节）。特别地，命题 7.4.1 可以在假设所有平稳策略具有单个常返类的条件下被证明，即使其对应的常返类并不共同包含状态 n。然而，该证明需要使用与随机最短路径问题的联系。命题 7.4.1 也可以在假设对每对状态 i 和 j 存在平稳策略以正概率从 i 抵达 j 的条件下被证明。然而，在这一情形下，所关联的随机最短路径问题无法被定义，也无法建立与对应的每阶段平均费用问题的联系。第 II 卷

第 4 章的分析依赖于每阶段平均费用问题和折扣费用问题之间存在的另一种桥梁，但是为了建立这一桥梁以及完全使用其结果，需要更复杂的分析。

例 7.4.1

考虑例 7.3.2 的制造商问题的平均费用版本。这里，状态 0 扮演着假设 7.4.1 中特殊状态 n 的角色。贝尔曼方程对状态 $i=0,1,\cdots,n-1$ 的形式为

$$\lambda^*+h^*(i)=\min[K+(1-p)h^*(0)+ph^*(1),ci+(1-p)h^*(i)+ph^*(i+1)] \tag{7.37}$$

对状态 n 的形式为

$$\lambda^*+h^*(n)=K+(1-p)h^*(0)+ph^*(1)$$

在 (7.37) 式括号中的第一个表达式对应于处理 i 个未完成的订单，而第二个表达式对应于继续不处理这些订单。最优策略是，如果

$$K+(1-p)h^*(0)+ph^*(1)\leqslant ci+(1-p)h^*(i)+ph^*(i+1)$$

则处理这 i 个未处理的订单。如果我们将 $h^*(i),i=1,\cdots,n$ 视作一个最优策略的微分费用，直观上清晰可见 $h^*(i)$ 是 i 的单调非减函数 [这也可以通过将 i 解释为所关联的随机最短路径问题的最优后续费用来证明，或者使用基于在第 II 卷 4.2 节中给出的理论分析。] 正如在例 7.3.2 中，$h^*(i)$ 的单调性意味着阈值型策略是最优的。

值迭代

平均费用问题的值迭代方法的最自然的版本是简单选择任意的末端费用函数，比如 J_0，并连续地生成对应的最优 k 阶段费用 $J_k(i),k=1,2,\cdots$。这可以通过从 J_0 开始执行动态规划算法来实现，即，使用如下迭代

$$J_{k+1}(i)=\min_{u\in U(i)}\left[g(i,u)+\sum_{j=1}^{n}p_{ij}(u J_k(j)\right],i=1,\cdots,n \tag{7.38}$$

自然期待比例 $J_k(i)/k$ 应随着 $k\to\infty$ 收敛到最优每阶段平均费用，即

$$\lim_{k\to\infty}\frac{J_k(i)}{k}=\lambda^*$$

为了证明这一点，定义如下迭代

$$J^*_{k+1}(i)=\min_{u\in U(i)}\left[g(i,u)+\sum_{j=1}^{n}p_{ij}(u)J^*_k(j)\right],i=1,\cdots,n$$

具有初始条件

$$J^*_0(i)=h^*(i),i=1,\cdots,n$$

其中 h^* 是满足贝尔曼方程

$$\lambda^*+h^*(i)=\min_{u\in U(i)}\left[g(i,u)+\sum_{j=1}^{n}p_{ij}(u)h^*(j)\right],i=1,\cdots,n \tag{7.39}$$

的微分费用向量。使用这一方程，可以通过归纳法证明对所有的 k 有

$$J^*_k(i)=k\lambda^*+h^*(i),i=1,\cdots,n$$

另一方面，可以看到对所有的 k，

$$|J_k(i) - J_k^*(i)| \leqslant \max_{j=1,\cdots,n} |J_0(j) - h^*(j)|, i = 1, \cdots, n$$

原因是 $J_k(i)$ 和 $J_k^*(i)$ 对两个 k 阶段问题分别是最优的，这两个问题的差别仅在于对应的末端费用函数分别是 J_0 和 h^*。从之前的两个方程，我们看出对所有的 k，

$$|J_k(i) - k\lambda^*| \leqslant \max_{j=1,\cdots,n} |J_0(j) - h^*(j)| + \max_{j=1,\cdots,n} |h^*(j)|, i = 1, \cdots, n$$

所以 $J_k(i)/k$ 以常数除以 k 的速率收敛到 λ^*。注意上面的证明展示了 $J_k(i)/k$ 在任意保证 (7.39) 式的贝尔曼方程对某个向量 h^* 成立的条件下都收敛到 λ^*。

刚才描述的值迭代方法是简单和直接的，但是有两个缺陷。首先，因为通常 J_k 的某些元素发散到 ∞ 或者 $-\infty$，对 $\lim_{k\to\infty} J_k(i)$ 的直接计算在数值上是困难的。其次，这一方法不能为我们提供赌赢的微分费用向量 h^*。我们可以通过从向量 J_k 的所有元素中减去相同的常数，记为 h_k 的差分，保持有界，用这样的方法绕过上面两个困难。特别地，我们可以考虑如下算法

$$h_k(i) = J_k(i) - J_k(s), i = 1, \cdots, n \tag{7.40}$$

其中 s 是某个固定状态。通过使用 (7.38) 式，我们于是获得

$$\begin{aligned} h_{k+1}(i) &= J_{k+1}(i) - J_{k+1}(s) \\ &= \min_{u\in U(i)} \left[g(i,u) + \sum_{j=1}^n p_{ij}(u) J_k(j) \right] - \min_{u\in U(s)} \left[g(s,u) + \sum_{j=1}^n p_{sj}(u) J_k(j) \right] \end{aligned}$$

由此再注意到关系式 $h_k(j) = J_k(j) - J_k(s)$，我们有

$$\begin{aligned} h_{k+1}(i) = &\min_{u\in U(i)} \left[g(i,u) + \sum_{j=1}^n p_{ij}(u) h_k(j) \right] \\ &- \min_{u\in U(s)} \left[g(s,u) + \sum_{j=1}^n p_{sj}(u) J_k(j) \right], \ i = 1, \cdots, n \end{aligned} \tag{7.41}$$

上面的算法，称为**相对值迭代**，在数学上等价于生成 $J_k(i)$ 的 (7.38) 式的值迭代方法。这两个方法的迭代仅差一个常数项 [参见 (7.40) 式]，在这两个方法对应迭代中涉及的最小化问题在数学上等价。然而，在假设 7.4.1 下，可以证明相对值迭代方法生成的迭代 $h_k(i)$ 是有界的，而这一点对于值迭代方法通常不成立。

可以看出如果相对值迭代 (7.41) 式收敛到某个向量 h，于是我们有

$$\lambda + h(i) = \min_{u\in U(i)} \left[g(i,u) + \sum_{j=1}^n p_{ij}(u) h(j) \right]$$

其中

$$\lambda = \min_{u\in U(s)} \left[g(s,u) + \sum_{j=1}^n p_{sj}(u) h(j) \right]$$

由命题 7.4.1(b)，这意味着 λ 是所有初始状态的最优平均每阶段费用，h 是相关联的微分费用向量。不幸的是，相对值迭代的收敛性不能在假设 7.4.1 下被保证（见习题 7.14 的反例）。需要更

强的假设。然后，结果存在相对值迭代的一个简单的变形，其收敛性可以在假设 7.4.1 下被保证。这一变形给定如下

$$h_{k+1}(i)=(1-\tau)h_k(i)+\min_{u\in U(i)}\left[g(i,u)+\tau\sum_{j=1}^{n}p_{ij}(u)h_k(j)\right]$$

$$-\min_{u\in U(s)}\left[g(s,u)+\tau\sum_{j=1}^{n}p_{sj}(u)h_k(j)\right],\ i=1,\cdots,n \tag{7.42}$$

其中 τ 是标量满足 $0<\tau<1$。注意对 $\tau=1$，我们获得 (7.41) 式的相对值迭代。这一算法的收敛性证明是比较复杂的。可以在第 II 卷 4.3 节找到。

策略迭代

对平均费用问题使用策略迭代算法是可能的。这一算法与前节的策略迭代算法的工作模式类似：给定平稳策略，我们通过最小化过程获得改进后的策略，继续直到不能进一步改进。特别地，在这个算法的典型步骤中，我们有一个平稳策略 μ^k。我们然后进行策略评价步骤；即，我们获得对应的平均和微分费用 λ^k 和 $h^k(i)$ 且满足

$$\lambda^k+h^k(i)=g\left(i,\mu^k(i)\right)+\sum_{j=1}^{n}p_{ij}\left(\mu^k(i)\right)h^k(j),i=1,\cdots,n$$

$$h^k(n)=0$$

我们接着执行策略改进步骤；即，我们找到一个平稳策略 μ^{k+1}，其对所有的 i，$\mu^{k+1}(i)$ 满足

$$g\left(i,\mu^{k+1}(i)\right)+\sum_{j=1}^{n}p_{ij}\left(\mu^{k+1}(i)\right)h^k(j)=\min_{u\in U(i)}\left[g(i,u)+\sum_{j=1}^{n}p_{ij}(u)h^k(j)\right]$$

如果有 $\lambda^{k+1}=\lambda^k$ 而且对所有的 i 有 $h^{k+1}(i)=h^k(i)$，算法终止；否则用 μ^{k+1} 替代 μ^k，这一过程继续。

为了证明策略迭代算法可终止，只需要每次迭代朝向最优性进行不可逆的改进，因为存在有限多的平稳策略。我们可以展示的不可逆改进的类别描述在下面的命题中，这也证明了算法在终止时获得最优策略。

命题 7.4.2 在假设 7.4.1 下，策略迭代算法，对每个 k 我们或者有

$$\lambda^{k+1}<\lambda^k$$

或者有

$$\lambda^{k+1}=\lambda^k,h^{k+1}(i)\leqslant h^k(i),i=1,\cdots,n$$

进一步，算法终止，而且终止时获得的策略 μ^k 和 μ^{k+1} 是最优的。

证明 为了简化符号，记 $\mu^k=\mu,\mu^{k+1}=\bar{\mu},\lambda^k=\lambda,\lambda^{k+1}=\bar{\lambda},h^k(i)=h(i),h^{k+1}(i)=\bar{h}(i)$。对 $N=1,2,\cdots$ 定义

$$h_N(i)=g\left(i,\bar{\mu}(i)\right)+\sum_{j=1}^{n}p_{ij}\left(\bar{\mu}(i)\right)h_{N-1}(j),i=1,\cdots,n$$

其中

$$h_0(i)=h(i), i=1,\cdots,n$$

注意 $h_N(i)$ 是当末端费用函数是 h 时从 i 开始策略 $\bar{\mu}$ 的 N 阶段费用。所以有

$$\bar{\lambda}=J_{\bar{\mu}}(i)=\lim_{N\rightarrow\infty}\frac{1}{N}h_N(i), i=1,\cdots,n \tag{7.43}$$

因为末端费用对 $(1/N)h_N(i)$ 的贡献当 $N\rightarrow\infty$ 时消失了。由 $\bar{\mu}$ 的定义和命题 7.4.1(c)，我们对所有的 i 有

$$\begin{aligned}
h_1(i)&=g\left(i,\bar{\mu}(i)\right)+\sum_{j=1}^{n}p_{ij}\left(\bar{\mu}(i)\right)h_0(j)\\
&\leqslant g\left(i,\mu(i)\right)+\sum_{j=1}^{n}p_{ij}\left(\mu(i)\right)h_0(j)\\
&=\lambda+h_0(i)
\end{aligned}$$

从上面的方程，我们也获得

$$\begin{aligned}
h_2(i)&=g\left(i,\bar{\mu}(i)\right)+\sum_{j=1}^{n}p_{ij}\left(\bar{\mu}(i)\right)h_1(j)\\
&\leqslant g\left(i,\bar{\mu}(i)\right)+\sum_{j=1}^{n}p_{ij}\left(\bar{\mu}(i)\right)\left(\lambda+h_0(j)\right)\\
&=\lambda+g\left(i,\bar{\mu}(i)\right)+\sum_{j=1}^{n}p_{ij}\left(\bar{\mu}(i)\right)h_0(j)\\
&\leqslant\lambda+g\left(i,\mu(i)\right)+\sum_{j=1}^{n}p_{ij}\left(\mu(i)\right)h_0(j)\\
&=2\lambda+h_0(i)
\end{aligned}$$

通过类似地前进，我们看到对所有的 i 和 N 有

$$h_N(i)\leqslant N\lambda+h_0(i)$$

所以，

$$\frac{1}{N}h_N(i)\leqslant\lambda+\frac{1}{N}h_0(i)$$

通过当 $N\rightarrow\infty$ 时取极限并使用 (7.43) 式，我们获得 $\bar{\lambda}\leqslant\lambda$。

如果 $\bar{\lambda}=\lambda$，那么可以看出产生 μ^{k+1} 的迭代是每阶段费用为

$$g(i,u)-\lambda$$

的关联的随机最短路径问题的策略改进步骤。进一步，$h(i)$ 和 $\bar{h}(i)$ 是在这个关联的随机最短路径问题中从 i 出发分别对应于 μ 和 $\bar{\mu}$ 的最优费用。所以，由命题 7.2.2，我们必然对所有的 i 有 $\bar{h}(i)\leqslant h(i)$。

鉴于刚证明的改进性质，在不终止算法的前提下没有策略可以被重复。因为只有有限多的策略，于是有算法将终止。现在让我们证明当算法在 $\bar{\lambda} = \lambda$ 和对所有的 i 有 $\bar{h}(i) = h(i)$ 终止时，策略 $\bar{\mu}$ 和 μ 是最优的。确实，在终止时对所有的 i 有

$$
\begin{aligned}
\lambda + h(i) &= \bar{\lambda} + \bar{h}(i) \\
&= g\left(i, \bar{\mu}(i)\right) + \sum_{j=1}^{n} p_{ij}\left(\bar{\mu}(i)\right) \bar{h}(j) \\
&= g\left(i, \bar{\mu}(i)\right) + \sum_{j=1}^{n} p_{ij}\left(\bar{\mu}(i)\right) h(j) \\
&= \min_{u \in U(i)} \left[g(i,u) + \sum_{j=1}^{n} p_{ij}(u) h(j) \right]
\end{aligned}
$$

所以 λ 和 h 满足贝尔曼方程，而且由命题 7.4.1(b)，λ 必然等于最优平均费用。进一步，$\bar{\mu}(i)$ 达到贝尔曼方程右侧的最小值，所以由命题 7.4.1(a)，$\bar{\mu}$ 是最优的。因为我们也对所有的 i 有

$$
\lambda + h(i) = g\left(i, \mu(i)\right) + \sum_{j=1}^{n} p_{ij}\left(\mu(i)\right) h(j)
$$

这一点对于 μ 也成立。证毕。

我们注意到策略迭代可以在比假设 7.4.1 更宽松的条件下被证明终止于最优平稳策略（参见第 II 卷 4.3 节）。

7.5　半马尔可夫问题

到目前为止我们考虑的问题中，每个阶段的费用不依赖于从一个状态转移到下一个状态所需要的时间。一方面，这样的问题具有天然的离散时间表示。另一方面，存在一些情形，其中控制在离散时间点施加，但是费用是连续累积的。进一步，相邻控制选择的时间可变；可能是随机的，可能取决于当前的状态和控制的选择。例如，在排队系统中状态变迁对应于顾客的到达和离去，变迁之间的对应时间是随机的。在这一节，我们讨论具有有限状态的连续时间无穷时段问题。我们将提供此前对离散时间问题的无穷时段讨论的相对直接的推广。

假设存在 n 个状态，记为 $1, \cdots, n$，状态转移和控制选择在离散时间点发生，但是相邻两次转移之间的时间间隔是随机的。任意时间 t 的状态和控制分别记为 $x(t)$ 和 $u(t)$，并且在状态转移之间保护不变。我们使用下面的符号：

t_k：第 k 次转移发生的时刻。依惯例，我们记有 $t_0 = 0$。

$x_k = x(t_k)$：我们对所有的 $t_k \leqslant t < t_{k+1}$ 有 $x(t) = x_k$。

$u_k = u(t_k)$：我们对所有的 $t_k \leqslant t < t_{k+1}$ 有 $u(t) = u_k$。

为替代转移概率，我们有转移分布 $Q_{ij}(\tau, u)$，这对于给定的 (i, u) 对，界定了转移间隔和下一个状态的联合分布：

$$
Q_{ij}(\tau, u) = P\{t_{k+1} - t_k \leqslant \tau, x_{k+1} = j | x_k = i, u_k = u\}
$$

注意转移分布通过

$$p_{ij}(u) = P\{x_{k+1} = j | x_k = i, u_k = u\} = \lim_{\tau \to \infty} Q_{ij}(\tau, u)$$

界定了常规的转移概率。再注意给定 i, j, u 时 τ 的条件累积分布函数（CDF）是

$$P\{t_{k+1} - t_k \leqslant \tau | x_k = i, x_{k+1} = j, u_k = u\} = \frac{Q_{ij}(\tau, u)}{p_{ij}(u)} \tag{7.44}$$

[假设 $p_{ij}(u) > 0$]。所以，$Q_{ij}(\tau, u)$ 可以被视作“缩放的 CDF”，即，乘上 $p_{ij}(u)$ 的 CDF（见图 7.5.1）。

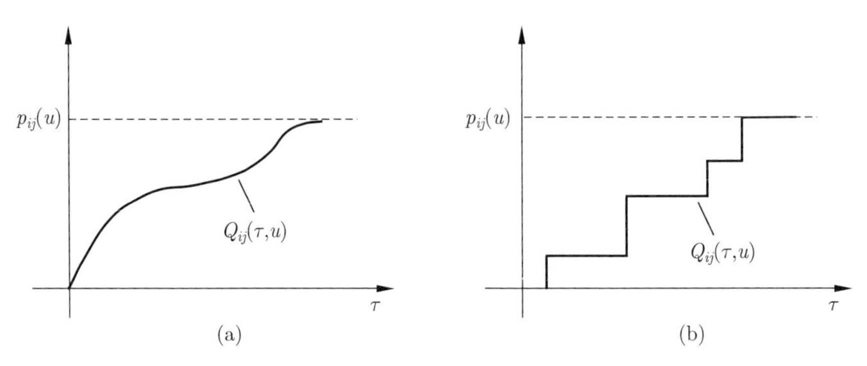

图 7.5.1 转移分布 $Q_{ij}(\tau, u)$ 和 τ 的条件 CDF 的插图。图 (a) 和 (b) 分别对应于 τ 是连续和离散随机变量的情形

使用转移分布 $Q_{ij}(\tau, u)$ 的一个优点是它们可以用于建模转移时间 τ 的离散、连续和混合分布。一般地，τ 的函数的期望值可以写成涉及 Q_{ij} 相对于 τ 的微分 (记为 $\mathrm{d}Q_{ij}(\tau, u)$) 的积分。例如，使用条件 CDF(7.44) 式可以写出给定 i, j 和 u 时 τ 的条件期望值是

$$E\{\tau | i, j, u\} = \int_0^\infty \tau \frac{\mathrm{d}Q_{ij}(\tau, u)}{p_{ij}(u)} \tag{7.45}$$

如果 $Q_{ij}(\tau, u)$ 相对于 τ 是连续和分段可微的，其偏导数

$$q_{ij}(\tau, u) = \frac{\mathrm{d}Q_{ij}(\tau, u)}{\mathrm{d}\tau}$$

可以视作 τ 的一个“缩放的”密度函数。于是，$\mathrm{d}Q_{ij}(\tau, u)$ 可以被 $q_{ij}(\tau, u)\mathrm{d}\tau$ 替代，而且 τ 的函数的期望值可以写成 $q_{ij}(\tau, u)$ 的函数的形式。例如，(7.45) 式可以写成

$$E\{\tau | i, j, u\} = \int_0^\infty \tau \frac{q_{ij}(\tau, u)}{p_{ij}(u)} \mathrm{d}\tau$$

如果 $Q_{ij}(\tau, u)$ 是不连续的、“台阶类的”，那么 τ 是一个离散随机变量，τ 的函数的期望值可以写成求和形式。

我们将为每个状态 i 和控制 $u \in U(i)$ 假设记为 $\bar{\tau}_i(u)$ 的期望转移时间非零且有限，即

$$0 < \bar{\tau}_i(u) < \infty \tag{7.46}$$

鉴于 (7.45) 式，这一期望转移时间给定如下

$$\bar{\tau}_i(u) = \sum_{j=1}^n p_{ij}(u) E\{\tau | i, j, u\} = \sum_{j=1}^n \int_0^\infty \tau \mathrm{d}Q_{ij}(\tau, u)$$

涉及上述描述的连续时间马尔可夫链的最优控制问题称为*半马尔可夫问题*。原因是，对于给定的策略，尽管在转移时刻 t_k 时未来的系统概率地依赖于当前的状态，在其他时刻系统可能也依赖于自前一次转移已经流逝的时间。事实上，如果允许控制连续地依赖于时间 t（而不是尽在转移时刻 t_k 限制控制的选择），我们将获得一种问题，其中控制器知道自前一次转移已经流逝的时间总是有用的。于是必须将这一流逝的时间作为状态的一部分，从而获得一个困难的（无穷状态空间）问题。在我们的模型中通过限制仅在转移时刻 t_k 改变控制避免了这类复杂性。

然后，我们指出，存在一类特殊情形其中系统的未来在任何时候都仅取决于其当前状态，允许控制连续地依赖于自前一次转移之后流逝的时间没有好处。这就是转移分布是指数的情形，即形式为

$$Q_{ij}(\tau,u)=p_{ij}(u)\left(1-\mathrm{e}^{-\nu_i(u)\tau}\right)$$

其中 $p_{ij}(u)$ 是转移概率，$\nu_i(u)$ 是给定的正标量，成为在对应状态 i 的*转移速率*。在这类情形中，如果系统处于状态 i 并且施加了控制 u，下一个状态将以概率 $p_{ij}(u)$ 是 j，转移到状态 i 和转移到下一个状态之间的时间段是指数分布的，参数为 $\nu_i(u)$；即

$$P\{\text{转移时间间隔}>\tau|i,u\}=\mathrm{e}^{-\nu_i(u)\tau}$$

指数分布具有所谓的*无记忆性*，这在我们的上下文中意味着对在转移时刻 t_k 和 t_{k+1} 之间的任意时刻 t，需要影响下一次转移的额外时间 $t_{k+1}-t$ 与系统已经在当前状态停留的时间 $t-t_k$ 独立。为了明白这一点，使用下面的通用计算

$$\begin{aligned}P\{\tau>r_1+r_2|\tau>r_1\}&=\frac{P\{\tau>r_1+r_2\}}{P\{\tau>r_1\}}\\&=\frac{\mathrm{e}^{-\nu(r_1+r_2)}}{\mathrm{e}^{-\nu r_1}}\\&=\mathrm{e}^{-\nu r_2}\\&=P\{\tau>r_2\}\end{aligned}$$

其中 $r_1=t-t_k,r_2=t_{k+1}-t$，且 ν 是转移速率。所以，当转移分布是指数的，状态在连续时间按照马尔可夫过程演进，但是这对于更一般的分布未必成立。

我们假设对于给定的状态 i 和控制 $u\in U(i)$，在短时段 $\mathrm{d}t$ 内产生的费用是 $g(i,u)\mathrm{d}t$。所以，我们可以将 $g(i,u)$ 视作*单位时间的费用*。基于这一通用的费用结构，我们将考虑与之前节中讨论的折扣和每阶段平均费用问题类似的问题。

折扣问题

这里的费用函数具有如下形式

$$\lim_{T\to\infty}E\left\{\int_0^T\mathrm{e}^{-\beta t}g\left(x(t),u(t)\right)\mathrm{d}t\right\}$$

其中 β 是给定的正折扣参数。因为单位时间的费用 $g\left(x(t),u(t)\right)$ 在转移之间保持为常数，从状态 i 在控制 u 下单次转移的期望费用给定如下

$$\begin{aligned}G(i,u)&=E\left\{\int_0^\tau\mathrm{e}^{-\beta t}g(i,u)\mathrm{d}t\right\}\\&=g(i,u)E\left\{\int_0^\tau\mathrm{e}^{-\beta t}\mathrm{d}t\right\}\end{aligned}$$

$$
\begin{aligned}
&= g(i,u)E_j\left\{E_\tau\left\{\int_0^\tau \mathrm{e}^{-\beta t}\mathrm{d}t|j\right\}\right\} \\
&= g(i,u)\sum_{j=1}^n p_{ij}(u)\int_0^\infty \left(\int_0^\tau \mathrm{e}^{-\beta t}\mathrm{d}t\right)\frac{\mathrm{d}Q_{ij}(\tau,u)}{p_{ij}(u)}
\end{aligned}
$$

或者等价地，因为 $\int_0^\tau \mathrm{e}^{-\beta t}\mathrm{d}t=(1-\mathrm{e}^{-\beta\tau})/\beta$，

$$
G(i,u)=g(i,u)\sum_{j=1}^n\int_0^\infty \frac{1-\mathrm{e}^{-\beta\tau}}{\beta}\mathrm{d}Q_{ij}(\tau,u) \tag{7.47}
$$

可接受的策略 $\pi=\{\mu_0,\mu_1,\cdots\}$ 的从状态 i 出发的费用给定如下

$$
J_\pi(i)=\lim_{N\to\infty}\sum_{k=0}^{N-1}E\left\{\int_{t_k}^{t_{k+1}}\mathrm{e}^{-\beta t}g\left(x_k,\mu_k(x_k)\right)\mathrm{d}t|x_0=i\right\}
$$

这个费用可以被分解为两项之和，第一项是第一次转移的期望费用，$G\left(i,\mu_0(i)\right)$，第二项是从下一个状态出发的期望后续费用，并且被因子 $\mathrm{e}^{-\beta\tau}$ 打折扣，其中 τ 是当第一次转移发生时的（随机）时间：

$$
J_\pi(i)=G\left(i,\mu_0(i)\right)+E\{\mathrm{e}^{-\beta\tau}J_{\pi_1}(j)|x_0=i,u_0=\mu_0(i)\} \tag{7.48}
$$

上面方程中的最后一项可以通过如下方式被计算出来

$$
\begin{aligned}
E\{\mathrm{e}^{-\beta\tau}J_{\pi_1}(j)|x_0=i,u_0=\mu_0(i)\}&=E\{E\{\mathrm{e}^{-\beta\tau}|j\}J_{\pi_1}(j)|x_0=i,u_0=\mu_0(i)\} \\
&=\sum_{j=1}^n p_{ij}\left(\mu_0(i)\right)\left(\int_0^\infty \mathrm{e}^{-\beta\tau}\frac{dQ_{ij}\left(\tau,\mu_0(i)\right)}{p_{ij}\left(\mu_0(i)\right)}\right)J_{\pi_1}(j) \\
&=\sum_{j=1}^n m_{ij}\left(\mu_0(i)\right)J_{\pi_1}(j)
\end{aligned}
$$

其中对任意的 $u\in U(i)$，$m_{ij}(u)$ 给定如下

$$
m_{ij}(u)=\int_0^\infty \mathrm{e}^{-\beta\tau}\mathrm{d}Q_{ij}(\tau,u) \tag{7.49}
$$

所以，综合 (7.47) 式～(7.49) 式，我们看出 $J_\pi(i)$ 可以写成

$$
J_\pi(i)=G\left(i,\mu_0(i)\right)+\sum_{j=1}^n m_{ij}\left(\mu_0(i)\right)J_{\pi_1}(j) \tag{7.50}
$$

这与折扣离散时间问题的对应方程类似 [$m_{ij}\left(\mu_0(i)\right)$ 替代 $\alpha p_{ij}\left(\mu_0(i)\right)$]。

与离散时间情形类比，我们可以为 (7.50) 式关联一个涉及人工末端状态 t 的随机最短路径问题。在控制 u 下，从状态 i 系统以概率 $m_{ij}(u)$ 移动到状态 j，并且以概率

$$
1-\sum_{j=1}^n m_{ij}(u)
$$

移动到末端状态 t。正的期望转移时间的假设 [参见 (7.46) 式] 意味着

$$
\sum_{j=1}^n m_{ij}(u)<1,\ \text{对所有的}i,u\in U(i)
$$

所以假设 7.2.1 得以满足，后者在 7.2 节的随机最短路径分析的合理性中用到。通过使用本质上与 7.3 节相同的方法，我们可以类似推导出命题 7.3.1 的折扣费用的所有结论。特别地，最优费用函数 J^* 是如下贝尔曼方程的唯一解

$$J^*(i) = \min_{u \in U(i)} \left[G(i,u) + \sum_{j=1}^{n} m_{ij}(u) J^*(j) \right]$$

此外，还有与 7.3 节中计算方法类似的结论，包括值迭代、策略迭代和线性规划。这里发生的是本质上我们拥有与离散时间折扣问题等价的情形，只是折扣因子依赖于 i 和 u。

我们最后指出在一些问题中，在单位时间的费用 g 之外，存在一个额外的（瞬时）单阶段费用 $\hat{g}(i,u)$ 出现在控制 u 在状态 i 下被选中之时，而且与转移时段的长度独立。在这一情形下，贝尔曼方程的形式为

$$J^*(i) = \min_{u \in U(i)} \left[\hat{g}(i,u) + G(i,u) + \sum_{j=1}^{n} m_{ij}(u) J^*(j) \right] \tag{7.51}$$

而且多种计算方法适度地被调整。另一种问题的变形出现在当费用 g 依赖于下一个状态 j 之时。这里，一旦系统进入状态 i，控制 $u \in U(i)$ 被选中，下一个状态以概率 $p_{ij}(u)$ 确定为 j，出现的费用是 $g(i,u,j)$。在这一情形中，$G(i,u)$ 应该被定义为

$$G(i,u) = \sum_{j=1}^{n} \int_0^{\infty} g(i,u,j) \frac{1-\mathrm{e}^{-\beta\tau}}{\beta} \mathrm{d}Q_{ij}(\tau,u)$$

[参见 (7.47) 式] 和之前的推导，无须变化。

例 7.5.1

考虑例 7.3.2 的制造商问题，唯一的区别是相邻订单到达的间隔时间均匀地分布于给定区间 $[0,\tau_{\max}]$，c 是未处理的订单每单位时间的费用。令 F 和 NF 分别表示处理和不处理订单。转移分布是

$$Q_{ij}(\tau,F) = \begin{cases} \min\left[1, \dfrac{\tau}{\tau_{\max}}\right] & \text{若 } j=1 \\ 0 & \text{否则} \end{cases}$$

和

$$Q_{ij}(\tau,\mathrm{NF}) = \begin{cases} \min\left[1, \dfrac{\tau}{\tau_{\max}}\right] & \text{若 } j=i+1 \\ 0 & \text{否则} \end{cases}$$

(7.47) 式的单阶段期望费用 G 给定如下

$$G(i,F) = 0, G(i,\mathrm{NF}) = \gamma c i$$

其中

$$\gamma = \int_0^{\tau_{\max}} \frac{1-\mathrm{e}^{-\beta\tau}}{\beta\tau_{\max}} \mathrm{d}\tau$$

(7.49) 式的那些非零标量 m_{ij} 是

$$m_{i1}(F) = m_{i(i+1)}(\mathrm{NF}) = \alpha$$

其中

$$\alpha=\int_0^{\tau_{\max}}\frac{\mathrm{e}^{-\beta\tau}}{\tau_{\max}}\mathrm{d}\tau=\frac{1-\mathrm{e}^{-\beta\tau_{\max}}}{\beta\tau_{\max}}$$

贝尔曼方程的形式为 [参见 (7.51) 式]

$$J(i)=\min[K+\alpha J(1),\gamma ci+\alpha J(i+1)],i=1,2,\cdots$$

正如在例 7.3.2 中，我们可以推断出存在着阈值 i^*，当且仅当订单的数量 i 超过 i^* 时完成订单。

平均费用问题

连续时间平均费用问题的一种自然的费用函数是

$$\lim_{T\to\infty}\frac{1}{T}E\left\{\int_0^T g\left(x(t),u(t)\right)\mathrm{d}t\right\} \tag{7.52}$$

然而，我们将使用如下费用函数

$$\lim_{N\to\infty}\frac{1}{E\{t_N\}}E\left\{\int_0^{t_N} g\left(x(t),u(t)\right)\mathrm{d}t\right\} \tag{7.53}$$

其中 t_N 是第 N 次转移的完成时间。这一费用函数也是合理的，而且是解析上方便的。然而，我们指出 (7.52) 式和 (7.53) 式的费用函数在后续的分析条件下是等价的，尽管对这一点的严格的论证超出了我们的范畴（参见 Ross[Ros70] 第 52 页和第 160 页的相关讨论）。

对每对 (i,u)，我们用 $G(i,u)$ 标记对应于状态 i 和控制 u 的单阶段期望费用。我们有

$$G(i,u)=g(i,u)\bar{\tau}_i(u)$$

其中 $\bar{\tau}_i(u)$ 是对应于 (i,u) 的转移时间的期望值。[如果单位时间的费用 g 依赖于下一个状态 j，那么期望转移费用 $G(i,u)$ 应当被定义为

$$G(i,u)=\sum_{j=1}^n\int_0^\infty g(i,u,j)\tau\mathrm{d}Q_{ij}(\tau,u)$$

下面的分析和结论无须修改。一个可接受的策略 $\pi=\{\mu_0,\mu_1,\cdots\}$ 的费用函数给定如下

$$J_\pi(i)=\lim_{N\to\infty}\frac{1}{E\{t_N|x_0=i,\pi\}}E\left\{\sum_{k=0}^{N-1}\int_{t_k}^{t_{k+1}} g\left(x_k,\mu_k(x_k)\right)\mathrm{d}t|x_0=i\right\}$$

我们将看到这一问题的解的性质由嵌入马尔可夫链的结构决定，这个马尔可夫链是以

$$p_{ij}(u)=\lim_{\tau\to\infty}Q_{ij}(\tau,u)$$

为转移概率的受控离散时间马尔可夫链。特别地，假设嵌入马尔可夫链满足 7.4 节的假设 7.4.1，我们可以证明费用 $J^*(i)$ 与 i 独立。

结果平均费用半马尔可夫问题的贝尔曼方程的形式为

$$h(i)=\min_{u\in U(i)}\left[G(i,u)-\lambda\bar{\tau}_i(u)+\sum_{j=1}^n p_{ij}(u)h(j)\right]$$

作为一个特例，当对所有的 (i,u) 有 $\bar{\tau}_i(u)=1$ 时，我们获得在 7.4 节中给出的离散时间问题的对应的贝尔曼方程。我们用曾在 7.4 节中用过的随机最短路径的论述说明上述形式贝尔曼方程的合理性。我们考虑所生成的一系列状态，将其分成由对特殊状态 n 的相继访问标识的环。这些环

中的每一个都可以被视作对应于以 n 为事实上的末端状态的随机最短路径问题的状态轨迹，如同在 7.4 节中一样。

我们接下来断言平均费用问题等价于寻找最小化平均环费用

$$\frac{C_{nn}(\mu)}{T_{nn}(\mu)}$$

的平稳策略 μ 的最小环费用问题，其中对于固定的 μ，

$C_{nn}(\mu)$：从 n 开始直到首次返回 n 的期望费用

$T_{nn}(\mu)$：从 n 开始返回 n 的期望时间

一个直观的断言是最优平均费用 λ^* 等于最优环费用，所以其满足

$$C_{nn}(\mu) - T_{nn}(\mu)\lambda^* \geqslant 0, \text{ 对所有的}\mu \tag{7.54}$$

若 μ 是最优的则等号成立。所以，为了获得最优的 μ，我们必须在 μ 上最小化表达式 $C_{nn}(\mu) - T_{nn}(\mu\,\lambda^*$，这是 μ 从 n 开始，以

$$G(i,u) - \lambda^* \bar{\tau}_i\left(\mu(i)\right), i = 1, \cdots, n$$

为阶段费用的关联的随机最短路径问题的期望费用。

用 $h^*(i)$ 标记这一随机最短路径问题从状态 i 开始的最优费用。那么 $h^*(1), \cdots, h^*(n)$ 是对应的贝尔曼方程

$$h^*(i) = \min_{u\in U(i)}\left[G(i,u) - \lambda^*\bar{\tau}_i(u) + \sum_{j=1}^{n-1} p_{ij}(u)h^*(j)\right], i = 1, \cdots, n \tag{7.55}$$

的唯一解。如果 μ^* 是最优平稳策略，那么这个策略必然满足

$$C_{nn}(\mu^*) - T_{nn}(\mu^*)\lambda^* = 0$$

而且由 (7.54) 式，这一策略也必然是关联的随机最短路径问题的最优策略。所以，必然有

$$h^*(n) = C_{nn}(\mu^*) - T_{nn}(\mu^*)\lambda^* = 0$$

通过使用这一方程，现在可以将 (7.55) 式的贝尔曼方程写成

$$h^*(i) = \min_{u\in U(i)}\left[G(i,u) - \lambda^*\bar{\tau}_i(u) + \sum_{j=1}^{n} p_{ij}(u)h^*(j)\right], i = 1, \cdots, n \tag{7.56}$$

如果存在“瞬时的”单阶段费用 $\hat{g}(i,u)$，这一方程中的 $G(i,u)$ 项应该被替换为 $\hat{g}(i,u) + G(i,u)$。

给定正确形式的贝尔曼方程以及与关联的随机最短路径问题的联系，本质上重复命题 7.4.1 的证明并获得与离散时间情形类似的结论变得可能了。

例 7.5.2

考虑例 7.5.1 的制造商问题的平均费用版本。这里有

$$\bar{\tau}_i(F) = \bar{\tau}_i(\text{NF}) = \frac{\bar{\tau}_{\max}}{2}$$

$$G(i,F) = K, G(i,\text{NF}) = \frac{ci\tau_{\max}}{2}$$

其中 F 和 NF 分别表示完成和不完成订单的决策。贝尔曼方程 (7.56) 式的形式为

$$h^*(i) = \min\left[K - \lambda^*\frac{\bar{\tau}_{\max}}{2} + h^*(1), ci\frac{\bar{\tau}_{\max}}{2} - \lambda^*\frac{\bar{\tau}_{\max}}{2} + h^*(i+1)\right]$$

可以证明存在阈值 i^* 满足当且仅当 i 超过 i^* 时处理订单是最优的。这一证明我们作为练习留给读者。

例 7.5.3 [LiR71]

考虑一个人为顾客提供某种类型的服务。潜在的顾客按照速率 r 的泊松过程到达；即，顾客的到达间隔时间独立同参数为 r 的指数分布。每个顾客提供 n 对 $(m_i, T_i), i = 1, \cdots, n$ 中的一种，其中 m_i 是对服务提出的价钱，T_i 是进行这一服务所需要的平均时间。相继的报价是独立的，(m_i, T_i) 以概率 p_i 出现，其中 $\sum_{i=1}^{n} p_i = 1$。一个报价可能被拒绝，此时顾客离开，或者可能被接受，此时所有已经到达的报价和正在服务的顾客被丢失。问题是确定最大化服务提供人的单位时间平均收入的接受-拒绝策略。

用 i 表示对应于报价 (m_i, T_i) 的状态，令 A 和 R 分别表示接受和拒绝的决定。我们有

$$\bar{\tau}_i(A) = T_i + \frac{1}{r}, \bar{\tau}_i(R) = \frac{1}{r}, G(i, A) = -m_i, G(i, R) = 0$$

$$p_{ij}(A) = p_{ij}(R) = p_j$$

贝尔曼方程给定如下

$$h^*(i) = \min \left[-m_i - \lambda^* \left(T_i + \frac{1}{r} \right) + \sum_{j=1}^{n} p_j h^*(j), -\lambda^* \frac{1}{r} + \sum_{j=1}^{n} p_j h^*(j) \right]$$

于是有最优策略是

$$\text{接受报价}(i, T_i),\ \text{当且仅当} \frac{m_i}{T_i} \geqslant -\lambda^*$$

其中 $-\lambda^*$ 是最优的每单位时间平均收入。

7.6 注释、参考文献和习题

这一章只是对无穷时段问题的介绍。对这些问题存在着大量理论，具有有趣的数学和计算方面的内容。第 II 卷提供了综合的处理并给出了许多参考文献。

这一章的表述在如下方面是原创的，它使用随机最短路径问题作为对其他问题的分析的起点。这条线不仅直观上解释了多种问题之间的联系，而且导出了新的求解方法。例如，对平均费用问题的替代的值迭代算法，基于与随机最短路径问题的联系，在 Bertsekas[Ber98b] 中和第 II 卷 4.3 节中给出。另外，存在非折扣和平均费用问题的重要结论，不能通过与随机最短路径问题的联系无法得到。这些替代的分析线路在第 II 卷中继续。

半马尔可夫问题由 Jewell[Jew63] 引入，也由 Ross[Ros70] 讨论。第 II 卷包含了半马尔可夫问题的广泛的讨论，以及对排队和相关系统的应用。

习　　题

7.1

一位网球运动员可以发快球和慢球，分别标记为 F 和 S。F（或者 S）发在界内的概率是 p_F（或者 p_S）。假设发球在界内的条件下赢得分数的概率是 q_F（或者 q_S）。我们假设 $p_F < p_S$

和 $q_F > q_S$。问题是找到在单场比赛中每种可能的得分情形下可以使用的发球策略以最大化赢得本场比赛的概率。

(a) 将这个问题建模为随机最短路径问题，论证 7.2 节的假设 7.2.1 成立，写出贝尔曼方程。

(b) 计算机作业：假设 $q_F = 0.6, q_S = 0.4, p_S = 0.5$。用值迭代计算并绘制（以 0.05 为增量）发球员使用作为 p_F 的函数的最优发球选择策略时赢得比赛的概率。

7.2

四分卫可以在任何比赛中选择跑动或者传球。跑动获得的码数是整数，而且按照参数为 λ_r 的泊松分布。传球以概率 p 未完成，以概率 q 被截断，以概率 $1-p-q$ 完成。当完成时，传球获得以 λ_p 为参数的泊松分布的整数码数的得分。我们假设在单次比赛中从距离球门 i 码开始最终触地得分的概率等于获得的码数大于等于 i 的概率。我们也假设这个码数不会在任何比赛中丢失，而且没有罚分。在第四次掉下之后或者出现断球时，球被传给另外一支队伍。

(a) 将问题建模为随机最短路径问题，论证 7.2 节的假设 7.2.1 成立，写出贝尔曼方程。

(b) 计算机作业：使用值迭代计算四分卫的比赛策略以最大化对 $\lambda_r = 3$, $\lambda_p = 10$, $p = 0.4$, $q = 0.05$ 在单次冲锋取得触地得分的概率。

7.3

计算机制造商可以处于两个状态中的一个。在状态 1 他的产品卖得好，而在状态 2 他的产品卖得不好。当处于状态 1 时，他可以宣传自己的产品，此时单阶段的收益是 4 单位，转移概率是 $p_{11} = 0.8, p_{12} = 0.2$。如果在状态 1，他不宣传，收益是 6 单位且转移概率是 $p_{11} = p_{12} = 0.5$。当处于状态 2 时，他可以通过研究改进其产品，此时单阶段收益是 -5 单位，转移概率是 $p_{21} = 0.7, p_{22} = 0.3$。如果在状态 2 他不做研究，收益是 -3，转移概率是 $p_{21} = 0.4, p_{22} = 0.6$。考虑这个问题的无穷时段折扣版本。

(a) 证明当折扣因子 α 充分小时，计算机制造商应该遵循“短视”策略，在状态 1（状态 2）不宣传（不做研究）。相反，当 α 充分接近单位值时，他应该遵循“远视”策略，在状态 1（状态 2）宣传（做研究）。

(b) 对于 $\alpha = 0.9$ 使用策略迭代计算最优策略。

(c) 对于 $\alpha = 0.99$，使用计算机用值迭代求解问题，分别使用或者不使用 (7.23) 式的误差界。

7.4

一位充满活力的销售员在一周的每一天都工作。他可以每天仅在 A 或者 B 两个镇子中的一个工作。对于他在 A 镇（或者 B 镇）工作的每一天，他的期望收益是 r_A（或者 r_B）。改变镇子的费用是 c。假设 $c > r_A > r_B$，且存在折扣因子 $\alpha < 1$。

(a) 证明对充分小的 α，最优策略是停在他所处的镇子，对于充分接近 1 的 α，最优策略是移动到 A 镇（如果不是从那里开始）并且在所有后续的时段都停留在 A。

(b) 用策略迭代对 $c = 3, r_A = 2, r_B = 1, \alpha = 0.9$ 求解该问题。

(c) 用计算机通过值迭代求解 (b) 部分，分别使用或者不使用 (7.23) 式的误差界。

7.5

一位女士有一把伞在家与办公室之间来回携带。在她离开家或者办公室的时候存在下雨的概率 p，与之前的天气独立。如果她在的地点有伞而且下雨了，她打着伞去另一个地方（这不涉及任何费用）。如果她在的地点没有伞而且下雨了，淋湿导致费用 W。如果她在的地点有伞但是没有下雨，她可以带着伞去另一个地点（这涉及不方便的费用 V），或者她可以把伞留下（这不涉及任何费用）。费用的折扣因子是 $\alpha < 1$。

(a) 将这个问题建模成无限阶段总费用折扣问题。提示：尽可能使用少的状态数量。

(b) 尽你可能描述最优策略。

7.6

对于网球运动员问题（习题 7.1），证明最优策略（与得分无关）是若

$$(p_F q_F)/(p_S q_S) > 1$$

则两发都用 F；若

$$(p_F q_F)/(p_S q_S) < 1 + p_F - p_S$$

则两发都用 S；否则在一发用 F，在二发用 S。

7.7

考虑例 7.3.2 的值迭代方法：

$$\begin{aligned} J_{k+1}(i) = \min[&K + \alpha(1-p)J_k(0) + \alpha p J_k(1) \\ &ci + \alpha(1-p)J_k(i) + \alpha p J_k(i+1)], i = 0, 1, \cdots, n-1 \\ &J_{k+1}(n) = K + \alpha(1-p)J_k(0) + \alpha p J_k(1) \end{aligned}$$

其中对所有的 i 有 $J_0(i) = 0$。用归纳法证明 $J_k(i)$ 是 i 的单调非减的。

7.8 (www)

考虑例 7.3.2 的问题的策略迭代算法，

(a) 证明如果从阈值型策略开始运行算法，每个后续生成的策略都将是阈值型策略。注意：这需要仔细的论证。

(b) 对于 $c = 1, K = 5, n = 10, p = 0.5, \alpha = 0.9$ 和总是处理未处理的订单的初始策略的情形执行算法。

7.9

分别使用值迭代和策略迭代求解计算机制造商问题（习题 7.3）的平均费用版本（$\alpha = 1$）。

7.10

一位失业工人在每个时段收到一个工作机会，他可以选择接受或者拒绝。所提供的薪酬从 n 个可能取值 $w^1, \cdots, w^n$ 中按照给定的概率取值，与之前的机会独立。如果他接受这个机会，他必须在余生中保持相同的薪资水平。如果他拒绝这个机会，他在当前时段收到失业金 c 并且可以接受未来的机会。假设收入被因子 $\alpha < 1$ 打折扣。

(a) 证明存在阈值 $\bar{w}$ 满足当且仅当其薪水大于 $\bar{w}$ 时接受机会是最优的，描述 $\bar{w}$。

(b) 考虑该问题的变形，其中若工人的薪水是 w^i 则在任意单个时段内这位工人被解雇的概率是 p_i。证明在 p_i 对所有的 i 相同的情形 (a) 部分的结论仍然成立。分析当 p_i 依赖于 i 的情形。

7.11

对于当收入不打折扣并且工人最大化其每阶段平均收入的情形解决习题 7.10 的 (b) 部分。

7.12 (www)

证明总可以在假设 7.2.1 中取 $m = n$。提示：对任意的 π 和 i，令 $S_k(i)$ 为从 i 开始在 π 之下在 k 阶段之内以正概率可达状态的集合。证明在假设习题 7.2.1 之下，我们不能有 $S_k(i) = S_{k+1}(i)$

而 $t \neq S_k(i)$。

7.13

证明 (7.17) 式的误差界。这些界构成了对折扣问题的随机最短路径问题界的 (7.23) 式的推广，后者具有长的历史，从 McQueen[McQ66] 的工作开始。提示：完成如下论证的细节。令 $\mu^k(i)$ 对所有的 i 达到 (7.16) 式值迭代的最小值。那么，在向量的形式下，我们有

$$J_{k+1} = g_k + P_k J_k$$

其中 J_k 和 g_k 是向量，元素分别为 $J_k(i), i = 1, \cdots, n$，$g_k\left(i, \mu^k(i)\right), i = 1, \cdots, n$，$P_k$ 是矩阵，其元素为转移概率 $p_{ij}\left(\mu^k(i)\right)$。也从贝尔曼方程，我们有

$$J^* \leqslant g_k + P_k J^*$$

其中上述向量不等式需要对每个元素单独成立。令 $e = (1, \cdots, 1)'$。使用上面的两个关系式，我们有

$$J^* - J_k \leqslant J^* - J_{k+1} + \bar{c}_k e \leqslant P_k\left(J^* - J_k\right) + \bar{c}_k e \tag{7.57}$$

将这一关系式乘以 P_k 并加上 $\bar{c}_k e$，我们获得

$$P_k(J^* - J_k) + \bar{c}_k e \leqslant P_k^2(J^* - J_k) + \bar{c}_k(I + P_k)e$$

类似继续，我们对所有的 $r \geqslant 1$ 有

$$J^* - J_{k+1} + \bar{c}_k e \leqslant P_k^r(J^* - J_k) + \bar{c}_k(I + P_k + \cdots + P_k^{r-1})e$$

对于 $s = 1, 2, \cdots$，向量 $P_k^s e$ 的第 i 个元素等于概率 $P\{x_s \neq t | x_0 = i, \mu^k\}$，后者是从 i 开始使用平稳策略 μ^k 在 s 阶段后仍未达到 t 的概率。所以，假设 7.2.1 意味着 $\lim_{r\to\infty} P_k^r = 0$，而我们有

$$\lim_{r\to\infty}(I + P_k + \cdots + P_k^{r-1})e = N^k$$

其中 N^k 是向量 $\left(N^k(1), \cdots, N^k(n)\right)'$。综合上面两个关系式，我们获得

$$J^* \leqslant J_{k+1} + \bar{c}_k(N^k - e)$$

证明了所期望的上界。

下界可以类似地证明，通过用最优平稳策略 μ^* 替代 μ^k。特别地，作为 (7.57) 式的替代，我们可以证明

$$J_k - J^* \leqslant J_{k+1} - J^* - \underline{c}_k e \leqslant P^*(J_k - J^*) - \underline{c}_k e$$

其中 P^* 是矩阵，其元素为 $p_{ij}\left(\mu^*(i)\right)$。我们类似地对所有的 $r \geqslant 1$ 获得

$$J_{k+1} - J^* - \underline{c}_k e \leqslant (P^*)^r(J_k - J^*) - \underline{c}_k(I + P^* + \cdots + (P^*)^{r-1})e$$

由此有 $J_{k+1} + \underline{c}_k(N^* - e) \leqslant J^*$，其中 N^* 是向量 $(N^*(1), \cdots, N^*(n))'$。

7.14

对于有两个状态、每个状态仅有单个控制的情形应用相对值迭代算法 (7.14) 式。转移概率是 $p_{11} = \epsilon, p_{12} = 1 - \epsilon, p_{21} = 1 - \epsilon, p_{22} = \epsilon$，其中 $0 \leqslant \epsilon < 1$。证明如果 $0 < \epsilon$，算法收敛，但是如果 $\epsilon = 0$，算法可能不收敛。也证明 (7.42) 式的变形当 $\epsilon = 0$ 时收敛。

7.15

当在状态 i 产生的期望费用是 $g(i, u) - \lambda^*$ 时，考虑平均费用问题和其关联的随机最短路径问题。

(a) 用命题 7.2.1(d) 和命题 7.4.1(a) 证明如果平稳策略对后面的问题是最优的，那么也对前面的问题是最优的。

(b) 用例子证明 (a) 部分的逆命题未必成立。

7.16

考虑操作机器的问题，可以处于 n 个状态中的任意一个，记为 $1,2,\cdots,n$。我们用 $g(i)$ 表示当机器在状态 i 下每个阶段的运行费用，我们假设

$$g(1) \leqslant g(2) \leqslant \cdots \leqslant g(n)$$

这里意味着状态 i 优于状态 $i+1$，状态 1 对应于在最好状态下的机器。在一个运行周期的转移概率满足

$$p_{i(i+1)} > 0,\ \text{若}\, i < n$$

$$p_{ij} = 0,\ \text{若}\, j \neq i, j \neq i+1$$

假设在每个阶段开始，我们知道机器的状态，必须从下面的两个选项中选择：

(1) 令机器在其当前状态下再多运行一个阶段。

(2) 用费用 R 维修机器并将其带回到最好的状态 1。

我们假设一旦被维修，机器将保证在一个时段内保持在状态 1。在后续的阶段，其可能退化到状态 $j > 1$。

a. 假设无穷时段和折扣因子 $\alpha \in (0,1)$，证明存在最优策略，是阈值型策略；即，其具有如下形式

$$\text{当且仅当}\, i \geqslant i^* \text{维修}$$

其中 i^* 是某个整数。

b. 证明策略迭代方法，当从阈值型策略开始时，生成一系列阈值型策略。

7.17

考虑一个人为顾客提供某种服务。这个人在每个时段开始时以概率 p_i 收到类型 i 的顾客的报价，其中 $i = 1,2,\cdots,n$，其提供 M_i 金额的报酬。我们假设 $\sum_{i=1}^{n} p_i = 1$。这个人可以拒绝报价，此时顾客离开而且这个人在那个时段保持空闲，或者这个人可能接受报价，此时他需要消耗一些随机的时间与顾客在一起。特别地，我们假设给定顾客已经与这个人停留了 $k-1$ 个时段的条件后，类型 i 顾客在 k 个时段后（$k = 1,2,\cdots$）离去的概率是给定的标量 $\beta_i \in (0,1)$。问题是确定接受-拒绝策略以最大化

$$\lim_{N\to\infty} \frac{1}{N}\{\text{在}N\text{个阶段的期望收入}\}$$

(a) 将这个人的问题建模为每阶段平均费用问题，并证明最优费用与初始状态独立。

(b) 证明存在标量 λ 和最优策略，当且仅当

$$\lambda \leqslant \frac{M_i}{T_i}$$

接受类型 i 的顾客的报价，其中 T_i 是与类型 i 顾客消耗的期望时间。

7.18

一个人有资产出售，他收到的报价从 n 个值 $s_j, j = 1,\cdots,n$ 中取值。在接续报价之间的时

间是随机的，独立同分布的，并且与之前的时间独立。令 $Q_j(\tau)$ 为相邻报价之间的时间，小于等于 τ，且下一个报价是 s_j 的概率。找到最大化 $E\{\alpha^T s\}$ 的报价接受策略，其中 T 是出售的时间，s 是售价，$\alpha \in (0,1)$ 是折扣因子。

7.19

一位失业工人收到工作机会，他可以选择接受或者拒绝。相邻机会之间的时间独立同指数分布，参数为 r。提出的薪水（每单位时间）从 n 个可能的取值 $w_i, i = 1, \cdots, n$ 中取值，具有给定的概率 p_i，与之前的机会独立。如果他在薪酬 w_i 接受一个工作机会，他可以在随机的时长内保住这份工作，时间的期望值是 t_i。如果他拒绝这个机会，他获得失业金 c（每单位时间）并且可以接受未来的机会。求解最大化这个工人的每单位时间平均收入的问题。

7.20

考虑计算系统，其中任务的到达间隔时间独立同指数分布，参数为 r。任务可以被拒绝，此时任务被丢弃，或者可以被接受，此时在处理这个任务时到达的所有其他任务都将丢弃。存在 n 类任务。每个到达的任务以概率 p_i 为类别 i，与之前的任务独立，如果被处理，价值是固定的正收益 $b_i (i = 1, \cdots, n)$。类型 i 的任务需要平均时长 T_i 完成处理。问题是确定最大化系统每单位时间平均收益的接受-拒绝策略。

(a) 论证例 7.5.3 的分析也适用于这个问题。

(b) 对于只有两类任务的情形计算单位时间的最优平均收益 λ^*。

(c) 假设处理类型 i 任务的时间是指数分布的，均值为 T_i。进一步假设系统可以同时处理直到 $m > 1$ 个任务（而不是只有一个）。将这个问题建模为单位时间平均收益半马尔可夫问题，对于 $m = 2$ 的情形写出贝尔曼方程。为什么我们需要指数分布的假设？

7.21

将 7.2 节的随机最短路径问题建模为半马尔可夫版本的问题。费用函数的形式为

$$\lim_{T \to \infty} E\left\{\int_0^T g\left(x(t), u(t)\right) \mathrm{d}t\right\}$$

而且存在免费的吸收态。使用转移分布 Q_{ij} 建模与假设 7.2.1 类似的假设。在这一假设下，表述并论证与命题 7.2.1 平行的结论。

7.22

一位寻宝者获得了租约可以搜索包含 n 个宝藏的地点，想找到搜索策略以最大化他在无穷长天数中的期望收益。在每一天，他知道当前尚未被找到的宝藏的数量，他可以决定以每天 c 的费用继续搜索，或者永远停止搜索。如果他在地点仍有 i 个宝藏的一天进行搜索，他以给定的概率 $p(m|i)$ 找到 $m \in [0, i]$ 个宝藏，其中我们假设对所有的 $i \geqslant 1$ 有 $p(0|i) < 1$，而且找到的宝藏的期望数量是

$$r(i) = \sum_{m=0}^{i} m p(m|i)$$

随着 i 单调下降。每个找到的宝藏价值 1 个单位。

(a) 将这个问题建模为无限阶段动态规划问题。

(b) 写出贝尔曼方程。你怎么知道这个方程成立并且有唯一解？

(c) 从永远不搜索的策略开始策略迭代。需要进行多少轮策略迭代才能找到最优策略，那个最优策略是什么？

7.23

最新的老虎机模型有三个柄，标记为 1、2 和 3。单次摇柄 i，其中 $i=1,2,3$，消费 c_i 元，且有两个可能的结果："赢"（以概率 p_i 出现）和"输"（以概率 $1-p_i$ 出现）。每当你使用不同的柄连续三次均获得"赢"时，老虎机支付给你 m 元。

(a) 如果你被限制为在首次获得机器支付的报酬时就停下来，考虑找到最小化期望费用的摇柄顺序的问题。将这个问题建模为随机最短路径问题，其中摇柄的顺序用平稳策略识别，对每个平稳策略写出贝尔曼方程。

(b) 证明按照 ABC 的顺序摇柄的期望费用是

$$\frac{c_A + p_A c_B + p_A p_B c_C - p_A p_B p_C m}{p_A p_B p_C}$$

证明按照 $c_i/(1-p_i)$ 的下降顺序摇柄是最优的。

(c) 假设你可以无穷次摇柄，考虑找到最小化每次摇柄的平均期望费用的摇柄顺序。将这个问题建模为每阶段平均费用问题，其中摇柄的顺序用平稳策略识别，为每个平稳策略写出贝尔曼方程。

(d) 证明按照 ABC 的顺序摇柄的每次摇柄的期望费用是

$$\frac{c_A + p_A c_B + p_A p_B c_C - p_A p_B p_C m}{1 + p_A + p_A p_B}$$

最优的摇柄顺序是否可能与 (b) 部分不同？如果是，你如何解释？

7.24

一个人有一套房子，每单位时段出租的房租是固定的 R。在每个时段 k 的开始，这个人收到买房的报价 w_k。w_k 的量从 m 个给定的值 $w^1,\cdots,w^m$ 中按照对应的概率 $q^1,\cdots,q^m$ 取值，与之前的报价独立。这个人在每个时段开始时，必须决定是否接受当前的报价，或者拒绝这个报价并继续出租房子。

一旦房子被出售，销售价格，称为 w，立即以某种方式被重新投资，可以在时间 k 获得随机值 $y_k w$，其中 y_k 从 s 个给定值 $y^1,\cdots,y^s$ 中取值。y_k 的值按照具有单个常返类和如下给定的转移概率

$$p_{ij} = P\left(y_{k+1} = y^j | y_k = y^i\right), i, j = 1, \cdots, s$$

的马尔可夫链演进。

(a) 假设在时间 k 当 y_k 等于 y^i 时房子被出售。令

$$\bar{y}(i) = \lim_{N\to\infty} \frac{1}{N} E\left\{\sum_{l=k}^{k+N-1} y_l | y_k = y^i\right\}$$

为单位时间的平均未来收益。证明 $\bar{y}(i)$ 等于共同值 $\bar{y}$，与 i 独立，推导这个值的贝尔曼类型的方程。

(b) 假设这个人的目标是最大化单位时段的平均金钱收益。论证最优平稳策略是等到收到最大可能报价 $\bar{w} = \max\{w^1,\cdots,w^m\}$，然后出售房子，假设 $R/\bar{y} \leqslant \bar{w}$。给定这一结论，讨论平均费用的模型对于这个问题是否合适。

(c) 假设这个人的目标是最大化无穷时段上总折扣金钱收益，折扣因子 $\alpha < 1$。证明对每个 $i = 1, \cdots, s$，存在阈值 $t(i)$ 满足在阶段 k 当 $y_k = y^i$ 且当前的报价大于 $t(i)$ 时出售房子。

7.25

你刚买了第一辆车，于是碰到了停车的问题。在每天一开始，你要么将车停在车库里面，每天产生费用 G，或者免费停在路边。然而，在后一种情形中，你的风险是可能得到一张罚单，费用是 T，概率是 p_j，其中 j 是车已经停在路边的连续天数（例如，第一天你把车停在路边，你以概率 p_1 得到一张罚单，在连续第二天停在路边时，你得到罚单的概率是 p_2，等等）。也假设存在一个整数 m 满足 $p_m T > G$。

(a) 建模这个问题为具有有限状态空间的无穷时段折扣费用问题，写出对应的贝尔曼方程。

(b) 尽你可能描述最优策略。

(c) 令 n 为状态总数。证明如何用策略迭代以至于在不超过 n 次迭代后终止。提示：如同在习题 7.8 中那样用阈值型策略。

(d) 建模这个问题的无穷时段平均费用版本，具有有限的状态空间，写出对应的贝尔曼方程。给出贝尔曼方程成立的假设条件。

7.26

一位工程师发明了一个更好的捕鼠器，想用合适的价格卖掉这个发明。在每个时段的开始，他收到一个报价，从 $s_1, \cdots, s_n$ 中按照对应的概率 $p_1, \cdots, p_n$ 取值，与之前的报价独立。如果他接受报价，那么他从工程领域退休。如果他拒绝报价，他可以接受后续的报价，但是风险是竞争对手可能发明出更好的捕鼠器，导致他自己的发明无法售出；这在每个时段以概率 $\beta > 0$ 发生，与之前的时段独立。当他被对手超过的时候，在每个时段，他可以选择从工程领域退休，或者他可以选择投资 $v \geqslant 0$，在这个情形中他有概率 γ 改进他的捕鼠器，超过他的竞争对手，并开始像之前一样收到报价。问题是确定这位工程师的策略以最大化他的折扣期望收益（减去投资的费用），假设折扣因子 $\alpha < 1$。

(a) 将这个问题建模成无限阶段折扣费用问题，写出对应的贝尔曼方程。

(b) 尽你可能描述最优策略。

(c) 假设没有折扣因子。这个问题作为每阶段平均费用问题是否合适？

(d) 假设没有折扣因子，而且投资费用 v 等于 0。这个问题作为随机最短路径问题是否合理？最优策略是什么？

7.27（消去自转移）

考虑具有末端状态 t，非末端状态 $1, \cdots, n$，转移概率 $p_{ij}(u)$ 和每阶段期望费用 $g(i, u)$ 的随机最短路径问题（SSP）。令假设 7.2.1 成立。

(a) 如下修改费用和转移概率：

$$\tilde{g}(i,u) = \frac{g(i,u)}{1 - p_{ii}(u)},\ i = 1, \cdots, n, u \in U(i)$$

$$\tilde{p}_{ij}(u) = \begin{cases} 0 & \text{若 } j = i, \\ \dfrac{p_{ij}(u)}{1 - p_{ii}(u)} & \text{若 } j \neq i, \end{cases},\ i = 1, \cdots, n, j = 1, \cdots, n, t, u \in U(i)$$

以获得另一个没有自转移的 SSP。证明修改的 SSP 等价于原问题，即其平稳策略和最优策略具有相同的费用函数。在修改后的 SSP 中的转移在原问题中转移的解释是什么？

(b) 固定策略 μ。令 J_k 和 $\tilde{J}_k$ 分别为在原问题和修改的 SSP 中由值迭代（对于固定的策略）生成的费用向量序列，从相同的初始向量 J_0 开始。证明对于修订的 SSP 的值迭代更快，即若 $J_0 \leqslant J_1$，那么对所有的 k 有 $J_k \leqslant \tilde{J}_k \leqslant J^*$；若 $J_0 \geqslant J_1$，那么对所有的 k 有 $J_k \geqslant \tilde{J}_k \geqslant J^*$.

7.28（具有非负费用的总费用问题）(www)

这是一个理论问题，其目的是提供对非折扣费用问题的一些额外的分析，包括对 7.2 节随机最短路径问题的结论的推广。这里的思想是在阶段费用非负而且最优费用有限的假设下，使用 7.3 节对折扣问题的分析推导对总非折扣费用问题的基本结论。这些结论适用于一些随机最短路径问题，其中不是所有的平稳策略都合适，而且命题 7.2.1 被违反。

考虑具有状态 $i=1,\cdots,n$，对每个状态 i 从有限约束集合 $U(i)$ 选择的控制 u 和转移概率 $p_{ij}(u)$ 的受控马尔可夫链。(状态可以包括免费的吸收态末端状态，但是这与下面的分析无关。) 当第 k 个阶段在状态 i 施加控制 u 的费用的形式为

$$\alpha^k g(i,u), i=1,\cdots,n, u\in U(i)$$

其中 α 是标量，来自 $(0,1]$。我们的关键假设是

$$0\leqslant g(i,u), i=1,\cdots,n, u\in U(i)$$

对任意策略 π，令 $J_{\pi,\alpha}$ 为 α-折扣问题的费用函数（$\alpha<1$），令 J_π 为当 $\alpha=1$ 时问题的费用函数。注意对 $\alpha=1$，我们可以对某个 π 和 i 有 $J_\pi(i)=\infty$。然而，得益于假设，对所有的 i 和 u 有 $0\leqslant g(i,u)$。$J_\pi(i)$ 的定义中的极限存在或者作为一个实数，或者是 ∞。令 $J_\alpha^*(i)$ 和 $J^*(i)$ 分别是当 $\alpha<1$ 和 $\alpha=1$ 时从 i 开始的最优费用。我们假设

$$J^*(i)<\infty, i=1,\cdots,n$$

(对于存在合适的平稳策略的随机最短路问题，这一点尤其成立，在该合适的平稳策略下存在从每个状态到末端状态的正的转移概率路径。)

(a) 证明对所有的 $\alpha<1$，我们有

$$0\leqslant J_\alpha^*(i)\leqslant J^*(i), i=1,\cdots,n$$

(b) 证明对任意可接受的策略 π，我们有

$$\lim_{\alpha\uparrow 1} J_{\pi,\alpha}(i)=J_\pi(i), i=1,\cdots,n$$

进一步，

$$\lim_{\alpha\uparrow 1} J_\alpha^*(i)=J^*(i), i=1,\cdots,n$$

提示：为了证明第一个等式，注意对任意的 $\alpha<1, N$ 和 $\pi=\{\mu_0,\mu_1,\cdots\}$，我们有

$$J_\pi(i)\geqslant J_{\pi,\alpha}(i)\geqslant\sum_{k=0}^{N-1}\alpha^k E\{g\left(i_k,\mu_k(i_k)\right)|i_0=i,\pi\}$$

当 $\alpha\to 1$ 时取极限，然后当 $N\to\infty$ 时取极限。对于第二个等式，考虑平稳策略 μ 和序列 $\{\alpha_m\}\subset(0,1)$ 满足 $\alpha_m\to 1$ 且对所有的 m 满足 $J_{\mu,\alpha_m}=J_{\alpha_m}^*$。

(c) 对 $\alpha<1$ 时使用贝尔曼方程证明对 $\alpha=1$ 时 J^* 满足贝尔曼方程：

$$J^*(i)=\min_{u\in U(i)}\left[g(i,u)+\sum_{j=1}^{n}p_{ij}(u)J^*(j)\right],i=1,\cdots,n$$

(d) 令 $\tilde{J}$ 对所有的 i 满足 $0\leqslant\tilde{J}(i)<\infty$。证明如果

$$\tilde{J}(i)\geqslant\min_{u\in U(i)}\left[g(i,u)+\sum_{j=1}^{n}p_{ij}(u)\tilde{J}(j)\right],i=1,\cdots,n$$

那么 $\tilde{J}(i)\geqslant J^*(i)$ 对所有的 i 成立。也证明如果对每个平稳策略 μ，我们有

$$\tilde{J}(i)\geqslant g()+\sum_{j=1}^{n}p_{ij}\left(\mu(i)\right)\tilde{J}(j),i=1,\cdots,n$$

那么 $\tilde{J}(i)\geqslant J_\mu(i)$ 对所有 i 成立。提示：论证

$$\tilde{J}(i)\geqslant\min_{u\in U(i)}\left[g(i,u)+\alpha\sum_{j=1}^{n}p_{ij}(u)\tilde{J}(j)\right],i=1,\cdots,n$$

用值迭代证明 $\tilde{J}\geqslant J_\alpha^*$，并且当 $\alpha\to 1$ 时取极限。

(e) 对 $\alpha=1$ 时证明若

$$\mu^*(i)=\arg\min_{u\in U(i)}\left[g(i,u)+\sum_{j=1}^{n}p_{ij}(u)J^*(j)\right],i=1,\cdots,n$$

那么 μ^* 是最优的。提示：用 $\tilde{J}=J^*$ 使用 (d) 部分。

(f) 对 $\alpha=1$，证明对于如下给定的值迭代方法，

$$J_{k+1}(i)=\min_{u\in U(i)}\left[g(i,u)+\sum_{j=1}^{n}p_{ij}(u)J_k(j)\right],i=1,\cdots,n$$

我们有 $J_k(i)\to J^*(i),i=1,\cdots,n$，假设

$$0\leqslant J_0(i)\leqslant J^*(i),i=1,\cdots,n$$

给出例子展示当最后一个假设被违反时可能发生什么。提示：通过首先假设 J_0 是零函数证明结论。

(g) 证明状态集合 $Z=\{i|J^*(i)=0\}$ 非空。进一步，在最优平稳策略 μ^* 下，状态集合 Z 是免费的且是吸收的，即，$g\left(i,\mu^*(i)\right)=0$ 和 $p_{ij}\left(\mu^*(i)\right)=0$ 对所有的 $i\in Z$ 和 $j\notin Z$。此外，μ^* 是合适的，即对每个状态 $i\notin Z$，在 μ^* 下，存在一条以正概率出现的路径从 i 开始并终止于 Z 中的某个状态。

附录 A　数学知识复习

这个附录的目的是提供本书中频繁用到的数学定义、符号和结论的列表。对于细致的分析，读者可以参考 Hoffman 和 Kunze[HoK71]、Roydon[Roy88]、Rudin[Rud76] 和 Strang[Str76] 等教材。

A.1　集　　合

如果 x 是集合 S 的元素，我们记作 $x \in S$。如果 x 不是 S 的成员，我们记作 $x \notin S$。集合 S 可以通过在括号中列出其所有元素的方式来指定。例如，通过 $S = \{x_1, x_2, \cdots, x_n\}$ 我们的意思是集合 S 由元素 $x_1, x_2, \cdots, x_n$ 组成。集合 S 也可以用通用的形式定义

$$S = \{x | x\text{满足}P\}$$

表示集合的元素都满足性质 P。例如，

$$S = \{x | x: \text{实数}, 0 \leqslant x \leqslant 1\}$$

表示所有满足 $0 \leqslant x \leqslant 1$ 的实数 x 构成的集合。

两个集合 S 和 T 的并集表示为 $S \cup T$，S 和 T 的交集表示为 $S \cap T$。集合序列 $S_1, S_2, \cdots, S_k, \cdots$ 的并集和交集分别记为 $\cup_{k=1}^{\infty} S_k$ 和 $\cap_{k=1}^{\infty} S_k$。如果 S 是 T 的子集（即，如果 S 的每个元素也是 T 的元素），那么我们写有 $S \subset T$ 或者 $T \supset S$。

有限和可数集合

集合 S 被称为是有限的，如果其由有限个元素构成。其被称为是可数的，如果存在从 S 到非负整数集合的一对一函数。所以根据我们的定义，有限集合也是可数的，但是反过来不成立。非有限的可数集合 S 可以通过列出其元素 $x_0, x_1, x_2, \cdots$ 的方式来表示（即，$S = \{x_0, x_1, x_2, \cdots\}$）。可数集合的可数并集是可数的，即，如果 $A = \{a_0, a_1, \cdots\}$ 是可数集合而且 $S_{a_0}, S_{a_1}, \cdots$ 每个都是可数集合，那么 $\cup_{k=0}^{\infty} S_{a_k}$ 也是可数集合。

实数集合

如果 a 和 b 是实数或者 $+\infty, -\infty$，我们用 $[a, b]$ 表示满足 $a \leqslant x \leqslant b$ 的数 x 构成的集合（包括 $x = +\infty$ 或 $x = -\infty$ 的可能性）。在定义中用圆括号，而不是方括号，表示严格不等式。所以，$(a, b], [a, b)$ 和 (a, b) 分别表示所有满足 $a < x \leqslant b, a \leqslant x < b$ 和 $a < x < b$ 的 x 构成的集合。

如果 S 是由有上界的实数构成的集合，那么存在一个最小的实数 y 满足 $x \leqslant y$ 对所有的 $x \in S$ 成立。这个实数被称为 S 的最小上界或者上确界并且用 $\sup\{x | x \in S\}$ 或者 $\max\{x | x \in S\}$ 表示。（这在某种程度上与通常的数学用法不一致，后者用 max 而不是 sup 表示极大值可以由 S 的某个元素达到。）类似地，对所有 $x \in S$ 满足 $z \leqslant x$ 的最大实数 z 称为 S 的最大下界或下确界，并记为 $\inf\{x | x\}$ 或者 $\min\{x | x \in S\}$。如果 S 无上界，我们记作 $\sup\{x | x \in S\} = +\infty$，如果无下界，我们记作 $\inf\{x | x \in S\} = -\infty$。如果 S 是空集，那么按照惯例，我们有 $\inf\{x | x \in S\} = +\infty$ 和 $\sup\{x | x \in S\} = -\infty$。

A.2　欧氏空间

所有 n 元组实数 $x = (x_1, \cdots, x_n)$ 构成的集合构成了 n 维欧几里得空间，记作 $\Re^n$。$\Re^n$ 的元素被称作 n 维向量或者当没有歧义时简称为向量。一维欧氏空间 $\Re^1$ 由所有实数构成并且记为 $\Re$。$\Re^n$ 中的向量可以通过将其对应元素相加进行向量加法。可以通过为每个元素乘上标量进行向量与标量的乘法。两个向量 $x = (x_1, \cdots, x_n)$ 和 $y = (y_1, \cdots, y_n)$ 的内积记为 $x'y$ 且等于 $\sum_{i=1}^{n} x_i y_i$。向量 $x = (x_1, \cdots, x_n) \in \Re^n$ 的模记为 $\|x\|$，且等于 $(x'x)^{1/2} = \left(\sum_{i=1}^{n} x_i^2\right)^{1/2}$。

一组向量 $a_1, a_2, \cdots, a_3$ 被称为线性相关，如果存在非全零的标量 $\lambda_1, \lambda_2, \cdots, \lambda_k$，满足

$$\lambda_1 a_1 + \cdots \lambda_k a_k = 0$$

如果不存在这样的标量，那么这组向量被称为线性独立。

A.3　矩　阵

一个 $m \times n$ 的矩阵是由数字构成的长方形数组，这些数字称为元素，排列成 m 行和 n 列。如果 $m = n$ 矩阵则称为方阵。矩阵 A 的第 i 行第 j 列的元素用下标 ij 表示，比如 a_{ij}，此时，我们写有 $A = [a_{ij}]$。$n \times n$ 的单位矩阵（记作 I）中的所有元素满足 $a_{ij} = 0$，对于 $i \neq j$；而且 $a_{ii} = 1$ 对于 $i = 1, \cdots, n$。两个 $m \times n$ 矩阵 A 和 B 的和记作 $A + B$，等于每个元素分别是 A 和 B 中对应元素之和的矩阵。矩阵 A 和标量 λ 之积，记作 λA 或者 $A\lambda$，通过将 A 的每个元素乘以 λ 获得。$m \times n$ 的矩阵 A 和 $n \times p$ 的矩阵 B 的乘积 AB 是一个 $m \times p$ 的矩阵 C，其元素为 $c_{ij} = \sum_{k=1}^{n} a_{ik} b_{kj}$。如果 b 是一个 n 维列向量且 A 是一个 $m \times n$ 的矩阵，那么 Ab 是一个 m 维列向量。

一个 $m \times n$ 矩阵 A 的转置是一个 $n \times m$ 的矩阵 A'，其元素为 $a'_{ij} = a_{ji}$。A 的给定行（或者列）的元素构成了一个向量，被称为 A 的行向量（或者列向量）。一个方阵 A 是对称的，若 $A' = A$。一个 $n \times n$ 的矩阵 A 称为非奇异的或者可逆的，若存在一个 $n \times n$ 的矩阵称为 A 的逆，记作 A^{-1}，满足 $A^{-1}A = I = AA^{-1}$，其中 I 是 $n \times n$ 的单位阵。一个 $n \times n$ 的矩阵非奇异当且仅当其 n 个行向量是线性独立的，或者等价地，如果其 n 个列向量是线性独立的。所以，一个 $n \times n$ 的矩阵 A 是非奇异的当且仅当关系式 $Av = 0$，其中 $v \in \Re^n$，意味着 $v = 0$。

矩阵的秩

矩阵 A 的秩等于最大线性独立的 A 的行向量数，也等于最大线性独立的列向量数。所以，一个 $m \times n$ 矩阵的秩最多等于维数 m 和 n 中的最小值。一个 $m \times n$ 的矩阵被称为满秩的，如果其秩是最大的，即，如果其秩等于 m 和 n 的最小值。一个方阵是满秩的当且仅当它是非奇异的。

特征值

给定一个 $n \times n$ 的方阵 A，矩阵 $\gamma I - A$ 的行列式，其中 I 是 $n \times n$ 的单位阵，γ 是标量，是一个 n 阶多项式。这个多项式的 n 个根称为 A 的特征值。所以，γ 是 A 的特征值当且仅当矩阵 $\gamma I - A$ 是奇异的，或者等价地，当且仅当存在非零向量 v 满足 $Av = \gamma v$。这样的向量 v 称为

对应于 γ 的特征向量。A 的特征值和特征向量可以是复数即使 A 是实数。矩阵 A 是奇异的当且仅当其有一个等于零的特征值。如果 A 是非奇异的，那么 A^{-1} 的特征值是 A 的特征值的倒数。A 和 A' 的特征值相同。

如果 $\gamma_1,\cdots,\gamma_n$ 是 A 的特征值，那么 $cI+A$ 的特征值，其中 c 是标量，I 是单位阵，是 $c+\gamma_1,\cdots,c+\gamma_n$。$A^k$ 的特征值，其中 k 是任意正整数，等于 $\gamma_1^k,\cdots,\gamma_n^k$。从这一点于是有 $\lim_{k\to 0} A^k=0$ 当且仅当 A 的所有特征值严格位于复平面的单位圆之内。进一步，如果后面的条件成立，如下的迭代

$$x_{k+1}=Ax_k+b$$

其中 b 是给定向量，收敛到

$$\bar{x}=(I-A)^{-1}b$$

这是方程 $x=Ax+b$ 的唯一解。

如果 A 的所有特征值均不同，那么它们的数量正好是 n 个，且存在一组对应的线性独立的特征向量。在这种情形下，如果 $\gamma_1,\cdots,\gamma_n$ 是特征值，且 $v_1,\cdots,v_n$ 是这样的特征向量，每个向量 $x\in\Re^n$ 可以被分解为

$$x=\sum_{i=1}^{n}\xi_i v_i$$

其中 ξ_i 是某个唯一的（可能是复的）数。进一步，我们对所有的正整数 k 有

$$A^k x=\sum_{i=1}^{n}\gamma_i^k\xi_i v_i$$

如果 A 是转移概率矩阵，即，A 的所有元素非负且其每个行向量的元素之和均为 1，那么 A 的所有特征值位于复平面的单位圆之内。进一步，1 是 A 的特征值，单位向量 $(1,1,\cdots,1)$ 是对应的特征向量。

正定和半定对称矩阵

一个 $n\times n$ 的对称方阵 A 称为半正定的，若 $x'Ax\geqslant 0$ 对所有的 $x\in\Re^n$ 成立；称为是正定的，若 $x'Ax>0$ 对所有的非零 $x\in\Re^n$ 成立。矩阵 A 称为半负定（负定）的，若 $-A$ 是半正定（正定）的。在本书中，正定和半定将仅在与对称阵的联系中使用。

一个正定对称阵是可逆的且其逆也是正定对称阵。而且，一个可逆的半正定对称阵是正定的。对负定和半负定对称阵有类似的结论。如果 A 和 B 是 $n\times n$ 的半正定（正定）对称阵，那么对所有的 $\lambda\geqslant 0$ 和 $\mu\geqslant 0$，矩阵 $\lambda A+\mu B$ 也是半正定（正定）对称阵。如果 A 是一个 $n\times n$ 的半正定对称阵且 C 是一个 $m\times n$ 的矩阵，那么矩阵 CAC' 是半正定对称阵。如果 A 是正定对称阵，且 C 的秩为 m（等价的，$m\leqslant n$ 且 C 满秩），那么 CAC' 是正定对称阵。

一个 $n\times n$ 的正定对称阵 A 可以写成 CC'，其中 C 是可逆方阵。如果 A 是半正定对称阵且秩为 m，那么其可以写成 CC'，其中 C 是一个 $n\times m$ 的满秩矩阵。

一个 $n\times n$ 的对称阵 A 有实数特征值和一组 n 个线性独立的实特征向量，彼此正交（任意一对的内积是 0)。如果 A 是半正定（正定）对称阵，其特征值是非负的（正的)。

矩阵分解

经常需要将矩阵分解为子阵。例如，如下矩阵

$$A=\begin{pmatrix} a_{11} & a_{12} & a_{13} & a_{14} \\ a_{21} & a_{22} & a_{23} & a_{24} \\ a_{31} & a_{32} & a_{33} & a_{34} \end{pmatrix}$$

可以被分解为

$$A=\begin{pmatrix} A_{11} & A_{12} \\ A_{21} & A_{22} \end{pmatrix}$$

其中

$$A_{11}=(a_{11}a_{12}), A_{12}=(a_{13}a_{14}), A_{21}=\begin{pmatrix} a_{21} & a_{22} \\ a_{31} & a_{32} \end{pmatrix}, A_{22}=\begin{pmatrix} a_{23} & a_{24} \\ a_{33} & a_{34} \end{pmatrix}$$

我们用空格分开被分解的矩阵，例如在 (BC) 中，或者用逗号，比如 (B, C)。分解的矩阵 A 的转置是

$$A'=\begin{pmatrix} A'_{11} & A'_{21} \\ A'_{12} & A'_{22} \end{pmatrix}$$

被分解的矩阵可以如同未分解的矩阵一样相乘，只要在分解中涉及的维数是适配的。所以，如果

$$A=\begin{pmatrix} A_{11} & A_{12} \\ A_{21} & A_{22} \end{pmatrix}, B=\begin{pmatrix} B_{11} & B_{12} \\ B_{21} & B_{22} \end{pmatrix}$$

那么

$$AB=\begin{pmatrix} A_{11}B_{11}+A_{12}B_{21} & A_{11}B_{12}+A_{12}B_{22} \\ A_{21}B_{11}+A_{22}B_{21} & A_{21}B_{12}+A_{22}B_{22} \end{pmatrix}$$

只要之前乘积中子阵的维数满足 $A_{ij}B_{jk}, i, j, k=1,2$ 计算的需要。

逆矩阵公式

令 A 和 B 为可逆方阵，令 C 为具有合适维数的矩阵。那么，如果所有下列逆存在，我们有

$$(A+CBC')^{-1}=A^{-1}-A^{-1}C(B^{-1}+C'A^{-1}C)^{-1}C'A^{-1}$$

这个方程可以通过在右侧乘上

$$A+CBC'$$

来验证，并证明乘积是单位阵。

考虑如下形式的矩阵 M 的分解

$$M=\begin{pmatrix} A & B \\ C & D \end{pmatrix}$$

于是有

$$M^{-1}=\begin{pmatrix} Q & -QBD^{-1} \\ -D^{-1}CQ & D^{-1}+D^{-1}CQBD^{-1} \end{pmatrix}$$

其中

$$Q = (A - BD^{-1}C)^{-1}$$

只要所有的逆存在。通过在给定的 M^{-1} 的表达式上乘上 M 并验证乘积为单位阵可以获得证明。

A.4 分　　析

序列收敛性

$\Re^n$ 中的向量序列 $x_0, x_1, \cdots, x_k, \cdots$，记为 $\{x_k\}$，称为收敛到极限 x，若当 $k \to \infty$ 时有 $\|x_k - x\| \to 0$（即，如果给定任意 $\epsilon > 0$，存在整数 N 满足对所有的 $k \geqslant N$ 有 $\|x_k - x\| < \epsilon$）。如果 $\{x_k\}$ 收敛到 x，记作 $x_k \to x$ 或者 $\lim_{k\to\infty} x_k = x$。我们有 $Ax_k + By_k \to Ax + By$，如果 $x_k \to x, y_k \to y$，而且 A, B 是维数合适的矩阵。

向量 x 称为序列 $\{x_k\}$ 的极限点，若存在 $\{x_k\}$ 的子列收敛到 x，即，如果存在非负整数构成的无穷子集 $\mathcal{K}$ 满足对任意的 $\epsilon > 0$，存在整数 N 使得对所有的 $k \in \mathcal{K}$ 且 $k \geqslant N$，都有 $\|x_k - x\| < \epsilon$。

实数序列 $\{r_k\}$ 单调非减（非增），即，对所有的 k 满足 $r_k \leqslant r_{k+1}$，必须或者收敛到实数或者无上界（无下界）。在后一种情形中，我们记有 $\lim\limits_{k\to\infty} r_k = \infty(-\infty)$。给定任意有界的实数序列 $\{r_k\}$，可以考虑序列 $\{s_k\}$，其中 $s_k = \sup\{r_i | i \geqslant k\}$。因为这个序列是单调非增且有界的，其必然有极限。这个极限称为 $\{r_k\}$ 的上极限，并记有 $\limsup\limits_{k\to\infty} r_k$。$\{r_k\}$ 的下极限类似可以定义，记为 $\liminf\limits_{k\to\infty} r_k$。如果 $\{r_k\}$ 无上界，记作 $\limsup\limits_{k\to\infty} r_k = \infty$，如果无下界，记作 $\liminf\limits_{k\to\infty} r_k = -\infty$。如果对所有的 k 有 $r_k \in [-\infty, \infty]$，我们也用这个符号。

开集、闭集和紧集

一个 $\Re^n$ 的子集 S 称为开集，如果对每个向量 $x \in S$ 我们可以找到一个 $\epsilon > 0$ 满足 $\{x | \|z - x\| < \epsilon\} \subset S$。一个集合 S 是闭集，当且仅当 S 的元素构成的每个收敛序列 $\{x_k\}$ 收敛到的点也属于 S。一个集合 S 称为紧集，当且仅当同时是闭集和有界（即，该集合是闭集且存在某个 $M > 0$，对所有的 $x \in S$ 有 $\|x\| \leqslant M$）。一个集合 S 是紧集当且仅当 S 的元素构成的每个序列 $\{x_k\}$ 有至少一个极限点属于 S。另一个重要的事实是，如果 $S_0, S_1, \cdots, S_k, \cdots$ 是 $\Re^n$ 的非空紧集构成的序列且对所有的 k 满足 $S_k \supset S_{k+1}$，那么交集 $\cap_{k=0}^{\infty} S_k$ 是非空紧集。

连续函数

将集合 S_1 映射到集合 S_2 的函数 f 记作 $f: S_1 \to S_2$。函数 $f: \Re^n \to \Re^m$ 称为是连续的，如果对所有的 $x, f(x_k) \to f(x)$ 无论何时 $x_k \to x$。等价地，f 是连续的，如果给定 $x \in \Re^n$ 和 $\epsilon > 0$，存在一个 $\delta > 0$ 满足无论何时有 $\|y - x\| < \delta$，我们有 $\|f(y) - f(x)\| < \epsilon$。对任意两个标量 a_1, a_2 和任意两个连续函数 $f_1, f_2: \Re^n \to \Re^m$，如下函数

$$(a_1 f_1 + a_2 f_2)(\cdot) = a_1 f_1(\cdot) + a_2 f_2(\cdot)$$

是连续的。如果 S_1, S_2, S_3 是任意集合，且 $f_1: S_1 \to S_2, f_2: S_2 \to S_3$ 是函数，函数 $f_2 \cdot f_1: S_1 \to S_3$ 定义为 $(f_2 \cdot f_1)(x) = f_2(f_1(x))$ 称为 f_1 和 f_2 的复合。如果 $f_1: \Re^n \to \Re^m$ 和 $f_2: \Re^m \to \Re^p$ 是连续的，那么 $f_2 \cdot f_1$ 也是连续的。

微分

令 $f:\Re^n \mapsto \Re$ 是某个函数。对固定的 $x \in \Re^n$，f 在 x 点相对于第 i 个坐标的一阶微分定义为

$$\frac{\partial f(x)}{\partial x_i} = \lim_{\alpha \to 0} \frac{f(x+\alpha e_i) - f(x)}{\alpha}$$

其中 e_i 是第 i 个单位向量，假设上面的极限存在。如果对所有坐标的偏微分都存在，f 称为在 x 可微，且其在 x 的导数定义为列向量

$$\nabla f(x) = \begin{pmatrix} \dfrac{\partial f(x)}{\partial x_1} \\ \vdots \\ \dfrac{\partial f(x)}{\partial x_n} \end{pmatrix}$$

函数 f 称为可微的，如果在每个 $x \in \Re^n$ 是可微的。如果 $\nabla f(x)$ 对每个 x 存在且是 x 的连续函数，f 称为连续可微的。对每个固定的 x，这样的函数的一阶展开式为

$$f(x+y) = f(x) + y'\nabla f(x) + O(\|y\|)$$

其中 $o(\|y\|)$ 是 y 的函数且满足性质 $\lim_{\|y\|\to 0} o(\|y\|)/\|y\| = 0$。

一个向量取值的函数 $f:\Re^n \mapsto \Re^m$ 称为可微的（相应地，连续可微的）如果 f 的每个元素 f_i 是可微的（相应地，连续可微的）。f 的梯度矩阵，记作 $\nabla f(x)$，是 $n \times m$ 矩阵，其第 i 列是 f_i 的导数 $\nabla f_i(x)$。所以，

$$\nabla f(x) = [\nabla f_1(x) \cdots \nabla f_m(x)]$$

∇f 的转置是 f 的雅可比阵；这是其第 ij 个元素，等于偏微分 $\partial f_i/\partial x_j$。

如果导数 $\nabla f(x)$ 自己是可微函数，那么 f 称为是二次可微的。我们用 $\nabla^2 f(x)$ 表示 f 在 x 的海森阵，即

$$\nabla^f(x) = \left[\frac{\partial^2 f(x)}{\partial x_i \partial x_j}\right]$$

其元素是 f 在 x 的二次偏微分。

令 $f:\Re^k \mapsto \Re^m$ 和 $g:\Re^m \mapsto \Re^n$ 为连续可微函数，令 $h(x) = g(f(x))$。微分的链式法则指出

$$\nabla h(x) = \nabla f(x) \nabla g(f(x)), \text{对所有的} x \in \Re^k$$

例如，若 A 和 B 是给定矩阵，那么如果 $h(x) = Ax$，我们有 $\nabla h(x) = A'$；而且如果 $h(x) = ABx$，我们有 $\nabla h(x) = B'A'$。

A.5　凸集和凸函数

一个 $\Re^n$ 的子集 C 称为是凸的，如果对每个 $x, y \in C$ 和每个标量 α 满足 $0 \leqslant \alpha \leqslant 1$，我们有 $\alpha x + (1-\alpha)y \in C$。换言之，$C$ 是凸的，如果连接 C 中任意两点的线段都属于 C。定义在 $\Re^n$

的凸子集 C 上的函数 $f: C \to \Re$，称为是凸的，如果对每个 $x, y \in C$ 和每个标量 α，$0 \leqslant \alpha \leqslant 1$，我们都有

$$f(\alpha x + (1-\alpha)y) \leqslant \alpha f(x) + (1-\alpha) f(y)$$

函数 f 称为是凹的，如果 $(-f)$ 是凸的，或者等价地，如果对每个 $x, y \in C$ 和每个标量 α，$0 \leqslant \alpha \leqslant 1$，我们都有

$$f() \geqslant \alpha f(x) + (1-\alpha) f(y)$$

如果 $f: C \to \Re$ 是凸的，那么集合 $\Gamma_\lambda = \{x | x \in C, f(x) \leqslant \lambda\}$ 对每个标量 λ 是凸的。一条重要的性质是定义在 $\Re^n$ 上的实值凸函数是连续的。

如果 $f_1, f_2, \cdots, f_m$ 是定义在 $\Re^n$ 的凸子集 C 上的凸函数，且 $\alpha_1, \alpha_2, \cdots, \alpha_m$ 是非负标量，那么函数 $\alpha_1 f_1 + \cdots + \alpha_m f_m$ 也是在 C 上的凸函数。如果 $f: \Re^m \to \Re$ 是凸的，A 是一个 $m \times n$ 矩阵，b 是 $\Re^m$ 中的向量，由 $g(x) = f(Ax + b)$ 定义的函数 $g: \Re^n \to \Re$ 也是凸的。如果 $f: \Re^n \to \Re$ 是凸的，那么只要期望值对每个 $x \in \Re^n$ 有限，则函数 $g(x) = E_w\{f(x+w)\}$，其中 w 是 $\Re^n$ 中的随机向量，是凸函数。

对于可微函数 $f: \Re^n \to \Re$，存在其他凸性的描述。所以，f 是凸的，当且仅当

$$f(y) \geqslant f(x) + \nabla f(x)'(y-x), \text{ 对所有} x, y \in \Re^n$$

如果 f 是两次连续可微的，那么 f 是凸的，当且仅当 $\nabla^2 f(x)$ 对每个 $x \in \Re^n$ 是半正定对称阵。

关于凸性及其在优化中的应用，见 Bertsekas[BNO03] 和 Rockafellar[Roc70]。

附录 B　优化理论

这一附录的目的是提供确定性优化的一些定义和结论。关于细节的内容，包括凸问题和非凸问题，见 Bertsekas[Ber99]，[BNO03]，Luenberger[Lue84] 和 Rockafellar[Roc70] 等教材。

B.1　最　优　解

给定集合 S，一个实值函数 $f: S \mapsto \Re$，以及一个子集 $X \subset S$，优化问题

$$\begin{aligned} &\min f(x) \\ &\text{满足} x \in X \end{aligned} \tag{B.1}$$

是找到一个元素 $x^* \in X$（称为最小化元素或者最优解）满足

$$f(x^*) \leqslant f(x), \text{ 对所有的} x \in X$$

对任意的最小化元素 x^*，我们写有

$$x^* = \arg\min_{x \in X} f(x)$$

注意最小化元素未必存在。例如，标量函数 $f(x) = x$ 和 $x(x) = e^x$ 在实数集合上没有最小化元素。第一个函数当 x 趋向 $-\infty$ 时下降到 $-\infty$，第二个函数随着 x 趋向 $-\infty$ 时趋向 0，但是总取正值。给定当 x 在 X 上取值时 $f(x)$ 的取值范围，即，实数集合

$$\{f(x) | x \in X\}$$

有两种可能性：

(1) 集合 $\{f(x) | x \in X\}$ 无下界（即，包含任意小的实数）在此情形下有

$$\min\{f(x) | x \in X\} = -\infty \text{或者} \min_{x \in X} f(x) = -\infty$$

(2) 集合 $\{f(x) | x \in X\}$ 有下界；即，存在标量 M 对所有的 $x \in X$ 满足 $M \leqslant f(x)$。$\{f(x) | x \in X\}$ 的最大下界也记为

$$\min\{f(x) | x \in X\} \text{或者} \min_{x \in X} f(x)$$

在任何一种情形下称 $\min_{x \in X} f(x)$ 为问题 (B.1) 式的最优值。

一个如下形式的最大化问题

$$\begin{aligned} &\max f(x) \\ &\text{s.t. } x \in X \end{aligned}$$

可以被转化为最小化问题

$$\begin{aligned} &\min -f(x) \\ &\text{s.t. } x \in X \end{aligned}$$

即两个问题具有相同的最优解，而且其中一个问题的最优解值等于另一个问题的最优解值取负号。最大化问题的最优值记为 $\max_{x\in X} f(x)$。

若 $f:\Re^n\to\Re$ 是连续函数且 X 是 $\Re^n$ 的紧子集，则在问题 (B.1) 式中至少存在一个最优解。这是 Weierstrass 定理（威尔斯特拉斯定理）。基于相关的一个结论，如果 $f:\Re^n\to\Re$ 是连续函数、X 是闭集且若 $\|x\|\to\infty$ 则 $f(x)\to\infty$，则最优解的存在得以保证。

B.2 最优性条件

当 f 是 $\Re^n$ 上的可微函数且 X 是 $\Re^n$ 的凸子集（可能有 $X=\Re^n$）时，有最优性条件。特别地，如果 x^* 是问题 (B.1) 的最优解，$f:\Re^n\to\Re$ 是 $\Re^n$ 上的连续可微函数，且 X 是凸的，我们有

$$\nabla f(x^*)'(x-x^*)\geqslant 0,\ \text{对所有的}x\in X \tag{B.2}$$

其中 $\nabla f(x^*)$ 表示 f 在 x^* 的导数。当 $X=\Re^n$ 时（即，最小化是无约束的），必要性条件 (B.2) 式等于

$$\nabla f(x^*)=0 \tag{B.3}$$

当 f 是二阶连续可微的且 $X=\Re^n$，一个额外的必要条件是海森阵 $\nabla^2 f(x^*)$ 在 x^* 半正定。一个重要的事实是，如果 $f:\Re^n\to\Re$ 是凸函数，且 X 是凸的，那么 (B.2) 式是 x^* 的最优性的充分必要条件。

其他类型的最优性条件处理当约束集合 X 由等式和不等式约束构成的情形，即，如下形式的问题

$$\min f(x)$$

$$\text{s.t.}\quad h_1(x)=0,\cdots,h_m(x)=0,g_1(x)\leqslant 0,\cdots,g_r(x)\leqslant 0$$

其中 f,h_i,g_j 是从 $\Re^n$ 到 $\Re$ 的连续可微函数。

我们说向量 $\lambda^*=(\lambda_1^*,\cdots,\lambda_m^*)$ 和 $\mu^*=(\mu_1^*,\cdots,\mu_r^*)$ 是对应于局部最小值 x^* 的拉格朗日乘子，如果它们满足下列条件：

$$\nabla f(x^*)+\sum_{i=1}^m \lambda_i^*\nabla h_i(x^*)+\sum_{j=1}^r \mu_j^*\nabla g_j(x^*)=0$$

$$\mu_j^*\geqslant 0,\ \text{对所有的}j=1,\cdots,r$$

$$\mu_j^*=0,\ \text{对所有的}j\notin A(x^*)$$

其中 $A(x^*)$ 是在 x^* 起作用的不等式约束的下标集合：

$$A(x^*)=\{j|g_j(x^*)=0\}$$

拉格朗日乘子理论围绕着在给定的局部最小点 x^* 保证拉格朗日乘子向量存在的条件展开。这些条件称为约束资格。一些最重要的条件如下：

CQ1: 等式约束梯度 $\nabla h_i(x^*),i=1,\cdots,m$ 和活跃的不等式约束梯度 $\nabla g_j(x^*),j\in A(x^*)$，是线性独立的。

CQ2: 等式约束梯度 $\nabla h_i(x^*), i=1,\cdots,m$ 是线性独立的，且存在 $y \in \Re^n$ 满足

$$\nabla h_i(x^*)'y = 0 \forall i = 1,\cdots,m, \nabla g_j(x^*)'y < 0 \forall j \in A(x^*)$$

CQ3: 函数 h_i 是线性的且函数 g_j 是凹的。

CQ4: 函数 h_i 是线性的，函数 g_j 是凸的，存在 $y \in \Re^n$ 满足

$$g_j(y) < 0, \text{ 对所有的} j = 1,\cdots,r$$

上面的每条约束资格条件意味着存在着至少一个与 x^* 关联的拉格朗日乘子向量（在 CQ1 的情形下是唯一的）；详细的讨论例如见 [Ber99]。

B.3　二次型最小化

令 $f:\Re^n \to \Re$ 为二次型

$$f(x) = \frac{1}{2}x'Qx + b'x$$

其中 Q 是 $n \times n$ 的对称阵，$b \in \Re^n$。其梯度给定如下

$$\nabla f(x) = Qx + b$$

函数 f 是凸的，当且仅当 Q 是半正定的。如果 Q 是正定的，那么 f 是凸的且 Q 是可逆的，所以由 (B.3) 式，向量 x^* 最小化 f，当且仅当

$$\nabla f(x^*) = Qx^* + b = 0$$

或者等价地

$$x^* = -Q^{-1}b$$

附录 C 概 率 论

这一附录选择性地列出了一些我们将使用的基本的概率论符号。其主要目的是让读者熟悉我们的一些术语，而不是为了全面介绍概率论。更详细的介绍读者应该参考教材，例如 Ash[Ash70]，Feller[Fel68]，Papoulis[Pap65]，Ross[Ros85]，Stirzaker[Sti94] 和 Bertsekas 和 Tsitsiklis[BeT02]。关于策略论的更深入的介绍，见 Adams 和 Guillemin[AdG86] 和 Ash[Ash72]。

C.1 概 率 空 间

一个概率空间由如下组成：

1. 集合 Ω。

2. Ω 的子集构成的集类 $\mathcal{F}$，称为事件，包括 Ω 且具有如下性质：

   (1) 如果 A 是一个事件，那么其补 $\bar{A} = \{\omega \in \Omega | \omega \notin A\}$ 也是一个事件。（Ω 的补是空集而且被认为是一个事件。）

   (2) 如果 $A_1, A_2, \cdots, A_k, \cdots$ 是事件，那么 $\cup_{k=1}^{\infty} A_k$ 也是事件。

   (3) 如果 $A_1, A_2, \cdots, A_k, \cdots$ 是事件，那么 $\cap_{k=1}^{\infty} A_k$ 也是事件。

3. 函数 $P(\cdot)$ 为每个事件 A 分配一个实数值 $P(A)$，称为事件 A 的概率，且满足：

   (1) $P(A) \geqslant 0$ 对每个事件 A 成立。

   (2) $P(\Omega) = 1$。

   (3) $P(A_1 \cup A_2) = P(A_1) + P(A_2)$ 对每对无交集事件 A_1, A_2 成立。

   (4) $P(\cup_{k=1}^{\infty} A_k) = \displaystyle\sum_{k=1}^{\infty} P(A_k)$ 对每个彼此无交集的事件序列 $A_1, A_2, \cdots, A_k, \cdots$ 成立。

函数 P 称为概率测度。

有限和可数概率空间的约定

集合 Ω 可数（可能有限）的概率空间情形在本书中经常出现。当明确 Ω 有限或者可数时，我们隐含地假设相关的事件集合是 Ω 的所有子集构成的集类（包括 Ω 和空集）。那么，如果 Ω 是有限集合，$\Omega = \{\omega_1, \omega_2, \cdots, \omega_n\}$，概率空间由概率 $p_1, p_2, \cdots, p_n$ 指定，其中 p_i 表示只包括 ω_i 的事件的概率。类似地，如果 $\Omega = \{\omega_1, \omega_2, \cdots, \omega_k, \cdots\}$，概率空间由对应的概率 $p_1, p_2, \cdots, p_k$ 指定。不论在哪种情形下，我们称 $(p_1, p_2, \cdots, p_n)$ 或者 $(p_1, p_2, \cdots, p_k, \cdots)$ 为 Ω 上的概率分布。

C.2 随 机 变 量

一个在概率空间 $(\Omega, \mathcal{F}, P)$ 上的随机变量是一个函数 $x : \Omega \to \Re$ 满足对每个标量 λ 都有如下集合

$$\{\omega \in \Omega | x(\omega) \leqslant \lambda\}$$

是一个事件（即，属于集类 $\mathcal{F}$）。一个 n 维随机向量 $x=(x_1,x_2,\cdots,x_n)$ 是一个 n 元随机变量 $x_1,x_2,\cdots,x_n$，每个都定义在相同的概率空间上。

我们定义随机变量 x 的分布函数 $F:\Re\to\Re$[或者累积分布函数（简写为 CDF）] 如下

$$F(z)=P\left(\{\omega\in\Omega|x(\omega)\leqslant z\}\right)$$

即，$F(z)$ 是这个随机变量取值小于等于 z 的概率。我们定义一个随机向量 $x=(x_1,x_2,\cdots,x_n)$ 的分布函数 $F:\Re^n\to\Re$ 如下

$$F(z_1,z_2,\cdots,z_n)=P\left(\{\omega\in\Omega|x_1(\omega)\leqslant z_1,x_2(\omega)\leqslant z_2,\cdots,x_n(\omega)\leqslant z_n\}\right)$$

给定随机向量 $x=(x_1,\cdots,x_n)$ 的分布函数，每个随机变量 x_i 的（边缘）分布函数按如下方式获得

$$F_i(z_i)=\lim_{z_j\to\infty,j\neq i}F(z_1,z_2,\cdots,z_n)$$

随机变量 $x_1,\cdots,x_n$ 称为独立的，若对所有的标量 $z_1,\cdots,z_n$ 有

$$F(z_1,z_2,\cdots,z_n)=F_1(z_1)F_2(z_2)\cdots F_n(z_n)$$

只要积分有定义，则具有分布函数 F 的随机变量 x 的期望值定义如下

$$E\{x\}=\int_{-\infty}^{\infty}z\mathrm{d}F(z)$$

一个随机向量 $x=(x_1,\cdots,x_n)$ 的期望值是如下向量

$$E\{x\}=(E\{x_1\},E\{x_2\},\cdots,E\{x_n\})$$

一个期望值为 $E\{x\}=(\bar{x}_1,\cdots,\bar{x}_n)$ 的随机向量 $x=(x_1,\cdots,x_n)$ 的协方差矩阵定义为如下的 $n\times n$ 半正定对称阵

$$\begin{pmatrix} E\{(x_1-\bar{x}_1)^2\} & \cdots & E\{(x_1-\bar{x}_1)(x_n-\bar{x}_n)\} \\ \vdots & \vdots & \vdots \\ E\{(x_n-\bar{x}_n)(x_1-\bar{x}_1)\} & \cdots & E\{(x_n-\bar{x}_n)^2\} \end{pmatrix}$$

只要期望值均有定义。

两个随机向量 x 和 y 称为无关的，如果

$$E\left\{(x-E\{x\})(y-E\{y\})'\right\}=0$$

其中 $(x-E\{x\})$ 视作列向量，且 $(y-E\{y\})'$ 视作行向量。

随机向量 $x=(x_1,\cdots,x_n)$ 称为由概率密度函数 $f:\Re^n\to\Re$ 描述，若

$$F(z_1,z_2,\cdots,z_n)=\int_{-\infty}^{z_1}\int_{-\infty}^{z_2}\cdots\int_{-\infty}^{z_n}f(y_1,\cdots,y_n)\,\mathrm{d}y_1\cdots\mathrm{d}y_n$$

对每个 $z_1,\cdots,z_n$。

C.3 条件概率

我们将自己限制到下面的情形，其中的概率空间 Ω 是可数（可能有限）集合且事件的集合是所有 Ω 子集构成的集合。

给定两个事件 A 和 B，定义给定 A 后 B 的条件概率为

$$P(B|A)=\begin{cases}\dfrac{P(A\cap B)}{P(A)} & 若\ P(A)>0\\ 0 & 若\ P(A)=0\end{cases}$$

我们也用符号 $P\{B|A\}$ 而不是 $P(B|A)$。如果 $B_1,B_2,\cdots$ 是彼此互斥且穷尽事件构成的可数（可能有限的）集合（即，集合 B_i 彼此互斥且它们的并集是 Ω）且 A 是一个事件，那么有

$$P(A)=\sum_i P(A\cap B_i)$$

从前面的两个关系式，我们获得全概率定理:

$$P(A)=\sum_i P(B_i)P(A|B_i)$$

于是对每个 k 获得

$$P(B_k|A)=\frac{P(A\cap B_k)}{P(A)}=\frac{P(B_k)P(A|B_k)}{\sum\limits_i P(B_i)P(A|B_i)}$$

假设 $P(A)>0$。这一关系式被称为贝叶斯规则。

现在考虑两个随机向量 x 和 y 分别从 $\Re^n$ 和 $\Re^m$ 中取值 [即，对所有的 $\omega\in\Omega$ 有 $x(\omega)\in\Re^n,y(\omega)\in\Re^m$]。分别给定 $\Re^n$ 和 $\Re^m$ 的子集 X 和 Y，我们记有

$$P(X|Y)=P\left(\{\omega|x(\omega)\in X\}|\{\omega|y(\omega)\in Y\}\right)$$

对于给定的向量 $v\in\Re^n$，我们定义给定 v 后 x 的条件分布函数

$$F(z|v)=P\left(\{\omega|x(\omega)\leqslant z\}|\{\omega|y(\omega)=v\}\right)$$

以及给定 v 后 x 的条件期望为

$$E\{x|v\}=\int_{\Re^n} z\mathrm{d}F(z|v)$$

假设积分有定义。注意 $E\{x|v\}$ 是一个将 v 映射成 $\Re^n$ 的函数。

最终，让我们为随机向量提供贝叶斯准则。如果 $\omega_1,\omega_2,\cdots$ 是 ω 的元素，记有

$$z_i=x\left(\omega_i\right),v_i=y\left(\omega_i\right),i=1,2,\cdots$$

而且，对任意向量 $z\in\Re^n,v\in\Re^m$，记有

$$P(z)=P\left(\{\omega|x(\omega)=z\}\right),P(v)=P\left(\{\omega|y(\omega)=v\}\right)$$

我们有 $P(z)=0$，若 $z\neq z_i,i=1,2,\cdots$，以及 $P(v)=0$，若 $v\neq v_i,i=1,2,\cdots$。也记有

$$P(z|v)=P\left(\{\omega|x(\omega)=z\}|\{\omega|y(\omega)=v\}\right)$$
$$P(v|z)=P\left(\{\omega|y(\omega)=v\}|\{\omega|x(\omega)=z\}\right)$$

于是，对所有的 $k=1,2,\cdots$，贝叶斯准则获得

$$P\left(z_k|v\right)=\begin{cases}\dfrac{P(z_k)P(v|z_k)}{\sum\limits_i P(z_i)P(v|z_i)} & 若\ P(v)>0\\ 0 & 若\ P(v)=0\end{cases}$$

附录 D 关于有限状态马尔可夫链

这个附录提供了与有限状态平稳马尔可夫链有关的一些基本的概率符号。关于细致的描述，见 Ash[Ash70]，Bertsekas 和 Tsitsiklis[BeT02]，Chung[Chu60]，Gallager[Gal99]，Kemeny 和 Snell[KeS60] 和 Ross[Ros85]。

D.1 平稳马尔可夫链

一个 $n\times n$ 方阵 $[p_{ij}]$ 称为随机矩阵，如果其所有的元素都是非负的，即，$p_{ij}\geqslant 0, i,j=1,\cdots,n$，且其每行元素的和等于 1，即对所有的 $i=1,\cdots,n$ 有 $\sum\limits_{j=1}^{n}p_{ij}=1$。

假设给定一个 $n\times n$ 随机矩阵 P 和一个有限状态集合 $S=\{1,\cdots,n\}$。(S,P) 对将被称为平稳有限状态马尔可夫链。为 (S,P) 关联一个过程，其中初始状态 $x_0\in S$ 满足某个初始概率分布

$$r_0=\left(r_0^1,r_0^2,\cdots,r_0^n\right)$$

之后，从状态 x_0 按照由 P 指定的概率分布转移到新状态 $x_1\in S$，如下。无论初始状态 i 是什么，新状态是 j 的概率等于 p_{ij}，即

$$P\left(x_1=j|x_0=i\right)=p_{ij}, i,j=1,\cdots,n$$

类似地，后续按照如下的方式产生状态 $x_2,x_3,\cdots$

$$P\left(x_{k+1}=j|x_k=i\right)=p_{ij}, i,j=1,\cdots,n \tag{D.1}$$

给定初始状态 x_0 是 i，在第 k 次转移后的状态 x_k 是 j 的概率记为

$$P_{ij}^k=P\left(x_k=j|x_0=i\right), i,j=1,\cdots,n \tag{D.2}$$

直接的计算证明这些概率等于矩阵 P^k 的元素（P 的 k 次幂），即，p_{ij}^k 是 P^k 的第 i 行第 j 列的元素：

$$P^k=[p_{ij}^k] \tag{D.3}$$

给定状态 x_0 的初始概率分布 p_0（被视作 $\Re^n$ 的行向量），k 次转移之后的状态 x_k 的概率分布

$$r_k=\left(r_k^1,r_k^2,\cdots,r_k^n\right)$$

（被视作行向量）给定如下

$$r_k=r_0P^k, k=1,2,\cdots \tag{D.4}$$

一旦我们写出

$$r_k^j=\sum_{i=1}^{n}P(x_k=j|x_0=i)r_0^i=\sum_{i=1}^{n}p_{ij}^k r_0^i$$

这个关系式可以从 (D.2) 式和 (D.3) 式获得。

D.2 状态分类

给定平稳有限状态马尔可夫链 (S,P)，我们说两个状态 i 和 j 连通，如果存在两个正整数 k_1 和 k_2 满足 $p_{ij}^{k_1}>0$ 和 $p_{ji}^{k_2}>0$。换言之，状态 i 和 j 连通，如果一个状态可以从另一个状态以正概率抵达。

令 $\tilde{S}\subset S$ 为状态子集满足：

(1) $\tilde{S}$ 的所有状态是连通的。

(2) 如果 $i\in\tilde{S}$ 和 $j\notin\tilde{S}$，那么对所有的 k 有 $p_{ij}^k=0$。

那么我们说 $\tilde{S}$ 构成了状态的常返类。

如果 S 自身构成一个常返类（即，所有的状态彼此连通），那么我们说这个马尔可夫链是不可约的。存在几个常返类是可能的。也可以证明至少存在一个常返类。一个属于某个常返类的状态被称为常返态；否则，它被称为过渡态。我们有

$$\lim_{k\to\infty} p_{ii}^k=0,\ \text{当且仅当}\, i\, \text{是过渡态}$$

换言之，如果过程从过渡态开始，随着 k 趋向无穷大，在 k 次转移之后回到相同状态的概率下降到零。

这个定义意味着如果过程从常返类开始，则将保持在那个类中。如果从过渡态开始，则将（以概率 1）在一些转移后进入到一个常返类并在之后留在其中。

D.3 极限概率

任意随机矩阵 P 的一条重要性质是如下定义的矩阵 P^* 存在

$$P^*=\lim_{N\to\infty}\frac{1}{N}\sum_{k=0}^{N-1}P^k \tag{D.5}$$

[即 $(1/N)\sum_{k=0}^{N-1}P^k$ 的元素序列收敛到 P^* 的对应元素]。这一点的证明在第 II 卷附录 A 的命题 A.1 中给出。P^* 的元素 p_{ij}^* 满足

$$p_{ij}^*\geqslant 0,\sum_{j=1}^n p_{ij}^*=1, i,j=1,\cdots,n$$

所以，P^* 是随机矩阵。

注意矩阵 P^k 的第 (i,j) 个元素是从状态 i 出发在 k 次转移后到达状态 j 的概率。记住这一点，可以从 (D.5) 式的定义看出 p_{ij}^* 可以解释成初始状态为 i 时长期跳转中状态为 j 所占时间的比例。这意味着对相同常返类中的任意两个状态 i 和 i' 我们有 $p_{ij}^*=p_{i'j}^*$，而且这一点确实可以证明。特别地，如果马尔可夫链是不可约的，那么矩阵 P^* 具有相同的行。而且，如果 j 是过渡态，我们有

$$p_{ij}^*=0,\ \text{对所有的}\, i=1,\cdots,n$$

所以矩阵 P^* 对应于过渡态的列为零。

D.4 首达时间

用 q_{ij}^k 表示初始状态为 i 时，在正好 $k \geqslant 1$ 次转移之后恰好首次到达状态 j 的概率，即

$$q_{ij}^k = P\left(x_k = j, x_m \neq j, 1 \leqslant m < k | x_0 = i\right)$$

对固定的 i 和 j，也记有

$$K_{ij} = \min\{k \geqslant 1 | x_k = j, x_0 = i\}$$

那么 K_{ij}，称为从 i 到 j 的首达时间，可以视作一个随机变量。对每个 $k = 1, 2, \cdots$，有

$$P(K_{ij} = k) = q_{ij}^k$$

且有

$$P(K_{ij} = \infty) = P(x_k \neq j, k = 1, 2, \cdots | x_0 = i) = 1 - \sum_{k=1}^{\infty} q_{ij}^k$$

注意可能有 $\sum\limits_{k=1}^{\infty} q_{ij}^k < 1$。例如，这将在 j 不能从 i 达到时出现，此时对所有的 $k = 1, 2, \cdots$ 有 $q_{ij}^k = 0$。从 i 到 j 的平均首达时间是 K_{ij} 的期望值：

$$E\{K_{ij}\} = \begin{cases} \sum\limits_{k=1}^{\infty} k q_{ij}^k & \text{若 } \sum\limits_{k=1}^{\infty} q_{ij}^k = 1 \\ \infty & \text{若 } \sum\limits_{k=1}^{\infty} q_{ij}^k < 1 \end{cases}$$

可以证明，如果 i 和 j 属于相同的常返类，那么

$$E\{K_{ij}\} < \infty$$

事实上只有一个常返类而且 t 是其中的一个状态，平均首达时间 $E\{K_{it}\}$ 是如下线性系统方程组的唯一解

$$E\{K_{it}\} = 1 + \sum_{j=1, j \neq t}^{n} p_{ij} E\{K_{jt}\}, i = 1, \cdots, n, j \neq t$$

见例 7.2.1。如果 i 和 j 属于两个不同的常返类，那么 $E\{K_{ij}\} = E\{K_{ji}\} = \infty$。如果 i 属于常返类而 j 是过渡态，那么有 $E\{K_{ij}\} = \infty$。

附录 E　卡尔曼滤波

在这一附录中我们介绍线性最小二乘估计的基本原理及其在使用状态变量的线性测量估计线性离散时间动态系统状态中的应用。

基本来说，这个问题如下。存在两个随机向量 X 和 y 通过其联合概率分布关联在一起，所以其中一个向量的取值提供了关于另一个向量取值的信息。我们得到了 y 的取值，想估计 x 的取值让 x 及其估计值之间的均方误差最小化。一个相关的问题是从观测向量 y 的所有线性估计中找到 x 的最优估计。我们将这些问题具体到底层有线性动态系统的情形。特别地，我们将使用依时间序贯获得的观测值估计系统的状态。通过探索问题的特殊结构，状态估计的计算可以方便地按照迭代的算法形式进行组织——卡尔曼滤波器。

E.1　最小二乘估计

考虑两个分别从 $\Re^n$ 和 $\Re^m$ 取值的联合分布随机向量 x 和 y。我们将 y 视作提供了关于 x 的信息的测量。所以，尽管在知道 y 前我们对 x 的估计是期望值 $E\{x\}$，一旦 y 的值已知，我们想构成对 x 值的更新的估计 $x(y)$。这一更新后的估计当然依赖于 y 的取值，所以我们感兴趣的是一个规则，能对 y 的每个可能取值都给出 x 的新估计值，即我们感兴趣的是一个函数 $x(\cdot)$，其中 $x(y)$ 是给定 y 之后 x 的估计值。这样的函数 $x(\cdot):\Re^m\to\Re^m$ 称为估计器。我们在寻找一个在某种意义下最优的估计器，我们将采用的标准基于对如下目标的最小化

$$E_{x,y}\{\|x-x(y)\|^2\} \tag{E.1}$$

这里，$\|\cdot\|$ 表示在 $\Re^n$ 中的常规范数（对 $z\in\Re^n$ 有 $\|z\|^2=z'z$）。进一步，在本附录中，我们假设所有遇到的期望值都是有限的。

一个在所有的 $x(\cdot):\Re^n\to\Re^m$ 上最小化上述期望方差的估计器称为最小二乘估计，且记为 $x^*(\cdot)$。因为

$$E_{x,y}\{\|x-x(y)\|^2\}=E_y\big\{E_x\{\|x-x(y)\|^2|y\}\big\}$$

若 $x^*(y)$ 对每个 $y\in\Re^m$ 均最小化上述右侧的条件期望，即

$$E_x\{\|x-x^*(y)\|^2|y\}=\min_{z\in\Re^m}E\{\|x-z\|^2|y\},\ \text{对所有的}y\in\Re^m \tag{E.2}$$

则很明显 $x^*(\cdot)$ 是一个最小二乘估计，通过执行这一最小化，我们获得如下的命题。

命题 E.1　最小二乘估计 $x^*(\cdot)$ 给定如下

$$x^*(y)=E_x\{x|y\},\ \text{对所有的}y\in\Re^m \tag{E.3}$$

证明　我们对每个固定的 $z\in\Re^n$ 有

$$E_x\{\|x-z\|^2|y\}=E_x\{\|x\|^2|y\}-2z'E_x\{x|y\}+\|z\|^2$$

通过将相对于 z 的微分设为零，我们看到上述表达式在 $z=E_x\{x|y\}$ 处取得最小值，结果于是可得。证毕。

E.2　线性最小二乘估计

最小二乘估计 $E_x\{x|y\}$ 可能是 y 的一个复杂非线性函数。结果其实际计算可能是困难的。这启发我们寻找相对于受限的线性估计器中的最优估计，即，如下形式的估计器

$$x(y) = Ay + b \tag{E.4}$$

其中 A 是一个 $n \times m$ 的矩阵，b 是一个 n 维向量。估计器

$$\hat{x}(y) = \hat{A}y + \hat{b}$$

其中 $\hat{A}$ 和 $\hat{b}$ 在所有的 $n \times m$ 矩阵 A 和向量 $b \in \Re^n$ 上最小化

$$E_{x,y}\{\|x - Ay - b\|^2\}$$

称为线性最小二乘估计器。

在 x 和 y 是联合高斯随机向量的特殊情形下，条件期望 $E_x\{x|y\}$ 是 y 的线性函数（加上常数向量），结果线性最小二乘估计器也是最小二乘估计器。这在下面的命题中得到了证明。

命题 E.2　如果 x 和 y 是联合高斯随机向量，那么给定 y 之后 x 的最小二乘估计 $E_x\{x|y\}$ 对于 y 是线性的。

证明　考虑随机向量 $z \in \Re^{n+m}$，

$$z = \begin{pmatrix} x \\ y \end{pmatrix}$$

并且假设 z 是高斯随机变量，均值为

$$\bar{z} = E\{z\} = \begin{pmatrix} E\{x\} \\ E\{y\} \end{pmatrix} = \begin{pmatrix} \bar{x} \\ \bar{y} \end{pmatrix} \tag{E.5}$$

协方差矩阵为

$$\begin{aligned}\Sigma = E\{(z-\bar{z})(z-\bar{z})'\} &= \begin{pmatrix} E\{(x-\bar{x})(x-\bar{x})'\} & E\{(x-\bar{x})(y-\bar{y})'\} \\ E\{(y-\bar{y})(x-\bar{x})'\} & E\{(y-\bar{y})(y-\bar{y})'\} \end{pmatrix} \\ &= \begin{pmatrix} \Sigma_{xx} & \Sigma_{xy} \\ \Sigma_{yx} & \Sigma_{yy} \end{pmatrix}\end{aligned} \tag{E.6}$$

为了简化证明，我们假设 Σ 是正定对称阵且可逆；然而，结果在没有这一假设时也成立。我们记得如果 z 是高斯的，其概率密度函数具有如下形式

$$p(z) = p(x,y) = ce^{-\frac{1}{2}(z-\bar{z})'\Sigma^{-1}(z-\bar{z})}$$

其中

$$c = (2\pi)^{-(n+m)/2}(\det\Sigma)^{-1/2}$$

并令 $\det\Sigma$ 表示 Σ 的行列式。类似地，x 和 y 的概率密度函数具有如下形式

$$p(x) = c_1 e^{-\frac{1}{2}(x-\bar{x})'\Sigma_{xx}^{-1}(x-\bar{x})}$$

$$p(y) = c_2 e^{-\frac{1}{2}(y-\bar{y})'\Sigma_{yy}^{-1}(y-\bar{y})}$$

其中 c_1 和 c_2 是合适的常数。由贝叶斯准则可得给定 y 时 x 的条件概率密度函数是

$$p(x|y) = \frac{p(x,y)}{p(y)} = \frac{c}{c_2} e^{-\frac{1}{2}\left((z-\bar{z})'\Sigma^{-1}(z-\bar{z})-(y-\bar{y})'\Sigma_{yy}^{-1}(y-\bar{y})\right)} \tag{E.7}$$

现在可以看出存在正定对称的 $n \times n$ 矩阵 D、一个 $n \times m$ 矩阵 A、一个向量 $b \in \Re^n$ 和标量 s 满足

$$(z-\bar{z})'\Sigma^{-1}(z-\bar{z}) - (y-\bar{y})'\Sigma_{yy}^{-1}(y-\bar{y}) = (x - Ay - b)'D^{-1}(x - Ay - b) + s \tag{E.8}$$

这是因为通过代入 (E.5) 式和 (E.6) 式中 $\bar{z}$ 和 Σ 的表达式，(E.8) 式的左侧变成 x 和 y 的二次型，这可以被放入到 (E.8) 式右侧指定的形式中。事实上，通过使用分块矩阵求逆公式（附录 A）计算 Σ 的逆，可以验证 (E.8) 式中的 A, b, D 和 s 具有如下形式

$$A = \Sigma_{xy}\Sigma_{yy}^{-1}, b = \bar{x} - \Sigma_{xy}\Sigma_{yy}^{-1}\bar{y}, D = \Sigma_{xx} - \Sigma_{xy}\Sigma_{yy}^{-1}\Sigma_{yx}, s = 0$$

现在由 (E.8) 式和 (E.7) 式有，条件期望 $E_x\{x|y\}$ 的形式为 $Ay + b$，其中 A 是某个 $n \times m$ 的矩阵且 $b \in \Re^n$。证毕。

我们现在转向描述线性最小二乘估计器。

命题 E.3 令 x, y 为分别从 $\Re^n$ 和 $\Re^m$ 中取值的随机向量，且具有给定的联合概率分布。x 和 y 的期望值和协方差矩阵标记如下

$$E\{x\} = \bar{x} E\{y\} = \bar{y} \tag{E.9}$$

$$E\{(x-\bar{x})(x-\bar{x})'\} = \Sigma_{xx}, E\{(y-\bar{y})(y-\bar{y})'\} = \Sigma_{yy} \tag{E.10}$$

$$E\{(x-\bar{x})(y-\bar{y})'\} = \Sigma_{xy}, E\{(y-\bar{y})(x-\bar{x})'\} = \Sigma_{xy}' \tag{E.11}$$

且假设 Σ_{yy} 可逆。于是给定 y 后 x 的线性最小二乘估计器是

$$\hat{x}(y) = \bar{x} + \Sigma_{xy}\Sigma_{yy}^{-1}(y - \bar{y}) \tag{E.12}$$

对应的误差协方差矩阵给定如下

$$E_{x,y}\left\{(x - \hat{x}(y))(x - \hat{x}(y))'\right\} = \Sigma_{xx} - \Sigma_{xy}\Sigma_{yy}^{-1}\Sigma_{yx} \tag{E.13}$$

证明 线性最小二乘估计器定义如下

$$\hat{x}(y) = \hat{A}y + \hat{b}$$

其中 $\hat{A}, \hat{b}$ 在 A 和 b 上最小化 $f(A,b) = E_{x,y}\{\|x - Ay - b\|^2\}$。取 $f(A,b)$ 相对于 A 和 b 的导数并设其为零，我们获得两个条件

$$0 = \left.\frac{\partial f}{\partial A}\right|_{\hat{A},\hat{b}} = 2E_{x,y}\{\left(\hat{b} + \hat{A}y - x\right)y'\} \tag{E.14}$$

$$0 = \left.\frac{\partial f}{\partial b}\right|_{\hat{A},\hat{b}} = 2E_{x,y}\{\hat{b} + \hat{A}y - x\} \tag{E.15}$$

第二个条件获得

$$\hat{b} = \bar{x} - \hat{A}\bar{y} \tag{E.16}$$

再通过代入第一个条件式，我们获得

$$E_{x,y}\left\{y\left(\hat{A}(y-\bar{y})-(x-\bar{x})\right)'\right\}=0 \tag{E.17}$$

我们有

$$E_{x,y}\{\hat{A}(y-\bar{y})-(x-\bar{x})\}'=0$$

满足

$$\bar{y}E_{x,y}\{\hat{A}(y-\bar{y})-(x-\bar{x})\}'=0 \tag{E.18}$$

通过从 (E.17) 式中减去 (E.18) 式，我们获得

$$E_{x,y}\left\{(y-\bar{y})\left(\hat{A}(y-\bar{y})-(x-\bar{x})\right)'\right\}=0$$

等价地，

$$\Sigma_{yy}\hat{A}'-\Sigma_{yx}=0$$

由此

$$\hat{A}=\Sigma'_{yx}\Sigma_{yy}^{-1}=\Sigma_{xy}\Sigma_{yy}^{-1} \tag{E.19}$$

对 $\hat{b}$ 和 $\hat{A}$ 分别使用 (E.16) 式和 (E.19) 式，我们获得

$$\hat{x}(y)=\hat{A}y+\hat{b}=\bar{x}+\Sigma_{xy}\Sigma_{yy}^{-1}(y-\bar{y})$$

这就是想证明的结论。对误差协方差所期望的 (E.13) 式可以通过代入上面获得的 $\hat{x}(y)$ 的表达式获得。证毕。

我们列出最小二乘估计器的一些性质作为推论。

推论 E.3.1　线性最小二乘估计器是无偏的，即

$$E_y\{\hat{x}(y)\}=\bar{x}$$

证明　这从 (E.12) 式可得。证毕。

推论 E.3.2　估计误差 $x-\hat{x}(y)$ 与 y 和 $\hat{x}(y)$ 均不相关，即

$$E_{x,y}\left\{y\left(x-\hat{x}(y)\right)'\right\}=0$$
$$E_{x,y}\left\{\hat{x}(y)\left(x-\hat{x}(y)\right)'\right\}=0$$

证明　第一个等式是 (E.14) 式。第二个等式可以写成

$$E_{x,y}\{(\hat{A}y+\hat{b})\left(x-\hat{x}(y)\right)'\}$$

且从第一个等式和推论 E.3.1 获得。证毕。

推论 E.3.2 称为正交投影原理。它阐述了线性最小二乘估计的一条性质并且构成了最小二乘估计的另一种处理方式的基础，即作为在随机变量的希尔伯特空间中的投影问题（见 Luenberger[Lue69]）。

推论 E.3.3　在 x 和 y 之外考虑如下定义的随机向量 z，

$$z=Cx$$

其中 C 是一个给定的 $p \times m$ 的矩阵。那么给定 y 时 z 的线性最小二乘估计是

$$\hat{z}(y) = C\hat{x}(y)$$

而且对应的误差协方差矩阵给定如下

$$E_{z,y}\left\{(z-\hat{z}(y))(z-\hat{z}(y))'\right\} = CE_{x,y}\left\{(x-\hat{x}(y))(x-\hat{x}(y))'\right\}C'$$

证明 我们有 $E\{z\} = \bar{z} = C\bar{x}$ 和

$$\Sigma_{zz} = E_z\{(z-\bar{z})(z-\bar{z})'\} = C\Sigma_{xx}C'$$

$$\Sigma_{zy} = E_{z,y}\{(z-\bar{z})(y-\bar{y})'\} = C\Sigma_{xy}$$

$$\Sigma_{yz} = E'_{zy} = \Sigma_{yx}C'$$

由命题 E.3，我们有

$$\hat{z}(y) = \bar{z} + \Sigma_{zy}\Sigma_{yy}^{-1}(y-\bar{y}) = C\bar{x} + C\Sigma_{xy}\Sigma_{yy}^{-1}(y-\bar{y}) = C\hat{x}(y)$$

$$\begin{aligned} E_{x,y}\left\{(z-\hat{z}(y))(z-\hat{z}(y))'\right\} &= \Sigma_{zz} - \Sigma_{zy}\Sigma_{yy}^{-1}\Sigma_{yz} \\ &= C\left(\Sigma_{xx} - \Sigma_{xy}\Sigma_{yy}^{-1}\Sigma_{yx}\right)C' \\ &= CE_{x,y}\left\{(x-\hat{x}(y))(x-\hat{x}(y))'\right\}C' \end{aligned}$$

证毕。

推论 E.3.4 在 x 和 y 之外考虑一个额外的随机向量 z 形式如下

$$z = Cy + u \tag{E.20}$$

其中 C 是给定的秩为 p 的 $p \times m$ 矩阵且 u 是在 $\Re^p$ 中的给定向量。那么给定 z 后 x 的线性最小二乘估计 $\hat{x}(z)$ 是

$$\hat{x}(z) = \bar{x} + \Sigma_{xy}C'\left(C\Sigma_{yy}C'\right)^{-1}(z - C\bar{y} - u) \tag{E.21}$$

而且对应的误差协方差阵是

$$E_{x,z}\left\{(x-\hat{x}(z))(x-\hat{x}(z))'\right\} = \Sigma_{xx} - \Sigma_{xy}C'\left(C\Sigma_{yy}C'\right)^{-1}C\Sigma_{yx} \tag{E.22}$$

证明 我们有

$$\bar{z} = E\{z\} = C\bar{y} + u \tag{E.23a}$$

$$\Sigma_{zz} = E\{(z-\bar{z})(z-\bar{z})'\} = C\Sigma_{yy}C' \tag{E.23b}$$

$$\Sigma_{zx} = E\{(z-\bar{z})(x-\bar{x})'\} = C\Sigma_{yx} \tag{E.23c}$$

$$\Sigma_{xz} = E\{(x-\bar{x})(z-\bar{z})'\} = \Sigma_{xy}C' \tag{E.23d}$$

从命题 E.3 我们有

$$\hat{x}(z) = \bar{x} + \Sigma_{xz}\Sigma_{zz}^{-1}(z-\bar{z}) \tag{E.24a}$$

$$E_{x,z}\left\{(x-\hat{x}(z))(x-\hat{x}(z))'\right\} = \Sigma_{xx} - \Sigma_{xz}\Sigma_{zz}^{-1}\Sigma_{zx} \tag{E.24b}$$

其中 $\Sigma_{zz} = C\Sigma_{yy}C'$ 可逆，因为 Σ_{yy} 可逆且 C 的秩为 p。通过将 (E.23) 式代入到 (E.24a) 式和 (E.24b) 式中可以得到结论。证毕。

在给定形式为 $z = Cx + v$ 的测量向量 $z \in \Re^m$ 后我们经常想估计参数向量 $x \in \Re^n$，其中 C 是给定的 $m \times n$ 矩阵，且 $v \in \Re^m$ 是随机测量的误差向量。下面的推论给出了线性最小二乘估计 $\hat{x}(z)$ 及其误差的协方差。

推论 E.3.5　令

$$z = Cx + v$$

其中 C 是给定的 $m \times n$ 矩阵，随机向量 $x \in \Re^n$ 和 $v \in \Re^m$ 无关。记有

$$E\{x\} = \bar{x}, E\{(x-\bar{x})(x-\bar{x})'\} = \Sigma_{xx}$$
$$E\{v\} = \bar{v}, E\{(v-\bar{v})(v-\bar{v})'\} = \Sigma_{vv}$$

并且进一步假设 Σ_{vv} 是正定阵。那么有

$$\hat{x}(z) = \bar{x} + \Sigma_{xx}C'(C\Sigma_{xx}C' + \Sigma_{vv})^{-1}(z - C\bar{x} - \bar{v})$$
$$E_{x,v}\left\{(x - \bar{x}(z))\,(x - \bar{x}(z))'\right\} = \Sigma_{xx} - \Sigma_{xx}C'(C\Sigma_{xx}C' + \Sigma_{vv})^{-1}C\Sigma_{xx}$$

证明　定义

$$y = \begin{pmatrix} x' & v' \end{pmatrix}', \bar{y} = \begin{pmatrix} \bar{x}' & \bar{v}' \end{pmatrix}', \tilde{C} = \begin{pmatrix} C & I \end{pmatrix}$$

于是我们有 $z = \tilde{C}y$，且由命题 E.3，

$$\hat{x}(z) = \begin{pmatrix} I & 0 \end{pmatrix} \hat{y}(z)$$

$$E\left\{(x - \hat{x}(z))\,(x - \hat{x}(z))'\right\} = \begin{pmatrix} I & 0 \end{pmatrix} E\left\{(y - \hat{y}(z))\,(y - \hat{y}(z))'\right\} \begin{pmatrix} I \\ 0 \end{pmatrix}$$

其中 $\hat{y}(z)$ 是给定 z 后 y 的线性最小二乘估计。通过令 $u = 0$ 和 $x = y$ 应用命题 E.3 我们获得

$$\hat{y}(z) = \bar{y} + \Sigma_{yy}\tilde{C}'\left(\tilde{C}\Sigma_{yy}\tilde{C}'\right)^{-1}\left(z - \tilde{C}\bar{y}\right)$$

$$E\left\{(y - \hat{y}(z))\,(y - \hat{y}(z))'\right\} = \Sigma_{yy} - \Sigma_{yy}\tilde{C}'\left(\tilde{C}\Sigma_{yy}\tilde{C}'\right)^{-1}\tilde{C}\Sigma_{yy}$$

通过使用关系式

$$\Sigma_{yy} = \begin{pmatrix} \Sigma_{xx} & 0 \\ 0 & \Sigma_{vv} \end{pmatrix}, \tilde{C} = \begin{pmatrix} C & I \end{pmatrix}$$

并且执行直接的计算可以得到结论。证毕。

下面两个推论处理涉及序贯获得的多测量向量的最小二乘估计。特别地，这些推论展示了一旦一个额外的向量 z 变成已知，应如何修改一个已经存在的最小二乘估计 $\hat{x}(y)$ 以获得 $\hat{x}(y,z)$。这是卡尔曼滤波的中心操作。

推论 E.3.6　在 x 和 y 之外考虑一个在 $\Re^p$ 中取值的随机向量 z，其与 y 无关。那么给定 y 和 z 之后 x 的线性最小二乘估计 $\hat{x}(y,z)$[即，给定复合向量 (y,z)] 具有如下形式

$$\hat{x}(y,z) = \hat{x}(y) + \hat{x}(z) - \bar{x} \tag{E.25}$$

其中 $\hat{x}(y)$ 和 $\hat{x}(z)$ 分别是给定 y 和给定 z 之后 x 的线性最小二乘估计。进一步，

$$E_{x,y,z}\left\{(x - \hat{x}(y,z))\,(x - \hat{x}(y,z))'\right\} = \Sigma_{xx} - \Sigma_{xy}\Sigma_{yy}^{-1}\Sigma_{yz} - \Sigma_{xz}\Sigma_{zz}^{-1}\Sigma_{zx} \tag{E.26}$$

其中

$$\Sigma_{xz} = E_{x,z}\left\{(x-\bar{x})(z-\bar{z})'\right\}, \Sigma_{zx} = E_{x,z}\left\{(z-\bar{z})(x-\bar{x})'\right\}$$
$$E_{zz} = E_z\left\{(z-\bar{z})(z-\bar{z})'\right\}, \bar{z} = E_z\{z\}$$

并且假设 E_{zz} 可逆。

证明 令

$$w=\begin{pmatrix}y\\z\end{pmatrix},\bar{w}=\begin{pmatrix}\bar{y}\\\bar{z}\end{pmatrix}$$

由 (E.12) 式，我们有

$$\hat{x}(w)=\bar{x}=\Sigma_{xw}\Sigma_{ww}^{-1}(w-\bar{w}) \tag{E.27}$$

进一步

$$\Sigma_{xw}=[\Sigma_{xy},\Sigma_{xz}]$$

因为 y 和 z 是无关的，我们有

$$\Sigma_{ww}=\begin{pmatrix}\Sigma_{yy} & 0\\0 & \Sigma_{zz}\end{pmatrix}$$

将上式代入 (E.27) 式，我们获得

$$\hat{x}(w)=\bar{x}+\Sigma_{xy}\Sigma_{yy}^{-1}(y-\bar{y})+\Sigma_{xz}\Sigma_{zz}^{-1}(z-\bar{z})=\hat{x}(y)+\hat{x}(z)-\bar{x}$$

而且 (E.25) 式得证。通过使用上面的关系式和 (E.13) 式的协方差表达式，(E.26) 式类似可以证明。证毕。

推论 E.3.7 令 z 与之前推论中相同，并假设 y 和 z 未必无关，即，可能有

$$\Sigma_{yz}=\Sigma_{zy}'=E_{y,z}\{(y-\bar{y})(z-\bar{z})'\}\neq 0$$

于是

$$\hat{x}(y,z)=\hat{x}(y)+\hat{x}\left(z-\hat{z}(y)\right)-\bar{x} \tag{E.28}$$

其中 $\hat{x}\left(z-\hat{z}(y)\right)$ 表示给定随机向量 $z-\hat{z}(y)$ 后 x 的线性最小二乘估计，$\hat{z}(y)$ 是给定 y 之后 z 的线性最小二乘估计。进一步，

$$E_{x,y,z}\left\{\left(x-\hat{x}(y,z)\right)\left(x-\hat{x}(y,z)\right)'\right\}=\Sigma_{xx}-\Sigma_{xy}\Sigma_{yy}^{-1}\Sigma_{yx}-\hat{\Sigma}_{xz}\hat{\Sigma}_{zz}^{-1}\hat{\Sigma}_{zx} \tag{E.29}$$

其中

$$\hat{\Sigma}_{xz}=E_{x,y,z}\left\{(x-\bar{x})\left(z-\hat{z}(y)\right)'\right\}$$
$$\hat{\Sigma}_{zz}=E_{y,z}\left\{\left(z-\hat{z}(y)\right)\left(z-\hat{z}(y)\right)'\right\}$$
$$\hat{\Sigma}_{zx}=E_{x,y,z}\left\{\left(z-\hat{z}(y)\right)(x-\bar{x})'\right\}$$

证明 可以看到，因为 $\hat{z}(y)$ 是 y 的线性函数，给定 y 之后 x 的线性最小二乘估计，z 与给定 y 和 $z-\hat{z}(y)$ 之后 x 的线性最小二乘估计相同。由推论 E.3.2，随机向量 y 和 $z-\hat{z}(y)$ 是无关的。给定这一关系式，可以通过应用之前的推论获得结论。证毕。

E.3 状态估计——卡尔曼滤波器

现在考虑在 5.2 节中考虑过的一类线性动态系统，但是不考虑控制向量（$u_k\equiv 0$）

$$x_{k+1}=A_kx_k+w_k,k=0,1,\cdots,N-1 \tag{E.30}$$

其中 $x_k\in\Re^n$ 和 $w_k\in\Re^n$ 分别表示状态和随机扰动向量，且矩阵 A_k 已知。也考虑测量方程

$$z_k=C_kx_k+v_k,k=0,1,\cdots,N-1 \tag{E.31}$$

其中 $z_k \in \Re^s$ 和 $v_k \in \Re^s$ 分别是观测和观测噪声向量。

我们假设 $x_0, w_0, \cdots, w_{N-1}, v_0, \cdots, v_{N-1}$ 是具有给定概率分布的独立随机向量，且

$$E\{w_k\} = E\{v_k\} = 0, k = 0, 1, \cdots, N-1 \tag{E.32}$$

我们使用符号

$$S = E\left\{(x_0 - E\{x_0\})(x_0 - E\{x_0\})'\right\}, M_k = E\{w_k w_k'\}, N_k = E\{v_k v_k'\} \tag{E.33}$$

而且对所有的 k 我们假设 N_k 是正定的。

一个非迭代最小二乘估计

首先给出一种直接但是某种意义上烦琐的方法来推导在给定 $z_0, z_1, \cdots, z_k$ 的取值后 x_{k+1} 的线性最小二乘估计。标记

$$Z_k = (z_0', z_1', \cdots, z_k')', r_{k-1} = (x_0', w_0', w_1', \cdots, w_{k-1}')'$$

在这一方法中，首先找到给定 Z_k 后 r_{k-1} 的线性最小二乘估计，然后再将 x_k 表示成 r_{k-1} 的线性函数，从而获得给定 Z_k 之后 x_k 的线性最小二乘估计。

对每个满足 $0 \leqslant i \leqslant k$ 的 i 我们有，通过使用系统方程，

$$x_{i+1} = L_i r_i$$

其中 L_i 是 $n \times (n(i+1))$ 矩阵

$$L_i = \begin{pmatrix} A_i \cdots A_0, & A_i \cdots A_1, & \cdots & , A_i, & I \end{pmatrix}$$

结果可以写成

$$Z_k = \Phi_{k-1} r_{k-1} + V_k$$

其中

$$V_k = (v_0', v_1', \cdots, v_k')'$$

且 Φ_{k-1} 是如下形式的 $s(k+1) \times (nk)$ 矩阵

$$\Phi_{k-1} = \begin{pmatrix} C_0 & 0 \\ C_1 L_0 & 0 \\ \vdots & \vdots \\ C_{k-1} L_{k-2} & 0 \\ C_k L_{k-1} & \end{pmatrix}$$

我们于是可以用推论 E.3.5、上面的方程和问题的数据计算

$$\hat{r}_{k-1}(Z_k) \text{和} E\left\{(r_{k-1} - \hat{r}_{k-1}(Z_k))(r_{k-1} - \hat{r}_{k-1}(Z_k))'\right\}$$

让我们分别记给定 Z_k 之后 x_{k+1} 和 x_k 的线性最小二乘估计为 $\hat{x}_{k+1|k}$ 和 $\hat{x}_{k|k}$。我们现在可以使用命题 E.3 获得 $\hat{x}_{k|k} = \hat{x}_k(Z_k)$ 和对应的误差协方差矩阵，即

$$\hat{x}_{k|k} = L_{k-1} \hat{r}_{k-1}(Z_k)$$

$$E\{(x_k - \hat{x}_{k|k})(x_k - \hat{x}_{k|k})'\} = L_{k-1} E\left\{(r_{k-1} - \hat{r}_{k-1}(Z_k))(r_{k-1} - \hat{r}_{k-1}(Z_k))'\right\} L_{k-1}'$$

这些方程之后可以用于再一次通过命题 E.3 获得 $\hat{x}_{k+1|x}$ 和对应的误差协方差。

卡尔曼滤波算法

之前获得 x_k 的最小方差估计的方法当测量的数量大时是累赘的。幸运的是，可以利用问题的序贯结构，计算可以方便地组织，正如首先由卡尔曼提出的 [Kal60]。卡尔曼滤波算法主要吸引人的特征是估计 $\hat{x}_{k+1|k}$ 可以通过涉及之前的估计 $\hat{x}_{k|k-1}$ 和新的测量 z_k 但是不涉及任意过去的测量 $z_0, z_1, \cdots, z_{k-1}$ 的简单方程获得。

假设我们已经计算出估计值 $\hat{x}_{k|k-1}$ 以及协方差矩阵

$$\Sigma_{k|k-1} = E\{(x_k - \hat{x}_{k|k-1})(x_k - \hat{x}_{k|k-1})'\} \tag{E.34}$$

在时间 k 我们收到额外的测量

$$z_k = C_k x_k + v_k$$

现在我们使用推论 E.3.7 计算给定 $Z_{k-1} = \left(z_0', z_1', \cdots, z_{k-1}'\right)'$ 和 z_k 时 x_k 的线性最小二乘估计。这一估计记为 $\hat{x}_{k|k}$，且由命题 E.3，给定如下

$$\hat{x}_{k|k} = \hat{x}_{k|k-1} + \hat{x}_k\left(z_k - \hat{z}_k(Z_{k-1})\right) - E\{x_k\} \tag{E.35}$$

其中 $\hat{z}_k(Z_{k-1})$ 表示给定 Z_{k-1} 后 z_k 的线性最小二乘估计，$\hat{x}_k\left(z_k - \hat{z}_k(Z_{k-1})\right)$ 表示给定 $\left(z_k - \hat{z}_k(Z_{k-1})\right)$ 之后 x_k 的线性最小二乘估计。

我们现在计算 (E.35) 式中的项 $\hat{x}_k\left(z_k - \hat{z}_k(Z_{k-1})\right)$。由 (E.31) 式、(E.32) 式和推论 E.3.3 有

$$\hat{z}_k(Z_{k-1}) = C_k \hat{x}_{k|k-1} \tag{E.36}$$

我们也使用推论 E.3.3 获得

$$E\left\{\left(z_k - \hat{z}_k(Z_{k-1})\right)\left(z_k - \hat{z}_k(Z_{k-1})\right)'\right\} = C_k \Sigma_{k|k-1} C_k' + N_k \tag{E.37}$$

$$\begin{aligned}
&E\left\{x_k\left(z_k - \hat{z}_k(Z_{k-1})\right)'\right\} \\
&= E\left\{x_k\left(C_k(x_k - \hat{x}_{k|k-1})\right)'\right\} + E\{x_k v_k'\} \\
&= E\left\{\left(x_k - \hat{x}_{k|k-1}\right)\left(x_k - \hat{x}_{k|k-1}\right)'\right\} C_k' + E\{\hat{x}_{k|k-1}(x_k - \hat{x}_{k|k-1})'\} C_k'
\end{aligned}$$

由推论 E.3.2 上述右侧最后一项是零，于是通过使用 (E.34) 式我们有

$$E\left\{x_k\left(z_k - \hat{z}_k(Z_{k-1})\right)'\right\} = \Sigma_{k|k-1} C_k' \tag{E.38}$$

在命题 E.3 中使用 (E.36) 式～(E.38) 式，我们获得

$$\hat{x}_k\left(z_k - \hat{z}_k(Z_{k-1})\right) = E\{x_k\} + \Sigma_{k|k-1} C_k' \left(C_k \Sigma_{k|k-1} C_k' + N_k\right)^{-1} \left(z_k - C_k \hat{x}_{k|k-1}\right)$$

(E.35) 式写成

$$\hat{x}_{k|k} = \hat{x}_{k|k-1} + \Sigma_{k|k-1} C_k' \left(C_k \Sigma_{k|k-1} C_k' + N_k\right)^{-1} \left(z_k - C_k \hat{x}_{k|k-1}\right) \tag{E.39}$$

通过使用推论 E.3.3 我们也有

$$\hat{x}_{k+1|k} = A_k \hat{x}_{k|k} \tag{E.40}$$

考虑到协方差矩阵 $\Sigma_{k+1|k}$，从 (E.30) 式、(E.32) 式、(E.33) 式和推论 E.3.3 有

$$\Sigma_{k+1|k} = A_k \Sigma_{k|k} A_k' + M_k \tag{E.41}$$

其中

$$\Sigma_{k|k} = E\left\{\left(x_k - \hat{x}_{k|k}\right)\left(x_k - \hat{x}_{k|k}\right)'\right\}$$

误差协方差阵 $\Sigma_{k|k}$ 可以通过推论 E.3.7 与 $\hat{x}_{k|k}$ 类似计算 [参见 (E.35) 式]。所以，我们从 (E.29) 式、(E.37) 式、(E.38) 式有

$$\Sigma_{k|k} = \Sigma_{k|k-1} - \Sigma_{k|k-1}C_k'\left(C_k\Sigma_{k|k-1}C_k' + N_k\right)^{-1}C_k\Sigma_{k|k-1} \tag{E.42}$$

具有初始条件

$$\hat{x}_{0|-1} = E\{x_0\}, \Sigma_{0|-1} = S \tag{E.43}$$

的方程组 (E.39) 式～(E.42) 式构成了卡尔曼滤波算法。这一算法迭代地生成线性最小二乘估计 $\hat{x}_{k+1|k}$ 或者 $\hat{x}_{k|k}$ 以及相关的误差协方差阵 $\Sigma_{k+1|k}$ 或者 $\Sigma_{k|k}$。特别地，给定 $\Sigma_{k|k-1}$ 和 $\hat{x}_{k|k-1}$，(E.39) 式和 (E.42) 式产生 $\Sigma_{k|k}$ 和 $\hat{x}_{k|k}$，于是 (E.41) 式和 (E.40) 式获得 $\Sigma_{k+1|k}$ 和 $\hat{x}_{k+1|k}$。

(E.39) 式的一种替代表达式是

$$\hat{x}_{k|k} = A_{k-1}\hat{x}_{k-1|k-1} + \Sigma_{k|k}C_k'N_k^{-1}(z_k - C_kA_{k-1}\hat{x}_{k-1|k-1}) \tag{E.44}$$

这可以通过使用下面的等式从 (E.39) 式和 (E.40) 式获得

$$\Sigma_{k|k}C_k'N_k^{-1} = \Sigma_{k|k-1}C_k'\left(C_k\Sigma_{k|k-1}C_k' + N_k\right)^{-1} \tag{E.45}$$

这一等式可以使用 (E.42) 式写出

$$\begin{aligned}\Sigma_{k|k}C_k'N_k^{-1} &= \left(\Sigma_{k|k-1} - \Sigma_{k|k-1}C_k'\left(C_k\Sigma_{k|k-1}C_k' + N_k\right)^{-1}C_k\Sigma_{k|k-1}\right)C_k'N_k^{-1} \\ &= \Sigma_{k|k-1}C_k'\left(N_k^{-1} - \left(C_k\Sigma_{k|k-1}C_k' + N_k\right)^{-1}C_k\Sigma_{k|k-1}C_k'N_k^{-1}\right)\end{aligned}$$

然后在上面的公式中使用下面的计算来验证

$$\begin{aligned}N_k^{-1} &= \left(C_k\Sigma_{k|k-1}C_k' + N_k\right)^{-1}\left(C_k\Sigma_{k|k-1}C_k' + N_k\right)N_k^{-1} \\ &= \left(C_k\Sigma_{k|k-1}C_k' + N_k\right)^{-1}\left(C_k\Sigma_{k|k-1}C_k'N_k^{-1} + I\right)\end{aligned}$$

当系统方程包括控制向量 u_k 时，

$$x_{k+1} = A_kx_k + B_ku_k + w_k, k = 0, 1, \cdots, N-1$$

可以直接证明 (E.44) 式具有如下形式

$$\begin{aligned}\hat{x}_{k|k} = {} & A_{k-1}\hat{x}_{k-1|k-1} + B_{k-1}u_{k-1} \\ & + \Sigma_{k|k}C_k'N_k^{-1}\left(z_k - C_kA_{k-1}\hat{x}_{k-1|k-1} - C_kB_{k-1}u_{k-1}\right)\end{aligned} \tag{E.46}$$

其中 $\hat{x}_{k|k}$ 是给定 $z_0, z_1, \cdots, z_k$ 和 $u_0, u_1, \cdots, u_{k-1}$ 之后 x_k 的线性最小二乘估计。产生 $\Sigma_{k|k}$ 的 (E.41) 式～(E.43) 式保持不变。

稳态卡尔曼滤波算法

最终我们注意到 (E.41) 式和 (E.42) 式获得

$$\Sigma_{k+1|k} = A_k\left(\Sigma_{k|k-1} - \Sigma_{k|k-1}C_k'\left(C_k\Sigma_{k|k-1}C_k' + N_k\right)^{-1}C_k\Sigma_{k|k-1}\right)A_k' + M_k \tag{E.47}$$

和初始条件 $\Sigma_{0|-1} = S$。这一方程是 4.1 节中考虑的矩阵黎卡提方程。所以当 A_k, C_k, N_k 和 M_k 是常矩阵时，

$$A_k = A, C_k = C, N_k = N, M_k = M, k = 0, 1, \cdots, N-1$$

我们通过调用之前证明的命题可以证明 $\Sigma_{k+1|k}$ 趋向于求解如下代数黎卡提方程

$$\Sigma = A\left(\Sigma - \Sigma C'(C\Sigma C' + N)^{-1}C\Sigma\right)A' + M$$

的正定对称阵 Σ，假设 (A,C) 对的能观性和 (A,D) 对的能控性，其中 $M=DD'$。在相同的条件下，我们有 $\Sigma_{k|k}\to\bar{\Sigma}$，其中从 (E.42) 式有

$$\bar{\Sigma}=\Sigma-\Sigma C'(C\Sigma C'+N)^{-1}C\Sigma$$

我们然后可以将卡尔曼滤波迭代 [参阅 (E.44) 式] 写成渐近的形式

$$\hat{x}_{k|k}=A\hat{x}_{k-1|k-1}+\bar{\Sigma}C'N^{-1}\left(z_k-CA\hat{x}_{k-1|k-1}\right) \tag{E.48}$$

这一估计器实现起来简单而且方便。

E.4 稳定性方面

现在让我们考虑卡尔曼滤波器的稳态形式的稳定性质。从 (E.39) 式和 (E.40) 式，我们有

$$\hat{x}_{k+1|k}=A\hat{x}_{k|k-1}+A\Sigma C'(C\Sigma C'+N)^{-1}(z_k-C\hat{x}_{k|k-1}) \tag{E.49}$$

令 e_k 表示“单步预测”误差

$$e_k=x_k-\hat{x}_{k|k-1}$$

通过使用 (E.49) 式，系统方程

$$x_{k+1}=Ax_k+w_k$$

和测量方程

$$z_k=Cx_k+v_k$$

我们获得

$$e_{k+1}=\left(A-A\Sigma C'\left(C\Sigma C'+N\right)^{-1}C\right)e_k+w_k-A\Sigma C'\left(C\Sigma C'+N\right)^{-1}v_k \tag{E.50}$$

从使用的角度 (E.50) 式误差方程代表了稳定系统，即，如下矩阵

$$A-A\Sigma C'(C\Sigma C'+N)^{-1}C \tag{E.51}$$

的特征值均严格位于单位圆内部。然而，因为 Σ 是代数黎卡提方程

$$\Sigma=A\left(\Sigma-\Sigma C'\left(C\Sigma C'+N\right)^{-1}C\Sigma\right)A'+M$$

的唯一半正定对称解，由 4.1 节命题 4.4.1 在之前给定的能控性和能观性假设下可以得到上述结论。事实上，这一命题推出 (E.51) 式的矩阵的转置的特征值均严格位于单位圆之内，但是这对于我们的目的足够了，因为矩阵的特征值与其转置矩阵的特征值相同。

让我们也考虑控制估计误差

$$\tilde{e}_k=x_k-\hat{x}_{k|k}$$

的方程的稳定性质。我们由直接计算可以获得

$$\tilde{e}_k=\left(I-\Sigma C'\left(C\Sigma C'+N\right)^{-1}C\right)e_k-\Sigma C'\left(C\Sigma C'+N\right)^{-1}v_k \tag{E.52}$$

在 (E.50) 式的两侧同时乘上 $I-\Sigma C'(C\Sigma C'+N)^{-1}C$ 并且使用 (E.52) 式，我们获得

$$\begin{aligned}\tilde{e}_{k+1}+\Sigma C'(C\Sigma C'+N)^{-1}v_{k+1}=&\left(A-\Sigma C'\left(C\Sigma C'+N\right)^{-1}CA\right)\left(\tilde{e}_k+\Sigma C'\left(C\Sigma C'+N\right)^{-1}v_k\right)\\&+\left(I-\Sigma C'\left(C\Sigma C'+N\right)^{-1}C\right)\left(w_k-A\Sigma C'\left(C\Sigma C'+N\right)^{-1}v_k\right)\end{aligned}$$

或者等价地

$$\tilde{e}_{k+1} = \left(A - \Sigma C' \left(C\Sigma C' + N\right)^{-1} CA\right) \tilde{e}_k + \left(I - \Sigma C' \left(C\Sigma C' + N\right)^{-1} C\right) w_k - \Sigma C' \left(C\Sigma C' + N\right)^{-1} v_{k+1} \tag{E.53}$$

因为 (E.51) 式矩阵的特征值严格位于单位圆之内，只要向量 w_k 和 v_k 对所有的 k 均为零时由 (E.50) 式生成的 $\{e_k\}$ 序列趋向零。于是，由 (E.52) 式，这一点对于序列 $\{\tilde{e}_k\}$ 也成立。从 (E.53) 式有矩阵

$$A - \Sigma C' \left(C\Sigma C' + N\right)^{-1} CA \tag{E.54}$$

的特征值严格位于单位圆内，估计误差序列 $\{\tilde{e}_k\}$ 由稳定系统生成。

最后考虑具有状态向量 $(x_k', \hat{x}_k')$ 的 $2n$ 维系统方程的稳定性质：

$$x_{k+1} = Ax_k + BL\hat{x}_k \tag{E.55}$$

$$\hat{x}_{k+1} = \bar{\Sigma} C' N^{-1} CAx_k + \left(A + BL - \bar{\Sigma} C' N^{-1} CA\right) \hat{x}_k \tag{E.56}$$

这是在 5.2 节末尾遇到的稳态渐近最优的闭环系统。

假设那里阐述的恰当的能观性和能控性假设有效。通过使用之前证明的如下方程

$$\bar{\Sigma} C' N^{-1} = \Sigma C' \left(C\Sigma C' + N\right)^{-1}$$

我们从 (E.55) 式和 (E.56) 式获得

$$\left(x_{k+1} - \hat{x}_{k+1}\right) = \left(A - \Sigma C' \left(C\Sigma C' + N\right)^{-1} CA\right) \left(x_k - \hat{x}_k\right)$$

因为我们已经证明矩阵 (E.54) 式的特征值严格位于单位圆之内，于是对任意初始状态 x_0 和 $\hat{x}_0$ 有

$$\lim_{k \to \infty} \left(x_{k+1} - \hat{x}_{k+1}\right) = 0 \tag{E.57}$$

从 (E.55) 式可得

$$x_{k+1} = (A + BL) x_k + BL \left(\hat{x}_k - x_k\right) \tag{E.58}$$

因为与 4.1 节的理论对应，矩阵 $(A + BL)$ 的特征值严格位于单位圆之内，于是由 (E.57) 式和 (E.58) 式有

$$\lim_{k \to \infty} x_k = 0 \tag{E.59}$$

然后从 (E.57) 式，

$$\lim_{k \to \infty} \hat{x}_k = 0 \tag{E.60}$$

因为上面的方程对任意初始状态 x_0 和 $\hat{x}_0$ 均成立，于是有由 (E.55) 式和 (E.56) 式定义的系统是稳定的。

E.5　高斯-马尔可夫估计器

假设我们想在给定观测向量 $z \in \Re^m$ 之后估计向量 $x \in \Re^n$，其中测量值与 x 的关系为

$$z = Cx + v \tag{E.61}$$

其中 C 是给定的 $m\times n$ 矩阵且秩为 m，v 是随机测量误差向量。假设 v 与 x 无关，且具有已知均值和正定协方差矩阵

$$E\{v\}=\bar{v}, E\left\{(v-\bar{v})(v-\bar{v})'\right\}=\Sigma_{vv} \tag{E.62}$$

如果 x 的先验概率分布已知，我们可以使用 E.2 节的理论获得给定 z 之后 x 的线性最小二乘估计（参见推论 E.3.5）。然而，在许多情形下，x 的概率分布未知。在这样的情形下我们可以使用高斯-马尔可夫估计器，这在满足特定约束的线性估计器类别中是最优的，下面详细阐述。

考虑如下形式的估计器

$$\hat{x}(z)=\hat{A}(z-\bar{v})$$

其中 $\hat{A}$ 在所有的 $n\times m$ 矩阵 A 上最小化

$$f(A)=E_{x,z}\{\|x-A(z-\bar{v})\|^2\} \tag{E.63}$$

因为 x 和 v 无关，使用 (E.61) 式～(E.63) 式我们有

$$\begin{aligned}f(A)&=E_{x,v}\{\|x-ACx-A(v-\bar{v})\|^2\}\\&=E_x\{\|(I-AC)x\|^2\}+E_v\{\|A(v-\bar{v})\|^2\}\end{aligned}$$

其中 I 是 $n\times n$ 的单位阵。因为 $f(A)$ 依赖于 x 的未知统计量，我们看到最优矩阵 $\hat{A}$ 也依赖于这些统计量。我们可以通过要求

$$AC=I$$

绕过这一困难。于是我们的问题变成了

$$\begin{aligned}&\text{minimize } E_v\{\|A(v-\bar{v})\|^2\}\\&\text{subject to } AC=I\end{aligned} \tag{E.64}$$

注意 $AC=I$ 的要求不仅在分析上更加方便，而且直观上合理。特别地，这等价于要求估计器 $x(z)=A(z-\bar{v})$ 是无偏的，即

$$E\{x(z)\}=E\{x\}=\bar{x},\ \text{对所有的}\bar{x}\in\Re^n$$

这可以通过如下推导看出，

$$E\{x(z)\}=E\{A(Cx+v-\bar{v})\}=ACE\{x\}=AC\bar{x}=\bar{x}$$

为了推导出问题 (E.64) 式的最优解 $\hat{A}$，令 a_i' 表示 A 的第 i 行。我们有

$$\begin{aligned}\|A(v-\bar{v})\|^2&=(v-\bar{v})'\begin{pmatrix}a_1 & \cdots & a_n\end{pmatrix}\begin{pmatrix}a_1'\\ \vdots\\ a_n'\end{pmatrix}(v-\bar{v})\\&=\sum_{i=1}^n(v-\bar{v})'a_ia_i'(v-\bar{v})\\&=\sum_{i=1}^n a_i'(v-\bar{v})(v-\bar{v})'a_i\end{aligned}$$

于是，(E.64) 式的最小化问题也可以写成

$$\text{minimize } \sum_{i=1}^n a_i'\Sigma_{vv}a_i$$

$$\text{subject to } C'a_i = e_i, i = 1, \cdots, n$$

其中 e_i 是单位阵的第 i 列。对每个 i 的最小化可以单独进行，获得

$$\hat{x}_i = \Sigma_{vv}^{-1} C(C'\Sigma_{vv}C)^{-1} e_i, i = 1, \cdots, n$$

最终

$$\hat{A} = \left(C'\Sigma_{vv}^{-1}C\right)^{-1} C'\Sigma_{vv}^{-1}$$

所以，高斯-马尔可夫估计器给定如下

$$\hat{x}(z) = (C'\Sigma_{vv}^{-1}C)^{-1} C'\Sigma_{vv}^{-1}(z - \bar{v}) \tag{E.65}$$

也让我们计算对应的误差协方差矩阵。我们有

$$\begin{aligned}
E\left\{(x - \hat{x}(z))(x - \hat{x}(z))'\right\} &= E\left\{\left(x - \hat{A}(z - \bar{v})\right)\left(x - \hat{A}(z - \bar{v})\right)'\right\} \\
&= E\{\hat{A}(v - \bar{v})(v - \bar{v})'\hat{A}'\} \\
&= \hat{A}\Sigma_{vv}\hat{A}' \\
&= (C'\Sigma_{vv}^{-1}C)^{-1} C'\Sigma_{vv}^{-1}\Sigma_{vv}\Sigma_{vv}^{-1}C(C'\Sigma_{vv}^{-1}C)^{-1}
\end{aligned}$$

最终

$$E\left\{(x - \hat{x}(z))(x - \hat{x}(z))'\right\} = (C'\Sigma_{vv}^{-1}C)^{-1} \tag{E.66}$$

最后，让我们比较高斯-马尔可夫估计器与推论 E.3.5 的线性最小二乘估计器。假设 Σ_{xx} 是可逆的，直接的计算展示后者估计器可以写成

$$\hat{x}(z) = \bar{x} + \left(\Sigma_{xx}^{-1} + C'\Sigma_{vv}^{-1}C\right)^{-1} C'\Sigma_{vv}^{-1}(z - C\bar{x} - \bar{v}) \tag{E.67}$$

通过比较 (E.65) 式和 (E.67) 式，我们看到高斯-马尔可夫估计器可以通过令 $\bar{x} = 0$ 和 $\Sigma_{xx}^{-1} = 0$，即对未知随机变量 x 的零均值和无穷协方差，从线性最小二乘估计器获得。所以，高斯-马尔可夫估计器可以视作线性最小二乘估计器的极限形式。(E.66) 式高斯-马尔可夫估计器的误差协方差矩阵类似地与线性最小二乘估计器的误差协方差矩阵关联。

E.6　确定性最小二乘估计

再次假设我们想估计向量 $x \in \Re^n$，给定测量向量 $z \in \Re^m$ 与 x 的关系是

$$z = \boldsymbol{C}x + v$$

其中 $\boldsymbol{C}$ 是秩为 m 的已知 $m \times n$ 矩阵。然而，我们对 x 和 v 的概率分布一无所知，所以不能使用基于统计量的估计器。于是选择最小化

$$f(x) = \|z - \boldsymbol{C}x\|^2$$

的估计向量 $\hat{x}$ 是合理的，即，在最小方差意义下拟合数据最好的估计。我们将这一估计记为 $\hat{x}(z)$。

通过将 f 在 $\hat{x}(z)$ 的梯度设为零，我们获得

$$\nabla f|_{\hat{x}(z)} = 2\boldsymbol{C}'(\boldsymbol{C}\hat{x}(z) - z) = 0$$

由此获得

$$\hat{x}(z) = (\boldsymbol{C}'\boldsymbol{C})^{-1}\boldsymbol{C}'z \tag{E.68}$$

一个有趣的观察是 (E.68) 式的估计与由 (E.65) 式给出的高斯-马尔可夫估计相同，只要测量误差具有零均值且协方差矩阵等于单位阵，即，$\bar{v} = 0, \Sigma_{vv} = \boldsymbol{I}$。事实上，如果我们最小化

$$(z - \bar{v} - \boldsymbol{C}x)' \Sigma_{vv}^{-1} (z - \bar{v} - \boldsymbol{C}x)$$

而不是 $\|z - \boldsymbol{C}x\|^2$，那么所获得的确定性最小二乘估计与高斯-马尔可夫估计相同。如果我们最小化

$$(x - \bar{x})'\Sigma_{xx}^{-1}(z - \bar{x}) + (z - \bar{v} - \boldsymbol{C}x)'\Sigma_{vv}^{-1} (z - \bar{v} - \boldsymbol{C}x)$$

而不是 $\|z - \boldsymbol{C}x\|^2$，那么所获得的估计与由 (E.67) 式给出的线性最小二乘估计相同。所以，我们得到了有趣的结论，即之前基于随机优化框架获得的估计也可以通过最小化所估计的参数与手上数据的确定性测量的适配度来获得。

附录 F　随机线性系统模型

在这一附录，我们展示具有随机输入的受控线性时不变系统如何表示为 5.3 节中使用过的 ARMAX 模型。

F.1　具有随机输入的线性系统

考虑一个线性系统，输出为 $\{y_k\}$，控制输入为 $\{u_k\}$，以及一个额外的零均值随机输入 $\{w_k\}$。假设 $\{w_k\}$ 是平稳（直至二阶）随机过程。即，$\{w_k\}$ 是对所有的 $i, k = 0, \pm 1, \pm 2, \cdots$ 满足

$$E\{w_k\} = 0, E\{w_0 w_i\} = E\{w_k w_{k+i}\} < \infty$$

的随机变量序列。（在这一节所有对平稳过程的引用均指上述极限意义。）由线性性质，y_k 是两个序列之和，其中 $\{y_k^1\}$ 源自 $\{u_k\}$ 的存在，$\{y_k^2\}$ 源自 $\{w_k\}$ 的存在：

$$y_k = y_k^1 + y_k^2 \tag{F.1}$$

假设 y_k^1 和 y_k^2 分别由某个滤波器 $B_1(s)/A_1(s)$ 和 $B_2(s)/A_2(s)$ 生成：

$$A_1(s) y_k^1 = B_1(s) u_k \tag{F.2a}$$

$$A_2(s) y_k^2 = B_2(s) w_k \tag{F.2b}$$

通过分别用 $A_2(s)$ 和 $A_1(s)$ 在 (F.2a) 式和 (F.2b) 式上操作，相加，并使用 (F.1) 式，我们获得

$$\bar{A}(s) y_k = \bar{B}(s) u_k + v_k \tag{F.3}$$

其中 $\bar{A}(s) = A_1(s) A_2(s)$，$\bar{B}(s) = A_2(s) B_1(s)$ 以及如下给定的 $\{v_k\}$，

$$v_k = A_1(s) B_2(s) w_k \tag{F.4}$$

是零均值、通常相关的平稳随机过程。

我们感兴趣的是在 y_k 已经出现且被观测到，并且施加控制输入 u_k，以至于在 (F.2a) 式中我们有 $B_1(0) = 0$ 的情形。那么，我们可以假设多项式 $\bar{A}(s)$ 和 $\bar{B}(s)$ 具有如下形式

$$\bar{A}(s) = 1 + \bar{a}_1 s + \cdots + \bar{a}_{m_0} s^{m_0}, \bar{B}(s) = \bar{b}_1 s + \cdots + \bar{b}_{m_0} s^{m_0}$$

其中 $\bar{a}_i$ 和 $\bar{b}_i$ 为标量，m_0 为某个正整数。

总结，我们已经构造了如下形式的模型

$$\bar{A}(s) y_k = \bar{B}(s) u_k + v_k$$

其中 $\bar{A}(s)$ 和 $\bar{B}(s)$ 是之前形式的多项式，$\{v_k\}$ 是某个零均值、关联平稳随机过程。我们现在需要进一步建模序列 $\{v_k\}$。

F.2 具有有理数谱的过程

给定零均值平稳标量过程 $\{v_k\}$，用 $V(k)$ 表示自相关函数

$$V(k) = E\{v_i v_{i+k}\}, k = 0, \pm 1, \pm 2, \cdots$$

我们说 $\{v_k\}$ 具有有理数谱，如果由

$$S_v(\lambda) = \sum_{k=-\infty}^{\infty} V(k) e^{-jk\lambda}$$

定义的 $\{V(k)\}$ 的变换对 $\lambda \in [-\pi, \pi]$ 均存在，且可以表达为

$$S_v(\lambda) = \sigma^2 \frac{|C(e^{i\lambda})|^2}{|D(e^{j\lambda})|^2}, \lambda \in [-\pi, \pi] \tag{F.5}$$

其中 σ 是标量，$C(z)$ 和 $D(z)$ 是具有实系数的某个多项式

$$C(z) = 1 + c_1 z + \cdots + c_m z^m \tag{F.6a}$$

$$D(z) = 1 + d_1 z + \cdots + d_m z^m \tag{F.6b}$$

而且 $D(z)$ 在单位圆 $\{z||z| = 1\}$ 上没有根。

下面的事实有趣：

(a) 若 $\{v_k\}$ 是不相关过程，满足 $V(0) = \sigma^2, V(k) = 0$ 对 $k \neq 0$ 成立，那么

$$S_v(\lambda) = \sigma^2, \lambda \in [-\pi, \pi]$$

且显然 $\{v_k\}$ 具有有理数谱。

(b) 若 $\{v_k\}$ 具有由 (F.5) 式给出的有理数谱 S_v，那么 S_v 可以写成

$$S_v(\lambda) = \tilde{\sigma}^2 \frac{|\tilde{C}(e^{j\lambda})|^2}{|\tilde{D}(e^{j\lambda})|^2}, \lambda \in [-\pi, pi]$$

其中 $\tilde{\sigma}$ 是标量，且 $\tilde{C}(z), \tilde{D}(z)$ 是如下形式的唯一实数多项式

$$\tilde{C}(z) = 1 + \tilde{c}_1 z + \cdots + \tilde{c}_m z^m$$

$$\tilde{D}(z) = 1 + \tilde{d}_1 z + \cdots + \tilde{d}_m z^m$$

满足：

(1) $\tilde{C}(z)$ 的所有根均在单位圆上或者之外，且如果 $C(z)$ 在单位圆上没有根，那么这对于 $\tilde{C}(z)$ 也成立。

(2) $\tilde{D}(z)$ 所有的根均严格位于单位圆之外。

这些事实可以通过如下方式看出，注意到如果 $\rho \neq 0$ 是 $D(z)$ 的一个根，那么 $|D(e^{j\lambda})|^2 = D(e^{j\lambda}) D(e^{-j\lambda})$ 包含一个因子

$$(1 - \rho^{-1} e^{j\lambda})(1 - \rho^{-1} e^{-j\lambda}) = \rho^{-2}(\rho - e^{j\lambda})(\rho - e^{-j\lambda})$$

稍微反思一下可以看出 $\tilde{D}(z)$ 的根应该是 ρ 或者 ρ^{-1}，取决于 ρ 位于单位圆之外还是之内。类似地，$\tilde{C}(z)$ 的根可以从 $C(z)$ 的根获得。所以 $\tilde{C}(z)$ 和 $\tilde{D}(z)$ 的多项式以及 $\tilde{\sigma}^2$ 可以被唯一确定。我们于是可以不失一般性假设 (F.5) 式中的 $C(z)$ 和 $D(z)$ 没有位于单位圆内部的根。

这里有一个基础的结论关联到具有有理数谱的过程的实现。证明是困难的；例如见 Ash 和 Gardner[AsG75 第 75-76 页]。

命题 F.1　如果 $\{v_k\}$ 是零均值平稳随机过程具有有理数谱

$$S_v(\lambda)=\sigma^2\frac{|C(e^{j\lambda})|^2}{|D(e^{j\lambda})|^2},\lambda\in[-\pi,\pi]$$

其中多项式 $C(s)$ 和 $D(s)$ 给定如下

$$C(s)=1+c_1s+\cdots+c_ms^m,D(s)=1+d_1s+\cdots+d_ms^m$$

并假设（不失一般性）没有位于单位圆内部的根，那么存在零均值无关平稳过程 $\{\epsilon_k\}$，满足 $E\{\epsilon_k^2\}=\sigma^2$ 对所有的 k 有

$$v_k+d_1v_{k-1}+\cdots+d_mv_{k-m}=\epsilon_k+c_1\epsilon_{k-1}+\cdots+c_m\epsilon_{k-m}$$

F.3　ARMAX 模型

现在让我们回到具有随机输入的线性系统的表达问题。我们已经回到了如下模型

$$\bar{A}(s)y_k=\bar{B}(s)u_k+v_k \tag{F.7}$$

如果零均值平稳过程 $\{v_k\}$ 具有有理数谱，前面的分析和命题证明了存在零均值无关平稳过程 $\{\epsilon_k\}$ 满足

$$D(s)v_k=C(s)\epsilon_k$$

其中 $C(s)$ 和 $D(s)$ 是多项式，且 $C(s)$ 在单位圆内无根。对 (F.7) 式两侧的 $D(s)$ 进行操作并使用关系式 $D(s)v_k=C(s)\epsilon_k$，我们获得

$$A(s)y_k=B(s)u_k+C(s)\epsilon_k \tag{F.8}$$

其中 $A(s)=D(s)\bar{A}(s)$ 和 $B(s)=D(s)\bar{B}(s)$。因为 $\bar{A}(0)=1,\bar{B}(0)=0$，我们可以将 (F.8) 式写成

$$y_k+\sum_{i=1}^{m}a_iy_{k-i}=\sum_{i=1}^{m}b_iu_{k-i}+\epsilon_k+\sum_{i=1}^{m}c_i\epsilon_{k-i}$$

对某个整数 m 和标量 $a_i,b_i,c_i,i=1,\cdots,m$。这是我们已经在 5.3 节中使用过的 ARMAX 模型。

附录 G　不确定性下的决策问题建模

在这一附录我们讨论对不确定性下决策问题建模的多种方法。在对极小化极大方法的简要讨论之后，我们集中关注期望效用方法，证明即使决策者对与不同决策的结果相关联的“多变性”或者“风险”敏感，依然可以从理论上验证这个方法。

G.1　不确定性下的决策问题

一个决策问题的最简单且抽象的形式由三个非空集合 $\mathcal{D},\mathcal{N}$ 和 $\mathcal{O}$ 构成，函数 $f:\mathcal{D}\times\mathcal{N}\mapsto\mathcal{O}$，及 $\mathcal{O}$ 上的完备的且可传递的关系 $\preceq$。这里

$\mathcal{D}$ 是可能决策的集合；

$\mathcal{N}$ 索引了问题的不确定性且可被称为“自然状态”的集合；

$\mathcal{O}$ 是决策问题的结果集合；

f 是函数，决定了给定的决策和自然状态将得出什么结果，即，如果决定 $d\in\mathcal{D}$ 被选中且自然状态 $n\in\mathcal{N}$ 盛行，那么结果 $f(d,n)\in\mathcal{O}$ 出现；

$\preceq$ 是一个关系，确定了我们在结果之间的偏好。[①]

所以，对于 $O_1,O_2\in\mathcal{O}$，由 $O_1\preceq O_2$ 我们指结果 O_2 至少与结果 O_1 一样优先。关于关系的完备性，我们指 $\mathcal{O}$ 的任意两个元素相关，即，给定任意的 $O_1,O_2\in\mathcal{O}$，存在三种可能性：或者 $O_1\preceq O_2$ 但是没有 $O_2\preceq O_1$，或者 $O_2\preceq O_1$ 但是没有 $O_1\preceq O_2$，或者同时有 $O_1\preceq O_2$ 和 $O_2\preceq O_1$。关于可传递性我们指 $O_1\preceq O_2$ 和 $O_2\preceq O_3$ 意味着 $O_1\preceq O_3$ 对任意三个元素 $O_1,O_2,O_3\in\mathcal{O}$。

例 G.1

考虑一个人可能抛硬币下 \$1 的赌注或者不参加赌博。如果他赌了并且猜对了，将赢得 \$1，如果他没有猜对，他输掉 \$1。这里 $\mathcal{D}$ 由三个元素构成

$$\mathcal{D}=\{\text{赌正面，赌背面，不赌}\}$$

$\mathcal{N}$ 由两个元素构成

$$\mathcal{N}=\{\text{正面，背面}\}$$

$\mathcal{O}$ 由三个元素构成，玩家的三种可能的结果是

$$\mathcal{O}=\{\$0,\$1,\$2\}$$

在 $\mathcal{O}$ 上的偏好关系式是自然的，即，$0\preceq 1, 0\preceq 2, 1\preceq 2$，且函数 f 的值给定如下

$$f(H,H)=\$2,\quad f(T,H)=\$0,\quad f(\text{不赌},H)=\$1$$

$$f(H,T)=\$0,\quad f(T,T)=\$2,\quad f(\text{不赌},T)=\$1$$

① 本附录中的符号 $\preceq$ 将被（某种意义上松弛地）用于标记结果集合或者决策集合内的偏好关系。其确切含义应该在上下文中是清楚的，希望使用相同的符号表示不同的偏好关系不会产生混淆。

现在在任意给定的情形下我们对结果之间的相对排序通常是清楚的。另一方面，为了让决策问题是建模完整的，我们需要决策之间的排序与我们对结果的排序在良好定义的意义下是一致的。进一步，为了方便数学或者计算上的分析，这一排序应该由将决策集合 $\mathcal{D}$ 映射到实数集合 $\Re$ 上的数值函数 F 确定且满足

$$d_1 \preceq d_2\text{，当且仅当}\,F(d_1) \leqslant F(d_2)\text{，对所有的}\,d_1, d_2 \in \mathcal{D} \tag{G.1}$$

其中符号 $d_1 \preceq d_2$ 意味着决策 d_2 至少与决策 d_1 一样可取。

一般并不清楚应该如何确定并描述决策之间的排序。例如，在上面的赌博例子中，不同的人将对接受或者拒绝赌博有不同的倾向。事实上，从对结果排序到对决策排序的方法是决策论的核心问题。存在多种方法和观点，我们现在开始讨论其中的一些。

回报函数、支配与非劣决策

考虑如下情形，其中可以为 $\mathcal{O}$ 的每个元素分配一个实数，此后 $\mathcal{O}$ 的元素之间的顺序与对应的数字之间的通常顺序一致。特别地，假设存在一个实值函数 $G : \mathcal{O} \mapsto \Re$ 且满足如下性质

$$G(O_1) \leqslant G(O_2)\text{，当且仅当}\,O_1 \preceq O_2\text{，对所有的}\,O_1, O_2 \in \mathcal{O} \tag{G.2}$$

这样的 G 并不总是存在（参见习题 G.2）。然而，其存在性可以在相当一般的假设下被保证。特别地，可以证明如果 $\mathcal{O}$ 是可数集合那么 G 存在。而且如果 G 存在，远不唯一，因为如果 Φ 是任意单调增函数 $\Phi : \Re \mapsto \Re$，复合函数 $\Phi \cdot G$[标记为 $(\Phi \cdot G)(O) = \Phi(G(O))$] 与 G 有相同的性质 (G.2)。例如，在之前给出的例子中，函数 $G : \{0, 1, 2\} \mapsto \Re$ 满足 (G.2) 式，当且仅当 $G(0) < G(1) < G(2)$，有无穷多这样的函数。

对满足 (G.2) 式的 G 的任意选择，我们通过

$$J(d, n) = G(f(d, n))$$

定义函数 $J : \mathcal{D} \times \mathcal{N} \mapsto \Re$ 并称其为回报函数。

给定回报函数 J，在特殊的确定情形下（自然状态集合 $\mathcal{N}$ 仅包括一个元素 $\bar{n}$ 的情形）通过数值函数获得决策的完整排序是可能的。通过定义

$$F(d) = J(d, \bar{n})$$

我们有

$$d_1 \preceq d_2\,\text{当且仅当}\,F(d_1) \leqslant F(d_2)\,\text{当且仅当}\,f(d_1, \bar{n}) \preceq f(d_2, \bar{n})$$

数值函数 F 定义了决策完整排序。

在有不确定性的情形下，即，当 $\mathcal{N}$ 包括不止一个元素，$\mathcal{O}$ 的排序仅在 $\mathcal{D}$ 上产生偏序，这一关系的含义如下

$$\begin{aligned} d_1 \preceq d_2 \quad & \text{当且仅当}\,F(d_1) \leqslant F(d_2)\text{，对所有的}\,n \in \mathcal{N} \\ & \text{当且仅当}\,f(d_1, n) \preceq f(d_2, n)\text{，对所有的}\,n \in \mathcal{N} \end{aligned} \tag{G.3}$$

在这一偏序中，并非 $\mathcal{D}$ 中的每两个元素都有关联，即，对某个 $d, d' \in \mathcal{D}$ 我们可能既没有 $d \preceq d'$ 也没有 $d' \preceq d$。然而，如果对两个决策 $d_1, d_2 \in \mathcal{D}$ 且我们在 (G.3) 式的意义下有 $d_1 \preceq d_2$，那么我们可以推断出 d_2 至少与 $f(d_1, n)$ 一样可取，不论将出现的自然状态 n 是什么。

决策 $d^* \in \mathcal{D}$ 称为受支配的决策，如果

$$d \preceq d^*, \text{ 对所有的} d \in \mathcal{D}$$

其中 $\preceq$ 在由 (G.3) 式定义的偏序的意义下理解。自然地，这样的决策未必存在，但是如果确实存在，那么可以被视为最优的。不幸的是，在对分析者感兴趣的大部分问题中不存在支配决策。例如，正如读者可以轻易验证的那样，在例 G.1 的赌博问题中便是如此。事实上，对这个例子没有两个决策在 (G.3) 式的意义下彼此关联。

在没有支配决策的时候，可以考虑由所有非劣决策构成的集合 $\mathcal{D}_m \subset \mathcal{D}$，其中 $d_m \in \mathcal{D}_m$，如果对每个 $d \in \mathcal{D}$ 关系式 $d_m \preceq d$ 意味着在由 (G.3) 式定义的偏序意义下有 $d \preceq d_m$。关于回报函数 J，非劣决策可以被表述为

$$\begin{aligned} d_m \in \mathcal{D}_m \quad & \text{当且仅当不存在} d \in \mathcal{D} \text{满足} \\ & J(d_m, n) \leqslant J(d, n) \text{对所有的} n \in \mathcal{N} \text{且} \\ & J(d_m, n) < J(d, n) \text{对某个} n \in \mathcal{N} \end{aligned}$$

显然只考虑在 $\mathcal{D}_m$ 中的决策作为最优解的候选解是合理的，因为任何不在 $\mathcal{D}_m$ 中的决策均被属于 $\mathcal{D}_m$ 的某个决策支配。进一步，可以证明当集合 $\mathcal{D}$ 是有限集合时，集合 $\mathcal{D}_m$ 非空，所以至少对这个情形存在至少一个非劣决策。然而，在实际中非劣决策构成的集合 $\mathcal{D}_m$ 经常要么难于确定或者包括太多元素。例如，在之前给出的赌博例子中，读者可以验证每个决策都是非劣的。

当 (G.3) 式的偏序不能给出满意的决策之间的排序时，我们必须转向建模这一决策问题的其他方法。我们将要检查的方法假设关于决策的通用结果的记法，并在这些通用结果集合上引入与原先在结果集合 $\mathcal{O}$ 上的排序一致的完备序。在通用结果集合上的完备序反过来又引出了在决策集合上的完备序。

极小化极大方法

在极小化极大方法（或者极大化极小方法）中我们的观点是决策 d 的通用结果是从 d 获得的所有可能的结果：

$$f(d, \mathcal{N}) = \{O \in \mathcal{O} | \text{存在} n \in \mathcal{N} \text{满足} f(d, n) = O\}$$

此外，我们采用悲观的态度对集合 $f(d, \mathcal{N})$ 基于其最差可能的元素排序。特别地，我们用下面的关系式

$$\mathcal{O}_1 \preceq \mathcal{O}_2 \text{当且仅当} \inf_{O \in \mathcal{O}_1} G(O) \leqslant \inf_{O \in \mathcal{O}_2} G(O), \text{ 对所有的} \mathcal{O}_1, \mathcal{O}_2 \subset \mathcal{O} \tag{G.4}$$

引入 $\mathcal{O}$ 的所有子集上的完备序，其中 $\mathcal{O}_1, \mathcal{O}_2$ 是任意 $\mathcal{O}$ 的子集对，且 G 是与 $\mathcal{O}$ 上的序对应于 (G.2) 式一致的数值函数。从 (G.4) 式，我们用如下方式拥有决策集合 $\mathcal{D}$ 上的完备序

$$\begin{aligned} d_1 \preceq d_2 \quad & \text{当且仅当} f(d_1, \mathcal{N}) \preceq f(d_2, \mathcal{N}) \\ & \text{当且仅当} \inf_{n \in \mathcal{N}} G\left(f(d_1, n)\right) \leqslant \inf_{n \in \mathcal{N}} J(d_2, n) \end{aligned}$$

或者用回报函数 J 来表示，

$$d_1 \preceq d_2, \text{ 当且仅当} \inf_{n \in \mathcal{N}} J(d_1, n) \leqslant \inf_{n \in \mathcal{N}} J(d_2, n)$$

所以通过使用极小化极大方法，决策问题被具体地建模出来，其约简为在 $\mathcal{D}$ 上最大化数值函数

$$F(d) = \inf_{n \in \mathcal{N}} J(d, n)$$

进一步，可以容易地证明若 J 被替换为 $\Phi \cdot J$，其中 $\Phi : \Re \mapsto \Re$ 是任意的单调增函数，那么 $\mathcal{D}$ 的最大化上述 $F(d)$ 的元素将不会改变。无论如何，极小化极大方法本质上是悲观的，将经常产生过分保守的决策。典型地，在赌博例 G.1 中，相对于极小化极大方法的最优决策是拒绝赌博。

下面我们讨论建模决策问题的另一种方法。这一方法是通过概率量化不同自然状态的可能性。

G.2　期望效用理论和风险

在许多不确定性之下的决策问题中我们有关于自然状态出现机制的额外信息。特别地，我们经常知道这些状态按照给定的概率机制出现，这可能取决于所采用的决策 d。具体来说，为了方便假设自然状态集合 $\mathcal{N}$ 或者是有限集合或者是可数集合[①]且对每个决策 $d \in \mathcal{D}$ 我们知道自然状态按照定义在 $\mathcal{N}$ 上的给定概率 $P(\cdot|d)$ 出现。现在每个决策 $d \in \mathcal{D}$ 通过函数 $f(d, \cdot)$ 和如下关系

$$P_d(O) = P\left(\{n|f(d,n) = O\}\,|d\right), \text{ 对所有的 } O \in \mathcal{O}$$

指定每个结果出现的概率。在这一关系中，$P_d(O)$ 表示当接受决策 d 时结果 O 出现的概率。指定了每个结果的概率。可以将与每个 $d \in \mathcal{D}$ 关联的概率 P_d 视作对应于 d 的“概率结果”（或者沿用前一节的术语“通用结果”），因为 P_d 指定了一旦 d 被选定之后结果出现的概率机制。我们也将在结果集合上的概率机制称为“抽奖”[②]。在赌博的例子 G.1 中，决策“赌正面”在结果集合 $\mathcal{O} = \{\$0, \$1, \$2\}$ 上面的概率（或者中彩概率）为 $(1/2, 0, 1/2)$，以此为推广结果。决策“赌背面”具有相同的推广结果，而决策“不赌”的通用结果对应的概率是 $(0, 1, 0)$。

期望效用方法的基本思想如下。我们已经拥有结果（即 $\mathcal{O}$ 的元素）的完整排序，如果我们在结果集合上已经有所有中彩概率的完整排序（大概与原先在 $\mathcal{O}$ 上的排序一致，即如果结果 O_1 优于结果 O_2，那么为 O_1 分配概率 1 的中彩概率优于为结果 O_2 分配概率 1 的中彩概率），那么我们可以反过来获得 $\mathcal{D}$ 中所有决策的完整排序。这是真的仅仅因为我们可以按照其对应的中彩概率 P_{d_1}, P_{d_2} 对任意两个决策 $d_1, d_2 \in \mathcal{D}$ 排序，即，在如下关系的意义下

$$d_1 \preceq d_2\text{，当且仅当 } P_{d_1} \preceq P_{d_2}$$

期望效用方法的基本前提是一开始假设决策者对结果集合上的所有中彩概率拥有完整的排序，即，决策者可以表达他对任意两个结果集合上的概率分布的偏好。鉴于前面的关系，这反过来解决了对决策排序的问题。进一步，如果存在数值函数 G 据此可以表示对中彩概率的偏好，

$$P_{d_1} \preceq P_{d_2}\text{，当且仅当 } G(P_{d_1}) \leqslant G(P_{d_2})$$

那么决策可以通过数值函数 F 排序，

$$d_1 \preceq d_2\text{，当且仅当 } F(d_1) \leqslant F(d_2)$$

其中 $F(d) = G(P_d)$ 对所有的 $d \in \mathcal{D}$。

尽管从解析上很有吸引力，这一建模的主要优点是决策之间的顺序可以不仅由上述函数 G 排序，而且可以用本质上唯一的被称为效用函数的数值函数排序。这一函数，记为 U，将结果空

① 如果 $\mathcal{N}$ 不可数，必须按照附录 C 中那样引入 $\mathcal{N}$ 和 $\mathcal{O}$ 上的概率空间结构。进一步，函数 $f(d, \cdots)$ 必须满足特定的（可测性）假设。

② “抽奖”这一术语关联着一种概念上简单的机制，将结果视作奖金，并且将赢得奖金的固定的概率机制视作抽奖。

间映射到实数集合上并且满足

$$\begin{aligned} d_1 \preceq d_2 \ & \text{当且仅当} P_{d_1} \preceq P_{d_2} \\ & \text{当且仅当} E\left\{U\left(f(d_1,n)\right)|d_1\right\} \leqslant E\left\{U\left(f(d_2,n)\right)|d_2\right\} \end{aligned} \tag{G.5}$$

其中期望按照对应的 $\mathcal{N}$ 上的概率 $P(\cdot|d)$ 取。选择最优决策的问题于是化简成在 $\mathcal{D}$ 上最大化数值函数 U 的期望值的问题。

为了基于本节的方法澄清问题模型并且展示引入效用函数带来的优势，让我们考虑一个例子。

例 G.2

考虑在两个投资机会 A 和 B 之间分配单位资本的问题。机会 A 对每元投资确定性产生 \$1.5，而机会 B 对每元投资以概率 1/2 产生 \$1，以概率 1/2 产生 \$3。问题是如何确定分别投资到机会 A 和 B 的资本的比例 d 和 $(1-d)$，其中 $0 \leqslant d \leqslant 1$。

关于 G.1 节的决策问题的框架，决策集合 $\mathcal{D}$ 由区间 $[0,1]$ 构成，即，投资到 A 上的部分 d 可以取值的集合。自然状态集合 $\mathcal{N}$ 由两个元素 n_1, n_2 构成，其中 n_1：B 对投资的每一元产生 \$1，n_2：B 对投资的每一元产生 \$3。结果集合 $\mathcal{O}$ 可以选为区间 $[1,3]$，这是从所有可能的决策和自然状态出发投资人最终可能的财富构成的集合。确定对应于任意决策 d 和自然状态 n 的函数 f 给定如下

$$f(d,n) = \begin{cases} 1.5d + (1-d) & \text{若} n = n_1 \\ 1.5d + 3(1-d) & \text{若} n = n_2 \end{cases}$$

在结果集合上的偏好关系是自然的，即，若 O_1 在树枝上大于等于 O_2 则最终财富 O_1 至少与 O_2 一样可取（即，$O_2 \preceq O_1$ 若 $O_2 \leqslant O_1$）。

注意因为 B 拥有更高的期望回报率，最大化期望收益的决策将只投资机会 B（$d^* = 0$）。另一方面基于极大化极小方法的最优决策时只投资机会 A（$d^* = 1$）因为在这一方法中最大化所基于的假设是自然状态可能出现的最不利情形。在数学上这可以通过注意到 $d^* = 1$ 在 [0,1] 上最大化如下给定的函数 $F(d)$，

$$F(d) = \min\{1.5d + (1-d), 1.5d + 3(1-d)\}$$

来验证。注意最大化期望利润的方法与极大化极小方法得出非常不同的决策。然而可以放心地假设许多决策者将采用的决策将与上述两个决策均不同，并在两种机会 A 和 B 上各投资一部分资本。

现在在期望效用方法中，基本假设是决策者拥有在结果集合的所有中彩概率上的完整排序。换言之，给定任意两个在最终财富区间 [0,3] 之上的概率分布，决策者可以在两者之间表达其偏向，即他可以指出所希望的其最终财富出现的概率分布。现在与决策 d 对应的最终财富集合上的概率分布是以 1/2 概率取 $(1.5d + (1-d))$、以 1/2 概率取 $(1.5d + 3(1-d))$。根据期望效用方法，决策 d 是最优的，如果其对应的概率分布至少与上面描述类别的概率分布一样可取。然而，不难看出对应的优化问题的数学模型是有许多困难的，因为难以展示或者推断可用于排序这些概率分布的数值函数的形式。另外，让我们假设满足 (G.5) 式的效用函数 U 存在（在温和的假设条件下其确实存在，正如稍后将指出的那样）。那么最优的决策是如下问题的解

$$\begin{aligned} & \text{maximize } E\left\{U\left(f(d,n)\right)\right\} \\ & \text{subject to } 0 \leqslant d \leqslant 1 \end{aligned}$$

代入问题数据，我们有

$$E\{U(f(d,n))\} = \frac{1}{2}\left(U(1.5d + (1-d)) + U(1.5d + 3(1-d))\right)$$

所以最大化问题可以轻易地建模出来。

作为一个例子，假设决策者的效用函数是如下的二次型

$$U(O) = \alpha O - O^2$$

其中 α 是某个标量。我们需要 $6 < \alpha$ 满足 $U(O)$ 在区间 [0,3] 上是增函数。为了让原先在结果集合上的偏好关系与在由效用函数指定的偏好关系一致，这是必需的。上述最大化问题的解获得最优决策 d^*，其中

$$d^* = \begin{cases} 0 & 若\ 8 \leqslant \alpha \\ (8-\alpha)/5 & 若\ 6 < \alpha < 8 \end{cases}$$

注意对于 $6 < \alpha < 8$，资本的一部分用于投资机会 A 尽管其提供的回报少于 B 的平均回报。

当然应当指出，面对同一个决策问题，不同决策者可能具有不同的效用函数，所以在数值求解问题之前，需要指定效用函数的形式。如果必要，可以通过试验的方法完成这一任务（参见习题 G.3）。然而，满足 (G.5) 式的效用函数的重要性主要源自如下事实，即在相对温和的假设下，其存在且可以作为分析决策问题的起点。原因是经常可以基于效用函数的不完整知识或其形式的相对一般性的假设获得关于最优决策的重要结论。

我们在下面提供对于结果集合 $\mathcal{O}$ 是有限集合的情形下效用函数的存在性定理。对于更一般的情形，见 Fishburn 的书 [Fis70]。

考虑结果集合 $\mathcal{O}$ 并假设这是一个有限集合，$\mathcal{O} = \{O_1, O_2, \cdots, O_N\}$。令 $\mathcal{P}$ 为 $\mathcal{O}$ 上所有概率律 $P = (p_1, p_2, \cdots, p_N)$ 构成的集合，其中 p_i 是结果 O_i 的概率，$i = 1, \cdots, N$。对于任意的 $P_1, P_2 \in \mathcal{P}, P_1 = (p_1^1, \cdots, p_N^1), P_2 = (p_1^2, \cdots, p_N^2)$，以及任意的 $\alpha \in [0,1]$，我们使用符号

$$\alpha P_1 + (1-\alpha)P_2 = \left(\alpha p_1^1 + (1-\alpha)p_1^2, \cdots, \alpha p_N^1 + (1-\alpha)p_N^2\right)$$

让我们作出如下的假设：

假设 A.1 $\mathcal{P}$ 上存在完备且可传递的关系 $\preceq$。（对于任意的 $P_1, P_2 \in \mathcal{P}$，若有 $P_1 \preceq P_2$ 和 $P_2 \preceq P_1$，我们记作 $P_1 \ P_2$；若有 $P_1 \preceq P_2$ 但是没有 $P_2 \preceq P_1$，我们记作 $P_1 \prec P_2$。）

假设 A.2 如果 $P_1 \ P_2$，那么对所有的 $\alpha \in [0,1]$ 和所有的 $P \in \mathcal{P}$，有

$$\alpha P_1 + (1-\alpha)P \ \alpha P_2 + (1-\alpha)P$$

假设 A.3 如果 $P_1 \prec P_2$，那么对所有的 $\alpha \in (0,1]$ 和所有的 $P \in \mathcal{P}$，有

$$\alpha P_1 + (1-\alpha)P \prec \alpha P_2 + (1-\alpha)P$$

假设 A.4 如果 $P_1 \prec P_2 \prec P_3$，存在 $\alpha \in (0,1)$ 满足

$$\alpha P_1 + (1-\alpha)P_3 \ P_2$$

在证明期望效用定理之前，让我们简要讨论上面的假设。为了便于解释可以将每个结果 $O_1, O_2, \cdots, O_N$ 视作货币奖金。考虑在结果集合上的任意概率律 $(p_1, p_2, \cdots, p_N)$。设想在被分成 N 个区域的圆心旋转的一个指针，假设该指针停止时以等概率指向任意方向。与每个奖金 $O_i, i = 1, \cdots, N$ 关联的区域占据圆周的比例为 p_i。于是我们为 P 关联一个赌博（或者彩票），其

中我们旋转指针并隐去指针停下时所在区域对应的奖金。现在给定任意两个概率律 P_1 和 P_2 和标量 $\alpha \in [0,1]$，我们可以为概率律

$$\alpha P_1 + (1-\alpha)P_2$$

关联如下的赌局。圆周被分成 1 和 2 两个区域，分别占据 α 和 $1-\alpha$ 的比例，位于圆心的指针可被旋转。取决于指针停在区域 1 或者 2，接着玩对应于 P_1 和 P_2 的赌局并赢得对应的奖金。

假设 A.1 需要我们能够在类似上面的对应于任意两个概率律 P_1 和 P_2 的赌局之间阐述我们的偏好。进一步，我们的偏好关系必须是可传递的，即，如果 $P_1 \preceq P_2$ 且 $P_2 \preceq P_3$，那么 $P_1 \preceq P_3$。这是基本的假设，其构成了期望效用方法的核心。假设 A.2 和假设 A.3 具有明显的解释，且两个都看似合理。假设 A.4 是连续性假设，即如果 $P_1 \prec P_2 \prec P_3$，那么在 P_2 所关联的赌局和结果以对应的概率 α 和 $(1-\alpha)$ 选择玩与 P_1 或者 P_3 对应的赌局这样的赌局之间没有差别。这一假设与最坏情形的视角不一致，在后者中根据以正概率出现的结果中最坏者排序中彩概率，这也是颇具争议的一个主题。例如，考虑极端情形，其中存在三种结果 $O_1 =$ 死亡、$O_2 =$ 毫无收获、$O_1 =$ 收获 \$1。那么看起来任意为 O_1（死亡）分配正概率的概率律不可能优于或者等于为 O_1 分配零概率的概率律。然而假设 A.4 需要对某个满足 $0<\alpha<1$ 的 α，我们在当前状态和以概率 $(1-\alpha)$ 收到 \$1 且以概率 α 死亡的赌局之间无差别。另一方面，可能认为如果死亡的概率 α 非常接近零，那么这可能正是这种情形。

下面的定理是期望效用理论的中心结论。它表明在所有满足假设 A.1～假设 A.4 的中彩概率的集合上的偏好关系，可以通过本质上唯一的函数，效用函数，从数值上表述出来。注意这一结论关注的是结果集合上中彩概率上的任意偏好关系，于是与可能考虑的任意决策问题完全分离开。

命题 G.1 在假设 A.1～假设 A.4 下，存在实值函数 $U:\mathcal{O} \mapsto \Re$，称为效用函数，满足对所有的 $P_1, P_2 \in \mathcal{P}$ 有

$$P_1 \preceq P_2，当且仅当 E_{P_1}\{U(O)\} \leqslant E_{P_2}\{U(O)\}$$

其中我们用 $E_P\{\cdot\}$ 标记相对于概率律 P 的期望值。进一步 U 相对于正线性变换是唯一的，即，U^* 是具有上述性质的另一个函数，存在正标量 s_1 和标量 s_2，满足

$$U^*(O) = s_1 U(O) + s_2, 对所有的 O \in \mathcal{O} \tag{G.6}$$

证明 首先证明下面的命题:

S 如果 $P_1 \prec P_2$ 且 P_2 满足 $P_1 \preceq P_2 \preceq P_3$，那么存在一个唯一的标量 $\alpha \in [0,1]$ 满足

$$\alpha P_1 + (1-\alpha)P_3 \sim P_2 \tag{G.7}$$

进一步，如果 P_2' 满足 $P_1 \preceq P_2 \preceq P_2' \preceq P_3$ 且 α' 对应于 P_2'，正如在 (G.7) 式中，那么 $\alpha \geqslant \alpha'$。

事实上如果 $P_1 \sim P_2 \prec P_3$，那么 $\alpha = 1$ 是满足 (G.7) 式的唯一标量，因为如果对某个 $\alpha \in [0,1)$ 我们曾有

$$\alpha P_1 + (1-\alpha)P_3 \sim P_2 \sim \alpha P_1 + (1-\alpha)P_2$$

那么假设 A.3 将被违反。类似地，如果 $P_1 \prec P_2 \sim P_3$，那么 $\alpha = 0$ 是满足 (G.7) 式的唯一标量。现在假设 $P_1 \prec P_2 \prec P_3$。那么由假设 A.4，存在满足 (G.7) 式的 $\alpha_1 \in (0,1)$。假设 α_1 不唯一且存在另一个标量 $\alpha_2 \in (0,1)$ 满足 (G.7) 式，即

$$\alpha_1 P_1 + (1-\alpha_1)P_3 \sim P_2 \sim \alpha_2 P_1 + (1-\alpha_2)P_3 \tag{G.8}$$

假设 $0<\alpha_1<\alpha_2<1$，那么我们有

$$P_3=\frac{\alpha_2-\alpha_1}{1-\alpha_1}P_3+\frac{1-\alpha_2}{1-\alpha_1}P_1 \tag{G.9}$$

$$\alpha_2P_1+(1-\alpha_2)P_3=\alpha_1P_1+(1-\alpha)\left\{\frac{\alpha_2-\alpha_1}{1-\alpha_1}P_1+\frac{1-\alpha_2}{1-\alpha_1}P_3\right\} \tag{G.10}$$

因为 $P_1\prec P_3$，我们由假设 A.3 和 (G.9) 式有

$$\frac{\alpha_2-\alpha_1}{1-\alpha_1}P_1+\frac{1-\alpha_2}{1-\alpha_1}P_3\prec\frac{\alpha_2-\alpha_1}{1-\alpha_1}P_1+\frac{1-\alpha_2}{1-\alpha_1}P_3=P_3$$

再一次，使用假设 A.3 和 (G.10) 式，我们有

$$\alpha_2P_1+(1-\alpha_2)P_3\prec\alpha_1P_1+(1-\alpha_1)P_3$$

然而，这与 (G.8) 式矛盾，于是 (G.7) 式中标量 α 的唯一性得证。

为了证明 $P_1\preceq P_2\preceq P_2'\preceq P_3$ 意味着 $\alpha\geqslant\alpha'$，假设反命题成立，即，$\alpha<\alpha'$。于是有，使用假设 A.3，

$$\begin{aligned}P_2'\sim\alpha'P_1+(1-\alpha')P_3&=(1-\alpha+\alpha')\left\{\frac{\alpha}{1-\alpha+\alpha'}P_1+\frac{1-\alpha'}{1-\alpha+\alpha'}P_3\right\}+(\alpha'-\alpha)P_1\\&\prec(1-\alpha+\alpha')\left\{\frac{\alpha}{1-\alpha+\alpha'}P_1+\frac{1-\alpha'}{1-\alpha+\alpha'}\right\}+(\alpha'-\alpha)P_1\\&=\alpha P_1+(1-\alpha)P_3\\&\sim P_2\end{aligned}$$

于是有 $P_2'\prec P_2$，这与假设 $P_2\preceq P_2'$ 矛盾。于是有 $\alpha\geqslant\alpha'$，命题 S 得证。

现在考虑概率律

$$\bar{P}_1=(1,0,\cdots,0),\bar{P}_2=(0,1,\cdots,0),\cdots,\bar{P}_N=(0,0,\cdots,1)$$

不失一般性假设 $\bar{P}_1\preceq\bar{P}_2\preceq\cdots\preceq\bar{P}_N$ 并且进一步假设 $\bar{P}_1\prec\bar{P}_N$（若 $\bar{P}_1\sim\bar{P}_2,\sim\cdots\sim\bar{P}_N$，命题的证明是简单的）。令 A_1,A_N 为满足 $A_1<A_N$ 的任意标量并且定义

$$U(O_1)=A_1,U(O_N)=A_N$$

令 $\alpha_i,i=1,\cdots,n$，唯一标量 $\alpha_i\in[0,1]$ 满足

$$\alpha_i\bar{P}_1+(1-\alpha_i)\bar{P}_N\sim\bar{P}_i,i=1,\cdots,N \tag{G.11}$$

并且定义

$$U(O_i)=A_i=\alpha_iA_1+(1-\alpha_i)A_N,i=1,\cdots,N \tag{G.12}$$

我们应当证明上面定义的函数 $U:\mathcal{O}\mapsto\Re$ 具有所期待的性质 (G.6)。确实，对任意的概率律 $P=(p_1,\cdots,p_N)$，容易看出 $\bar{P}_1\prec P\prec\bar{P}_N$，于是可以定义 $\alpha(P)$ 为在 [0,1] 中的唯一满足如下条件的标量

$$\alpha(P)\bar{P}_1+(1-\alpha(P))\,\bar{P}_N\sim P \tag{G.13}$$

从命题 S 我们对所有的 P,P' 获得

$$P\preceq P'\text{，当且仅当}\,\alpha(P)\geqslant\alpha(P') \tag{G.14}$$

现在从 (G.11) 式我们有

$$
\begin{aligned}
P &= \sum_{i=1}^{N} p_i \bar{P}_i \\
&\sim \sum_{i=1}^{N} p_i \left(\alpha_i \bar{P}_i + (1-\alpha_i)\bar{P}_N\right) \\
&\sim \sum_{i=1}^{N} p_i \alpha_i \bar{P}_1 + \left(1 - \sum_{i=1}^{N} p_i \alpha_i\right) \bar{P}_N
\end{aligned} \tag{G.15}
$$

比较 (G.13) 式和 (G.15) 式，我们获得

$$
\alpha(P) = \sum_{i=1}^{N} p_i \alpha_i
$$

而且从 (G.14) 式有

$$
P_1 \preceq P_2，\text{当且仅当} \sum_{i=1}^{N} p_i^1 \alpha_i \geqslant \sum_{i=1}^{N} p_i^2 \alpha_i \tag{G.16}
$$

从 (G.12) 式我们有 $\alpha_i = (A_N - A_i)/(A_N - A_1)$，并代入 (G.16) 式，我们获得

$$
P_1 \preceq P_2，\text{当且仅当} \sum_{i=1}^{N} p_i^1 \alpha_i \geqslant \sum_{i=1}^{N} p_i^2 A_i
$$

这与所期待的关系式 (G.6) 式等价。

剩下的是证明由 (G.12) 式定义的函数 U 在可以加上正线性变换的意义下是唯一的。确实，如果 U^* 是另一个满足 (G.6) 式的效用函数，那么通过记有 $U^*(O_i) = A_i^*, i = 1, \cdots, N$，我们可以从 (G.11) 式和 (G.6) 式获得

$$
U^*(O_i) = \alpha_i U^*(O_1) + (1-\alpha_i) U^*(O_N)
$$

于是有

$$
\alpha_i = \frac{A_N - A_i}{A_N - A_1} = \frac{A_N^* - A_i^*}{A_N^* - A_1^*}
$$

从而有

$$
A_i^* = \frac{A_N^* - A_1^*}{A_N - A_1} A_i + A_N^* - \frac{A_N (A_N^* - A_1^*)}{A_N - A_1}
$$

这证明了该定理。证毕。

现在回到决策问题，一旦我们假设在由效用函数描述的中彩概率集合上存在偏好关系，我们可以按如下方式排序决策：给定在自然状态集合 $\mathcal{N}$ 上的概率律 $P(\cdot|d)$，每个决策 $d \in \mathcal{D}$ 导出在结果集合 $\mathcal{O}$ 上的概率律（或者中彩概率）。在期望效用定理的假设下，存在效用函数 $U : \mathcal{O} \mapsto \Re$ 满足对任意的 $d_1, d_2 \in \mathcal{D}$，

$$
P_{d_1} \preceq P_{d_2}，\text{当且仅当} E_{P_{d_1}}\{U(O)\} \leqslant E_{P_{d_2}}\{U(O)\}
$$

然而我们有

$$
E_{P_d}\{U(O)\} = E\{U(f(d,n))\,|d\}，\text{对所有的} d \in \mathcal{D}
$$

其中左侧的期望相对于 P_d 取，右侧的期望相对于在 $\mathcal{N}$ 上的概率律 $P(\cdot|d)$ 取。然后，

$$P_{d_1} \preceq P_{d_2}，\text{当且仅当} E\left\{U\left(f(d_1,n)\right)|d_1\right\} \leqslant E\left\{U\left(f(d_2,n)\right)|d_2\right\}$$

通过按照对应的 P_d 排序决策 $d \in \mathcal{D}$，即

$$\begin{aligned} d_1 \preceq d_2 \ & \text{当且仅当} P_{d_1} \preceq P_{d_2} \\ & \text{当且仅当} E\left\{U\left(f(d_1,n)\right)|d_1\right\} \leqslant E\left\{U\left(f(d_2,n)\right)|d_2\right\} \end{aligned}$$

我们获得由效用函数 U 导出的在集合 $\mathcal{D}$ 上的完备序。最优决策通过对数值函数 $F:\mathcal{D}\mapsto\Re$ 的最大化可以获得，其中

$$F(d) = E\left\{U\left(f(d,n)\right)|d\right\}$$

这个决策问题被建模的形式经得起数学分析。

风险的概念

考虑决策者拥有定义在实数区间 X 上的效用函数 U。我们说这个决策者是厌恶风险的，若

$$E_P\left\{U(x)\right\} \leqslant U\left(E_P\{x\}\right) \tag{G.17}$$

对每个 X 上的概率分布 P，在其上的上述期望值有限。换言之，决策者是厌恶风险的，若他总是偏好彩票的期望值而不是彩票本身。这样的行为描述了大多数决策者。可以证明厌恶风险等价于效用函数的凹性（凹函数与凸函数的定义与性质见附录 A）。另一方面，我们说决策者是偏好风险的，如果在 (G.17) 式中的不等式的反面成立，这是凸效用函数的情形。玩无偏轮盘赌且从赌博本身不能获得收益或者快乐的赌徒是偏好风险的决策者的典型例子。最后，具有线性效用函数的决策者被称为风险中性的。

风险的概念是重要的，因为它抓住了决策者态度的一个本质属性且经常描述了他的行为的重要方面。Pratt[Pra64] 已经提出了被广泛接受的风险的度量。他引入了函数

$$r(x) = -\frac{U''(x)}{U'(X)} \tag{G.18}$$

其中 U' 和 U'' 表示 U 的一阶和二阶导数，假设 $U'(x) \neq 0$ 对所有的 x 成立。这一函数，称为绝对风险厌恶的指标，（在 x 点）局部度量了决策者对风险的厌恶。其可以按如下方式解释。

令 x 为在实数集合上的赌局（即，一个随机变量）具有给定的分布和期望值 $\bar{x} = E\{x\}$。让我们用 y 表示决策者为了避免赌局 x、取而代之接受赌局的期望值 $\bar{x}$ 而愿意支付的保险费。换言之，y 满足

$$U\left(\bar{x}-y\right) = E\{U(x)\} \tag{G.19}$$

形象地，y 提供了对风险厌恶程度的自然度量。使用在 $\bar{x}$ 周围的泰勒级数展开，我们有

$$U(\bar{x}-y) = U(\bar{x}) - yU'(\bar{x}) + o(y) \tag{G.20}$$

其中我们用 $o(y)$ 表示与标量 α 相比大小可以忽略的量，只要 α 接近零，即，$\lim_{\alpha\to 0}\left(o(\alpha)/\alpha\right) = 0$。我们也有

$$\begin{aligned} E\{U(x)\} &= E\left\{U(\bar{x}) + (x-\bar{x})U'(\bar{x}) + \frac{1}{2}(x-\bar{x})^2U''(\bar{x}) + o\left((x-\bar{x})^2\right)\right\} \\ &= U(\bar{x}) + \frac{1}{2}\sigma^2U''(\bar{x}) + E\left\{o\left((x-\bar{x})^2\right)\right\} \end{aligned} \tag{G.21}$$

其中 σ^2 是 x 的方差。从 (G.19) 式～(G.21) 式，我们有

$$yU'(\bar{x}) = -\frac{1}{2}\sigma^2 U''(\bar{x}) + o(y) + E\left\{o\left((x-\bar{x})^2\right)\right\}$$

从这个方程和 (G.18) 式于是有决策者愿意支付的保险金额或者风险奖赏 y 与绝对风险厌恶指标 $r(\bar{x})$ 在赌局期望值 $\bar{x}$ 处的取值成正比（在一阶的范围内），于是论证了使用 r 作为局部风险厌恶程度度量的合理性。注意在投资例子 G.2 中，我们有 $r(y) = 2/(\alpha - 2y)$，所以随着 α 增加，$r(y)$ 倾向于减小。这一事实反应在最优投资上，其中伴随着 α 增大，资本中不断增加的比例被投入到有风险的资产上。

指标 $r(x)$ 经常在分析决策者行为时扮演重要的角色。通常认为对大部分决策者，$r(x)$ 是 x 的减函数或者至少是非增函数，即，伴随着决策者的财富增加他更愿意接受风险。另外，对于二次型效用函数 $U(x) = -\frac{1}{2}x^2 + bx + c$，指标 $r(x)$ 等于 $(b-x)^{-1}$ 且是 x 的增函数（对于 $x < b$）。因为这个原因，二次型效用函数经常在经济应用中被认为是不合适的或者被有保留地接受，尽管从其使用中可以带来分析上的简便。

例 G.3

具有给定初始财富 α 的一个人希望将其财富的一部分投资到一项有风险的资产中并获得回报率 e，剩余的财富投资到一项安全的资产中并获得回报率 $s > 0$。我们假设 s 确定已知但 e 是具有已知概率分布 P 的随机变量。如果 x 是投资到有风险的资产中的量，那么决策者的最终财富给定为

$$y = s(\alpha - x) + ex = s\alpha + (e-s)x$$

这个人的决策是选择 x 针对约束 $x \geqslant 0$ 最大化

$$J(x) = E\{U(y)\} = E\left\{U\left(s\alpha + (e-s)x\right)\right\}$$

假设 U 是凹的、单调增的、两次连续可微函数、具有负二阶微分，且具有绝对风险厌恶指标

$$r(y) = -\frac{U''(y)}{U'(y)}$$

也假设 e 的概率分布满足下面出现的所有期望值均有限，且进一步假设效用函数 U 满足最大化问题有解（这一点的充分必要条件具有有趣的经济学解释，在 Bertsekas[Ber74] 中讨论了）。

现在给定 α，投资到有风险的资产上的量 x^* 由必要条件确定

$$\frac{\mathrm{d}J(x^*)}{\mathrm{d}x} = E\left\{(e-s)U'\left(s\alpha + (e-s)x^*\right)\right\} = 0,\ 如果\, x^* > 0 \tag{G.22}$$

$$\frac{\mathrm{d}J(x^*)}{\mathrm{d}x} \leqslant 0,\ 如果 x^* = 0$$

现在因为 U' 各处均为正，于是有如果 $E\{(e-s)\} > 0$，那么我们不可能有 $x^* = 0$ 因为

$$\frac{\mathrm{d}J(0)}{\mathrm{d}x} = E\left\{(e-s)\right\}U'(s\alpha) > 0$$

然后 $E\{(e-s)\} > 0$ 意味着 $x^* > 0$，或者换言之，一个正的量将被投资到有风险的资产上如果其期望回报率大于安全资产的期望回报率。

现在假设 $E\{(e-s)\}>0$ 并且标记 $x^*(\alpha)$ 为初始财富为 α 时在风险资产上的投资额。我们想调查初始财富 α 的变化对投资额 $x^*(\alpha)$ 的影响。通过将 (G.22) 式相对于 α 求微分我们获得

$$E\left\{(e-s)U''\left(s\alpha+(e-s)x^*(\alpha)\right)\left(s\alpha+(e-s)\left(\mathrm{d}x^*(\alpha)/\mathrm{d}\alpha\right)\right)\right\}=0$$

由此可以得到

$$\frac{\mathrm{d}x^*(\alpha)}{\mathrm{d}\alpha}=\frac{E\left\{(e-s)U''\left(s\alpha+(e-s)x^*(\alpha)\right)\right\}}{(e-s)^2U''\left(s\alpha+(e-s)x^*(\alpha)\right)}$$

因为分母总是负的且常数 s 是正的，$\mathrm{d}x^*(\alpha)/\mathrm{d}\alpha$ 的符号与

$$E\left\{(e-s)U''\left(s\alpha+(e-s)x^*(\alpha)\right)\right\}$$

的符号相同，后者使用绝对风险厌恶指标 $r(y)$ 的定义将等于

$$f(\alpha)=E\left\{(e-s)U'\left(s\alpha+(e-s)x^*(\alpha)\right)r\left(s\alpha+(e-s)x^*(\alpha)\right)\right\}$$

现在假设 $r(y)$ 是单调递减的，即

$$r(y_1)>r(y_2)\text{若 } y_1<y_2$$

那么我们有

$$(e-s)r\left(s\alpha+(e-s)x^*(\alpha)\right)\leqslant(e-r)r(s\alpha)$$

上式在 $e\neq s$ 时取严格不等号。从之前的关系式，我们获得

$$\begin{aligned}f(\alpha)&>-r(s\alpha)E\left\{(e-s)U'\left(s\alpha+(e-s)x^*(\alpha)\right)\right\}\\&=-r(s\alpha)\frac{\mathrm{d}J\left(x^*(\alpha)\right)}{\mathrm{d}x}\\&=0\end{aligned}\tag{G.23}$$

所以有 $f(\alpha)>0$，然后如果 $r(y)$ 是单调递减的则有 $\mathrm{d}x^*(\alpha)/\mathrm{d}\alpha>0$。类似地，如果 $r(y)$ 是单调增的，我们有 $\mathrm{d}x^*(\alpha)/\mathrm{d}\alpha<0$。总之，如果其效用函数具有递减（递增）的绝对风险厌恶指标，那么将会在风险资产上投资更多（更少）。先不论其内在价值，这一结果展示了风险厌恶指标在显著刻画决策者行为方面的重要角色。

G.3　随机最优控制问题

在本目录中到目前为止考虑的决策问题类别是非常广泛的。在本书中我们感兴趣的是涉及动态系统的一类决策问题。这类系统具有输入输出描述，进一步在这类系统中输入序贯地在观测过去的输出后选择。这允许反馈的可能。让我们首先给出这些问题的一个抽象的描述。

首先考虑由三个集合 U，W 和 Y 和函数 $S:U\times W\mapsto Y$ 刻画的系统。我们称 U 为输入集合，W 为不确定集合，Y 为输出集合，S 为系统函数。所以一个输入 $u\in U$ 和一个不确定量 $w\in W$ 通过系统函数 S 产生一个输出 $y=S(u,w)$（见图 G.1）。这里的隐含假设是输入 u 的选择由决策者或者有待设计的某设备控制，而 w 自然地根据某种随机或不随机的机制选择。

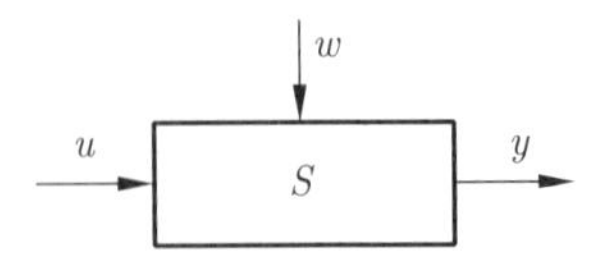

图 G.1 一个不确定系统的结构：u 为输入，w 是不确定的自然状态，y 是输出，S 是系统函数

在许多随时间演化的问题中，输入是一个时间函数或者一个序列，有可能随着输出 y 随时间演化而观测它。自然地，这一输出可能提供了关于不确定量 w 的一些信息，这将在通过反馈控制机制选择输入 u 时提供丰富的信息。

如果对每个 $w \in W$，如下方程

$$u = \pi(S(u, w))$$

对 u 具有（依赖于 w 的）唯一解，那么我们说函数 $\pi : Y \mapsto U$ 是系统的一个反馈控制器（否则称为策略或者决策函数）。所以对于任意固定的 w，反馈控制器 π 生成唯一的输入 u，于是有唯一的输出 y（见图 G.2）。在任意实际情形下，可接受的反馈控制器的类别进一步由因果关系（当前输入不应当依赖于未来的输出）以及其他可能的约束限制。

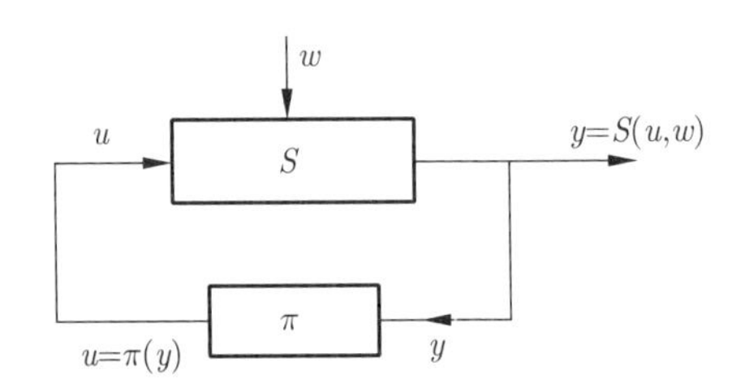

图 G.2 反馈控制器 π 的结构

我们对每个 $w \in W$ 要求如下方程

$$u = \pi(S(u, w))$$

在 u 中有唯一解。

给定系统 (U, W, Y, S) 和一组可接受的控制器构成的集合 Π，建模一个对应于前一节理论的决策问题是有可能的。我们取 Π 为决策集合，W 为自然状态集合。我们取 U, W 和 Y 的叉积为输出集合，即

$$\mathcal{O} = (U \times W \times Y)$$

现在一个反馈控制器 $\pi \in \Pi$ 和自然状态 $w \in W$ 产生唯一的输出 (u, w, y)，其中 u 是方程 $u = \pi(S(u, w))$ 和 $y = S(u, w)$ 的唯一解。所以我们写作 $(u, w, y) = f(\pi, w)$，其中 f 是由系统函数 S 确定的某个函数。

如果 G 是指定我们在 $\mathcal{O}$ 上偏好的数值函数，J 是上述决策问题对应的回报函数，且采用极大化极小视角，那么问题变成了找到 $\pi \in \Pi$ 最大化

$$F(\pi) = \min_{w \in W} J(\pi, w) = \min_{w \in W} G(u, w, y)$$

其中 u 和 y 用 π 和 w 通过 $u=\pi(S(u,w))$ 和 $y=S(u,w)$ 表示出来（这里的 min 表示在对应集合 W 上的最小上界）。

如果 w 按照已知的概率机制选择，即，一个可能依赖于 π 的给定的概率律，函数 S 和 Π 的元素满足合适的（可测度性）假设，那么可以使用效用函数 U 将决策问题建模成找到 $\pi\in\Pi$ 以最大化

$$F(\pi)=E\{U(u,w,y)\}$$

其中 u 和 y 用 π 和 w 通过 $u=\pi(S(u,w))$ 和 $y=S(u,w)$ 表示。

尽管在刚才给出的建模中，我们将问题简化为在确定性下决策的问题 [在 Π 上最大化数值函数 $F(\pi)$ 的问题]，但这不是一个容易的问题。由于可能的反馈，集合 Π 是一个系统输出的函数集合。这让许多确定性优化技术难以使用，例如那些基于线性和非线性规划或者庞特里亚金最小值原理的方法。动态规划通过在第 1 章中介绍的那样将最小化 $F(\pi)$ 的问题分解为一系列更简单的优化问题并按时间逆序求解，提供了一些分析的可能。

最后，让我们指出如何将 1.2 节的基本问题转化为在本节中给出的一般形式。考虑下述在 1.2 节中介绍的离散时间动态系统

$$x_{k+1}=f_k(x_k,u_k,w_k),k=0,1,\cdots,N-1 \tag{G.24}$$

系统的输入是控制序列 $u=\{u_0,u_1,\cdots,u_{N-1}\}$，不确定性是 $w=\{w_0,w_1,\cdots,w_{N-1}\}$（若 x_0 是不确定的，则不确定性也包含 x_0），输出是状态序列 $y=\{x_0,x_1,\cdots,x_N\}$，系统函数由系统方程 (G.24) 式按照显然的方式确定。可接受的反馈控制器类 Π 是由函数序列 $\pi=\{\mu_0,\mu_1,\cdots,\mu_{N-1}\}$ 构成的集合，其中 μ_k 是仅通过状态 x_k 依赖于输出 y 的函数。进一步，μ_k 必须满足约束，例如对所有的 x_k 和 k 有 $\mu_k(x_k)\in U_k(x_k)$。

习 题

G.1

证明存在函数 $G:\mathcal{O}\mapsto\Re$ 满足关系式 (G.2) 式，只要集合 $\mathcal{O}$ 是可数的。再证明如果决策集合是有限的，存在至少一个非劣决策。

G.2

令 $\mathcal{O}=[-1,1]$。定义 $\mathcal{O}$ 上的一个排序如下

$$O_1\prec O_2，当且仅当 |O_1|<|O_2| 或者 O_1<O_2=|O_1|$$

证明在 $\mathcal{O}$ 上不存在实值函数 G 满足

$$O_1\prec O_2，当且仅当 G(O_1)<G(O_2)，对所有的 O_1,O_2\in\mathcal{O}$$

提示：假设反命题成立并为每个 $O\in(0,1)$ 关联上一个有理数 $r(O)$ 满足

$$G(-O)<r(O)<G(O)$$

证明如果 $O_1\neq O_2$，那么 $r(O_1)\neq r(O_2)$。

G.3（效用的实验测量）

考虑一个人面临一个决策问题，具有有限种结果 $O_1,O_2,\cdots,O_N$。假设这个人在结果集合上的中彩概率集合上的偏好关系满足期望效用定理中的假设 A.1 ～假设 A.4，于是存在在结果集合上的效用函数。也假设 $O_1\preceq O_2\preceq\cdots\preceq O_N$，进一步有 $O_1\prec O_N$。

(a) 证明下面的方法将确定一个效用函数。定义 $U(O_1)=0, U(O_N)=1$。令 $p_i, 0 \leqslant p_i \leqslant 1$ 为让人在中彩概率 $\{(1-p_i), 0, \cdots, 0, p_i\}$ 和确定性出现的 O_i 之间没有偏好的一个概率。然后令 $U(O_i)=p_i$。对于 $O_i=100i, i=0,1,\cdots,10$，自行尝试这一过程。

(b) 证明下述过程也将获得一个效用函数。如同 (a) 中一样确定 $U(O_{N-1})$，但是设定

$$U(O_{N-2})=\tilde{p}_{N-2}U(O_{N-1})$$

其中 $\tilde{p}_{N-2}$ 是让人在中彩概率 $\{(1-\tilde{p}_{N-2}), 0, \cdots, 0, \tilde{p}_{N-2}, 0\}$ 和确定性出现的 O_{N-2} 之间没有偏好的概率。

类似地，令 $U(O_i)=\tilde{p}_i U(O_{i+1})$，其中 $\tilde{p}_i$ 是合适的概率。对于 $O_i=100i, i=0,1,\cdots,10$ 再次自行尝试这一过程并将结果与 (a) 部分比较。

(c) 设计第三种过程，要求初始指定效用 $U(O_1), U(O_2)$，且 $U(O_i), i=3,\cdots,N$ 通过上面考虑的类型的比较从 $U(O_{i-2}), U(O_{i-1})$ 确定。对于 $O_i=100i, i=0,1,\cdots,10$ 再次自行尝试这一过程。

G.4

假设两个人 A 和 B 想打赌。如果某件事发生，那么 A 给 B 1 元；否则 B 给 A x 元。A 相信这件事出现的概率是 p_A 满足 $0<p_A<1$，而 B 相信这个概率是 p_B 满足 $0<p_B<1$。假设 A 和 B 的效用函数 U_A 和 U_B 是货币收益的严格增函数。令 α, β 满足

$$U_A(\alpha)=\frac{U_A(0)-p_A U_A(-1)}{1-p_A},\ U_B(-\beta)=\frac{U_B(0)-p_B U_B(1)}{1-p_B}$$

证明如果 $\alpha<\beta$，那么 x 在 α 和 β 之间的任意值是对双方都满意的赌局。

参考文献

[ABC65] Atkinson, R. C., Bower, G. H., and Crothers, E. J., 1965. An Introduction to Mathematical Learning Theory, Wiley, N. Y.

[ABF93] Arapostathis, A., Borkar, V., Fernandez-Gaucherand, E., Ghosh, M., and Marcus, S., 1993. "Discrete-Time Controlled Markov Processes with Average Cost Criterion: A Survey," SIAM J. on Control and Optimization, Vol. 31, pp. 282-344.

[ABG49] Arrow, K. J., Blackwell, D., and Girshick, M. A., 1949. "Bayes and Minimax Solutions of Sequential Design Problems," Econometrica, Vol. 17, pp. 213-244.

[AGK77] Athans, M., Ku, R., and Gershwin, S. B., 1977. "The Uncertainty Threshold Principle," IEEE Trans. on Automatic Control, Vol. AC-22, pp. 491-495.

[AHM51] Arrow, K. J., Harris, T., and Marschack, J., 1951. "Optimal Inventory Policy," Econometrica, Vol. 19, pp. 250-272.

[AKS58] Arrow, K. J., Karlin, S., and Scarf, H., 1958. Studies in the Mathematical Theory of Inventory and Production, Stanford Univ. Press, Stanford, CA.

[Abr90] Abramson, B., 1990. "Expected-Outcome: A General Model of Static Evaluation," IEEE Transactions on Pattern Analysis and Machine Intelligence, Vol. 12, pp. 182-193.

[AdG86] Adams, M., and Guillemin, V., 1986. Measure Theory and Probability, Wadsworth and Brooks, Monterey, CA.

[AsG75] Ash, R. B., and Gardner, M. F., 1975. Topics in Stochastic Processes, Academic Press, N. Y.

[AnM79] Anderson, B. D. O., and Moore, J. B., 1979. Optimal Filtering, Prentice-Hall, Englewood Cliffs, N. J.

[AoL69] Aoki, M., and Li, M. T., 1969. "Optimal Discrete-Time Control Systems with Cost for Observation," IEEE Trans. Automatic Control, Vol. AC-14, pp. 165-175.

[AsW73] Aström, K. J., and Wittenmark, B., 1973. "On Self-Tuning Regulators," Automatica, Vol. 9, pp. 185-199.

[AsW84] Aström, K. J., and Wittenmark, B., 1984. Computer Controlled Systems, Prentice-Hall, Englewood Cliffs, N. J.

[AsW94] Aström, K. J., and Wittenmark, B., 1994. Adaptive Control, (2nd Ed.), Prentice-Hall, Englewood Cliffs, N. J.

[Ash70] Ash, R. B., 1970. Basic Probability Theory, Wiley, N. Y.

[Ash72] Ash, R. B., 1972. Real Analysis and Probability, Academic Press, N. Y.

[Ast83] Aström, K. J., 1983. "Theory and Applications of Adaptive Control – A Survey," Automatica, Vol. 19, pp. 471-486.

[AtF66] Athans, M., and Falb, P., 1966. Optimal Control, McGraw-Hill, N. Y.

[BGM95] Bertsekas, D. P., Guerriero, F., and Musmanno, R., 1995. "Parallel Shortest Path Methods for Globally Optimal Trajectories," High Performance Computing: Technology, Methods, and Applications, (J. Dongarra et al., Eds.), Elsevier.

[BGM96] Bertsekas, D. P., Guerriero, F., and Musmanno, R., 1996. "Parallel Label Corrrecting Methods for Shortest Paths," J. Optimization Theory Appl., Vol. 88, 1996, pp. 297-320.

[BMS99] Boltyanski, V., Martini, H., and Soltan, V., 1999. Geometric Methods and Optimization Problems, Kluwer, Boston.

[BNO03] Bertsekas, D. P., with A. Nedić, A., and A. E. Ozdaglar, 2003. Convex Analysis and Optimization, Athena Scientific, Belmont, MA.

[BTW97] Bertsekas, D. P., Tsitsiklis, J. N., and Wu, C., 1997. "Rollout Algorithms for Combinatorial Optimization," Heuristics, Vol. 3, pp. 245-262.

[BaB95] Basar, T., and Bernhard, P., 1995. H-∞ Optimal Control and Related Minimax Design Problems: A Dynamic Game Approach, Birkhäuser, Boston, MA.

[Bar81] Bar-Shalom, Y., 1981. "Stochastic Dynamic Programming: Caution and Probing," IEEE Trans. on Automatic Control, Vol. AC-26, pp. 1184-1195.

[Bas91] Basar, T., 1991. "Optimum Performance Levels for Minimax Filters, Predictors, and Smoothers," Systems and Control Letters, Vol. 16, pp. 309-317.

[Bas00] Basar, T., 2000. "Risk-Averse Designs: From Exponential Cost to Stochastic Games," In T. E. Djaferis and I. C. Schick, (Eds.), System Theory: Modeling, Analysis and Control, Kluwer, Boston, pp. 131-144.

[BeC99] Bertsekas, D. P., and Castanon, D. A., 1999. "Rollout Algorithms for Stochastic Scheduling Problems," Heuristics, Vol. 5, pp. 89-108.

[BeC04] Bertsekas, D. P., and Castanon, D. A., 2004. Unpublished Collaboration.

[BeD62] Bellman, R., and Dreyfus, S., 1962. Applied Dynamic Programming, Princeton Univ. Press, Princeton, N. J.

[BeD02] Bertsimas, D., and Demir, R., 2002. "An Approximate Dynamic Programming Approach to Multi-Dimensional Knapsack Problems," Management Science, Vol. 4, pp. 550-565.

[BeG92] Bertsekas, D. P., and Gallager, R. G., 1992. Data Networks (2nd Edition), Prentice-Hall, Englewood Cliffs, N. J.

[BeN98] Ben-Tal, A., and Nemirovski, A., 1998. "Robust Convex Optimization," Math. of Operations Research, Vol. 23, pp. 769-805.

[BeN01] Ben-Tal, A., and Nemirovski, A., 2001. Lectures on Modern Convex Optimization: Analysis, Algorithms, and Engineering Applications, SIAM, Phila., PA

[BeP03] Bertsimas, D., and Popescu, I., 2003. "Revenue Management in a Dynamic Network Environment,"Transportation Science, Vol. 37, pp. 257-277.

[BeR71a] Bertsekas, D. P., and Rhodes, I. B., 1971. "Recursive State Estimation for a Set-Membership Description of the Uncertainty," IEEE Trans. Automatic Control, Vol. AC-16, pp. 117-128.

[BeR71b] Bertsekas, D. P., and Rhodes, I. B., 1971. "On the Minimax Reachability of Target Sets and Target Tubes," Automatica, Vol. 7, pp. 233-247.

[BeR73] Bertsekas, D. P., and Rhodes, I. B., 1973. "Sufficiently Informative Functions and the Minimax Feedback Control of Uncertain Dynamic Systems," IEEE Trans. Automatic Control, Vol. AC-18, pp. 117-124.

[BeS78] Bertsekas, D. P., and Shreve, S. E., 1978. Stochastic Optimal Control: The Discrete Time Case, Academic Press, N. Y.; republished by Athena Scientific, Belmont, MA, 1996; can be downloaded from the author's website.

[BeS03] Bertsimas, D., and Sim, M., 2003. "Robust Discrete Optimization and Network Flows," Math. Programming, Series B, Vol. 98, pp. 49-71.

[BeT89] Bertsekas, D. P., and Tsitsiklis, J. N., 1989. Parallel and Distributed Computation: Numerical Methods, Prentice-Hall, Englewood Cliffs, N. J.; republished by Athena Scientific, Belmont, MA, 1997.

[BeT91] Bertsekas, D. P., and Tsitsiklis, J. N., 1991. "An Analysis of Stochastic Shortest Path Problems," Math. Operations Res., Vol. 16, pp. 580-595.

[BeT96] Bertsekas, D. P., and Tsitsiklis, J. N., 1996. Neuro-Dynamic Programming, Athena Scientific, Belmont, MA.

[BeT97] Bertsimas, D., and Tsitsiklis, J. N., 1997. Introduction to Linear Optimization, Athena Scientific, Belmont, MA.

[Bel57] Bellman, R., 1957. Dynamic Programming, Princeton University Press, Princeton, N. J.

[Ber70] Bertsekas, D. P., 1970. "On the Separation Theorem for Linear Systems, Quadratic Criteria, and Correlated Noise," Unpublished Report, Electronic Systems Lab., Massachusetts Institute of Technology.

[Ber71] Bertsekas, D. P., 1971. "Control of Uncertain Systems With a Set-Membership Description of the Uncertainty," Ph.D. Dissertation, Massachusetts Institute of Technology, Cambridge, MA (available in scanned form from the author's www site).

[Ber72a] Bertsekas, D. P., 1972. "Infinite Time Reachability of State Space Regions by Using Feedback Control," IEEE Trans. Automatic Control, Vol. AC-17, pp. 604-613.

[Ber72b] Bertsekas, D. P., 1972. "On the Solution of Some Minimax Control Problems," Proc. 1972 IEEE Decision and Control Conf., New Orleans, LA.

[Ber74] Bertsekas, D. P., 1974. "Necessary and Sufficient Conditions for Existence of an Optimal Portfolio," J. Econ. Theory, Vol. 8, pp. 235-247.

[Ber75] Bertsekas, D. P., 1975. "Convergence of Discretization Procedures in Dynamic Programming," IEEE Trans. Automatic Control, Vol. AC-20, pp. 415-419.

[Ber76] Bertsekas, D. P., 1976. Dynamic Programming and Stochastic Control, Academic Press, N. Y.

[Ber82a] Bertsekas, D. P., 1982. "Distributed Dynamic Programming," IEEE Trans. Automatic Control, Vol. AC-27, pp. 610-616.

[Ber82b] Bertsekas, D. P., 1982. Constrained Optimization and Lagrange Multiplier Methods, Academic Press, N. Y.; republished by Athena Scientific, Belmont, MA, 1996.

[Ber93] Bertsekas, D. P., 1993. "A Simple and Fast Label Correcting Algorithm for Shortest Paths," Networks, Vol. 23, pp. 703-709.

[Ber97] Bertsekas, D. P., 1997. "Differential Training of Rollout Policies," Proc. of the 35th Allerton Conference on Communication, Control, and Computing, Allerton Park, Ill.

[Ber98a] Bertsekas, D. P., 1998. Network Optimization: Continuous and Discrete Models, Athena Scientific, Belmont, MA.

[Ber98b] Bertsekas, D. P., 1998. "A New Value Iteration Method for the Average Cost Dynamic Programmming Problem," SIAM J. on Control and Optimization, Vol. 36, pp. 742-759.

[Ber99] Bertsekas, D. P., 1999. Nonlinear Programming, (2nd Ed.), Athena Scientific, Belmont, MA.

[BiL97] Birge, J. R., and Louveaux, 1997. Introduction to Stochastic Programming, Springer-Verlag, New York, N. Y.

[Bis95] Bishop, C. M, 1995. Neural Networks for Pattern Recognition, Oxford University Press, N. Y.

[BlT00] Blondel, V. D., and Tsitsiklis, J. N., 2000. "A Survey of Computational Complexity Results in Systems and Control," Automatica, Vol. 36, pp. 1249-1274.

[Bla99] Blanchini, F., 1999. "Set Invariance in Control – A Survey," Automatica, Vol. 35, pp. 1747-1768.

[BoV79] Borkar, V., and Varaiya, P. P., 1979. "Adaptive Control of Markov Chains, I: Finite Parameter Set," IEEE Trans. Automatic Control, Vol. AC-24, pp. 953-958.

[CGC04] Chang, H. S., Givan, R. L., and Chong, E. K. P., 2004. "Parallel Rollout for Online Solution of Partially Observable Markov Decision Processes," Discrete Event Dynamic Systems, Vol. 14, pp. 309-341.

[CaB04] Camacho, E. F., and Bordons, C., 2004. Model Predictive Control, 2nd Edition, Springer-Verlag, New York, N. Y.

[ChT89] Chow, C.-S., and Tsitsiklis, J. N., 1989. "The Complexity of Dynamic Programming," Journal of Complexity, Vol. 5, pp. 466-488.

[ChT91] Chow, C.-S., and Tsitsiklis, J. N., 1991. "An Optimal One–Way Multigrid Algorithm for Discrete–Time Stochastic Control," IEEE Trans. on Automatic Control, Vol. AC-36, 1991, pp. 898-914.

[Che72] Chernoff, H., 1972. "Sequential Analysis and Optimal Design," Regional Conference Series in Applied Mathematics, SIAM, Philadelphia, PA.

[Chr97] Christodouleas, J. D., 1997. "Solution Methods for Multiprocessor Network Scheduling Problems with Application to Railroad Operations," Ph.D. Thesis, Operations Research Center, Massachusetts Institute of Technology.

[Chu60] Chung, K. L., 1960. Markov Chains with Stationary Transition Probabilities, Springer-Verlag, N. Y.

[CoL55] Coddington, E. A., and Levinson, N., 1955. Theory of Ordinary Differential Equations, McGraw-Hill, N. Y.

[DeG70] DeGroot, M. H., 1970. Optimal Statistical Decisions, McGraw-Hill, N. Y.

[DeP84] Deo, N., and Pang, C., 1984. "Shortest Path Problems: Taxonomy and Annotation," Networks, Vol. 14, pp. 275-323.

[Del89] Deller, J. R., 1989. "Set Membership Identification in Digital Signal Processing," IEEE ASSP Magazine, Oct., pp. 4-20.

[DoS80] Doshi, B., and Shreve, S., 1980. "Strong Consistency of a Modified Maximum Likelihood Estimator for Controlled Markov Chains," J. of Applied Probability, Vol. 17, pp. 726-734.

[Dre65] Dreyfus, S. D., 1965. Dynamic Programming and the Calculus of Variations, Academic Press, N. Y.

[Dre69] Dreyfus, S. D., 1969. "An Appraisal of Some Shortest-Path Algorithms," Operations Research, Vol. 17, pp. 395-412.

[Eck68] Eckles, J. E., 1968. "Optimum Maintenance with Incomplete Information," Operations Res., Vol. 16, pp. 1058-1067.

[Elm78] Elmaghraby, S. E., 1978. Activity Networks: Project Planning and Control by Network Models, Wiley-Interscience, N. Y.

[Fal87] Falcone, M., 1987. "A Numerical Approach to the Infinite Horizon Problem of Deterministic Control Theory," Appl. Math. Opt., Vol. 15, pp. 1-13.

[FeM94] Fernandez-Gaucherand, E., and Markus, S. I., 1994. "Risk Sensitive Optimal Control of Hidden Markov Models," Proc. 33rd IEEE Conf. Dec. Control, Lake Buena Vista, Fla.

[FeV02] Ferris, M. C., and Voelker, M. M., 2002. "Neuro-Dynamic Programming for Radiation Treatment Planning," Numerical Analysis Group Research Report NA-02/06, Oxford University Computing Laboratory, Oxford University.

[FeV04] Ferris, M. C., and Voelker, M. M., 2004. "Fractionation in Radiation Treatment Planning," Mathematical Programming B, Vol. 102, pp. 387-413.

[Fel68] Feller, W., 1968. An Introduction to Probability Theory and its Applications, Wiley, N. Y.

[Fis70] Fishburn, P. C., 1970. Utility Theory for Decision Making, Wiley, N. Y.

[For56] Ford, L. R., Jr., 1956. "Network Flow Theory," Report P-923, The Rand Corporation, Santa Monica, CA.

[For73] Forney, G. D., 1973. "The Viterbi Algorithm," Proc. IEEE, Vol. 61, pp. 268-278.

[Fox71] Fox, B. L., 1971. "Finite State Approximations to Denumerable State Dynamic Progams," J. Math. Anal. Appl., Vol. 34, pp. 665-670.

[GaP88] Gallo, G., and Pallottino, S., 1988. "Shortest Path Algorithms," Annals of Operations Research, Vol. 7, pp. 3-79.

[Gal99] Gallager, R. G., 1999. Discrete Stochastic Processes, Kluwer, Boston.

[GoR85] Gonzalez, R., and Rofman, E., 1985. "On Deterministic Control Problems: An Approximation Procedure for the Optimal Cost, Parts I, II," SIAM J. Control Optimization, Vol. 23, pp. 242-285.

[GoS84] Goodwin, G. C., and Sin, K. S. S., 1984. Adaptive Filtering, Prediction, and Control, Prentice-Hall, Englewood Cliffs, N. J.

[GrA66] Groen, G. J., and Atkinson, R. C., 1966. "Models for Optimizing the Learning Process," Psychol. Bull., Vol. 66, pp. 309-320.

[GuF63] Gunckel, T. L., and Franklin, G. R., 1963. "A General Solution for Linear Sampled-Data Control," Trans. ASME Ser. D. J. Basic Engrg., Vol. 85, pp. 197-201.

[GuM01] Guerriero, F., and Musmanno, R., 2001. "Label Correcting Methods to Solve Multicriteria Shortest Path Problems," J. Optimization Theory Appl., Vol. 111, pp. 589-613.

[GuM03] Guerriero, F., and Mancini, M., 2003. "A Cooperative Parallel Rollout Algorithm for the Sequential Ordering Problem," Parallel Computing, Vol. 29, pp. 663-677.

[HMS55] Holt, C. C., Modigliani, F., and Simon, H. A., 1955. "A Linear Decision Rule for Production and Employment Scheduling," Management Sci., Vol. 2, pp. 1-30.

[HPC96] Helmsen, J., Puckett, E. G., Colella, P., and Dorr, M., 1996. "Two New Methods for Simulating Photolithography Development," SPIE, Vol. 2726, pp. 253-261.

[HaL82] Hajek, B., and van Loon, T., 1982. "Decentralized Dynamic Control of a Multiaccess Broadcast Channel," IEEE Trans. Automatic Control, Vol. AC-27, pp. 559-569.

[Hak70] Hakansson, N. H., 1970. "Optimal Investment and Consumption Strategies under Risk for a Class of Utility Functions," Econometrica, Vol. 38, pp. 587-607.

[Hak71] Hakansson, N. H., 1971. "On Myopic Portfolio Policies, With and Without Serial Correlation of Yields," The Journal of Business of the University of Chicago, Vol. 44, pp. 324-334.

[Han80] Hansen, P., 1980. "Bicriterion Path Problems," in Multiple-Criteria Decision Making: Theory and Applications, Edited by G. Fandel and T. Gal, Springer Verlag, Heidelberg, Germany, pp. 109-127.

[Hay98] Haykin, S., 1998. Neural Networks: A Comprehensive Foundation, (2nd Ed.), McMillan, N. Y.

[Hes66] Hestenes, M. R., 1966. Calculus of Variations and Optimal Control Theory, Wiley, N. Y.

[Her89] Hernandez-Lerma, O., 1989. Adaptive Markov Control Processes, Springer-Verlag, N. Y.

[HoK71] Hoffman, K., and Kunze, R., 1971. Linear Algebra, Prentice-Hall, Englewood Cliffs, N. J.

[IEE71] IEEE Trans. Automatic Control, 1971. Special Issue on Linear-Quadratic Gaussian Problem, Vol. AC-16.

[IoS96] Ioannou, P. A., and Sun, J., 1996. Robust Adaptive Control, Prentice-Hall, Englewood Cliffs, N. J.

[JBE94] James, M. R., Baras, J. S., and Elliott, R. J., 1994. "Risk-Sensitive Control and Dynamic Games for Partially Observed Discrete-Time Nonlinear Systems," IEEE Trans. on Automatic Control, Vol. AC-39, pp. 780-792.

[Jac73] Jacobson, D. H., 1973. "Optimal Stochastic Linear Systems With Exponential Performance Criteria and their Relation to Deterministic Differential Games," IEEE Trans. Automatic Control, Vol. AC-18, pp. 124-131.

[Jaf84] Jaffe, J. M., 1984. "Algorithms for Finding Paths with Multiple Constraints," Networks, Vol. 14, pp. 95-116.

[Jew63] Jewell, W., 1963. "Markov Renewal Programming I and II," Operations Research, Vol. 2, pp. 938-971.

[JoT61] Joseph, P. D., and Tou, J. T., 1961. "On Linear Control Theory," AIEE Trans., Vol. 80 (II), pp. 193-196.

[KKK95] Krstic, M., Kanellakopoulos, I., Kokotovic, P., 1995. Nonlinear and Adaptive Control Design, J. Wiley, N. Y.

[KGB82] Kimemia, J., Gershwin, S. B., and Bertsekas, D. P., 1982. "Computation of Production Control

Policies by a Dynamic Programming Technique," in Analysis and Optimization of Systems, A. Bensoussan and J. L. Lions (eds.), Springer-Verlag, N. Y., pp. 243-269.

[KLB92] Kosut, R. L., Lau, M. K., and Boyd, S. P., 1992. "Set-Membership Identification of Systems with Parametric and Nonparametric Uncertainty," IEEE Trans. on Automatic Control, Vol. AC-37, pp. 929-941.

[KaD66] Karush, W., and Dear, E. E., 1966. "Optimal Stimulus Presentation Strategy for a Stimulus Sampling Model of Learning," J. Math. Psychology, Vol. 3, pp. 15-47.

[KaK58] Kalman, R. E., and Koepcke, R. W., 1958. "Optimal Synthesis of Linear Sampling Control Systems Using Generalized Performance Indexes," Trans. ASME, Vol. 80, pp. 1820-1826.

[KaW94] Kall, P., and Wallace, S. W., 1994. Stochastic Programming, Wiley, Chichester, UK.

[Kal60] Kalman, R. E., 1960. "A New Approach to Linear Filtering and Prediction Problems," Trans. ASME Ser. D. J. Basic Engrg., Vol. 82, pp. 35-45.

[KeS60] Kemeny, J. G., and Snell, J. L., 1960. Finite Markov Chains, Van Nostrand-Reinhold, N. Y.

[KeG88] Keerthi, S. S., and Gilbert, E. G., 1988. "Optimal, Infinite Horizon Feedback Laws for a General Class of Constrained Discete Time Systems: Stability and Moving-Horizon Approximations," J. Optimization Theory Appl., Vo. 57, pp. 265-293.

[Kim82] Kimemia, J., 1982. "Hierarchical Control of Production in Flexible Manufacturing Systems," Ph.D. Thesis, Dep. of Electrical Engineering and Computer Science, Massachusetts Institute of Technology.

[KuA77] Ku, R., and Athans, M., 1977. "Further Results on the Uncertainty Threshold Principle," IEEE Trans. on Automatic Control, Vol. AC-22, pp. 866-868.

[KuD92] Kushner, H. J., and Dupuis, P. G., 1992. Numerical Methods for Stochastic Control Problems in Continuous Time, Springer-Verlag, N. Y.

[KuL82] Kumar, P. R., and Lin, W., 1982. "Optimal Adaptive Controllers for Unknown Markov Chains," IEEE Trans. Automatic Control, Vol. AC-27, pp. 765-774.

[KuV86] Kumar, P. R., and Varaiya, P. P., 1986. Stochastic Systems: Estimation, Identification, and Adaptive Control, Prentice-Hall, Englewood Cliffs, N. J.

[KuV97] Kurzhanski, A., and Valyi, I., 1997. Ellipsoidal Calculus for Estimation and Control, Birkhäuser, Boston, MA.

[Kum83] Kumar, P. R., 1983. "Optimal Adaptive Control of Linear-Quadratic-Gaussian Systems," SIAM J. on Control and Optimization, Vol. 21, pp. 163-178.

[Kum85] Kumar, P. R., 1985. "A Survey of Some Results in Stochastic Adaptive Control," SIAM J. on Control and Optimization, Vol. 23, pp. 329-380.

[Kus90] Kushner, H. J., 1990. "Numerical Methods for Continuous Control Problems in Continuous Time," SIAM J. on Control and Optimization, Vol. 28, pp. 999-1048.

[Las85] Lasserre, J. B., 1985. "A Mixed Forward-Backward Dynamic Programming Method Using Parallel Computation," J. Optimization Theory Appl., Vol. 45, pp. 165-168.

[Lev84] Levy, D., 1984. The Chess Computer Handbook, B. T. Batsford Ltd., London.

[LiR71] Lippman, S. A., and Ross, S. M., 1971. "The Streetwalker's Dilemma: A Job-Shop Model," SIAM J. of Appl. Math., Vol. 20, pp. 336-342.

[LjS83] Ljung, L., and Soderstrom, T., 1983. Theory and Practice of Recursive Identification, MIT Press, Cambridge, MA.

[Lju86] Ljung, L., 1986. System Identification: Theory for the User, Prentice-Hall, Englewood Cliffs, N. J.

[Lov91a] Lovejoy, W. S., 1991. "Computationally Feasible Bounds for Partially Observed Markov Decision Processes," Operations Research, Vol. 39, pp. 162-175.

[Lov91b] Lovejoy, W. S., 1991. "A Survey of Algorithmic Methods for Partially Observed Markov Decision Processes," Annals of Operations Research, Vol. 18, pp. 47-66.

[Lue69] Luenberger, D. G., 1969. Optimization by Vector Space Methods, Wiley, N. Y.

[Lue84] Luenberger, D. G., 1984. Linear and Nonlinear Programming, Addison-Wesley, Reading, MA.

[MHK98] Meuleau, N., Hauskrecht, M., Kim, K.-E., Peshkin, L., Kaelbling, L. K., and Dean, T., 1998. "Solving Very Large Weakly Coupled Markov Decision Processes," Proc. of the Fifteenth National Conference on Artificial Intelligence, Madison, WI, pp. 165-172.

[MMB02] McGovern, A., Moss, E., and Barto, A., 2002. "Building a Basic Building Block Scheduler Using Reinforcement Learning and Rollouts," Machine Learning, Vol. 49, pp. 141-160.

[MPP04] Meloni, C., Pacciarelli, D., and Pranzo, M., 2004. "A Rollout Metaheuristic for Job Shop Scheduling Problems," Annals of Operations Research, Vol. 131, pp. 215-235.

[MRR00] Mayne, D. Q., Rawlings, J. B., Rao, C. V., and Scokaert, P. O. M., 2000. "Constrained Model Predictive Control: Stability and Optimality," Automatica, Vol. 36, pp. 789-814.

[Mac02] Maciejowski, J. M., 2002. Predictive Control with Constraints, Addison-Wesley, Reading, MA.

[Mar84] Martins, E. Q. V., 1984. "On a Multicriteria Shortest Path Problem," European J. of Operational Research, Vol. 16, pp. 236-245.

[May01] Mayne, D. Q., 2001. "Control of Constrained Dynamic Systems," European Journal of Control, Vol. 7, pp. 87-99.

[McQ66] MacQueen, J., 1966. "A Modified Dynamic Programming Method for Markovian Decision Problems," J. Math. Anal. Appl., Vol. 14, pp. 38-43.

[Mik79] Mikhailov, V. A., 1979. Methods of Random Multiple Access, Candidate Engineering Thesis, Moscow Institute of Physics and Technology, Moscow.

[MoL99] Morari, M., and Lee, J. H., 1999. "Model Predictive Control: Past, Present, and Future," Computers and Chemical Engineering, Vol. 23, pp. 667-682.

[Mos68] Mossin, J., 1968. "Optimal Multi-Period Portfolio Policies," J. Business, Vol. 41, pp. 215-229.

[NeW88] Nemhauser, G. L., and Wolsey, L. A., 1988. Integer and Combinatorial Optimization, Wiley, N. Y.

[New75] Newborn, M., 1975. Computer Chess, Academic Press, N. Y.

[Nic66] Nicholson, T., 1966. "Finding the Shortest Route Between Two Points in a Network," The Computer Journal, Vol. 9, pp. 275-280.

[Nil71] Nilsson, N. J., 1971. Problem-Solving Methods in Artificial Intelligence, McGraw-Hill, N. Y.

[Nil80] Nilsson, N. J., 1971. Principles of Artificial Intelligence, Morgan-Kaufmann, San Mateo, Ca.

[PBG65] Pontryagin, L. S., Boltyanski, V., Gamkrelidze, R., and Mishchenko, E., 1965. The Mathematical Theory of Optimal Processes, Interscience Publishers, Inc., N. Y.

[PBT98] Polymenakos, L. C., Bertsekas, D. P., and Tsitsiklis, J. N., 1998. "Efficient Algorithms for Continuous-Space Shortest Path Problems," IEEE Trans. on Automatic Control, Vol. 43, pp. 278-283.

[PaS82] Papadimitriou, C. H., and Steiglitz, K., 1982. Combinatorial Optimization: Algorithms and Complexity, Prentice-Hall, Englewood Cliffs, N. J.

[PaT87] Papadimitriou, C. H., and Tsitsiklis, J. N., 1987. "The Complexity of Markov Decision Processes," Math. Operations Res., Vol. 12, pp. 441-450.

[Pap74] Pape, V., 1974. "Implementation and Efficiency of Moore Algorithms for the Shortest Path Problem," Math. Progr., Vol. 7, pp. 212-222.

[Pap65] Papoulis, A., 1965. Probability, Random Variables and Stochastic Processes, McGraw-Hill, N. Y.

[Pea84] Pearl, J., 1984. Heuristics, Addison-Wesley, Reading, MA.

[Pic90] Picone, J., 1990. "Continuous Speech Recognition Using Hidden Markov Models," IEEE ASSP Magazine, July Issue, pp. 26-41.

[Pin95] Pinedo, M., 1995. Scheduling: Theory, Algorithms, and Systems, Prentice-Hall, Englewood Cliffs, N. J.

[Pra64] Pratt, J. W., 1964. "Risk Aversion in the Small and in the Large," Econometrica, Vol. 32, pp. 300-307.

[Pre95] Prekopa, A., 1995. Stochastic Programming, Kluwer, Boston.

[PrS94] Proakis, J. G., and Salehi, M., 1994. Communication Systems Engineering, Prentice-Hall, Englewood Cliffs, N. J.

[Rab89] Rabiner, L. R., 1989. "A Tutorial on Hidden Markov Models and Selected Applications in Speech Recognition," Proc. of the IEEE, Vol. 77, pp. 257-286.

[Roc70] Rockafellar, R. T., 1970. Convex Analysis, Princeton University Press, Princeton, N. J.

[Ros70] Ross, S. M., 1970. Applied Probability Models with Optimization Applications, Holden-Day, San Francisco, CA.

[Ros83] Ross, S. M., 1983. Introduction to Stochastic Dynamic Programming, Academic Press, N. Y.

[Ros85] Ross, S. M., 1985. Probability Models, Academic Press, Orlando, Fla.

[Roy88] Royden, H. L., 1988. Principles of Mathematical Analysis, (3rd Ed.), McGraw-Hill, N. Y.

[Rud76] Rudin, W., 1976. Real Analysis, (3rd Ed.), McGraw-Hill, N. Y.

[Rus97] Rust, J., 1997. "Using Randomization to Break the Curse of Dimensionality," Econometrica, Vol. 65, pp. 487-516.

[SBB89] Sastry, S., Bodson, M., and Bartram, J. F., 1989. Adaptive Control: Stability, Convergence, and Robustness, Prentice-Hall, Englewood Cliffs, N. J.

[SGC02] Savagaonkar, U., Givan, R., and Chong, E. K. P., 2002. "Sampling Techniques for Zero-Sum, Discounted Markov Games," in Proc. 40th Allerton Conference on Communication, Control and Computing, Monticello, Ill.

[Sam69] Samuelson, P. A., 1969. "Lifetime Portfolio Selection by Dynamic Stochastic Programming," Review of Economics and Statistics, Vol. 51, pp. 239-246.

[Sar87] Sargent, T. J., 1987. Dynamic Macroeconomic Theory, Harvard Univ. Press, Cambridge, MA.

[Sca60] Scarf, H., 1960. "The Optimality of (s, S) Policies for the Dynamic Inventory Problem," Proceedings of the 1st Stanford Symposium on Mathematical Methods in the Social Sciences, Stanford University Press, Stanford, CA.

[Sch68] Schweppe, F. C., 1968. "Recursive State Estimation; Unknown but Bounded Errors and System Inputs," IEEE Trans. Automatic Control, Vol. AC-13.

[Sch74] Schweppe, F. C., 1974. Uncertain Dynamic Systems, Academic Press, N. Y.

[Sch97] Schaeffer, J., 1997. One Jump Ahead, Springer-Verlag, N. Y.

[Sec00] Secomandi, N., 2000. "Comparing Neuro-Dynamic Programming Algorithms for the Vehicle Routing Problem with Stochastic Demands," Computers and Operations Research, Vol. 27, pp. 1201-1225.

[Sec01] Secomandi, N., 2001. "A Rollout Policy for the Vehicle Routing Problem with Stochastic Demands," Operations Research, Vol. 49, pp. 796-802.

[Sec03] Secomandi, N., 2003. "Analysis of a Rollout Approach to Sequencing Problems with Stochastic Routing Applications," J. of Heuristics, Vol. 9, pp. 321-352.

[Set99a] Sethian, J. A., 1999. Level Set Methods and Fast Marching Methods Evolving Interfaces in Computational Geometry, Fluid Mechanics, Computer Vision, and Materials Science, Cambridge University Press, N. Y.

[Set99b] Sethian, J. A., 1999. "Fast Marching Methods," SIAM Review, Vol. 41, pp. 199-235.

[Sha50] Shannon, C., 1950. "Programming a Digital Computer for Playing Chess," Phil. Mag., Vol. 41, pp. 356-375.

[Shi64] Shiryaev, A. N., 1964. "On Markov Sufficient Statistics in Non-Additive Bayes Problems of Sequential Analysis," Theory of Probability and Applications, Vol. 9, pp. 604-618.

[Shi66] Shiryaev, A. N., 1966. "On the Theory of Decision Functions and Control by an Observation Process with Incomplete Data," Selected Translations in Math. Statistics and Probability, Vol. 6, pp. 162-188.

[Shr81] Shreve, S. E., 1981. "A Note on Optimal Switching Between Two Activities," Naval Research Logistics Quarterly, Vol. 28, pp. 185-190.

[Sim56] Simon, H. A., 1956. "Dynamic Programming Under Uncertainty with a Quadratic Criterion Function," Econometrica, Vol. 24, pp. 74-81.

[Skl88] Sklar, B., 1988. Digital Communications: Fundamentals and Applications, Prentice-Hall, Englewood Cliffs, N. J.

[SlL91] Slotine, J.-J. E., and Li, W., Applied Nonlinear Control, Prentice-Hall, Englewood Cliffs, N. J.

[SmS73] Smallwood, R. D., and Sondik, E. J., 1973. "The Optimal Control of Partially Observable Markov Processes Over a Finite Horizon," Operations Res., Vol. 11, pp. 1071-1088.

[Sma71] Smallwood, R. D., 1971. "The Analysis of Economic Teaching Strategies for a Simple Learning Model," J. Math. Psychology, Vol. 8, pp. 285-301.

[Son71] Sondik, E. J., 1971. "The Optimal Control of Partially Observable Markov Processes," Ph.D. Dissertation, Department of Engineering-Economic Systems, Stanford University, Stanford, CA.

[StW91] Stewart, B. S., and White, C. C., 1991. "Multiobjective A^*," J. ACM, Vol. 38, pp. 775-814.

[Sti94] Stirzaker, D., 1994. Elementary Probability, Cambridge University Press, Cambridge.

[StL89] Stokey, N. L., and Lucas, R. E., 1989. Recursive Methods in Economic Dynamics, Harvard University Press, Cambridge, MA.

[Str65] Striebel, C. T., 1965. "Sufficient Statistics in the Optimal Control of Stochastic Systems," J. Math. Anal. Appl., Vol. 12, pp. 576-592.

[Str76] Strang, G., 1976. Linear Algebra and its Applications, Academic Press, N. Y.

[SuB98] Sutton, R., and Barto, A. G., 1998. Reinforcement Learning, MIT Press, Cambridge, MA.

[TeG96] Tesauro, G., and Galperin, G. R., 1996. "On-Line Policy Improvement Using Monte Carlo Search," presented at the 1996 Neural Information Processing Systems Conference, Denver, CO; also in M. Mozer et al. (eds.), Advances in Neural Information Processing Systems 9, MIT Press (1997).

[ThW66] Thau, F. E., and Witsenhausen, H. S., 1966. "A Comparison of Closed-Loop and Open-Loop Optimum Systems," IEEE Trans. Automatic Control, Vol. AC-11, pp. 619-621.

[The54] Theil, H., 1954. "Econometric Models and Welfare Maximization," Weltwirtsch. Arch., Vol. 72, pp. 60-83.

[Tsi84a] Tsitsiklis, J. N., 1984. "Convexity and Characterization of Optimal Policies in a Dynamic Routing Problem," J. Optimization Theory Appl., Vol. 44, pp. 105-136.

[Tsi84b] Tsitsiklis, J. N., 1984. "Periodic Review Inventory Systems with Continuous Demand and Discrete Order Sizes," Management Sci., Vol. 30, pp. 1250-1254.

[Tsi87] Tsitsiklis, J. N., 1987. "Analysis of a Multiaccess Control Scheme," IEEE Trans. Automatic Control, Vol. AC-32, pp. 1017-1020.

[Tsi95] Tsitsiklis, J. N., 1995. "Efficient Algorithms for Globally Optimal Trajectories," IEEE Trans. Automatic Control, Vol. AC-40, pp. 1528-1538.

[TuP03] Tu, F., and Pattipati, K. R., 2003. "Rollout Strategies for Sequential Fault Diagnosis," IEEE Trans. on Systems, Man and Cybernetics, Part A, pp. 86-99.

[VaW89] Varaiya, P., and Wets, R. J-B., 1989. "Stochastic Dynamic Optimization Approaches and Computation," Mathematical Programming: State of the Art, M. Iri and K. Tanabe (eds.), Kluwer, Boston, pp. 309-332.

[Vei65] Veinott, A. F., Jr., 1965. "The Optimal Inventory Policy for Batch Ordering," Operations Res., Vol. 13, pp. 424-432.

[Vei66] Veinott, A. F., Jr., 1966. "The Status of Mathematical Inventory Theory," Management Sci., Vol. 12, pp. 745-777.

[Vin74] Vincke, P., 1974. "Problemes Multicriteres," Cahiers du Centre d' Etudes de Recherche Operationnelle, Vol. 16, pp. 425-439.

[Vit67] Viterbi, A. J., 1967. "Error Bounds for Convolutional Codes and an Asymptotically Optimum Decoding Algorithm," IEEE Trans. on Info. Theory, Vol. IT-13, pp. 260-269.

[WCG03] Wu, G., Chong, E. K. P., and Givan, R. L., 2003. "Congestion Control Using Policy Rollout," Proc. 2nd IEEE CDC, Maui, Hawaii, pp. 4825-4830.

[Wal47] Wald, A., 1947. Sequential Analysis, Wiley, N. Y.

[WeP80] Weiss, G., and Pinedo, M., 1980. "Scheduling Tasks with Exponential Service Times on Nonidentical Processors to Minimize Various Cost Functions," J. Appl. Prob., Vol. 17, pp. 187-202.

[WhH80] White, C. C., and Harrington, D. P., 1980. "Application of Jensen's Inequality to Adaptive Suboptimal Design," J. Optimization Theory Appl., Vol. 32, pp. 89-99.

[WhS89] White, C. C., and Scherer, W. T., 1989. "Solution Procedures for Partially Observed Markov Decision Processes," Operations Res., Vol. 30, pp. 791-797.

[Whi63] Whittle, P., 1963. Prediction and Regulation by Linear Least-Square Methods, English Universities Press, London.

[Whi69] White, D. J., 1969. Dynamic Programming, Holden-Day, San Francisco, CA.

[Whi78] Whitt, W., 1978. "Approximations of Dynamic Programs I," Math. Operations Res., Vol. 3, pp. 231-243.

[Whi79] Whitt, W., 1979. "Approximations of Dynamic Programs II," Math. Operations Res., Vol. 4, pp. 179-185.

[Whi82] Whittle, P., 1982. Optimization Over Time, Wiley, N. Y., Vol. 1, 1982, Vol. 2, 1983.

[Whi90] Whittle, P., 1990. Risk-Sensitive Optimal Control, Wiley, N. Y.

[Wit66] Witsenhausen, H. S., 1966. "Minimax Control of Uncertain Systems," Ph.D. Dissertation, Massachusetts Institute of Technology, Cambridge, MA.

[Wit68] Witsenhausen, H. S., 1968. "Sets of Possible States of Linear Systems Given Perturbed Observations," IEEE Trans. Automatic Control, Vol. AC-13.

[Wit69] Witsenhausen, H. S., 1969. "Inequalities for the Performance of Suboptimal Uncertain Systems," Automatica, Vol. 5, pp. 507-512.

[Wit70] Witsenhausen, H. S., 1970. "On Performance Bounds for Uncertain Systems," SIAM J. on Control, Vol. 8, pp. 55-89.

[Wit71] Witsenhausen, H. S., 1971. "Separation of Estimation and Control for Discrete-Time Systems," Proc. IEEE, Vol. 59, pp. 1557-1566.

[Wol98] Wolsey, L. A., 1998. Integer Programming, Wiley, N. Y.

[WuB99] Wu, C. C., and Bertsekas, D. P., 1999. "Distributed Power Control Algorithms for Wireless Networks," unpublished report, available from the author's www site.

[YDR05] Yan, X., Diaconis, P., Rusmevichientong, P., and Van Roy, B., 2005. "Solitaire: Man Versus Machine," Advances in Neural Information Processing Systems, Vol. 17, to appear.

[YuB04] Yu, H., and Bertsekas, D. P., 2004. "Discretized Approximations for POMDP with Average Cost," Proc. of 20th Conference on Uncertainty in Artificial Intelligence, Banff, Canada.